元素无机化学

Inorganic Chemistry of Elements

蔡少华
黄坤耀　编著
张玉容

中山大学出版社
·广州·

图书在版编目(CIP)数据

元素无机化学/蔡少华,黄坤耀,张玉容编著.—广州:中山大学出版社,1998.4
ISBN 978-7-306-01419-1

Ⅰ.无…
Ⅱ.①蔡…②黄…③张…
Ⅲ.①教材 ②化学 ③无机化学
Ⅳ.O 61

中山大学出版社出版发行
（地址：广州市新港西路135号　邮编：510275
电话：020-84111998、84037215）
广东新华发行集团股份有限公司经销
虎彩印艺股份有限公司印刷
（地址：东莞市虎门镇北栅陈村工业区　邮编：523898）
787毫米×1092毫米　16开本　20.5印张　499千字
1998年4月第1版　2019年12月第10次印刷
定价：32.50元

如发现因印装质量问题影响阅读,请与承印厂联系调换

内 容 简 介

本书是为大学化学及相关专业学生编写的无机化学课程教学用书，在内容上与《无机化学基本原理》（中山大学出版社，1999）一书配套使用。

本书共10章，全书以详实而丰富的化学事实为基础，较系统、全面地介绍了元素单质及其化合物的存在、制备、性质、反应性及其规律性变化。目的在于使学生在学习元素化学的过程中，能进一步应用无机化学的基本原理（主要是热力学原理及结构原理）去总结元素及其化合物性质的规律性，从而既加深对无机化学基本原理的认识及理解，又学会运用无机化学基本原理去研究、讨论、说明、预测相应的化学事实，这将有利于学生初步学会提出问题、分析问题、解决问题的应用能力，取得“纲举目张”的教学效果。

为了方便师生的教与学，与本教材配套使用的还有《无机化学习题解答》（中山大学出版社2003年10月出版）。

本书适合于综合性大学、师范院校化学系师生使用，也可用作其它各类高等院校普通化学课程的教学参考书。

前　言

元素无机化学是大学化学及相关专业无机化学课程的核心内容。长期以来，元素无机化学的教材在内容上多是物质的存在与制取、元素通性、化合物性质及反应性等的描述性内容的罗列，包括成千上万条化学反应方程式及众多化学事实。由于内容的庞杂枯燥，使学生在学习过程中往往会感到抽象、困难，产生一看就懂、一听就烦、一放就忘、一用就不会的感觉。

为了进一步提高元素无机化学课程的教学水平，我们一直在致力于无机化学教材内容的改革。《元素无机化学》校内试用教材已在中山大学使用了 6 年多时间，在多年教学实践工作的基础上，听取了校内外多位专家、教授、同行提出的宝贵意见，经不断修改、完善，终于顺利地完成了《元素无机化学》教材的编写工作。

本教材是一部有鲜明特色的教材。它以元素的自由能—氧化态图（$\Delta G^{\ominus}/F-Z$ 图）取代了其它教材常用的元素电位图，并以此为主干线，深入地讨论及介绍同一族元素或同一周期元素及其不同氧化态化合物在反应条件下的氧化还原性。由于在元素的自由能—氧化态图中两点间线段的斜率有着十分明确的物理意义，因此，和元素电位图相比，它更为直观、简单，使用更为方便。它不但可以直观地提供某元素在不同氧化态下的热力学性质，例如稳定性、氧化性、还原性等性质的信息，同时也可以提供元素及其化合物在氧化还原反应中的规律性以及单质或有关化合物的制取方法和途径等大量信息，这对于指导学生学习元素无机化学是很有帮助的。

本教材在内容的编写上注意做到以元素及其化合物的性质及反应性为中心，以无机化学两大基本原理，即热力学原理及结构原理为基本点，做到相互呼应，从而突出了无机化学基本原理在元素化学中的指导作用，加深了学生对无机物性质及反应性规律的理解及对无机化学基本原理的掌握，取得“纲举目张”的教学效果。

本教材在内容的选择安排上还适当地增加一些当今世界密切关注、与化学紧密相关的学科内容，诸如环境及其保护、生命科学及生物无机化学、能源及无机材料化学等，扩大了学生的知识面，也使学生感受到作为一个化学工作者对社会发展的责任与作用，从而激发学生学习并从事化学及与化学相关学科的兴趣与热情。

本书在编写、评审、出版过程中始终得到校内外专家、前辈及同行的指导、关怀和支持。北京大学化学与分子工程学院严宣申教授审阅了全书并提出了极其宝贵的修改意见，西北大学化学系唐宗薰教授、吉林大学化学学院宋天佑教授对本书也提出了不少指导性的具体意见，北京大学出版社赵学范副编审对本书的内容及出版提出了不少修改意见并给予了热情帮助，中山大学化学与化学工程学院的杨燕生、计亮年、邓云祥、曾昭槐、施开良、刘冠昆、罗裕基等教授对本书出版给予极大的关怀及指导，无机教研室的龚孟濂、史华红、雷衡毅、鲁统部等老师在教学实践中对本书的内容也提出了不少很好的建议，所有这些都使本教材更加完善，在此表示衷心的感谢。中山大学出版社周建华编辑对本教材出版给予热情的指导与帮助，在此谨表深切谢意。

由于我们的水平有限，错误在所难免，在此，恳请读者在使用过程中给予批评指正。

编者

1997 年 7 月

于康乐园

目　录

第一章　卤族元素

卤族元素（Halogen）是指元素周期表中第七主族氟（Fluorine）、氯（Chlorine）、溴（Bromine）、碘（Iodine）及极不稳定的放射性元素砹（Astatine）。卤素是成盐的意思，在自然界中，氟的存在形式主要有萤石（CaF_2）、冰晶石（Na_3AlF_6）、氟磷灰石[$Ca_5F(PO_4)_3$]等；氯以氯化钠为主要存在形式；溴及碘主要存在于海水及智利硝石中。

卤族元素的某些基本性质见表 1－1。

表 1－1　卤素的基本性质

基本性质	F	Cl	Br	I
价层电子结构	$2s^22p^5$	$3s^23p^5$	$4s^24p^5$	$5s^25p^5$
主要氧化数	－1	－1、＋1、＋3、＋5、＋7	－1、＋1、＋3、＋5、＋7	－1、＋1、＋3、＋5、＋7
熔　点/℃	－219.62	－100.98	－7.2	113.5
沸　点/℃	－188.14	－34.67	58.78	184.35
熔化热/kJ·mol^{-1}	0.5	6.4	10.5	15.7
气化热/kJ·mol^{-1}	6.5	20.4	30.0	41.8
解离能/kJ·mol^{-1} $X_2(g)=X(g)+X(g)$	157.7	238.1	189.1	148.9
溶解度/g·(100 g H_2O)$^{-1}$,20℃	分解水	0.732	3.58	0.029
原子半径/pm	71	99	114	133
X^-离子半径/pm	136	181	195	216
第一电离能/kJ·mol^{-1}	1 681.0	1 251.1	1 139.9	1 008.4
第一电子亲合能/kJ·mol^{-1}	338.8	354.8	330.5	301.7
电负性（pauling）	3.98	3.16	2.96	2.66
X^-离子水合能/kJ·mol^{-1}	－506.3	－368.2	－334.7	－292.9
$X_2+2e=2X^-$ $\varphi^{\ominus}_{(X_2/X^-)}$/V	2.87	1.359 5	1.08	0.535

卤族元素的基本性质及其变化规律，可以利用有关的原子结构、分子结构、晶体结构的知识及基本原理去理解和解释。

第一节　卤族元素各氧化态的氧化还原性

图 1—1 给出了卤族元素的 $\Delta G^{\ominus}/F-Z$ 图，我们据此可以读取卤族元素不同氧化态下的基本性质。

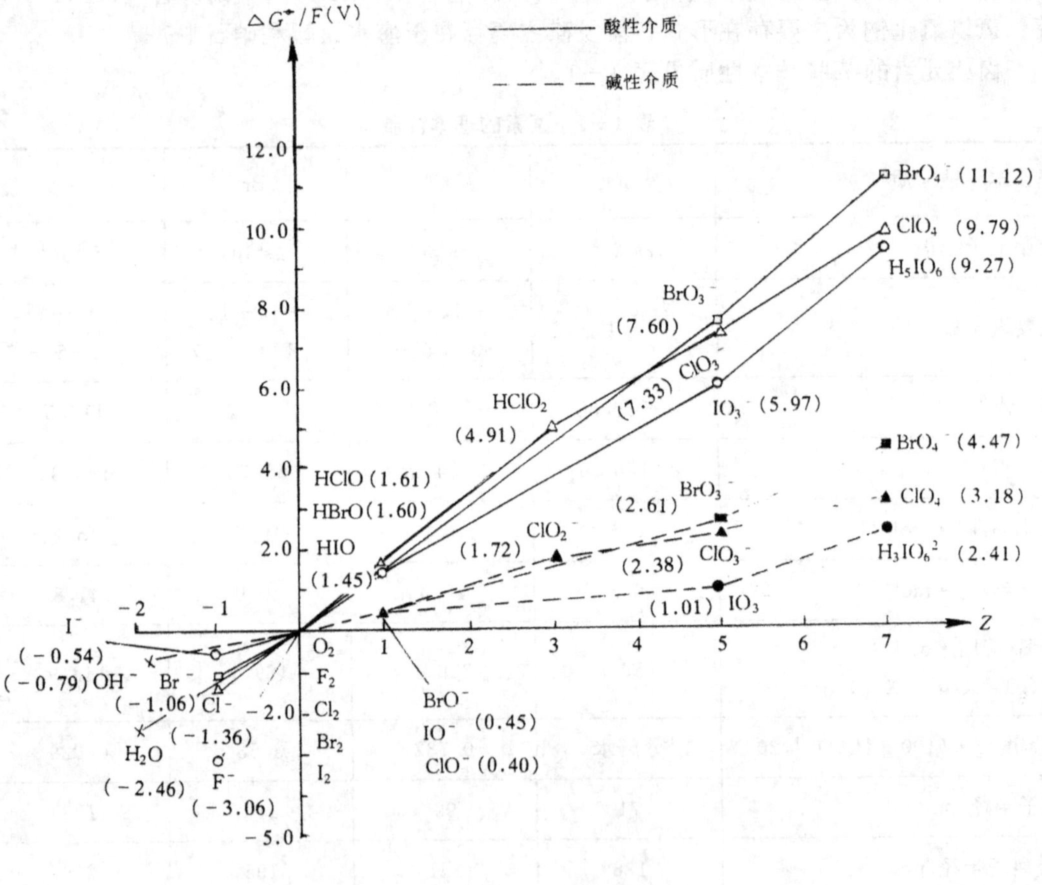

图 1—1　卤素的 $\Delta G^{\ominus}/F-Z$ 图

一、卤素单质的强氧化性及卤素的制备

卤族元素是典型的非金属元素，卤素原子有获得一个电子成为卤离子 X^- 这一热力学稳定态的强烈倾向。虽然从电子亲合能数据来看，表 1—1 中氯的电子亲合能最大，但图 1—1 提供的数据表明，卤素单质氧化性以氟最强：$\varphi^{\ominus}_{(F_2/F^-)}=2.87\ V$，$\varphi^{\ominus}_{(Cl_2/Cl^-)}=1.36\ V$，$\varphi^{\ominus}_{(Br_2/Br^-)}=1.065\ V$，$\varphi^{\ominus}_{(I_2/I^-)}=0.535\ V$，这显然是由于 F 的半径特别小，电负性大，F—F 键能小，F^- 离子半径小等因素的结果。卤素单质的强氧化性表现在以下几方面：

1. 与单质的作用

除 He、Ne、Ar 这些稀有气体及 O_2、N_2外，氟能和所有的单质直接化合，反应常常很猛烈并伴随着燃烧甚至爆炸。在室温或不太高的温度内，氟与 Mg、Fe、Cu、Pb、Ni 等作用时，由于形成致密的氟化物薄膜，阻止了进一步的反应。故实际生产中常用镍铜合金或钢制贮罐贮运氟。在室温下氟与金、铂不作用，加热时则生成氟化物。

氯也能与除 He、Ne、Ar、Kr 及 N_2、O_2外的其它单质直接化合，但反应程度与氟相比稍逊色，个别情况下需在加热条件下进行。潮湿的氯在加热条件下能与金、铂反应（生成配合物离子），而常温下干燥的氯不能与铁作用，故在实际生产运输中，常以钢瓶贮运液氯。

溴、碘的反应活性较氯更差。一般地说，溴、碘能与除贵金属外的金属、非金属反应，但其反应活性及激烈程度不如氯，要在较高温度下才能发生。碘的活泼性最差，它甚至不能与 S 直接化合。

卤素和氢气的化合充分地说明了卤素活泼性的变化顺序，例如：

$F_2+H_2 \longrightarrow 2HF$，低温下、暗处发生爆炸；

$Cl_2+H_2 \xrightarrow{100^\circ C} 2HCl$，无催化剂下需加热或常温下紫外光光照下作用；

$Br_2+H_2 \xrightarrow{150^\circ C-500^\circ C} 2HBr$，有无催化剂条件下都需加热；

$I_2+H_2 \underset{>500^\circ C}{\overset{300^\circ C}{\rightleftharpoons}} 2HI$，有催化剂下仍需加热到较高温度，但高温下 HI 已明显分解。

在光照射下，氯气与氢气的反应是工业中制取 HCl 的反应。其过程是 Cl_2见光均裂生成自由基 Cl·，Cl·再和 H_2生成 HCl 和 H· 的连续过程，这样的反应叫链式反应（Chain reaction）。

$$Cl:Cl \xrightarrow{h\nu} Cl\cdot + Cl\cdot$$
$$Cl\cdot + H:H \longrightarrow H:Cl + H\cdot$$
$$\cdots\cdots$$

在卤素与单质反应的过程中，通常可以生成离子型卤化物和共价型卤化物两大类型，以下应用热力学原理研究它们的热力学倾向：

① 离子型卤化物生成的热力学过程，以 NaX 的生成过程热力学循环为例：

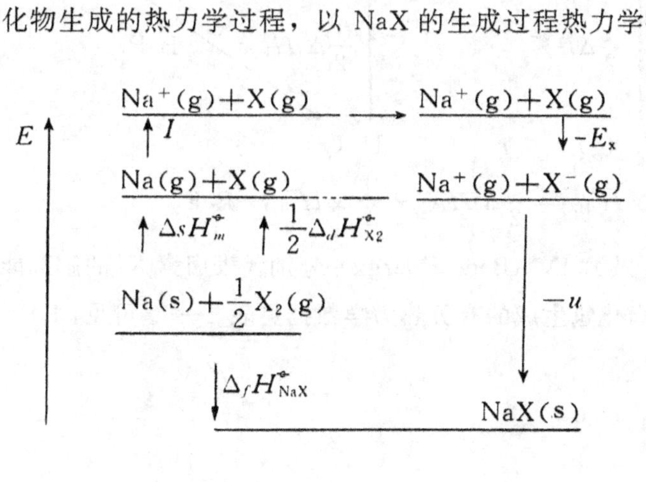

$$\Delta_f H^{\circ}_{(NaX)} = \frac{1}{2}\Delta_d H^{\circ}_{X_2} + \Delta_S H^{\circ}_m + I - E_X - u$$

式中，$\Delta_d H^{\circ}_{X_2}$、E_X、$\Delta_S H^{\circ}_m$、I、u 分别为卤素单质的离解能、卤素电子亲合能、金属 Na 的升华能、金属 Na 的电离能、晶体 NaX 的晶格能。对于碱金属 Na 的卤化物的有关数值见表 1—2。

表 1—2　卤化钠的 $\Delta_f H^{\circ}_m$　　kJ/mol

物　质	反　应　式	X_2 气化热 Q	$\frac{1}{2}\Delta_d H^{\circ}_{X_2}$	$-E_1$
NaF	Na (s) $+\frac{1}{2}F_2$ (g) $=$NaF (s)		78.85	−338.9
NaCl	Na (s) $+\frac{1}{2}Cl_2$ (g) $=$NaCl (s)		119.05	−354.8
NaBr	Na (s) $+\frac{1}{2}Br_2$ (l) $=$NaBr (s)	30	94.55	−330.5
NaI	Na (s) $+\frac{1}{2}I_2$ (s) $=$NaI (s)	62.2	74.45	−301.7

	$\Delta_S H^{\circ}_m$	I_1	u	$\Delta_f H^{\circ}_{NaX}$
NaF	111	482	916.3	−583
NaCl	111	482	778.2	420.9
NaBr	111	482	740.6	369
NaI	111	482	690.4	304

由于氟的解离能 $\Delta_d H^{\circ}_{(F_2)}$ 在卤素中较低，而 MX 的晶格能中以 NaF 晶格能最大，所以，在离子型卤化物中通常氟化物的生成热焓更负，热力学稳定性也最大。

② 共价型卤化物生成的热力学过程，以 HX 的形成过程热力学循环为例：

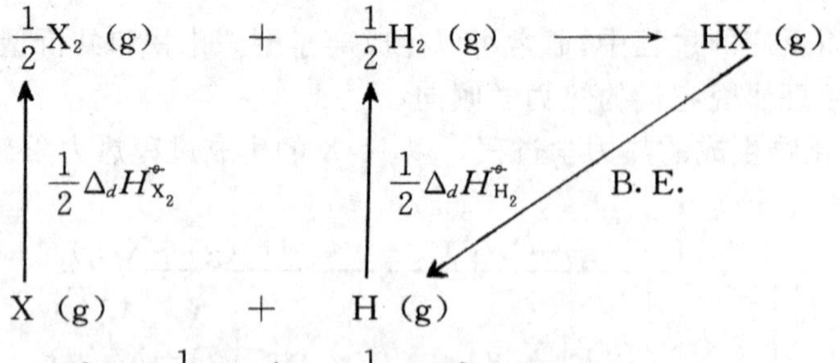

$$\Delta_f H^{\circ}_{(HX)} = \frac{1}{2}\Delta_d H^{\circ}_{(X_2)} + \frac{1}{2}\Delta_d H^{\circ}_{(H_2)} - B.E.$$

$\Delta_d H^{\circ}_{X_2}$、$\Delta_d H^{\circ}_{H_2}$ 及 B. E.（Bond Energy）分别代表卤素 X_2 的解离能、H_2 的解离能及 HX 的键能。对于卤化氢生成的有关热力学数据见表 1—3。可见，HF 的键能最大，生成热焓也最大。

表 1—3 生成卤化氢 HX 的热力学数据 kJ/mol

物质	反应式	X_2 气化热	$\frac{1}{2}\Delta_d H^\ominus_{X_2}$	$\Delta_d H^\ominus_{H_2}$	B.E.	$\Delta_f H^\ominus_{HX}$
HF	$\frac{1}{2}F_2$ (g) $+\frac{1}{2}H_2$=HF (g)		78.85	216	565.3	−270.4
HCl	$\frac{1}{2}Cl_2$ (g) $+\frac{1}{2}H_2$ (g) =HCl (g)		119.05	216	427.6	−92.5
HBr	$\frac{1}{2}Br_2$ (l) $+\frac{1}{2}H_2$ (g) =HBr (g)	30	94.55	216	361.9	−36.25
HI	$\frac{1}{2}I_2$ (s) $+\frac{1}{2}H_2$ (g) =HI (g)	62.2	74.45	216	294.5	−27.05

对比周期表中常见共价型氟化物的键能数值（表 1—4）可以看到，一般来说，氟化物键能较同类卤化物的键能大得多，这说明氟化物的相对稳定性，也使氟化物性质往往与其它卤化物性质有较大的差异。

表 1—4 常见卤化物的键能 kJ/mol

元素 \ 卤化物	HX	BX_3	CX_4	SiX_4	NX_3	PX_3	O	S	X
F	565.3	613.1	435.3	540	272	490	184	340	154.8
Cl	427.6	456.0	327.2	360	201	318	205	272	239.7
Br	361.0	376.6	284.5	289	243	272		214	189.1
I	294.5	272.0	213.5	214	201	214	201		148.9

氟化物生成热焓较负、键能相对较大，这都与 F—F 键键能较小，在形成共价型化合物时 $p_\pi-p_\pi$ 键（如在 BF_3中）或 $p_\pi-d_\pi$ 键（如在 SiF_4 中）的存在，以及电负性差大等因素有关。通常氟与第二周期非金属元素成键时，如果该元素的原子半径较大，电负性较小或没有孤对电了对时，如硼、碳原子，键能应该较大。

此外，由于 F^- 半径小，当形成氟合物时，往往有利于增加配位数，同时，由于氟合物具有较大晶格能和生成热。因此，在氟与某些多价态元素形成氟化物时，往往可形成最高氧化态的氟化物。例如砷与氟可生成 AsF_3 及 AsF_5 化合物，而其它卤素仅与 As 形成 AsX_3 化合物。高氧化态的 $AsCl_5$ 是在 1976 年于 −105℃下用紫外线辐照 $AsCl_3$，在液氯中制得的，所得产品 $AsCl_5$ 在 −50℃ 分解。又例如，在 Pb（Ⅳ）的卤化物中，PbF_4 是特征卤化物，而 $PbCl_4$ 只存在于低温，$PbBr_4$、PbI_4 都不能形成。

2. 卤素与一些还原剂的反应

卤素与一些还原剂如 H_2S（S^{2-}）、SO_2（$SO_3{}^{2-}$）、$S_2O_3{}^{2-}$等反应。例如：

$$H_2S\ (g) + I_2\ (aq) \xlongequal{\quad} 2HI + S\downarrow$$

$$H_2SO_3 + I_2 + H_2O \xlongequal{\quad} H_2SO_4 + 2HI$$

$$4Cl_2(Br_2) + S_2O_3^{2-} + 5H_2O = 2SO_4^{2-} + 10H^+ + 8Cl^-(Br^-)$$

Br_2、Cl_2 可使 Fe^{2+} 氧化为 Fe^{3+}，而 I_2 则不能(因为 $\varphi^\ominus_{(Fe^{3+}/Fe^{2+})}=0.77V$)：

$$2Fe^{2+} + Br_2(Cl_2) = 2Fe^{3+} + 2Br^-(Cl^-)$$

相反地，Fe^{3+} 可以氧化 I^-：

$$2Fe^{3+} + 2I^- = 2Fe^{2+} + I_2$$

这说明 I_2 的氧化性较 Br_2、Cl_2 弱。

3. 卤素与水的作用

由卤素 $\Delta G^\ominus/F-Z$ 图及卤素的 $\varphi-pH$ 图（图 1－2），可以看出，氟会强烈地分解水：

$$F_2 + H_2O = 2HF + \frac{1}{2}O_2$$

$$\Delta_r G_m^\ominus = -318\ kJ/mol$$

从热力学的角度出发，氯处于氧区，在 pH＝7 时，$\varphi_{(O_2/H_2O)}=0.815\ V$，因此，氯气氧化水的反应：

$$Cl_2 + H_2O = H^+ + 2Cl^- + \frac{1}{2}O_2$$

$$\Delta_r G_m^\ominus = -104\ kJ/mol$$

反应的 $\Delta_r G_m^\ominus$ 在数值上相当的负，这表明该反应的热力学倾向同样相当大。但事实上，氯气与水的反应较为缓慢，通常只有在光照下才与水反应，缓慢地放出氧气。这可以归结为动力学因素。

同样，溴在 pH＞3 后也处于氧区。因此，在热力学倾向上，溴同样会分解水（$\varepsilon=1.065-0.815=0.25\ V$），但由于动力学因素，溴与水作用放出氧的反应同样是极其缓慢的。

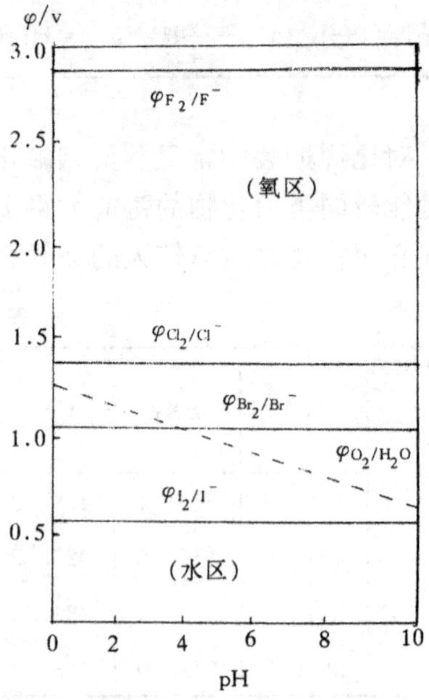

图 1－2　卤素 φ－pH 图

对于碘，在 pH＞12 后才处于氧区。在 pH＝7 时，I_2 与水反应的 $\varepsilon=0.535-0.815=-0.28\ V$，因此不进行分解水的反应；相反地，其逆反应可以进行，在将氧气通入碘化氢溶液中时会有碘析出：

$$I_2 + H_2O \rightleftharpoons 2HI + \frac{1}{2}O_2 \qquad \Delta_r G_m^\ominus = 54.04\ kJ/mol$$

卤素与水发生的另一重要反应：

$$X_2 + H_2O = H^+ + X^- + HXO$$

该反应是由于水的作用而导致卤素发生分解，故称该反应为卤素的水解反应，实质上它是卤素的歧化反应。由于发生了不等性断裂，$X:X = X^- + X^+$，又叫异裂，除 F_2 以外，其它卤素都可以发生这一反应。从卤素 $\Delta G^\ominus/F-Z$ 图可以看到，在水溶液中，随着酸度的增加，卤素的歧化倾向大大减弱，相反地会发生逆歧化反应。而在碱性条件下，歧化倾向会增大，例如在 pH＝14 时，氯、溴、碘的歧化反应热力学倾向分别是氯：$\varepsilon^\ominus=0.96V$；溴：$\varepsilon^\ominus=0.62V$；碘：$\varepsilon^\ominus=0.09V$（$X_2+H_2O = H^+ + X^- + HXO$ 反应）。

由以上讨论，我们就不难理解卤素的工业制备方法上的差异，即为什么只能以电解熔融的氟氢化钾和氟化氢的混合物制备氟，而氯的制备可以用电解氯化钠水溶液的方式进行，如何从海水中制取溴，以及从智利硝石（$NaNO_3$）的母液中（含 IO_3^-）制取碘的工业生产方法、路线的选择。

由于氟是活性最强的非金属，所以只能用电解法制备。电解时用石墨作阳极，钢或软钢作阴极并作电解槽的材料，因为在钢槽表面致密的氟化物保护层的生成可使电解槽不致于进一步被腐蚀。电解质是 KF·nHF（用浓硫酸处理萤石矿粉制得 HF）。

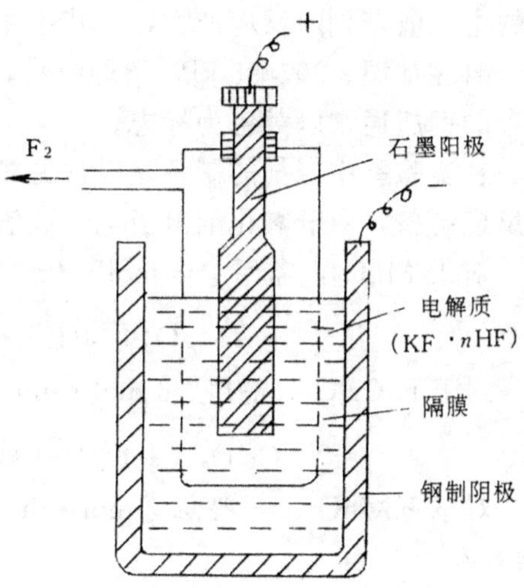

图 1－3　电解 KF.nHF 装置图

电解装置图如图 1－3 所示。

阳极反应：$2F^- - 2e \xlongequal{} F_2$

阴极反应：$2HF_2^- + 2e \xlongequal{} H_2 + 4F^-$

电解反应：$2HF_2^- \xlongequal{} H_2 + F_2 + 2F^-$

在组成为 KF·2HF 的电解混合物中，电解反应的温度为 95～100℃，反应的过程消耗 HF，所以要不断补充 HF。由于产物 H_2 和 F_2 相遇会爆炸，所以阴阳极要用钢网或铜镍合金网隔开。但电解产物 F_2 中含有少量 HF 是不可避免的。

由于 F_2 的贮运及制备上的困难，人们常用 BrF_5（沸点 40.5℃）或 $IF_7 \cdot AsF_5$（s）这一类互卤化物热分解的方法制取少量 F_2：

$$BrF_5(g) \xrightarrow{>500℃} BrF_3(g) + F_2(g)$$

$$IF_7 \cdot AsF_5 + 2KF \xlongequal{>200℃} KIF_6 + KAsF_6 + F_2$$

在工业上，氯的制备可以采用电解氯化钠水溶液的方法。虽然在 φ－pH 图中，氯位于氧区，但由于氯氧化水的速度十分缓慢，因此可采用电解 NaCl 水溶液的方法。

阳极上反应：$2Cl^- - 2e \xlongequal{} Cl_2$

阴极上反应：$2H_2O + 2e \xlongequal{} H_2\uparrow + 2OH^-$

总反应：$2NaCl + 2H_2O \xlongequal{} H_2\uparrow + Cl_2\uparrow + 2NaOH$

从电极电位数值来看，阳极上还会发生另一个反应，即 $4OH^- - 4e \xlongequal{} O_2 + 2H_2O$，$\varphi^{\ominus}_{(O_2/OH^-)} = 0.40$ V。对比 $\varphi^{\ominus}_{(Cl_2/Cl^-)} = 1.36$ V，OH^- 应先放电，阳极产物似乎是氧气，但实际上产物是氯气，其原因是电极电位只是标准态下数据，它是在微量电流下（$10^{-9}-10^{-8}$A）测定的。实际电解过程中，不可能是标准态下的条件，电极表面附近的离子浓度或低于或高于溶液的整体浓度，造成一定的反电势，以及电解过程的电化学极化等等原因，使电流通过不同电极时的实际分解电压不同，也与理论分解电压不同，这一差值又称过电位（Over voltage）。尤其是在电解产物为气态产物时，由于放电速度缓慢等因素，过电位都较大。此外，过电位大小还和气体的种类、电解质的性质和浓度、电极材料及电极表面性质、电流密度、电解温度有关。例如，在以石墨作阳极电解时，25 ℃、1 000 A/m² 电流密度条件下，Cl^- 的分解电压为 1.7 V，而 OH^- 的分解电压为 2.0 V，因此电解过程实际上是 Cl^- 首先放电，产物是氯气而不是氧气。由此可见，我们不能简单地根据理论计算的电位值来判断反应产物，尤其应注意在电解产物为气体时，过电位的影响。

氯在常温、607.95 kPa 下即液化，可装入密闭钢瓶中贮存使用。实验室及工业氯气贮存的钢瓶通常以黄色为标志。

在实验室中氯气的制备是以常见氧化剂（如 MnO_2、$KMnO_4$、$K_2Cr_2O_7$）与 HCl 水溶液反应制备，由于氧化剂电极电位数值上的差异，所需盐酸浓度不同。

对于 MnO_2，需用 ≥8 mol・dm⁻³浓盐酸，且需加热，因为 $\varphi^{\ominus}_{(MnO_2/Mn^{2+})}=1.208$ V：

$$MnO_2 + 4HCl \xlongequal{\Delta} MnCl_2 + 2H_2O + 2Cl_2$$

对于 $K_2Cr_2O_7$，需用≥6 mol・dm⁻³盐酸，并适当加热，因为 $\varphi^{\ominus}_{(Cr_2O_7^{2-}/Cr^{3+})}=1.33$ V：

$$Cr_2O_7^{2-} + 14H^+ + 6Cl^- \xlongequal{\Delta} 2Cr^{3+} + 7H_2O + 3Cl_2\uparrow$$

对于 $KMnO_4$，一般 ≥2 mol・dm⁻³稀盐酸条件下即可进行，因为 $\varphi^{\ominus}_{(MnO_4^-/Mn^{2+})}=$ 1.49 V：

$$2MnO_4^- + 10Cl^- + 16H^+ \xlongequal{} 2Mn^{2+} + 5Cl_2\uparrow + 8H_2O$$

反应的条件很容易根据 Nernst 方程计算出来。由以上反应可以看出，酸性的增强，有利于氧化反应的进行，并可显著提高氧化剂的氧化能力。

工业上溴是从海水中制取的（约 1 t 海水可制 0.14 kg 的溴），其工艺过程，可以从 $\Delta G^{\ominus}/F-Z$ 图的讨论中得到，包括置换、碱性条件下歧化、浓缩、酸性条件下逆歧化制得溴：

① 将氯气通入 pH 为 3.5 的海水中（置换）：

$$Cl_2 + 2Br^- \xlongequal{} Br_2 + 2Cl^-$$

② 用压缩空气吹出 Br_2，并在碱性下发生歧化：

$$3Br_2 + 3CO_3^{2-} \xlongequal{} 5Br^- + BrO_3^- + 3CO_2\uparrow$$

③ 浓缩溶液后，在酸性条件下令溶液逆歧化：

$$5Br^- + BrO_3^- + 6H^+ \xlongequal{} 3Br_2 + 3H_2O$$

碘的工业来源主要是用智利硝石（$NaNO_3$）制 KNO_3后的母液（含 IO_3^-），利用还原剂（如 $NaHSO_3$）还原 IO_3^-制取碘，其离子反应式：

$$2IO_3^- + 5HSO_3^- \xlongequal{} 5SO_4^{2-} + H_2O + 3H^+ + I_2$$

实际上是适量的 $NaHSO_3$还原 IO_3^-为碘化物：

$$IO_3^- + 3HSO_3^- \xlongequal{} I^- + 3SO_4^{2-} + 3H^+$$

而碘酸盐（IO_3^-）与碘化物（I^-）在酸性条件下逆歧化作用使碘析出：

$$IO_3^- + 5I^- + 6H^+ \xlongequal{} 3I_2 + 3H_2O$$

碘在海洋生物中被富集在海藻及海带一类海洋生物中，它们也是提取碘的主要原料。向海藻灰或干海藻浸取液中通入适量氯气，可将碘氧化出来：

$$2I^- + Cl_2 \xlongequal{} I_2 + 2Cl^-$$

或向浸取浓缩液加入 MnO_2 和 H_2SO_4，酸性条件下制取 I_2：

$$2I^- + MnO_2 + 4H^+ \xlongequal{} Mn^{2+} + I_2 + 2H_2O$$

但过量的 Cl_2将会与 I_2进一步反应：

$$I_2 + 5Cl_2 + 6H_2O \xlongequal{} 2IO_3^- + 10Cl^- + 12H^+$$

析出的碘可用有机溶剂如 CS_2 或 CCl_4 来萃取分离，或用离子交换法将碘自稀溶液中浓集出来。工业碘中可能含有 ICl、IBr 等杂质，可将其与 KI 共热，使碘升华提纯。

4. 卤素氧化某些有机化合物

卤素氧化性还表现在某些卤素能氧化一些有机化合物的性质上，例如氯气能氧化乙醇：

$$C_2H_5OH + Cl_2 = CH_3CHO + 2HCl$$

在 Cl_2过量时还可以进行以下反应：

$$CH_3CHO + 3Cl_2 = CCl_3CHO + 3HCl$$

酒精可作为氯气的解毒剂可能和前一反应有关。

二、卤离子 X^- 的还原性

由 $\Delta G^{\circ}/F-Z$ 图可见，卤离子（F^-、Cl^-、Br^-、I^-）都处于热力学稳定态，可以在水溶液中稳定存在。但是在对比 $\varphi^{\circ}_{(O_2/H_2O)}$ 及 $\varphi^{\circ}_{(I_2/I^-)}$数值后，就不难理解为什么碘化氢溶液中往往含有碘的原因：

$$4HI + O_2 = 2I_2 + 2H_2O$$

这特别在光照情况下可加速氧化反应进行，因此 HI 溶液应贮存于棕色瓶中。要制备不含 I_2 的 HI 溶液，可以在 HI 溶液中加入铜屑：

$$2Cu + I_2 = 2CuI\downarrow$$

再过滤除去 CuI 沉淀。该反应之所以进行是由于：

$$\varphi^{\circ}_{(CuI/Cu)\,(-0.1852V)} < \varphi^{\circ}_{(I_2/I^-)\,(0.535V)}$$

虽然 $\varphi^{\circ}_{A(O_2/H_2O)(1.23V)}$ 大于 $\varphi^{\circ}_{(Br_2/Br^-)(1.065V)}$，但由于氧对 Br^- 的氧化速度极慢，因此 HBr 只是缓慢地被氧化，而 HCl 不被氧化。

卤素离子的还原性顺序是 $I^- > Br^- > Cl^- \gg F^-$。

Cl^-、Br^-、I^-离子的还原性差异可由它们与浓硫酸的反应看出来：

$$NaCl + H_2SO_4\text{（浓）} \xlongequal{\Delta} NaHSO_4 + HCl\uparrow$$

$$2HBr + H_2SO_4\text{（浓）} \xlongequal{\Delta} Br_2 + SO_2 + 2H_2O$$

$$2HI + H_2SO_4 \xlongequal{\Delta} SO_2 + I_2 + 2H_2O$$

$$6HI + H_2SO_4\text{（较浓）} \xlongequal{\Delta} S + 3I_2 + 4H_2O$$

$$8HI + H_2SO_4\text{（浓）} \xlongequal{\Delta} H_2S + 4I_2 + 4H_2O$$

可见，碘离子与浓硫酸的反应更为复杂，条件不同，产物也不同。

三、卤素的歧化作用

由卤素的 $\Delta G^{\circ}/F-Z$ 图可以看出，Cl_2、Br_2、I_2 在碱性条件下，X_2、XO^-都处于热力学峰点，属不稳定态，因此，预测 X_2 在碱性溶液中会发生以下反应：

① $X_2 + 2OH^- = X^- + XO^- + H_2O$

② $3XO^- = 2X^- + XO_3^-$

表 1－5 列出了在［OH^-］＝1.0 mol·dm^{-3}时，这两个反应的热力学倾向。

表 1－5　卤素歧化作用的热力学倾向

反 应	函 数 值	Cl_2	Br_2	I_2
反应①	反应①K 值	1.73×10^{16}	2.01×10^{10}	33.0
	$\varphi_+^\ominus-\varphi_-^\ominus$	1.36－0.40＝0.96	1.06－0.45＝0.61	0.54－0.45＝0.09
反应②	反应②K 值	5.14×10^{25}	7.7×10^{14}	2.44×10^{26}
	$\varphi_+^\ominus-\varphi_-^\ominus$	0.88－0.50＝0.38V	0.76－0.54＝0.22V	0.50－0.112＝0.39V

由表 1－5 数据可见，从热力学角度出发，反应①、反应②都能进行，但实际上反应产物应取决于反应条件及反应进行的速度。实验证明，对于反应①来说，任何一个卤素的歧化速度都是很快的，因此，产物将决定于第②个反应，反应②的速度不仅与卤素的种类有关，而且与反应温度有关。

对于氯来说，在室温和低温时，ClO^-的歧化反应极慢，也就是说不易发生歧化，因此，Cl_2 歧化的产物是 Cl^-和 ClO^-；但在大于 75℃ 的热溶液中，ClO^-的歧化反应速度加快，产物以 Cl^-及 ClO_3^-为主：

$$Cl_2 + 2OH^- \longrightarrow Cl^- + ClO^- + H_2O$$

$$3Cl_2 + 6OH^- \longrightarrow 5Cl^- + 6ClO_3^- + 3H_2O\ (>75℃)$$

对于溴而言，由于 BrO^-在室温下歧化速度已是相当地快，因此只有在 0℃ 左右的低温下才可以得到次溴酸盐 BrO^-，而在 50～80℃ 时将得到 BrO_3^-：

$$Br_2 + 2OH^- \longrightarrow Br^- + BrO^- + H_2O\ (0℃)$$

$$3Br_2 + 6OH^- \longrightarrow 5Br^- + BrO_3^- + 3H_2O\ (50～80℃)$$

对于碘，由于 IO^-在所有温度下歧化速度都很快，因此，溶液中不存在次碘酸盐 IO^-，I_2 与 碱的歧化作用将定量地得到碘酸盐：

$$3I_2 + 6OH^- \longrightarrow 5I^- + IO_3^- + 3H_2O$$

四、卤素的逆歧化作用

由 $\Delta G^\ominus/F-Z$ 图可以看到，在酸性标准态下，Cl_2、Br_2、I_2 单质都处于热力学稳定态（谷点）上，因此，预测以下反应在热力学上是可以进行的：

$$HXO + HX \longrightarrow X_2 + H_2O$$

$$HXO_3 + 5HX \longrightarrow 3X_2 + 3H_2O$$

$$HClO_4 + 7HCl \longrightarrow 4Cl_2 + 4H_2O$$

五、卤素含氧酸及其盐的氧化性规律

按照无机物命名法，对于简单含氧酸分子，因成酸元素氧化态由高到低，采用的词头有“高”(Per-)、“正”(-ic)、“亚”(-ous)、“次”(Hypo-)。例如 $HClO_4$ 高氯酸 (Perchloric acid)，$HClO_3$ 氯酸 (Chloric acid)，$HClO_2$ 亚氯酸 (Chlorous acid)，HClO 次氯酸 (Hypochlorous acid)。

卤素含氧酸及其盐的氧化性变化规律可以从卤素 $\Delta G^\ominus/F-Z$ 图中看出：

（1）酸性条件下 HXO、HXO_3、HXO_4的氧化性都比在碱性条件下 XO^-、XO_3^-、XO_4^- 的氧化性大。根据计算，其电位数值见表1－6。

表1－6　卤素含氧酸在不同介质下的氧化性

介　质	电　极　反　应	Cl	Br	I
$[H^+]$ ＝	a. $HXO+H^++2e=X^-+H_2O$	1.50 V	1.33 V	0.99 V
1.0 mol/dm³	b. $HXO_2+3H^++4e=X^-+2H_2O$	1.57 V		
	c. $XO_3^-+6H^++6e=X^-+3H_2O$	1.45 V	1.44 V	1.09 V
	d. $XO_4^-+8H^++8e=X^-+4H_2O$	1.39 V	1.52 V	1.23 V (H_5IO_6)
$[OH^-]$ ＝	a. $XO^-+H_2O+2e=X^-+2OH^-$	0.88 V	0.76 V	0.50 V
1.0 mol/dm³	b. $XO_2^-+2H_2O+4e=X^-+4OH^-$	0.77 V		
	c. $XO_3^-+3H_2O+6e=X^-+6OH^-$	0.62 V	0.61 V	0.26 V
	d. $XO_4^-+4H_2O+8e=X^-+8OH^-$	0.57 V	0.69 V	0.37 V $(H_3IO_6)^{2-}$

（2）对于 HXO，氧化性变化 $HClO>HBrO>HIO$，$ClO^->BrO^->IO_3^-$；

对于 HXO_3，氧化性变化 $HClO_3\approx HBrO_3>HIO_3$，$ClO_3^-\approx BrO_3^->IO_3^-$；

对于 HXO_4，氧化性变化 $HClO_4<HBrO_4>H_5IO_6$，$ClO_4^-<BrO_4^->H_3IO_6^{2-}$。

（3）对于 Cl，氧化性变化 $HClO>HClO_3>HClO_4$，$ClO^->ClO_3^->ClO_4^-$。

以上规律性，可以从反应的能量变化、原子结构、极化理论、钻穿效应等理论加以解释。

首先，电极电位数值是物质在水溶液体系中获得或失去电子的能力的量度，获得电子的倾向越大，该物质的氧化性越强。含氧酸根的氧化性大小和以下因素有关：

①与介质的酸碱性有关。对于电对 $\varphi^\ominus_{(XO_n^-/X^-)}$，酸性介质下其电极反应式为：

$$XO_3^- + 2ne + 2nH^+ \rightleftharpoons X^- + nH_2O$$

从平衡的角度来看，$c_{(H^+)}$升高，平衡右移，氧化型获得电子能力增加，$\varphi^\ominus_{(XO_n^-/X^-)}$数值应更正，氧化型氧化性增强。

从反应式来看，该反应是生成水的反应，生成水的过程是放热过程，从热力学角度分析，酸性条件下有利于水的生成，因此氧化反应是有利的。

相反，在碱性介质下，电极反应式是：

$$XO_n^- + 2ne + nH_2O \rightleftharpoons X^- + 2nOH^-$$

从平衡的角度来看，$c_{(OH^-)}$升高，平衡将左移，$\varphi^\ominus_{(XO_n^-/X^-)}$数值应变得更负，氧化型氧化性下降。

从反应式来看，该反应是分解水的反应，需要外界做功，是吸热过程。

从离子极化理论角度出发，由于 H^+的强反极化作用，有利于使 X—O 键断裂，使氧化反应容易进行。因此，在利用含氧酸根作氧化剂的反应中，常常是在强酸性介质中进行。

② 从含氧酸根的分子结构来看，氧化剂的氧化反应：

$$XO_n^- + 2ne + 2nH^+ \longrightarrow X^- + nH_2O$$

实质上是 X—O 键的断裂，假设在 XO^-、XO_2^-、XO_3^-、XO_4^-中 X—O 键键能相近，那么需破坏的 X—O 键数目越多（即 XO_n^-中数目越大），所需能量越多，氧化能力越低。因此 HClO、HBrO、HIO 氧化能力都较强。

③ 与中心原子回收电子的能力有关。中心原子回收价电子的能力越强，氧化性就越强，收回价电子的难易与接受电子的轨道的能级高低有关。价电子轨道能级与有效离子势$\Phi^* = Z^*/r$ 及电子云的钻穿效应有关。

这样，对氧化性 $HClO_3 \approx HBrO_3 > HIO_3$及 $HClO_4 < HBrO_4 > H_5IO_6$ 的变化规律我们可以定性地得到解释。

卤素 Cl、Br、I 的电子排布由于不呈现周期性的排布，在第四周期锌后元素中，电子层结构多了 $3d^{10}$电子。由于 d 电子云较发散，并不能有效地完全屏蔽核电荷，而使Φ^*增大。其结果是 $4s^2$ 电子钻穿更深，4s 轨道上价电子轨道能量更低，使 $4s^2$ 电子不易失去，或者说 Br（Ⅶ）有强烈的回收价电子倾向，因此，溴的高价氧化物呈现氧化性较强的反常现象，这在化学上常称之为第四周期元素的次周期性。因此，在卤素含氧酸氧化性规律中有以下规律：

$$\varphi_A^\ominus: \varphi^\ominus_{(HClO/Cl^-)} > \varphi^\ominus_{(HBrO/Br^-)} > \varphi^\ominus_{(HIO/I^-)}$$

$$\varphi^\ominus_{(HClO_3/Cl^-)} \approx \varphi^\ominus_{(HBrO_3/Br^-)} > \varphi^\ominus_{(HIO_3/I^-)}$$

$$\varphi^\ominus_{(HClO_4/Cl^-)} < \varphi^\ominus_{(HBrO_4/Br^-)} > \varphi^\ominus_{(H_5IO_6/I^-)}$$

关于次周期性的影响，在周期表其它各族元素（ⅣA、ⅤA、ⅥA 族）中都有表现，如硒酸的氧化性大于硫酸（$\varphi^\ominus_{(H_2SeO_4/H_2SeO_3)(1.15V)} > \varphi^\ominus_{(H_2SeO_4/H_2SeO_3)(0.20V)}$），$H_3PO_4$无氧化性而 H_3AsO_4有氧化性，等等，都说明次周期性对第四周期元素性质的影响。

因此，我们可以想象，要在酸性条件下用化学氧化的方法来制备 BrO_4^- 是十分困难的。在一段时间以来，曾有不少人发表了不少文章在理论上断言，$HBrO_4$是不存在的。直至 1968 年才制备出 $KBrO_4$。F. A. Cotton 指出：“这是一个在所有能用的制备方法都使用之前就得出某些化合物不存在的愚蠢结论的极好例子。”

联系 $\Delta G^\ominus/F-Z$ 图，我们可以看出，要氧化 BrO_3^-制备 BrO_4^-，必须使用强氧化剂，理论上由于 $\varphi^\ominus_{(O_3/H_2O)} = 2.07$ V 或 $\varphi^\ominus_{(S_2O_8^{2-}/SO_4^{2-})} = 2.01$ V 因此，O_3 或 $S_2O_8^{2-}$都能使 BrO_3^-氧化，但实际上并不能利用它们来制取 BrO_4^-，这也许可以归结到动力学的因素。另一方面，要实现制备 BrO_4^-，碱性的反应条件下用 F_2 或 XeF_2 氧化 BrO_3^-制备是有利的。

$$BrO_3^- + F_2 + 2OH^- \longrightarrow BrO_4^- + 2F^- + H_2O \quad (5\ mol/dm^3\ NaOH 中)$$

或

$$BrO_3^- + XeF_2 + H_2O \longrightarrow BrO_4^- + 2HF + Xe$$

目前，$HBrO_4$溶液已能浓缩到 6 mol/dm^3（55%不分解），在 100℃下也长期稳定，并已制取了 83%溶液及 $HBrO_4 \cdot 2H_2O$ 结晶。

至于 H_5IO_6 的制备，在碱性条件下，用氯气氧化即能制得：

$Cl_2 + IO_3^- + 3OH^- = H_3IO_6^{2-} + 2Cl^-$

$H_3IO_6^{2-} \xrightarrow{+Ba^{2+}} Ba_5[IO_6]_2$

$Ba_5[IO_6]_2 \xrightarrow{+H_2SO_4} BaSO_4\downarrow + H_5IO_6$（正高碘酸）

④ 与其它因素，如产物的影响、溶剂化作用及去溶剂化作用、离解与沉淀的生成、缔合过程等的能量效应有关。

六、卤素含氧酸盐与某些常见还原剂反应的热力学倾向

要研究氧化还原反应的热力学倾向，只需对比有关物质的氧化还原电对斜率即可作出判断。由于卤素的热力学稳定点是 X^-（aq）、X_2（如 I_2）或 XO_3^-，因此还原产物通常是 X^-、X_2 或 XO_3^-，个别情况下视反应物的比例条件不同，会生成 Br_2 或 $Cl_2\uparrow$，例如：

$$HClO + H_2O_2 = H_2O + HCl + O_2\uparrow$$

$$HClO_3 + HI = HIO_3 + HCl$$

$$4HClO_3 + 3H_2S = 3H_2SO_4 + 4HCl$$

$$2HClO_4 + 2CrCl_2 + 2HCl = H_2Cr_2O_7 + 4Cl_2\uparrow + H_2O$$

$$HBrO + H_2O_2 = HBr + O_2\uparrow + H_2O$$

$$2HIO_3 + 5H_2O_2 = I_2 + 5O_2\uparrow + 6H_2O$$

$$2HIO_3 + 5H_2S = 5S + I_2\uparrow + 6H_2O$$

$HIO_3 + 3H_2SO_3 = 3H_2SO_4 + HI$（$HIO_3$过量时将生成 I_2）

第二节　卤素及其重要化合物的性质与结构特点

一、卤素单质的物理性质

F_2、Cl_2、Br_2、I_2 都是非极性分子，随着分子量的依次增加，色散力依次增大。分子间作用力依次增大，因此，沸点依次升高。所以常温下 F_2 为淡黄色气体；Cl_2 为黄绿色气体；Br_2 为红棕色液体，蒸气呈红棕色；碘则为紫黑色固体，其蒸气为紫红色。

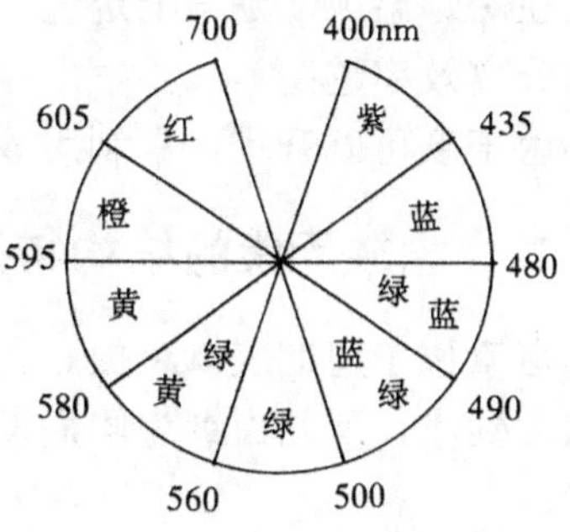

图 1－4　光的互补关系

物质为什么会有不同的颜色？我们知道，可见光波长范围是 400～700 nm，如果让白光通过三棱镜分光，可以将白光分为红橙黄绿青蓝紫的光色带。当白光照射到某物质上时，如果所有的光的光波都被完全吸收了，物质将呈现黑色；完全不吸收时，物质显白色；对各种波长的光都吸收一点时，则呈灰色。当物质只吸收某些特定波长的光波而散射另一些特定波长的光波时，物质将呈现散射光波长的颜色，它们之间的关系见图 1－4，呈现互补的关系。

卤素的分子轨道表达式为 X_2 [$(\sigma_{ns})^2$ $(\sigma_{ns}^*)^2$ $(\sigma_{npx})^2$ $(\pi_{npy}, \pi_{npz})^4$ $(\pi_{npy}^*, \pi_{npz}^*)^4$ $(\sigma_{npx}^*)^0$]，卤素吸收可见光后电子在相应 $\pi_{np}^* \rightarrow \sigma_{np}^*$ 的跃迁，由于该吸收在可见光范围内，因此卤素都有颜色。由于随着卤素原子序数的增加，π_{np}^* 与 σ_{npx}^* 间的能量差下降，所以电子跃迁吸收光波产生红移，相应的卤素单质颜色由浅绿→黄→棕红→紫色。

卤素在水中的溶解度不大，氟由于对水的强烈分解作用，不存在溶解度问题；氯在常温（20℃）常压下的溶解度是 $H_2O : Cl_2 = 1 : 2.5$（体积分数），含 0.732 g/(100 g H_2O)约 0.09 mol/dm^3，所生成的溶液叫氯水；溴可溶于水，溶解度稍大，为 3.52 g/(100 g H_2O)；碘的溶解度为 0.029 g/(100 g H_2O)，因为碘是固体晶体，溶解时需破坏晶格，溶解度较低，但是由于在碘化钾溶液中可以形成 I_3^-、I_5^- 或 I_7^- 多卤负离子，因此碘在碘化钾溶液中溶解度明显增大。

根据相似者相溶的原则，卤素是非极性分子，在非极性溶剂或极性较弱的溶剂中会有较大的溶解度。例如碘在不同的溶剂中溶解度见表 1－7。

表 1－7　碘在几种常见溶剂中的溶解度

溶　剂	H_2O	CH_3CH_2OH (95%)	C_2H_5OH	C_5H_6	CCl_4
溶解度	0.030^{25}	9.45^{0}	20.5^{15}	16.46^{25}	2.91^{25}
溶液颜色	浅黄褐色	褐色	褐色	红褐色	紫色

说明：溶解度数值右上角数字是相应测定温度（℃），后同

值得指出的是，溶液的颜色深浅并非溶解度大小的标志，而是由于碘分子溶剂化作用的结果。因为这些溶剂可以看作可以提供电子对的 Lewis 碱，由于电子对的排斥作用，因此碘分子溶于溶剂后，碘分子中的电子对会产生微弱的偏移。溶剂分子的极性越强，溶剂的碱性越强，电子对偏移越大；溶剂分子的极性越弱溶剂的碱性越弱（例如 CCl_4），碘分子中电子对偏移就较小或不产生偏移，因此碘分子保留了蒸气的颜色。

基于卤素单质在水和某些有机溶剂中溶解度的差异，可以利用与水互不相溶的有机溶剂如 CCl_4 等，萃取溶解于水中的卤素单质。卤素在两种互不相溶的溶剂中达平衡时浓度比在一定温度下是一个定值（K_D），称为分配系数（Distribution coefficient），K_D 越大，萃取分离效率越高。

由于碘可以升华，常利用该性质进行分离提纯。

二、卤族元素的结构特征及氟的特殊性

卤素位于周期表ⅦA 族，在同一周期中，由左至右，有效核电荷从小到大，原子半径从大到小，因此卤素为同周期元素中原子半径最小、电子亲和能最大、电负性最大的元素。

在同一族元素中，从上到下，原子半径依次增大，电子亲和能按 Cl－Br－I 顺序依次减少（氟由于孤对电子排斥作用，电子亲和能较氯小），电离能由 F 到 I 减小，电负性也依次减小，非金属性依次减弱。

卤原子的第一电离能都很大，因此卤原子在化学反应中要成为 ＋1 价阳离子是较困

难的。对比 Cl、Br、I、H 的第一电离能数值：

$I_{Cl}=1\ 251$ kJ/mol，$I_{Br}=1\ 140$ kJ/mol，$I_I=1\ 008$ kJ/mol，$I_H=1\ 312$ kJ/mol

虽然上述卤素的第一电离能都小于氢的第一电离能，但是迄今为止，并未能证实有 +1 价的卤离子可以稳定存在，只有在配合物中和某些特定溶剂下，I^+ 还是比较稳定的。例如：

$$HIO_3+7I_2+5H_2SO_4\ (100\%) = 5I_3^+ +3H_2O+5HSO_4^-$$

$$I_2+ AgNO_3+ 2C_5H_5N\ (\text{吡啶}) = [I\ (NC_5H_5)_2]^+NO_3^- +AgI$$

$$I_2+AgClO_4 \xrightarrow{\text{苯或 } CHCl_3} AgI+IClO_4$$

氟由于其原子结构特殊性，原子半径特别小，在性质上与其它卤族元素相比有很多特殊性：

① 成键上的区别：氟只有 −1 价，不表现为正价（据报在 1968 年，美国科学家合成了 $FClO_3$，认为 F 为 +1 氧化态），其它卤素则有 −1、+1、+3、+5、+7 氧化态。

② F_2的键能 F—F 反常地小，仅 159 kJ/mol，而卤素 Cl—Cl 键能 >Br—Br 键能 > I—I 键能。其原因除了由于氟半径特别小，使孤对－孤对电子排斥力较大外，也许还与 F 处于第二周期，不存在空 d 轨道，不可能像 Cl、Br、I 那样可以形成 d—pπ 键* 使键得到加强有关。

③ F 是第二周期元素，在与第二周期元素形成化合物时，可以形成 p—p 大 π 键，例在 BF_3中 B 以 sp^2 杂化，除了形成三个 σ 键外，还存在 π_4^6 大 π 键，使 BF_3稳定性增大，酸性大大削弱。在 F 与第三周期元素成键时，由于第三周期 p 轨道有两个峰，形成 p_π—p_π 大 π 键就不那么有效，例如 BCl_3中 B—Cl 键间的 p—pπ 键相应较弱，键能较小，酸性较强。

④ 由于 F^- 离子半径小，前面已提过，在形成氟合物时，会有利于增加配位数，同时化合物具有较大的键能或晶格能和生成热。

三、卤化氢与氢卤酸

卤化氢都是有强烈的刺激性气味的无色气体。在 HX 分子中，H—X 是以共价键结合的，随着电负性的减少，键的极性减少，分子的极性也依次减少。卤化氢的一些物理性质见表 1—8。

表 1—8　卤化氢的某些性质

性　　质	HF	HCl	HBr	HI
熔点/℃	−83.55	−114.22	−86.88	−50.80
熔化热/kJ·mol^{-1}	19.6	2.0	2.4	2.9
沸点/℃	−19.51	−85.05	−66.73	−35.36
气化热/kJ·mol^{-1}	30.1	16.2	17.6	19.8

---

* 有报道认为零价下不可能存在 d—pπ 键，见 F. A. Cotton，Advanced Inorganic Chemistry，A Wiley-Interscience Publication，Fourth Edition，P545。

续表 1—8

性质	HF	HCl	HBr	HI
生成热 $\Delta_f H_m^\ominus$ /kJ·mol^{-1}	−268.6	−92.3	−36.2	25.9
生成自由能 $\Delta_f G_m^\ominus$ /kJ·mol^{-1}	−270.7	−95.3	−53.2	1.3
气态分子核间距/pm	92	127.6	141	162
气态分子电偶极矩/×10^{-30}C·m	6.37	3.57	2.76	1.49
键能/kJ·mol^{-1}	535.1	404.5	339.1	272.2
溶解度/g·(100 g H_2O)$^{-1}$	混溶	42.02^{20}	60.88^{25}	71^{0}
表观电离度(0.1 mol·dm^{-3}, 18℃)/%	10	92.6	93.5	95
恒沸液(101.325 kPa) 沸点/℃	120	110	126	127
恒沸液(101.325 kPa) 密度/g·cm^{-3}	1.138	1.096	1.482	1.708
恒沸液(101.325 kPa) 体积分数/φ	0.35	0.20	0.47	0.57

由于分子间力依 HCl—HBr—HI 次序增大，所以其熔沸点依次升高。HF 熔沸点的“反常”是由于 HF 分子间有氢键（见图 1—5）的存在。据测定，固态 HF 中氢键的平均键能为 27.8 kJ/mol，约比冰中氢键键能（18.8 kJ/mol）大 50% 。

卤化氢是极性较强的分子，因此在水中有很大的溶解度。例如在 0℃ 时，1 体积的水可溶解约 500 体积的氯化氢。卤化氢在潮湿空气中“冒烟”，是由于卤化氢与空气中水蒸气结合形成酸雾。

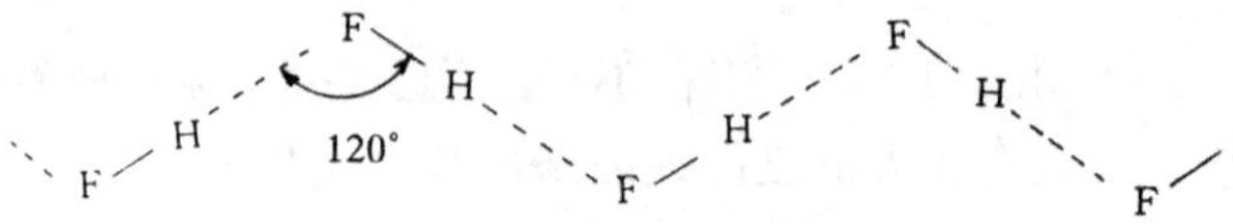

图 1—5 固态 HF 中的氢键

HI 的 $\Delta_f G_m^\ominus$ 为 1.3 kJ/mol，说明 HI 的不稳定，在 300℃ 以上 HI 明显分解，在 600℃ 时有 19.1% 的 HI 分解。

卤化氢的水溶液称为氢卤酸 (Hydrohalic acid)，其水溶液都显酸性，HX 的水溶液是无氧酸，所以把 HF、HCl、HBr 和 HI 分别称为氢氟酸、氢氯酸、氢溴酸和氢碘酸，除 HF 外，它们都是强酸，且酸性依 HF 到 HI 顺序增强。

关于氢卤酸的酸性可以由热力学循环加以分析，它们在水溶液中的电离可设计为以下过程：

$$
\begin{array}{ccccc}
HX\,(aq) & \xrightarrow{\Delta G^\ominus} & H^+\,(aq) & + & X^-\,(aq) \\
\Big\downarrow \Delta G_1^\ominus & & \uparrow \Delta G_5^\ominus & & \uparrow \Delta G_6^\ominus \\
 & & H^+\,(g) & + & X^-\,(g) \\
 & & \uparrow \Delta G_3^\ominus & & \uparrow \Delta G_4^\ominus \\
HX\,(g) & \xrightarrow{\Delta G_2^\ominus} & H\,(g) & + & X\,(g)
\end{array}
$$

$$\Delta G^{\ominus} = \Delta G_1^{\ominus} + \Delta G_2^{\ominus} + \Delta G_3^{\ominus} + \Delta G_4^{\ominus} + \Delta G_5^{\ominus} + \Delta G_6^{\ominus}$$

各项的 $\Delta G^{\ominus}$ 数值及由此计算得到的 K_a 见表 1－9。

表 1－9 HX 电离各步过程的 $\Delta G^{\ominus}$ kJ/mol

	$\Delta G_1^{\ominus}$	$\Delta G_2^{\ominus}$	$\Delta G_3^{\ominus}$	$\Delta G_4^{\ominus}$	$\Delta G_5^{\ominus}+\Delta G_6^{\ominus}$	$\Delta G^{\ominus}$	K_a
HF	23.9	535.1	1320.2	−347.5	−1513.6	18.1	6.3×10^{-4}
HCl	−4.2	404.5	1320.2	−366.8	−1393.4	−39.7	1×10^{7}
HBr	−4.2	339.1	1320.2	−345.4	−1363.7	−54	3.16×10^{9}
HI	−4.2	272.2	1320.2	−315.3	−1330.2	−57.3	1×10^{10}

可见，氢氟酸的弱酸性是由于 HF 与水间的强氢键（溶剂化）作用 $\Delta G_1^{\ominus}$ 及与 H—F 键键能项有关的 $\Delta G_2^{\ominus}$ 太大造成的。HF 在水溶液中有两个平衡：

$$HF \rightleftharpoons H^+ + F^- \qquad K_1 = 6.3\times10^{-4}$$

$$HF + F^- \rightleftharpoons HF_2^- \qquad K_2 = 5.2$$

由以上平衡可见，在稀溶液中，HF 是弱酸，在浓度大于 5 mol/dm³时，由于 HF_2^- 的生成，H_3O^+浓度增大，溶液酸度增大。这是氢氟酸与其它氢卤酸的区别之一。

从结构角度来研究氢卤酸的强弱，可以认为，氢卤酸的酸性大小主要取决于 X^- 对 H^+的电性束缚力，中心离子束缚力越大，H^+离子越难电离，酸性越弱。这种“束缚力”的大小可由 X^-上的电子密度决定，电子密度的大小应与 X^-离子本身带有的电荷及 X^-离子的半径有关。对于 HX 从 F^-— Cl^-—Br^-—I^-，离子半径 r 依次增大，中心离子的电子密度依次减少，对 H^+的束缚力减弱，因而酸性是 HF＜HCl＜HBr＜HI；对于ⅥA 族氢化物，酸性变化顺序同样是 H_2O＜H_2S＜H_2Se＜H_2Te。

此外，氢氟酸能与 SiO_2或硅酸盐反应，生成 SiF_4气体：

$$SiO_2(s) + 4HF(g) = SiF_4(g) + 2H_2O(g) \qquad \Delta_r G_m^{\ominus} = -80\ \mathrm{kJ/mol}$$

$$CaSiO_3(s) + 6HF(g) = CaF_2(s) + SiF_4(g)\uparrow + 3H_2O(l)$$

反应生成的 SiF_4的 Si－F 键能特别大，为 590 kJ/mol，这除了因为 Si－F 的 ΔX（电负性差）大外，在 Si－F 中还应存在反馈的 p－dπ 键。相应的 Si－Cl 键键能仅为 396 kJ/mol，因此 HCl 没有类似的反应。

因此，HF 溶液应保存于塑料质或内层涂腊的容器中贮存，而 NH_4F 溶液由于水解，也应保存在塑料试剂瓶中。

关于卤化氢的制备前面已讨论过，在直接合成法之中，实际上有应用价值的只是 HCl 的合成。此外可利用卤化物和高沸点的酸如硫酸、磷酸这一复分解反应制备卤化氢：

$$CaF_2 + H_2SO_4 \xlongequal{\Delta} CaSO_4 + 2HF\uparrow$$ （铅、铂器皿中进行）

$$NaCl + H_2SO_4(浓) \xlongequal{150^{\circ}} NaHSO_4 + HCl\uparrow$$

$$NaHSO_4 + NaCl \xrightarrow{>500℃} Na_2SO_4 + HCl\uparrow$$

$$NaBr + H_3PO_4 \xlongequal{\Delta} NaH_2PO_4 + HBr\uparrow$$

$$NaI + H_3PO_4 \xlongequal{\Delta} NaH_2PO_4 + HI\uparrow$$

或利用非金属卤化物的水解制备 HBr、HI。例如：

$$PBr_3 + 3H_2O \xlongequal{} H_3PO_3 + 3HBr\uparrow$$

$$PI_3 + 3H_2O \xlongequal{} H_3PO_3 + 3HI\uparrow$$

实际上只需把溴滴在含磷及少许水的混合物上，或把水逐滴加在磷和碘的混合物上，即可连续地产生 HBr 和 HI：

$$2P + 6H_2O + 3Br_2 \xlongequal{} 2H_3PO_3 + 6HBr\uparrow$$

$$2P + 6H_2O + 3I_2 \xlongequal{} 2H_3PO_3 + 6HI\uparrow$$

也可以利用碳氢化物的卤化中制取副产物卤化氢。例如氯与乙烷的作用：

$$C_2H_6(g) + Cl_2(g) \xlongequal{} C_2H_5Cl(l) + HCl(g)$$

近年来，在农药和有机合成工业上的这类反应可获取大量副产物盐酸。习惯上把浓度小于 12.2% 的盐酸叫稀盐酸，大于 24% 的盐酸叫浓盐酸。市售试剂盐酸的密度为 $1.19\ g\cdot cm^{-3}$，质量分数为 0.37，相当于 $12\ mol/dm^3$。

四、卤化物、多卤化物和互卤化物

1. 卤化物

所有金属都可以形成卤化物。就键型而言，金属卤化物可以分为离子型和共价型。ⅠA、ⅡA、La、Ac 系元素形成的卤化物是典型的离子型卤化物，它们的熔点、沸点都较高，熔融态能导电。大多数金属的高氧化态金属卤化物为共价型卤化物，它们的熔沸点较低，有些在气态时会双聚或多聚，在有机溶剂中有一定的溶解度，如 $AlCl_3$、$FeCl_3$、$SnCl_4$、$TiCl_4$等。企图在离子键和共价键之间找到一个分界线显然是不现实的，不少 M^{2+}、M^{3+}价态的卤化物往往处于中间状态，它们往往既不是完全的离子型晶体，也不完全是靠分子间力形成的分子晶体，而是呈现过渡状态，它们的晶格往往是层状（如 $CdCl_2$、$FeBr_2$、BiI_3）或链状（如 $PdCl_2$）的结构。通常的规律是：

① 对于同一金属元素的卤化物，高价态时共价性较强，低价态时离子性较显著。例如 $SnCl_4$常温下为液态，沸点 114℃，熔点 −33.3℃，而 $SnCl_2$常温下为固体，沸点 632℃，熔点 246℃。$FeCl_3$：熔点 306℃，易溶于有机溶剂；$FeCl_2$：熔点 670℃，不溶于有机溶剂中。

② 金属元素卤化物中，氟化物由于电负性差 ΔX 大，离子性较强；碘化物由于 I^-离子半径大，易变形，ΔX 小，键的离子性最小，共价性最大。例如 AlF_3属离子型化合物，AlI_3则以共价性为主。

③ 同一周期金属元素的卤化物随金属离子的半径减少和氧化数增大，键的共价性增强，离子性减弱。例如 KCl、$CaCl_2$、$ScCl_3$、$TiCl_4$是由典型离子键过渡到典型共价键的一个例子。$TiCl_4$常温下是液体，沸点 136℃，且不导电。

金属卤化物在水中的溶解度规律是：

① 除 AgCl、CuCl、$PbCl_2$、TlCl、Hg_2Cl_2、$PtCl_2$外，其它金属氯化物都易溶于水。

② 碘化物、溴化物在水中的溶解度除上述离子的碘化物、溴化物不溶外，HgI_2的溶解度不大，为 0.1 g/(100 g H_2O)。其溶解度大小规律是碘化物最小，氯化物最大。

③ 氟化物由于半径 r_{F^-}小，变形性小，晶格能大，其性质规律常与其它卤化物不同，LiF、MF_2（M：Mg、Ca、Sr、Ba、Mn、Fe、Ni、Cu、Zn）、AlF_3、GaF_3都难溶，CuF、PtF_2、PbF_2也是难溶物。对于其它卤化物都难溶的 Ag^+、Hg_2^{2+}、Tl^+相应的氟化物却是可溶的。

可溶性卤化物在水溶液中往往因水解而呈碱性或酸性：

① 常用的可溶性氟化物试剂如 NaF、KF、NH_4F，由于水解及缔合的原因，溶液中往往呈碱性：

$$F^- + H_2O \rightleftharpoons HF + OH^-$$

② 部分金属卤化物由于金属离子半径较小，氧化数较高，水解作用较为显著，例如：

$$MgCl_2 + H_2O \rightleftharpoons Mg(OH)Cl + HCl$$

$$BiCl_3 + H_2O \rightleftharpoons BiOCl\downarrow + 2HCl$$

$$CeCl_3 + 3H_2O \rightleftharpoons Ce(OH)_3\downarrow + 3HCl$$

当向溶液中加入 HCl 时，平衡左移，抑制水解。

因此在用 $MgCl_2 \cdot 6H_2O$ 加热脱水制取 $MgCl_2$时，需在 HCl 气体或 NH_4Cl 保护下进行：

$$MgCl_2 \cdot 6H_2O \xlongequal[\text{或 } NH_4Cl]{HCl} MgCl_2 + 6H_2O$$

但一些水解倾向更大的卤化物在高温下水解反应不能控制，例如 $AlCl_3 \cdot 6H_2O$：

$$AlCl_3 \cdot 6H_2O \xlongequal{\Delta} Al(OH)_3 + 3HCl + 3H_2O$$

$$Al(OH)_3 \xrightarrow{\Delta} Al_2O_3$$

因此，无水 $AlCl_3$只能用干法制备。

卤素还可以与大多数非金属反应生成一系列卤化物，较常见的非金属卤化物有 BX_3、(X：F、Cl、Br)、CX_4、SiX_4（X：F、Cl)、NX_3（X：F、Cl)、PX_3（X：F、Cl)、PX_5（X：F、Cl)、AsF_5、$AsCl_3$、SF_6、S_2Cl_2等。在这些卤化物中，常温下除 CCl_4、CF_4、NF_3、SF_6 不水解外，其余的卤化物都会被水所分解，而且水解反应是不可逆的。例如：

$$SiCl_4(l) + (n+2)H_2O(l) = SiO_2 \cdot nH_2O(s) + 4HCl\uparrow(g)$$

$$\Delta_r G_m^\ominus = -138.9 \text{ kJ/mol}$$

$$BCl_3 + 3H_2O = H_3BO_3 + 3HCl\uparrow$$

$$NCl_3 + 3H_2O = NH_3 + 3HOCl$$

$$BrF_5 + 3H_2O = 5HF + HBrO_3$$

从热力学计算表明，CCl_4、CF_4、SF_6的水解反应倾向是不小的：

$$CF_4(g) + 2H_2O(l) \longrightarrow CO_2(g) + 4HF(g) \quad \Delta_r G_m^\ominus = -463.3 \text{ kJ/mol}$$

$$CCl_4(l) + 2H_2O(l) = CO_2(g) + 4HCl(g)$$

$$\Delta_r G_m^\ominus = -232.34 \text{ kJ/mol}$$

$$SF_6(g) + 4H_2O(l) = H_2SO_4 + 6HF(aq) \quad \Delta_r G_m^\ominus = -568.8 \text{ kJmol}$$

但实际上，常温下它们并不水解，这是由于动力学上的因素障碍，可以利用结构化学的有关原理进一步讨论。

非金属卤化物的水解过程，本质上是 Lewis 酸、碱的相互作用，其过程可以分为亲电机理或亲核机理。例如对于 $SiCl_4$的水解，可以认为是亲核的，水分子中氧原子上孤对电子首先进攻中心原子 Si 的空轨道，$SiCl_4$作为 Lewis 酸，中心原子的杂化态由 $sp^3 \rightarrow sp^3d$，而后失去 HCl 分子，并逐步脱去氯原子到完全生成 $Si(OH)_4$这一水解产物。*

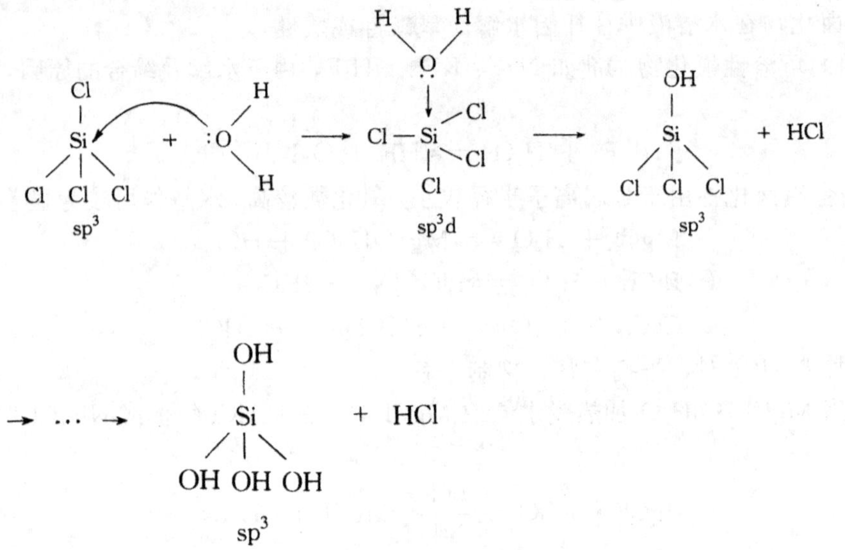

这一过程首先需要中心原子有可提供使用的空轨道。水解过程还包括构型转变、键的生成与消去的能量变化过程。

另一种卤化物如 NCl_3水解，则可以认为是亲电过程，首先由氢离子进攻中心原子上的孤对电子(Lewis 碱)，再发生键的断裂与消去的能量变化过程。

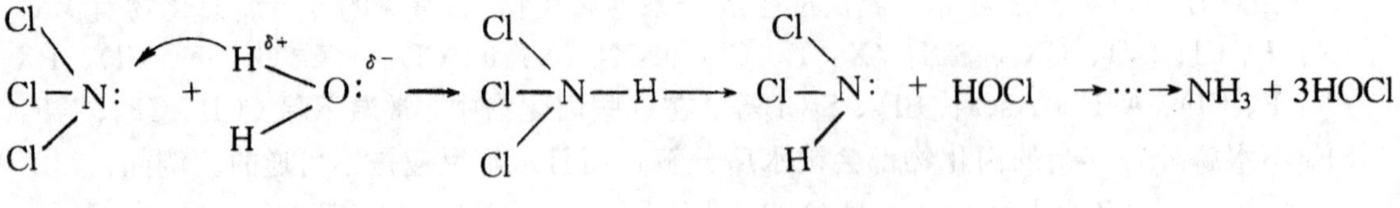

PCl_3的水解产物是 H_3PO_3，结构是

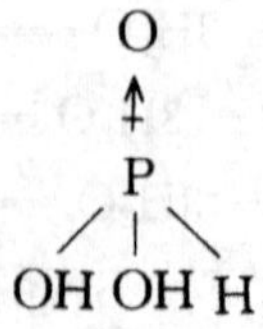

$$PCl_3 + 3H_2O = H_3PO_3 + 3HCl$$

---

* 小号字内容为阅读材料，下同。

其过程可以表达为以下机理：

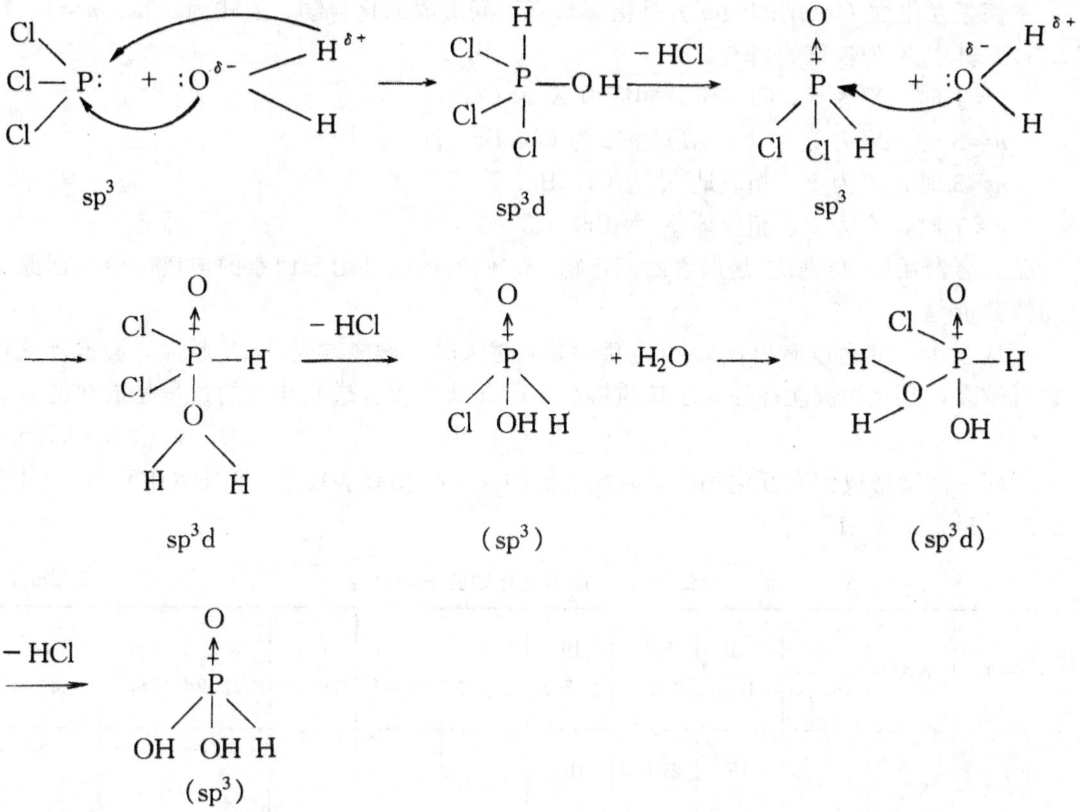

由于 P 是第二周期元素，有空的 d 轨道（可以接受孤对电子进攻）。同时 P 上有一对孤对电子，可接受质子的亲电进攻，加上 PCl_3中配位数仅为 3，远远未达到第三周期最大的配位数为 6 这一数值，PCl_3在这里既是 Lewis 酸，又是 Lewis 碱，因此有条件发生亲电与亲核的过程，同时分子几何构型发生从 sp^3到 sp^3d 的转变，经脱去一分子 HCl 后，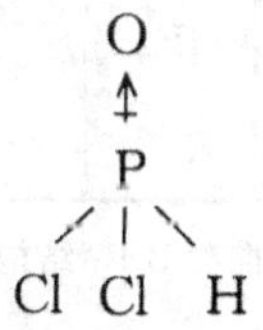 不再具有孤对电了，只能发生水分子的亲核进攻，分子进一步发生构型转化及脱去 HCl 的变化，最后生成 H_3PO_3。

现在再讨论一下 NF_3为什么不易发生水解的原因。在 NF_3中价电子构型为四面体，氮原子采取 sp^3杂化，N 原子上有一对孤对电子，由于氟原子的电负性较大，NF_3的碱性显然应比 NCl_3的碱性要小得多，因此亲电水解不可能发生。同时，氮是第二周期元素，只有四个价轨道，不可能有空轨道接受亲核试剂的进攻，加上 N－F 键能较 N－Cl 键能大，因此 NF_3不会发生水解。

综上所述，在讨论卤化物的水解过程时，除了要考虑热力学因素外，通常还应注意卤化物中心离子的结构特征，如最大配位数，它属于第几周期元素，有无孤对电子，有无空轨道，发生什么机制的水解，水解过程能量的变化（即键能大小）等因素及动力学因素。

2. 卤素互化物

卤素互化物（Interhalogen）是指卤素原子间形成的化合物，通式为 XX'_n，n=1、3、5、7，其中 X 为较重的卤素。

n=1 时，X′为 F、Cl、Br，相应地 X 为 Cl、Br、I；

n=3 时，X′为 F、Cl，相应地 X 为 Cl、Br、I；

n=5 时，X′为 F，相应地 X 为 Cl、Br、I；

n=7 时，X′为 F，相应地 X 为 Br、I。

可见，卤素互化物实质上是卤素的卤化物。它们的形成是由于卤素的电负性差及卤原子间的共价键。

从表 1－10 可以看出，ΔX（电负性差）越大时，键能越大；ΔX 越大，卤素互化物数目越多；互化物键能往往大于单质键能，因此从单质合成互化物的过程是放热的，如

$$Cl_2 + I_2 = 2ICl \qquad \Delta_r H_m^{\ominus} = -28.8\ \text{kJ/mol}$$

同一卤素形成卤素互化物时，高配位数的互卤化物键能较小，例 E（IF）＞E（IF_3）＞E（IF_5）＞E（IF_7）。

表 1－10　卤素互化物的平均键能　　kJ/mol

n=1	XX'	F_2 157.7	ClF 249.0	BrF 249.4	IF 277.8	Cl_2 238.1	BrCl 215.9	Br_2 189.1	ICl 207.9	IBr 175.3	I_2 148.9
n=3	XX'_3		ClF_3 172.4	BrF_3 201.3	IF_3 272						
n=5	XX'_5		ClF_5 142.3	BrF_5 187.0	IF_5 267.8						
n=7	XX'_7			BrF_7^*	IF_7 231						

* 是否有 BrF_7 尚无定论，有文献报导，推测 BrF_7 结构

对于极性共价键的键能可以从三方面来讨论：

① 共价能，由电子云重叠产生，重叠程度越大，共价能越大；

② 电负性能，由电子对偏移而产生；

③ 马德隆能，由键的极性而产生的静电力。

对于互卤化物 XX'_n，n 的数值取决于半径比，r_x/r'_x 值越大，n 可达到数值越大，所以 IF_n 的 n 可取 1、3、5、7，数目最多。

关于卤素互化物的分子空间几何构型可以根据 VSEPR 理论得到，例 ClF_3分子形状应为 T 形。

卤素互化物的化学性质应该与卤素相似，例如它们应具有很强的化学活性，是强的氧化剂及卤化剂，可与大多数金属和非金属作用生成相应卤化物；易与水发生反应（似

卤素歧化）。

$$XY + H_2O \longrightarrow HOX + H^+ + Y^-$$

显然，歧化产物中电负性较小的将呈正氧化态。人们常用互卤化物作卤化剂，例如用 ClF 与 >C=C< 及 SF_4 反应：

$$>C=C< + ClF \longrightarrow Cl-\overset{|}{\underset{|}{C}}-\overset{|}{\underset{|}{C}}-F$$

$$SF_4 + ClF \longrightarrow SF_5Cl$$

通常低级互卤化物虽然键能较大，但易发生歧化。例 ClF、BrF、BrCl 和 IBr 等，在一定程度上发生歧化反应；至于 IF，由于太不稳定，极易发生 $5IF \longrightarrow 2I_2 + IF_5$ 的反应，因此，IF 只在光谱上以微量地被发现。ClF、ICl、IBr、BrCl 由于歧化程度不同，稳定性差异也较大。其歧化反应平衡常数分别是：2.9×10^{-11}、1.8×10^{-3}、4.9×10^{-2}、0.34。

3. 多卤化物

多卤化物（Polyhalide）指的是金属卤化物与卤素单质或卤素互化物的加合物。

例如碘溶于碘化钾溶液中的反应：

$$I_2 + I^- \rightleftharpoons I_3^-$$

随着碘化钾浓度的增大，碘的溶解度增大，形成深红色溶液，产物中除了形成 KI_3 外，还可以形成 KI_5，最高可达 KI_9。其它金属卤化物也有相同作用，如：

$$CsBr + IBr \rightleftharpoons CsIBr_2$$

多卤化物可以只含有一种卤素，也可以含有二种或三种卤素，如 $RbBrCl_2$、KIF_6、CsBrICl 等，其通式为 $X_mY_nZ_p^-$（$m+n+p$ 之和为 3、5、7、9），XYZ 可以同种，也可以是不同种的卤素。XYZ^- 为线型结构，重卤素处于结构的中心位置。

只有半径大、电荷小的金属离子（由于极化作用小）适宜于多卤化物的形成。一般是 IA、ⅡA 中较重的金属多卤化物常见。对于卤素来说，碘较易形成多卤化物，含氟的多卤化物少见，例有 Cl_3^-、Br_3^-、I_3^- 化合物，且稳定性依次增大，而 F_3^- 化合物不存在。

I_3^- 离子构型是线型，在溶液中 I_3^- 是对称的，例如在 $(C_6H_5)_4As^+I_3^-$ 中 $[I \overset{290\text{ pm}}{\cdots\cdots} I \overset{290\text{ pm}}{\cdots\cdots} I]^-$，但在 CsI_3 晶体中，I_3^- 都是不对称的 $[I \overset{283\text{ pm}}{\cdots\cdots} I \overset{303\text{ pm}}{\cdots\cdots} I]^-$。这可能是在晶体中，正离子极化作用产生不平衡，使不对称形式更稳定的原因。

I_5^- 离子的结构是弯曲型的（如右），由 VSEPR 理论可以推出不同卤素的多卤化物结构，此时，电负性小的为中心原子。例 CsBrICl 中，$BrICl^-$ 的价层电子对数目为 $(7+1+1+1)/2=5$（对），是三角双锥体的电子构型，离子构型为线型 $[Br-I-Cl]^-$。

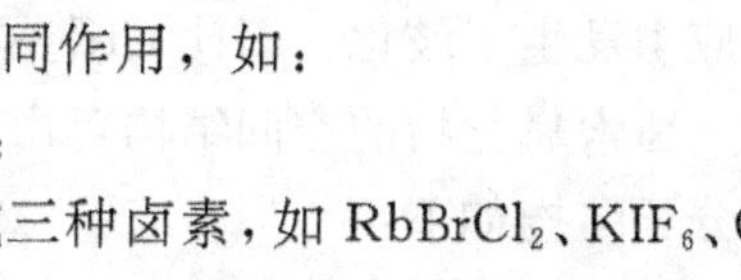

五、卤素氧化物、含氧酸及其盐

卤素与氧形成的二元化合物称为卤素的氧化物。它们大多不太稳定，受震击易爆炸分解。

卤素与氧的电负性差很小，X－O 键应是共价键。由于氟的电负性大于氧，因此 F_2O、F_2O_2不应看作氧化物，而应视为氟化物。

表 1－11　卤素的氧化物

氟	氯	溴	碘
F_2O，无色气体	Cl_2O，黄棕色气体	Br_2O，深棕色	
F_2O_2，红色气体	ClO_2，黄绿色气体	BrO_2，黄色固体	I_2O_4，蓝色固体
	Cl_2O_6，深红色液体	Br_2O_6，固体	I_4O_9，蓝色固体
	Cl_2O_7，无色液体		I_2O_5，白色固体

某些卤素的氧化物可以看作为含氧酸酸酐，例如：

$$Cl_2O + H_2O = 2HOCl$$

所以 Cl_2O 是 HOCl 的酸酐，而对于 ClO_2，由于在

$$2ClO_2 + 2OH^- = ClO_2^- + ClO_3^- + H_2O$$

反应中发生了歧化，因此 ClO_2是混合酸酐。

卤素氧化物的空间结构可由 VSEPR 理论推得，例 Cl_2O 中，氧原子采取 sp^3 杂化，其分子结构如下：

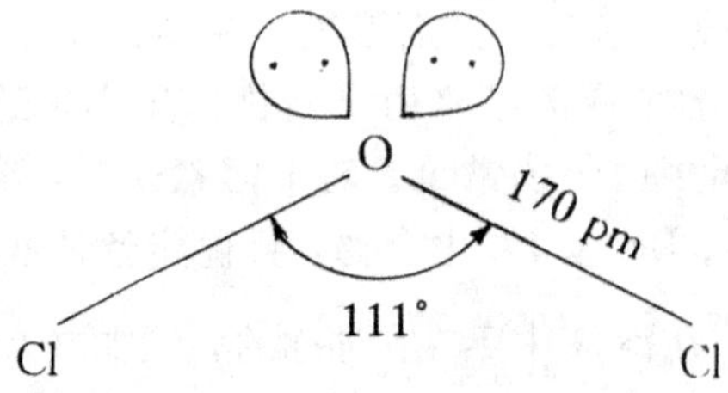

在 ClO_2中以 Cl 为中心原子，分子呈 V 型：

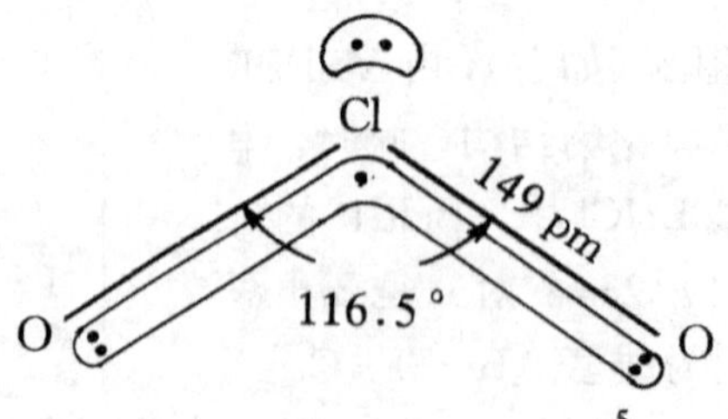

ClO_2分子中含有成单的电子，因此具有顺磁性。ClO_2是强氧化剂与氯化剂。

I_2O_5 是所有卤素氧化物中最稳定的，可由碘酸 HIO_3受热脱水制得：

$$2HIO_3 \xrightarrow[170^\circ C]{\Delta} I_2O_5 + H_2O$$

I_2O_5 为白色粉末，在 300℃ 才分解为单质。I_2O_5 可作为氧化剂，可氧化 NO、C_2H_4、H_2S、CO 等；在 70℃ 时定量地氧化 CO，用于合成氨厂测定合成气中 CO 的含量：

$$I_2O_5 + 5CO = I_2 + 5CO_2$$

$$I_2 + 2S_2O_3^{2-} = S_4O_6^{2-} + 2I^-$$

I_2O_5 的分子结构是：

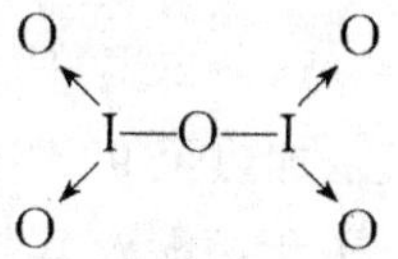

氯、溴、碘均可形成氧化态为 +1、+3、+5、+7 的含氧酸及其盐。对于氟，仅在 1971 年才有过报导，在低压下将氟气通过 0℃ 的水膜，在气体产物中发现有 HOF。HOF 虽被称为次氟酸，但它很不稳定，也不电离，也未发现其盐。另外，HOF 与 H_2O 作用：

$$HOF + H_2O = HOOH + HF$$

说明了在 HOF 中氟不以正氧化态存在，因此 HOF 并不是酸。

所有的卤酸中，除 HXO 及 H_5IO_6 外，中心卤原子全部采用 sp^3 杂化，而在 H_5IO_6 中 I 采取 sp^3d^2杂化（图 1—6）。

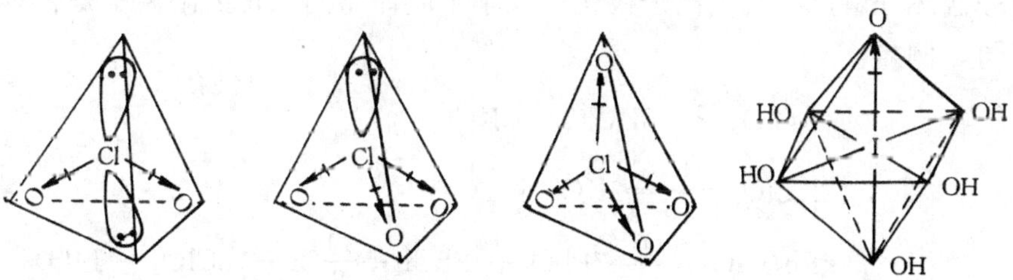

XO_2^-　　XO_3^-　　XO_4^-　　H_5IO_6

图 1—6　卤素含氧酸根结构

符号"—+→"示 p—dπ 反馈 π 键的存在。p—dπ 反馈 π 键的形成是在中心原子 X 配出一对电子给氧原子后，由于氧原子半径较小，电荷密度增大电子间排斥力增大，而中心原子 X 由于电子的配出显正氧化态，而且本身有空的 d 轨道，在对称性匹配的条件下，可接受由氧原子 p 轨道反馈的电子，形成反馈的 p—dπ 键，使氧原子上电子密度减少，化合物更稳定。用箭头表示电子配给的方向即为 X $\overset{\leftarrow}{\underset{\leftarrow}{\longrightarrow}}$O，常用符号表示为"X —+→O"，"—+→"的键级应比 1 大但比 2 小，是不完全的双键。

在卤素含氧酸及其对应的盐的稳定性性质上，我们可以看到含氧酸的稳定性比相应的盐稳定性差。例如 HClO 溶液浓度大于 4% 即分解，而 $Ca(ClO)_2$、NaClO 在干燥密闭容器中相当稳定，只有在潮湿空气中才慢慢失效：

$$Ca(ClO)_2 + H_2O + CO_2 = CaCO_3 + 2HCl + \frac{1}{2}O_2$$

$HClO_3$可制备的最高浓度达 40%，但 $KClO_3$加热分解的温度在 395℃ 以上：

$$4KClO_3 \xlongequal{\Delta} 3KClO_4 + KCl \qquad (>395℃)$$

$HClO_4$的浓度可达 70%～72%，较稳定，加热时才分解：

$$4HClO_4 \xlongequal{\Delta} 4ClO_2 + 3O_2 + 2H_2O$$

$$\quad\;\; \lfloor\!\rightarrow 2Cl_2 + 4O_2\uparrow$$

无水 $HClO_4$呈无色油状，不稳定，加热至 92℃ 以上即猛烈分解爆炸。高氯酸盐的分解温度比相应氯酸盐分解温度更高。关于卤酸及其盐的稳定性可以从两方面来理解：H^+的反极化作用使 X—O 键易断裂；另一方面，成盐后晶格能的稳定化作用，使卤酸盐稳定性增加。

卤酸热分解产物通常是 X_2、HX、H_2O 及 O_2。例如：

$$2HClO \xlongequal{H^+} 2HCl + O_2\uparrow$$

$$26HClO_3 \xlongequal{\Delta} 15O_2 + 8Cl_2 + 10HClO_4 + 8H_2O$$

$$4HClO_4 \xlongequal{\Delta} 2Cl_2 + 7O_2 + 2H_2O$$

卤酸盐热分解产物视阳离子极化力大小不同而不同，也因阳离子是否具有还原性而有所不同。例如：

$$4KClO_3 \xlongequal{\Delta} 3KClO_4 + KCl$$

$$2KClO_3 \xlongequal{MnO_2} 2KCl + 3O_2$$

$$8Pb(ClO_3)_2 \xlongequal{\Delta} 7PbO_2 + PbCl_2 + \frac{11}{2}Cl_2 + 3ClO_2 + 14O_2$$

$$2LiClO_3 \xlongequal{\Delta} Li_2O + Cl_2 + \frac{5}{2}O_2$$

$$2NH_4ClO_3 \xlongequal{\Delta} N_2 + Cl_2 + O_2 + 4H_2O$$

关于卤素含氧酸的酸性大小变化规律是：

① 对于同一卤素，随卤素氧化数的增加，卤素含氧酸的酸性迅速增强，例表 1—12 数据。

② 对于同一氧化态的含氧酸，由于从 Cl—I 的原子半径增大，酸性减弱。

表 1—12　卤素含氧酸的酸性强弱

	HXO	HXO_2	HXO_3	HXO_4
Cl	3.2×10^{-8}	1.1×10^{-2}	10	$\approx10^{8}$
Br	2.1×10^{-9}		1	
I	1.0×10^{-11}	5.1×10^{-4}	1.7×10^{-1}	

对于含氧酸酸性的变化规律，可以用 R—OH 模型进行解释。在 R—OH 模型中，认为含氧酸的酸性取决于 R 中心原子对氧原子的束缚力大小。即 R 对氧原子上电子的吸引力大小，吸引力大时，R—O 键较强，O—H 键相应削弱，易离解，采取酸式离解，是酸；吸引力小时，R—O 键弱，O—H 键相应加强，不易离解，采取碱式离解，是碱：

$$R—O—H \nearrow R-O^- + H^+ \text{（酸式离解）}$$

$$R—O—H \searrow R^+ + OH^- \text{（碱式离解）}$$

束缚力大小则取决于中心离子的离子势（Φ）大小（$\Phi = z/r$，其中 z 为离子所带电荷，r 代表离子半径/pm）：

在 $\sqrt{\Phi} < 0.22$ 时，R—O 键较弱，碱式电离，是碱；

在 $\sqrt{\Phi} > 0.32$ 时，R—O 键较强，酸式电离，是酸；

在 $\sqrt{\Phi} = 0.22 \sim 0.32$ 之间时，R—OH 具有两性。

例如：

	$Be(OH)_2$	$Mg(OH)_2$	$Ca(OH)_2$	$Sr(OH)_2$	$Ba(OH)_2$
$r_{M^{2+}}$/pm	31	65	99	113	135
$\sqrt{\Phi}$	0.254	0.175	0.142	0.133	0.121
	两性 → 随 $\sqrt{\Phi}$ 减少 → 碱性增大				

	NaOH	$Mg(OH)_2$	$Al(OH)_3$	$Si(OH)_4$
$r_{M^{2+}}$/pm	95	65	50	41
$\sqrt{\Phi}$	0.102	0.175	0.245	0.312
	强碱性	中强碱	两性	酸性

但在应用 R—OH 规则解释过渡金属阳离子的含氧酸酸性变化规律时，$\sqrt{\Phi}$ 判别就不符合实际情况了，例如：

	$Mg(OH)_2$	$Zn(OH)_2$
$r_{M^{2+}}$/pm	65	74
$\sqrt{\Phi}$	0.175	0.164

这本身是由于离子的电子层构型不同引起的，因此应考虑到轨道的屏蔽作用，这时应采用有效离子势 $\sqrt{\Phi}^*$ 比较。

L. Pauling 在研究了大量无机含氧酸的结构简式及其强度后，提出了两条半定量的经验规则（常称为 Pauling 规则）具体表述如下：

① 多元含氧酸的逐级离解常数有如下关系：

$$K_1 : K_2 : K_3 \cdots \approx 1 : 10^{-6} \sim 10^{-4} : 10^{-11} \sim 10^{-9}\ *$$

这是由于每电离一个氢离子后，余下的 O—H 键都会由于氧上电子密度的增大而增强，更难以电离出下一个 H^+，例如 H_3PO_4 中 $K_{a1}=7.5\times10^{-3}$，$K_{a2}=6.2\times10^{-8}$，$K_{a3}=1.0\times10^{-12}$。

② 在含氧酸 $XO_m(OH)_n$ 中，非羟基氧数目 m 越大，酸性越强，而且有以下的关系：

$m=0$ 时，$X(OH)_n$，$K_1\leqslant10^{-11}\sim10^{-5}$；例如 HClO，$K_a=3.2\times10^{-8}$。

$m=1$ 时，$XO(OH)_n$，$K_1=10^{-4}\sim10^{-2}$；例如 $HClO_2$，$K_{a1}=1.1\times10^{-2}$。

$m=2$ 时，$XO_2(OH)_n$，$K_1=10^{-1}\sim10^{3}$；例如 $HClO_3$，$K_a=10$。

$m=3$ 时，$XO_3(OH)_n$，$K_1\geqslant10^{8}$；例如 $HClO_4$，$K_a=10^{8}$。

非羟基氧的数目越多，中心原子 X 的电负性将增大，X 对羟基氧的束缚力增大，使 O—H 键易离解，酸性增大。因此，我们通过实验测定某含氧酸的 K_a 值后，可以借助它来确定非羟基氧的原子数目，从而推定其化学式。例如，实验测得硅酸的 $K_{a1}=1\times10^{-10}$，按 Pauling 规则，它应不存在非羟基氧，因此，H_2SiO_3的书写方式不能反映其正确的化学式，实际上硅酸是以硅—氧四面体［SiO_4］为结构单元的巨型分子，因此，我们不能简单地根据 H_2SiO_3、$HBiO_3$、H_2MoO_4这样的简式来判断含氧酸的 K_a。

从 Pauling 规则可以推测，在含氧酸分子内脱水或分子间缩合脱水后，由于非羟基氧原子数目的增加，含氧酸酸性将增强。例如 H_5IO_6，$K_{a1}=5.1\times10^{-4}$，而 HIO_4，$K_a=1.7\times10^{-1}$；H_3PO_4，$K_{a1}=7.5\times10^{-3}$，而 $H_4P_2O_7$，$K_{a1}=1.4\times10^{-1}$都说明这点。

利用卤素的歧化反应并除去 HCl 可以制备较纯的 HClO 水溶液：

$$Cl_2 + H_2O \xlongequal{\quad} HOCl + HCl$$

HCl：

$$+\ HgO(新制) \longrightarrow HgO \cdot HgCl_2\downarrow$$

$$+\ Ag_2O \longrightarrow 2AgCl + H_2O$$

$$+\ CaCO_3 \longrightarrow Ca^{2+} + 2Cl^- + 2CO_2\uparrow$$

将氯气通入石灰乳中制备漂白粉：

$$2Cl_2 + 3Ca(OH)_2 \xlongequal{\quad} Ca(ClO)_2 \cdot CaCl_2 \cdot Ca(OH)_2 \cdot H_2O + H_2O$$

漂白粉的漂白作用是由于 ClO^-的分解引起的，其分解速度与溶液浓度、pH 值及温度有关。由于 H_2CO_3的酸性强于 HClO，因此 CO_2能促进漂白粉的分解而失去漂白作用。

$$Ca(ClO)_2 + H_2O + CO_2 \xlongequal{\quad} CaCO_3 + 2HCl + \frac{1}{2}O_2$$

由 $\Delta G^\ominus/F-Z$ 图可以看到，X_2或 OX^-在碱性介质下可歧化得卤酸盐和卤化物：

$$X_2 + 6OH^- \xlongequal{\quad} 5X^- + XO_3^- + 3H_2O$$

$KClO_3$的制备是利用无隔膜情况下电解 KCl 的热溶液：

阴极：$H_2O + 2e \xlongequal{\quad} \frac{1}{2}H_2 + OH^-$

阳极：$2Cl^- \xlongequal{\quad} Cl_2 + 2e$

* 事实上该规则只适合于少数含氧酸，如 H_3PO_4、H_2SO_3、H_2AsO_4、H_2CO_3等；多数不符，如 H_5IO_6、H_2SiO_3、H_3VO_4、H_6TeO_6、$H_2C_2O_4$及很多有机酸等。

$$3Cl_2 + 6KOH \xlongequal{\Delta} KClO_3 + KCl + 3H_2O$$

$HClO_3$的制备可利用其钡盐与稀硫酸反应：

$$Ba(ClO_3)_2 + H_2SO_4 = BaSO_4\downarrow + 2HClO_3$$

$KBrO_3$的制备可用 KClO 氧化 KBr：

$$KBr + 3KClO = KBrO_3 + 3KCl$$

HIO_3则较稳定，可以晶体形式存在，用强氧化剂如 Cl_2、HNO_3等氧化单质碘可制得纯碘酸：

$$I_2 + 5Cl_2 + 6H_2O = 2HIO_3 + 10HCl$$

$$10HCl \xrightarrow{+Ag^+} AgCl\downarrow + H^+$$

$$I_2 + 10HNO_3\text{（浓）} = 2HIO_3 + 10NO_2\uparrow + 4H_2O$$

浓 $HClO_3$由于分解与歧化作用，会引起爆炸：

$$26HClO_3 = 15O_2 + 8Cl_2 + 10HClO_4 + 8H_2O$$

因此，实验室中处理 $KClO_3$废液或废渣时，必须慎重。

$KClO_4$的制备是通过电解 $KClO_3$溶液来实现：

阳极：$ClO_3^- + H_2O = ClO_4^- + 2H^+ + 2e$

阴极：$2H^+ + 2e = H_2\uparrow$

由于晶格能及离子水合能等因素的差异，Li、Na、Mg、Ca 的高氯酸盐易溶于水，而 K、Rb、Cs 等高氯酸盐难溶于水。

高氯酸根离子 ClO_4^-形成配合物的趋势很弱，因此，$NaClO_4$溶液常作为实验室研究离子平衡时的标准介质。

用浓 H_2SO_4处理 $KClO_4$，再用减压蒸馏的方法可将 $HClO_4$蒸馏出来，在常压下蒸馏易引起爆炸。

$$KClO_4 + H_2SO_4\text{(浓)} = KHSO_4 + HClO_4$$

$$4HClO_4 \xlongequal{\Delta} 2Cl_2 + 7O_2 + 2H_2O$$

高氯酸的水溶液较稳定，浓度低于 60% 的 $HClO_4$加热也不分解，但浓度大于 70% 的 $HClO_4$遇有机物经轻击即发生爆炸。

高氯酸在水中全部电离，它是已知无机一般酸中最强的酸，其强度为硫酸的 10 倍，凡酸性超过 100% H_2SO_4 的物质叫超强酸，例 $SbF_5\cdot HSO_3F$，其酸的强度为硫酸的 1000 亿倍以上，是无机酸中最强的酸。$HClO_4$ 在冷的稀溶液中具弱氧化性，在热溶液中是强氧化剂，常用于分析中分解样品；但要注意，当热的浓酸与易燃物接触时会发生猛烈爆炸。

由 $\Delta G^\ominus/F-Z$ 图，可计算电对 $\varphi^\ominus_{(XO_4^-/XO_3^-)}$的数值分别是：$\varphi^\ominus_{(ClO_4^-/ClO_3^-)}=1.23$ V，$\varphi^\ominus_{(BrO_4^-/BrO_3^-)}=1.76$ V，$\varphi^\ominus_{(IO_4^-/IO_3^-)}=1.65$ V。可以判断，氧化性 $HBrO_4>HIO_4>HClO_4$，例如在分析化学中可应用高碘酸氧化 Mn^{2+}为 MnO_4^-，而高氯酸则不能：

$$2Mn^{2+} + 5IO_4^- + 3H_2O = 2MnO_4^- + 5IO_3^- + 6H^+$$

第三节　拟卤素的结构与性质

若干原子团在自由状态时，具有卤素单质的性质，在成为阴离子时，其化合物也具有类似卤化物的性质，我们称这一类原子团为拟卤素（Pseudohalogen）。重要的拟卤素有氰（$(CN)_2$）、氧氰（$(OCN)_2$）、硫氰（$(SCN)_2$）、硒氰（$(SeCN)_2$），它们相应的阴离子有 CN^-、OCN^-、SCN^-、$SeCN_x^-$。

拟卤素和卤素在以下几个方面性质相似：

① 拟卤素易挥发，游离态时为双聚分子，如 $(CN)_2$溶点 245 K，沸点 253 K，但多聚时不挥发，如 $(SCN)_x$。

② 它们的氢化物溶于水显酸性，如 HCN（氢氰酸）、HOCN（氰酸）、HSCN（硫代氰酸），除 HCN 外，其它酸的离解度都较高。

③ 在水或碱性介质中发生歧化反应：

$$(CN)_2 + 2OH^- = CN^- + OCN^- + H_2O$$

④ 与不饱和烃的加成反应：

$$>C=C< + (SCN)_2 = -\overset{\overset{SCN}{|}}{\underset{|}{C}}-\overset{\overset{SCN}{|}}{\underset{|}{C}}-$$

⑤ 形成拟卤素间化合物（似互卤化物），如 CN·SCN、CNCl、CNBr。

⑥ 形成多拟卤化物（似多卤化物），如 $(NH_4)(SCN)_3$含多卤离子 $(SCN)_3^-$（似 I_3^-）。

⑦ 与金属作用成盐，Ag^+、Hg_2^{2+}、Pb^{2+}的拟卤化物为难溶盐：

$$Ag^- + CN^- = AgCN\downarrow$$

$$2Fe + 3(SCN)_2 = 2Fe(NCS)_3$$

⑧ 形成配合物，例如：

$$3CN^- + CuCN = [Cu(CN)_4]^{3-}$$

⑨ 自由状态的拟卤素可用化学法或电解法氧化类卤离子制得（利用类卤离子有还原性）。例如：

$$2SCN^- + Cl_2 = 2Cl^- + (SCN)_2$$

其还原能力大小序列为：

$$F^- < OCN^- < Cl^- < Br^- < CN^- < SCN^- < I^- < SeCN^-$$

⑩ 与卤素相比有相似的化学反应，例如：

$$Cu^{2+} + 2I^- \longrightarrow CuI + \frac{1}{2}I_2$$

$$Cu^{2+} + 6CN^- = 2[Cu(CN)_2]^- + (CN)_2\uparrow$$

$$PbCl_4 \overset{\Delta}{=} PbCl_2 + Cl_2$$

$$Pb(SCN)_4 \overset{\Delta}{=} Pb(SCN)_2 + (SCN)_2$$

$$16H^+ + 10Cl^- + 2MnO_4^- = 2Mn^{2+} + 5Cl_2 + 8H_2O$$

$$4H^+ + 2SCN^- + MnO_2 = Mn^{2+} + (SCN)_2 + 2H_2O$$

以下讨论常见的氰和硫氰。

一、氰和氰化物

$(CN)_2$为无色可燃气体，有苦杏仁臭味，极毒，氰分子的结构为：:N≡C−C≡N:。其中C−C 键键长 138 pm，比正常 C−C 单键键长 154 pm 短，表明 $(CN)_2$中 C−C 键不是单纯的 σ 键，存在大 π 键：

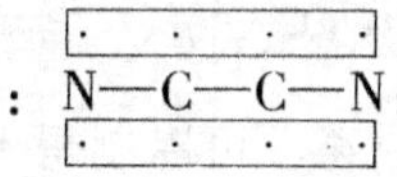

$3\sigma + 2\pi_4^4$

$(CN)_2$与氧的反应放出大量的热，可产生高达 5050 K 的反应温度，是已知化学反应能达到的最高温度。

HCN 是无色气体，极毒，液态 HCN 的熔点 −13.2℃，沸点 26.5℃。氢氰酸的盐称为氰化物，氰化物在若干性质上与氯化物相似。例如，在常温下 NaCN 和 KCN 与 NaCl 同晶，$Hg(CN)_2$似 $HgCl_2$溶于水而不电离，AgCN 与 AgCl 同为白色沉淀等。

所有氰化物都有剧毒，毫克量的 KCN 或 NaCN 就可使人致死，因此在使用氰化物时要注意安全操作。因使用氰化物造成的环境污染的处理方法是利用了 CN^-的强配位作用及强还原性：

$$Fe^{2+} + 6CN^- = [Fe(CN)_6]^{4-}$$

$$CN^- + 2OH^- + Cl_2 = CNO^- + 2Cl^- + H_2O$$ （或用 H_2O_2、O_3代替 Cl_2）

$$2CNO^- + 4OH^- + 3Cl_2 = 2CO_2 + N_2 + 6Cl^- + 2H_2O$$

其中 $[Fe(CN)_6]^{4-}$、CNO^-均为低毒物质。

二、硫氰

$(SCN)_2$是微黄色晶体，熔点 −3℃，不稳定，可聚合为不溶性的砖红色固体 $(SCN)_x$。硫氰易被水分解，在溶液中的氧化性与溴相当：

$$(SCN)_2 + H_2O = H^+ + SCN^- + HOSCN$$

$$(SCN)_2 + H_2S = 2H^+ + 2SCN^- + S$$

$$(SCN)_2 + 2I^- = 2SCN^- + I_2$$

$$(SCN)_2 + 2S_2O_3^{2-} = 2SCN^- + S_4O_6^{2-}$$

硫氰的结构为：　　:N≡C−S−S−C≡N:

SCN^-离子是一个很好的配位体，由于其结构上，硫，氮原子上都有孤对电子，

[:N≡C—S:]⁻　　或

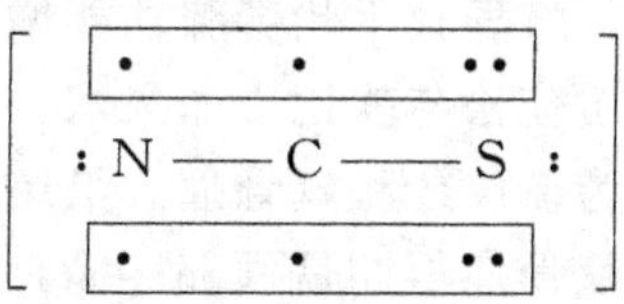

$2\sigma + 2\pi_3^4$

它既可以利用 S 上的孤对电子配位（:SCN^-，硫氰酸根），又可以利用氮上孤对电子配位（:NCS^-，异硫氰酸根），在与第一过渡系元素配位时，通常是以:NCS^-配位，与第二、三过渡系元素配位时，常以:SCN^-配位。因为 S 比 N 软，在与 Ag^+、Hg^{2+}等软酸作用时以:S 配位，而与 Fe^{3+}等配合时以 :N 配位。

第四节　卤族元素的用途、生化功能与环境化学

卤族元素及其化合物在国民经济及人民生活中占极其重要地位。

氟有特殊难闻的臭味，剧毒。单质氟主要用于原子能工业中从铀矿提取铀—235：

$$4HF + UO_2 \longrightarrow UF_4 + 2H_2O$$

$$UF_4 + F_2 \xrightarrow{400^\circ C} UF_6$$

再利用气体扩散法将 U^{235} 与 U^{238} 加以分离，可以制得十分纯净的铀。

由于 F—F 键很弱，原子氟是一种高度放热的氧化剂，故单质氟还可用作火箭燃料。

单质氟与硫的化合物六氟化硫（SF_6）极其稳定，是高压发电机或变压器中最理想的气体绝缘材料。

氟化氢可以强烈地腐蚀玻璃，因此氢氟酸不能装在玻璃器皿中。氢氟酸毒性很大，接触皮肤后，可深入体内，危害骨骼。

氟化有机物，如氟里昂—12（CCl_2F_2），过去广泛用于制冷剂。近来由于证实 CCl_2F_2 是造成大气臭氧层空洞的罪魁祸首之一，在 1989 年 3 月 6 日伦敦召开的保护臭氧层国际会议上，呼吁全球 2000 年全部停用 CCl_2F_2。CBr_2F_2 则用于高效灭火剂。CCl_3F 则用作杀虫剂。特氟隆（聚四氟乙烯）$(—CF_2—CF_2—)_n$，又称为塑料王，由于具有高弹性、低介电常数、低摩擦系数及耐热抗腐蚀等优良特性，可用于制耐高温、耐蚀的材料，如垫片、密封套及自身润滑的轴承；目前尚无一种溶剂可以溶解它，甚至王水也无能为力。聚四氟乙烯多孔薄膜用于作人造血管。全氟异丁烯 $(CF_3)_2C=CF_2$ 是剧毒物质，比光气毒性大 10 倍。

虽然单质氟能强烈刺激人体眼、鼻、气管粘膜，吸入过多会引起中毒死亡，但是氟是人体必须的微量元素，与人体健康有密切关系。人体正常每天摄入量为 0.5 mg，而超过 20 mg/d 摄入量对人体是有害的。正常的摄入氟，对人体形成强硬的骨骼及预防龋齿有重要的作用，但是氟的摄取量在有益和有害之间的变化范围极窄，因此对为了防止龋齿而把氟添加到自来水中或加氟牙膏的应用都引起争议。在我国规定饮用水中氟化物的最高容许浓度为 1 mg/dm^3。当大量的氟化物进入机体后，则可与钙结合形成 CaF_2 沉积于骨中，使骨的化学组成发生变化，骨的含氟量增加，Ca、Mg、P 含量也增加，导致骨组织的 pH 上升，骨内柠檬酸、碳酸、苹果酸含量减少；氟化物还能刺激成骨细胞的活动，使成骨细胞活动增强，会产生骨外膜骨赘增生。另外，由于体内过量氟妨碍钙的释出，为了维持正常血钙水平，将导致甲状旁腺功能增强，促进破骨性吸收，出现大量不钙化的骨样组织，表现为骨质疏松与软化。如果水、土、食品中含氟量过多，将引起地方性氟中毒症，临床上表现为氟斑牙和氟骨症。氟斑牙是由于牙质造釉细胞受过量氟损害而造成牙釉质发育不全；氟骨症早期是颈部疼痛，逐渐蔓延至腰背部，引起肌肉痉挛，最后使骨组织不断钙化、骨化而导致残性畸型。在我国除上海外，都有氟中毒症流行，其病因在于饮用水含氟过高。此外，我国西南地区用高氟石煤作燃料时的污染，也会导致氟中毒。通常煮沸食水是除去水中氟的一种简易方法，此外还可利用活性氧化铝、三氯化铝等药物离子交换除氟。

氯气具有强烈的令人窒息气味，有毒，吸入少量会刺激鼻腔和喉头粘膜，引起胸部疼痛和咳嗽，大量吸入可导致死亡。发生较重的氯气中毒时，可以吸入酒精和乙醚混合气作为解毒剂。因此在氯碱厂中，空气游离氯含量最高应不大于 1 mg/dm^3。

单质氯主要用于制盐酸，盐酸工业是化工工业的基础，在国民经济中占很重要地位。在工业中常用盐酸清洗铁制及钢制品表面上的氧化物，食品工业中用盐酸制葡萄糖、味精等，医药工业中用于制药，农药工业中用于制六六六、敌百虫、敌敌畏、乐果。除此之外，石油、印染日用化工等都广泛地应用到盐酸。工业浓盐酸因常会有 $FeCl_3$杂质而显黄色。

氯的重要化合物 NaCl 是人体必需的无机盐。在工业上，氯化钠是制碱（Na_2CO_3及 NaOH）的重要原料。除此之外，NaCl 还广泛用于冷冻、染料、制皂工业中。

氯及其某些化合物如漂白粉、ClO_2、NaClO 等，具有漂白、杀菌的功效，常用于水的净化、纤维素和面粉的漂白（用 ClO_2）；$KClO_3$用于炸药、焰火及火柴工业中；$Mg(ClO_4)_2$则是吸水性特强的高效干燥剂。

氯还应用于有机工业中制取有机氯化合物，如氯乙烯、2，4—二氯苯氧基乙酸（一种植物激素）、氯仿 CH_3Cl 及 CCl_4，它们广泛用作溶剂；CF_2ClBr（二氟－氯－溴甲烷，又称 1211）是高效灭火剂。

人体对 Cl^- 的正常摄入量是 2 400～4 000 mg/d，因此，氯是人体必需元素，人长时间不吃盐会感到浑身无力和头发变白。

单质溴是常温下处于液态的唯一非金属元素。液溴会对皮肤及粘膜造成严重的、难以治愈的灼伤；因此，在接触液溴时尤其要小心，不幸受液溴腐蚀致伤，应先用苯或甘油洗濯伤口，再用水洗后用 5% $NaHCO_3$ 溶液清洗伤口。伤势较重时需立即送医院救治。溴蒸气不但难闻，而且有毒，对眼睛及粘膜有刺激作用，能引起流泪、咳嗽、头晕、头痛和鼻出血，因此溴用于催泪弹。

人体对 Br^- 的正常摄入量是 1～10 mg/d，有害摄入量为 3 000 mg/d。

单质溴主要用于生产照相用的感光材料——AgBr。据统计，全球每年生产的溴约 30 万吨以上，相当部分用于感光工业中。溴化银为浅黄色立方晶体，见光分解，人们把溴化银和动物胶（明胶）合在一起制成乳剂涂在胶片上，再制成溴胶干片。常见的胶卷、相纸上几乎都涂上一层溴化银。

溴可制成溴苯、溴仿、溴乙烷、溴萘等，都是常用的试剂。溴甲烷（CH_3Br）在室温下为无色气体，有香甜气味，但有毒，农业中用作烟熏杀虫剂。在医药上，溴化钾、溴化钠、溴化铵制成的三溴片，以及巴甫洛夫合剂，用作神经系统镇静剂，用于治疗神经衰弱和歇斯底里症；但是由于溴化物主要从肾脏排出，且排泄速度较慢，长期服用要防止溴化物蓄积中毒。另外，溴萘酚能用于治疗钩虫及其它寄生虫。

溴与钨制成的溴钨灯可作新型光源材料，因为溴蒸气高温下无色，发光效率较碘蒸气高，因此性能较碘钨灯更佳。在保存溴时，一般加水至盛溴的容器中，防止溴蒸气挥发。

单质碘是略带金属光泽的黑紫色晶体，可升华。毒性在卤素中最小。碘蒸气对眼、鼻、呼吸系统有刺激作用，大量吸入会导致中毒，甚至死亡。

碘是人体不可缺少的微量元素，正常人每天摄入量为 0.2 mg/d，小于0.015 μg/d的摄入量则会导致缺碘，使人体甲状腺素不能正常分泌，引起垂体促甲状腺激素代偿性合成分泌增多，刺激甲状腺增生、肥大而成为甲状腺肿症。除此之外，缺碘严重的地区还会引起地方性克汀病。该病发生在幼儿，由于胚胎期缺碘而影响胎儿大脑发育不全，其病症是痴呆、身材矮小、聋哑、瘫痪。虽然后天再补充碘，使甲状腺激素缺乏得以改善，但对克汀病的症状仍是无济于事的。据统计我国目前 20 多个省都有发现这一类地方病，其中患地方性甲状腺肿有 3 000 多万病人，地方性克汀病有 20 多万人。另外，在有些地方，由于摄入过量碘也会引起甲状腺肿，人体日摄入碘量超过 10 000 μg/日也是有害的。我国东南沿海某些地区，由于每升水含碘为几百到 2 000 μg，居民亦会引起甲状腺肿。这就说明，虽然碘是人体必需生命元素，但它的缺乏或过剩都不利于人体健康。在我国，对饮用水中含碘量与地方甲状腺病研究表明，饮用水中含碘量适宜浓度范围是 10～300 $\mu g/dm^3$。

成年人体内含碘 20～50 mg，其中 20% 在甲状腺，50% 在肌肉，10% 在皮肤，6% 在骨骼，14% 在内分泌腺、中枢神经及血浆中。

在牛和猪饲料，加入少量的碘化物，能促进它们的生长发育，例如，给母鸡经常喂养少量的碘化物，可以提高产蛋率。

碘的化合物中，碘化银广泛用于照相中感光剂，因为 AgI 对光敏感，遇光即分解。另外 AgI 还用于人工降雨剂，将 AgI 悬浮于浓氨水，由飞机喷洒，由于氨水挥发，AgI 晶体很快析出，飘浮于云彩中，使大气中水蒸气在 AgI 晶体上凝聚为雪花，在云层温度小于 0℃ 下，会降雪，大于 0℃ 以上则会降雨。计算表明，1 g AgI 可在大气中形成 10 万亿颗“人造冰晶”。

在医药工业中，碘、KI、水在酒精中的溶液是消毒用的碘酒。碘吡酸是一种白色晶体，可配成注射液，作 X 射线造影剂，适用于心肌血管、泌尿系统的造影剂。碘的放射性同位素 ^{131}I 用于甲状腺病的诊断，肝功能、肾功能异常的诊断，以及探测脑部肿瘤等。

在灯丝上涂上碘化钨，在高温下（1 400℃），碘化钨分解，钨留在灯丝上，碘升华且充满整个灯管，温度继续升高，钨受热蒸发，与 I_2 化合成碘化钨，再落到钨丝上，再分解……如此反复，可使钨丝保持原状，经久耐用。这是碘钨灯的工作原理。

碘与硫代硫酸钠的反应是定量进行的：

$$I_2 + 2Na_2S_2O_3 = 2NaI + Na_2S_4O_6$$

该反应是碘量法的基础。

第五节　Cl^-、Br^-、I^- 的分离及检出

Cl^- 的鉴定方法是在用 HNO_3 酸化溶液条件下，加入 $AgNO_3$ 溶液，如得到白色沉淀，很可能是 AgCl。离心分离并弃去溶液，沉淀经洗涤后，加入 2 mol/dm³ $NH_3 \cdot H_2O$，AgCl 应溶解，而 AgBr 仅是微溶，AgI 不溶。酸化溶液（用 HNO_3）应有白色沉淀出现，进一步验证了 Cl^- 的存在：

$$Ag^- + Cl^- = AgCl \downarrow$$

$$AgCl + 2NH_3 \cdot H_2O = Ag(NH_3)_2^+ + Cl^- + 2H_2O$$

$$Ag(NH_3)_2^+ + Cl^- + 2H^+ = AgCl \downarrow + 2NH_4^+$$

Cl^-、Br^-、I^-混合溶液的分离鉴别可根据以下路线进行：

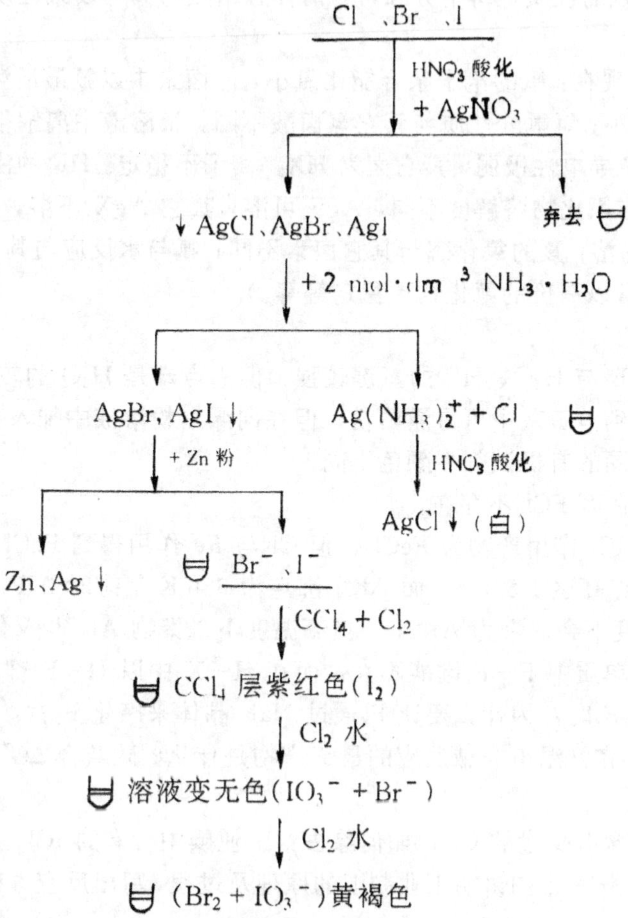

本章教学要求

1. 要求学生能熟悉 $\Delta G^{\ominus}/F-Z$ 图，利用该图讨论卤素及其不同价态化合物的基本性质、卤素的制备方法；含氧酸及其盐氧化还原性的变化规律及 BrO_4^- 的制备方法讨论。

2. 要求学生能利用 $\Delta G^{\ominus}/F-Z$ 图进行有关的热力学计算。

3. 掌握卤化物的性质及非金属卤化物水解机理。

4. 掌握氢卤酸及卤素含氧酸的酸性大小变化规律，利用 Pauling 的经验规则讨论含氧酸酸性大小。

5. 熟练地应用 VSEPR 理论讨论卤素常见化合物分子的空间构型。

6. 了解卤素的用途及其与生命的关系。

7. 初步掌握第二周期元素的特殊性。

习　题

1. 在卤素中，氟的性质显得十分独特，请你总结氟与其它卤素性质的差异，并作解释。

（氟的特殊性表现在：氟的电子亲合能比氯小，但卤素中以氟最活泼；氟的单键键能 $B.E._{(F-F)}$ 特别小；氢氟酸性质与其它氢卤酸不同，稀溶液中离解很弱，较浓溶液中酸性增强，液态 HF 导电性极弱，其它卤素 HX_2^- 离子不稳定。HF 的沸点、熔点反常地高；卤化物溶解度与氟化物溶解度不同，AgF 可溶，其它 AgX 不溶，氟化钙、钡难溶，其它卤化钙、钡则易溶；氟的氧化态与其它卤素不同；氟与水反应与其它卤素明显不同；多价态金属卤化物常以高价的氟化物更稳定等等。）

2. 解释以下事实：

（1）比较 HF 与 H_2O，HF 的氢键较强，但沸点却是 H_2O 的较高。

（2）通氯气到消石灰中可得漂白粉，但在向漂白粉溶液中加入盐酸又得到氯气。

（3）碘在不同的有机试剂中颜色不同。

（4）ClF_3 存在而 FCl_3 不存在。

（5）Fe 与 HCl 作用产物为 $FeCl_2$，但 Cl_2 与 Fe 作用得到 $FeCl_3$。

（6）AlF_3 沸点高达 1 530 K，而 $AlCl_3$ 沸点为 536 K 气态时 AlF_3 不双聚，而 $AlCl_3$ 在气态时及一定温度下会双聚为 Al_2Cl_6，更高温度下二聚物 Al_2Cl_6 又解聚。

（7）在卤素单质中 F—F 键能不大，而在 H—X 中以 H—F 键能最大。

（8）电解制 F_2 时，为什么要让 F_2 通过 NaF 晶体来净化 F_2？

3. Cl_2、Br_2、I_2 在常温下与碱反应的最终产物是什么？试结合 $\Delta G^\circ/F-Z$ 图加以说明。

4. 工业溴中常含有少量的 Cl_2，如何除去？工业碘中含有的 ICl、IBr 又如何除去？

5. 试根据 $\Delta G^\circ/F-Z$ 图讲明工业制溴的原理及过程，写出反应方程式，并请画出工艺流程图。

6. 试根据 $\Delta G^\circ/F-Z$ 图讨论计算 $KMnO_4$、$K_2Cr_2O_7$、MnO_2 与 HCl 反应制备 Cl_2 的反应趋势及反应条件。

7. 试根据 $\Delta G^\circ/F-Z$ 图计算 $Br_2 + OH^- \longrightarrow Br^- + BrO_3^-$ 反应的平衡常数。

8. 为什么不活泼的 Ag 可以从 HI 溶液中置换出氢气？铜与浓盐酸的反应产物是什么？请通过计算说明。

9. 根据 $\Delta G^\circ/F-Z$ 图中酸性条件下数据，计算反应 $4ClO_3^- = 3ClO_4^- + Cl^-$ 反应的 $\Delta_r G^\circ_{298}$ 及平衡常数 K' 值。

10. HF 可以刻蚀玻璃，HCl 却不可以，请从热力学计算说明。

11. 试讨论 BCl_3、$SiCl_4$、CCl_4 的水解反应，从热力学计算加以说明。

12. 解释以下事实：

（1）$SiCl_4$ 在潮湿空气中会发烟。

（2）氮和磷同属 VA 族元素，但它们的三氯化物水解却不同。

（3）硼的卤化物的酸性是 $BF_3 \ll BCl_3 < BBr_3$。

（4）BF_3、BCl_3 的水解反应的不同。

13. 溴或氯可从 KI 溶液中置换 I_2，但碘又可从 $KClO_3$或 BrO_3^-溶液中置换出 Cl_2或 Br_2，请写出它们的反应式并解释。

14. 以氯水逐滴滴入含 Br^-、I^-的混合溶液中，可观察到 CCl_4层中颜色由紫→无色→棕色→浅黄（或无色）→无色的变化，请给予解释，并与反应热力学趋势比较。

15. ①向淀粉－碘化钾溶液中滴加 NaClO 溶液时，溶液颜色发生从蓝→无色的变化；②酸化溶液后加入少量 Na_2SO_3(S) 又出现蓝色；③过量 Na_2SO_3加入则溶液蓝色又褪去；④向溶液中加入 KIO_3溶液又重复出现蓝色溶液，试分别写出以上各步骤的反应式。

16. 有三瓶失落标签的试剂分别是 $KClO$(S)、$KClO_3$(S)、$KClO_4$，请分别区别它们。

17. 请根据 $\Delta G^\ominus/F-Z$ 图计算 $3IO^- \xlongequal{} 2I^- + IO_3^-$反应的平衡常数。

18. 写出 I^-被 Fe^{3+}氧化的反应式，计算反应的 $\Delta G^\ominus$，如果在溶液中加入 F^-后，I^-还将被 Fe(Ⅲ) 氧化吗？为什么？

19. 今有白色的钠盐晶体 A 和 B，A、B 都溶于水，A 的水溶液呈中性，B 的水溶液呈碱性，A 溶液与 $FeCl_3$溶液作用，溶液呈棕色。A 溶液与 $AgNO_3$溶液作用，有黄色沉淀析出。晶体 B 与浓 HCl 反应，有黄绿色气体产生，此气体与冷 NaOH 溶液作用，可得含 B 的溶液。向 A 溶液中开始滴加 B 溶液时，溶液呈红棕色，若继续滴加过量 B 溶液，则溶液的红棕色消失，试问，A、B 各为何物？写出有关反应式。

20. 将一种纯净可溶的碘化物 332 mg 溶于稀 H_2SO_4内，再加入经准确称量的0.02 mol KIO_3，煮沸除去由反应生成的碘，然后加足量的 KI 溶液，使之与过量的 KIO_3作用，最后用 $Na_2S_2O_3$滴定所形成的 I_3^-，共用去 $Na_2S_2O_3$ 0.009 6 mol，问原来的化合物是什么？

21. 已知 OF_2、Cl_2O、ClO_2的分子结构参数为：

	OF_2	Cl_2O	ClO_2
O—X 键长/pm	140.9	171	147
键角/（°）	103.2	110	118

试根据以上数据讨论这三种分子的结构、键的类型，并对键长、键角数据给予解释。

22. I_2O_4是离子型化合物还是共价型化合物？试写出它的结构式。

23. 实验测定，I_2O_5，$[I_2O_{10}H_2]^{4-}$、$[I_2O_9]^{4-}$的空间结构分别是：I_2O_5 由两个 IO_3公用一个顶角氧原子，$[I_2O_{10}H_2]^{4-}$是两个 $[I(OH)O_5]^{2-}$公用一条 O—O 棱，$[I_2O_9]^{4-}$是两个 $[IO_6]^{2-}$公用一个由三个氧原子构成的面相连而成。试画出它们的结构，指出碘的杂化态。

24. 指出下列分子或离子的电子构型、空间几何构型、中心原子杂化态：I_2Cl_6、ClF_3、BrF_3、BrF_5、IF_7、ClO_4^-、ClO_2^-、$[ICl_4]^-$、BrF_2^+。

25. 电导实验测定液态 BrF_3可微弱导电，这表明 BrF_3(l) 中有阳离子 X 及阴离子 Y 存在。在以下化合物 BrF_2SbF_6、$KBrF_4$、$(BrF_2)_2SnF_6$ 中也存在 X 或 Y 离子。试据此写出 X、Y 的化学式并讨论它们的空间构型、X、Y 离子的酸碱性。

26. 实验测定 C_2H_6、C_2H_4、$(CN)_2$中 C—C 键或 C=C 键长分别是 C_2H_6：154 pm，

C_2H_4：134 pm，$(CN)_2$：138 pm。请讨论 $(CN)_2$的结构。

27. 1971 年首次合成 HOF 后，Stonestreet 提出，HOF 具有可能的氧化数是 ① H +1、O−2、F+1；② H+1、O 0、F−1；根据 HOF 氧化性比 O_2差，他认为 ① 是合理的，你的看法如何？为什么？

28. 请根据卤素的 $\Delta G^\ominus/F-Z$ 图计算 $\varphi_A^\ominus$、$\varphi_B^\ominus$ 数值，并对其变化规律进行讨论。例如：$\varphi^\ominus_{(HClO/Cl^-)}$、$\varphi^\ominus_{(HBrO/Br^-)}$、$\varphi^\ominus_{(HIO/I^-)}$、$\varphi^\ominus_{(ClO^-/Cl^-)}$、$\varphi^\ominus_{(BrO^-/Br^-)}$、$\varphi^\ominus_{(IO^-/I^-)}$、$\varphi^\ominus_{(HClO_3/Cl^-)}$、$\varphi^\ominus_{(HBrO_3/Br^-)}$、$\varphi^\ominus_{(HIO_3/I^-)}$、$\varphi^\ominus_{(ClO_3^-/Cl^-)}$、$\varphi^\ominus_{(BrO_3^-/Br^-)}$、$\varphi^\ominus_{(IO_3^-/I^-)}$、$\varphi^\ominus_{(HClO_4/Cl^-)}$、$\varphi^\ominus_{(HBrO_4/Br^-)}$、$\varphi^\ominus_{(H_5IO_6/I^-)}$、$\varphi^\ominus_{(ClO_4^-/Cl^-)}$、$\varphi^\ominus_{(BrO_4^-/Br^-)}$、$\varphi^\ominus_{(H_3IO_6^{2-}/I^-)}$。

讨论：① 介质对氧化还原性影响；② 低价时 $\varphi^\ominus_{(HClO/Cl^-)}>\varphi^\ominus_{(HBrO/Br^-)}$，而高氧化态时 $\varphi^\ominus_{(HBrO_4/Br^-)}>\varphi^\ominus_{(HClO_4/Cl^-)}$等规律性。

29. 完成下列反应式：

(1) $Cl_2 + CO \xrightarrow{\Delta}$

(2) $CO + I_2O_5 \xrightarrow{\Delta}$

(3) $BF_3 + H_2O =\!=\!=$

(4) $SiF_4 + H_2O =\!=\!=$

(5) $BrF_5 + H_2O =\!=\!=$

(6) $KIO_3 + KI + H_2SO_4 =\!=\!=$

(7) $KI + H_2O_2 + H_2SO_4 =\!=\!=$

(8) $KClO + K_2MnO_4 + H_2O \longrightarrow$

(9) $KClO_3 + FeSO_4 + H_2SO_4 =\!=\!=$

(10) $Mn^{2+} + IO_4^- + H_2O =\!=\!=$

(11) 用氯水处理含氰废水。

(12) $K_2Cr_2O_7 + HCl \longrightarrow$

(13) $(SCN)_2 + H_2O =\!=\!=$

(14) $(SCN)_2 + H_2S =\!=\!=$

(15) $(SCN)_2 + 2I^- =\!=\!=$

(16) $(SCN)_2 + S_2O_3^{2-} =\!=\!=$

30. 若 10^{-4} mol 的 AgCl 全部溶于 1 cm^3 $NH_3 \cdot H_2O$ 中，则该氨水浓度最小为多少？若 10^{-4} mol AgI 全部溶于 10 cm^3的 $Na_2S_2O_3$溶液中，则该 $Na_2S_2O_3$溶液最低浓度为多少？请计算 AgCl 在 0.1 mol/dm^3 $NH_3 \cdot H_2O$ 中的溶解度，AgI 在 2 mol/dm^3 $Na_2S_2O_3$溶液中的溶解度。

31. 简述混合液 Br^-、Cl^- 的分离方法，你所用的方法在起始浓度比 $[Cl^-]/[Br^-]=500$时，能否完全分离？

32. 下列物质能否共存？为什么？

(1) $FeCl_2$溶液与溴水；

(2) $FeCl_3$溶液与 KI 水溶液；

(3) 在酸性溶液中，NaBr 与 $NaBrO_3$；

（4）在酸性溶液中，KCl 与 KIO_3；

（5）酸性溶液中，KI 与 KIO_3。

33. 简要说明卤素用途及与人体健康的关系。

第二章 氧族元素

氧族元素（Oxygen group elements）包括氧（Oxygen）、硫（Sulfur）、硒(Selenium)、碲（Tellurium）及钋（Polonium）。氧是地壳中分布最广泛的元素，占地壳含量的 48.6%，其中在陆界主要以二氧化硅、硅酸盐或其它氧化物、含氧酸盐形式存在，占 47%，在海洋中大约占 89%，在大气中大约占 21%（体积分数）。硫大约占地壳组成的 0.048%，除游离态的单质硫外，也有化合态的硫化物如黄铁矿 FeS_2、黄铜矿 $CuFeS_2$、方铅矿 PbS、闪锌矿 ZnS，及一些硫酸盐如石膏 $CaSO_4 \cdot 2H_2O$、芒硝 $Na_2SO_4 \cdot 10H_2O$、重晶石 $BaSO_4$等矿石存在。硒和碲是稀有的分散元素，在自然界中存在极少，硒大约占地壳组成的 9×10^{-5}%，碲大约占 2×10^{-7}%，主要取自冶炼工业例如精炼铜时的阳极泥中（除主要含有金、银等贵金属外，还有少量以化合态存在的硒和碲）。钋为放射性元素，以痕量存在于沥青铀矿中。

第一节 氧族元素单质及其重要化合物的结构特点与基本性质

氧族元素的某些基本性质见表 2—1。

表 2—1 氧族元素的某些基本性质

基本性质	氧	硫	硒	碲
价层电子结构	$2s^2 2p^4$	$3s^2 3p^4$	$4s^2 4p^4$	$5s^2 5p^4$
主要氧化数	−2、−1	−2、+4、+6	−2、+4、+6	−2、+4、+6
熔点/℃	−218.4	112.8（菱）	217	452
沸点/℃	−183.0	444.6	684.9	1 390
熔化热/$kJ \cdot mol^{-1}$	0.44	2.85	10.46	35.82
气化热/$kJ \cdot mol^{-1}$	6.78	19.25	95.5	114.1
E（g）的生成热/$kJ \cdot mol^{-1}$	249.2	277.8	202.4	199.2
溶解度/$g \cdot (100\ g\ H_2O)^{-1}$	0.044	溶于 CS_2、乙醇、乙醚、	溶于 CS_2中	

续表 2—1

基 本 性 质	氧	硫	硒	碲
	(20℃)	苯中		
常压下状态	气态	固态	固态	固态
原子半径（共价半径）/pm	73	103	117	137
第一电离能/$kJ\cdot mol^{-1}$	1314	1000	941	869
第一电子亲合能/$kJ\cdot mol^{-1}$	141.0	200.4	195.0	190.1
第二电子亲合能/$kJ\cdot mol^{-1}$	−780.7	−590.4	−420.5	
电负性（Pauling）	3.44	2.58	2.55	2.1
离子半径（E^{2-}）/pm	140	184	198	221
单键的解离能/$kJ\cdot mol^{-1}$	142	268	172	126

一、单质的结构特点与性质

本族元素从上而下随着原子半径的增大，电离能、电负性、非金属性也都依次降低，金属性增大，所以，本族元素在性质上表现为从非金属向金属的过渡：氧和硫是典型的非金属，硒和碲为准金属，钋是金属。在存在形态上，氧是气态；硫是固态，有α斜方硫，β及γ单斜硫；硒是固态，有金属硒、结晶硒和无定形硒；碲则有金属碲及无定形碲的形态。

1. 氧

在自然界的单质氧有氧气及臭氧。根据价键理论，氧分子中应只有一个σ键及一个π键，不可能存在成单电子；但磁距实验表明，氧分子中存在两个未成对的成单电子（磁矩 $\mu=2.83$），可见价键理论无法解释氧分子的结构。利用分子轨道法处理，氧分子的分子轨道可表示为：

$$O_2(16)\left[(\sigma_{1s})^2(\sigma_{1s}^*)^2(\sigma_{2s})^2(\sigma_{2s}^*)^2(\sigma_{2px})^2(\pi_{2py}\pi_{2pz})^4(\pi_{2py}^{*1}\pi_{2pz}^{*1})(\sigma_{2px}^*)^0\right]$$

可见氧分子中有一个σ键，二个 π_2^3 键，从而可以正确地说明了氧分子的磁性。因此氧分子结构式应表示为：

$$:\overset{\cdots}{\underset{\cdots}{O—O}}:$$

在氧分子中，键级为(6−2)/2=2。由氧分子的分子轨道可预测，在化学反应中氧分子通过得失电子可能有下列几种情况：

(1)得到一个电子形成超氧化物，如 KO_2：

$$(\sigma_{2px})^2\begin{pmatrix}\pi_{2py}\\ \pi_{2pz}\end{pmatrix}^4\begin{pmatrix}\pi_{2py}^*\\ \pi_{2pz}^*\end{pmatrix}^2+e \Rightarrow (\sigma_{2px})^2\begin{pmatrix}\pi_{2py}\\ \pi_{2pz}\end{pmatrix}^4\begin{pmatrix}\pi_{2py}^*\\ \pi_{2pz}^*\end{pmatrix}^3$$

O_2^-键级为(6－3)/2＝1.5　　　$1\sigma+1\pi_2^3$

(2)得到二个电子形成过氧化物，如 Na_2O_2：

$$(\sigma_{2px})^2\begin{pmatrix}\pi_{2py}\\ \pi_{2pz}\end{pmatrix}^4\begin{pmatrix}\pi_{2py}^*\\ \pi_{2pz}^*\end{pmatrix}^2+2e \Rightarrow (\sigma_{2px})^2\begin{pmatrix}\pi_{2py}\\ \pi_{2pz}\end{pmatrix}^4\begin{pmatrix}\pi_{2py}^*\\ \pi_{2pz}^*\end{pmatrix}^4$$

O_2^{2-}键级为(6－4)/2＝1　　　1σ

(3)失去一个电子形成二氧基阳离子，如 $O_2^+[PtF_6]^-$：

$$(\sigma_{2px})^2\begin{pmatrix}\pi_{2py}\\ \pi_{2pz}\end{pmatrix}^4\begin{pmatrix}\pi_{2py}^*\\ \pi_{2pz}^*\end{pmatrix}^2-e \Rightarrow (\sigma_{2px})^2\begin{pmatrix}\pi_{2py}\\ \pi_{2pz}\end{pmatrix}^4\begin{pmatrix}\pi_{2py}^*\\ \pi_{2pz}^*\end{pmatrix}^1$$

O_2^+键级为(6－1)/2＝2.5　　　$1\sigma+1\pi_2^2+1\pi_2^3$

(4)理论上氧分子可以失去两个电子形成二氧基两价离子：

$$(\sigma_{2px})^2\begin{pmatrix}\pi_{2py}\\ \pi_{2pz}\end{pmatrix}^4\begin{pmatrix}\pi_{2py}^*\\ \pi_{2pz}^*\end{pmatrix}^2-2e \Rightarrow (\sigma_{2px})^2\begin{pmatrix}\pi_{2py}\\ \pi_{2pz}\end{pmatrix}^4\begin{pmatrix}\pi_{2py}^*\\ \pi_{2pz}^*\end{pmatrix}^0$$

O_2^{2+}键级为(6－0)/2＝3　　　$1\sigma+2\pi_2^2$

因为氧分子失去一个电子的电离能为 1 175.7 kJ/mol，可以预测它失去第二个电子所需能量将会更高，因此二氧基两价阳离子实际上难以形成。

(5)以氧分子上孤对电子作为 Lewis 碱的电子给予体向中心金属原子（离子）配位，形成配合物，比如在人体血液循环中，血红素 Hb(卟啉衍生物与 Fe(Ⅱ)形成的配合物)与氧形成氧合血红蛋白，在人体内的输氧过程中扮演着极其重要的角色：

$$\mathrm{HbFe(II)} + O_2 \underset{\text{人体各组织}}{\overset{\text{肺}}{\rightleftharpoons}} \mathrm{HbFe(II)} \leftarrow O_2\text{(氧合血红蛋白)}$$

血红蛋白在肺部吸收氧后形成配合物，随着动脉血输送到人体各部分，再送到人体各组织的器官中，释放出氧后成为血红素，随着静脉血被送回肺部循环。据测定，哺乳动物血液中含 15%～30% 体积的 O_2，而低等动物血液中含氧量较低，仅 5%～10%。

由于氧原子的半径小，在氧分子中存在孤对电子－孤对电子的排斥力，使氧分子单键解离能较硫、硒都小，同时由于氧是第二周期元素，电负性仅次于氟，使氧的性质与其它元素相比差别较大，因此常常称 S、Se、Te 为硫属 (Chalcogen) 元素。氧的特殊性通常表现在以下方面：

(1)由于 S、Se、Te 的电负性较小，故它们的 －2 氧化态化合物形成的键，离子性皆比相应的氧化物小，化合物的稳定性也较小，还原性依次增大。

(2)氧在一般化合物中(除 H_2O_2及 OF_2外)均呈 －2 氧化态，硫属各元素则以正氧化态为常见，而 ＋6 氧化态的稳定性以 S 最稳定，Te 其次，Se(Ⅵ)氧化性最大(由于次周期性的影响)。

(3) 硫属元素由于价层有空的 d 轨道可以利用，在形成某些化合物时往往以形成 d－pπ 键为特征的配键，且对硫最为特征；而氧为第二周期元素，以形成 p－pπ 键为特征。硫属元素常常以 sp^2、sp^3、sp^3d、sp^3d^2 杂化态成键；氧则只以 sp、sp^2、sp^3 成键，易形成双键，如 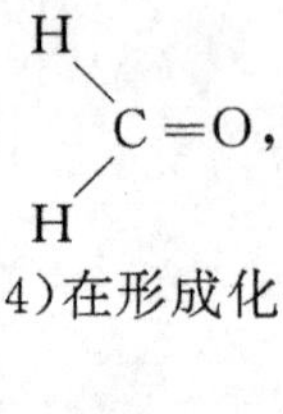，以至三重键，如 CO。

(4)在形成化合物时硫属元素配位数可达到 6。

(5)氧在与电负性大的元素形成共价键时，由于孤对电子对间的排斥力大，键能较小，如 O—O、O—F、O—Cl 键；氧与电负性小、本身又无孤对电子的非金属元素形成共价键时，键能较大，如 O—H、O—C 键。氧族元素的常见共价键键能数据见表 2—2。

表 2—2　氧族元素有关化合物的键能　　kJ/mol

键能	H	C	O	F	Cl	S	Se
O	467	359	142	190	205		
S	374	272	268	326	255	264	
Se	276		172	285	243		172
Te	238		126	335			

(6)氧原子可以把两个成单电子以自旋方向相反自旋归并，空出一个 2p 轨道接受一对外来电子对形成配位 σ 键，同时形成反馈的 p—dπ 配键，因此在很多的含氧酸根中普遍存在 π_{d-p}键。例如在 SO_4^{2-} 中普遍认为有两个 π_5^8 键。

(7)由于氧的原子半径小，电负性大，许多含氧酸分子都易通过氧原子同另一化合物的氢原子形成分子间氢键。

臭氧 O_3是氧的另一种同素异形体。让氧气通过臭氧发生器，即可由放电作用使 O_2 转化为 O_3：

$$3O_2 \xrightarrow{\text{放电}} 2O_3 \qquad \Delta_r H_m^{\ominus} = 284\ \text{kJ/mol}$$

实验室的简单装置如图 2—1 所示。该装置由两个玻璃管所组成，其中的一个玻璃管插到另一支大玻璃管内。氧气缓缓地通过两管之间。导线的两端和高压感应圈的两极相连，使无声放电在两管壁间进行，从臭氧发生器中出来的混合气体中有约 3%～10%（最高达 13%）的臭氧。可利用它们的沸点的差异（约 70 K）通过分级液化分离提纯，取得更为纯净、浓度较高的臭氧。在自然界中，在地面附近的大气层中臭氧含量极少，其体积分数仅为 1×10^{-9}。在离地面约 25 km 处有一个臭氧层，臭氧体积分数高达 0.2×10^{-6}，它是由于氧气吸收了太阳光中波长小于 185 nm 的紫外线后生成的，反应式可表示为：

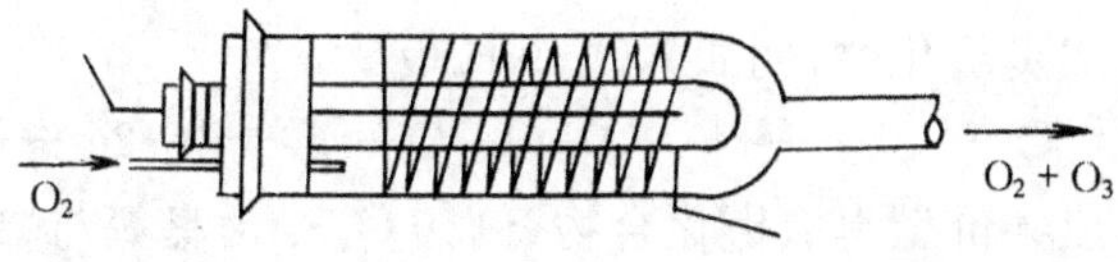

图 2—1　简易臭氧发生器

$$3O_2 + h\upsilon\ (<185\ \text{nm}) = 2O_3$$

但在波长为 200～320 nm 的紫外线照射下，臭氧又会分解为氧。因而在大气层中存在着臭氧和氧的相互转化平衡，消耗了太阳光中大量紫外线，保护了地球上动植物，使其免遭紫外线的伤害。在雷雨天，由于大气中的放电，也会产生臭氧。某些物质如潮湿的磷、松节油、树脂等氧化时，也会产生臭氧。通常疗养所附近都种有针叶松树，以保持空气清新。

臭氧的分子结构呈 V 型，其结构如图 2－2。实验测定臭氧分子中 O－O 键长为 127.8 pm，比正常 O－O 单键键长（148 pm）短，又比双键键长（112 pm）长，说明臭氧分子中 O－O 键的键级介乎 1 和 2 之间。用 VB 法处理，可以说明臭氧分子存在 π_3^4 大 π 键，其中中心原子以 sp^2 杂化：

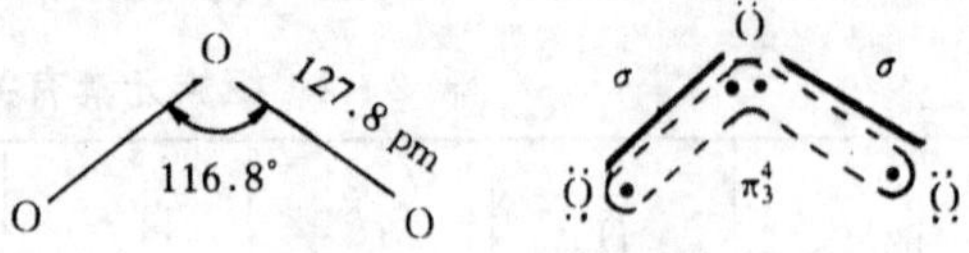

图 2－2　臭氧分子的结构

O	s^2	p_x^1	]σ	p_y^2		p_z^1	
O	$(sp^2)^2$	$(sp^2)^1$		$(sp^2)^1$	]σ	p_z^2	π_3^4
O	s^2	p_x^2		p_y^1		p_z^1	

三个同时垂直于同一平面的 p_z 轨道形成离域 π 键（属三中心四电子键），根据分子轨道理论对 π_3^4 作简单处理，可以图 2－3 简单表示。这样，π_3^4 键级可近似相当于 1，分配在臭氧分子上的 O－O 键键级平均为 $1\sigma+\frac{1}{2}\pi_3^4$，约为 1.5。键角 116.8°可以考虑是由于中心氧原子孤对电子对成键电子的排斥力的结果。

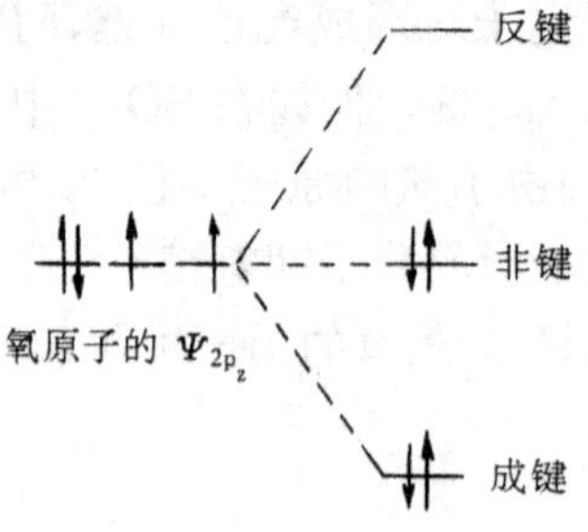

图 2－3　臭氧分子 π_3^4 分子轨道

氧经放电生成臭氧反应是吸热反应，说明了臭氧的不稳定性。关于臭氧的不稳定性可以从臭氧的 π_3^4 键参与化学反应来讲明：

$$O_3 + e \longrightarrow O_3^- \ (\pi_3^4 + e \longrightarrow \pi_3^5)$$

形成臭氧化物，例如 KO_3、NH_4O_3；

$$O_3 + 2e \longrightarrow [-O-O-O-]^{2-} \ (\pi_3^4 + 2e \longrightarrow \pi_3^6)\text{（大 }\pi\text{ 键完全打开）}$$

形成共价型臭氧链化合物，例如 O_3F_2 由臭氧与烯烃加成反应，可确定双键的位置：

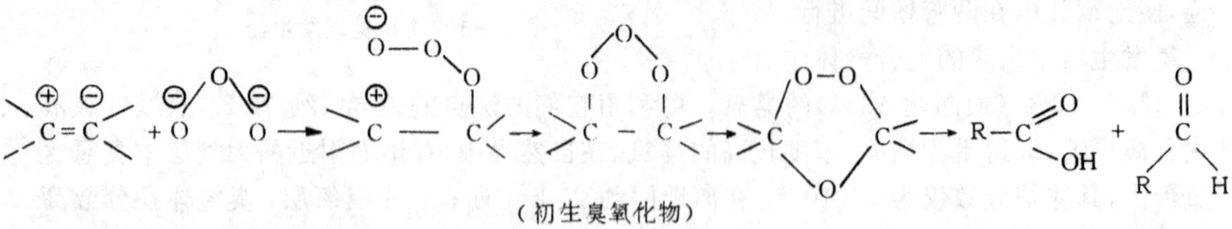

（初生臭氧化物）

另一方面，臭氧的强氧化性表现在以下各反应中：

$$2Ag + 2O_3 = Ag_2O_2 + 2O_2\uparrow$$
$$PbS + 2O_3 = PbSO_4 + O_2\uparrow$$
$$2KI + H_2SO_4 + O_3 = I_2 + O_2\uparrow + H_2O + K_2SO_4$$

O_3作为氧化剂，在碱性介质中生成 O_2及 OH^-，在酸性介质中生成 O_2及 H_2O。以上反应中最后一个反应既定量又迅速，可用于检测混合气体中是否含有臭氧。利用臭氧的氧化性处理工业废气(如二氧化硫、硫化氢)或废水(如含氰、酚、苯、醇废水)既快速又彻底，减少二次污染：

$$O_3 + CN^- = OCN^- + O_2$$

$$2OCN^- + 3O_3 \longrightarrow CO_3^{2-} + N_2\uparrow + 3O_2\uparrow + CO_2$$

由臭氧结构分析可以看到臭氧无成单电子，具有抗磁性；由于三个氧原子对大 π 键贡献不同，臭氧应具有分子电偶极矩 ($\mu = 1.93\times10^{-30}$C·m)，它是唯一有偶极矩的单质。氧与臭氧的一些性质对比见表 2－3。

表 2－3　氧与臭氧的物理性质

	氧	臭氧
气体颜色	无色	淡蓝色
液体颜色	淡蓝色	暗蓝色
熔点/K	54.6	80
沸点/K	90	161
临界温度/K	154	268
273 K 时在水中溶解度 /mol·dm^{-3}	49.1	494
磁矩	2.83	0
分子电偶极矩/×10^{-30}C·m	0	1.93

2. *硫*

硫有多种同素异形体，最常见的是斜方硫(又叫菱形硫、α－硫) 和单斜硫(又叫 β－硫)。单斜硫与斜方硫是单质硫在不同温度下的变体。单斜硫是针状晶体，只稳定存在于 95.6℃ 以上，在室温下它缓慢地转变为斜方硫：

$$\alpha\text{-S} \underset{<96.5^\circ\text{C}}{\overset{>96.5^\circ\text{C}}{\rightleftharpoons}} \beta\text{-S} \qquad \Delta_r H_m^\circ = 0.398\ \text{kJ/mol}$$

α－S 熔点为 112.8℃，β－S 熔点为 119℃。它们的结构见图 2－4，它们都易溶于 CS_2 中。实验表明，α－硫及 β－硫都是由 S_8 环状分子组成，其结构见图 2－5。α－硫为黄色，密度为 2.06 g/cm^3；β－硫为浅黄色，密度为 1.96 g/cm^3。

键能数据表明，S—S 单键键能 (240.0 kJ/mol) 大于 O—O 单键键能 (146.0 kJ/mol)，而 S＝S 双键键能(424.7 kJ/mol)小于 O＝O 双键键能(493.59 kJ/mol)(为什么?)。以热力学计算可以说明硫成链能力的特征：

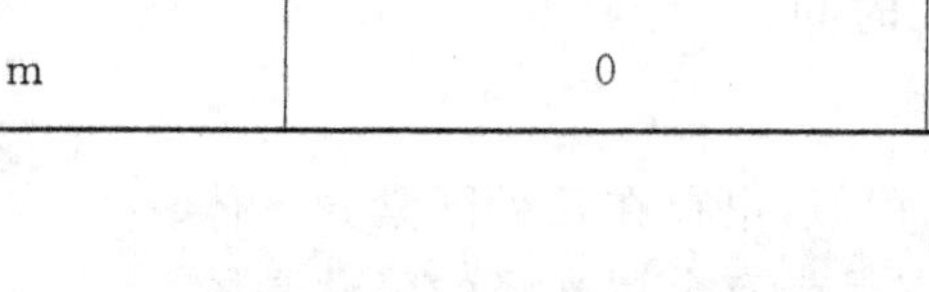

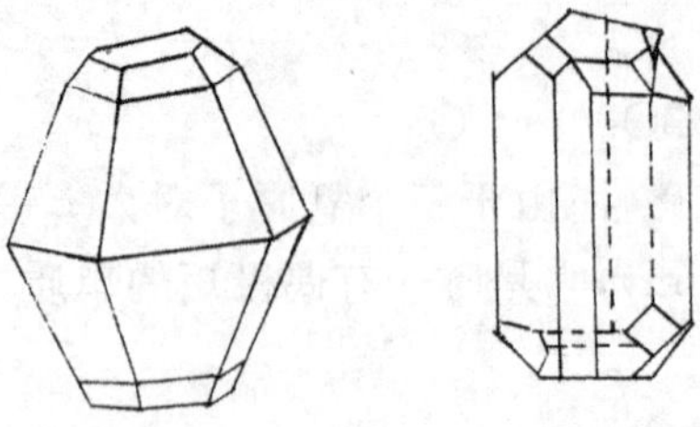

α—S　　　β—S

图 2—4　单质硫晶体

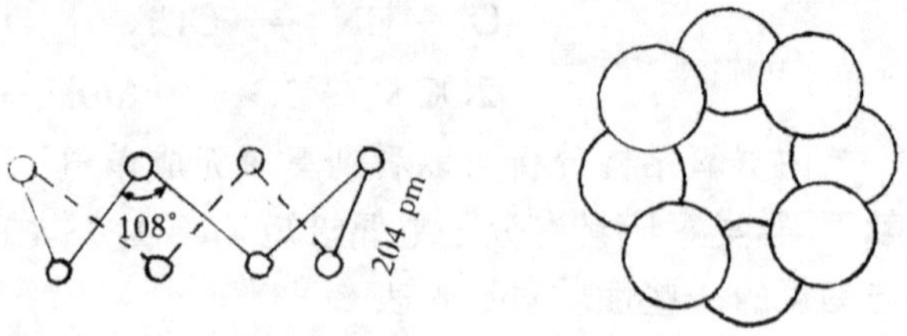

图 2—5　S_8 分子结构

$$\Delta_r H_m^{\circ} = 424.7\times 4 - 240.0\times 8 = -221.2\ \text{kJ/mol}$$

因此在硫的化合物中存在多种连多硫酸盐、硫代硫酸盐或多硫化物。

晶体硫加热到熔融，再加热到 160 ℃ 时，S_8 开始断环，形成很长的链，在 190 ℃ 时长链中有 10^6 个硫原子。熔融硫的颜色变深，粘度增大，在约 200 ℃ 时粘度最大，高于 250 ℃ 后粘度又明显下降。290 ℃ 以上时有 S_6 生成，最终于 444.6 ℃ 沸腾，在硫蒸气中有 S_8、S_6、S_4、S_2 等分子。温度升高，S_2 增多，约于 2 000 ℃ 时，S_2 开始分解为 S。S_2 迅速地冷却到 －196 ℃，得紫色顺磁性固体，据测定 S—S 核间距为 188.9 pm，比 S—S 单键键长（205 pm）短，说明 S_2 的结构可能与 O_2 相似。把加热到 200 ℃ 的熔融硫迅速倾入冷水中得到弹性硫。在室温下，弹性硫转变为斜方硫的速度很慢，完全转变需一年以上时间。

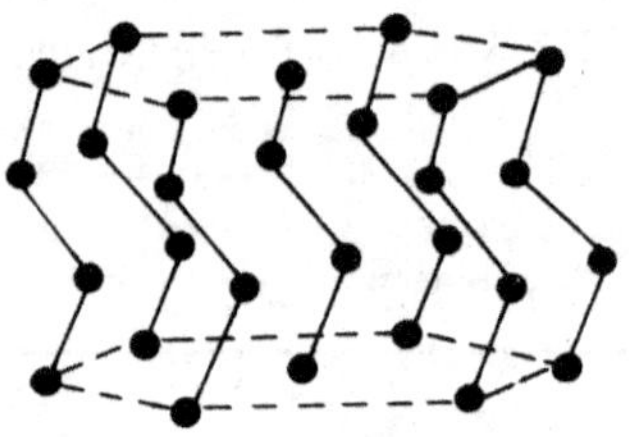

图 2—6　灰硒的结构

3. *硒和碲*

硒和碲的游离态与硫相似，也存在几种同素异形体。硒最稳定的形态是灰硒，它是带有金属光泽的脆性晶体，其结构是由曲折的无限长硒链 Se_∞ 构成，如图 2—6 所示。无定形硒是不良导体，受热转化为六方晶形灰色金属型硒。

硒是典型的半导体，在光照下其导电性可提高近千倍，故被用作光电池材料，并在半导体技术中用来制造整流管和光电管。

碲的游离态也存在几种同素异形体，具有金属特征的金属碲（灰碲）比无定形碲更为稳定。碲也是半导体，但其导电性能不受光的影响，其应用较硒小。

二、氧族元素氢化物及其结构与性质

1. 水与过氧化氢

水是地球上分布最多的物质。由于自然界中的氢存在着三种同位素（^1H 、^2H 及极微量的 ^3H），而氧又存在着三种同位素（^{16}O、^{17}O 和 ^{18}O），根据排列组合的结果，大自然应存在着九种不同的水。其中 $H_2{}^{16}O$ 最多，因此普通水的性质是 $H_2{}^{16}O$ 的性质。普通水对维持动植物体的生命有极其重要作用。此外 $D_2{}^{16}O$ 和 $H_2{}^{18}O$ 也十分有用。$D_2{}^{16}O$ 叫重水，可应用于原子反应堆的中子减速剂；$H_2{}^{18}O$ 叫重氧水，是研究化学反应尤其是水解反应机理的示踪物。

从 1781 年普列斯特利 (Priestley) 等人的工作开始到 1895 年摩莱 (Morley) 的精确测定为止，经历 100 多年才准确地确定了水的化学式为 H_2O。

根据 VB 法，确定氧原子以 sp^3 不等性杂化，由于孤对电子间的排斥力，键角∠HOH 为 104°30′。结构图如图 2—7 所示。根据 VSEPR 理论，我们可以得到同一结果。

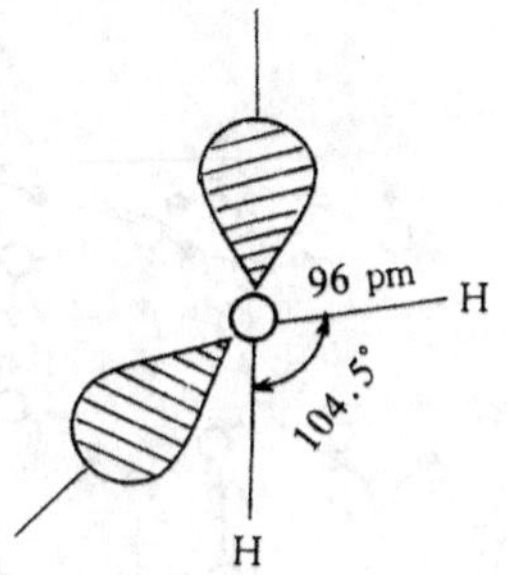

图 2—7　水分子结构

按原子量计算，水的分子量应为 18.02，但实验测定表明，水蒸气在沸点时测定的分子量为 18.64，表明水蒸气是由 96.5% 单分子水及 3.5% 双分子水 $(H_2O)_2$所组成。而液态水分子量更大，可见在液态水中含有更复杂的水分子 $(H_2O)_x(x\geqslant2)$。这种由简单分子通过氢键作用力而产生缔合的过程使 H_2O 在氧族元素的氢化物熔沸点"反常"地高，图 2—8 示意地表示了$(H_2O)_x$ 的缔合。无疑地，水的缔合是一种放热过程。因此在温度升高时，水的缔合程度将下降，高温下的水主要以单分子状态存在；温度降低时，水的缔合程度将增大，在 273 K 时水结合成冰，形成一个巨大的缔合分子。冰的结构如图 2—9 a、b所示。

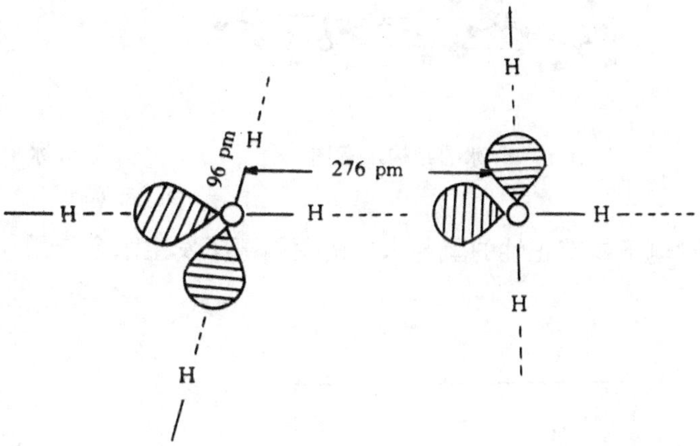

图 2—8　H_2O 分子间氢键的形成

在冰中每一个水分子都被相邻的四个水分子所包围着，每个水分子都位于四面体的顶点，冰是由无数个这样的四面体通过氢键互相连结为一个庞大的分子晶体。水分子间的结合力约为 51.1 kJ/mol，其中氢键占 73.6%，余下为分子间力的贡献。由于水分子的缔合，使水的物理性质有其特殊性，如比热大，其数值是所有液态、固态物质中最大的(为 4.1868×10^3 J/ (kg·K)；熔沸点、溶化热、蒸发热在与第六主族其他氢化物相比是反常地高；密度以在 277 K 时最大，277 K 以上或以下水的密度都降低，在冰点时，全部水分子缔合成一个巨大的缔合分子，密度大幅度下降而浮于水面，使水中动植物得以保护不致冻死。这些性质都与水的氢键形成有密切关系。

由于水分子结构上的特点，水对热表现出相当高的稳定性，加热至 2 000 多度也只有 0.588%的水分解：

$$2H_2O(g)\xlongequal{\Delta}2H_2(g)+O_2(g)\qquad \Delta_rH_m^{\ominus}=483.6\ \text{kJ/mol}$$

水是良好的极性溶剂，能溶解盐类及某些共价化合物，并可以通过水分子中氧的孤

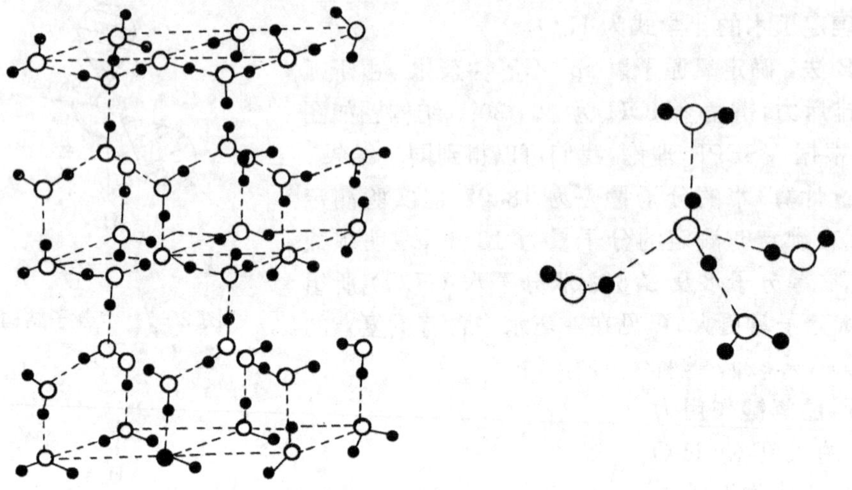

a. 冰的结构示意图　　　　b. 冰中水分子的四面体排列

图 2—9

对电子或带正性的氢与水中的阴阳离子发生水合作用，或水解作用。

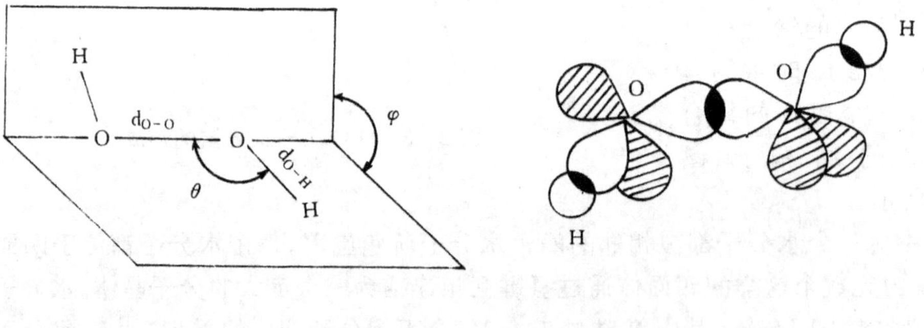

图 2—10　H_2O_2 的结构

过氧化氢具有图 2—10 的结构。结构表明 H_2O_2分子有一个过氧键 —O—O—，由于氧原子是 sp^3 杂化的，氧原子上两对孤对电子的排斥力使 ∠HOO 角（θ）大大地小于 109°28′；H_2O_2分子是立体的，两个氢原子与氧原子不在同一平面上，其结构参数见表2—4中数据。HO—OH 键能为 204.2 kJ/mol，HOO—H 键能为 374.9 kJ/mol。从 H_2O_2的分子结构可以看到它的极性比水还强（分子电偶极矩为 7.54×10^{-30} C·m，水为 6.24×10^{-30} C·m）。由于氢键的作用较 H_2O 更大，H_2O_2分子量也比 H_2O 大，因此 H_2O_2沸点远比 H_2O 高（为 423 K），但其熔点 272 K 却与 H_2O 接近。纯 H_2O_2是一种淡蓝色的粘稠状液体，相当稳定，不易分解，但从反应

$$H_2O_2\ (l) = H_2O\ (l) + \frac{1}{2}O_2\ (g)$$

表 2—4 H_2O_2 的结构参数

H_2O_2	固态	气态	H_2O_2	固态	气态
d_{O-O}/pm	145.3	147.5	θ/(°)	102.7	94.8
d_{O-H}/pm	98.8	95.0	φ/(°)	90.2	111.5

来看，该反应 $\Delta_r G_m^\ominus = -123.2$ kJ/mol，$\Delta_r H_m^\ominus = -98.2$ kJ/mol，热力学倾向很大，这说明过氧化氢的相对稳定性是由于该反应的动力学障碍所致。因此过氧化氢的浓溶液中由于痕量的重金属离子的存在会促使该分解反应的进行，使过氧化氢分解反应爆炸性地进行，并放出大量的热。因此，蒸馏过氧化氢水溶液应在保护罩内进行。此外，光照或碱也会促进过氧化氢的分解。通常过氧化氢水溶液只制成 30% 的水溶液，并加入稳定剂，贮存于避光的塑料容器之中。常用稳定剂是锡酸钠、焦磷酸钠、8—羟基喹啉等。过氧化氢是一种极弱的酸，其金属过氧化物例 Na_2O_2 可视为过氧化氢的盐，这些盐在水溶液中易水解。和水一样，过氧化氢也有孤对电子可以配出，形成过氧化氢合物：

$$2Na_2CO_3 + 3H_2O_2 = 2Na_2CO_3 \cdot 3H_2O_2$$

由于过氧化氢的过氧键键能小（仅 204.2 kJ/mol），又处于中间氧化态（—1），因此它在性质上应既显氧化性，又显还原性。由电极电位数值可以看到，酸性条件下氧化性较显著，碱性条件下还原性较突出：

$$\varphi_A^\ominus \quad \varphi^\ominus_{(H_2O_2/H_2O)} = 1.78\ V \quad \varphi^\ominus_{(O_2/H_2O_2)} = 0.68\ V$$

$$\varphi_B^\ominus \quad \varphi^\ominus_{(HO_2^-/H_2O)} = 0.87\ V \quad \varphi^\ominus_{(O_2/HO_2^-)} = -0.08\ V$$

利用过氧化氢作氧化剂具有氧化性强、完全无毒、不引入任何杂质的优点。以下反应表明过氧化氢的氧化性：

$$H_2O_2 + H_2SO_3 = SO_4^{2-} + 2H^+ + H_2O$$

$$H_2O_2 + 2Fe^{2+} + 2H^+ = 2Fe^{3+} + 2H_2O$$

$$H_2O_2 + Mn(OH)_2 = MnO_2\downarrow + 2H_2O$$

$$3H_2O_2 + 2CrO_2^- + 2OH^- = 2CrO_4^{2-} + 4H_2O$$

$$H_2O_2 + 3I^- + 2H^+ = I_3^- + 2H_2O$$

在遇到强氧化剂时，过氧化氢表现出还原性：

$$5H_2O_2 + 2MnO_4^- + 6H^+ = 2Mn^{2+} + 5O_2 + 8H_2O$$

该反应在分析化学中用于测定 H_2O_2 的含量。其它强氧化剂如 MnO_2、Ce^{4+} 都能使 H_2O_2 氧化为 O_2。工业上还可以利用 H_2O_2 作除氯剂：

$$H_2O_2 + Cl_2 = 2Cl^- + O_2 + 2H^+$$

酸性条件下 H_2O_2 与 $K_2Cr_2O_7$ 反应，用乙醚或戊醇作萃取剂，可生成蓝色的过氧化铬 $CrO(O_2)_2$，它在有机相中相对稳定，缓慢地分解放出 O_2：

$$Cr_2O_7^{2-} + 4H_2O_2 + 2H^+ = 2CrO_5 + 5H_2O$$

$$4CrO_5 + 12H^+ = 4Cr^{3+} + 7O_2 + 6H_2O$$

该反应用于鉴定 H_2O_2 或 $Cr_2O_7^{2-}$。

通常认为 CrO_5 具有以下结构：

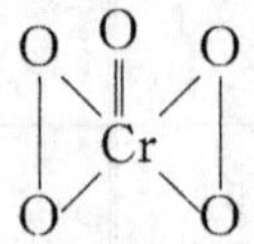

该化合物中 Cr 的化合价为 +6 表观氧化态为 +10。它在水溶液中极不稳定：

$$4CrO(O)_2 + 6H_2SO_4 = 2Cr_2(SO_4)_3 + 7O_2 + 6H_2O$$

2. *硫属元素氢化物*

常见 S、Se、Te 的氢化物分别是 H_2S、H_2Se、H_2Te，它们的水溶液分别称为氢硫酸、氢硒酸、氢碲酸。25℃、101.3 kPa 下饱和溶液中，H_2S 浓度为 0.10 mol/dm^3，H_2Se 浓度为 0.084 mol/dm^3，H_2Te 浓度为 0.09 mol/dm^3，它们的酸性符合主族元素氢化物水溶液自上而下逐渐增强的规律（与卤素氢化物性质相似）：

H_2S：	$K_1 = 1.3\times10^{-7}$，	$K_2 = 7.1\times10^{-15}$
H_2Se：	$K_1 = 1.3\times10^{-4}$，	$K_2 = 10^{-11}$
H_2Te：	$K_1 = 2.3\times10^{-3}$，	$K_2 = 1.6\times10^{-11}$

硫化氢是具有臭鸡蛋气味、有毒的气体，空气中 H_2S 含量达 0.05% 时，即可闻到其臭味，空气中 H_2S 含量超过 0.1% 会迅速地导致人感到头疼晕眩的症状，吸入大量 H_2S 会导致昏迷以致死亡。空气中 H_2S 允许量不得超过 0.01mg/dm^3。硒化氢、碲化氢都是无色、具有极其难闻的气味，它们分别具有以下的结构：

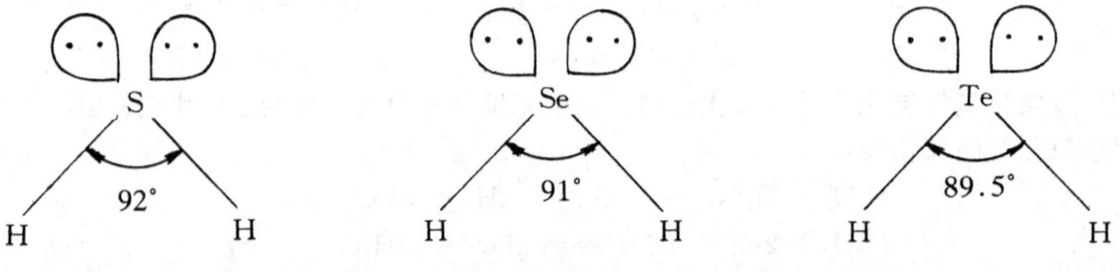

从键角数据来看，可以认为中心原子基本上以“纯”p 轨道成键。由于硫原子半径较氧大，成键时电子云较分散，电负性又比氧小，因此 H_2S 的热稳定性远比 H_2O 差，在 400℃ 时，H_2S 完全分解：

$$H_2S\ (g) = H_2(g) + S\ (l)$$

而且由于 S—H 键的极性比 O—H 键小，H_2S 分子极性也小于 H_2O 极性。在 H_2S 分子中基本上不存在氢键，因此，硫属元素氢化物熔沸点依分子量增大而升高。

因为 H_2S 为二元酸，故将其通入 NaOH 溶液时，可生成两种盐：一为正盐 Na_2S（NaOH 过量时），一为酸式盐 NaHS（H_2S 过量时）。所有硫氢化物都溶于水，而大多数元素（除碱金属、碱土金属元素及铵外）的硫化物皆难溶于水。从结构的观点出发，可以认为硫化物一方面由于 $r(S^{2-})$ 较大，变形性大，另一方面由于重金属离子的电子构型使其极化力增大，因此这类硫化物共价性较为显著，在水中溶解度较小。根据它们在不同溶剂中的溶解度，硫化物可分为以下八组（表 2—5）：

表 2—5 硫化物在某些溶剂中的溶解

水	稀 HCl	浓 HCl	浓 HNO_3	王水	6 mol/dm³ 稀 NaOH	Na_2S	$(NH_4)_2S_x$
ⅠA	Fe_2S_2	SnS、SnS_2	CuS、Cu_2S	HgS、Hg_2S	SnS_2	SnS_2	SnS、Sn_2S_2
ⅡA	FeS	PbS	Ag_2S		Sb_2S_3	Sb_2S_3	Sb_2S_3、Sb_2S_5*
	MnS	Sb_2S_3、Sb_2S_5	As_2S_3、As_2S_5		Sb_2S_5	Sb_2S_5	
	ZnS	CdS	Bi_2S_3		As_3S_3	HgS	As_2S_3
	CoS				As_2S_5	As_2S_3、As_2S_5	As_2S_5*
	NiS						

* Sb_2S_5、As_2S_5 在$(NH_4)_2S_x$ 中溶解是由于它们的酸性。

可溶性硫化物包括 Al_2S_3、Cr_2S_3，它们在水中强烈水解。即使是难溶硫化物，其在水中的溶解部分，也是明显地水解。硫化钠溶液或硫化铵溶液极易被空气中的氧氧化，故常含有多硫化物，因而它们应贮存在棕色瓶中。

$$2S^{2-} + O_2 + 2H_2O \longrightarrow 2S + 4OH^-$$

$$S^{2-} + xS \longrightarrow S_{x+1}^{2-}$$

参照难溶金属硫化物的溶度积，可以看出它们在酸中的溶解程度与溶度积有一定的关系。要使 MS 型硫化物溶解，必须使溶液中 $C_{(M^{2+})} \cdot C_{(S^{2-})} < K_{sp}$，其手段包括：①降低溶液中 $C_{(S^{2-})}$，可结合电离平衡、氧化还原平衡来考虑，使溶液中 $C_{(S^{2-})}$减少；②降低 $C_{(M^{2+})}$，这可结合氧化还原平衡、络合平衡来考虑，使硫化物溶解。如以下反应分别联系到酸碱、氧化还原、络合平衡与沉淀溶解平衡的原理：

$$ZnS + 2H^+ \longrightarrow Zn^{2+} + H_2S$$

$$CdS + 4HCl \longrightarrow H_2[CdCl_4] + H_2S$$

$$3CuS + 8HNO_3 \longrightarrow 3Cu(NO_3)_2 + 3S\downarrow + 2NO\uparrow + 4H_2O$$

$$3HgS + 2HNO_3 + 12HCl \longrightarrow 3H_2[HgCl_4] + 3S\downarrow + 2NO\uparrow + 4H_2O$$

熟悉这些反应的计算及有关平衡常数的计算技巧对于进一步了解硫化物的沉淀溶解平衡及其应用是十分重要的。

从硫化物的酸碱性来分，硫化物可以分为碱性、酸性、两性硫化物。一般来说，硫化物的酸碱性与相应氧化物类似。例如：

H_2S	NaSH	Na_2S	As_2S_3	As_2S_5	Na_2S_2
H_2O	NaOH	Na_2O	As_2O_3	As_2O_5	Na_2O_2
（酸性）	（碱性）	（碱性）	（两性）	（酸性）	（碱性、氧化性）

但通常氧化物酸性强于相应的硫化物。例 SnO 的两性比 SnS 明显，SnS 不溶于 NaOH 或 Na_2S 中，而 SnO 可溶，又例如 ZnO 酸性比 ZnS 明显，ZnS 不是酸酐。同一周期元素

最高氧化态硫化物自左至右酸性增大；同一族元素硫化物自上而下碱性增大；同一元素高氧化态硫化物酸性较低氧化态硫化物大。

Na_2S 是工业上有较多用途的硫化物。它是白色的晶体，很易潮解，常见商品为 $Na_2S \cdot 9H_2O$，工业上用芒硝还原制备：

$$Na_2SO_4 + 4C \xlongequal{1\,100℃} Na_2S + 4CO$$

或

$$Na_2SO_4 + 4H_2 \xlongequal{1\,000℃} Na_2S + 4H_2O$$

碱金属、碱土金属和铵的硫化物能够溶解单质硫而生成多硫化物，例如 Na_2S_x：

$$Na_2S + (x-1)S \xlongequal{} Na_2S_x \ (x：2、3、4、5、6)$$

这是硫原子间成链特征的反映。在多硫化物 S_x^{2-} 溶液 x 较小时，溶液一般呈黄色，随着溶解硫的数量增多而使颜色加深，可以深至红色。多硫化物一方面是氧化剂，另一方面是硫化剂，在反应中向其它反应物提供活性硫：

$$SnS + (NH_4)_2S_2 \xlongequal{} (NH_4)_2SnS_3$$

当多硫化物 M_2S_x 中 $x=2$ 时，可称为过硫化物（似过氧化物），例 Na_2S_2。向 Na_2S_2溶液中加酸，可得到不稳定的 H_2S_2，由于 H^+的极化作用，使 S—S 键易断裂，分解为 H_2S 和单质硫，低温下 H_2S_2可分离出来。

$$H_2S_2 \xlongequal{} H_2S + S$$

在硫化钠溶液中加入酸时，会看到混浊，就是由于 Na_2S 中含有多硫化物之故。

多硫离子是链状结构，目前发现 H_2S_x 中 x 最大为 18，H_2S_x 结构为 $H—S—(S)_{x-2}—S—H$，其链状结构似碳烷，所以又称 H_2S_x 为硫烷（Sulphane），其盐称为硫烷的盐（Salts of sulphane）。

硒、碲化物也具有与硫化物类似的性质：

$$Se^{2-} + (x-1)Se \xlongequal{} Se_x^{2-}$$

$$Te^{2-} + (x-1)Te \xlongequal{} Te_x^{2-}$$

但多硒化氢、多碲化氢至今还未制得，只存在它们的碱金属盐。

三、氧化物

氧和其它元素生成的二元化合物叫氧化物，除稀有气体外，几乎所有的元素都可以与氧直接或间接地生成氧化物。根据它们的化学性质，元素的氧化物可以分为四类。

1. 碱性氧化物

大多数金属元素的氧化物是碱性氧化物。它们的固体往往是离子型晶体，具有高熔点、高沸点。晶体中氧离子（O^{2-}）是强碱性的，有强的亲质子能力：

$$O^{2-} + H_2O \xlongequal{} 2OH^- \qquad K \approx 10^{22}$$

因此金属氧化物在溶于水时，水溶液呈碱性。

2. 酸性氧化物

非金属性强的元素（特别是高氧化数的氧化物）多数属于酸性氧化物。它们都是共价型的，其固体是分子晶体，具有低熔点、低沸点。一些非金属氧化物（如 B_2O_3、SiO_2）其晶体有三维网状结构，具有高熔点、高沸点，属原子晶体。一些金属的高氧化数氧化物（如 CrO_3 及 Mn_2O_7）都是酸性氧化物。酸性氧化物除少数外（如 SiO_2），都可与水作用，生成相应的含氧酸。

3. 两性氧化物

电负性中等的一些金属、非金属（如 Al、Zn、Be、Sn、Pb、Sb、As）等，它们的氧化物是两性的。

4. 惰性氧化物

一氧化碳、一氧化二氮、一氧化氮等氧化物与酸、碱都不能作用生成相应的盐，故又称为不成盐氧化物。

关于氧化物酸碱性的递变规律有以下三点：

① 同一周期最高氧化态氧化物自左至右碱性依次减弱，酸性逐渐增加。例如：

$$Na_2O \quad MgO \quad Al_2O_3 \quad P_4O_3 \quad SO_3 \quad Cl_2O_7$$

增强 ←—— 碱性　酸性 ——→ 增强

② 同一主族元素同氧化态氧化物碱性自上而下依次增强。

③ 同一元素，酸性依氧化态升高而增强，例如：

$MnO \quad MnO_2 \quad MnO_3 \quad Mn_2O_7$　　酸性自左至右增强

5. 复合氧化物

例如 Fe_3O_4，由 Fe 不同氧化态的氧化物组成，又如 Pb_3O_4，由 PbO 与 PbO_2 组成。

氧化物按键型分类，有离子型及共价型。通常 ⅠA、ⅡA、La 系元素氧化物以离子键为主；非金属元素氧化物以共价键为主，共价键分单分子结构如 CO、CO_2、N_2O，及巨型分子结构如 SiO_2、B_2O_3；同一元素低价态以离子键为主，高氧化态以共价键为主，例如 MnO 及 Mn_2O_7；18e 或 18＋2e 电子构型的阳离子，由于极化作用较强，氧化物共价键成分较显著，例如 Ag_2O、CuO、PbO、SnO 等。

由于高氧化态氧化物的键能低于相应的低氧化态氧化物键能，因此高氧化态氧化物在热力学上不稳定，受热易分解：

$$2CrO_3 = Cr_2O_3 + \frac{3}{2}O_2$$

$$2NO_2 = 2NO + O_2$$

因此高氧化态氧化物常用作氧化剂。某些高氧化态氧化物如 Mn_2O_7、CrO_3、Cl_2O_7、XeO_4 遇有机物会燃烧甚至爆炸，这与高氧化态卤化物热力学不稳定性都说明了高氧化态化合物不稳定的特性。

$$PtCl_4 \xrightarrow{374℃} PtCl_2 \xrightarrow{582℃} Pt$$

氧化物的制备方法很多，可通过以下途径：

① 直接化合：

$$P + O_2 \longrightarrow P_4O_{10}$$

② 某些氢氧化物热分解：

$$2Al(OH)_3 \xrightarrow{\Delta} Al_2O_3 + 3H_2O$$

③ 某些含氧酸盐热分解：

$$CaCO_3 \xrightarrow{\Delta} CaO + CO_2 \uparrow$$

$$Cu(NO_3)_2 \xrightarrow{\Delta} CuO + 2NO_2 \uparrow + \frac{1}{2}O_2 \uparrow$$

④ 某些高价氧化物热分解或用氢还原为低价态氧化物：

$$PbO_2 \xrightarrow[560K]{\Delta} Pb_2O_3 \xrightarrow[670K]{\Delta} Pb_3O_4 \xrightarrow[810K]{\Delta} PbO$$

$$MnO_2 + H_2 \longequal MnO + H_2O$$

四、硫属元素氧化物及其结构与性质

已知的硫、硒、碲氧化物有好几种，如 EO、E_2O_3、EO_2、EO_3、E_2O_7、EO_4等。其中最重要的是二氧化物和三氧化物。

1. 二氧化物

硫、硒、碲在空气中燃烧，都能得到二氧化物，例如：

$$S + O_2 = SO_2$$

除此之外，硫化物的燃烧、亚硫酸盐的酸化、硫酸盐高温下碳还原都可以制备二氧化硫：

$$4FeS_2 + 11O_2 = 2Fe_2O_3 + 8SO_2$$

$$Na_2SO_3 + H_2SO_4 = Na_2SO_4 + SO_2 + H_2O$$

$$2CaSO_4 + 2C = 2CaO + 2SO_2 + 2CO$$

但这样制备得到的 SO_2都不够纯，往往会含有 SO_3、CO_2、H_2O、O_2或 N_2。要制备纯 SO_2，可用 Cu 与浓 H_2SO_4反应：

$$Cu + 2H_2SO_4 = CuSO_4 + SO_2 + 2H_2O$$

二氧化硫是具有强烈刺激气味、易液化的无色气体，比空气重 2.26 倍，易溶于水，在 20℃时，1 体积水可溶解 40 体积 SO_2。二氧化硫的熔点 −75.5 ℃，沸点 −10.02 ℃。由于液态二氧化硫的气化热大，可作致冷剂。液态二氧化硫是非水溶剂，可溶解一些有机和无机化合物，液态二氧化硫存在以下平衡：

$$SO_2 + SO_2 \rightleftharpoons SO^{2+} + SO_3^{2-}$$

$$酸_1 + 碱_2 = 酸_2 + 碱_1$$

相当于 $$H_2O + H_2O \rightleftharpoons H_3O^+ + OH^-$$

一些物质在液态 SO_2 溶解后也能电离，例如：

$$酸：SOCl_2 \rightleftharpoons SO^{2+} + 2Cl^-$$

相当于 $$HCl \longrightarrow H^+ + Cl^-$$

$$碱：Cs_2SO_3 \rightleftharpoons 2Cs^+ + SO_3^{2-}$$

相当于 $$NaOH = Na^+ + OH^-$$

因此，在液态溶剂 SO_2中，Cs_2SO_3与 $SOCl_2$将发生类似酸碱反应的中和反应：

$$SOCl_2 + Cs_2SO_3 = 2CsCl + 2SO_2$$

（酸＋ 碱 ══ 盐 ＋ 溶剂）

这是酸碱溶剂论的观点，即凡物质经过电离产生为溶剂特征的正离子为酸，而产生溶剂特征的负离子为碱，酸碱反应就是这些正离子与负离子化合而形成溶剂分子。

可作非水溶剂的常见化合物还有液态 NH_3、$COCl_2$、SO_2、N_2O_4等。

气态 SO_2为 V 型分子，键角 119.5° 说明中心硫原子以 sp^2 杂化成键，键长 d_{S-O}= 143.2 pm，比正常 S—O 单键键长 155 pm 小，说明 S—O 键具有双键性质，具有类似 O_3 的结构。

二氧化硒是白色固体，在晶体状态时，具有金红石结构，可升华（315℃）提纯，此外还有长链状聚合体型结构。

二氧化碲是金红石结构的离子型晶体，它们的结构见图 2—11。

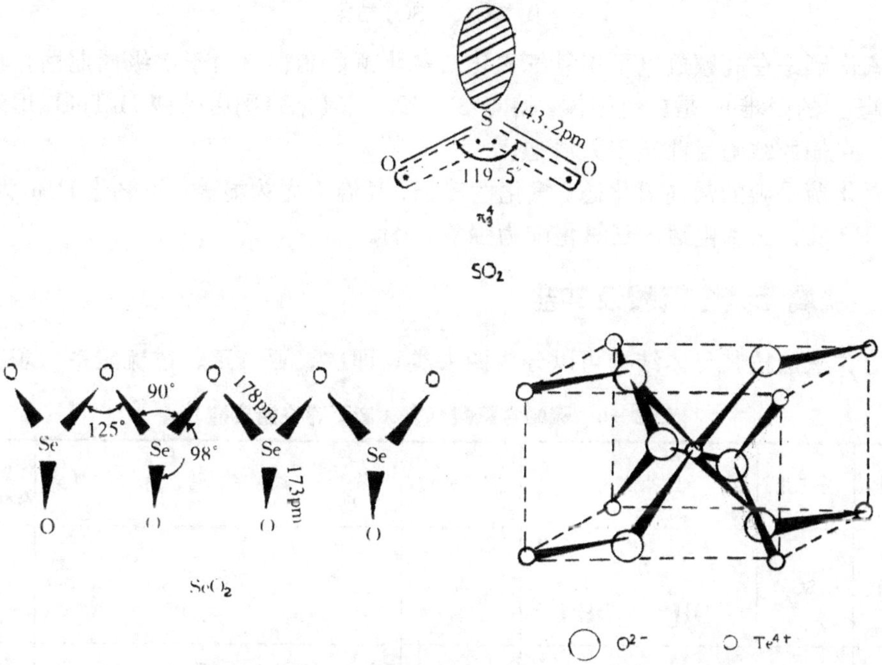

图 2—11　硫属氧化物结构

随着S　Se—Te 性质上由非金属性逐渐向金属性的演变，硫属元素氧化物从分子晶体演变为离子晶体，酸性也依次减弱，TeO_2已呈两性，在水中溶解度也依次减少。

二氧化硫处于中间氧化态，因此既有还原性，又有氧化性，但以还原性为主：

$$SO_2 + 2H_2S \longrightarrow 3S + 2H_2O$$

$$SO_2 + I_2 + 2H_2O \longrightarrow H_2SO_4 + 2HI$$

二氧化硒及二氧化碲则表现为氧化性。只有与较强氧化剂如 $HClO_4$等反应时才表现为还原性。

2. 三氧化物

SO_2和 O_2反应（在 450℃ 以上，以 V_2O_5或 Pt 作催化剂）生成 SO_3。SO_3沸点为 318 K，熔点为 290 K。气态 SO_3具有平面三角形构型，包括 $p_\pi-p_\pi$ 和 $p_\pi-d_\pi$ 的 S—O 键。固态 SO_3 有两种结构：链状结构（共用一个氧原子，α、β 型）及环状结构（共用两个氧原子，γ

型），见图 2—12。α、β 型 SO_3 是以 SO_4 四面体为基础构成链状结构。

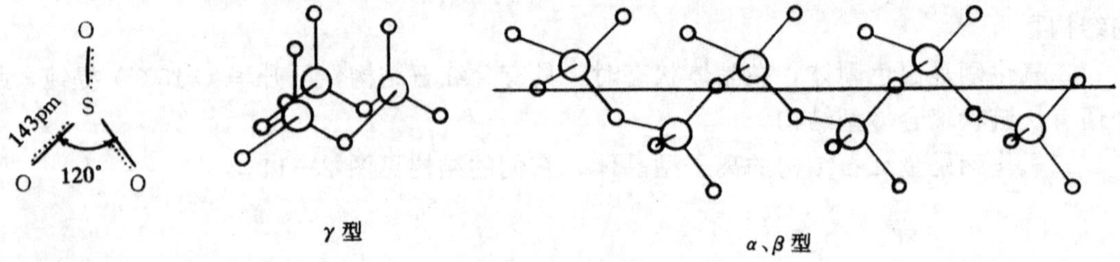

图 2—12　SO_3 结构

三氧化硒是在高频放电下用氧气氧化二氧化硒而制得（由于次级周期性，可以想象 SeO_3 制备上的困难），是白色固体，熔点 319 K。三氧化碲则由碲酸 H_6TeO_6 用浓硫酸脱水制得。它们的结构目前还不太清楚。

三氧化硫是硫的最高氧化态，氧化性较强，高温下尤为显著，可氧化 HBr 为 Br_2，氧化 P 为 P_4O_{10}。三氧化硒、三氧化碲为强氧化剂。

五、硫属元素含氧酸及其盐

硫的含氧酸按其母体结构可以分为四大类，即次、亚、正、过硫酸系（表 2—6）*。

表 2—6　硫的含氧酸（有 * 者不存在游离酸）

类别	名　称	分子式	结构简式	离子形式	离　子　结　构	中心体杂化态	平均氧化态
次硫酸系	次硫酸	H_2SO_2*	$HO-S-OH$（S 连两个 OH）				+2
亚硫酸系	亚硫酸	H_2SO_3*	$HO-\overset{O\uparrow}{S}-OH$	SO_3^{2-} HSO_3^-	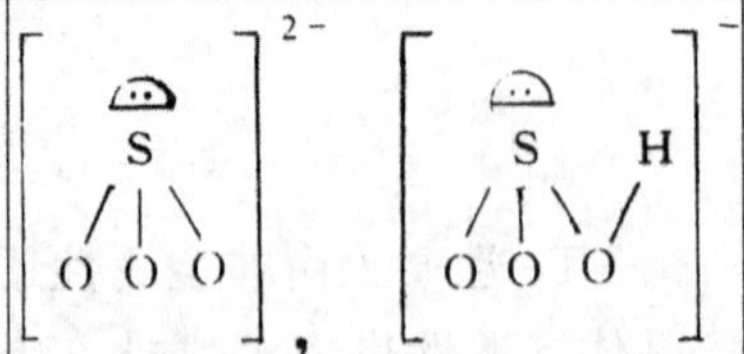	sp^3	+4
	硫代亚硫酸	$H_2S_2O_2$*	$HO-\overset{S}{\overset{\vert}{S}}-OH$	$[S_2O_2]^{2-}$	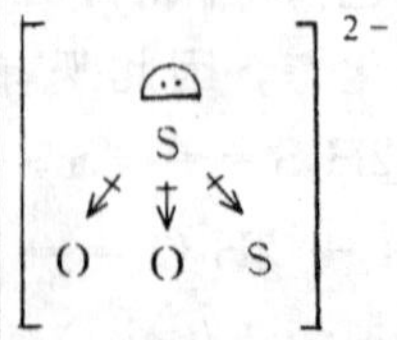	sp^3	+1

---

* 在表 2—6 中，我们注意到焦亚硫酸根与焦硫酸根的不同，在焦亚硫酸根中不含有氧桥，而含有 S—S 键。因为它由亚硫酸氢盐脱水制备：$2HSO_3^- \xlongequal{\Delta} S_2O_5^{2-} + H_2O$ 因此称之为焦亚硫酸，关于焦亚硫酸结构，由于不存在游离酸，有人认为是 $HO-\overset{O\uparrow}{S}-O-\overset{O\uparrow}{S}-OH$，但其盐的结构是确定的。

续表 2—6

类别	名称	分子式	结构简式	离子形式	离子结构	中心体杂化态	平均氧化态
亚硫酸系	焦亚硫酸	$H_2S_2O_5$*	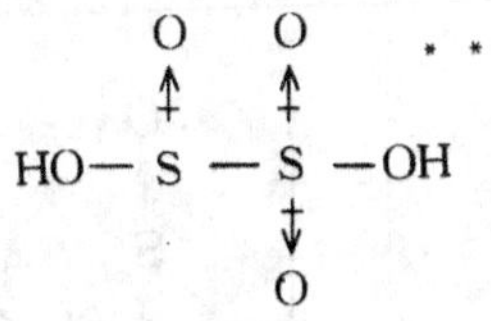	$[S_2O_5]^{2-}$	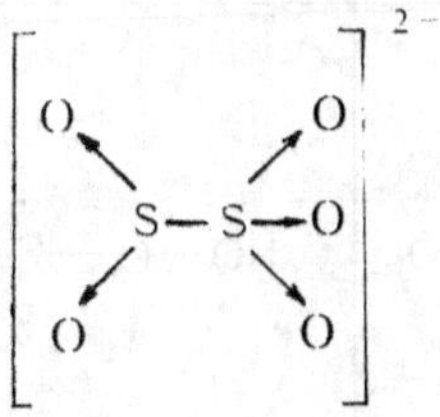	sp²** sp³	+4
	连二亚硫酸	$H_2S_2O_4$*	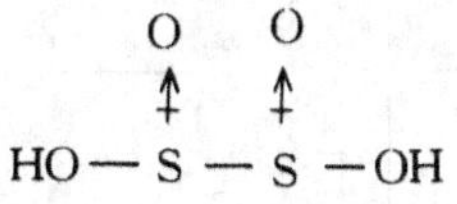	$[S_2O_4]^{2-}$	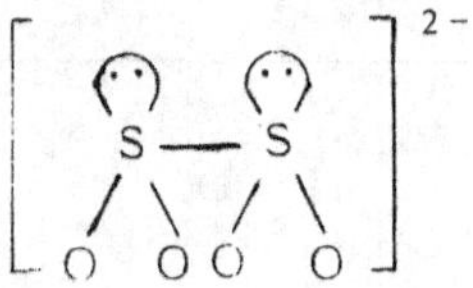	sp²	+3
硫酸系	硫酸	H_2SO_4	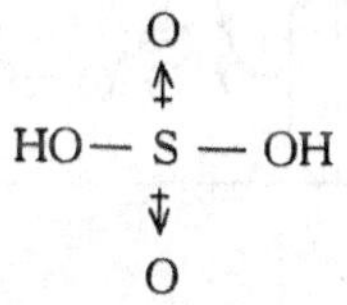	$[SO_4]^{2-}$	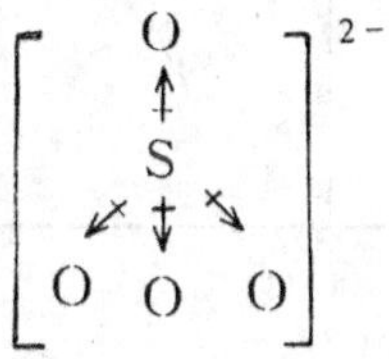	sp³	+6
	硫代硫酸	$H_2S_2O_3$	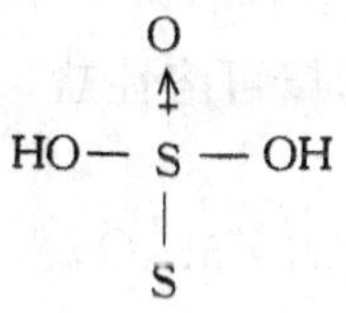	$[S_2O_3]^{2-}$	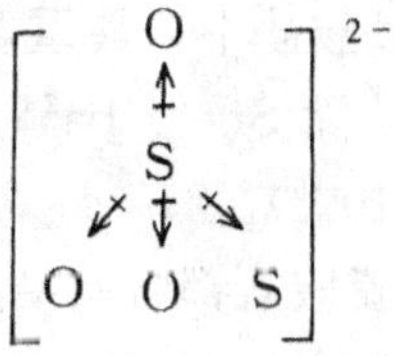	sp³	+2
	焦硫酸	$H_2S_2O_7$	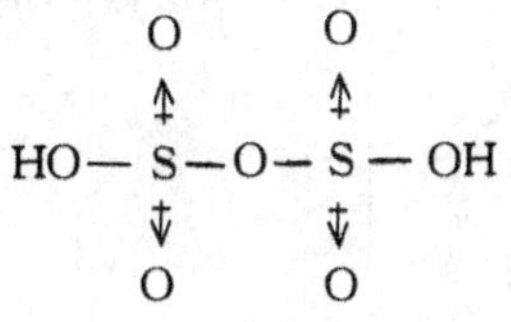	$[S_2O_7]^{2-}$	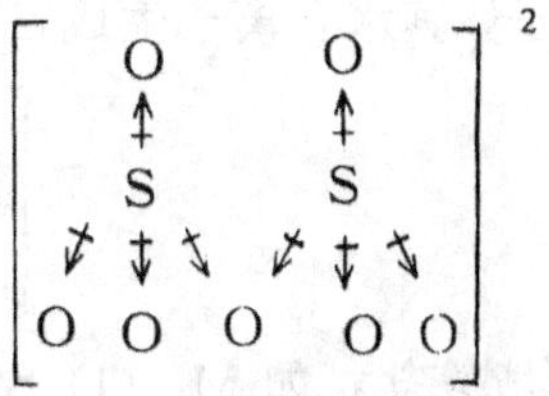	sp³	+6
	连二硫酸	$H_2S_2O_6$	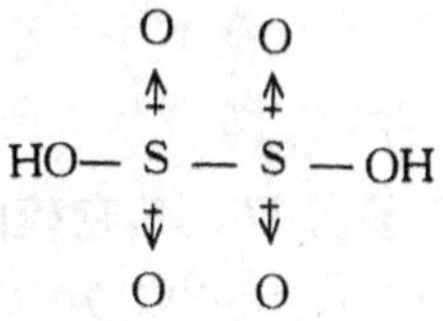	$[S_2O_6]^{2-}$	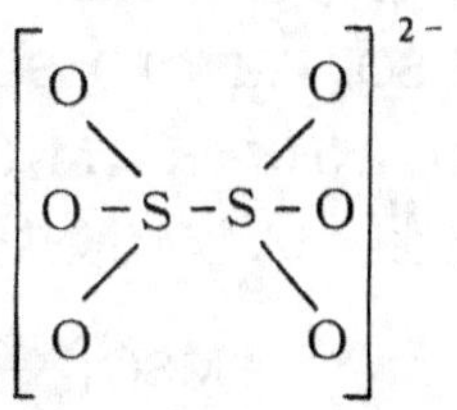	sp³	+5
	连多硫酸	$H_2S_{n+2}O_6$* (n=1～12)	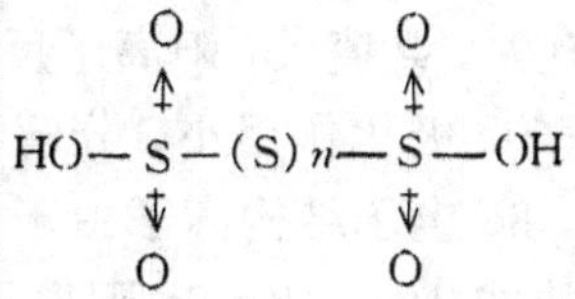	$[S_{n+2}O_6$*$]^{2-}$			

续表 2-6

类别	名称	分子式	结构简式	离子形式	离子结构	中心体杂化态	平均氧化态
过氧硫酸系	过一硫酸	H_2SO_5	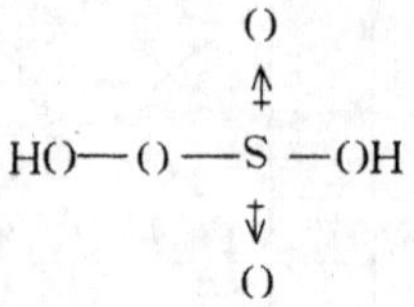	$[S_2O_5]^{2-}$	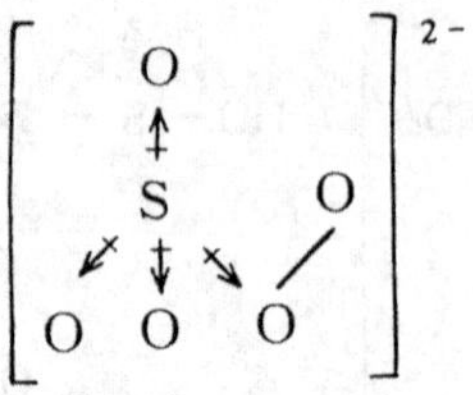	sp^3	+8
	过二硫酸	$H_2S_2O_8$	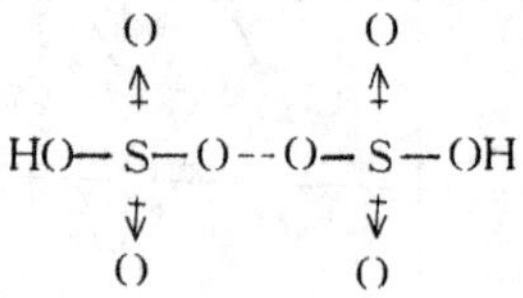	$[S_2O_8]^{2-}$	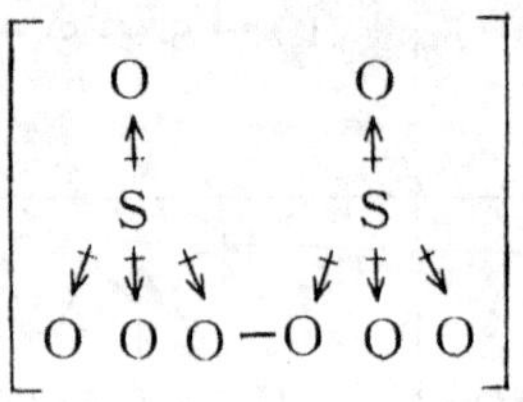	sp^3	+7

1. *硫酸盐*

在硫的含氧酸盐中，最重要的是硫酸盐。硫酸盐具有以下主要性质：

① 溶解性：除 Sr^{2+}、Ba^{2+}、Pb^{2+}的硫酸盐外均属可溶性盐，Ca^{2+}、Ag^{+}硫酸盐属微溶性盐（$K_{sp}>10^{-5}$）。

② 大多数硫酸盐都含有结晶水，如胆矾（$CuSO_4\cdot5H_2O$）、石膏（$CaSO_4\cdot2H_2O$）、$MSO_4\cdot7H_2O$（M^{2+}：Mg^{2+}、Fe^{2+}、Zn^{2+}）等。由于硫酸根易于与水分子形成分子间氢键的水合阴离子，其水合离子生成自由能数值很负（−741.99 kJ/mol），具有较大水合能。

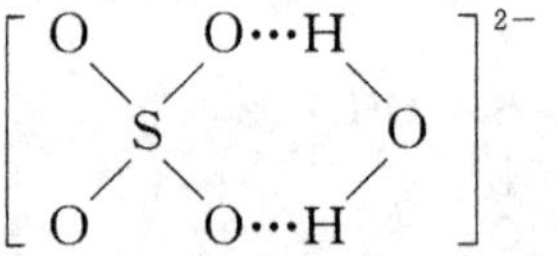

③ 易形成复盐：如 M_1（Ⅰ）$SO_4\cdot M_2$（Ⅲ）$(SO_4)_3\cdot24H_2O$

[M_1（Ⅰ）：Li^+、Na^+、K^+、NH_4^+，M（Ⅲ）：Al^{3+}、Cr^{3+}、Fe^{3+}、V^{3+}]

M_1（Ⅰ）$SO_4\cdot M$（Ⅱ）$SO_4\cdot6H_2O$

[M_1(Ⅰ)：NH_4^+、K^+，M_2(Ⅱ)：Mg^{2+}、Mn^{2+}、Fe^{2+}]

④ 热稳定性：ⅠA 族硫酸盐热稳定性较大，不易分解，其它硫酸盐加热下分解：

$$MSO_4 \xrightarrow{\Delta} \begin{cases} MO + SO_2 + O_2 & (>800℃) \\ MO + SO_3 & (<800℃) \end{cases}$$

硫酸盐热分解温度与离子势 $\Phi=z/r$ 数值有关。Φ 值大，阳离子反极化作用显著，分解温度低，如 $MgSO_4$（895℃）；Φ 值小，阳离子反极化作用小，分解温度高，如 $SrSO_4$（1374℃）。分解温度也与离子的电子构型有关。8e 电子结构离子由于极化力小，分解温度高，如 $CaSO_4$（1149℃）；对于不规则电子结构式 18e、18+2e 阳离子，由于极化力大，分解温度明显降低，如 $CdSO_4$（816℃）。

某些贵金属硫酸盐热分解产物为金属，例如：

$$4Ag_2SO_4 \xlongequal{\Delta} 8Ag + 2SO_3\uparrow + 2SO_2\uparrow + 3O_2\uparrow$$

一些中间价态的金属硫酸盐热分解时会发生氧化还原反应，例如：

$$2FeSO_4 \xlongequal{\Delta} Fe_2O_3 + SO_3 + SO_2$$

这是由于 Fe^{2+}还原性及 SO_3的氧化性之故。

2. 焦硫酸及其盐

纯的焦硫酸至今尚未被制得。焦硫酸盐由于含有比正酸及其盐更多的酸性氧化物（SO_3），故可与矿物（多是金属氧化物）作用。因此，常用焦硫酸盐作熔矿剂。焦硫酸盐的制备可用硫酸氢钾加热脱水制取：

$$2KHSO_4 \xlongequal{\Delta} K_2S_2O_7 + H_2O$$

焦硫酸盐溶于水时有两个热效应，开始是溶解吸热，之后由于 $S_2O_7^{2-}$水解而放热：

$$S_2O_7^{2-} + H_2O = 2HSO_4^-$$

3. 过硫酸及其盐

过硫酸由于含有过氧链 —O—O—，具有强的氧化性，通常用电解 HSO_4^-的方法制备：

阳极：$2HSO_4^- = S_2O_8^{2-} + 2H^+ + 2e$

阴极：$2H^+ + 2e = H_2$

过一硫酸及其盐都不稳定。过二硫酸的盐是常用的氧化剂，它的氧化作用因 Ag^+离子的催化作用而加强，例如：

$$5S_2O_8^{2-} + 2Mn^{2+} + 8H_2O \xlongequal{Ag^+} 10SO_4^{2-} + 2MnO_4^- + 16H^+$$

4. 硫代硫酸及其盐

纯的 $H_2S_2O_3$只能在低温下以 SO_2与 H_2S 作用下制备；但其盐如 $Na_2S_2O_3 \cdot 5H_2O$ 却极其常见，它可视之为 SO_4^{2-}中的一个氧被硫原子所取代的产物，通常用亚硫酸钠和硫反应制备：

$$Na_2SO_3 + S = Na_2S_2O_3$$

$Na_2S_2O_3 \cdot 5H_2O$ 又称大苏打或海波，它常用作定影液的主要成分。它有以下性质：

① 酸性条件下分解：

$$2H^+ + S_2O_3^{2-} = SO_2 + S + H_2O$$

② 具有较强还原性，例如在与 Cl_2反应中：

$$S_2O_3^{2-} + 4Cl_2 + 5H_2O = 2HSO_4^- + 8H^+ + 8Cl^-$$

因此它广泛用作除氯剂。例如在印染工业中，先用 Cl_2作漂白剂，后用 $Na_2S_2O_3$作除氯剂。上述反应产物随 $S_2O_3^{2-}$与 Cl_2相对量的不同而不同：

$$S_2O_3^{2-} + Cl_2 + H_2O = SO_4^{2-} + S + 2H^+ + 2Cl^-$$

但 $S_2O_3^{2-}$与 I_2的反应是定量进行的：

$$I_2 + 2S_2O_3^{2-} = S_4O_6^{2-} + 2I^-$$

因此上述反应在分析化学中有重要的应用。

③ 是良好的配位剂，例如：

$$Ag^{+}+2S_2O_3^{2-} = Ag(S_2O_3)_2^{3-}$$

在形成配离子时，$S_2O_3^{2-}$可以有单基或双基配位：

5．连二亚硫酸、连二硫酸、连多硫酸及其盐

连二亚硫酸 $H_2S_2O_4$ 及其盐由于硫氧化数为+3，具有强还原性。$Na_2S_2O_4 \cdot 2H_2O$ 俗称保险粉，广泛地用于印染工业中，它能与很多的氧化剂反应，如 MnO_4^-、IO_3^-、I_2、H_2O_2、O_2，也能使 Cu(Ⅰ)、Ag(Ⅰ)、Pb(Ⅱ)、Bi(Ⅲ)、Sb(Ⅲ) 还原为金属。

连二硫酸是一种强酸，在较浓溶液中也较稳定，较浓的溶液在 50℃ 发生歧化反应：

$$H_2S_2O_6 = H_2SO_4 + SO_2$$

连多硫酸由于分子中有一个桥联的 S_x^{2-} 多硫离子，故其分解产物与连二硫酸不同：

$$H_2S_xO_6 = H_2S_{x-1}O_6 + S\downarrow$$

关于硫的各种含氧酸之间的关系总结如图 2—13。

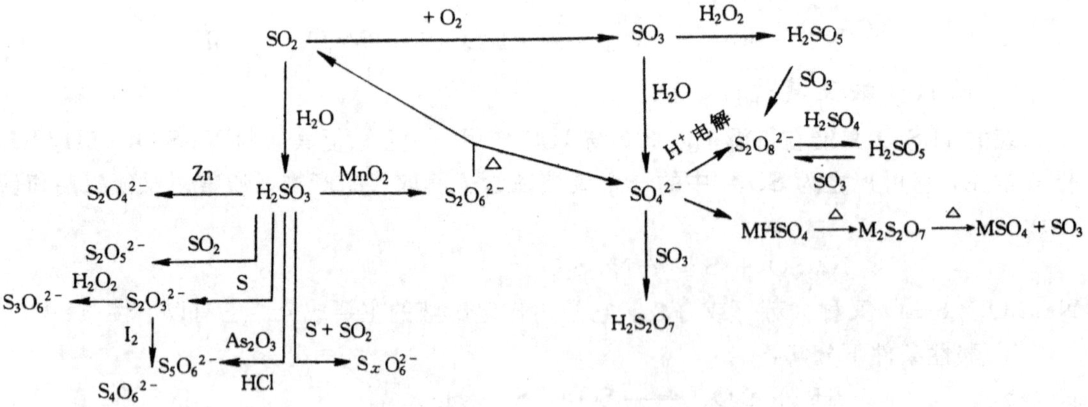

图 2—13 S 的各含氧酸关系图

硒和碲的含氧酸主要有亚硒酸（H_2SeO_3）、硒酸（H_2SeO_4）。由于次级周期性，亚硒酸主要显氧化性，它易被还原为单质硒。硒酸具有比硫酸更强的氧化性，如热的无水硒酸可溶解银（与浓硫酸同），还能溶解金（浓硫酸则不能）。

碲酸 H_6TeO_6是六配位，碲以 sp^3d^2 杂化成键，叫原碲酸，加热到 433 K 时失去 2 个水分子，成为 H_2TeO_4（碲酸），有强氧化性。

六、硫属元素卤化物与卤氧化物

硫和卤素（除碘外）可以直接化合成卤化硫（表 2—7）：

$$2S + X_2 = S_2X_2 \text{（X：Cl、Br）}$$

$$S + 2F_2 = SF_4$$

$$S + 3F_2 = SF_6$$

表 2—7　硫属元素卤化物

通　式	A_2X_2	AX_2	AX_4	A_2X_{10}	AX_6
实例	S_2F_2、S_2Cl_2、S_2Br_2、Se_2Cl_2、Se_2Br_2	SF_2、SCl_2、$SeCl_2$、$SeBr_2$、$TeCl_2$、$TeBr_2$	SF_4、SCl_4、SeF_4、$SeCl_4$、$SeBr_4$、TeF_4、$TeCl_4$、$TeBr_4$ TeI_4	S_2F_{10}、Te_2F_{10}	SF_6、SeF_6、TeF_6
中心原子氧化态	+1	+2	+4	+5	+6
中心原子杂化态	sp^3	sp^3	sp^2d	sp^2d^2	sp^3d^2

二氯化二硫 S_2Cl_2的分子结构类似于过氧化氢，4 个原子不在同一平面内。

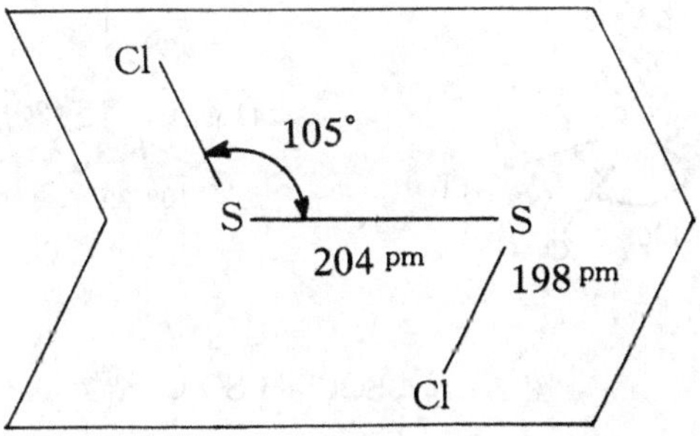

$TeCl_4$在熔融时可以导电，它是黄色晶体，熔点 487 K（说明是分子型晶体），而在熔融时导电可能是存在以下的自电离作用，具有离子型结构：

$$2TeCl_4 \rightleftharpoons TeCl_3^+ + TeCl_5^-$$

$$sp^3d \qquad sp^3 \qquad sp^3d^2$$

许多卤化硫易水解，且水解是彻底的：

$$SCl_4 + 3H_2O = H_2SO_3 + 4H^+ + 4Cl^-$$

$$5S_2F_2 + 6H_2O = 6S + 10HF + H_2S_4O_6$$

但 SF_6、S_2F_{10}都不易水解，虽然热力学计算表明 SF_6 水解反应的 $\Delta G^\ominus$ 数值十分负：

$$SF_6(g) + 3H_2O(g) = SO_3(g) + 6HF(g)$$

$$\Delta_r H_m^{\ominus} = -76.42\ \text{kJ/mol}$$
$$\Delta_r G_m^{\ominus} = -208.01\ \text{kJ/mol}$$

SF_6不水解可归结于其结构的稳定性及 S 已达最高配位数等动力学因素。随着中心原子电负性的减少，六氟化物的性质变得活泼，例如 TeF_6 可以缓慢地水解：

$$TeF_6 + 6H_2O = H_6TeO_6 + 6HF$$

卤氧化物中，硫的卤氧化物最重要、最普遍。硫的卤氧化物可看作硫酸或亚硫酸分子中 —OH 基被卤原子取代后的衍生物：

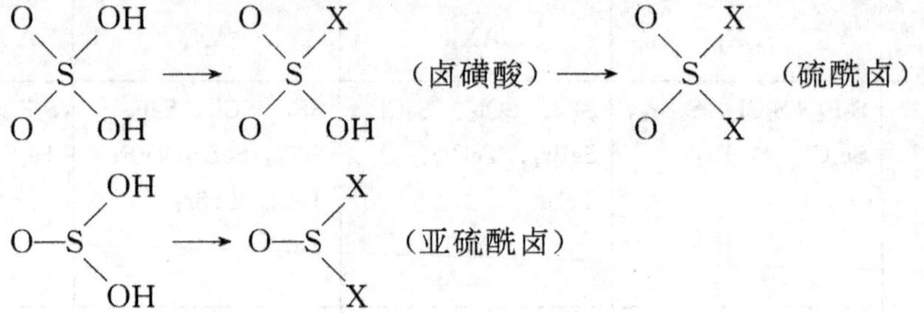

亚硫酰氟 SOF_2微溶于水，在水溶液中缓慢水解。亚硫酰氯 $SOCl_2$遇水强烈水解：

$$SOF_2 + H_2O = SO_2 + 2HF$$
$$SOCl_2 + H_2O = SO_2 + 2HCl$$

它们的中心原子都是以 sp^3 杂化的，具有三角锥构型（图 2—14）。硫酰氯与水强烈作用：

$$SO_2Cl_2 + 2H_2O = 2HCl + H_2SO_4$$

中心硫原子以 sp^3 杂化成键。

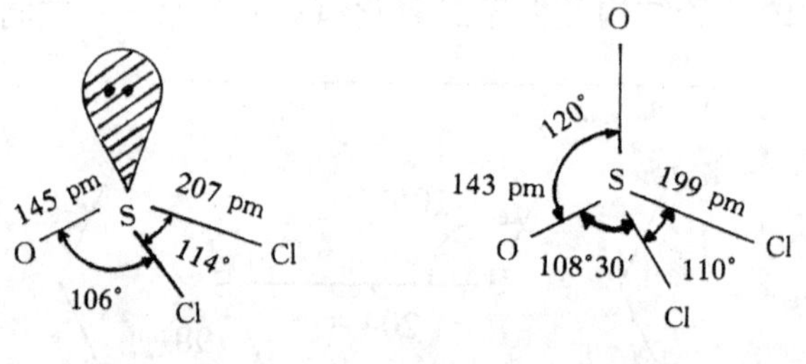

图 2—14　$SOCl_2$与 SO_2Cl_2结构

卤磺酸中，如 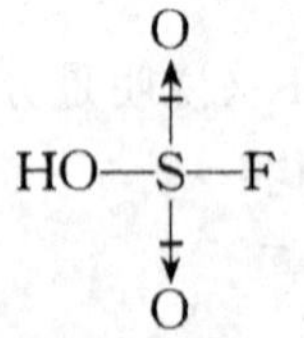 ，由于 F 的电负性大，使 S—O 键增强，H^+更易电离，因而酸性较硫酸更强，属于超酸，如 SbF_5 溶于氟磺酸形成所谓的魔酸：

$$SbF_5 + HSO_3F = H[SbF_5(OSO_2F)]$$

超强酸可直接向链烷烃提供质子，使其质子化并产生正碳离子：

$$R_3CH + H_2SO_3F^+ \rightleftharpoons R_3CH_2^+ + HSO_3F$$
$$R_3CH_2^+ \longrightarrow H_2 + R_3C^+$$

硫酸分子中一个 OH 基被氨基（$-NH_2$）取代为氨基磺酸，2 个 OH 基都被取代时得到硫酰胺：

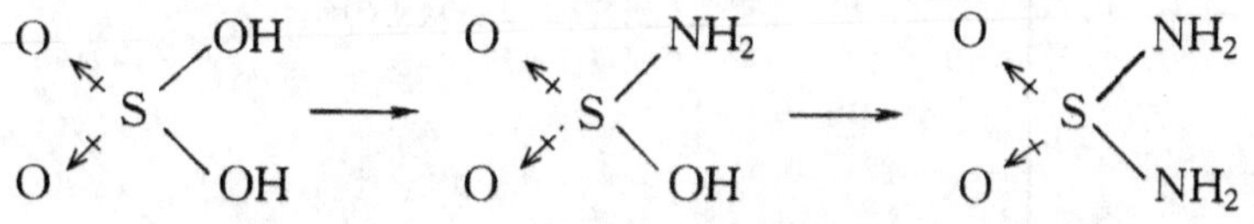

硫酸　　　　　　氨基磺酸　　　　　　硫酰胺

第二节　氧族元素不同氧化态的氧化还原性质

有关的氧族元素的 $\Delta G^{\ominus}/F-Z$ 图见图 2—15。由该图我们可以看到氧族元素不同氧化态的化合物在水溶液体系中的氧化还原性质。如：

（1）－2 氧化态的化合物中，H_2O、OH^- 都处于热力学稳定态，而硫属元素 －2 价态化合物显示出较强的还原性，而且在碱性条件下，－2 价态的还原性更为明显。

$\varphi^{\ominus}_{A(S/H_2S)}=0.14\ V$　　　$\varphi^{\ominus}_{B(S/S^{2-})}=-0.45\ V$

$\varphi^{\ominus}_{A(Se/H_2Se)}=-0.40\ V$　　　$\varphi^{\ominus}_{B(Se/Se^{2-})}=-0.92\ V$

$\varphi^{\ominus}_{A(Te/H_2Te)}=-0.72\ V$　　　$\varphi^{\ominus}_{B(Te/Te^{2-})}=-1.14\ V$

这一还原性变化规律似卤素 －1 价态的还原性变化规律。以下反应说明了 H_2S 的还原性：

$$2H_2S + O_2 \xlongequal{燃烧} 2S + 2H_2O$$

$$2H_2S + 3O_2 \xlongequal{燃烧} 2SO_2 + 2H_2O$$

$$H_2S + H_2SO_4（浓）\xlongequal{\quad} SO_2 + S + 2H_2O$$

$$H_2S + Br_2 \xlongequal{\quad} S + 2HBr$$

氢硫酸溶液在空气中放置一段时间后变混浊，就是空气中氧的氧化作用。碱性条件下 S^{2-} 更易被空气中的氧氧化：

$$2S^{2-} + O_2 + 2H_2O \xlongequal{\quad} 2S + 4OH^-$$

$$S^{2-} + xS \xlongequal{\quad} S_{x+1}^{2-}$$

多硫离子 S_{x+1}^{2-} 形成使溶液颜色由无色转为黄色，甚至深红色。

（2）过氧化氢的热力学性质：

由 $\Delta G^{\ominus}/F-Z$ 图计算过氧化氢的标准电极电位如下：

$\varphi^{\ominus}_{A(H_2O_2/H_2O)}=1.78\ V$　　　$\varphi^{\ominus}_{A(O_2/H_2O_2)}=0.68\ V$

$\varphi^{\ominus}_{B(HO_2^-/OH^-)}=0.87\ V$　　　$\varphi^{\ominus}_{B(O_2/HO_2^-)}=-0.08\ V$

可见，过氧化氢在酸性条件下以氧化性为主，在碱性条件下氧化性仍相当突出，兼有还原性。同时，无论在酸性或碱性条件下，HO_2^- 或 H_2O_2 都处于热力学峰点上，热力学上不稳定、易歧化。虽然在酸性条件下离平衡点的距离更大，因此歧化倾向应更大，但实际上，在碱性条件下因 HO_2^- 不稳定性更大，更易歧化：

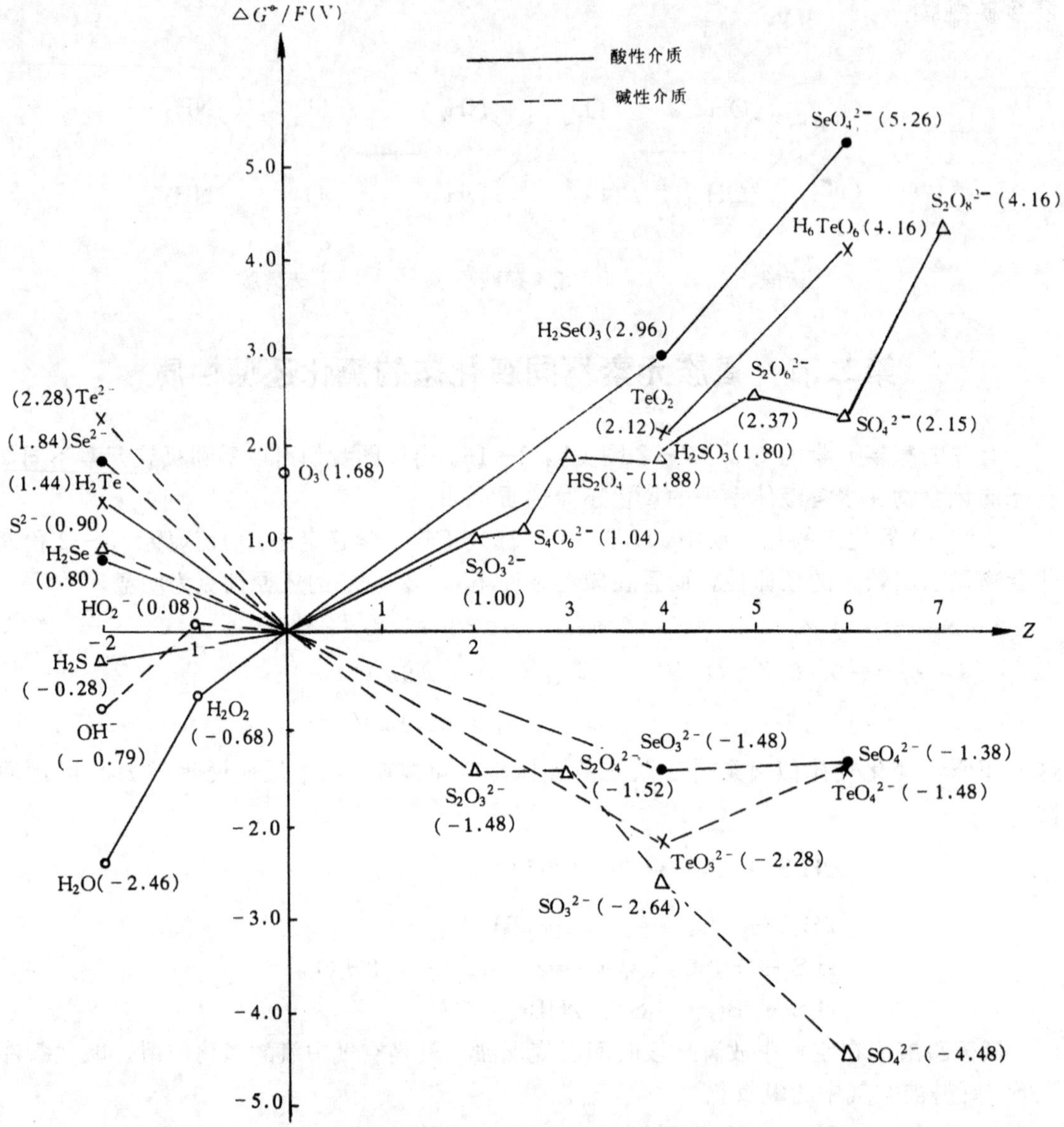

图 2—15　氧族元素的 $\Delta G^{\circ}/F-Z$ 图

$$2H_2O_2\ (l) \xlongequal{} 2H_2O\ (l) + O_2\ (g)\uparrow \quad \Delta_r G_m^{\circ} = -246\ \text{kJ/mol}$$

据此，1 体积 30% 的 H_2O_2水溶液完全分解可得到 100 体积的氧，而在医学上常用的 H_2O_2溶液（浓度为 3%）被称为 10 体积水。

由于过氧化氢的强氧化性及不稳定性，其制备方法是电解 HSO_4^- 盐溶液，取得过二硫酸盐，再经减压蒸馏制得较纯 H_2O_2水溶液：

阳极反应：$2SO_4^{2-} - 2e \xlongequal{} S_2O_8^{2-}$

阴极反应：$2H^+ + 2e \xlongequal{} H_2\uparrow$

$$S_2O_8^{2-} + 2H_2O \xlongequal{} 2SO_4^{2-} + H_2O_2 + 2H^+$$

蒸馏 H_2O_2后的溶液，处理后可循环电解。另一制取 H_2O_2的方法是乙基蒽醌法。先用 O_2

氧化乙基蒽醇为乙基恩醌及 H_2O_2：

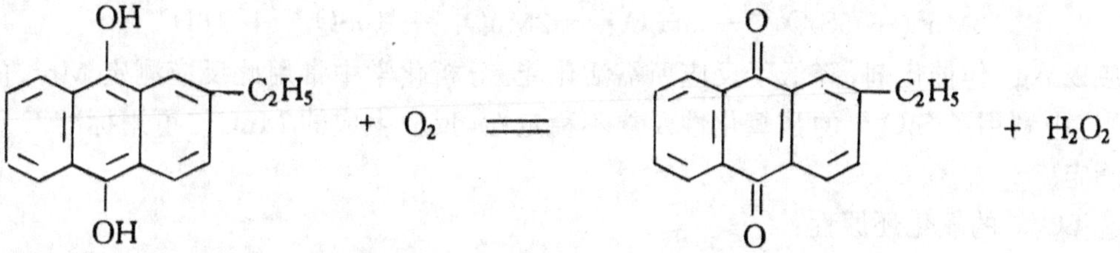

再用 Pd 作催化剂，用 H_2还原为乙基蒽醇：

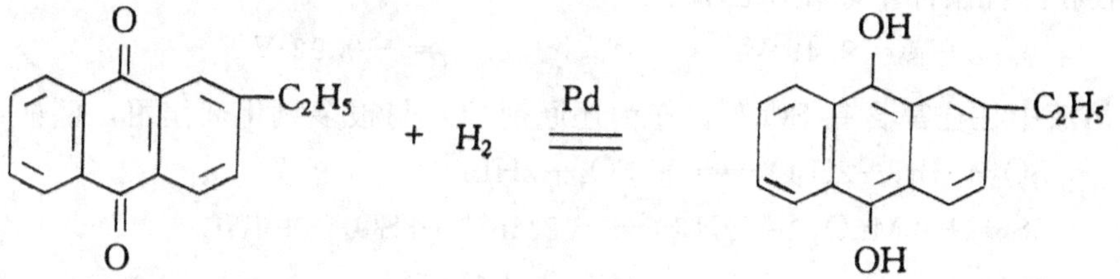

整个过程只消耗了 H_2与 O_2。

（3）单质的热力学性质：

氧族元素的 $\Delta G^\circ/F-Z$ 图表明，氧单质中臭氧及氧的氧化性较显著：

$$\varphi^\circ_{A(O_3/H_2O)}=2.07\ V \qquad \varphi^\circ_{B(O_3/OH^-)}=1.24\ V$$

$$\varphi^\circ_{A(O_2/H_2O)}=1.23\ V \qquad \varphi^\circ_{B(O_2/OH^-)}=0.40\ V$$

相应地硫属元素氧化性并不显著，S 在碱性条件下处于 S^{3} 与 SO_3^{2-}连线的峰点，在酸性条件下又位于 H_2S 与 SO_2连线的谷点。因此预测硫在碱性条件下会歧化，在酸性条件下发生逆歧化：

$$3S + 6OH^- \xlongequal{\Delta} 2S^{2-} + SO_3^{2-} + 3H_2O$$

$$2H_2S + SO_2 \xlongequal{} 3S\downarrow + 2H_2O$$

在强氧化性酸如硝酸、浓 H_2SO_4作用下，硫、硒、碲会被氧化：

$$S + 2H_2SO_4\text{（浓）} \xlongequal{\Delta} 3SO_2\uparrow + 2H_2O$$

$$3S + 4HNO_3 \xlongequal{} 3SO_2\uparrow + 4NO\uparrow + 2H_2O$$

$$S + 6HNO_3\text{（浓）} \xlongequal{\Delta} H_2SO_4 + 6NO_2\uparrow + 2H_2O$$

$$Se + 2HNO_3 \xlongequal{\Delta} SeO_2 + NO_2\uparrow + NO\uparrow + H_2O$$

$$3Te + 4HNO_3 \xlongequal{} 3TeO_2 + 4NO\uparrow + 2H_2O$$

（4）硫的含氧酸的氧化还原性：

由图 2－15 可见，硫的含氧酸中处于热力学稳定态的有 SO_4^{2-}、SO_3^{2-}、$S_4O_6^{2-}$，具有强氧化性的是 $S_2O_8^{2-}$；其它各态基本上以还原性为主，尤其在碱性条件下，$S_2O_3^{2-}$、$S_2O_4^{2-}$的还原性最为显著。现分述如下：

① $S_2O_8^{2-}$的氧化性：

由 $\varphi^\circ_{A(S_2O_8^{2-}/SO_4^{2-})}=2.01\ V$，可见 $S_2O_8^{2-}$是强氧化剂，它甚至可以把 Mn^{2+}氧化为

MnO_4^-：

$$2Mn^{2+} + 5S_2O_8^{2-} + 8H_2O \xlongequal{Ag^+} 2MnO_4^- + 10SO_4^{2-} + 16H^+$$

该反应以 Ag^+ 作催化剂，降低了反应所需活化能。分析化学中常用此反应测定 Mn^{2+} 的含量，测定中利用了 $S_2O_8^{2-}$ 的强氧化性及热不稳定性，反应生成的 MnO_4^- 可用标准 $C_2O_4^{2-}$ 溶液滴定。

② SO_3^{2-} 的氧化还原性：

在酸性条件下，H_2SO_3 处于热力学的谷点，有一定的稳定性，仅能被强氧化剂氧化，在碱性条件下还原性十分显著。由于在 SO_3^{2-} 中，硫处于中间氧化态，应有一定氧化性，但这氧化性往往在酸性条件下才显示出来：

$$\varphi^{\ominus}_{A(SO_3^{2-}/S)} = 0.49\ V \qquad \varphi^{\ominus}_{B(SO_4^{2-}/SO_3^{2-})} = -0.92\ V$$

因此，Na_2SO_3 溶液中往往都含有 SO_4^{2-}。作为还原剂 SO_2 与很多氧化剂作用，例如：

$$SO_2 + Br_2 + 2H_2O = H_2SO_4 + 2HBr$$

$$5SO_2 + 2MnO_4^- + 2H_2O = 2Mn^{2+} + 5SO_4^{2-} + 4H^+$$

$$2SO_3^{2-} + O_2 + 4OH^- = 2SO_4^{2-} + 2H_2O$$

显然，碱性条件下 Na_2SO_3 显示较强的还原性。

③ 硫酸及其盐的氧化还原性：

从 $\varphi^{\ominus}_{A(SO_4^{2-}/SO_3^{2-})} = 0.175\ V$，可以看到 H_2SO_4 氧化性不大，但浓 H_2SO_4 常常表现为强氧化性：

$$Cu + 2H_2SO_4\text{（浓）} \longrightarrow CuSO_4 + SO_2\uparrow + 2H_2O$$

$$H_2SO_4\text{（浓）} + HI \longrightarrow I_2 + SO_2\uparrow$$

$$H_2SO_4\text{（浓）} + Zn \longrightarrow Zn^{2+} + SO_2\uparrow$$

硫酸盐在溶液中不具有氧化性。

④ 硫代硫酸根的氧化还原性：

在酸性介质中，由于硫代硫酸根处于 SO_3^{2-} 与 S 连线之峰点，热力学上不稳定。增加酸度，不稳定性明显加大。因此 $H_2S_2O_3$ 不稳定，酸性条件下会歧化：

$$S_2O_3^{2-} + 2H^+ \longrightarrow H_2O + SO_2 + S\downarrow$$

在碱性介质中 $S_2O_3^{2-}$ 位于 $S-SO_3^{2-}$ 连线之下方，处于热力学稳定态，因此 $S_2O_3^{2-}$ 在碱性介质下稳定，并且可以在碱性条件下制取 $Na_2S_2O_3$：

$$Na_2SO_3 + S \xlongequal{\Delta} Na_2S_2O_3$$

关于 $S_2O_3^{2-}$ 还原反应的产物，通常因氧化剂不同而异。遇较强的氧化剂，产物通常为 SO_4^{2-}，对于较弱氧化剂，产物为 $S_4O_6^{2-}$，例如与卤素反应：

$$S_2O_3^{2-} + 4Cl_2(Br_2) + 5H_2O = 2HSO_4^- + 8H^+ + 8Cl^-(8Br^-)$$

$$2S_2O_3^{2-} + I_2 = S_4O_6^{2-} + 2I^-$$

⑤ 连二亚硫酸及其盐的氧化还原性：

由图 2－15 可见，无论在酸性或碱性溶液中，$S_2O_4^{2-}$ 都处于热力学不稳定点峰点上，因此，$S_2O_4^{2-}$ 溶液不稳定，易歧化。

$$2S_2O_4^{2-} + H_2O = S_2O_3^{2-} + 2HSO_3^-$$

在酸性条件下，由于H^+反极化作用，分解更为迅速，歧化更彻底：

$$2S_2O_4^{2-} + 4H^+ = 3SO_2 + S\downarrow + 2H_2O$$

碱性条件下 $\varphi^{\ominus}_{B(SO_3^{2-}/S_2O_4^{2-})} = -1.12\ V$，$S_2O_4^{2-}$是十分强的还原剂。故 $Na_2S_2O_4 \cdot 2H_2O$ 常用于染料工业作还原剂，俗称保险粉。它可与很多氧化剂如 MnO_4^-、IO_3^-、H_2O_2、I_2等反应，还可吸收空气中的氧，故常用于混合气体中氧的脱去，作脱氧剂。

$$Na_2S_2O_4 + O_2 + H_2O = NaHSO_4 + NaHSO_3$$

其它硫的含氧酸盐（如连二硫酸 $H_2S_2O_6$）、连多硫酸（如 $H_2S_4O_6$）氧化还原性的性质，同样根据图 2—15 应能分析出来。例如反应：

$$H_2S_2O_6 = H_2SO_4 + SO_2$$

$$3H_2S_4O_6 + 2H_2O = 5H_2SO_4 + 7S\downarrow$$

（5）硒、碲含氧酸盐的氧化性：

图 2—15 可看出，酸性条件下硒的氧化物 $H_2SeO_3(SeO_2)$氧化性比$H_2SO_3(SO_2)$更为显著（$\varphi^{\ominus}_{A(H_2SeO_3/Se)} = 0.74$），这可以归结于次级周期性。

$$SeO_2 + 2H_2S = 2S + Se + 2H_2O$$

$$SeO_2 + 4I^- + 4H^+ = 2I_2 + Se + 2H_2O$$

碲的氧化物也表现出较明显的氧化性：

$$\varphi^{\ominus}_{A(TeO_2/Te)} = 0.53\ V$$

只有遇到强氧化剂，它们才表现出还原性：

$$SeO_2 + F_2 = SeO_2F_2$$

$$SeO_2 + H_2O_2 \longrightarrow SeO_4^{2-}$$

$$SeO_2 + MnO_4^- \longrightarrow SeO_4^{2-} + Mn^{2+}$$

$$TeO_2 + H_2O_2 \longrightarrow H_6TeO_6$$

Se、Te 的最高氧化态化合物表现出更强氧化性：$\varphi^{\ominus}_{A(SeO_4^{2-}/SeO_3^{2-})} = 1.15\ V$ 比 $\varphi^{\ominus}_{A(H_2SO_4/SO_3^{2-})} = 0.175\ V$ 大得多，讲明次级周期性的影响。

$$2HCl + H_2SeO_4 = H_2SeO_3 + Cl_2\uparrow + H_2O$$

$$2HCl + H_6TeO_6 = TeO_2 + Cl_2\uparrow + 4H_2O$$

第三节　氧族元素的用途与环境化学

氧是地壳中（包括大气层）含量最多的元素，也是分布最广的元素。氧与地球生物界有极其密切的关系，也有极广泛的用途。在医疗上用输氧的方法抢救危重病人，治疗肺炎、煤气中毒等缺氧症。高空飞行、潜水登山运动员需随身携带氧气筒，以便在缺氧环境下工作。氢氧焰可达 2 000℃ 以上高温，氧炔焰则可达 3 500℃ 高温，工业上广泛用于切割、焊接金属，钢铁工业、硝酸工业都需要氧气。由于氧的强氧化性，常用它作漂白剂。液态氧和煤粉、木屑、纸粕等可燃性物质制成液氧炸药广泛用于露天煤矿开采爆破工程上。

由于氧是非极性分子，在极性溶剂水中的溶解度不大，仅为 30 cm^3/dm^3 水，但这已是一切水中生物赖以生存的基础。随着工业化发展，大量工业废液排入水中，使水的溶氧量进一步下降，威胁水中生物的生存。因此，制止水污染，防止江河水质下降，是化学工作者当务之急。

氧在人体血液循环中有重要作用，成年人每分钟吸氧约 3 L，1 g 血红蛋白可结合 1.34～1.36 ml 氧气。人体总元素量中 65% 是氧，氧是人体内蛋白质、脂肪、碳水化合物、核糖核酸的重要成分。人体各组织对缺氧的忍耐力不同，大脑组织最为脆弱，停氧 7～8 min，脑组织将停止工作而死亡；手、肌肉可忍耐 2～3 h，因此医学上常可进行断肢再植。

臭氧主要存在于大气平流层中，约离地面 20 ～40 km 的空中，一般空气中 O_3 的体积分数为 1×10^{-9}～30×10^{-9}之间。少量臭氧对环境有益，但吸入过多臭氧会引起臭氧病(呼吸短促、头痛、疲倦、鼻出血等等)，因此，长期飞行于高空容易得臭氧病。

氧气用途甚广，但同时也给人类带来不少麻烦，金属腐蚀使全世界每年损失几千万吨的金属，因此防腐蚀是十分重要的课题。

硫在工业上用途极其广泛。在军事上制造黑色火药；在橡胶工业上为提高橡胶性能而进行硫化处理；在农业上作农药，例如将硫磺与石灰乳混合成透明的樱红色混合液，可用于防治小麦锈病、杀死棉花上的红蜘蛛、螨等；在医药上可治疗各种皮肤病。

制取硫酸是硫的重要工业应用。硫酸工业是化工基础工业之一，在纤维、化肥、染料、制革、造纸、电池、制药工业中都离不开硫酸。据统计，全世界每年消耗硫酸总量超过 7000 万 t 以上。

将 SO_3溶于浓硫酸所成的溶液称为发烟硫酸，发烟硫酸的去水作用和氧化性比硫酸更强，主要用于磺化剂、硝化反应脱水剂以及精炼石油产品等。

二氧化硫是由燃烧硫磺或硫铁矿产生的，主要用于硫酸工业的生产，还用作纸张、羊毛、丝的漂白剂，食物和水果的防腐剂，住所、用具的消毒剂等。SO_2是环境污染物之一，它大量地从煤燃料中产生，据统计，每燃烧一吨煤约产生 60 kg SO_2。全世界每年排入大气的 SO_2超过 1.46 亿 t，严重地破坏臭氧层，造成酸雨，产生光化学烟雾。空气中允许 SO_2含量不得超过 0.02 mg/dm^3。SO_2通过两种过程形成危害人类健康及破坏生态的硫酸雾，一是 SO_2与 H_2O 作用形成亚硫酸后再氧化成硫酸雾；一是在光或氧化物作用下，氧化成 SO_3而形成硫酸雾。

二氧化硫对健康的影响主要表现在以下四个方面：① SO_2的刺激作用。二氧化硫通过鼻腔、气管、支气管时，被管腔内水分吸收，刺激管腔，引起各类器官及肺部炎症。② SO_2 和飘尘的联合毒性作用。因飘尘气溶胶可将 SO_2带到肺的深部，使毒性增加 3～4 倍，飘尘中的一些金属氧化物如 Fe_2O_3等，能将 SO_2催化氧化为硫酸雾，其刺激作用比 SO_2强 10 倍，这种微粒会促使肺泡壁纤维增生，最后可导致肺气肿。③促癌作用。动物实验表明，10 mg/m^{3}的 SO_2可以增强苯并芘的致癌作用，使苯并芘的作用更为强烈，④影响人体新陈代谢。SO_2进入人体后，会与血中维生素 B_1结合，使体内维生素 C 平衡失调，从而影响新陈代谢，并抑制、破坏或激活某些酶的活性，使人体糖和蛋白质代谢紊乱。

鉴于 SO_2对环境的危害，防治二氧化硫对大气环境的污染是化学工作者的重要任务。通常采用的方法有以下几种：

① 活性炭吸附氧化制硫酸，其过程包括：

活性炭吸附废气中 SO_2→ 水洗吸收为 H_2SO_3→ 氧化为 H_2SO_4→ 石灰或石灰石反应制取 $CaSO_4$。该法脱硫效率约 80% 。

② 催化氧化 SO_2为 SO_3制硫酸。用 V_2O_5 作催化剂，脱硫率可达 80% 。

③ 亚硫酸钠吸收，碱处理吸收液。以 Na_2SO_3吸收 SO_2：

$$Na_2SO_3 + SO_2 + H_2O = 2NaHSO_3$$

再使生成的 $NaHSO_3$热分解：

$$2NaHSO_3 \xrightarrow{\Delta} Na_2SO_3 + SO_2 + H_2O$$

该法适合于水体中 SO_2含量不大的场合，脱硫效率可达 90%～95%，Na_2SO_3可循环使用，SO_2作副产品加工成硫酸或硫磺。

除此之外，最近在脱硫工艺上还发展有冷冻脱硫、溶剂脱硫、分子筛脱硫、离子交换树脂脱硫等方法，有待进一步开发研究。

硫的化合物中，H_2S 也是一种大气污染物。硫化氢是无色、剧毒、有臭鸡蛋气味的气体。吸入后会引起头痛、眩晕、恶心、运动失调等，严重中毒会导致呼吸及心脏麻痹而死亡。空气中 H_2S 允许含量为 25 mg/m^3。进入大气的硫化氢很快被氧化为二氧化硫。硫化氢可通过 ZnO 吸收而除去：$H_2S + ZnO = ZnS + H_2O$，也可以用碱液吸收除去，或在适当的有机溶剂中利用 SO_2与之作用回收硫：

$$2H_2S + SO_2 \longrightarrow 3S\downarrow + 2H_2O$$

硒是一种分散元素，在地壳中占 $8/10^5$，比汞还多好几倍；但由于分散，因此不易提取，全世界每年产量约 700 t。

硒由于是多电子原子，又具有一定程度金属性，广泛用于半导体材料工业中，用于制造光敏电阻、光电管及光电池，因为硒在光照下导电性会急剧地增加，比在黑暗时大 1000 倍，因此在自动控制、电视传真方面有广泛应用。由于硒具有可经受超电荷、耐高温、电稳定性好、轻盈的优点，常用于制造整流器。在橡胶中加入少量硒，可提高橡胶的稳定性及可塑性。在铸铁、不锈钢、合金中加入少量硒可提高金属的机械性能。在化学工业中，硒用作石油裂解催化剂。在染料工业中也有广泛应用，例如在硫化镉中加入硒制得的染料，在日晒及高温下都不会改变颜色。在玻璃工业中，硒的少量加入可使玻璃变得透明无色，玻璃中由于含有 Fe（Ⅱ）而往往呈现绿色，加入过量硒又可得到红色硒玻璃，用于交通灯的红玻璃往往是硒玻璃。

硒的所有化合物均有剧毒，例如硒化合物会引起皮肤斑疹、头痛、嗅觉丧失。

近年的研究表明，硒是人体必需元素之一。人体每天正常摄入量为 0.2 mg/d，超过 5 mg/d 的摄入量对人体有害。近期文献报道，几乎一切重要的有害重金属元素的毒性(例 Hg、Cd 等)，都能被硒所抑制。在我国某些地区，如东北黑龙江省的克山县，由于土壤缺硒，流行克山病（克山病病例因 1935 年首先在我国黑龙江省克山县发现而命名，是一种导致病人心肌坏死的病症）。解放后，经广大医务人员努力及科研工作者的工作，终于找到利用硒来控制克山病的途径——采用投硒的方法，例如以 Na_2SeO_3喷洒农作物，以提高体内硒水平，有效地防治、控制克山病的发展。另外一种地方病如大骨节病，在我国东北、西北、西南缺硒地区广泛分布，研究证明，该病是由于缺硒引起代谢紊乱，病人四肢关节对称性疼痛、变形、屈伸受限、肌肉萎缩；现已证实，投硒对本病有明显治疗效果。

由于硒的生化功能及近期研究发现硒对许多疾病有防治功效，并有防癌、抗衰老作用，对硒的生物化学研究近期倍受学者们的注意，为此已召开了四次以硒为主题的生物学和医学国际会议。在硒的生化研究上，最主要的成果是 1973 年发现了含硒的谷胱甘肽过氧化物酶，首次在分子水平上弄清了硒的生理意义。在近期关于艾滋病的研究表明，艾滋病病人血浆中硒水平明显地低于正常人，这对于研究艾滋病的发展及病因有着积极的意义。

碲在工业上常用作陶瓷和玻璃的着色剂。由于碲具有高电阻特性，常用于制高电阻器材。在合金中加入少量碲，能改善合金性能，如机械强度、硬度、抗腐蚀性都有改进。

第四节　S^{2-}、SO_3^{2-}、$S_2O_3^{2-}$、SO_4^{2-}的分析鉴定

有关 S^{2-}、SO_3^{2-}、$S_2O_3^{2-}$、SO_4^{2-}离子的特征反应见表 2－8。

表 2－8　S^{2-}、SO_3^{2-}、$S_2O_3^{2-}$、SO_4^{2-}与一些试剂的反应

	S^{2-}	SO_3^{2-}
$BaCl_2$		$BaSO_3\downarrow$（白），溶于 $H^+ \rightarrow SO_2\uparrow$
$AgNO_3$	$Ag_2S\downarrow$（黑），溶于热 HNO_3	$Ag_2SO_3\downarrow$ 白，溶于 H^+
H^+	$H_2S\uparrow$，使 $PbAC_2$ 试纸变黑	$SO_2\uparrow$
$KMnO_4(H^+)$	褪色（$S + Mn^{2+}$）	褪色（$SO_4^{2-} + Mn^{2+}$）
$I_2(H^+)$	I^-（$S\downarrow$）	I^-（SO_4^{2-}）
$Zn(H^+)$		$H_2S\uparrow$
	$S_2O_3^{2-}$	SO_4^{2-}
$BaCl_2$	$BaS_2O_3\downarrow$ 白，溶于 $H^+ \rightarrow SO_2\uparrow + S\downarrow$	白色 $BaSO_4\downarrow$，不溶于 H^+
$AgNO_3$	$Ag_2S_2O_3$ ↗ 溶于过量 $S_2O_3^{2-}$ ↘ $Ag_2S_2O_3\downarrow \rightarrow Ag_2S\downarrow$	$Ag_2SO_4\downarrow$（白）
H^+	$SO_2\uparrow + S\downarrow$	
$KMnO_4$（H^+）	褪色（$SO_4^{2-} + Mn^{2+}$）	
I_2（H^+）	I^-（$S_4O_6^{2-}$）	
Zn（H^+）	$S\downarrow + H_2S\uparrow$	

对于混合液 S^{2-}、SO_3^{2-}、$S_2O_3^{2-}$的分离方法见图 2—16。由于 S^{2-}会妨碍 SO_3^{2-}、$S_2O_3^{2-}$的检出，$S_2O_3^{2-}$也会干扰 SO_3^{2-}的检出，因此必须预先进行分离。通常可用亚硝酰五氰合铁酸钾检验，证实 S^{2-}的存在（生成紫色的 $[Fe(CN)_5(NOS)]^{4-}$）：

$$[Fe(CN)_5(NO)]^{2-} + S^{2-} \longrightarrow [Fe(CN)_5(NOS)]^{4-}$$

利用 $CdCO_3$固体转化为 $CdS\downarrow$，以除去溶液中 S^{2-}，其转化反应的平衡常数表明反应是彻底的：

$$CdCO_3 + S^{2-} \rightleftharpoons CdS + CO_3^{2-} \qquad K = 3.1\times10^{12}$$

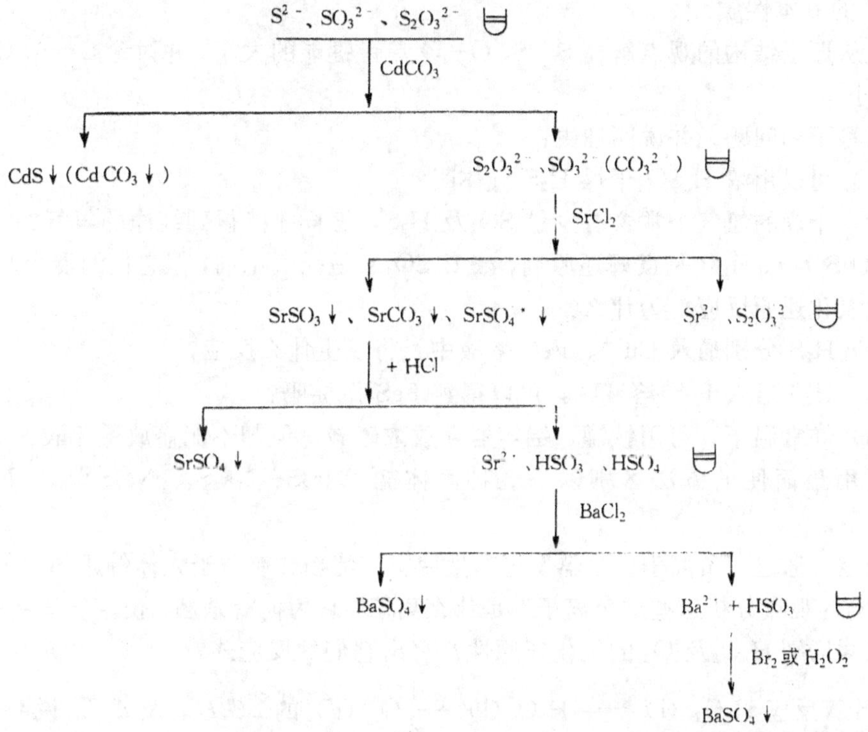

图 2—16　$S_2O_3^{2-}$、S^{2-}、SO_3^{2-}　的分离

本章教学要求

1. 要求熟练地应用结构化学的观点讨论氧的成键特征，并说明氧与硫属元素结构及性质上的区别。

2. 掌握臭氧的结构、性质特点及与环境的关系。

3. 掌握过氧化氢的结构及基本性质，过氧化氢的重要反应与检验。

4. 掌握硫化氢及硫化物生成的计算及硫化物的基本性质。

5. 从结构及 $\Delta G^{\ominus}/F-Z$ 图讨论硫及其不同氧化态下化合物的基本性质。

6. 用 VB 法讨论 O_3、SO_2等化合物的形成过程，掌握离域π键及反馈 p—dπ 键概念。

---

* 系 SO_3^{2-} 被氧化的产物。

习　题

1. 请根据 $\Delta G^\ominus/F-Z$ 图讨论氧族元素氧、硫在自然界的存在形式。

2. 实验室中为什么不能长久保存硫化氢水溶液、硫化钠水溶液及亚硫酸钠水溶液？请结合 $\Delta G^\ominus/F-Z$ 图讨论，计算相应电对的电极电位数值并写出方程式。

3. 请根据氧分子的分子轨道讨论以氧分子为基础形成的化合物的磁性、键级及结构特点。

4. 臭氧是唯一有偶极矩的单质，请根据臭氧的结构特点比较臭氧与氧性质差异（参阅表 2—2 的基本性质）。

5. 试从原子结构的观点解释 S—S、O—O 单键键能的大小，并讨论 S═S、O═O 双键键能大小。

6. 回答下列问题，并说明理由：

（1）可以用浓 H_2SO_4 干燥 H_2S 气体吗？

（2）干燥的氢气中常含有少量 SO_2 及 H_2S，怎样才能得到纯净的氢气？

（3）$SO_2 \cdot xH_2O$ 是良好还原剂，浓 H_2SO_4 又是强氧化剂，但它们的混合却不能发生氧化还原反应，为什么？

（4）H_2S 分别通入 Cu^{2+}、Fe^{3+} 溶液中，将发生什么反应？

（5）H_2S 通入 Fe^{2+} 溶液中，可以得到 FeS 沉淀吗？

（6）在常温下，可用铁罐、铝容器存放浓硫酸，但却不能盛放稀硫酸。

7. 请用最简便的方法区别以下五种固体盐：Na_2S、Na_2S_2、$Na_2S_2O_3$、Na_2SO_3 及 Na_2SO_4。

8. 让空气通过"负离子发生器"可产生使空气清新、有益于人体健康的"负离子"，请你从结构的观点分析这些"负离子"是什么离子？它为何有杀菌、使空气清新的功效？

9. 怎样区别 H_2O_2 及 O_3 的氧化还原性？写出它们的反应式？

10. 计算反应 $H_2O_2\ (l) \longrightarrow H_2O\ (l) + \frac{1}{2}O_2\ (g)$ 的 $\Delta G_r H_m^\ominus$ 及 $\Delta_r G_m^\ominus$ 说明 H_2O_2 分解的热力学倾向。为什么纯的 H_2O_2 还是相当稳定的？

11. 试通过计算说明，分别通 H_2S 到 0.10 mol/dm^3 的 Mn^{2+}、Zn^{2+}、Cd^{2+}、Pb^{2+} 溶液中能否得到相应的硫化物沉淀？使它们定性沉淀完全的条件是什么？

12. HgS 沉淀可溶于 HCl 或 HI 溶液中吗？试通过计算说明，并写出它们的反应式。

13. 过氧化氢在酸性条件下或在碱性条件下更稳定？请通过 $\Delta G^\ominus/F-Z$ 图计算说明。

14. 请写出用 Cl_2、Br_2、I_2 氧化 $Na_2S_2O_3$ 的反应方程式。

15. 解释以下问题：

（1）某些硫酸盐如 $CaSO_4$、$SrSO_4$ 可溶于浓 H_2SO_4 溶液中，而另外一些硫酸盐在浓 H_2SO_4 中却不溶。

（2）焦硫酸盐常常可用作熔矿剂。

（3）不存在焦硫酸盐的水溶液。

（4）不能用硝酸和 FeS 作用制备 H_2S。

(5) 油画久置后色泽变暗、发黑，但用 H_2O_2 处理后又恢复色彩。

(6) SF_6 是惰性的，但 TeF_6 却可以被水所分解。

(7) 氯化亚硫酰 $SOCl_2$ 既是 Lewis 酸，又是 Lewis 碱。

(8) S—O 键级依照 OSF_2、$OSCl_2$、$OSBr_2$ 的顺序而降低。

16. 画出 SO_3^{2-}、$S_2O_5^{2-}$、$S_2O_7^{2-}$、$S_2O_8^{2-}$、$S_2O_3^{2-}$、SO_5^{2-} 的构型。

17. 试根据热力学函数表上数据，计算 $CaSO_4 = CaO + SO_2 + 1/2\ O_2$ 热分解的温度，并说明工业上应用 $CaSO_4$ 及砂（SiO_2）制水泥的原理。

18. 请根据 VSEPR 理论讨论以下化合物的空间结构 SCl_2、$TeCl_2$、SF_4、SF_6。

19. $TeCl_4$ 的熔点是 487 K，其晶体是分子型晶体，但在熔融态下可导电，试分析其原因。

20. 实验室中为了分析某样品中 Mn^{2+} 的含量，常用 $(NH_4)_2S_2O_8$ 作氧化剂将 Mn^{2+} 氧化成 MnO_4^-，之后再用标准 $Na_2C_2O_4$ 溶液滴定 MnO_4^-，试设计合理的分析方法并写出有关反应式。

21. 一种盐 A 溶于水后，加入浓 HCl，有刺激性气体 B 产生，同时有黄色沉淀 C 析出，气体 B 能使 $KMnO_4$ 溶液褪色，若通 Cl_2 于 A 溶液中，Cl_2 即消失并得溶液 D，D 与钡盐溶液作用，生成难溶于酸中的白色沉淀 E，试确定 A、B、C、D、E 各为何物，写出有关反应式。

22. 请比较 H_2S、H_2Se、H_2Te、H_2SO_4、H_2SeO_3、H_2TeO_3、H_2SO_4、H_2SeO_4、H_6TeO_6 的酸性和氧化还原性大小，并作适当解释。

23. 往某含硫化合物溶液中加入少量硫黄粉，不久硫将溶解。原溶液中可能含有① S^{2-}，② SO_3^{2-}，③ S^{2-} 和 SO_3^{2-}，请设计简单实验，说明原溶液含有什么硫化合物？

24. 通 SO_2 于 H_2SeO_3 溶液中将得到什么产物？为什么？请利用 $\Delta G^\circ/F-Z$ 图进行计算，并写出反应方程式。

25. 完成以下反应：

(1) $S + H_2SO_4$（浓）$\longrightarrow$

(2) $H_2S + H_2SO_4$（浓）$\longrightarrow$

(3) $KHSO_4(s) + Al_2O_3(s) \xrightarrow{\Delta}$

(4) $ZnS(s) + CuSO_4(aq) \longrightarrow$

(5) $KMnO_4 + H_2O_2 + H_2SO_4 \longrightarrow$

(6) $H_2O_2 + KI + H_2SO_4 \longrightarrow$

(7) $Al_2S_3 + H_2O \longrightarrow$

(8) $KMnO_4 + Na_2SO_3 + H_2SO_4 \longrightarrow$

26. Na_2S、Al_2S_3 及 As_2S_3 三者中何者水解最彻底；何者水解最弱？为什么？不断加热 Na_2S 水溶液又有什么结果？

27. 空气中含有少量 Cl_2 如何除去？氮气中含有少量 O_2 又如何除去？

28. 将 $(NH_4)_2S_x$ 与 H_2PtCl_6 溶液煮沸，得到含有离子 $[Pt(IV)S_{15}]^{2-}$ 的红色盐类，请问它可能的结构是什么？

29. SO_2 既是 Lewis 碱，又是 Lewis 酸，为什么？试举例说明。

第三章　氮 族 元 素

氮族元素（Nitrogen group elements）包括了氮（Nitrogen）、磷（Phosphorus）、砷（Arsenium）、锑（Antimony）、铋（Bismuth）五种元素，其中氮和磷是典型非金属元素，随着原子序数增大，原子半径增大，砷表现为准金属，而锑、铋是金属元素。因此，本族元素在性质变化上表现出从典型非金属到金属的一个完整的过渡。氮占地壳总重的 0.03%，从氮族元素 $\Delta G^{\ominus}/F-Z$ 图可以看到，氮在自然界存在形式主要有：① 单质形式，氮气是大气的主要成分，大约占大气体积的 78%，因此工业上主要用分馏液态空气来制造氮气（液氧沸点 90.2 K，液氮沸点 77.3 K），制出的氮气纯度可达 99% 以上，称为“普氮”，含不足 1% 的氧气及其它稀有气体。普氮经纯制后得纯度为 99.99% 的氮气，称为“高氮”。②以矿物体存在，如各种硝酸盐（例智利硝石 $NaNO_3$等），存在于地壳层。此外，氮还广泛地存在于动植物体内，是组成蛋白质的重要元素。磷在自然界中的含量相当丰富，大约占地壳组成的 0.11%，其主要存在形式是磷酸盐，如磷灰石 $[Ca_5(PO_4)_3F]$、羟基磷灰石 $[Ca_5(PO_4)_3(OH)]$、氯磷灰石 $[CaCl_2\cdot Ca_3(PO_4)_2]$ 等矿石中。另外，磷是生物体中不可缺少的元素，在植物体的种子中，在动物体的脑、血、神经组织、蛋白质、骨骼中，都含有丰富的磷。砷、锑、铋在地壳中的含量不大，它们分别占地壳组成的 $5\times10^{-4}\%$、$1\times10^{-4}\%$和 $2\times10^{-5}\%$，有时以单质存在，但主要以硫化物或氧化物形式存在，例如雄黄（As_4S_4）、雌黄（As_2S_3）、砷黄铁矿（FeAsS）、辉锑矿（Sb_2S_3）、辉铋矿（Bi_2S_3）、黄锑矿（$Sb_2O_3\cdot Sb_2O_5\cdot 2H_2O$）、铋华（$Bi_2O_3$）等。我国锑的蕴藏量占世界第一。

第一节　单质的结构与性质

有关本族元素的原子结构及一些基本性质参数列于表 3－1。

本族元素最外层电子结构为 ns^2np^3，因此氧化态主要表现为 －3、＋3、＋5。

－3 氧化态中，仅 N、P 这两个电负性较大的元素可以形成，如 Li_3N、Mg_3N_2、Na_3P 等。但由于 N^{3-}、P^{3-} 具有较大的离子半径，容易变形，这类离子型化合物遇水会强烈水解生成 NH_3和 PH_3，因此它们只能存在于干态，在溶液中并不存在 N^{3-}和 P^{3-}简单的水合离子：

$$Li_3N: + 3\ \overset{H}{\underset{H}{>O}} \longrightarrow NH_3\uparrow + 3LiOH$$

在与电负性较小的元素化合时，本族元素可形成共价化合物，例如在与氢形成氢化物中，由于习惯上氢作为正价态存在，故本族元素表现为 －3 氧化态，如 NH_3、PH_3、AsH_3、SbH_3等；但从本族元素 $\Delta G^{\ominus}/F-Z$ 图可见，除 NH_3外，其余的氢化物都十分不稳定，还原性极强。

表 3－1　氮族元素原子结构及基本性质

基　本　性　质	氮	磷	砷	锑	铋
价电层结构	$2s^22p^3$	$3s^23p^3$	$4s^24p^3$	$5s^25p^3$	$6s^26p^3$
主要氧化数	－3、－2、－1、＋1、＋2、＋3、＋4、＋5	－3、＋1、＋3、＋5	－3、＋3、＋5	＋3、＋5	＋3、＋5
熔点/℃	－209.86	44.1(白磷)	817	630.5	271.3
沸点/℃	－185.8	280	613	1 380	1 560
熔化热/$kJ\cdot mol^{-1}$	0.36	0.63	27.7	19.8	10.9
气化热/$kJ\cdot mol^{-1}$	2.8	12.4	144.3	67.9	151.5
共价半径/pm	75	110	122	143	152
M^{3-}离子半径/pm	171	212	222	245	
M^{3+}离子半径/pm	16	44	69	90	120
M^{5+}离子半径/pm（在MO_3^-中）	11	34	47	62	74
第一电离能 I/$kJ\cdot mol^{-1}$	1 402.3	1 061.5	964.8	833.5	772.0
电子亲合能/$kJ\cdot mol^{-1}$	58	75	58	59	33
电负性（Pauling）	3.04	2.19	2.18	2.05	2.02
状态	气	白、红、黑磷			

在与电负性较大的元素化合时，形成正氧化态的共价化合物，氧化数表现为 ＋3、＋5。由于惰性电子对效应，这两种氧化数稳定性的变化规律表现为：

稳定性增大 ↓			稳定性增大 ↑
	P（Ⅲ）	P（V）	
	As（Ⅲ）	As（V）	
	Sb（Ⅲ）	Sb（V）	
	Bi（Ⅲ）	Bi（V）	

除以上氧化态外，氮和磷还可以出现 ＋5 与 －3 之间的所有氧化态、－2 氧化态（例如N_2H_4及 P_2H_4）及＋1 氧化态（例如 N_2O 与 H_3PO_2）等。

在成键时的杂化态上，除它们都能以 sp^3杂化轨道成键外，由于氮是第二周期元素，与第二周期元素原子形成 π_{p-p}键是特征，因此常见杂化态有：

sp　　例如 CN^-等

sp^2　　例如 NO_2、NO_3^-等

sp^3　　例如 NH_3、NH_4^+等

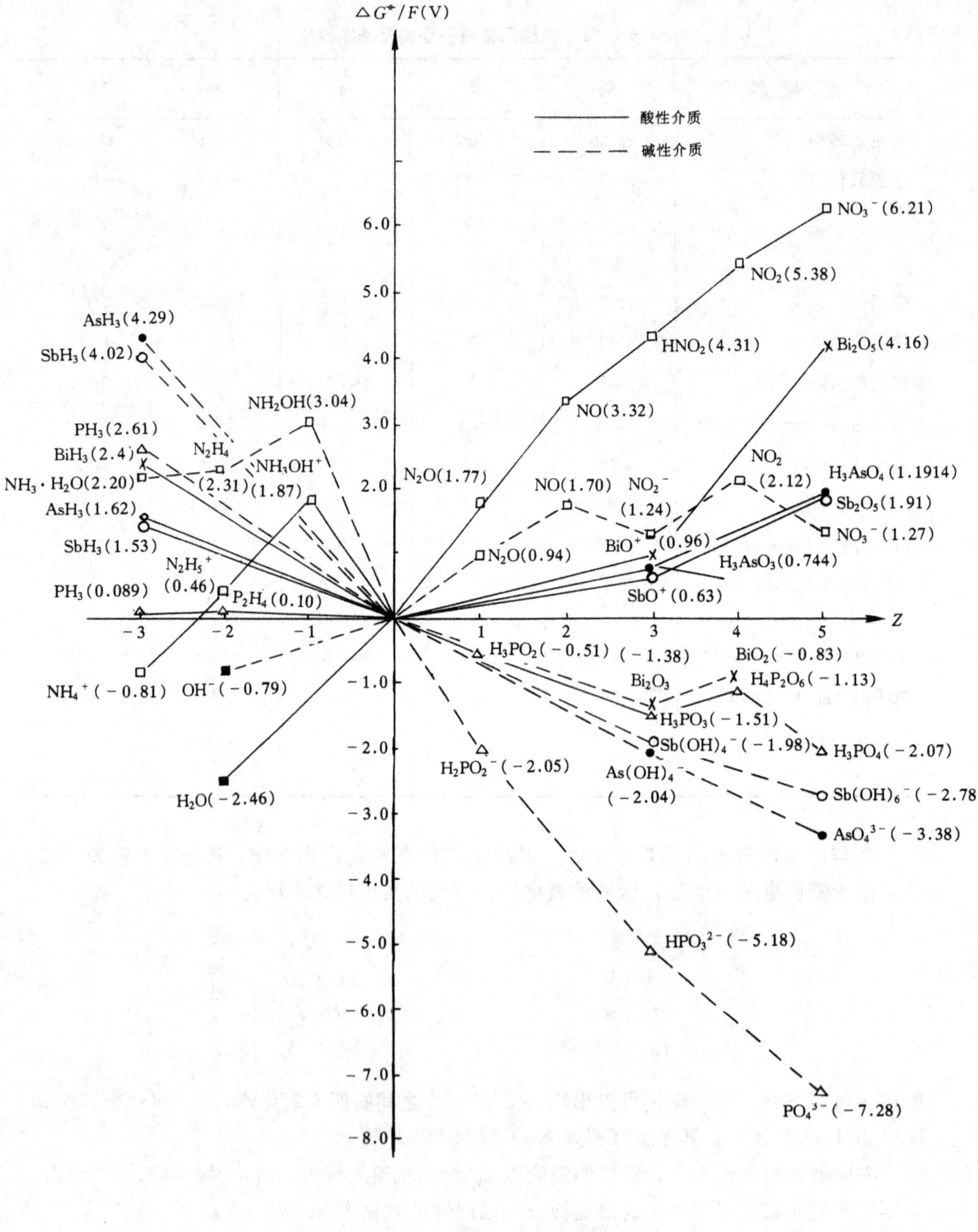

图 3—1 氮族元素的 $\Delta G^{\ominus}/F-Z$ 图

而 P 为第三周期元素，有空 d 轨道可以利用，因此往往可以形成 π_{d-p}键或以 sp^3d、sp^3d^2 等杂化轨道成键：

sp^3　例如 PO_4^{3-} 等

sp^3d　例如 PCl_5 等

sp^3d^2　例如 PF_6^- 等

在配位数上，第二周期元素仅有四个价轨道，故 N 的最大配位数为 4，第三周期元素价轨道多，最大配位数一般为 6。

在键能数值方面，一方面由于氮是第二周期元素，以形成多重键为特征，$p_\pi-p_\pi$ 键重叠较多，键能大；另一方面由于氮原子上孤对电子间的排斥作用，使 N—N 单键键能减少，在表现上其叁键键能：双键键能：单键键能比值较大，让我们对比 C≡C：C=C：C—C 及 P≡P：P—P 数据加以说明（表 3—2）：

表 3—2　N、C、P 的叁键、双键、单键键能　kJ/mol

	B.E.（≡）	B.E.（=）	B.E.（—）	B.E.≡：=：—
N	946	400	160	5.9：2.5：1
C	813	598	346	2.3：1.7：1
P	490		209	2.3：1

由于键能分配在 N_2及 CH≡CH 上不同，N_2表现为惰性，而 CH≡CH 表现为热力学不稳定性，虽然它们互为等电子体，然而性质上都表现有较大的差异（关于等电子体，请参阅碳族元素）。

P_2只是在高温下才形成，由于 P≡P 键能仅为 P—P 键能两倍左右，因此可以预计 P≡P、P=P 的不稳定性。磷的单质只以单键聚合。

由于 N≡N 键能大，因此生成氮化物的反应不易进行，只有半径较小的金属才可能形成氮化物，例 Li、Mg、Be、Al 反应生成热都应较小。

$$6Li + N_2 \longrightarrow 2Li_3N$$

一、氮

单质氮在常况下是一种无色无臭的气体，微溶于水，0℃ 时，1 ml 水仅溶解 0.023 ml 的氮气。

根据分子轨道理论，N_2分子的分子轨道表达式为：N_2 $[K.K.(\sigma_{2s})^2(\sigma_{2s}^*)^2(\pi_{2py},\pi_{2pz})^4,(\sigma_{2px})^2(\pi_{2py}^*,\pi_{2pz}^*)^0(\sigma_{2px}^*)^0]$，在氮分子中由 $(\sigma_{2s})^2(\pi_{2py})^2(\pi_{2pz})^2$ 组成三重键，而孤对电子是由弱反键 $(\sigma_{2s}^*)^2$ 及弱成键 $(\sigma_{2px})^2$ 构成：

(:)N≡N(:)

由于 N_2分子具有三重键，并且其中有一个强的成键轨道 σ_{2s}，故键能很大，因而具有很大的稳定性，即使在 3000℃ 时，它的离解率也仅为 0.1%。故 N_2常常作为惰性气体使用。

实验室常常利用亚硝酸铵热分解制取氮（由 $\Delta G^\ominus/F-Z$ 图（图 3—1）可见，N_2位于

$NH_4^+-NO_2^-$连线的谷点)：

$$NH_4NO_2 \xlongequal{\Delta} N_2 + 2H_2O$$

由于该反应一旦发生就非常激烈，很难控制，因此常用饱和的 $NaNO_2$溶液与饱和 NH_4Cl 溶液加热制备 N_2。光谱纯的氮可用加热叠氮酸盐如 NaN_3或 Ba_3N_2制得：

$$2NaN_3 \xlongequal{\Delta} 2Na + 3N_2$$

但是从氮原子的电负性为 3.0 来看，氮原子的活泼性是很大的，接近于氯。因此，在高温下，N_2的活泼性大大增加，例如与氧化合成 NO，在催化剂作用下与氢化合成 NH_3，与一些金属如 Li、Mg、Ba、Al、Ti 等直接化合生成氮化物。此外，N_2还有未配对电子，可配位给过渡金属离子，同时利用其本身的空轨道（π^*_{2py} π^*_{2py}）接受过渡金属反馈回来的 d 电子对，形成所谓的反馈 d－$\pi^*\pi$ 键(图 3－2)，从而使 N≡N 的键级下降，引起氮分子键的松动而产生活化，使空气中的氮有可能较容易地转化为可利用的氮化合物，这个过程称之为固氮 (Nitrogen fixation)。反馈 d－$\pi^*\pi$ 键的形成一方面分散了中心原子的多余负电荷，加强了 M←N 之间的配位键；另一方面松动了 N≡N 间的化学键，使氮分子活化，更易参与化学反应。这一类化合物有 $[Ru(NH_3)_3(N_2)]^{2+}$、$[(NH_3)_5Ru-N_2-Ru(NH_3)_5]^{4+}$ 等。对这类化合物的研究，有可能解决 N_2分子在低能条件下的活化问题。

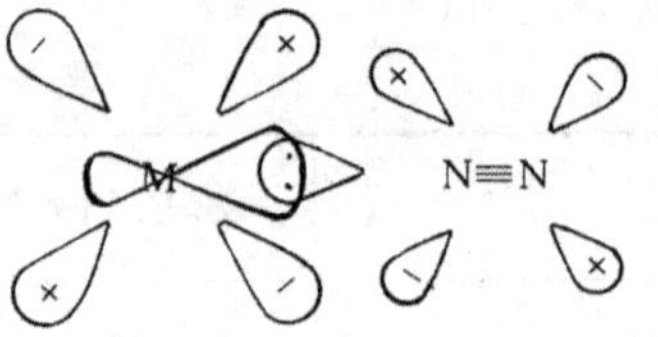

图 3－2　反馈 d－$\pi^*\pi$ 键形成

二、磷

在自然界有多种同素异形体，如白磷、红（或紫）磷和黑磷（图 3－3)，其中常见的是白磷和红磷。

磷蒸气在隔绝空气迅速冷却时总得到白磷 (P_4)，由于它在空气中会迅速氧化自燃，因此常保存于水中。白磷经放置或在 673 K 密闭加热数小时，就转化为红磷，转化过程中有热量放出：

$$\text{白磷} \rightleftharpoons \text{红磷} \qquad \Delta_r H_m^{\circ} = -18\ \text{kJ}\cdot\text{mol}^{-1}$$

因此，红磷是一种稳定变体。

纯白磷是无色而透明的晶体，遇光即逐渐变为黄色，所以又称为黄磷。黄磷剧毒，误食 0.1 g 就能致死，皮肤若经常接触到单质磷也会引起吸收中毒。在工业空气中白磷的允许限量为 0.1 mg/m³。经测定，不论在溶液中或在蒸气状态，磷的分子量都相当于分子式 P_4，磷蒸气加热至 800℃，P_4开始分解为 P_2，其结构为 P≡P，与 N_2相同。

晶体状白磷是由单个 P_4分子通过分子间力堆积而成，属立方晶系，故熔沸点较低，在非极性溶剂如 CS_2、C_6H_6、$(C_2H_5)_2O$ 等中溶解。P_4的结构是四面体构型，键角 60°，比用纯 p 轨道成键时 90° 还小得多，因此 P_4分子中 P－P 键应是弯曲的具有较大的张力，其弯曲能估计为 90 kJ/mol，意味着 P_4分子中六个 P－P 键的总键能应比正常 P－P 键小很多，这就说明了为什么白磷有很高的反应活性，可以转化为稳定的同素异形体。

红磷的结构尚未清楚，有人认为是由 P_4分子撕裂开一个键后相互结合起来的长链状

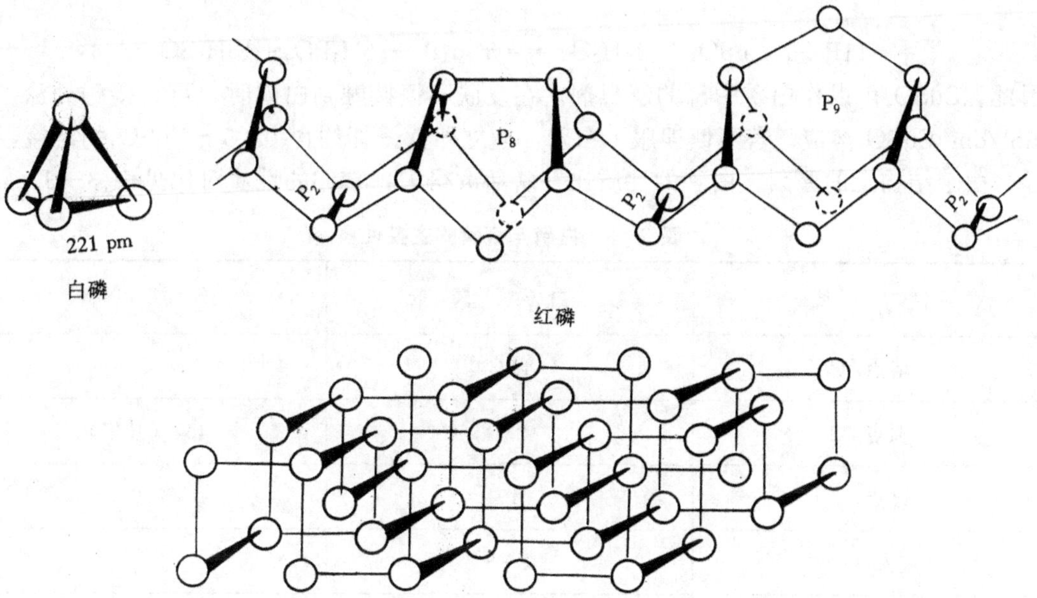

黑磷的片状结构　键长层内 217 pm　层间　220 pm

图 3－3　单质磷的结构

组成。每个磷原子有 3 个相距最近的磷原子。

黑磷具有金属光泽。在很高压力下加热白磷或以汞作催化剂并加入少量黑磷作晶种，在 220～370℃ 下加热 8 天，即转化为类似石墨的片状结构的、可导电的黑磷。黑磷的化学活性比红磷更差，甚至在 400℃ 时都不会燃烧。

此外，磷还有紫磷、棕磷、猩红磷等同素异形体。

白磷最重要的化学性质是它的活泼性。它和空气或潮气接触时发生缓慢氧化作用，部分的反应能量以光能的形式放出，这便是白磷在暗处发光的原因，叫做磷光现象。白磷在空气中缓慢氧化，至表面上聚积的热量使温度达到 40℃ 时，便达到了白磷的燃点，引起自燃：

$$P_4 + 5O_2 = P_4O_{10} \qquad \Delta_r H_m^{\ominus} = -2983.2\ kJ/mol$$

白磷能猛烈地与卤素单质及硫直接化合：

$$2P + 3Cl_2 = 2PCl_3 \text{或} PCl_5$$

$$4P + 3S = P_4S_3$$

由 $\Delta G^{\ominus}/F-Z$ 图可见，氧化剂 HNO_3 可将白磷氧化为磷酸：

$$3P + 5HNO_3 + 2H_2O + 2H_2O = 3H_3PO_4 + 5NO\uparrow$$

由于 P 处于 PH_3 与 $H_2PO_2^-$ 连线的热力学峰点上，因此，P_4 在热碱液中会歧化：

$$P_4 + 3KOH + 3H_2O = PH_3\uparrow + 3KH_2PO_2$$

由于白磷的强还原性（$\varphi^{\ominus}_{A(PO_4^{3-}/P)} = (-2.07-0)/5 = -0.41\ V$），因而可以从氧化性较强的 Au^+、Ag^+、Cu^{2+} 甚至 Pb^{2+} 溶液中置换出金属来，有时甚至可以与取代出来的金属立即反应生成磷化物：

$$2P + 5CuSO_4 + 8H_2O = 5Cu + 2H_3PO_4 + 5H_2SO_4$$

$$11P + 15CuSO_4 + 24H_2O = 5Cu_3P + 6H_3PO_4 + 15H_2SO_4$$

因此，$CuSO_4$可以作白磷中毒的解毒剂。在皮肤不慎接触到白磷时，可在接触处涂 0.2 mol/dm^3 $CuSO_4$溶液；若不慎误服了白磷，应立即饮一杯约含 0.25 g $CuSO_4$的溶液。

由于结构上的原因，白磷的性质比红磷活泼得多，它们的性质对比见表 3－3。

表 3－3　白磷与红磷的主要性质

性　　质	白　　磷	红　　磷
熔点/℃	44℃	
沸点/℃	281	464（升华）
燃点/℃	40	240
密度/g·cm^{-3}	1～8	2.3
在 CS_2中溶解	易溶	不溶
与浓 HNO_3反应	冷时就猛烈作用	需加热才反应
与强碱作用	加热（生成 PH_3及 NaH_2PO_2）	不作用

三、砷、锑、铋

砷主要有黄砷和灰砷两种同素异形体，锑也有黄锑和灰锑两种同素异形体。黄砷与黄锑都是由独立的四面体形的 As_4和 Sb_4分子通过范德华力构成的分子晶体，而灰砷和灰锑是金属型的。铋没有同素异形体，它属于金属型晶体。灰砷、灰锑和铋的晶体都具有同样的层状结构（图 3－4），每个原子有 3 个相邻较近的原子和 3 个相邻较远的原子。这两组原子间的距离差，随着元素金属性的增加而减少（表 3－4）。

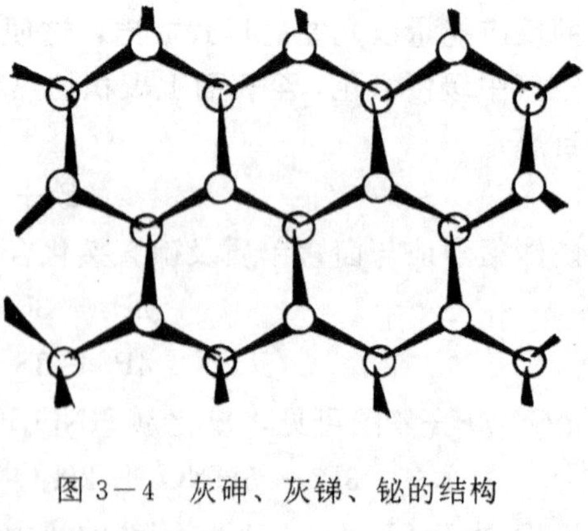

图 3－4　灰砷、灰锑、铋的结构

表 3—4　灰砷、灰锑和铋晶体中的中心原子与两组相邻原子组距离　　　pm

	最近原子组	较远原子组	差 值
As	251	315	64
Sb	287	337	50
Bi	310	347	37

砷、锑、铋在性质上都是亲硫元素，在自然界常以硫化物形式存在，而且往往共生在一起。

砷、锑、铋在性质上表现与氮、磷有较多的不同，主要表现在：①氧化态上以 +3、+5 为主，N、P 则存在 −3 氧化态；②杂化态上，As、Sb、Bi 除有 sp^3杂化外，还有 sp^3d、sp^2d^2 杂化，如 AsF_5、$SbCl_5$ 是 sp^3d 杂化，$[AsF_6]^-$、$[SbCl_6]^-$、$[BiCl_6]^-$是 sp^3d^2杂化。③成络能力上，As、Sb、Bi 成络能力较强，如 $BiCl_4^-$等；④氧化还原性上，+3 价态 As（Ⅲ）、Sb（Ⅲ）的还原性及 +5 价态 As（Ⅴ）、Sb（Ⅴ）、Bi（Ⅴ）的氧化性；⑤氧化物的水合物酸碱性，这一系列性质都有较明显的区别。

第二节　氮族元素氢化物

氮族元素主要氢化物有 NH_3、PH_3、AsH_3、SbH_3及 BiH_3，它们的基本性质及结构见表 3—5。

表 3—5　氮族元素主要氢化物及其性质

	NH_3	PH_3	AsH_3	SbH_3	BiH_3
结构	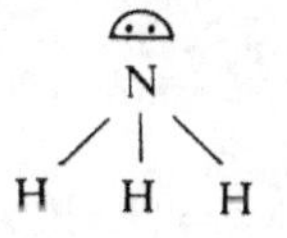 ∠HNH＝107°	 ∠HPH＝93°	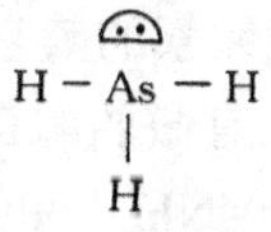 ∠HAsH＝91.8°	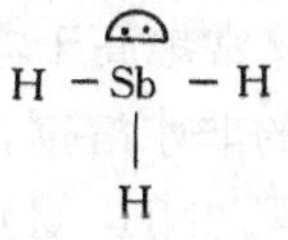 ∠HSbH＝91.3°	
中心原子杂化态	sp^3	“纯”p	“纯”p	“纯”p	
熔点/℃	−77.74	−133.8	−116.9	−88	
沸点/℃	−33.42	−89.72	−62.9	−18.4	
$\Delta_f H_m^{\ominus}$ /kJ・mol	−46.19	9.25	66.4	145.1	277.8
键长/pm	101.5	142	152	171	
碱性	NH_3 >	PH_3 >	AsH_3 >	SbH_3	

由 $\Delta G^{\ominus}/F-Z$ 图可以看出，NH_3、PH_3、AsH_3、SbH_3、BiH_3都具有较显著的还原性，其变化规律与卤素、氧族元素相同：

$\varphi^{\ominus}_A$： $\varphi^{\ominus}_{(N_2/NH_4^+)}=0.27\ V$； $\varphi^{\ominus}_{(P/PH_4^+)}=-0.03V$；

$\varphi^{\ominus}_{(As/AsH_4^+)}=0.54\ V$； $\varphi^{\ominus}_{(Sb/SbH_3)}=-0.51V$；

$\varphi^{\ominus}_B$： $\varphi^{\ominus}_{(N_2/NH_3)}=-0.73\ V$； $\varphi^{\ominus}_{(P/PH_3)}=-0.87V$；

$\varphi^{\ominus}_{(As/AsH_3)}=-1.43V$； $\varphi^{\ominus}_{(Sb/SbH_3)}=-1.34V$；

可见，$NH_3-PH_3-AsH_3-SbH_3$还原性越来越显著。

表 3—5 的数据中 $\Delta_f G^{\ominus}_m$ 的正值也说明氢化物的不稳定性。

一、氨及其衍生物

1. 氨

氨是重要的化工原料之一，工业上大规模生产合成氨是用氮、氢直接化合：

$$N_2+3H_2 \rightleftharpoons 2NH_3 \qquad \Delta_f H^{\ominus}_m=-46.19\ kJ/mol$$

这通常是在催化剂存在下，在高温（～773 K）、高压（32 MPa）下合成。反应虽然是放热的，但由于常温下反应速度太慢，因此生产中是在较高温度下进行，同时施加高压，有利于平衡右移。

在实验室中，氨常用铵盐与碱作用或利用氮化物易水解的特性制备：

$$2NH_4Cl+Ca(OH)_2 \xlongequal{\Delta} 2NH_3\uparrow+CaCl_2+2H_2O\uparrow$$

$$Li_3N+3H_2O = 3LiOH+NH_3\uparrow$$

由于在氨分子中，氮原子是不等性杂化的，孤对电子占用 s 成分较大的杂化轨道，因此氨分子有相当大的极性，分子电偶极矩为 $4.90\times10^{-30}C\cdot m$ 。由于分子间形成氢键，NH_3的熔沸点都反常地高于本族元素的其它氢化物。

液氨是重要的非水溶剂，它有微弱的自身电离平衡：

$$2NH_3\ (l) \rightleftharpoons NH_4^+ + NH_2^- \qquad K_{-33℃}=10^{-29}$$

因此，液氨是电的不良导体。由于分子极性比水小，生成氢键的能力比水小，故作为有机物的溶剂比水好。因此，某些盐在液氨中的溶解与在水中的溶解情况会有所不同，例如卤化银在液氨中溶解度是：

$$AgF<AgCl<AgBr<AgI$$

一些反应在液氨中与在水中往往又不同，例如：

$$2AgCl+Ba(NO_3)_2 \underset{\text{在水中}}{\overset{\text{在液 } NH_3 \text{ 中}}{\rightleftharpoons}} 2AgNO_3+BaCl_2$$

液氨还能溶解碱金属，生成深蓝色的溶液，这种溶液能导电，也比较稳定，很浓的碱金属液氨溶液是强还原剂，可与溶于液氨的某些物质发生氧化还原反应。例如将碱金属的液氨溶液蒸干，就得到原来的碱金属，将溶液放置则缓慢地分解，放出氢气，蓝色慢慢褪去：

$$2Na + 2NH_3 \xlongequal{} 2Na^+ + 2NH_2^- + H_2\uparrow$$

在金属铁作为催化剂存在下，反应迅速进行。一般认为，金属液氨溶液是由于生成电子的氨合物的原因：

$$Na + xNH_3\ (l) \xlongequal{} Na^+ + e\ (NH_3)_x^-$$

金属液氨溶液的性质是氨合电子的性质。碱金属的液氨溶液是“产生电子”的试剂。液氨溶液中的电子氨合物在液氨中参与反应时有两种情况，即引起和不引起反应物化学键的裂解。例：

$$K + O_2 \xlongequal{液氨} KO_2$$

$$K + xNH_3 \xlongequal{液氨} K^+ + e(NH_3)_x^-,\ O_2 + e(NH_3)_x^- \longrightarrow O_2^- + xNH_3$$

这里，反应中氧的化学键没有裂解。而反应

$$2NH_4Cl + 2K \xlongequal{液氨} 2NH_3 + H_2 + 2KCl$$

中液氨中电子和 NH_4^+的一个“H^+”结合生成$\frac{1}{2}H_2$，引起 NH_3-H^+键裂解。

氨在一般情况下化学性质较稳定，它能发生三类反应：

(1) 加合反应：

氨分子中氮原子上的孤对电子对倾向于其它分子或离子（Lewis 酸）形成共价配键，形成各种形式的氨合物，如 $[Ag(NH_3)_2]^+$、$[Cu(NH_3)_4]^{2+}$、$[Cr(NH_3)_6]^{3+}$、$[Pt(NH_3)_4]^{2+}$等；与缺电子分子例 BF_3加合成 $F_3B\cdot NH_3$；与水加合成 $NH_3\cdot H_2O$；与酸直接反应等：

$$Ag^+ + 2NH_3 \xlongequal{} [Ag(NH_3)_2]^+$$

$$BF_3 + NH_3 \xlongequal{} F_3B \leftarrow NH_3$$

$$H_2O + NH_3 \rightleftharpoons NH_4^+ + OH^-$$

$$HCl + NH_3 \xlongequal{} NH_4Cl$$

铵盐一般都是无色晶体，易溶于水，由于 NH_4^+的电子数与 Na^+相等，其半径为 143 pm，介于 K^+ (133 pm) 和 Rb^+ (148 pm) 中间，所以在很多性质上，NH_4^+似相应的钾盐、铷盐，它们属于类质同晶体 (Isomorphous crystals)。在分析化学中，NH_4^+常常干扰 K^+离子的检出，如 $K_2Na[Co(NO_2)_6]$ 与 $(NH_4)_2Na[Co(NO_2)_6]$ 都是黄色沉淀，$KB(C_6H_5)_4$ 和 $NH_4B(C_6H_5)_4$ 都是白色固体等等。因此，常常需要从溶液中预先除去 NH_4^+。

(2) 取代反应：

取代反应可以从两方面来考虑：一是把 NH_3看作是一个三元酸，其中的氢可以依次地被取代，生成氨基化物 ($NaNH_2$)、亚氨基化物 ($CaNH$)、氮化物 ($N\equiv$ 的衍生物)：

$$2Na + 2NH_3 \xlongequal{350^\circ C} 2NaNH_2 + H_2\uparrow$$

$$Ca(NH_2)_2 \xlongequal{\triangle} CaNH + NH_3\uparrow$$

$$2Al + 2NH_3 \xlongequal{} 2AlN + 3H_2\uparrow$$

$$NH_4Cl + 3Cl_2 \xlongequal{} 4HCl + NCl_3$$

另一种情况是以氨基 (NH_2-) 或亚氨基 ($NH<$) 取代其它化合物中的原子或基团，如：

$$HgCl_2 + 2NH_3 \xlongequal{} Hg(NH_2)Cl\downarrow + NH_4Cl$$

$$(似反应\ HgCl_2 + H_2O \xlongequal{} Hg(OH)Cl\downarrow + HCl)$$

$$COCl_2 + 4NH_3 \xlongequal{} CO(NH_2)_2 + 2NH_4Cl$$

$$SOCl_2 + 4NH_3 \xlongequal{} SO(NH_2)_2 + 2NH_4Cl$$

这类反应相当于水解反应（$H_2O \rightleftharpoons H^+ + OH^-$），故又叫氨解反应（$2NH_3 \rightleftharpoons NH_4^+ + NH_2^-$）（Ammonolysis）。

（3）氧化反应：

NH_3分子和NH_4^+离子中的 N 的氧化数为 -3，因此它们在一定条件下有失电子的倾向，呈还原性。由下列反应中，可以看出NH_3、NH_4^+还原性是相当显著的，如氨在纯氧中的燃烧：

$$4NH_3 + 3O_2 \xlongequal{} 2N_2\uparrow + 8H_2O \quad \Delta_r H_m^\ominus = -126.75\ kJ/mol$$

氨在催化剂下氧化：

$$4NH_3 + 5O_2 \xlongequal{Pt} 4NO + 6H_2O \quad \Delta_r H_m^\ominus = -903.74\ kJ/mol$$

在水溶液中被许多氧化剂如Cl_2、H_2O_2、$KMnO_4$氧化：

$$2NH_3 + 3Cl_2 \xlongequal{} N_2\uparrow + 6HCl$$

高温下，NH_3是强还原剂，将某些金属氧化物还原：

$$3CuO + 2NH_3 \xlongequal{\Delta} 3Cu + N_2 + 3H_2O$$

和NH_3分子相比，NH_4^+离子的还原性更为明显，许多有氧化性的含氧酸的铵盐，受热往往发生激烈的反应，如：

$$NH_4NO_2 \xlongequal{\Delta} N_2\uparrow + 2H_2O$$

$$NH_4NO_3 \xlongequal{\Delta} N_2O + 2H_2O$$

因此，热的HNO_3和 HCl 混合溶液可以将NH_4^+离子氧化成N_2或氮的氧化物，在为了消除溶液中的NH_4^+离子时，常常利用这一反应。

2. 铵盐

铵盐的主要性质有：酸性、热稳定性及还原性。

由于氨是弱碱，因此铵盐都有一定程度的水解，例由强酸组成的铵盐水溶液呈酸性：

$$\underset{弱酸}{NH_4^+} + \underset{弱碱}{H_2O} \rightleftharpoons \underset{强碱}{NH_3} + \underset{强酸}{H_3O^+}$$

因此，在任何铵盐溶液中加入强碱并加热，就会释放出氨（用于溶液中NH_4^+的检出）。

铵盐受热会分解，一般分解为氨和相应的酸：

$$NH_4HCO_3 \xlongequal{R.T} NH_3\uparrow + CO_2\uparrow + H_2O$$

$$NH_4Cl \underset{冷}{\overset{\Delta}{\rightleftharpoons}} NH_3 + HCl$$

如果反应生成的酸不具挥发性，则只有氨逸出，而酸或酸式盐残留在容器中：

$$(NH_4)_2SO_4 \xlongequal{\Delta} NH_3\uparrow + NH_4HSO_4$$

$$(NH_4)_3PO_4 \xlongequal{\Delta} 3NH_3\uparrow + H_3PO_4$$

如前所述，许多有氧化性的含氧酸铵盐由于分解时放出大量的热及产生大量气体，会发生爆炸：

$$NH_4NO_3(s) \xrightarrow{\triangle} N_2O\uparrow + 2H_2O \qquad \Delta_r H_m^{\ominus} = -118\ kJ/mol$$

$$NH_4NO_3(s) \xrightarrow{>300℃} N_2\uparrow + 2H_2O(g) + \frac{1}{2}O_2(g) \qquad \Delta_r H_m^{\ominus} = -36.99\ kJ/mol$$

因此 NH_4NO_3可用于制造炸药。N_2O 略带甜味，又称为笑气。

3. 氨的衍生物

NH_3分子中的一个氢原子分别被氨基、羟基取代的衍生物分别称为联氨（Diamine，又称为肼 Hydrazine）及羟氨（Hydrorylamine），它们的一些性质及结构参数见表 3－6。

表 3－6　氨的衍生物的基本性质

	联氨 NH_2-NH_2	羟氨 NH_2-OH
结构：	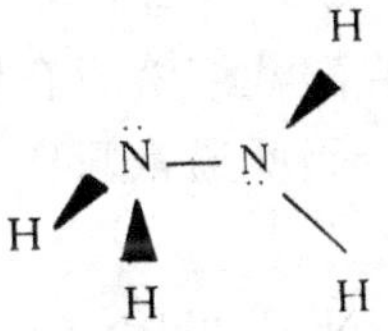	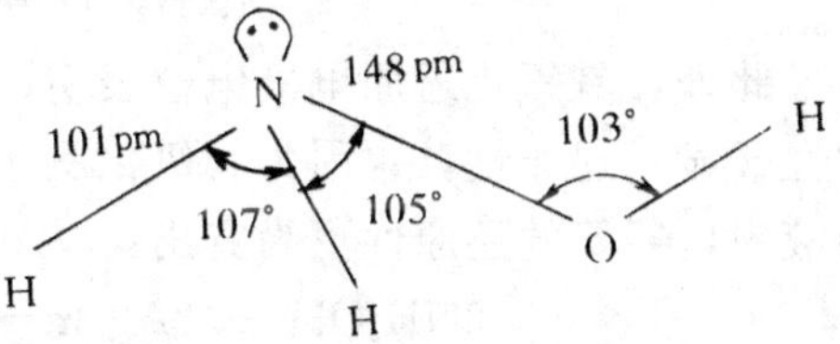
键角/(°)	∠HNH=∠HNN=108	∠HNH=107，∠HNO=105，∠HON=103
键长/pm	H—N=104，N—N=147	H—N=101，N—O=148
N 杂化态	sp^3	sp^3
熔点/K	273	288 K 分解
沸点/K	386.5	
N 的氧化数	－2	－1
$\varphi_A^{\ominus}$ /V	$\varphi^{\ominus}_{(N_2H_5^+/NH_4^+)}=1.27$	$\varphi^{\ominus}_{(NH_3OH^+/NH_4^+)}=1.34$
	$\varphi^{\ominus}_{(N_2/N_2H_4)}=-0.23$	$\varphi^{\ominus}_{(N_2/NH_3OH^+)}=-1.87$
$\varphi_A^{\ominus}$ /V	$\varphi^{\ominus}_{(N_2H_4/NH_3)}=0.11$，	$\varphi^{\ominus}_{(NH_2OH/NH_3)}=0.42$
	$\varphi^{\ominus}_{(N_2/N_2H_4)}=-1.16$	$\varphi^{\ominus}_{(N_2/NH_2OH)}=-3.04$

（1）联氨（肼）：

在碱性条件下，用次氯酸钠氧化 NH_3可制备联氨。该反应分以下两步进行：

$$NH_3 + NaOCl = NH_2Cl + NaOH\ （快）$$

$$NH_2Cl + NH_3 + NaOH = H_2N-NH_2 + NaCl + H_2O\ （慢）$$

由于 N_2H_4可与 H_2O 产生分子间氢键，因此联氨易溶于水。由于在结构上联氨有两对孤对电子，因此 N_2H_4是两元弱碱：

$$N_2H_4 + H_2O = N_2H_5^- + OH^- \qquad K_1 = 8.5\times10^{-7}$$

$$N_2H_5^+ + H_2O = N_2H_6^{2+} + OH^- \qquad K_2 = 8.9\times10^{-15}$$

同时也是配位体，可以形成配合物，如 $[Pt(NH_3)_2(N_2H_4)_2]Cl_2$、$[Co(N_2H_4)_6]Cl$ 等。

根据 $\Delta G^{\ominus}/F-Z$ 图，N_2H_4处于热力学不稳态，在酸性条件下表现强氧化性，在碱性条件下表现为强还原剂。但实际上由于 N_2H_4 的氧化反应速度都很慢，因此其氧化性表现不突出，通常总是把 N_2H_4看作是强还原剂，例如它可以把一些金属盐还原为金属：

$$N_2H_4 + 4AgBr = 4Ag + N_2 + 4HBr$$

由于联氨在空气中燃烧时放出大量的热，因此它是重要的火箭燃料：

$$N_2H_4(l) + O_2(g) = N_2(g) + 2H_2O(l) \qquad \Delta_r H_m^{\ominus} = -624\ kJ/mol$$

（2）羟氨：

由 $\Delta G^{\ominus}/F-Z$ 图可以看到羟氨处于热力学峰点，因此可以预测羟氨的热力学不稳定性。它在 288 K 时发生热分解，生成 NH_3、H_2O、N_2和 N_2O 的混和物，在较高温度下的分解将是爆炸性的：

$$3NH_2OH = NH_3 + N_2 + 3H_2O$$

$$4NH_2OH = 2NH_3 + N_2O + 3H_2O$$

此外，其氧化还原电极电位表明，羟氨无论在酸性溶液或在碱性溶液中都既显示氧化性又显示还原性，也因为其氧化反应速度太慢，因此通常只作为还原剂，而且在碱性溶液中，羟氨的还原性更为突出：

$$2NH_2OH + 2AgBr = 2Ag + N_2 + 2HBr + 2H_2O$$

$$2NH_2OH + 4AgBr = 4Ag + 2N_2O + 4HBr + H_2O$$

在结构上，羟氨的氮上有一对孤对电子，因此是一元弱碱：

$$NH_2OH + H_2O = NH_3OH^+ + OH^- \qquad K_b = 6.6\times10^{-9}$$

其碱性比联氨更弱，这主要是 $-OH$ 基团的拉电子倾向更为显著。

羟氨的制备一般采用电解法，在 50% 的 H_2SO_4溶液中在铅阴极上还原硝酸或硝酸盐：

$$HO-NO_2 + 6H^+ + 6e = HO-NH_2 + 2H_2O$$

联氨、羟氨都是优良的还原剂，除了其本身的强还原性外，还因为它们本身及氧化产物容易脱离反应系统，不会污染反应体系而给溶液带来杂质离子，因此在实验室中常使用它们作还原剂。

（3）叠氮化物：

联氨被亚硝酸氧化，生成氢叠氮酸 HN_3：

$$N_2H_4 + HNO_2 = 2H_2O + HN_3$$

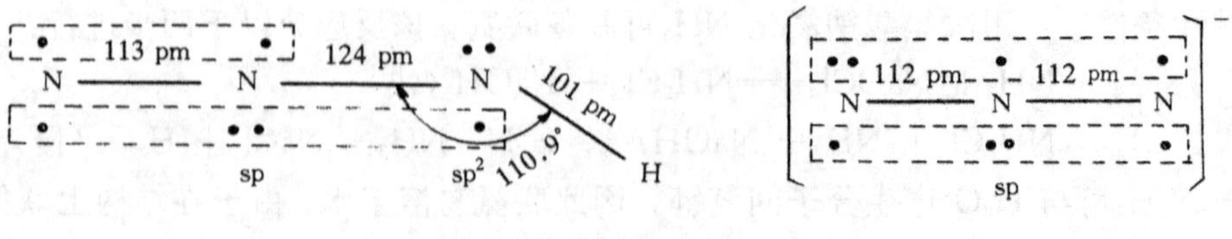

图 3－5　氢叠氮酸与叠氮离子的结构

氢叠氮酸及叠氮离子的结构见图 3－5。在 HN_3中三个氮原子以直线相连，$\angle HNN = 110.9°$，显然靠近 H 的氮原子是以 sp^2 杂化，其余两个氮原子是 sp 杂化。三个氮原子间存在π_3^4大π键，由于 N—N 间的键级不同，因此在HN_3中，N—N 键长不等。氮的平均氧化数为（$-1/3$）。

在N_3^-中，三个 N 原子都是 sp 杂化，存在 2 个π_3^4键，N—N 键长完全相等。

氢叠氮酸是无色有刺激性气味的液体，熔点 -80℃，沸点 35.7℃，由于氢离子的反极化作用，氢叠氮酸稳定性不如叠氮酸盐，一旦撞击就会爆炸分解：

$$2HN_3 = 3N_2 + H_2 \qquad \Delta_r H_m^\circ = -527\ kJ/mol$$

氢叠氮酸是挥发性弱酸，其稀的水溶液几乎不分解（$K_a = 1.9 \times 10^{-5}$）。碱金属叠氮酸盐由于阳离子反极化作用小，较稳定，加热才分解：

$$2NaN_3 \xrightarrow{\Delta} 2Na\ (l) + 3N_2(g)$$

$$2LiN_3 \xrightarrow{\Delta} Li_3N + 4N_2(g)$$

Ag、Pb、Cu、Hg 的叠氮酸盐受热撞击就会爆炸，可作引爆剂。

N_3^-外层电子总数为 16 e，在结构上称为三原子 16 电子体。具有三原子 16 电子体的还有 SCN^-、CO_2、N_2O、CN_2^{2-}（氰氨基）、CNO^-（雷酸根）、OCN^-（氰酸根）、NO_2^+（硝酸基）等。它们都具有同一结构，在性质上N_3^-与SCN^-一样都是类卤离子，因此叠氮酸盐中 AgN_3、$Pb(N_3)_2$、$Hg_2(N_3)_2$都是难溶于水的。

二、膦与鏻

由于膦（Phosphine，PH_3）的生成热是正值（9.25 kJ/mol），表明其在热力学上的不稳定，受热时会分解。在$\Delta G^\circ/F-Z$图中，P 位于PH_3与$H_2PO_2^-$连线的峰点，意味着膦可以用白磷（P_4）在碱液中歧化制备：

$$P_4 + 3KOH + 3H_2O = PH_3\uparrow + 3KH_2PO_2$$

此外，磷化钙水解，碘化鏻（PH_4I）与碱反应，都可以制得膦：

$$Ca_3P_2 + 6H_2O = 3Ca(OH)_2 + 2PH_3$$

$$PH_4I + NaOH = NaI + PH_3 + H_2O$$

膦的有关电极电位数值表明它的还原性比氨更强。膦与某些金属离子如 Cu^{2+}、Ag^+、Au^{3+}等发生氧化还原反应：

$$PH_3 + 8CuSO_4 + 4H_2O = H_3PO_4 + 4H_2SO_4 + 4Cu_2SO_4\downarrow$$

$$4Cu_2SO_4 \xrightarrow{PH_3} Cu + H_3PO_4 + Cu_3P\downarrow$$

反应最后生成 Cu_3P 和 Cu 沉淀，而 NH_3与 Cu^{2+}只发生络合作用。

PH_3在一定温度（150℃）下能同氧燃烧生成 H_3PO_4：

$$PH_3 + 2O_2 = H_3PO_4 \qquad \Delta_r H_m^\circ = -1274.35\ kJ/mol$$

因此通常制得的 PH_3中由于含有 P_2H_4（联膦），其燃点比膦更低，可以在空气中自燃，而 NH_3在空气中不会自燃。

在结构上，PH_3上有孤对电子，因此它可以作为 Lewis 碱，具有碱性和配位能力。但是由于膦的碱性比氨弱得多（$K_b = 10^{-25}$），所以它不易形成 PH_4^+（Phosphonium）盐，只有在与强酸（HI、$HClO_4$等）作用时才生成鏻盐：

$$PH_3 + HI \longrightarrow PH_4I$$

虽然在 PH_3中，P 上孤对电子不及 NH_3的孤对电子集中，但 PH_3有中等配位能力，可以形成许多配合物，特别是与铂系金属配合。在这些配合物中，除了 P 上一对孤对电子作为 Lewis 碱配出外，磷原子的空 3d 轨道可以接受配合物中心离子反馈回来的电子，形成所谓反馈的 d－dπ 键（图 3－6），使 PH_3配位能力增强，配合物稳定性得到增强。这就是说，PH_3在配合物中既是电子给予体又是电子接受体。*

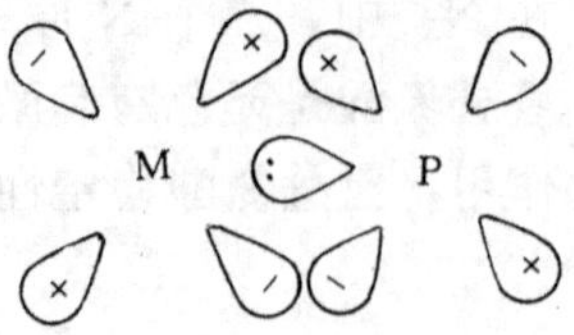

图 3－6　PH_3 配合物中的 d－dπ 键

三、胂、睇、铋

砷、锑、铋都能生成氢化物 MH_3，产物分别为胂、睇、铋，它们都是无色有恶臭的有毒气体，由于生成热是正值，极不稳定。三种氢化物中 AsH_3较重要。

将砷化物水解或用活泼金属在酸性溶液中还原砷的化合物制备胂：

$$Na_3As + 3H_2O \longrightarrow AsH_3\uparrow + 3NaOH$$

$$As_2O_3 + 6Zn + 6H_2SO_4 \longrightarrow 2AsH_3\uparrow + 6ZnSO_4 + 3H_2O$$

胂、睇的重要性质是还原性、热不稳定性。如胂在空气中自燃：

$$2AsH_3 + 3O_2 \longrightarrow As_2O_3 + 3H_2O$$

胂、睇在缺氧下受热分解：

$$2AsH_3 \xrightarrow{\Delta} 2As + 3H_2$$

$$2SbH_3 \xrightarrow{\Delta} 2Sb + 3H_2$$

以上反应是在医学上鉴定砷的马氏试砷法的根据。检验方法是用锌、盐酸与试样相混合，让生成的气体通过热玻璃管，如试样中有砷的化合物存在，则由于胂的分解，在玻璃管上聚集形成亮黑色的"砷镜"，睇也能形成亮黑色的"锑镜"，但是砷镜可以溶于 NaClO 溶液中，"锑镜"不溶。

$$5NaClO + 2As + 3H_2O \longrightarrow 2H_3AsO_4 + 5NaCl$$

该法又称为马氏（Marsh）试砷法，检出限量为 1×10^{-4} mg 砷。

利用 AsH_3 的还原性也可以检出样品中的砷。利用的反应是：

$$2AsH_3 + 12AgNO_3 + 3H_2O \longrightarrow As_2O_3 + 12HNO_3 + 12Ag\downarrow$$

检出限量为 0.005 mg，该法为古氏（Gutzeit）验砷法。

由于胂、睇的强还原性，一些氧化剂如 $KMnO_4$、$K_2Cr_2O_7$、甚至 H_2SO_4及氧化性不强的 H_2SO_3都能与 AsH_3、SbH_3反应。

铋的生成热 $\Delta_f H_m^\circ$ 为 277.8 kJ/mol，稳定性最差。

---

* PX_3随着 X 的电负性增大，M－PX_3 中，形成 π_{d-d}键能力增强，事实上由于 H 电负性很小，因此在 M－PH_3 中形成 π_{d-d}键能力是很低的。有人认为在接受金属原子 M 的 d_π 电子时，P－X 键 σ^* 轨道起的作用更大，从而排除了由 P 的 d_π 轨道接受反馈电子的看法（J. Am. Chem. Soc.，1984，4046－4066）（J. Chem. Soc. Commun.，1985，1310－1311）。

第三节　氮的氧化物与含氧酸

氮和氧有多种不同的化合物，在氧化物中氧化数可以从 +1 到 +5，其中以 NO 和 NO_2 较为重要。表 3－7 汇列了有关氧化物的结构与主要性质。

表 3－7　氮的氧化物的结构及其主要性质

化学式	N_2O	NO	N_2O_3
结构	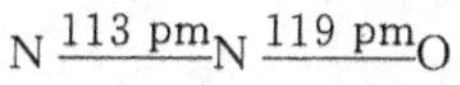 $2\pi_3^4$	 $1\sigma+1\pi+1\pi_2^3$	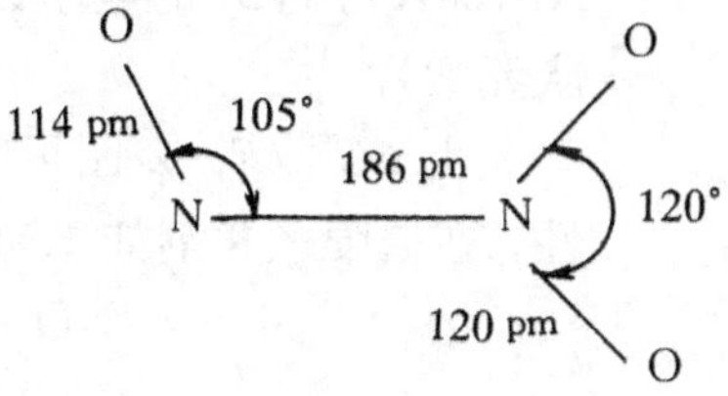 π_5^6
熔点/℃	－90.86	－163.6	－110.7
沸点/℃	－88.5	－151.8	3℃ 以上分解
氮氧化数	+1	+2	+3
常态下状态	无色气体	无色气体	蓝色固（液）体
化学式	NO_2	N_2O_4	N_2O_5
结构	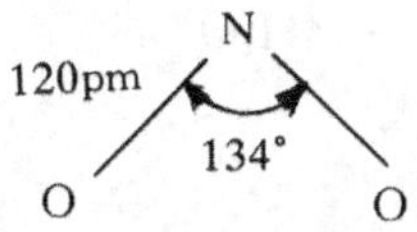 $2\sigma+1\pi_3^4$	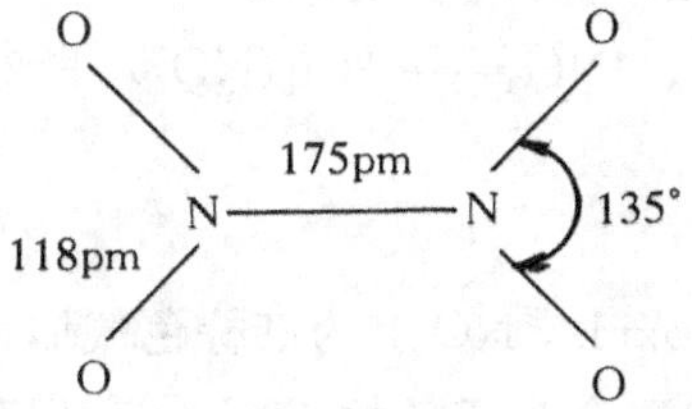 $5\sigma+2\pi_3^4$	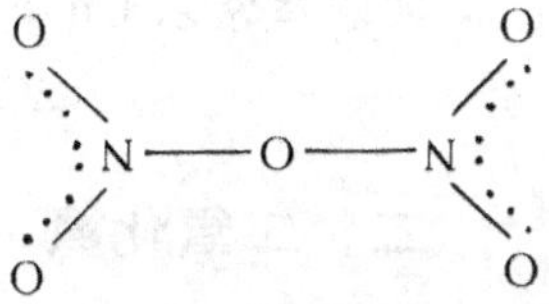 （气态） $6\sigma+2\pi_3^4$ NO_2^+、NO_3^-（固态）
熔点/℃	11.2	－9.3	30℃ 分解
沸点/℃		21.2	
氮氧化数	+4	+4	+5
常态下状态	红棕色气体	无色气体	无色固体

一、一氧化氮

一氧化氮（Nitrogen oxide，NO）是无色气体，中性氧化物。根据分子轨道理论，其

电子排布为

$$NO\ (15e)\ [(1\sigma)^2\ (2\sigma)^2\ (3\sigma)^2\ (4\sigma)^2\ (1\pi)^4\ (5\sigma)^2\ (2\pi)^1]$$

NO 的键级为 2.5，因为有未成对电子，故分子有顺磁性，为奇电子化合物。一般来说，含有奇数电子的化合物都有颜色且不稳定，易聚合（例 NO_2），但 NO 既无颜色又较稳定，因此 NO 又被称为“稳定的自由基”。常温下 NO 的缔合是一个放热反应：

$$2NO = N_2O_2$$

固体状态的 NO 经结构测定，其中含有缔合分子（图 3—7）。

NO 分子中的反键轨道上的电子 $(\pi_{2p}^*)^1$ 在反应中可以失去成为 NO^+（亚硝酰离子，Nitrosyl）。NO^+ 的电子数和 N_2、CO、CN^- 相同，结构相似，它们互为等电子体（详见碳族元素）。

由 $\Delta G^\ominus/F-Z$ 图可以看到 NO 有氧化性，也有还原性，在遇强氧化剂如 $KMnO_4$、Cl_2 等时会被氧化：

$$2NO + O_2 = 2NO_2$$

$$2NO + Cl_2 = 2NOCl$$

$$3MnO_4^- + 5NO + 4H^+ = 3Mn^{2+} + 5NO_3^- + 2H_2O$$

在遇到强还原剂时 NO 可被还原：

$$2NO + SO_2 + H_2O = SO_4^{2-} + N_2O + 2H^+$$

$$NO + 3Cr^{2+} + 3H^+ = NH_2OH + 3Cr^{3+}$$

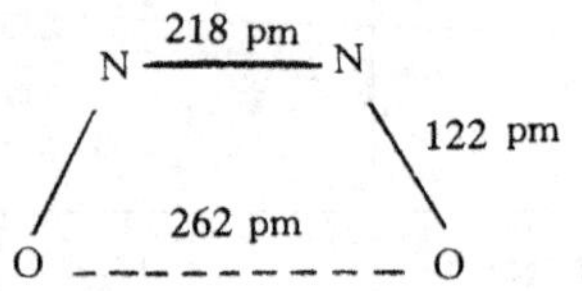

图 3—7　固态 NO 中的缔合分子

由于 NO 分子中存在孤电子对，可以同金属离子形成配位体，例如与 $FeSO_4$ 溶液形成棕色、可溶性的硫酸亚硝酰合铁（Ⅰ）（棕色环反应）：

$$FeSO_4 + NO = [Fe(NO)]SO_4$$

实验室常以 Cu 与稀 HNO_3 反应制取 NO：

$$3Cu + 8HNO_3 = 3Cu(NO_3)_2 + 2NO + 4H_2O$$

二、二氧化氮

二氧化氮（Nitrogen dioxide，NO_2）为红棕色气体，有毒。由于它是奇电子分子，且二聚反应放热，故在低温时聚合为无色的 N_2O_4，它们存在以下平衡：

$$2NO_2 \xrightleftharpoons{\text{低温}} N_2O_4 \qquad \Delta_r H_m^\ominus = -57\ \text{kJ/mol}$$

在固态中，氧化物全部是 N_2O_4。在液态时，N_2O_4 开始部分分解。在凝固点时（−11.2℃）N_2O_4 呈淡黄色，因为已有 0.01% 的 NO_2。在沸点（21.15℃）时 N_2O_4 呈深红色，有 0.1% NO_2。在 140 ℃ 以上蒸气状态下 N_2O_4 全部分解。超过 150 ℃ 以上，NO_2 发生分解：

$$2NO_2 \xrightarrow{>150℃} 2NO + O_2$$

由 $\Delta G^\ominus/F-Z$ 图计算出有关电位数值如下：

$\varphi_A^\ominus$ ：　$\varphi^\ominus_{(NO_3^-/NO_2)} = 0.83\ V$　　$\varphi^\ominus_{(NO_2/HNO_2)} = 1.07\ V$

$\varphi_B^\ominus$ ：　$\varphi^\ominus_{(NO_3^-/NO_2)} = -0.85\ V$　　$\varphi^\ominus_{(NO_2/NO_2^-)} = 0.88\ V$

这说明 NO_2 在酸性条件下的氧化性及碱性条件下的还原性较为显著，另外由于 NO_2 处于峰点，不论在酸性或碱性条件下都会发生歧化反应：

与水溶液反应 $\begin{cases} 2NO_2 + 2NaOH \xlongequal{} NaNO_3 + NaNO_2 + H_2O \\ 2NO_2 + H_2O \xlongequal{} HNO_3 + HNO_2 \end{cases}$

与离子化溶剂反应 $\begin{cases} 2NO_2 + 3H_2SO_4 \xlongequal{} NO_2^+ + NO^+ + H_3O^+ + 3HSO_4^- \\ 2NO_2 \xlongequal{HNO_3} NO_3^- + NO^+ \end{cases}$

与还原性物质反应 $\begin{cases} NO_2 + CO \xlongequal{} NO + CO_2 \\ 4NO_2 + H_2S \xlongequal{} 4NO + SO_3 + H_2O \end{cases}$

与氧化剂反应：

$$10NO_2 + 2KMnO_4 + 3H_2SO_4 + 2H_2O \xlongequal{} 2MnSO_4 + K_2SO_4 + 10HNO_3$$

三、亚硝酸及其盐

将等摩尔的 NO 和 NO_2混合物溶解于冰冻的水中，可以逆歧化产生亚硝酸 (Nitrous acid)（参阅 $\Delta G^{\ominus}/F-Z$ 图）：

$$NO + NO_2 + H_2O \xlongequal{冷冻} 2HNO_2$$

或向亚硝酸盐的冷溶液中加酸，也可制得亚硝酸：

$$NaNO_2 + H_2SO_4 \xlongequal{冷冻} HNO_2 + NaHSO_4$$

HNO_2是一种弱酸，$K_a = 5\times10^{-4}$ (18℃)。

HNO_2有两种结构：顺式和反式（图 3－8）在结构上，反式比顺式较稳定，约低 21 kJ/mol。

顺　　　　反

图 3－8　HNO_2 的结构

HNO_2很不稳定，易分解：

$$3HNO_2 \xlongequal{} HNO_3 + 2NO + H_2O$$

目前尚未制得纯 HNO_2，但其盐相对稳定些。重金属亚硝酸盐由于阳离子的反极化作用，热分解温度低，例如 $AgNO_2$分解温度仅 100℃；碱金属和碱土金属的亚硝酸盐有很高的热稳定性。除 $AgNO_2$微溶于水外，一般亚硝酸盐都易溶于水。亚硝酸盐有毒性，并被认为是致癌物。

由于在亚硝酸及其盐中，氮的氧化数为 +3，处于中间氧化态，因此亚硝酸及其盐既具有氧化性，又具有还原性，其电位数值由 $\Delta G^{\ominus}/F-Z$ 图计算得到：

$\varphi_A^{\ominus}$：$\varphi^{\ominus}_{(HNO_2/N_2O)} = 1.27\ V$　　$\varphi^{\ominus}_{(HNO_2/NO)} = 0.99\ V$

$\varphi^{\ominus}_{(NO_2/HNO_2)} = 1.07\ V$　　$\varphi^{\ominus}_{(NO_3^-/HNO_2)} = 0.95\ V$

$\varphi_B^{\ominus}$：$\varphi^{\ominus}_{(NO_2^-/N_2O)} = 1.15\ V$　　$\varphi^{\ominus}_{(NO_2^-/NO)} = -0.46\ V$

$\varphi^{\ominus}_{(NO_3^-/NO_2^-)} = 0.03\ V$

可见，在酸性介质中，HNO_2的氧化性显著，还原性不突出，只有在遇到很强的氧化剂如$KMnO_4$、Cl_2时，才起还原作用：

$$5NO_2^- + 2MnO_4^- + 6H^+ \xlongequal{} 5NO_3^- + 2Mn^{2+} + 3H_2O$$

$$2NO_2^- + 2I^- + 4H^+ \xlongequal{} 2NO\uparrow + I_2 + 2H_2O$$

以上两个反应都可以定量地进行，可用于测定亚硝酸盐。在HNO_2作为氧化剂时，其还原产物常常由于反应条件如还原剂性质、酸度、温度、浓度的不同而不同，产物可以是 NO、N_2O、N_2、NH_2OH 或 NH_3等，以 NO 为常见。

由电位数值可见，在稀溶液中，NO_2^-的氧化能力比 NO_3^-更强（有关的线段斜率更正），例如 NO_2^-在酸性溶液可氧化 I^-，而稀的 NO_3^-却不能。这是 NO_2^-与 NO_3^-的重要区别之一。

在碱性条件下，NO_2^-氧化能力大为逊色，以还原性为主，空气中的氧就可以将亚硝酸盐氧化为硝酸盐：

$$2NO_2^- + O_2 \xlongequal{} 2NO_3^-$$

在 NO_2^-中，氧原子上或氮原子上都有孤电子对，因而它们都可以作为 Lewis 碱配体与一些金属离子形成配位键，如 $M \leftarrow NO_2$或 $M \leftarrow ONO$，前者称为硝基配体，后者则称之为亚硝酸根配体。

用粉末状的铅在高温下还原固态硝酸盐，可以得到亚硝酸盐：

$$Pb + KNO_3 \xlongequal{} KNO_2 + PbO$$

四、硝酸及其盐

硝酸（Nitric acid）是工业上重要的无机酸之一，工业上一般是用氨催化氧化法制取硝酸：

$$4NH_3 + 5O_2 \xlongequal[1000^\circ C]{Pt网} 4NO + 6H_2O \qquad \Delta_r H_m^\ominus = -903.7\ kJ/mol$$

$$2NO + O_2 \xlongequal{} 2NO_2 \qquad \Delta_r H_m^\ominus = -113.0\ kJ/mol$$

$$2NO_2 + H_2O \xlongequal{} 2HNO_3 + NO \qquad \Delta_r H_m^\ominus = -200\ kJ/mol$$

最后尾气中 NO_x 的含量 $>0.4\%$，这些氮氧化物是引致“光化学烟雾”（大气污染）的主要元凶之一。白色发烟硝酸的百分浓度为 93%，密度为 $1.5\ g/cm^3$，相当于 $22\ mol/dm^3$。试剂硝酸的百分浓度为 68%，密度 $1.4\ g/cm^3$，相当于 $15\ mol/dm^3$，为恒沸溶液，沸点 120.5℃。纯硝酸是无色液体，熔点 −41.5℃，沸点 84℃，达到沸点后按下式进行分解：

$$4HNO_3 \xlongequal{} 4NO_2 + 2H_2O + O_2$$

在常温下，进行光照射，硝酸也会按上式分解，所以纯 HNO_3在放置中会慢慢变黄。

将 NO_2溶于 100% 的硝酸中，可得一种红色的“发烟硝酸”，它比纯硝酸具有更强的氧化性。

HNO_3及硝酸根的结构见图 3−9，在 HNO_3 中氮原子以 sp^2杂化与三个氧原子形成σ键，并以余下的一个 p_z 轨道与两个非羟氧原子的 p 轨道重叠，形成 3c−4e 的 π_3^4 键，在 HNO_3分子中还存在分子内氢键。在 NO_3^- 中存在 4C−6e 的 π_4^6 键。

HNO_3的最重要化学性质就是其氧化性。这是由于 HNO_3结构上的不稳定性及氮处于最高氧化态的原因造成的。可以从$\Delta G^\ominus/F-Z$图清楚地看到，利用 HNO_3作氧化剂所得

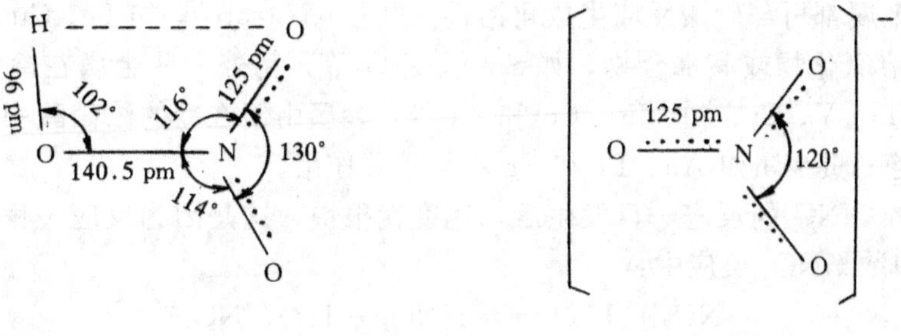

$4\sigma + 1\pi_3^4$　　　　$3\sigma + 1\pi_4^6$

图 3－9　HNO_3与 NO_3^-的结构

到的还原产物可以是氧化态从 ＋4～－3 的各种氮化物，其中主要有 NO_2、HNO_2、N_2O_3、NO、N_2O、N_2、NH_2OH、N_2H_4、NH_3。从有关的电极电位我们可以看到：

$$\varphi_A^{\ominus}:\quad \varphi^{\ominus}_{(NO_3^-/NO_2)}=0.83\ V, \varphi^{\ominus}_{(NO_3^-/HNO_2)}=0.95\ V, \varphi^{\ominus}_{(NO_3^-/NO)}=0.96\ V$$

$$\varphi^{\ominus}_{(NO_3^-/N_2O)}=1.11\ V, \varphi^{\ominus}_{(NO_3^-/N_2)}=1.24\ V, \varphi^{\ominus}_{(NO_3^-/NH_3OH^+)}=0.72\ V$$

$$\varphi^{\ominus}_{(NO_3^-/N_2H_5^+)}=0.82\ V, \varphi^{\ominus}_{(NO_3^-/NH_4^+)}=0.88\ V$$

HNO_3在反应中还原成上述各种产物的可能性都很大，但到底应得到哪种还原产物，光凭电极电位是不能预测的，它取决于动力学因素及反应条件、金属的活泼性以及反应温度等。通常的原则是：① 对于同一金属而言，酸越稀，被还原程度越大。通常浓 HNO_3总是被还原为 NO_2，稀 HNO_3通常被还原为 NO 或氧化态更小的氮的化合物。② 对于活泼金属如 Fe、Zn、Mg、Al，由于还原能力太强，产物往往是 NH_3（在酸性溶液是 NH_4^+）：

$$Cu + 4HNO_3\text{（浓）} = Cu(NO_3)_2 + 2NO_2 + 2H_2O$$

$$3Cu + 8HNO_3\text{（稀）} = 3Cu(NO_3)_2 + 2NO + 4H_2O$$

$$4Zn + 10HNO_3\text{（稀）} = 4Zn(NO_3)_2 + N_2O + 5H_2O$$

$$4Zn + 10HNO_3\text{（很稀）} = 4Zn(NO_3)_2 + NH_4NO_3 + 3H_2O$$

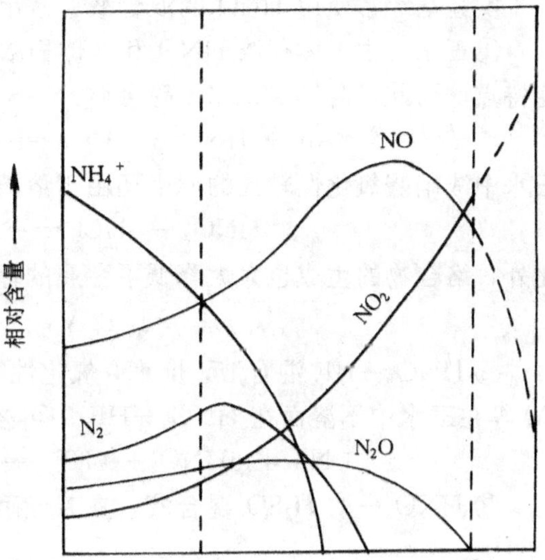

图 3－10　铁还原 HNO_3的产物相对含量随 HNO_3浓度的变化

图 3－10 是 Fe 与不同浓度 HNO_3反应时的还原产物相对含量变化图。从图可以看出，在其它条件不变时（温度、还原剂不变），不同浓度 HNO_3的还原产物不同。随浓度的增加，产物中 NO_2相对含量增大，N_2、NH_4^+相对含量减少，而 NO、N_2O 呈先增

后减的趋势，反应产物复杂，而且以混合产物为主。

大多数金属都可与硝酸反应生成可溶性硝酸盐（Nitrate），如 Fe、Cu、Ag 等；一些金属生成难溶氧化物或其水合物，如 SnO_2、ZrO_2等；另外一些金属在冷的浓硝酸中被“钝化”，如 Ti、V、Cr、Al、Fe、Co 和 Ni 等，金属由于在冷的浓硝酸中生成致密的氧化膜而不反应；贵金属如 Au、Pt 和 Zr 不与硝酸作用。

金属和浓 HNO_3的反应一旦发生后，速度就很快，这是因为反应过程中有 HNO_2生成，如 Cu 和浓 HNO_3 反应中：

$$NO_2 + H_2O = HNO_2 + H^+ + NO_3^-$$

生成的 HNO_2与 Cu 反应速度较快：

$$Cu + 2HNO_2 + 2H^+ = Cu^{2+} + 2NO + 2H_2O$$

$$2NO + 4H^+ + 4NO_3^- = 6NO_2 + 2H_2O$$

若在体系中加入能除去 HNO_2的物质，如 H_2O_2、$CO(NH_2)_2$等，可以使反应速度减慢。

HNO_3还能氧化很多非金属单质，如 B、C、P、As、S、Se、Te、I_2等，生成氧化物或含氧酸：

$$3C + 4HNO_3（浓） = 3CO_2 + 4NO + 2H_2O$$

$$S + 6HNO_3（浓） = H_2SO_4 + 6NO_2 + 2H_2O$$

$$3P + 5HNO_3（浓） + 2H_2O = 3H_3PO_4 + 5NO_2$$

$$3I_2 + 10HNO_3 = 6HIO_3 + 10NO + 2H_2O$$

硝酸对有机物（如衣服、皮肤）有强烈的腐蚀性和破坏性。

实验室经常使用 HNO_3的混合酸，常用的有：

①王水，由 1 体积浓 HNO_3和 3 体积浓 HCl 混合，兼有 HNO_3氧化性及 Cl^-的配位性特点，因此可溶解 Au、Pt 等金属：

$$Au + HNO_3 + 4HCl = HAuCl_4 + NO\uparrow + 2H_2O$$

王水中浓硝酸氧化性较高的原因还由于溶液中存在 Cl_2、NOCl 等强氧化剂：

$$HNO_3 + 3HCl = NOCl + Cl_2 + 2H_2O$$

此外，络合物的生成也大大降低了金属的标准电极电位：

$$\varphi^{\ominus}_{(Au^{3+}/Au)} = 1.42\ V, \qquad \varphi^{\ominus}_{([AuCl_4]^-/Au)} = 0.994V$$

② HNO_3-HF 混合液，也兼有氧化性及配位性，一些与 F^-配合较好的金属如 Nb、Ta 等在王水中不溶而在 HNO_3-HF 中可溶：

$$Nb + 5HNO_3 + 7HF = H_2NbF_7 + 5NO_2 + 5H_2O$$

③ HNO_3-浓 H_2SO_4混合液，在芳烃硝化反应中作硝化剂：

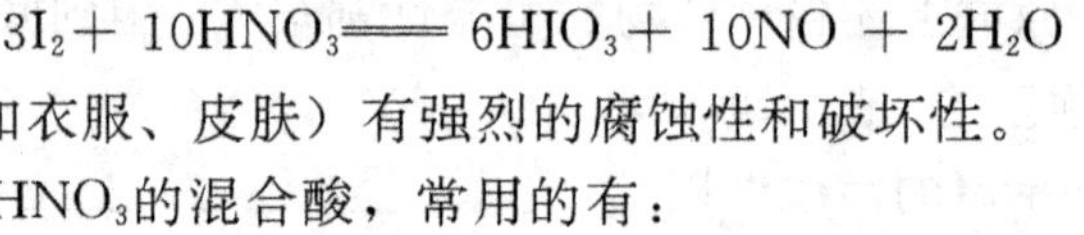

这是由于 HNO_3质子化后，分解为 NO_2^+（硝酰离子）进攻苯环，使苯硝化的结果：

$$HNO_3 + 2H_2SO_4 = NO_2^+ + H_3O^+ + 2HSO_4^-$$

这些反应在有机合成工业中被大量地应用。

硝酸盐比硝酸稳定得多，未经酸化的硝酸盐溶液几乎没有氧化性：$\varphi^{\ominus}_{B(NO_3^-/NO_2)} = -0.85\ V$；$\varphi^{\ominus}_{B(NO_3^-/NO_2^-)} = 0.015\ V$。但固体硝酸盐在高温下都是强氧化剂，因为硝酸盐高

热分解产生氧化性较强的氧。不同的硝酸盐由于阳离子的极化力不同，热分解温度和产物都不同：

$$2NaNO_3 = 2NaNO_2 + O_2$$

$$2Zn(NO_3)_2 = 2ZnO + 4NO_2 + O_2$$

$$2AgNO_3 \stackrel{\Delta}{=} 2Ag + 2NO_2 + O_2$$

实际上硝酸盐的热分解都要经过亚硝酸盐和氧化物，由于亚硝酸盐和氧化物的热稳定性不同，因此产物有所不同。

第四节　磷的氧化物与含氧酸

一、磷的氧化物

磷在常温下慢慢氧化并在不充分空气中燃烧生成三氧化二磷（P_4O_6），在充足空气中燃烧，则生成五氧化二磷（P_4O_{10}）。前面已提到，白磷分子由于张力较大，P—P 键易打开形成 P_4O_6 或 P_4O_{10}，它们的结构如图 3－11 所示。由于 P_4O_6 分子具有球状的结构，使性质上具有滑腻感。它是白色吸潮性腊状固体，熔点 23.8℃，在 N_2气中沸点为 173.8℃，有强毒性，易溶于有机溶剂中，当溶于冷水时缓慢地生成亚磷酸 H_3PO_3，在热水中则发生歧化反应：

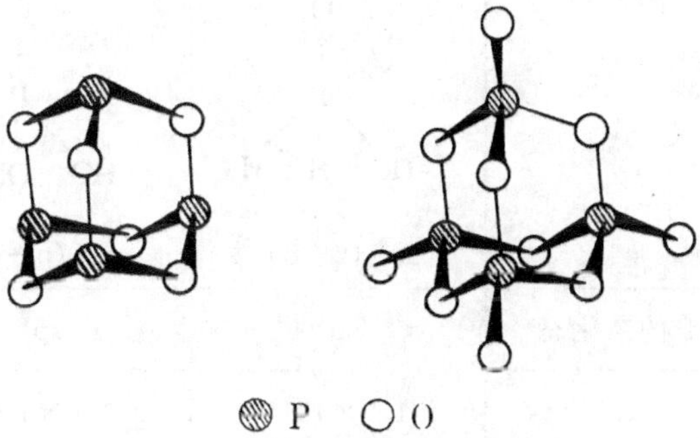

图 3－11　P_4O_6 与 P_4O_{10}的结构

$$P_4O_6 + 6H_2O\text{（冷）} = 4H_3PO_3$$

$$P_4O_6 + 6H_2O\text{（热）} = PH_3 + 3H_3PO_4$$

P_4O_6分子中，每个 P 原子上还有一对孤对电子，易受到 O_2分子的进攻，故不稳定，易再被氧化为 P_4O_{10}。

P_4O_{10}是白色雪花状晶体，熔点 420℃，但在 358.9℃ 升华，它有极强吸水性，在空气中迅速地吸潮。由于吸水性太强，它甚至可以从 H_2SO_4、HNO_3中夺取水：

$$P_4O_{10} + 6H_2SO_4 = 6SO_3 + 4H_3PO_4$$

$$P_4O_{10} + 4HNO_3\text{（浓）} = 2N_2O_5 + 4HPO_3$$

P_4O_{10}与水反应时放出大量的热（每摩尔 P_4O_{10}与水作用放出 284.51 kJ/mol），生成氧化态为 V 的各种含氧酸，最终生成 H_3PO_4：

$$P_4O_{10} \xrightarrow{2H_2O} (HPO_3)_4\text{（偏磷酸）} \xrightarrow{2H_2O} 2H_4P_2O_7\text{（焦磷酸）} \xrightarrow{2H_2O} 4H_3PO_4$$

当 P_4O_{10}与水摩尔比超过 1∶6，并有 HNO_3作催化剂时，可加速转化为正磷酸：

$$P_4O_{10} + 6H_2O \xrightarrow[\Delta]{HNO_3} 4H_3PO_4$$

二、磷的含氧酸

磷能生成多种氧化态的含氧酸，它们的结构及其基本性质汇列于表 3－8 中。

表 3－8　磷的各种含氧酸的结构及性质

	次磷酸	亚磷酸	正磷酸	焦磷酸
	Hypophosphorous acid	phosphorous acid	Phosphoric acid	Pyrophosphoric acid
分子式	H_3PO_2	H_3PO_3	H_3PO_4	$H_4P_2O_7$
P 的氧化态	+1	+3	+5	+5
结构式	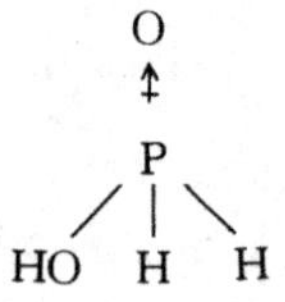 4σ+(p－d)π	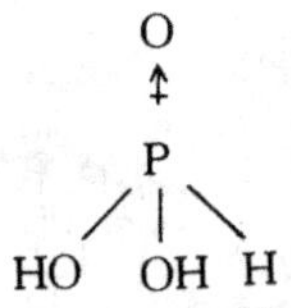 4σ+(p－d)π	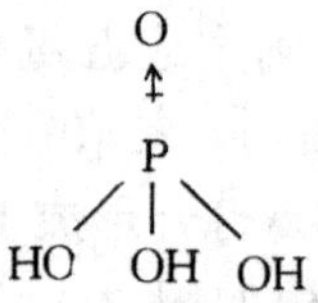 4σ+(p－d)π	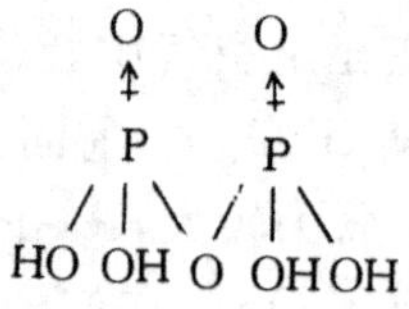 8σ+2(p－d)π
P 的杂化态	sp^3	sp^3	sp^3	sp^3
K_1	1.0×10^{-2}	1.6×10^{-2}	7.5×10^{-3}	1.4×10^{-1}
K_2		7×10^{-7}	6.2×10^{-8}	10^{-2}
K_3			4.4×10^{-13}	2.9×10^{-7}
K_4				3.6×10^{-9}
氧化还原性	还原性	还原性	无氧化还原性	无氧化还原性
电极电位 $\varphi_A^{\ominus}$ /V	$\varphi^{\ominus}_{(H_3PO_4/H_3PO_2)} = -0.39$	$\varphi^{\ominus}_{(H_3PO_4/H_3PO_3)} = -0.28$		
$\varphi_B^{\ominus}$ /V	$\varphi^{\ominus}_{(PO_4^{3-}/H_2PO_2^-)} = -1.31$	$\varphi^{\ominus}_{(PO_4^{3-}/H_3PO_3)} = -1.05$		

一个亚磷酸脱去一分子水得偏亚磷酸(HPO_2)，假如两个亚磷酸脱去一分子水得焦亚磷酸($H_4P_2O_5$)；一个磷酸分子内脱去一分子水得偏磷酸(HPO_3)，在两个磷酸分子间脱去一分子水得焦磷酸($H_4P_2O_7$)。

1. 次磷酸及其盐

次磷酸(H_3PO_2)是一种无色晶状固体，熔点 26.5℃，易潮解，是一元中强酸。白磷在

热碱液中歧化生成 PH_3 和次磷酸盐：

$$P_4 + 3OH^- + 3H_2O = 3H_2PO_2^- + PH_3$$

由 $\Delta G^\ominus/F-Z$ 图及表 3-8 电极电位数值表明次磷酸盐的强还原性，这在结构上可以认为是由于分子中有两个还原氢的原因。因此重金属盐如 $AgNO_3$、$HgCl_2$、$CuCl_2$、$NiCl_2$ 等由于其氧化性，可以被次磷酸或其盐还原为金属，这一性质使次磷酸盐广泛用于化学电镀上：

$$2Ag^+ + H_2PO_2^- + H_2O = 2Ag\downarrow + HPO_3^{2-} + 3H^+$$

在热力学上，$H_2PO_2^-$ 处于 HPO_3^- 与 PH_3 连线的峰点，因此在碱性条件下，H_3PO_2 非常不稳定，容易歧化成 HPO_3^{2-} 和 PH_3：

$$3H_2PO_2^- + OH^- = PH_3 + 2HPO_3^{2-} + H_2O$$

另一方面，H_3PO_2 还是一种弱氧化剂，它可以被强还原性的镍金属粉还原成 PH_3（$\varphi^\ominus_{A(H_3PO_2/PH_3)} = -0.15\ V$）。

2. 亚磷酸及其盐

纯的亚磷酸（H_3PO_3）是无色固体，熔点 73℃，易溶于水，是二元酸，在结构上有一个还原氢，因而显示还原性。亚磷酸及其盐都是较强还原剂。

在热力学上，H_3PO_3 刚好处于 H_3PO_4—PH_3 连线的峰点上，所以纯 H_3PO_3 或其浓溶液在强热时会发生歧化反应：

$$4H_3PO_3 \xlongequal{\Delta} 3H_3PO_4 + PH_3$$

亚磷酸容易将 Ag^+ 离子还原为金属 Ag；能将热浓 H_2SO_4 还原为 SO_2，60～70℃ 时还原为 S；还原 $HgCl_2$ 为 Hg_2Cl_2：

$$H_3PO_3 + 2Ag^+ + H_2O = H_3PO_4 + 2Ag + 2H^+$$

$$H_3PO_3 + H_2SO_4(\text{浓}) = H_3PO_4 + SO_2\uparrow + H_2O$$

$$H_3PO_3 + 2HgCl_2 + H_2O = H_3PO_4 + Hg_2Cl_2 + 2H^+ + 2Cl^-$$

3. 连二磷酸

连二磷酸（$H_4P_2O_6$）是一个四元酸，其结构见图 3-12（$K_1 = 6.4\times10^{-3}$，$K_2 = 1.6\times10^{-3}$，$K_3 = 5.4\times10^{-8}$，$K_4 = 9.3\times10^{-11}$），氧化数为 +4。

在 $\Delta G^\ominus/F-Z$ 图上，它明显处于热力学峰点，故 $H_4P_2O_6$ 在水溶液中会慢慢歧化：

$$H_4P_2O_6 + H_2O = H_3PO_4 + H_3PO_3$$

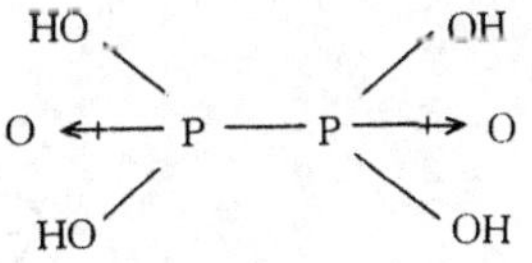

图 3-12　连二磷酸结构

4. 磷（V）的含氧酸

磷（V）的含氧酸有正磷酸、焦磷酸、偏磷酸及多磷酸。

① 正磷酸：

正磷酸（H_3PO_4）是高沸点中强酸，工业上用 P_4O_{10} 与水作用制得，实验室中用硝酸氧化白磷制得纯 H_3PO_4：

$$3P_4 + 20HNO_3 + 8H_2O = 12H_3PO_4 + 20NO$$

蒸发浓缩溶液可以得到 H_3PO_4 晶体。纯 H_3PO_4 晶体是无色的，熔点 42.3℃，加热 H_3PO_4

时由于分子间脱水生成焦磷酸，分子内脱水得偏磷酸。因此，磷酸没有自身的沸点，它能与水以任何比例相混溶。

在磷酸分子中，磷采用 sp^3 杂化，其结构参数见图 3－13。计算 P－O 键长得到 171 pm，比实测 P－O 键长长，因此可以想象，P 上的 d 空轨道参与了成键。

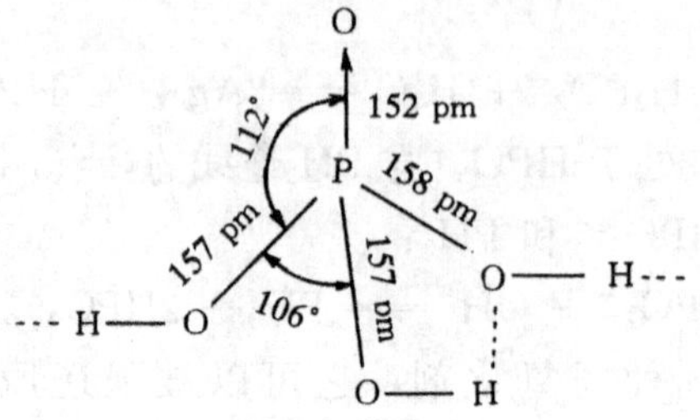

图 3－13　H_3PO_4 结构（…氢键）

我们以 VB 法处理 PO_4^{3-}，说明 p－d 反馈大 π 键的形成：

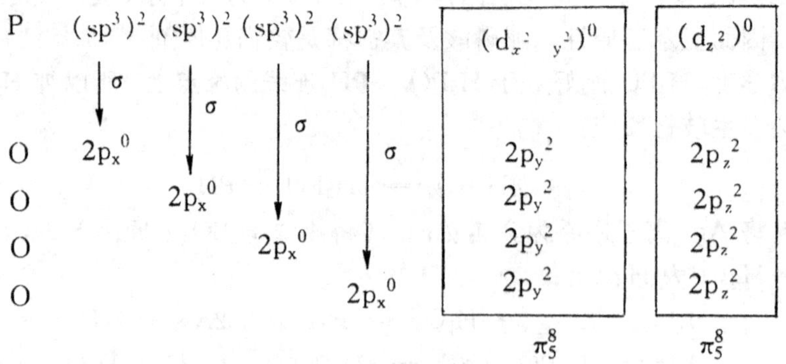

P 原子除以 sp^3 杂化轨道与 4 个氧原子形成配位 σ 键外，P 原子上 $d_{x^2-y^2}$、d_{z^2}空轨道还分别接受配位原子 $2p_y$ 及 $2p_z$ 轨道上反馈回来的电子，形成 p－d 反馈大 π 键 π_5^8，因此在 PO_4^{3-} 中 P－O 键长实测值为 154 pm，介于单键（171 pm）与双键（150 pm）之间。见图 3－14。

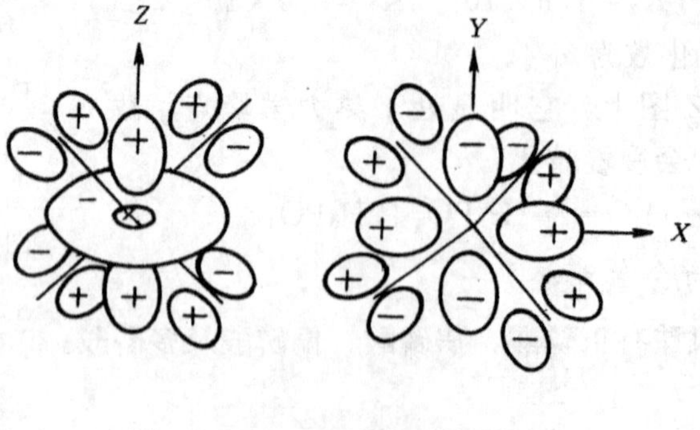

图 3－14　PO_4^{3-} 中的 π_5^8 键

ClO_4^-、SO_4^{2-}、SiO_4^{4-} 都和 PO_4^{3-} 互为等电子体，应具有相似的结构，因此都应存在

2 个 π_5^8 键，实测 M—O 键长与理论单键键长数值支持了 π_5^8 键形成的观点（表 3—9）*。

表 3—9　第三周期含氧酸根 $[MO_4]^{2-}$ 的 M—O 键长　pm

	SiO_4^{4-}	PO_4^{3-}	SO_4^{2-}	ClO_4^-
理论 M—O 单键键长	176	171	169	168.5
实测 M—O 键长	163	154	149	145

磷酸是一种无氧化性的三元中强酸，在 25℃ 时，$K_1=7.5\times10^{-3}$，$K_2=6.3\times10^{-8}$，$K_3=4.4\times10^{-13}$。由于酸中三个氢离子可以逐个地被金属离子取代，因此可以形成三类盐：正盐，一氢盐、二氢盐。所有的二氢盐都可以溶于水，一氢盐及正盐中除了 K^+、Na^+ 和 NH_4^+盐外，一般都不溶于水。这可以归因于一氢盐或正盐中由于正负离子的相互作用力增大，使晶格能增大。根据阿仑尼乌斯电离学说，可溶磷酸盐在水溶液中会有不同程度的水解。磷酸钠水解是分步进行的，但以下式为主：

$$PO_4^{3-}+H_2O \rightleftharpoons HPO_4^{2-}+OH^- \qquad K_{h1}=\frac{K_w}{K_3}=2.27\times10^{-2}$$

因此溶液应呈碱性，0.10 mol/dm³ Na_3PO_4溶液 pH 约为 12.6，磷酸氢二钠在水溶液中同时存在两个平衡：

$$HPO_4^{2-} \rightleftharpoons H^+ + PO_4^{3-} \qquad K_{a3}=4.4\times10^{-13}$$

$$HPO_4^{2-}+H_2O \rightleftharpoons H_2PO_4^- + OH^- \qquad K_{h_2}=\frac{K_w}{K_2}=1.6\times10^{-7}$$

可以清楚地看到水解倾向比电离倾向大一些，因此 Na_2HPO_4 水溶液应呈碱性，$[H^+]$ 约为：

$$[H^+]=\sqrt{K_2K_3}=\sqrt{6.3\times10^{-8}\times4.4\times10^{-13}}=1.7\times10^{-10}\ \text{mol/dm}^3$$

NaH_2PO_4 在水溶液中同样也存在两种倾向：

$$H_2PO_4^- \rightleftharpoons HPO_4^{2-}+H^+ \qquad K_{a2}=6.3\times10^{-8}$$

$$H_2PO_4^-+H_2O \rightleftharpoons H_3PO_4+OH^- \qquad K_{h_3}=\frac{K_w}{K_1}=1.3\times10^{-12}$$

可见，电离倾向为主，故 NaH_2PO_4 水溶液应呈酸性：

$$[H^+]=\sqrt{K_1K_2}=\sqrt{7.5\times10^{-3}}\times6.3\times10^{-8}=2.2\times10^{-5}\ \text{mol/dm}^3$$

因此，在以 H_3PO_4与 NaOH 或 Na_2CO_3作用时，控制溶液在不同的 pH 值可得到不同的磷酸盐。例如，控制 pH 在 4.2～4.6 范围时，浓缩溶液，可制得 $NaH_2PO_4\cdot2H_2O$ 晶体；控制 pH 在 9.2，浓缩后制得 $Na_2HPO_4\cdot12H_2O$ 晶体；在 pH>13 时得到正盐。Na_3PO_4 的强碱性广泛地被应用于洗涤剂工业中。

PO_4^{3-}是一个络合剂，可利用氧上孤对电子作 Lewis 碱配出，尤其是对 Fe^{3+}的络合较为显著 $[Fe(PO_4)_2]^{3-}$，在分析化学中常用 PO_4^{3-}、HPO_4^{2-}掩蔽铁离子。

② 焦磷酸及其盐：

---

* 关于 p—dπ 键问题，有不同看法，具体请参阅 F. A. Cotton and G. wilkinson, Advanced Inorganic Chemistry, 5 Ed. P. 33 (1988)。

磷酸在 200～300℃ 条件下脱水生成焦磷酸。在结构上，焦磷酸盐是两个 $[PO_4]^{3-}$ 共用顶角氧原子的结构（图 3－15）。焦磷酸是无色玻璃状固体，易溶于水，在冷水中会慢慢转变为正磷酸。它的酸性比正磷酸强，根据一般规律，缩合酸的缩合程度越大，酸性越强。

常见焦磷酸盐有 $M_2H_2P_2O_7$ 和 $M_4P_2O_7$ 两种。

③ 多磷酸及其盐：

由两个以上的磷酸分子缩合，以氧原子联结成长链状的分子为多磷酸。n 个磷酸分子缩合称为 n 磷酸。如三磷酸结构如图 3－16。

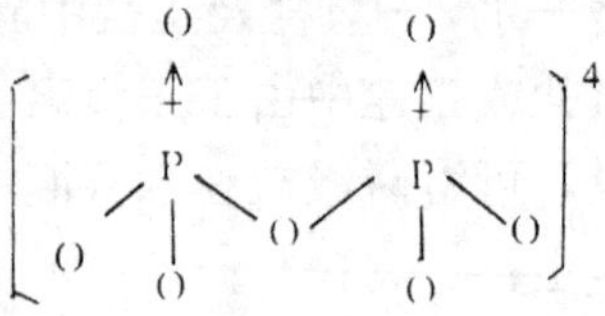

图 3－15 $P_2O_7^{4-}$ 结构

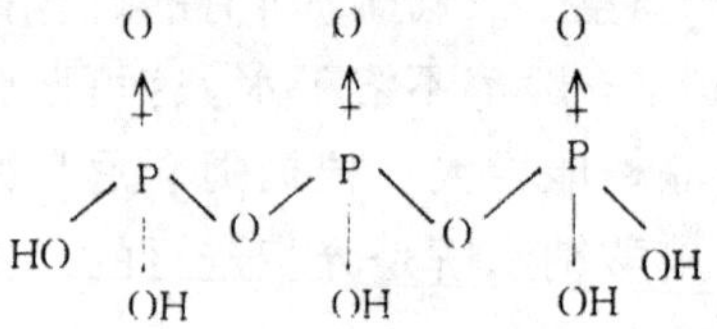

图 3－16 三磷酸结构

相应地，链状多磷酸盐的通式为 $M(I)_{n+2}P_nO_{3n+1}$（n 为磷原子数目）。多磷酸盐又称格氏盐（$n \approx 20 \sim 100$），广泛用于锅炉除垢剂。

④ 偏磷酸及其盐：

偏磷酸的分子式为 HPO_3，实际上是一种多聚体 $(HPO_3)_n$，它是由三个以上的 H_3PO_4 分子脱水后形成的环状结构（区别于链状多磷酸），例如环三磷酸及环四磷酸结构如图 3－17。

图 3－17 $(HPO_3)_3$ 与 $(HPO_3)_4$ 的结构

偏磷酸是硬而透明的玻璃状物质，易溶于水，在溶液内逐渐变为正磷酸。

固体酸式磷酸盐受热脱水主要发生以下反应：

$$NaH_2PO_4 \xlongequal{\Delta} NaPO_3\text{（偏磷酸钠）} + H_2O$$

$$2Na_2HPO_4 \xlongequal{\Delta} Na_4P_2O_7\text{（焦磷酸钠）} + H_2O$$

$$2Na_2HPO_4 + NaH_2PO_4 \xlongequal{\Delta} Na_5P_3O_{10}\text{（三聚磷酸钠）} + 2H_2O$$

实际上酸式磷酸盐的热分解产物十分复杂，取决于反应条件及用量。但它们的结构都有一个特点，即以 PO_4 四面体为基本结构单元，相互共用氧原子构成链状或环状化合物。

第五节 砷、锑、铋的氧化物与含氧酸

砷、锑、铋的氧化物有 E_2O_3、E_2O_5 两种。它们的基本性质汇列于表 3－10 中。

在常温下砷、锑的三氧化物像磷的氧化物一样，具有 E_4O_6的通式，在较高温度下才解离为 As_2O_3、Sb_2O_3。

H_3AsO_3是两性物，酸性为主：$K_a \approx 6\times10^{-10}$，$K_b=10^{-14}$，$Sb(OH)_3$则是碱性为主的两性氢氧化物。$Sb^{3+}$只存在于强酸性溶液中，随 pH 升高，$Sb^{3+}$水解生成锑氧阳离子，pH 继续增大，得碱式盐沉淀，在强碱性溶性中应得到 SbO_3^{3-}：

表 3－10 砷、锑、铋氧化物基本性质

	As_2O_3	Sb_2O_3	Bi_2O_3
酸碱性	两性、酸为主	两性、碱为主	碱性
在水中溶解度	25℃，2.16 g/(100 g H_2O)	15℃，0.002 g/(100 g H_2O)	
酸液中存在形式	As^{3+}	SbO^+或 Sb^{3+}	$BiO^+(Bi^{3+})$
碱液中存在形式	AsO_2^-	SbO_2^-	
水合物	H_3AsO_3	$Sb(OH)_3$	$Bi(OH)_3$
氧化还原性	还原性	还原性	极弱还原性
	As_2O_5	Sb_2O_5	Bi_2O_5
酸碱性	酸性	两性、酸为主	两性、酸为主
在水中溶解度	20℃，230 g/（100 g H_2O）		
酸液中存在形式			
碱液中存在形式	AsO_4^{3-}	$Sb(OH)_6^-$	"BiO_3^-"
水合物	H_3AsO_4	$HSb(OH)_6$	
氧化还原性	氧化性	氧化性	强氧化性

$$SbCl_3 + H_2O = SbOCl\downarrow + 2H^+ + 2Cl^-$$

$Bi(OH)_3$为碱性氢氧化物，溶于酸成 Bi(Ⅲ)盐，随溶液 pH 升高，形成铋氧阳离子：

$$Bi(NO_3)_3 + H_2O = BiONO_3\downarrow + 2H^+ + 2NO_3^-$$

E_2O_3可由单质在空气中燃烧或燃烧它们的硫化物制得：

$$4As + 3O_2 = As_4O_6$$

$$2Sb_2S_3 + 9O_2 = 2Sb_2O_3 + 6SO_2$$

用 HNO_3氧化 E_2O_3可得 As_2O_5、Sb_2O_5，而 Bi_2O_5只有在碱性条件下用强氧化剂（如

Cl_2）氧化 Bi（Ⅲ）化合物制取 $NaBiO_3$：

$$Bi(OH)_3 + Cl_2 + 3NaOH = NaBiO_3\downarrow + 2NaCl + 3H_2O$$

以酸处理黄色的 $NaBiO_3$ 沉淀，则得到红色的 Bi_2O_5（?），但它极不稳定，迅速地分解为 Bi_2O_3 和 O_2，因此 Bi_2O_5 是否存在至今尚无定论。

五价的砷、锑、铋化合物（含氧酸及其盐）都是氧化剂，从第三周期的 PO_4^{3-} 不具氧化性，到第四周期 As（Ⅴ）具有氧化性，到第六周期 Bi（Ⅴ）的具更强氧化性的变化规律，使我们看到 P 区元素第四、第六周期高价态不稳定性、强氧化性的事实，在化学上分别称之为"次级周期性"及"$6s^2$惰性电子对效应"。关于次级周期性的原因，可能是由于内层 3d 电子对核屏蔽较差，使 4s 上电子受到较大的电性作用而钻得更深，难以参与化学反应，关于 $6s^2$ 电子对的惰性，也与 4f、5d 电子的屏蔽作用差，$6s^2$ 电子钻穿强有关。P 区元素二、四、六周期最高氧化态的特殊性，常被统称为"次周期性"。有关电位数值由 $\Delta G^\ominus/F-Z$ 图计算得到：

$\varphi_A^\ominus$ ：$\varphi^\ominus_{(H_3AsO_4/H_3AsO_3)} = 0.585\ V$ $\qquad \varphi^\ominus_{(Sb_2O_5/SbO^+)} = 0.64\ V$

$\varphi^\ominus_{(Bi_2O_5/BiO^+)} = 1.6\ V$

$\varphi_B^\ominus$ ：$\varphi^\ominus_{(AsO_4^{3-}/AsO_2^-)} = -0.67\ V$ $\qquad \varphi^\ominus_{(SbO_4^{3-}/SbO_3^{3-})} = -0.40\ V$

$\varphi^\ominus_{(BiO_2/Bi_2O_3)} = 0.55\ V$

由以上电位数值可以再次看到，溶液酸碱性对氧化还原电位数值的影响，以 $\varphi_{(H_3AsO_4/H_3AsO_3)}$ 电位为例，作它的 φ—pH 图及 $\varphi_{(I_2/I^-)}$ 的 φ—pH 图于图 3—18，由电势图可以清楚地看到，在微酸和近中性介质中，I_2可以氧化 As（Ⅲ）为 As（Ⅴ），事实上在$[H^+]=10^{-5}\sim10^{-9}\ mol/dm^3$ 时，I_2定量地把 As（Ⅲ）氧化成 As（Ⅴ）。而在$[H^+]$提高后，有利于 $\varphi_{(H_3AsO_4/H_3AsO_3)}$ 数值的增加，因此 H_3AsO_4氧化 HI 又变得可能：

$$H_3AsO_4 + 2HI \rightleftharpoons H_3AsO_3 + I_2 + H_2O$$

该反应在分析化学中有实际应用。

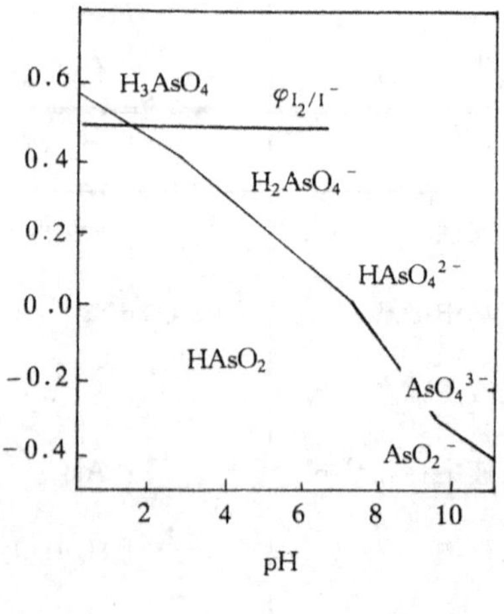

图 3—18 $\varphi_{(H_3AsO_4/H_3AsO_3)}$ 与 $\varphi_{(I_2/I^-)}$ 的 φ—pH 图

$NaBiO_3$是强氧化剂，在酸性介质将 Mn^{2+} 氧化为 MnO_4^- 离子：

$$5NaBiO_3 + 2Mn^{2+} + 14H^+ = 5Bi^{3+} + 2MnO_4^- + 7H_2O + 5Na^+$$

该反应用于鉴定 Mn^{2+}的存在。

第六节　氮族元素卤化物

氮族元素主要的卤化物有 EX_3与 EX_5两大类。氮的二元卤化物以 NF_3和 NCl_3为最重要，NF_3可以由 NH_3与 F_2作用制得，而 NCl_3则在 NH_4Cl 的微酸性溶液经氯化制备，它们的性质有明显的差别：NF_3是无色惰性气体，不溶于水，也难以发生水解反应。NCl_3是高活性黄色油状液体，在日光照射或摇动时会发生爆炸，分解成氮气和氯气。它不溶于水，但会发生水解：

$$NCl_3 + 3H_2O \xlongequal{} NH_3 + 3HClO$$

磷、砷、锑、铋可以生成 EX_3 和 EX_5 两类卤化物。

PCl_3是无色液体，由于 P 原子上有一对孤对电子，因此是 Lewis 碱可以作为电子对给予体，与缺电子化合物（如 BBr_3）形成加合物：

$$Cl_3P + BBr_3 \xlongequal{} Cl_3P \longrightarrow BBr_3$$

同时 P 是第三周期元素有空 d 轨道，可以作为 Lewis 酸参加反应，例与 H_2O 反应生成亚磷酸：

$$PCl_3 + 3H_2O \xlongequal{} \begin{array}{c} O \\ \uparrow \\ HO\text{—}P\text{—}H \\ | \\ OH \end{array} + 3HCl$$

PCl_5 在蒸气状态时以单体存在，具有三角双锥体结构，在固体时则具有离子型结构，晶格中的正负离子分别是$[PCl_4]^+$及$[PCl_6]^-$，它们分别是四面体单元与八面体单元。因此 PCl_5 也能与一些缺电子化合物如 BCl_3、$AlCl_3$ 等形成加合物：

$$PCl_5 + BCl_3 \longrightarrow [PCl_4]^+ [BCl_4]^-$$

$$PCl_5 + AlCl_3 \longrightarrow [PCl_4]^+ [AlCl_4]^-$$

它们是属离子型化合物。PCl_5由 PCl_3与 Cl_2反应制得：

$$PCl_3(g) + Cl_2 \rightleftharpoons PCl_5(g) \qquad \Delta_r H_m^{\ominus} = -38.26\ kJ/mol$$

PCl_5 极易水解：

$$PCl_5 + H_2O \xlongequal{} POCl_3 + 2HCl \quad （水不充足）$$

$$PCl_5 + 4H_2O \xlongequal{} H_3PO_4 + 5HCl \quad （水充足）$$

关于磷的卤化物性质汇列于表 3－11。

表 3－11　PX_3、PX_5 的一些基本性质

	PF_3	PCl_3	PBr_3	PI_3	PF_5	PCl_5	PBr_5
p 杂化态	sp^3	sp^3	sp^3	sp^3	sp^3d	sp^3d	PBr_4^+：sp^3
键角/(°)	96.3	100	101.5	102	90，120	90，120	
熔点 /℃	－151.5	－93.6	－41.5	61.2	－93.7	167	＞100 分解
沸点 /℃	－101.8	76.1	173.2	＞200 分解	－84.5	180 升华	106 分解

砷、锑、铋的三卤化物、五卤化物见表 3－12。利用无机化学结构原理，可以很好地解释它们性质的递变规律。As（Ⅴ）、Bi（Ⅴ）的五卤化物的不稳定性说明这两个元素高价的氧化性，这与极化理论也是一致的。有关卤化物的水解反应为：

$$AsCl_3 + 3H_2O \rightleftharpoons H_3AsO_3 + 3HCl$$

$$SbCl_3 + 2H_2O \rightleftharpoons Sb(OH)_2Cl + 2HCl$$

$$\quad\quad \longrightarrow SbOCl\downarrow + H_2O$$

$$2SbCl_5 + (5+x)H_2O \rightleftharpoons Sb_2O_5 \cdot xH_2O\downarrow + 10HCl$$

$$BiCl_3 + 2H_2O \rightleftharpoons Bi(OH)_2Cl\downarrow + 2HCl$$

$$\quad\quad \longrightarrow BiOCl\downarrow + H_2O$$

与 PCl_3、PCl_5水解明显不同，它们都是可逆的，加入浓 HCl，朝逆向进行反应，并生成 $AsCl_4^-$、$SbCl_6^{3-}$、$BiCl_4^-$配离子。

表 3－12　EX_3及 EX_5的一些基本性质

	As	Sb	Bi
EF_3	无色液体熔点－5.95℃， 沸点 62.8℃ $\Delta_f H_m^\ominus$ ＝－913.4 kJ/mol	无色晶体，熔点 290℃， 沸点 345℃ $\Delta_f H_m^\ominus$ ＝－908.8 kJ/mol	浅灰粉末， 熔点 720～730℃
ECl_3	无色液体，熔点－16.2℃， 沸点 103.2℃ $\Delta_f H_m^\ominus$ ＝－286.4 kJ/mol	白色潮解晶体， 熔点 73.4℃，沸点 223℃ $\Delta_f H_m^\ominus$ ＝－382.2 kJ/mol	白色潮解晶体， 熔点 233.5℃，沸点 441℃ $\Delta_f H_m^\ominus$ ＝－379.1 kJ/mol
EBr_3	浅黄色晶体，熔点 31.2℃， 沸点 221℃ $\Delta_f H_m^\ominus$ ＝195.0 kJ/mol	白色潮解晶体， 熔点 96.6℃，沸点 288℃ $\Delta_f H_m^\ominus$ ＝－259.8 kJ/mol	金黄色潮解晶体， 熔点 219℃，沸点 462℃ $\Delta_f H_m^\ominus$ ＝－276.4 kJ/mol
EI_3	红色晶体，熔点 140.4℃， 沸点 371℃ $\Delta_f H_m^\ominus$ ＝－58.2 kJ/mol	红色晶体，熔点 170.5℃， 沸点 401℃ $\Delta_f H_m^\ominus$ ＝－96.2 kJ/mol	绿黑色晶体，熔点 408.64， 沸点 542℃ $\Delta_f H_m^\ominus$ ＝－150 kJ/mol
EF_5	熔点－79.8℃， 沸点－52.8℃ $\Delta_f H_m^\ominus$ ＝－1 238 kJ/mol	熔点－8.3℃， 沸点 141℃	熔点 154.4℃， 沸点 230℃
ECl_5	－50℃ 以上分解，不稳定	熔点－4℃，沸点 140℃分解	

第七节　硫　化　物

本族元素重要硫化物有硫化磷、E_2S_3及 E_2S_5（E：As、Sb）等。

硫化磷（Phosphorous sulfide）主要有 P_4S_3、P_4S_5、P_4S_7、P_4S_{10}四种，它们在结构上都是以磷四面体为基础，分别在 P—P 键上插入 S 原子，及在端点上与 P 原子相连（似氧插入 P_4形成氧化物）（图 3—19）。

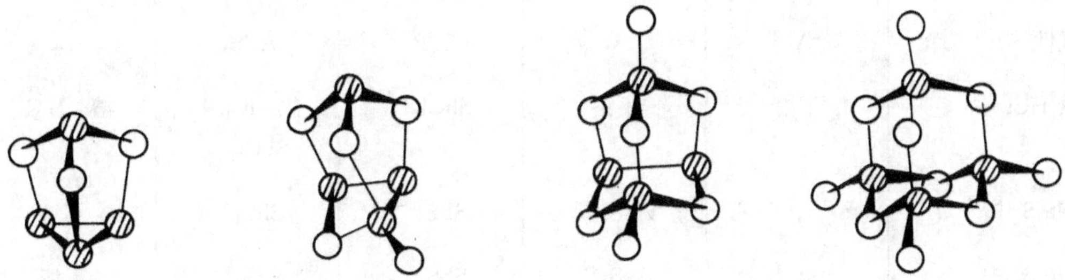

图 3—19　一些硫化磷的结构

硫化磷（P_4S_{10}除外）均含 P—P 键，水解反应比氧化磷复杂，也比卤化磷复杂。如 P_4S_3水解生成 PH_3、H_2、H_3PO_2、H_3PO_3及 H_2S 等。

砷分族硫化物是十分特别的，在自然界也以此形式存在，向它们的 M^{3+}盐溶液中或它们的强酸性的含氧酸盐 MO_3^{3-}、MO_4^{3-}溶液中通入 H_2S 都可以得到相应的硫化物沉淀：

$$2NaAsO_2 + 6HCl + 3H_2S \longrightarrow As_2S_3\downarrow + 6NaCl + 6H_2O$$

$$2Bi(NO_3)_3 + 3H_2S \longrightarrow Bi_2S_3\downarrow + 6HNO_3$$

一般认为酸性有利于 As^{3+}、"As^{5+}"* 的生成。由于 As（Ⅴ）、Sb（Ⅴ）的氧化性及 S^{2-}的还原性，因此以下列反应制备的 As_2S_5，总会含少量 As_2S_3及 S：

$$2Na_3AsO_4 + 6HCl + 5H_2S \longrightarrow As_2S_5\downarrow + 6NaCl + 6H_2O$$

$$2Na_3AsO_4 + 6HCl + 6H_2S \longrightarrow As_2S_3 + 2S\downarrow + 6NaCl + 6H_2O$$

因此要制备纯的 As_2S_5，可利用多硫化物 S_x^{2-}的氧化性及碱性，使 As_2S_5 及 As_2S_3溶解，再酸化生成的 $(NH_4)_3AsS_4$溶液即可得到：

$$As_2S_5 + 3(NH_4)_2S_x \longrightarrow 2(NH_4)_3AsS_4$$

$$As_2S_3 + 3(NH_4)_2S_x \longrightarrow 2(NH_4)_3AsS_4$$

$$2(NH_4)_3AsS_4 + 6HCl \longrightarrow As_2S_5\downarrow + 6NH_4Cl + 3H_2S\uparrow$$

由于 Bi（Ⅴ）强的氧化性，不存在 Bi_2S_5。

有关硫化物的性质汇列于表 3—13 中。

* 事实上，As^{5+}离子不可能存在于水溶液中。

表 3－13　砷分族硫化物基本性质

	As_2S_3	As_2S_5	Sb_2S_3	Sb_2S_5	Bi_2S_3
颜色	黄色	黄色	橙红	橙红	棕黑
酸碱性	A.	A.	A. B.	A. B.	B.
在浓 HCl 中	不溶	不溶	$SbCl_6^{3-}$	热 HCl 中 $SbCl_6^{3-}$	溶，$BiCl_3$
在 Na_2S 中	AsS_3^{3-}、AsS_2^-	AsS_4^{3-}	SbS_3^{3-}	SbS_4^{3-}	不溶
在 Na_2S_x 中	AsS_4^{3-}	AsS_4^{3-}	SbS_4^{3-}	SbS_4^{3-}	不溶
在 NaOH 中	$AsO_2^-+AsS_2^-$	$AsO_4^{3-}+AsS_4^{3-}$	$SbO_3^{3-}+SbS_3^{3-}$	$SbO_4^{3-}+SbS_4^{3-}$	不溶
在 $NH_3 \cdot H_2O$ 中	溶	溶	不溶	溶	不溶
在 $(NH_4)_2CO_3$ 中	溶	溶	不溶	不溶	不溶

有关反应如下：

$$2As_2S_3 + 4NaOH = NaAsO_2 + 3NaAsS_2 + 2H_2O$$

$$As_2S_3 + 3(NH_4)_2S = 2(NH_4)_3AsS_3$$

$$2As_2S_3 + 4NH_3 \cdot H_2O = (NH_4)AsO_2 + 3(NH_4)AsS_2 + 2H_2O$$

$$2As_2S_3 + 2CO_3^{2-} = AsO_2^- + 3AsS_2^- + 2CO_2\uparrow$$

$$As_2S_3 + Na_2S_2 \longrightarrow Na_3AsS_4 + S\downarrow$$

$$Sb_2S_5 + 12HCl = 2SbCl_6^{3-} + 2S\downarrow + 3H_2S\uparrow + 6H^+$$

第八节　氮族元素的用途与环境化学

氮广泛存在于自然界，与人类社会、国民经济关系十分密切。由于氮气在化学性质上的惰性，在科学实验和工业生产上常用作保护气体，以防止易氧化的物质在空气中被氧化。由于蛀虫、细菌在氮气中无法生存，因此可用充满氮气的容器保存贵重而罕见的书卷、画卷，甚至用氮气保存粮食。在医学上，氮气被压缩到肺结核病人的胸腔里，医治肺结核病（称为“人工气胸术”）；一些皮肤病可采用液氮喷雾法治理，尤其是在治疗雀斑病更为有效。

氨是极其重要的化工原料，也是重要的化肥。由氨制成的硫铵、碳铵、氯化铵及尿素都是常用的化肥。在自然界中，有些植物（如豆科类）的根瘤上生活着一些固氮细菌，它们在常温、常压下把空气中的氮转化为农作物生长所需的氮肥。这种自然固氮原理引起科学家们的兴趣。目前，在“模拟生物固氮”的研究方面，我国已取得一定的成果。

氮在国防工业有广泛应用，如黑色炸药是由硫磺、木炭及硝酸钾制成，而黄色炸药则是指三硝基甲苯。叠氮化物（如 $Pb(N_3)_2$）常用作引爆剂，目前在医学上也有应用，例如在水中以微小剂量（10 mg/次）进行连续的 200 次爆炸，利用爆炸力产生的冲击波击碎人体内的胆、肾、尿道、膀胱结石。

氮及其化合物的应用较广泛。在医药工业中用于制磺胺类药、抗菌素等；在纺织工业中用于制尼龙、绵纶等；在染料工业中，亚硝酸钠（$NaNO_2$）大量用于生产偶氮染料、印染剂、漂白剂等。

值得一提的是食品工业中 $NaNO_2$ 及 $NaNO_3$ 的应用。$NaNO_2$ 被应用于腌肉、香肠和罐头食品中作防腐剂；$NaNO_3$ 则在西餐肉、火腿、香肠及腌肉中使用，它能使肉色发红。食品中积累过多的硝酸盐，对人体健康是有害的，因为硝酸盐在细菌的作用下会被还原为有毒的亚硝酸盐，而亚硝酸盐能氧化血红蛋白的携氧的 Fe^{2+} 为 Fe^{3+}，使之失去输氧功能，导致缺氧中毒，表现为口唇、指甲及全身皮肤青紫，呼吸急促，心跳加快，头晕、头痛、呕吐、腹泻以致呼吸衰弱死亡。除此之外，已证实亚硝酸盐有强烈的致癌作用，同时，也能生成亚硝胺 R_2NNO_2，也是致癌物。因此必须限制 $NaNO_2$、$NaNO_3$ 在食品中的使用量。

氮的氧化物 NO_x 是一种大气污染物。氮氧化物中的二氧化氮主要是由氧化氮经大气化学氧化而成，它是一种吸光物质，易发生光化学反应，是形成光化学烟雾的元凶。所谓光化学烟雾是由于大气受氧化氮及碳氢化合物污染，在光照条件下，发生光化学反应及其它复杂的热化学反应产生了二次污染物 NO_2、氧化剂及有机气溶胶等。历史上震惊世界的八大公害事件之一的 1944 年美国洛杉矶光化学烟雾事件持续了四天，造成 4 000 余人死亡。NO 污染同时也引起了酸雨问题（正常雨水 pH 应大于 5.6）。根据 1982 年全国普查，发现我国南方不少地区出现酸雨，以西南地区尤为严重。上海地区出现酸雨次数逐年都在增加，pH 最低值达 3.92。酸雨严重的地区，土壤酸化，农作物减产，一些鱼类和水生生物灭绝，对森林也产生影响与危害。因此，防止氮氧化物对环境的破坏是化学工作者当务之急。通常，工业尾气的氮氧化物的治理方法主要有催化还原法，其原理是在催化剂存在条件下，以一些还原性气体使氧化氮还原成无毒的氮气，还原性气体通常有甲烷、一氧化碳、氢气和氨气。其次还有应用碱吸收法，如用 30% NaOH 或 10%～15% Na_2CO_3 为吸收剂，或者用氨水吸收等。

磷是由 17 世纪的德国炼金术士波兰特在“发财美梦”中意外地发现的。磷和人体生命过程关系密切，人体中以有机物形式存在的磷占人体总磷的 1/4，如磷酯、磷蛋白、核蛋白、辅酶及三磷酸苷都是在人体中起重要生化功能的含磷化合物。例如三磷酸腺苷（ATP）是生化反应中的高能分子，它为人体及其它生物体中多数吸热反应提供能量，其分子结构简式为：

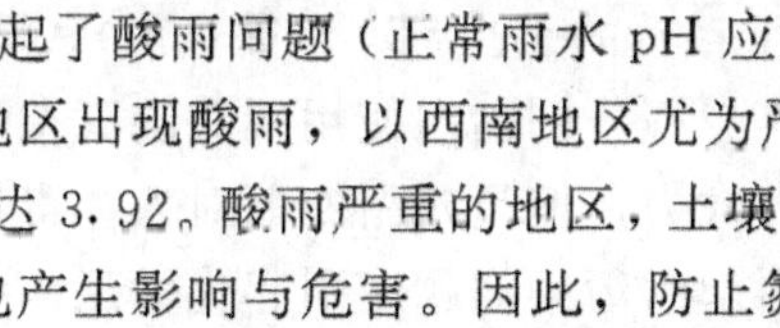

式中 R（腺苷基）为 $C_{10}H_{12}N_5O_2$，高能键是 P—O—P。例如光合作用中反应为：

$$6CO_2 + 6H_2O \xrightarrow{\text{叶绿素}} C_6H_{12}O_6 + 6O_2$$

是一个吸热反应，$\Delta_r H_m^{\ominus} = 2\ 816\ \text{kJ/mol}$。而在生物体中 ATP 的水解反应：

$$ATP + H_2O \xlongequal{} ADP + H_3PO_4$$

是一个放热反应，$\Delta_r H_m^{\ominus} = -30\ \text{kJ/mol}$（ADP 二磷酸腺苷）。其释放的能量使光合作用可以进行，最终导致合成葡萄糖。因此可以说，没有三磷酸腺苷，就没有生命活动。

正常人每天由尿液向体外排出约 1 000 mg 的磷，正因为如此，尿液经浓缩发酵并在高温下用草木灰、碳还原，可以制得白磷：

$$Ca_3(PO_4)_2 + 8C \xlongequal{\Delta} Ca_3P_2 + 8CO\uparrow$$

$$5Ca_3P_2 + 3Ca_3(PO_4)_2 \xlongequal{\Delta} 24CaO + 4P_4\uparrow$$

人体每天需补充大量的磷，含磷丰富的食品有豆类、鱼类、蛋类、米面、木耳、动物的肾肝类等食品。

磷的用途很广。早在 19 世纪 30 年代，人们就利用白磷制造火柴。当时用火柴杆一头浸入熔化的硫中，再蘸上一层假漆，这种火柴与任何物体的粗糙表面摩擦一下都会燃烧，加上白磷有毒，很不安全。现在使用的火柴的火柴头上有易燃的氯酸钾、硫（或 Sb_2S_3）等，火柴盒侧面涂有用红磷、玻璃粉、胶调合的薄层，火柴头与磷面摩擦发热而燃烧，由于燃烧时无毒性及使用上的安全，称为安全火柴。

磷酸是一种用途很广的中强酸，常用于制各种磷酸盐、甘油磷酸酯、磷酸铵肥料并用作试剂。磷的一些化合物常用于杀虫、杀鼠剂，例磷化锌是一种杀虫剂，适用于毒杀田鼠，磷化铝（AlP）适用于粮食的杀虫剂（作熏蒸剂）。但由于磷及其化合物的强毒性，对人及环境的污染问题不容忽视。例国内使用甲胺磷灭杀青菜中的蚜虫、红蜘蛛、叶甲幼虫、潜叶虫等虽然有强大效力，但是残留农药对人体毒害的问题正日益引起关注，在国外已禁止使用。由农药引起的污染问题应引起化学工作者的注意。

磷酸盐如磷矿粉、过磷酸钙、磷酸二氢钙（钾、胺）等广泛用作化肥使用，对于种籽的成熟、根系生长发育、提高产量有重要作用。在洗涤剂工业上，磷酸盐也有广泛应用。如 K_3PO_4 用作液体肥皂。格氏盐（Graham 盐）$(NaPO_3)_n$ 由于可与硬水中 Ca^{2+}、Mg^{2+} 形成可溶性配合物，用作锅炉水垢清洗去垢剂及软水剂。过去误认 $(NaPO_3)_n$ 为“六偏磷酸钠”，经分子量测定，它是分子量达 12 000 ~ 18 000 的高聚物，因此结构上可能是由交叉的链状形成的高聚磷酸盐（$n \approx 100$）。

砷虽然是非金属，但由于可与某些金属化合制成硬质合金，在冶金工业上有应用。例如在铜中加入少量砷，使铜硬度明显增加。三氧化二砷过去广泛用作无机农药，由于其毒性，现已停止使用。在玻璃工业中，As_2O_3 用于脱色剂等。

锑由于有特殊的性质，在合金工业有广泛应用。例如由于它热缩冷涨的特征，在制铅字时，加入少量锑除可以增加硬度外，还可以使字粒更清晰。锑还用于制巴氏合金（一种由 90% Sn、7% Sb、3% Cu 组成的合金），这种合金在大负荷高速运转时工作发热少、摩蚀小，可用作轴承、轴瓦、轴衬等。超纯锑的金属化合物如 GaSb、InSb、AlSb，用作半导体工业及红外探测器材料。玻璃工业中用 Sb_2S_3 着色，常用于制作信号玻璃及艺术玻璃中的红玻璃。

锑化合物还用于制药工业，如 Sb_2O_3 用于治疗肺病，酒石酸锑钾用作治疗血吸虫病、黑热病的药物。

铋用于合金工业上，例铸造工业中的低熔点合金制取，并应用在自动化大设备及高压蒸气设备上。如 Bi 50%、Pb 27%、Sn 13%、Cd 10%的合金熔点仅为 60℃，Rose 合金（Bi 50%、Pb 25%、Sn 25%）熔点为 94℃。

铋的氧化物用于制光学玻璃使玻璃有漂亮的金黄色。在制药工业中，$BiONO_3$用于制各种胃药，治疗胃炎、胃溃疡。制取治疗梅毒的药物中就含有几种铋的化合物。

第九节　氮族元素特征离子及化合物的分析鉴定

一、铵的检出

实验室用气室法及萘斯特试剂（Nessler's reagent：K_2HgI_4+KOH 溶液）检出NH_4^+。

$$NH_4^+ + OH^- = NH_3\uparrow + H_2O$$

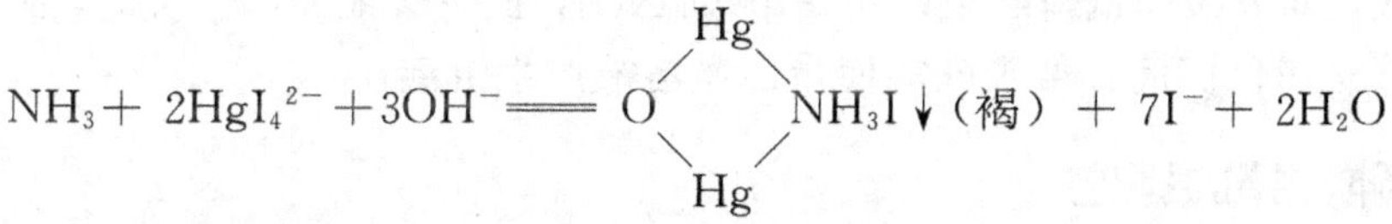

实际上由于试样与试剂量的比例不同，生成产物组成不同，颜色也不同，例如：

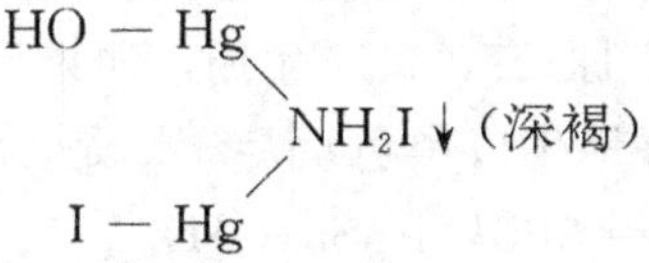

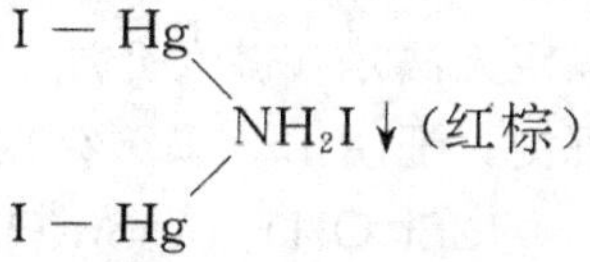

试液中若含有 Fe^{2+}、Co^{2+}、Ni^{2+}、Ag^+、Cr^{3+}时，会由于碱性条件下生成氢氧化物沉淀而干扰检出，需预先分离除去；在试液中含有 S^{2-}时，由于会与试剂 Hg^{2+}形成 HgS↓（黑色），也会干扰检出，需将 S^{2-}分离除去。

二、棕色环反应检出 NO_2^-或 NO_3^-

NO_3^-、NO_2^-都可以与 $FeSO_4$溶液形成棕色环反应。对于 NO_3^-，在酸性条件下将 Fe^{2+}氧化成为 Fe^{3+}，产生 NO：

$$3Fe^{3+} + NO_3^- + 4H^+ = 3Fe^{3+} + NO + H_2O$$

$$Fe^{2+} + NO + SO_4^{2-} = [Fe(NO)]SO_4\text{（棕色）}$$

对于 NO_2^-，酸性条件下产生 HNO_2分解出 NO：

$$2H^+ + 2NO_2^- = H_2O + NO + NO_2$$

$$Fe^{2+} + NO + SO_4^{2-} = [Fe(NO)]SO_4$$

事实上在 $[Fe(NO)]SO_4$中，Fe 是 +1 氧化态，NO 失去反键上 π^* 电子成为亚硝酰离子（NO^+），NO 作为三电子配位体。根据分子轨道理论，NO^+与 N_2、CO 等电子体，是作为 Lewis 碱配出电子对，同时又作为 Lewis 酸，接受反馈 $d-\pi^*\pi$ 键，是 π 酸。

三、磷酸根离子的检出

实验室通常用钼磷酸铵法及磷酸镁铵法检出磷酸根。

(1) 向试液加入适量浓 HNO_3 及过量饱和 $(NH_4)_2MoO_4$ 溶液，加热得可溶于碱、氨水、NH_4Ac 或 $(NH_4)_2C_2O_4$ 中的黄色钼磷酸铵沉淀：

$$PO_4^{3-} + 3NH_4^+ + 12MoO_4^{2-} + 24H^+ = (NH_4)_3PO_4 \cdot 12MoO_3 \cdot 6H_2O + 6H_2O$$

反应体系中，HNO_3 浓度在 1.8～2.3 mol/dm³ 范围最好。

钼砷酸铵似钼磷酸铵，但它不溶于 NH_4Ac 或 $(NH_4)_2C_2O_4$ 溶液，而钼磷酸铵可溶于 NH_4Ac 或 $(NH_4)_2C_2O_4$ 中。

(2) 向试液中加入适量 $NH_3 \cdot H_2O$ 和 $MgCl_2$，生成白色 NH_4MgPO_4 沉淀：

$$Mg^{2+} + NH_4^+ + PO_4^{3-} = NH_4MgPO_4 \downarrow$$

AsO_4^{3-} 在同样条件下也生成白色 NH_4MgAsO_4 沉淀，但是 AsO_4^{3-} 与 PO_4^{3-} 与 Ag^+ 生成的沉淀颜色不同，可以相互区别：

$$3Ag^+ + PO_4^{3-} = Ag_3PO_4 \downarrow \text{（黄）}$$

$$3Ag^+ + AsO_4^{3-} = Ag_3AsO_4 \downarrow \text{（暗红色）}$$

正磷酸、焦磷酸和偏磷酸可以用 $AgNO_3$ 区别，正磷酸银为黄色沉淀，而焦磷酸银及偏磷酸银都是白色沉淀，偏磷酸能使蛋白质溶液产生沉淀。

四、砷、铋的鉴定

如前所述，砷镜反应可用于鉴定砷，也可以用黄色钼砷酸铵沉淀生成鉴定砷。

铋的鉴定方法是在碱性介质下，用 Sn（Ⅱ）还原 Bi（Ⅲ）为 Bi，如果反应“立即”生成黑色沉淀，证明 Bi（Ⅲ）存在，如果反应缓慢地生成黑色沉淀，则是 Sb（Ⅲ）。

$$2Bi(OH)_3 + 3Sn(OH)_3^- + 3OH^- = 2Bi \downarrow + 3Sn(OH)_6^{2-}$$

本章教学要求

1. 熟悉氮族元素氢化物、氧化物、含氧酸及其盐的结构、性质。
2. 熟练运用氮族元素 $\Delta G^\ominus/F-Z$ 图并能讨论各氧化态热力学稳定性。
3. 掌握次周期性及其对氮族元素性质的影响。
4. 了解磷酸及磷酸盐的结构特征，了解 $p-d_\pi$ 键及其效应。
5. 进一步熟悉本族元素卤化物水解特性。

习　题

1. 为什么自然界的氮以 N_2 游离态存在，而磷却以化合态存在？

2. 在 $NO[ClO_4]$ 化合物中，实验测定 NO 的伸缩振动频率为 2 313 cm⁻¹，而一氧化氮的伸缩振动频率为 1 876 cm⁻¹，试解释之。

3. 如何除去：

(1) 氢气中所含的微量氧（试举出三种不同方法）。

(2) 用熔融 NH_4NO_3 热分解制得的 N_2O 中所混有的少量 NO。

(3) NO 中所含的微量 NO_2。

(4) 由 $NaNO_2$ 溶液和 NH_4Cl 溶液加热制备氮气时，往往含有 NH_3、NO、O_2、H_2O 等杂质，请设计实验方法一一除去，画出实验装置图。

(5) 氨气中的微量水气。

(6) 液氨中的微量水。

4. 解释以下事实：

(1) 氮与碳是相邻元素，但氮链接倾向极小，而碳则有强的链接倾向。

(2) 不能用手接触白磷。

(3) 为什么联氨与羟氨是实验室常用优良还原剂？

(4) 为什么叠氮酸不稳定，易爆炸？

(5) 对比 PH_3与 NH_3的碱性的强弱，为什么在与某些过渡金属形成配合物时，PH_3又往往显示更强的配位能力？

(6) 为什么说 PH_3既是 Lewis 酸，又是一种 Lewis 碱，NH_3具有这种性质吗？

(7) 氮族元素最高氧化态为 +5，P、As、Sb、Bi 都有 EF_5 的卤化物，为什么不生成 NF_5 化合物？

(8)"消字灵"的主要成分是焦磷酸钠水溶液。

(9) 粮仓常用磷化物如 Zn_3P_2、AlP 等作杀虫、灭鼠剂，但它们对人体有剧毒。

5. 试根据氮族元素$\Delta G^{\circ}/F-Z$图及有关电极电位数据，判断在酸性溶液中 HNO_2能否与 Fe^{2+}、SO_3^{2-}、MnO_4^-、I^-、CrO_4^{2-}等发生氧化还原反应。如能，请写出有关离子反应方程式。

6. 鉴别下列各组物质：

(1) NH_4Cl 和 NH_4NO_3

(2) NH_4NO_3和 NH_4NO_2

(3) Na_3PO_4和 $Na_4P_2O_7$

(4) $(HPO_3)_n$和 H_3PO_4

7. 在分析化学中，为了消除 NH_4^+的干扰，需要从溶液中除去 NH_4^+，请你设计合理方法并作说明。

8. 请比较 NH_3、NH_2-NH_2 及 NH_2OH 碱性大小，并解释之。

9. 请用 VB 法讨论联氨、羟氨、叠氮酸、叠氮离子的结构，写出它们的成键过程。

10. 请从结构的观点比较 NH_4^+与 PH_4^+的稳定性。

11. NO 作为配位体，常被认为是"三电子给予体"，为什么？请与羰基配合物作比较说明。

12. NO 键长为 115 pm，NO^+实测键长为 106 pm，为什么？你预计 NO^+键能比 NO 更大还是更小？

13. NO_2参加化学反应时，失去一个电子生成硝酰阳离子 (NO_2^+)，N—O 键长为 110 pm，得到一个电子为亚硝酸根 (NO_2^-) N—O 键长为 124 pm，在 NO_2中 N—O 键长为 119 pm，它们分别具有什么样的结构？为什么键长不同？

14. 棕色环反应是利用酸性条件下，Fe^{2+}和 NO_3^-作用生成棕色 $[Fe(NO)(H_2O)_5]SO_4$ 的环，这是检验 NO_3^-离子灵敏方法，但 NO_2^-离子会干扰检出，试用简单方法除去 NO_2^-。

15. 下列硝酸盐热分解产物分别是什么？为什么？写出有关反应式：$LiNO_3$、$NaNO_3$、$Sn(NO_3)_2$、$Fe(NO_3)_2$。

16. 请讨论 HNO_3与 NO_3^-的结构及其分子参数的差异。

17. 如何精制提纯 P_4O_{10}？是利用它的什么性质？

18. 在 P_4O_{10}中，P—O 键长相等吗？为什么？

19. H_3PO_4溶液的粘度比较大，为什么？浓 H_3PO_4溶液导电能力不强，逐渐稀释时，溶液导电率随之增强，再稀释，导电率又减弱，试解释这一变化的原因。

20. 已知 NF_3分子键角为 102.5°，分子电偶极矩为 0.67×10^{-30}C·m，NH_3分子键角为 107°，分子电偶极矩为 5.00×10^{-30}C·m，试解释之，并指出分子偶极矩方向。

21. 请讨论 Cl_3P-BBr_3的结构。

22. NCl_3、PCl_3、$AsCl_3$、$SbCl_3$、$BiCl_3$的水解有什么区别？为什么？

23. 完成以下反应：

(1) $NH_3 + CuO \xlongequal{\Delta}$

(2) $NH_3 + Cl_2 =\!=\!=$

(3) $N_2H_4 + AgNO_3 =\!=\!=$

(4) $NH_2OH + AgBr =\!=\!=$

(5) $P + CuSO_4 + H_2O =\!=\!=$

(6) $As_2S_3 + (NH_4)_2S =\!=\!=$

(7) $As_2S_3 + (NH_4)_2S_2 =\!=\!=$

(8) $AsO_3^{3-} + Ag(NH_3)_2^+ + OH^- =\!=\!=$

(9) $Bi(OH)_3 + Cl_2 + NaOH =\!=\!=$

(10) $NaBiO_3 + Mn^{2+} + H^+ =\!=\!=$

(11) $(NH_4)_2Cr_2O_7(S) \xlongequal{\Delta}$

(12) $KMnO_4 + NaNO_2 + H_2SO_4 =\!=\!=$

(13) $NaNO_2 + KI + H_2SO_4 =\!=\!=$

(14) $P_4 + NaOH + H_2O =\!=\!=$

(15) $(NH_4)_3SbS_4 + HCl =\!=\!=$

24. 某试液中可能含有 PO_4^{3-}、AsO_4^{3-}、PO_4^{3-}与 AsO_4^{3-}，请用实验方法证实。

25. 画出 $P_3O_9^{3-}$的结构式。

26. 根据$\Delta G^{\ominus}/F-Z$图说明在酸性条件下 Bi（Ⅴ）氧化 Cl^-，及在碱性条件下 Cl_2可以氧化 Bi（Ⅲ）为 Bi（Ⅴ）的事实。

27. 有一无色固体 A，极易溶于水。将 A 加热，则生成既不助燃，对石蕊试纸也不起作用的气体 B。如果将 A 溶于水，酸化所得溶液，并进行以下实验：① 与 H_2S 作用生成黄色沉淀 C，同时放出无色气体 D，D 在空气中转变为红棕色物质 E。②当通入 Cl_2时，外表看不到明显变化，但将所得的溶液浓缩后即可得无色结晶 F，将 F 加热，产生无色气体 G，G 具甜味，能助燃。问 A、B、C、D、E、F、G 各为何物？写出反应式。

28. 无色晶体 A 加热时分解出气体 B 及无色晶体 C，B 能使湿润石蕊试纸变蓝，C 可溶于水，溶液呈酸性。向 A 的水溶液中加 $CaCl_2$溶液，无明显变化，但再加入碱碱化之，则生成白色沉淀 D，D 有以下性质：①不溶于水，难溶于硫酸，但易溶于硝酸；② D 与 SiO_2及 C 混合，在电炉中强热，则产生特殊臭味的蒸气 E，E 能在空气中燃烧，产生烟雾 F；③ A 的溶液与钼酸铵溶液作用，产生黄色沉淀 G。问 A、B、C、D、E、F、G 各为何物？写出有关反应式。

29. 画出以下离子或分子的电子构型及空间几何构型，并指出中心原子杂化态：NH_3、NH_2OH、PCl_3、$POCl_3$、PF_5、PF_6^-。

30. 试分别计算 0.10 mol/dm^3 H_3PO_4、NaH_2PO_4、Na_2HPO_4及 Na_3PO_4的 pH 值。

31. 在硝酸溶液中，$NaBiO_3$可将 Mn^{2+}氧化为 MnO_4^-，在 HCl 溶液中反应产物是什么？

32. NCl_3是非常危险的爆炸性油状物，NF_3却十分稳定，为什么？

33. NCl_3不稳定、易爆炸，PCl_3为什么不具有这样的性质，PCl_3与 NCl_3水解产物有什么不同？

第四章　碳族元素

碳族元素（Carbon group elements）是周期表中 ⅣA 族元素，包括有碳（Carbon）、硅（Silicon）、锗（Germanium）、锡（Tin）、铅（Lead）五种元素。其中碳和硅是非金属元素，锗、锡、铅是金属元素，也有人称硅、锗为准金属元素。在性质上，本族元素随原子序数的递增，由典型非金属性转变为典型的金属性。元素碳在有机化学中形成千百万种的化合物，又是组成生命有机体的主要元素之一，在本章中我们只介绍为数不多的碳的无机化合物；硅在地壳中含量很丰富，丰度为 26.3%，仅次于氧，占第二位，它广泛地以二氧化硅、硅酸盐和铝硅酸盐等形式存在于自然界中；锗是一种分散元素，它约占地壳组成的 7.0×10^{-4}%，在自然界没有独立的矿石，只与一些硫化矿如闪锌矿（ZnS）、硫银锗矿（$4Ag_2S \cdot GeS_2$）共生；锡主要以锡石（SnO_2）存在于自然界中，含量占地壳组成的 0.004%（我国云南个旧市又称为锡都，是由于其锡石蕴藏量大以及生产历史的悠久）；铅主要以硫化铅矿（PbS）存在，占地壳组成的 0.016%。

第一节　单质的结构与基本性质

碳族元素的某些基本性质见表 4－1。

表 4－1　碳族元素的某些基本性质

基本性质	碳	硅	锗	锡	铅
价电子层结构	$2s^22p^2$	$3s^23p^2$	$4s^24p^2$	$5s^25p^2$	$6s^26p^2$
主要氧化态	+4、+2、−4	+4、+2	+4、+2	+4、+2	+4、+2
熔点/℃	3 652（升华）	1 410	937.4	231.89	327.5
熔化热/kJ・mol⁻¹		46.4	31.8	7.2	4.8
沸点/℃	4 827	2 355	2 830	3 260	1 744
气化热/kJ・mol⁻¹	711.3	439.2	334.4	290.4	179.4
原子半径 /pm	77	117	122	141	154
M^{4+}离子半径/pm	15	41	53	71	84
M^{2+}离子半径/pm			73	93	120
第一电离能/kJ・mol⁻¹	1 086.4	786.5	762.2	708.6	715.5
第一电子亲合能/kJ・mol⁻¹	122	120	116	121	100
电负性(Pauling)	2.55	1.90	2.01	1.96	2.33

由于碳族元素的外层价电子结构为 ns^2np^2，因此本族元素主要氧化态以 +2 和 +4 为特征。铅是第六周期元素，由于“$6s^2$ 惰性电子对”效应，主要表现为 +2 价。在某些化合物中，例如 CaC_2、CH_4、Mg_2Si 等，碳、硅表现为负的氧化态。

在成键特征上，碳和硅是非金属元素，在形成化合物时以共价键为特征。它们除以 sp^3 杂化轨道成键外，由于碳是第二周期元素，以 π_{p-p} 键为特征，因此常见碳的化合物中，不少场合下都以 sp 或 sp^2 杂化轨道成键。所以，碳的共价化合物是多种多样的。由于碳原子的外层电子与轨道数相同，价电子间排斥力较小，C—C 键或 C—H 键键能都较大（分别是 345.6 kJ/mol 和 411 kJ/mol），因此碳的成链特征十分明显，从而奠定了碳的有机化合物有千百万种以上的基础。硅是第三周期元素，形成 π_{p-p} 键不是特征，而相应的 Si—Si 键及 Si—H 键键能又较小（分别是 222 kJ/mol 和 295 kJ/mol），这就决定了硅氢化合物中硅链不可能太长；但是由于 Si—O 键键能较 C—O 键键能大（分别为 432 kJ/mol 和 350 kJ/mol），而且在 Si—O 键中硅原子上空的 3d 轨道有条件与氧原子 2p 轨道上孤对电子形成离域的 π_{p-d} 键，从而使硅在自然界易于形成一系列以硅氧四面体为基础的化合物。

在最大的配位数上，碳是第二周期元素，价轨道数只有 4 个，最大配位数为 4；硅是第三周期元素，有 d 轨道可以利用，最大配位数可达 6，如 SiF_6^{2-} 配离子的形成。这一区别常可用于解释碳及硅的一些化合物性质上的差别。

一、碳

碳（Carbon）的同素异形体有石墨和金刚石两种*，过去认为还有无定形碳，现已证实无定形碳是微晶形石墨。金刚石和石墨的性质见表 4—2。

表 4 2 金刚石和石墨的性质

性　质	金　刚　石	石　墨
外 观	无色、透明、原子晶体	黑色、不透明、层状晶体
密度/$g \cdot cm^{-3}$	3.515 3	2.267
熔点/℃	>3 575	3 527
沸点/℃	4 827	4 827
硬度/Moh	10	1
导电性	不导电	导电
在 O_2 中燃烧温度/℃	777	687
燃烧热/$kJ \cdot mol^{-1}$	395.4	393.5
化学性质	稳定	较稳定

金刚石（Diamond）及石墨（Graphite）的结构见图 4—1 及 4—2，我们可以清楚地看到，金刚石是碳以 sp^3 杂化轨道与相邻四个碳原子以共价键结合而成的晶体，属面心立方

* 近年发现 C_{60}，有人认为它是碳的同素异形体。

晶格，C—C 键长为 154 pm，键能 347.3 kJ/mol。由于 C—C 键键能大，要使金刚石熔化或破碎，都必须破坏晶格中质点的强共价键。所以金刚石有很高的熔点及极大的硬度。

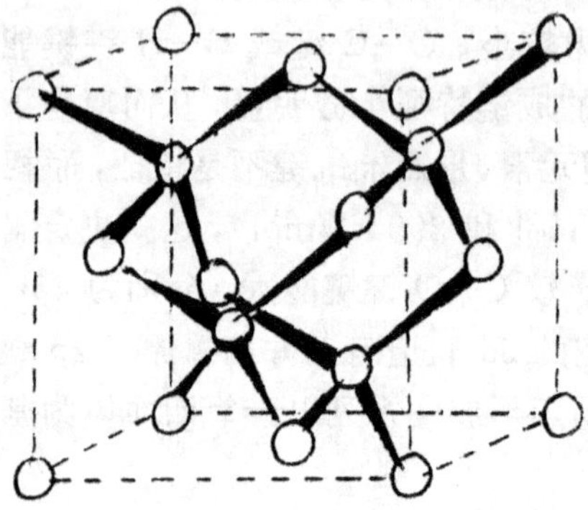

图 4—1　金刚石结构

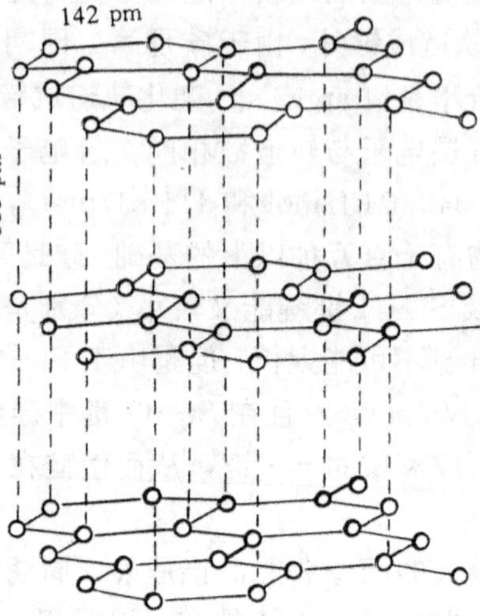

图 4—2　石墨的结构

石墨是具有层状结构的晶体，在晶体中每个碳原子都以 sp^2 杂化轨道跟 3 个最邻近的碳原子以 σ 键结合，层内 C—C 键长为 142 pm，每个碳原子余下的未参与杂化的 p 电子由于轨道相互重叠，形成离域的 π 键，参与形成 π 键的电子在层间流动；因此石墨晶体中层内是共价键，层间是范德华力，结合力较弱，使石墨具有导电、导热性、解理性，质软，有滑腻感，有金属光泽及各向异性等性质。

在隔绝空气的条件下，将金刚石加热到 1 000 ℃，可以使金刚石转变为石墨：

$$C（金刚石）\xrightarrow{1\ 000\ ℃} C（石墨）\qquad \Delta_r H_m^{\ominus} = -1.895\ kJ \cdot mol^{-1}$$

这说明石墨比金刚石更稳定。由于该反应是体积增加的反应（因为石墨结构的原因），因此在高温（1 200～2 700 ℃）、高压下（1.52×10^6 kPa），用 Fe、Cr 或 Pt 作催化剂，可以由石墨制取金刚石。

无定形炭如木炭、焦炭、骨炭、炭黑等，实际上都具有石墨的结构，只是晶粒较小，而且碳原子所构成的平面层为零乱不规则的堆积。无定形炭具有大的比表面（1g 物质所具有的总表面积），因而具有一定的吸附性能。经活化处理后的无定形炭称为活性炭，由于有很大的比表面和很强的吸附能力，是常用的吸附剂、脱色剂、除臭剂等。

在化学性质方面，碳并不活泼；但无定形炭由于有大的比表面，比金刚石或石墨都活泼，它的性质大多是在高温下才表现出来：

$$C(s) + O_2(g) \xlongequal{620\ K} CO_2(g)$$

$$C(s) + 2F_2(g) \xlongequal{\Delta} CF_4(g)$$

$$C(s) + 2S(s) \xlongequal{电炉} CS_2(l)$$

$$CaO(s) + 3C(s) \xlongequal{\text{电炉}} CaC_2(s) + CO(g)$$

$$PbO(s) + C(s) \xlongequal{\quad} Pb(s) + CO(g)$$

$$H_2O(g) + C(\text{灼热}) \xlongequal{\quad} CO(g) + H_2(g)$$

$$2H_2SO_4(\text{浓}) + C(s) \xlongequal{\quad} CO_2 + 2SO_2 + 2H_2O$$

$$4HNO_3(\text{浓}) + C(s) \xlongequal{\quad} CO_2 + 4NO_2 + 2H_2O$$

关于碳元素的第三种晶体形态——富勒烯（Fullerene），是由于80年代中期富勒烯碳原子簇的发现而被确认的。早在1942年，O. Hahm 在模拟星际空间及恒星附近碳原子簇的形成过程中，用质谱法证实了碳原子簇 C_n（$n<15$）的存在。1984年 Rohlfing 等用质谱仪研究在超声氦气流中以激光蒸发石墨所得产物时，发现碳可以形成 $n<200$ 的 C_n 原子簇，当 $n>40$ 时，簇中碳原子数仅为偶数，而且以 C_{60} 具有更高的稳定性。1985年 Kroto 首次获认 C_{60} 为主的质谱图，受建筑学家 Buckminster Fuller 用五边形及六边形构成球形建筑结构的启示，Krote 提出 C_{60} 是由60个碳原子构成足球状32面体，即由12个五边形和20个六边形组成，其中五边形彼此不相连接，只与六边形相邻，共有90条边的多面体。每个C原子参加组成2个六元环和1个五元环，3个 σ 键键角之和为348°，∠CCC 平均为116°，C原子杂化态为 sp^2-sp^3 之间，为 $sp^{2.28}$，即每个 σ 轨道近似地含有 s 成分30.5%，p 成分69.5%。而垂直于球面的 π 轨道中 s 成分为8.8%，p 成分为91.2%。90年代以来，球烯化学发展迅速，其原因是由于制备及测试手段的完善，也由于球烯反应性能的特殊性及球烯化合物性质的特殊性。目前已有不少关于合成球烯化合物的报道。

二、硅

硅（Silicon）有晶形和无定形两种同素异形体。利用 sp^3 杂化轨道成键是硅的成键特征。晶体硅具有与金刚石相同的结构，它是银灰色、有金属光泽的晶体，其导电性随温度的升高导电率增加，因此有人称硅为"准金属"或"半金属"。

硅的化学性质主要表现为非金属性，它是亲氧、亲氟元素，常温下活泼性差，仅能与 F_2 作用，高温下活泼性较大：

$$Si(s) + 2F_2(g) \xlongequal{\quad} SiF_4(g)$$

$$Si(s) + 2Cl_2(g) \xlongequal{673\ K} SiCl_4(l)$$

$$Si(s) + O_2(g) \xlongequal{873\ K} SiO_2(s)$$

$$3Si(s) + 2N_2(g) \xlongequal{1\ 573\ K} Si_3N_4(s)$$

$$Si(s) + C(s) \xlongequal{2\ 273\ K} SiC(s)$$

常温下，硅可溶解在强碱中放出氢气：

$$Si + 2NaOH + H_2O \xlongequal{\quad} Na_2SiO_3 + 2H_2\uparrow$$

硅在含氧酸中被钝化。但在有氧化剂如 $KMnO_4$、HNO_3、CrO_3、H_2O_2、$FeCl_3$ 存在时，硅能与 HF 反应：

$$3Si + 4HNO_3 + 18HF \xlongequal{\quad} 3H_2SiF_6 + 4NO + 8H_2O \qquad \Delta_r G_m^{\ominus} = -2\ 133\ kJ/mol^{-1}$$

从反应的 $\Delta_r G_m^{\ominus}$ 来看，Si 与 HF 的反应是十分彻底的：

$$Si\ (s) + 4HF\ (aq) \xlongequal{\quad} 3SiF_4\ (g) + 2H_2\ (g) \qquad \Delta_r G_m^{\ominus} = -327.9\ kJ/mol$$

事实上，该反应要在 200～400℃ 时才有明显反应。

硅只有在与某些金属反应时，才显示其氧化能力，例如与 Mg、Fe 的反应中：

$$2Mg + Si \longrightarrow Mg_2Si$$

三、锗、锡、铅

单质锗（Germanium）是具有金刚石型的原子晶体，但熔点仅有 1210 K，说明了晶体中共价键强度大大地降低了。它是银白色脆金属，具有半导体性质。

锡（Tin）有三种同素异形体，即灰锡、白锡和脆锡，它们相互间的转化如下：

$$灰锡 \xrightleftharpoons{13.2℃} 白锡 \xrightleftharpoons{161℃} 脆锡 \xrightleftharpoons{231.9℃} 液态锡$$

灰锡	白锡	脆锡
（α 型）	（β 型）	（γ 型）
金刚石型 正方晶系	正方晶系	正交晶系

在常温下稳定的形体是白锡，它是银白色的金属，较软，有延展性。白锡制品长期处于低温下会自行毁坏，就是由于由 β 锡转化为 α 锡，它往往从锡器的一点开始，逐渐蔓延，最后毁灭，这一现象叫锡疫（Tin disease）。

铅（Lead）是带淡青色的重金属，它属于变形金属结晶。

锗、锡、铅属中等活泼金属。锗、锡在常温下不与空气中的氧作用，也不与水作用。铅在空气中迅速被氧化，形成氧化膜保护层，在空气存在下，铅能与水缓慢作用：

$$2Pb + O_2 + 2H_2O \xlongequal{\quad} 2Pb(OH)_2$$

锗、锡、铅都能与卤素和硫生成卤化物和硫化物。

锡和铅能溶于强碱中并放出 H_2，相应形成 $NaSn(OH)_3$ 和 Na_2PbO_2。锗不溶于 NaOH 溶液中，除非有 H_2O_2 存在，这是锗与硅不同之处。

锗、锡、铅与常见酸的反应归纳于表 4－3 中。

表 4－3　锗、锡、铅与某些常见酸的作用

	Ge	Sn	Pb
HCl	不反应	与稀酸反应慢，与浓酸作用生成 $SnCl_2$	生成 $PbCl_2$ 微溶，覆盖于 Pb 表面使反应中止；与浓 HCl 生成 $PbCl_4^{2-}$
H_2SO_4	只与浓 H_2SO_4 作用 $Ge(SO_4)_2$	与热浓 H_2SO_4 反应生成 $Sn(SO_4)_2$，与稀 H_2SO_4 反应生成 $SnSO_4$	与稀 H_2SO_4 生成难溶 $PbSO_4$，与浓 H_2SO_4 生成 $Pb(HSO_4)_2$

续表 4-3

	Ge	Sn	Pb
HNO_3	与浓 HNO_3生成 $xGeO_2 \cdot yH_2O$（沉淀）	与冷的稀 HNO_3 生成 $Sn(NO_3)_2$，与浓 HNO_3生成 $xSnO_2 \cdot yH_2O$（β 锡酸）沉淀	$Pb(NO_3)_2$

锗、锡、铅与常见酸的反应式如下：

$$Sn + 2HCl(浓) \xlongequal{\Delta} SnCl_2 + H_2\uparrow$$

$$Pb + 2HCl \xlongequal{} PbCl + H_2\uparrow$$

$$Pb + 3HCl(浓) \xlongequal{\Delta} HPbCl_3 + H_2\uparrow$$

$$Ge + 4H_2SO_4(浓) \xlongequal{90℃} Ge(SO_4)_2 + 2SO_2\uparrow + 4H_2O(水解得\ GeO_2)$$

$$Sn + 4H_2SO_4(浓) \xlongequal{\Delta} Sn(SO_4)_2 + 2SO_2\uparrow + 4H_2O$$

$$Sn + H_2SO_4(稀) \xlongequal{} SnSO_4 + H_2\uparrow$$

$$Pb + H_2SO_4(稀) \xlongequal{} PbSO_4\downarrow + H_2\uparrow$$

$$Pb + 3H_2SO_4(浓) \xlongequal{\Delta} Pb(HSO_4)_2 + SO_2\uparrow + 2H_2O$$

$$Ge + 4HNO_3(浓) \xlongequal{} GeO_2 \cdot H_2O\downarrow + 4NO_2\uparrow + H_2O$$

$$Sn + 4HNO_3(浓) \xlongequal{} xSnO_2 \cdot yH_2O\downarrow + 4NO_2\uparrow + H_2O$$

$$4Sn + 10HNO_3(很稀) \xlongequal{} 4Sn(NO_3)_2 + NH_4NO_3 + 3H_2O$$

$$3Pb + 8HNO_3(稀) \xlongequal{} 3Pb(NO_3)_2 + 2NO\uparrow + 4H_2O$$

在氧存在下，铅可溶于醋酸中：

$$2Pb + O_2 \xlongequal{} 2PbO$$

$$PbO + 2HAc \xlongequal{} Pb(Ac)_2 + H_2O$$

第二节　碳族元素重要化合物的结构与性质

碳族元素的 $\Delta G^{\circ}/F-Z$ 图见图 4-3。

一、氢化物

碳形成众多的碳氢化物属有机化学范畴。

硅的氢化物叫硅烷，通式为 Si_nH_{2n+2}。从 Si_2H_6 起，硅烷分子中含有 Si-Si 链，如前所述，由于 Si-Si 键能小，Si 链不可能太长，现在已知的硅烷中，n 可高达 15。又由于硅烷中 Si-H 键键能较小，因此硅烷化学性质比碳烷活泼得多。

甲硅烷（SiH_4）可用盐酸与硅化镁作用制取：

$$Mg_2Si + 4HCl \xlongequal{} 2MgCl_2 + SiH_4\uparrow$$

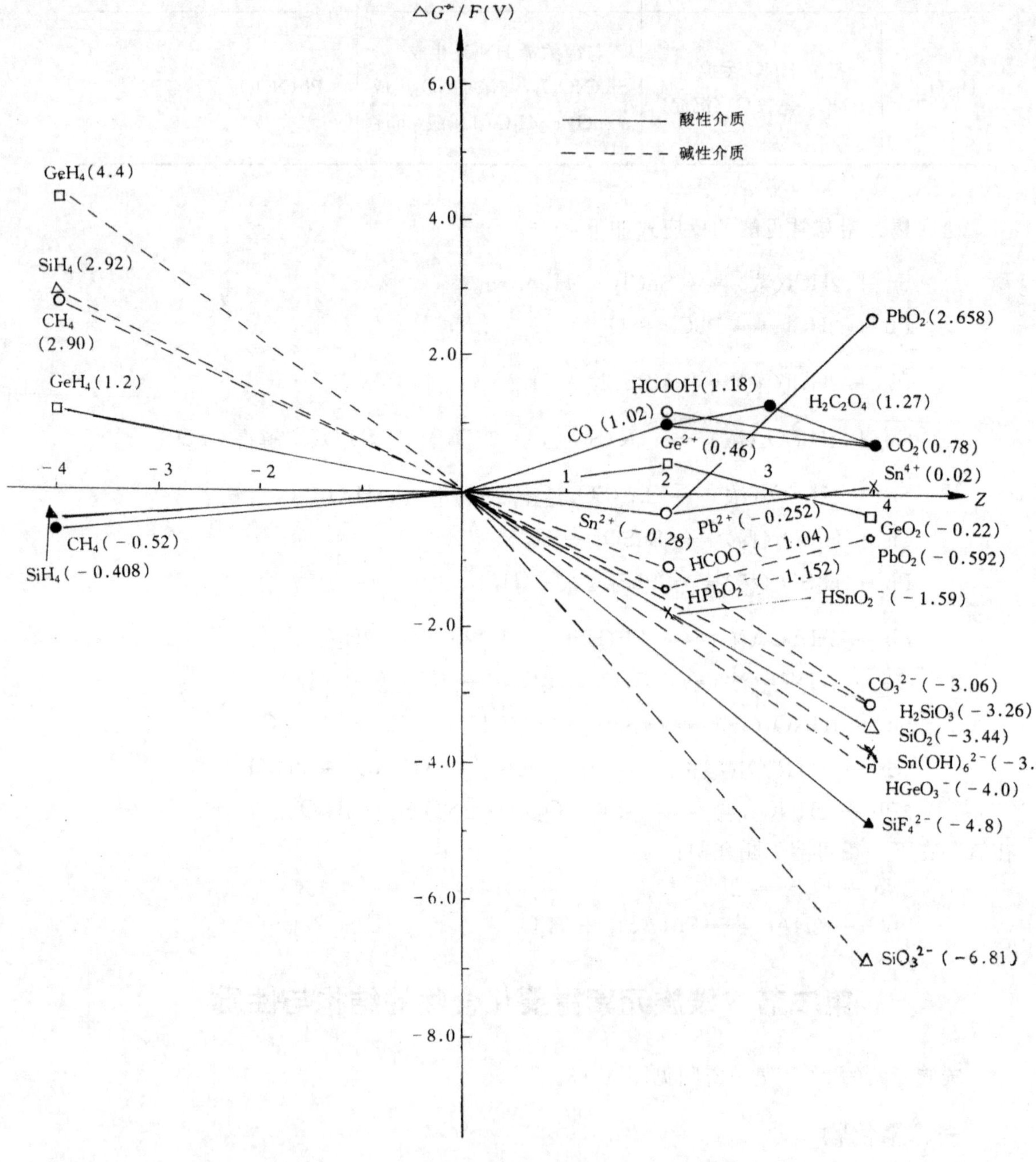

图 4-3　碳族元素的 $\Delta G^{\ominus}/F-Z$ 图

实际上，产物中常混杂一些较高级的硅烷。纯甲硅烷是用四氯化硅与四氢铝锂在乙醚溶液中制备的：

$$SiCl_4 + LiAlH_4 = SiH_4\uparrow + LiCl + AlCl_3$$

甲硅烷的标准生成热焓为 $\Delta_f H_m^{\ominus} = 32.6$ kJ/mol，因此可以预测其受热易分解：

$$SiH_4(g) \xlongequal{\Delta} Si(s) + 2H_2(g)\uparrow$$

由 $\Delta G^{\circ}/F-Z$ 图可见，SiH_4的不稳定性及还原性，它在酸性溶液中不水解，但只要有微量碱存在，它将迅速水解：

$$SiH_4 + (n+2)H_2O \xlongequal{OH^-} SiO_2 \cdot nH_2O + 4H_2\uparrow$$

甲硅烷有强还原性，在溶液中发生以下反应：

$$SiH_4 + 2MnO_4^- = 2MnO_2\downarrow + SiO_3^{2-} + H_2O + H_2\uparrow$$

$$SiH_4 + 8Ag^+ + 2H_2O = 8Ag\downarrow + 8H^+ + SiO_2$$

SiH_4极易与 O_2作用生成粉状 SiO_2（白碳黑）：

$$SiH_4 + 2O_2 = SiO_2 + 2H_2O$$

锗也有通式 Ge_nH_{2n+2}（$n\leqslant 5$）的锗烷，锡与铅的氢化物也是存在的，但它们性质上更不稳定。

二、氧化物及其水合物

1. 一氧化物

碳在供氧不足以及高温条件下燃烧，可以生成 CO。实验室制备 CO 气体可采用甲酸滴加到热浓 H_2SO_4中，或将草酸晶体与浓 H_2SO_4共热制备：

$$HCOOH \xlongequal{浓\ H_2SO_4} CO\uparrow + H_2O$$

$$H_2C_2O_4 \xlongequal{浓\ H_2SO_4} CO_2\uparrow + CO\uparrow + H_2O$$

让混合气体通过固体 NaOH，以除去 CO_2和水分，得纯 CO。在加压的条件下，CO 和固体 NaOH 作用生成甲酸钠 HCOONa：

$$CO + NaOH \xlongequal{160℃，加压} HCOONa$$

因此，有人认为 CO 是甲酸的酸酐，但实际上不是。

CO 和 N_2、CN^-、NO^+都是等电子体，具有相似的结构。由分子轨道理论，CO 的分子轨道表达为 CO（14e）$[1\sigma^2, 2\sigma^2, 3\sigma^2, 4\sigma^2, 1\pi^4, 5\sigma^2, 2\pi^0]$，可见 CO 分子中有三重键，一个 σ 键，两个 π 键，其中一个 π 键电子为氧原子所提供：

CO 与 N_2物理性质相似，但化学性质差异较大，表 4－4 列出了它们的性质。

表 4—4　CO 和 N_2的性质对比

性 质	CO	N_2
熔点/℃	−205	−210
沸点/℃	−190	−196
液体密度/$g \cdot cm^{-3}$	0.793	0.766
临界温度/℃	−140	−146
临界压力/kPa	3.65×10^4	3.55×10^4
还原性	有还原性	无
配位作用	作配位体能力较强	作配位体能力较弱
可燃性	可燃	不可燃

从总键能(表 4—5)来看,C≡O 为 1 071.9 kJ/mol,而 N≡N 键能为 941.7 kJ/mol;但实际上,CO 显然比 N_2更易参加化学反应,原因显然是由于 CO 分子中 C 上孤对电子容易参与化学反应,以及 CO 中第一个 π 键键能较小,易参加化学反应。

表 4—5　CO 与 N_2的键能　kJ/mol

		A—B	A=B	A≡B
CO	键能	357.7	798.9	1 071.9
	键能差值	441.2		273
N_2	键能	154.8	418.4	941.7
	键能差值	263.6		523.3

以下反应分别说明了 CO 的还原性及配位作用:

$$2CO + O_2 \xlongequal{燃烧} 2CO_2 \qquad \Delta_r H_m^\circ = -564\ kJ/mol$$

$$CO + S \xlongequal{\Delta} COS\ (碳酰硫)$$

$$CO + Cl_2 \xlongequal{光} COCl_2\ (碳酰氯)$$

$$Fe_2O_3(s) + 3CO(g) = 2Fe(s) + 3CO_2(g) \qquad \Delta_r H_m^\circ = -26.8\ kJ/mol$$

$$PdCl_2 + CO + H_2O = Pd\downarrow + CO_2\uparrow + 2HCl$$

生成灰黑色钯沉淀,该反应被应用于 CO 的检出。

$$Fe\ (s) + 5CO\ (g) = Fe\ (CO)_5(l) \qquad \Delta_r H_m^\circ = -233.5\ kJ/mol$$

$Fe\ (CO)_5$ 是羰基化物,IUPAC 规定,羰基化合物中羰基氧化态以“0”计,所以 $Fe\ (CO)_5$中铁的氧化态为“0”。

在高温高压下 CO 与某些过渡金属反应形成容易挥发的液体或固体状态的羰基化物,如 $Fe(CO)_5$、$Ni(CO)_4$和 $Cr(CO)_6$ 等。这些化合物不溶于水,但易溶于有机溶剂中,加热时又易分解为金属与 CO，因此可以用以提纯金属。羰基化物一般都是剧毒的。在羰基化物中，金属原子作为 Lewis 酸提供空轨道，CO 作为 Lewis 碱提供碳上孤电子配予中心体金属原子，由于中心原子积累了过多负电荷，将反馈部分回 CO 中的反键空轨道 2π 轨道上，形成所谓反馈的 $d-\pi^*\pi$ 键（见图 4—4)。如 $Ni(CO)_4$的成键过程用 VB 法表述如下：

$$\text{Ni}\quad 3d^84s^2 \xrightarrow{\text{调整}} 3d^{10}4s^04p^0 \xrightarrow{SP^3\ \text{杂化}} (sp^3)^0\ (sp^3)^0\ (sp^3)^0\ (sp^3)^0$$

（每个 $(sp^3)^0$ 各接受一个 $C{\equiv}O$ 中 C 的孤电子对：$\uparrow$ C$\equiv$O）

因此 $Ni(CO)_4$具有四面体的几何构型。

反馈 π 键的形成减少了中心原子的过多的负电荷积累，增强了 M—C 键，从而使配合物更稳定。也由于反键轨道上电子的填入，使 C≡O 键键级下降，键能减弱，键长增长，在络合物的红外光谱中，其 C≡O 的吸收伸缩振动频率 $\nu_{C\equiv O}$将会向能量更低的方向移动（红移）*；因此，红外光谱实验可以证实 M—C 键间反馈 $d-\pi^*\pi$ 键的存在。

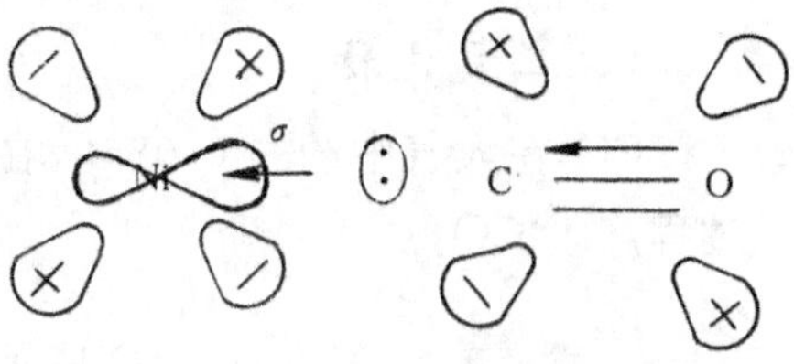

图 4—4　$Ni(CO)_4$中反馈 $d-\pi^*\pi$ 键

金属羰基合物有单核（如 $Ni(CO)_4$）及多核（如 $Mn_2(CO)_{10}$)，还有混合型（如 $[RhH(CO)(PPh_3)_3]$)。在这些配合物中，金属都处于低氧化态，通常是 0，有时为 -1。几乎所有过渡金属都形成羰基合物，目前已制得几千种羰基合物，构成有机金属化物的一大分支。大多数金属羰基合物组成上符合 EAN 规则 (Effective atomic number)，其基本思想是八隅律的推广：在配合物中有效原子数目（指中心体的电子数与配体提供电子数之和）为 18 时是稳定结构，该规则又称为 18e 规则。例如 $Cr(CO)_6$：

中心原子外围电子数	6
配体提供电子数	$2\times6=12$
总电子数	18

显然，奇原子序数的金属的 $M(CO)_n$型配合物将不符合 EAN 法则，只有 $V(CO)_6$可以存在，对于其它奇原子序数金属原子来说，它们往往形成负一价离子（如 $[M(CO)_n]^-$）或双聚（如 $Mn_2(CO)_{10}$)，或与其它原子或基团形成以单键结合的化合物，如 $HM(CO)_n$或 $M(CO)_nCl$ 等等，他们都是稳定存在的羰基合物。这里不再进一步介绍。

把二氧化硅和单质硅的混和物加热到 1 573 K 时，产生一氧化硅：

---

* 红外吸收伸缩振动频率 $\nu_{C\equiv O}$与键力常数 K 关系式为 $\nu_{C\equiv O}=\frac{1}{2\pi}\sqrt{K/\mu}$。键力常数 K 通常可以说明键的强度，μ 为折合质量，对于 CO，其 $\mu=\frac{M_cM_o}{M_c+M_o}$（$M_c$、$M_o$分别为 C 及 O 的摩尔质量），$\pi$ 为常数，因此 $\nu_{C\equiv O}$与 K 成正比，当配体形成配合物后，如果其红外吸收伸缩振动频率发生改变，可以说明配体内的键发生了变化，频率红移；力常数小，键级下降；频率蓝移，力常数增加，键级增大。

$$SiO_2 + Si \xlongequal{\Delta} 2SiO$$

一氧化硅是棕色粉末状固体，不稳定，在空气中燃烧变成二氧化硅，与水作用放出氢气：

$$SiO + H_2O = SiO_2 + H_2\uparrow$$

在氮气气氛下加热 $Ge(OH)_2$或 $Sn(OH)_2$，分别生成黑色的一氧化锗和一氧化锡，它们都有还原性，易转化为二氧化物，GeO 的还原性较强。

一氧化铅又称密陀僧，由于 $6s^2$惰性电子对效应，PbO 性质稳定，具有两性。

Ge、Sn 的一氧化物都具有两性，从 Ge－Pb 碱性增强。

$Ge(OH)_2$、$Sn(OH)_2$、$Pb(OH)_2$都是不溶性沉淀，$Ge(OH)_2$黄色，$Pb(OH)_2$、$Sn(OH)_2$白色，都具有两性。

2. 二氧化物

CO_2在大气中约占 0.03%，在海洋中约占 0.014%，工业上以煅烧石灰石及利用发酵过程产生 CO_2。

$$C_6H_{12}O_6 \xlongequal{\Delta} 2C_2H_5OH + 2CO_2\uparrow$$

在 526.8 kPa、－56.6℃ 时，CO_2凝聚为固态，常称为干冰。常压下，干冰于 －78.5℃ 升华。CO_2的临界温度为 31℃（加压下可使 CO_2液化的最高温度），因此钢瓶中的 CO_2应为液态。CO_2是无色无臭气体，不支持燃烧；但某些还原性很强的金属，例如燃着的镁条，即使在 CO_2中也能继续燃烧：

$$2Mg + CO_2 \xlongequal{900\ K} 2MgO + C$$

CO_2与 N_3^-、N_2O、NO_2^+、OCN^-互为等电子体，具有线型构型，长期以来被认为具有 O=C=O 的结构，该结构解释了 CO_2的一些特殊性质。但是实验测出 C－O 键长为 116 pm，介于 C=O 双键（124 pm）及 C≡O 叁键（112.8 pm）之间，因此根据 VB 法，可认为 CO_2具有以下构型：

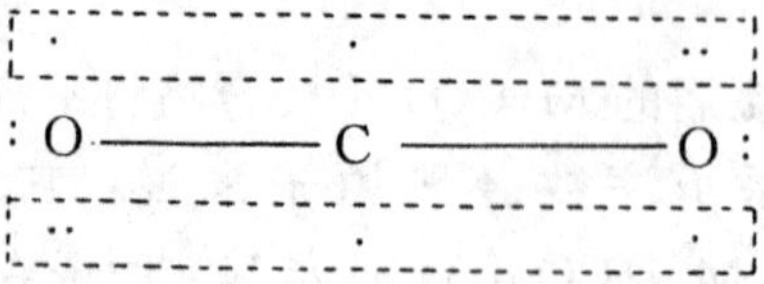

2σ 和 $2\pi_3^4$

二氧化碳可以溶于水，常压下 273 K 时，100 g H_2O 可溶解 0.385 g CO_2，按体积比约为 1∶1，饱和 CO_2溶液的浓度为 0.03～0.04 mol/dm³，溶液呈酸性 pH≈4。习惯上把 CO_2的水溶液叫做碳酸（Carbonic acid）。H_2CO_3被认为是二元弱酸：

$$CO_2 + H_2O = H^+ + HCO_3^- \qquad K_1 = 4.2\times10^{-7}$$

$$HCO_3^- = H^+ + CO_3^{2-} \qquad K_2 = 5.6\times10^{-11}$$

实际上，在 H_2CO_3水溶液中，H_2CO_3含量极少，在 25℃ 时，$[CO_2]/[H_2CO_3]=600$，因此考虑 CO_2的水合作用：

$$CO_2 + H_2O \rightleftharpoons H_2CO_3 \qquad K = 1.67 \times 10^{-3}$$

可得到：

$$H_2CO_3 \rightleftharpoons H^+ + HCO_3^- \qquad K' = K_1/K_2 = 2.5 \times 10^{-4}$$

说明 H_2CO_3本身属于中强酸，只是由于溶液中 H_2CO_3存在形式太少，因此 CO_2水溶液被认为是弱酸。

碳酸的结构如图 4－5 所示。

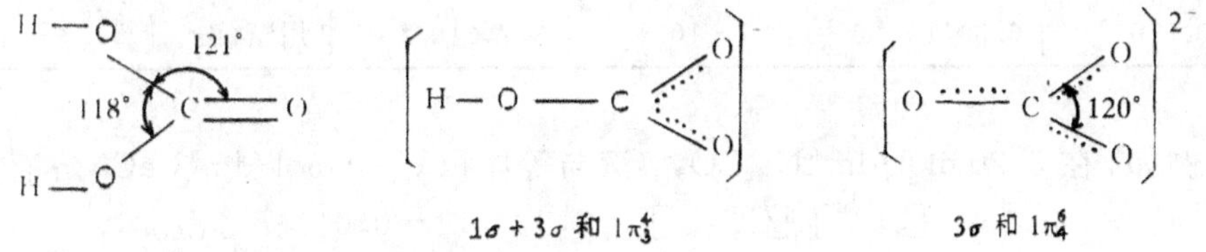

图 4－5　H_2CO_3、HCO_3^-和 CO_3^{2-}的结构

碳酸可以生成两类盐：正盐与酸式盐。它们的性质总结为：

（1）水溶性：正盐除 K^+、Na^+、Rb^+、Cs^+、NH_4^+、Tl^+外，其它皆难溶于水。一般来说，正盐难溶的，其对应的酸式盐溶解度会较大。碳酸盐的溶解度与二氧化碳的分压 p_{CO_2}有关：p_{CO_2}增大，碳酸盐溶解度增大，成为酸式盐；p_{CO_2} 减少（升温），碳酸盐溶解度减少。例如在 p_{CO_2}＝0.0 kPa、18℃ 时，$CaCO_3$溶解度为 0.013 g/（100 g H_2O）；在 p_{CO_2}＝99.47 kPa 时，$CaCO_3$ 溶解度为 1.08 g/（100 g H_2O）。和一般金属碳酸盐不同，常温下 Na_2CO_3溶解度大于 $NaHCO_3$溶解度；这可能是由于阴离子（HCO_3^-）双聚或多聚的结果：

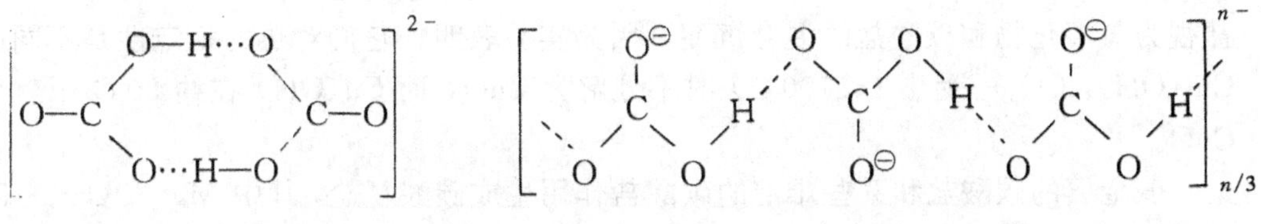

$[HCO_3]_2^{2-}$　双聚　　　$[HCO_3]_n^{n-}$ 多聚

（2）水解性：可溶性碳酸盐在水溶液中呈碱性，如 0.10 mol/dm³ Na_2CO_3溶液的 pH 为 11.7。酸式盐如 $NaHCO_3$在水溶液中同时存在两个平衡，即水解平衡与电离平衡：

$$HCO_3^- + H_2O \rightleftharpoons H_2CO_3 + OH^-$$
$$HCO_3^- + H_2O \rightleftharpoons H_3O^+ + CO_3^{2-}$$

溶液的 $[H^+] \approx \sqrt{K_1K_2}$，pH 约为 8.3，说明水解平衡是主要平衡。

因此，在可溶性碳酸盐或碳酸氢盐中加入其它金属阳离子时，将生成什么沉淀，可以通过以下计算加以说明：当碳酸盐溶解度比相应的氢氧化物溶解度更小时，应生成碳酸盐；若碳酸盐与氢氧化物溶解度相近时，应生成碱式碳酸盐；若氢氧化物溶解度比相应的碳酸盐溶解度更小时，生成氢氧化物沉淀。表 4－5 汇列了 1.0×10^{-3}～ 1.0 mol/dm³

Na_2CO_3溶液中各种离子的浓度。

表 4－5　不同浓度下的 Na_2CO_3溶液中各物种的浓度　　mol/dm³

$C_{Na_2CO_3}$	$[CO_3^{2-}]$	$[OH^-]$	$[HCO_3^-]$	计　算　方　法
1.0	1.0	1.4×10^{-2}	1.4×10^{-2}	$[OH^-]=[HCO_3^-]=\sqrt{K_hC}$
0.10	0.10	4.50×10^{-3}	4.5×10^{-3}	$[OH^-]=[HCO_3^-]=\sqrt{K_hC}$
1.0×10^{-2}	8.6×10^{-3}	1.4×10^{-3}	1.4×10^{-3}	用精确式计算
1.0×10^{-3}	6.3×10^{-4}	3.7×10^{-4}	3.7×10^{-4}	用精确式计算

例如，在 0.20 mol/dm³ Na_2CO_3溶液与等体积 0.20 mol/dm³ $CaCl_2$溶液混合时，因为

$$[Ca^{2+}][CO_3^{2-}]=0.1\times0.1=0.01>K_{SP\,CaCO_3}$$

而
$$[Ca^{2+}][OH^-]^2=0.1\times(4.5\times10^{-3})^2=2\times10^{-6}<K_{SP\,Ca(OH)_2}$$

因此生成沉淀是 $CaCO_3$。

同样方法估算 0.20 mol/dm³某金属盐与等体积 0.20 mol/dm³ Na_2CO_3混合时，确定产物如下：生成 MCO_3沉淀的有 Ca^{2+}，Sr^{2+}，Ba^{2+}，Ag^+；生成 $M_2(OH)_2CO_3$沉淀的有 Mg^{2+}，Co^{2+}，Ni^{2+}，Zn^{2+}；生成 $M(OH)_n$沉淀的有 Fe^{3+}，Cr^{3+}，Al^{3+}。

在利用 $NaHCO_3$作沉淀剂时，例如在 0.10 mol/dm³ $NaHCO_3$ 溶液中，计算表明 $[OH^-]\approx2.0\times10^{-6}$ mol/dm³，$[CO_3^{2-}]\approx1.15\times10^{-3}$ mol/dm³。则生成 MCO_3沉淀的有 Ca^{2+}、Sr^{2+}、Ba^{2+}、Mg^{2+}、Cd^{2+}、Mn^{2+}、Ni^{2+}、Ag^+；生成 $M_2(OH)_2CO_3$沉淀的有 Cu^{2+}、Zn^{2+}、Be^{2+}、Co^{2+}等；生成 $M(OH)_3$沉淀的有 Fe^{3+}、Cr^{3+}、Al^{3+}等。

以上判别规则应根据实际估算结果进行验证。随着沉淀条件的不同，产物常常会有差异，例如沉淀剂的浓度变化，沉淀剂是否被二氧化碳所饱和，等等。另外请勿将碱式盐视为氢氧化物和碳酸盐的混合沉淀，因为实验表明，它们对热的稳定性是不同的，如 $Cu_2(OH)_2(CO_3)_2$ 受热（<100℃）时不分解为 CuO，而 $Cu(OH)_2$在约 80℃ 下就分解为 CuO。

碱金属的碳酸盐和某些难溶的碳酸盐作用生成碳酸复盐，其中 Mg^{2+}、Ca^{2+}、Re^{3+}是难溶的复盐，而 Ti^{4+}、Th^{4+}、Ce^{4+}、Ag^+是易溶的复盐。

(3) 热稳定性：从热力学角度来看，碳酸盐受热分解应是吸热的、熵推动的反应：

$$MCO_3(s)\rightleftharpoons MO(s)+CO_2(g)\uparrow\qquad \Delta_rH_m^{\ominus}>0,\quad \Delta S^{\ominus}>0$$

因此，温度的增加有利于反应的进行，但碳酸盐的分解温度差异很大：对于碱金属碳酸盐，即使加热到熔化也不分解；正盐的稳定性比酸式盐稳定性大，自然，H_2CO_3热稳定性最差。表 4－6 汇列了某些碳酸盐的热分解温度：

表 4－6　某些碳酸盐的热分解温度（$p_{co_2}=10^5$ Pa）　　℃

化合物	$BeCO_3$	$MgCO_3$	$CaCO_3$	$SrCO_3$	$BaCO_3$	$MnCO_3$	$CdCO_3$	$PbCO_3$
热分解温度	<100	540	900	1 290	1 360	400	350	340

这可以用阳离子的有效离子势 $\Phi^*=\dfrac{z^*}{r}$ 的不同，对 CO_3^{2-}的反极化作用不同来解释。

硅的二氧化物及其含氧酸盐的结构特别复杂，我们将在第 3 节讨论。

锗、锡、铅的二氧化物性质见表 4—7。

表 4—7 锗、锡、铅二氧化物的性质

化合物	GeO_2	SnO_2	PbO_2
熔点/K	1 389		1 025.2（在氧气中 101 kPa 下分解）
沸点/K	1 473	2 173（升华）	
晶体结构	白色、金红石晶体	白色、金红石晶体	棕黑色、金红石晶体
酸碱性	两性（A.，B.）	两性（A.，B.）	两性（A.，B.）
氧化性			酸性下强氧化性
$\Delta_f H_m^\ominus$ /KJ·mol^{-1}	−589.94	−580.74	−276.65

二氧化锗和二氧化锡由锗和锡在空气中燃烧或用浓硝酸氧化制备：

$$Ge + 4HNO_3 = GeO_2 + 4NO_2\uparrow + 2H_2O$$

$$Sn + 4HNO_3 = SnO_2 + 4NO_2\uparrow + 2H_2O$$

而二氧化铅制备，由 $\Delta G^\ominus/F-Z$ 图可以理解，应在碱性条件下用强氧化剂氧化制备：

$$Pb(OH)_3^- + ClO^- = PbO_2 + Cl^- + OH^- + H_2O$$

这些二氧化物与碱共熔，都可以生成可溶性含氧酸盐（MO_3^{2-}）：

$$GeO_2 + 2NaOH \xlongequal{\Delta} Na_2GeO_3 + H_2O$$

$$SnO_2 + 2NaOH \xlongequal{\Delta} Na_2SnO_3 + H_2O$$

$$PbO_2 + 2NaOH \xlongequal{\Delta} Na_2PbO_3 + H_2O$$

X 射线分析表明，锡酸盐和铅酸盐都含有六配位金属离子。因此 Na_2SnO_3 及 Na_2PbO_3 都不表示其结构，正确的写法应是 $Na_2[Sn(OH)_6]$ 及 $Na_2[Pb(OH)_6]$。同样 Na_2GeO_3 也只是一种简化了的写法。

向 Sn^{2+} 溶液中加入过量的碱，将会生成 $Sn(OH)_2\downarrow$（白），再转化为 $Sn(OH)_3^-$，$Sn(OH)_3^-$ 不稳定，将发生歧化：

$$Sn^{2+} + 2OH^- = Sn(OH)_2\downarrow$$

$$Sn(OH)_2 + OH^- = Sn(OH)_3^-$$

$$2Sn(OH)_3^- = Sn(OH)_6^{2-} + Sn$$

从 Sn（Ⅳ）盐水解可得到白色的无定形含水 SnO_2 胶状沉淀，这是 α 锡酸。α 锡酸在溶液中静置或加热时就逐渐晶化，转化为 β 锡酸，具有 SnO_2 的结构。金属 Sn 与 HNO_3（浓）反应可直接得到 β 锡酸。α 锡酸、β 锡酸性质有较大的差异：例如它们的结构不同，α 锡酸是无定形，β 锡酸是晶体；α 锡酸易与浓 HCl 或稀、浓 KOH 作用，β 锡酸不与浓 HCl 或浓 KOH 作用，但可以制成它们的胶体溶液。目前认为它们都是含水二氧化锡，只是它们的含水量、质点大小及表面性质的不同导致其性质上不同。经高温灼烧过的 SnO_2

不再与酸碱作用，但却可与熔碱生成锡酸盐。

PbO_2是棕黑色固体，在加热时逐步转化为低氧化态氧化物：

$$PbO_2 \xrightarrow{290\sim320℃} Pb_2O_3 \xrightarrow{390\sim420℃} Pb_3O_4 \xrightarrow{530\sim550℃} PbO$$

Pb_3O_4是一种红色粉末，俗称“红丹”或“铅丹”，根据结构，它是铅（Ⅳ）酸铅（Ⅱ）盐：$Pb_2[PbO_4]$。将 Pb 在纯氧中加热，即可得到 Pb_3O_4。

三、硫化物

二硫化碳（Carbon disulfide）与二氧化碳是等电子体，具有直线构型。二硫化碳为无色有毒挥发性液体（沸点 226.9 K），可由以下方法制备：

$$C(s) + 2S(s) \xlongequal[\text{电炉}]{900℃} CS_2(g) \qquad \Delta_f H_m^{\circ} = 115.27\ \text{kJ/mol}$$

$$4S + CH_4 \xlongequal[Al_2O_3]{600℃} CS_2 + 2H_2S$$

CS_2是常用有机溶剂，是吸热化合物，不稳定，蒸气易着火：

$$CS_2(l) + 3O_2(g) \longequal CO_2(g) + 2SO_2(g)$$

高于 150℃ 时明显水解：

$$CS_2 + 2H_2O \longequal CO_2 + 2H_2S$$

硫代碳酸钠 Na_2CS_3和硫代碳酸 H_2CS_3分别与 Na_2CO_3、H_2CO_3对应，CS_3^{2-}与 CO_3^{2-}为等电子体，有相同的构型，但 CS_3^{2-}中 π_4^6 键弱。可用 CS_2与 Na_2S 反应制备：

$$CS_2 + Na_2S \longequal Na_2CS_3$$

锡、铅的硫化物有 SnS、SnS_2、PbS。它们的基本性质见表 4－8。

表 4－8　锡、铅硫化物的基本性质

	SnS	SnS_2	PbS
颜色	暗棕色	黄色	黑色
在浓 HCl 中	溶解（$SnCl_3^-$）	溶解（$SnCl_6^{2-}$）	溶解（$PbCl_4^{2-}$）
在 Na_2S 或 $(NH_4)_2S$ 中	不溶	溶解（SnS_3^{2-}）	不溶
在 Na_2S_2或 $(NH_4)_2S_x$ 中	溶（SnS_3^{2-}）	溶（SnS_3^{2-}）	不溶
在 NaOH 中	不溶	溶（$SnO_3^{2-}+SnS_3^{2-}$）	不溶
酸碱性	碱性	两性	碱性

四、卤化物

四卤化碳（Carbon tetrahalide）CX_4或 CX_nY_{4-n}（X、Y 为不同卤素）及四卤化硅（Silicon tetrahalide）SiX_4都是等电子体，具有相同的四面体构型，然而它们的性质都有较大的差别。它们的某些性质见表 4－9。

表 4－9　四卤化碳与四卤化硅的一些性质

	CF_4	CCl_4	CBr_4	CI_4
熔点/℃	－183.5	－22.92	90.1	171
沸点/℃	－128	76.72	189.5	——
$\Delta_f H_m^\ominus$ /kJ·mol^{-1}	－933 (g)	－132.6 (l)	79.5 (l)	262.8
X_3E-X 键能/kJ·mol^{-1}	485	327	285	213
键长/pm	135	177	194	214
	SiF_4	$SiCl_4$	$SiBr_4$	SiI_4
熔点/℃	－90.3	70.4	5.4	120.5
沸点/℃	－95.7（升华）	57.0	155	287.5
$\Delta_f H_m^\ominus$ /kJ·mol^{-1}	－1624.8 (g)	－687.0(g)	－457.2(g)	－189.5(c)
X_3E-X 键能/kJ·mol^{-1}	565	381	310	234
键长/pm	157	202	216	244

CF_4、CCl_4的水解热力学倾向都很大，但常温下它们不水解。显然，这与 CX_4中 C 的价键已饱和有关。SiF_4、$SiCl_4$水解的热力学倾向表明，SiF_4水解是可逆的，$SiCl_4$的水解是彻底的：

$$SiF_4(g) + 4H_2O(l) \longleftrightarrow SiO_2\cdot 2H_2O(s) + 4HF(aq) \quad \Delta_r G_m^\ominus = -278\ kJ/mol$$

$$SiCl_4(g) + 4H_2O(l) = SiO_2\cdot 2H_2O(s) + 4HCl\uparrow(g) \quad \Delta_r G_m^\ominus = -270.5\ kJ/mol$$

显然这与 Si 是第三周期元素，还有空轨道有关。

在气相中，SiF_4 水解时，如水量很少，则生成氟硅酸（习惯上写作 H_2SiF_6）：

$$3SiF_4 + 6H_2O = 2(H_3O)_2SiF_6 + SiO_2$$

四卤化硅中只有 SiF_4能形成 SiF_6^{2-}配离子：

$$SiF_4 + 2F^- = SiF_6^{2-} \quad \Delta_r H_m^\ominus = -130.5\ kJ/mol$$

显然，这是由于氟离子半径最小的原因。SiF_6^{2-}与 AlF_6^{3-}、PF_6^-、SF_6 同为等电子体，具有相同的几何构型，以 sp^3d^2杂化轨道成键。气态 H_2SiF_6易分解为 HF 和 SiF_4，H_2SiF_6的溶液是强酸，对玻璃有强的腐蚀作用，其钠钾盐微溶于水，在沸水中完全水解：

$$Na_2SiF_6 + 2H_2O = 2NaF + SiO_2 + 4HF$$

CCl_4过去广泛用作灭火剂，但它不能扑灭燃着的活泼金属（如 Na、Mg 等），在高温下由于被水分解产生光气 $COCl_2$，因而近来采用更为稳定的 $CBrClF_2$(1211)作为灭火剂：

$$CCl_4(l) + H_2O(g) = COCl_2(g) + 2HCl(g) \quad \Delta_r G_m^\ominus = -103.71\ kJ/mol$$

卤氧化碳 COX_2（X：F、Cl、Br）又称碳酰卤（Carbonyl halides），它与 CO_3^{2-}同为

等电子体，具有平面三角形的构型，其中以光气 $COCl_2$ 为最重要，在反应中它用作氯化剂。

锗、锡、铅的卤化物有四卤化物与二卤化物两类（铅由于 $6s^2$ 惰性电子对效应 Pb（Ⅳ）具强氧化性，不存在 $PbBr_4$ 和 PbI_4），EX_4 都是共价化合物，一般都是挥发性的液体或容易熔化的固体。

四氯化锗是在氯气流中加热木炭和二氧化锗的混和物而制得的：

$$GeO_2 + 2C + 2Cl_2 = GeCl_4\uparrow + 2CO\uparrow$$

四氯化锡可用氯气通入熔融 Sn 中制备：

$$Sn + 2Cl_2 = SnCl_4$$

它极易水解，是略带黄色的液体。

四氯化铅可用冷的浓 HCl 与 PbO_2 作用制得，它只存在于低温中，是黄色油状液体，遇热极不稳定，迅速地分解为 $PbCl_2$ 及氯气。$PbCl_4$ 有很强氧化性。

锗、锡、铅有空的 d 轨道可以利用，因此它们的四卤化物能形成多种配离子，例如 $[GeF_6]^{2-}$、$[GeCl_6]^{2-}$、$[SnF_6]^{2-}$、$[SnCl_6]^{2-}$、$[SnBr_6]^{2-}$、$[PbF_6]^{2-}$ 等。

只有锗、锡、铅存在二卤化物，二氯化锗由单质锗还原四氯化锗制得：

$$Ge + GeCl_4 \xlongequal{\Delta} 2GeCl_2$$

二氯化锡由 Sn 与 HCl 反应制取：

$$Sn + 2HCl = SnCl_2 + H_2\uparrow$$

二氯化锡是常用还原剂，由 $\Delta G^\ominus/F-Z$ 图可见，$\varphi^\ominus_{(Sn^{4+}/Sn^{2+})}=0.14V$。常用它来检验汞盐：

$$SnCl_2 + 2HgCl_2 = SnCl_4 + Hg_2Cl_2\downarrow \text{（白）}$$
$$Hg_2Cl_2 + SnCl_2 = SnCl_4 + 2Hg\downarrow \text{（黑）}$$

也能使 Fe^{3+} 还原为 Fe^{2+}。二氯化锡在溶液中易水解和被氧化，因此在配制 $SnCl_2$ 溶液时，除了必须保证强酸介质外，还应加入锡粒。

二氯化锗比二氯化锡更易被氧化，是更强的还原剂。

二氯化铅是溶解度较小的微溶物，但其溶解度随温度升高而明显增大，冷却后又析出针状晶体，这是 $PbCl_2$ 区别于其它难溶氯化物如 AgCl、CuCl、Hg_2Cl_2 的一个特征。

$SnCl_2$、$PbCl_2$ 都能与 Cl^- 形成配离子：$SnCl_3^-$、$PbCl_4^{2-}$，实际上配离子的组成依据条件不同而不同，例如，在约 6 mol/dm³ HCl 中形成 $PbCl_4^{2-}$，而在浓 HCl 溶液中生成 $PbCl_6^{4-}$。

Sn^{2+} 和 X^- 形成配离子的稳定性次序是 $F^- \gg Cl^- > Br^-$，而 Pb（Ⅱ）与 X^- 形成配离子的稳定性顺序是 $I^- > Br^- > Cl^- \gg F^-$。

五、铅的其它化合物

易溶的 Pb（Ⅱ）盐有 $Pb(NO_3)_2$ 及 $Pb(Ac)_2$。Pb 或 PbO 与 HNO_3 作用生成 $Pb(NO_3)_2$，溶液中还有 $Pb(NO_3)^+$ 配离子：

$$Pb^{2+} + NO_3^- \longrightarrow Pb(NO_3)^+ \qquad \beta_1 = 15.1$$

PbO 溶于 HAc 可得 $Pb(Ac)_2 \cdot 3H_2O$ 晶体，它极易溶于水，由于 $Pb(Ac)_2$有甜味，被称为铅糖（Sugar of lead）。Pb^{2+}与 Ac^-间可形成一系列配合物：

$$Pb^{2+} + Ac^- \longrightarrow PbAc^+ \qquad \beta_1 = 145$$

$$Pb^{2+} + 2Ac^- \longrightarrow Pb(Ac)_2 \qquad \beta_2 = 810$$

$$Pb^{2+} + 3Ac^- \longrightarrow Pb(Ac)_3^- \qquad \beta_3 = 2950$$

Pb（Ⅱ）的重要难溶盐有 $PbSO_4$（白）、$PbCO_3$（白）、$PbCrO_4$（黄）。$PbSO_4$难溶于水，但可溶于浓 H_2SO_4或饱和 NH_4Ac 中；$PbCrO_4$在分析化学中被用来鉴定 Pb^{2+}。由于 $Pb(OH)_2$ 的两性，$PbGrO_4$ 可以溶于 NaOH 中：

$$PbCrO_4 + 3OH^- \longrightarrow Pb(OH)_3^- + CrO_4^{2-}$$

几种黄色铬酸盐的性质区别见表 4－10。

表 4－10　几种难溶黄色铬盐的性质

试剂	$PbCrO_4$	$BaCrO_4$	$SrCrO_4$	生成物
HCl 或 HNO_3	溶	溶	溶	$M^{2+} + Cr_2O_7^{2-}$
HAc	不溶	不溶	溶	$Sr^{2+} + Cr_2O_7^{2-}$
NaOH	溶	不溶	不溶	$Pb(OH)_3^- + CrO_4^{2-}$

六、碳族元素的有机化合物

Sn（Ⅱ）、Pb（Ⅱ）的有机化合物极少，而 Sn（Ⅳ）、Pb（Ⅳ）的有机化合物较多，其中较重要的是用作汽油抗爆震剂的四乙基铅 [$Pb(C_2H_5)_4$]。由于加入四乙基铅，提高了汽油的辛烷值，改善了汽油的抗震数值。但是它有剧毒，汽油燃烧后废气中排出铅尘，污染环境；同时，四乙基铅在汽缸燃烧后，部分转变为 PbO 沉积于汽缸壁，导致发动机摩擦过热。因此目前正研制无铅汽油。四乙基锡由金属有机化合物和卤化锡制备：

$$SnCl_4 + 2Zn(C_2H_5)_2 \longrightarrow Sn(C_2H_5)_4 + 2ZnCl_2$$

四乙基铅由钠铅合金和卤代乙烷反应制备：

$$Na_4Pb + 4C_2H_5Cl \longrightarrow Pb(C_2H_5)_4 + 4NaCl$$

虽然 $Pb(C_2H_5)_4$的 $\Delta_f H_m^\circ = 217.6$ kJ/mol，但它在常温下仍能稳定存在。

硅的有机元素化合物有有机硅卤化物 $R_{4-n}SiX_n$，它易水解形成硅醇：

$$R_{4-n}SiX_n + nH_2O \longrightarrow R_{4-n}Si(OH)_n + nHX$$

硅醇易缩聚，形成双聚或多聚化合物，得到高分子链状、环状多聚物，这些多聚物的结构是以 Si－O 链为基础的，也叫做聚硅氧烷（聚硅酮）：

$$(CH_3)_3-Si-O-H + H-O-Si(CH_3)_3 \xrightarrow{-H_2O} (CH_3)_3Si-O-Si(CH_3)_3$$

它是一类油状液体或橡胶状固态物质，可用作制造高级润滑油、高温绝缘体（漆）、耐热塑料、硅橡胶和一些人造器官的材料。

七、碳化物

碳能与很多元素形成二元碳化物，它们是：

1．离子型碳化物（与 IA、ⅡA 元素及 Al 等形成）

在这一类离子型碳化物中，由于晶体中含有 C_2^{2-} 负离子，它们水解时产生乙炔，因此又称为形成乙炔的碳化物：

$$Na_2C_2 + 2H_2O \xlongequal{} C_2H_2\uparrow + 2NaOH$$

但在 Be_2C 和 Al_4C_3 中，由于晶体中含有 C^{4-} 离子，水解时产生甲烷，因此称为形成甲烷的碳化物：

$$Be_2C + 4H_2O \xlongequal{} CH_4\uparrow + 2Be(OH)_2$$

2．间充型碳化物

这类碳化物又称为金属型碳化物，周期表中第 ⅣB、ⅤB、ⅥB 族元素一般易于形成。其结构特点是体积较小的原子（C）嵌入金属晶格之中，因而形成非整比化合物。这类碳化物具有硬度大、熔点高的特点，而且有光泽，能导电，广泛用于加工工业及火箭工业。

3．共价型碳化物

碳氢化合物、硼、硅的碳化物都属于这一类。前者为分子型晶体，后者为共价网状的大分子，是原子晶体。例如碳化硼（B_4C_3），它由三氧化二硼与焦炭共热到 2 300 K 时制得：

$$2B_2O_3 + 9C \xlongequal{\Delta} B_4C_3 + 6CO\uparrow$$

由于晶体中是以共价键结合，因此它具有高硬度（仅次于金刚石）、高熔点（2 623 K）的性质，可以用于刀具及研磨材料。

碳化硅制备方法类似于碳化硼：

$$SiO_2 + 3C \xlongequal{\Delta} SiC + 2CO\uparrow$$

由于性质上 SiC 硬度高，熔点也高（3 000 K），同样有广泛应用。

同样地，在石墨的层状结构中加入其它碱金属原子，形成层状化合物可以得到石墨化合物，如 KC_8、RbC_8等。由于结构上的特点，石墨化合物的导电性大大加强，电子可以从一层移向另一层。石墨化合物粉的导电能力接近于铜粉。

第三节　硅酸盐的结构特点

二氧化硅（SiO_2）又称硅石。从形式上来看，SiO_2是 CO_2的等电子体，但它们具有完全不同的结构，这说明 SiO_2不是分子式。实际上 SiO_2是以 Si－O 四面体组成的巨型分子。在晶体中，每个 Si－O 四面体单元以共用顶角氧原子结合。因此从整体上看，Si：O＝1：2，因此，SiO_2只是最简表示式。SiO_4四面体及 SiO_2的结构见图 4－6。

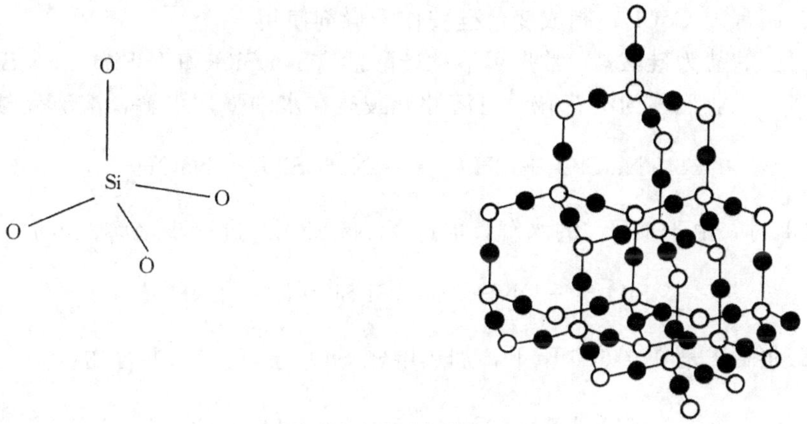

图 4－6　SiO_4四面体与 SiO_2的结构

二氧化硅化学性质不活泼，高温下被 Mg 或 Al 还原：

$$SiO_2 + 2Mg \xlongequal{高温} 2MgO + Si$$

除 F_2和 HF 外，SiO_2不与其它卤素或酸反应：

$$SiO_2 + 4HF(g) \xlongequal{} SiF_4\uparrow + 2H_2O$$

$$SiO_2 + 6HF(aq) \xlongequal{} H_2SiF_6 + 2H_2O$$

SiO_2和碱反应得到硅酸盐：

$$SiO_2 + 2OH^- \xlongequal{} SiO_3^{2-} + H_2O$$

$$SiO_2 + Na_2CO_3 \xlongequal{熔融} Na_2SiO_3 + CO_2\uparrow$$

SiO_2还可以与某些含氧酸盐反应：

$$Na_2SO_4 + SiO_2 \xlongequal{\triangle} Na_2SiO_3 + SO_3\uparrow$$

$$2KNO_3 + SiO_2 \xlongequal{\triangle} K_2SiO_3 + NO_2 + NO + O_2$$

与碱性氧化物反应生成硅酸盐：

$$NiO + SiO_2 \xlongequal{600\sim900℃} NiSiO_3$$

硅酸（Silicic acid）由可溶性硅酸盐与酸反应制得：

$$SiO_4^{4-} + 4H^+ \longrightarrow H_4SiO_4 \downarrow$$

因此，H_4SiO_4叫正硅酸，它是原酸，经脱水可得偏硅酸和多硅酸 $x SiO_2 \cdot y H_2O$：偏硅酸 H_2SiO_3 （$x=1$，$y=1$）、正硅酸 H_4SiO_4（$x=1$，$y=2$）、二偏硅酸 $H_2Si_2O_5$（$x=2$，$y=1$）、焦硅酸 $H_6Si_2O_7$（$x=2$，$y=3$）等，通常以 H_2SiO_3和 $MSiO_3$表示硅酸及硅酸盐。

硅酸 H_2SiO_3是二元弱酸，$K_1=4.2\times10^{-10}$，$K_2=10^{-12}$。硅酸在水中溶解度不大，但在 Na_2SiO_3溶液中加入 H^+时，生成硅酸凝胶。凝胶经水充分洗涤，除去可溶性电解质，干燥脱水后制得硅胶。由于硅胶的多孔性，比表面大，可作良好的干燥剂、吸附剂或催化剂的载体。通常加 $CoCl_2$，制成变色硅胶作干燥剂使用。

硅酸相应的盐为硅酸盐。常见可溶性硅酸盐有 Na_2SiO_3和 K_2SiO_3。Na_2SiO_3的水溶液俗称水玻璃，工业上称为泡花碱。可溶性硅酸盐在水中强烈水解，溶液呈碱性：

$$Na_2SiO_3 + 2H_2O \longrightarrow NaH_3SiO_4 + NaOH$$

加入 NH_4Cl 时，由于 NH_4^+的水解，促进了 Na_2SiO_3的进一步水解，生成 H_2SiO_3凝胶：

$$SiO_3^{2-} + 2NH_4^+ \longrightarrow H_2SiO_3 \downarrow + 2NH_3 \uparrow$$

水玻璃的工业制法是在 1 600 K 下，加热熔融 SiO_2与 Na_2CO_3混合物：

$$SiO_2 + Na_2CO_3 \xrightarrow{1\,600\ K} Na_2SiO_3 + CO_2 \uparrow$$

天然硅酸盐都是不溶性硅酸盐，它们大多都是由硅氧四面体以顶角氧相连而成的，构成环状、链状、层状和骨架状结构的矿石，见表 4－11。

硅酸盐在链链之间、片层之间则以离子键静电力相结合，由于作用力较弱，因此石棉，云母可以一条条、一片片地撕开。

由于 Al 也能形成 AlO_4四面体，因此 AlO_4也可取代硅氧四面体形成天然的铝硅酸盐。例如天然沸石 $NaCa_{0.5}[(AlO_2)_2(SiO_2)_5]\cdot 10H_2O$ 是其中一种，由于具有孔穴结构，经加工后可制成干燥剂、吸附剂或催化剂载体。

人工合成的铝硅酸盐称为分子筛，其中 A 型分子筛的结构如图 4－7，它具有很大的比表面，约为 500～1 000 m^2/g，孔径均匀，有较强的机械强度及对热的稳定性，常用于干燥剂、催化剂。不同孔径的分子筛常被用来分离各种气体。

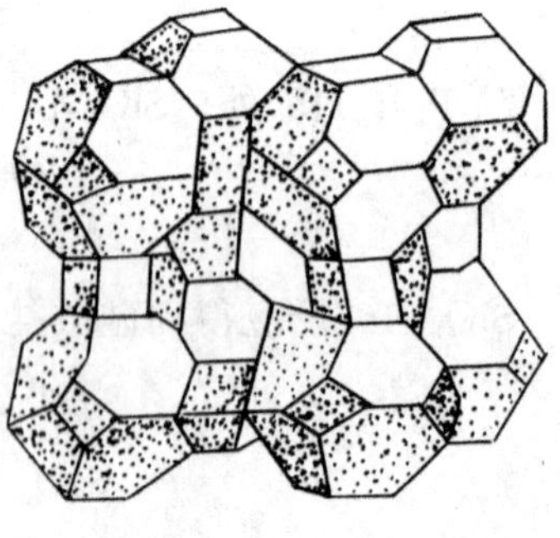

图 4－7　A 型分子筛结构

表 4－11　天然硅酸盐

Si－O 基团	矿　　石	结　　构
SiO_4^{4-}	镁橄榄石 $(Mg,Fe)_2SiO_4$ 锆石 $ZrSiO_4$	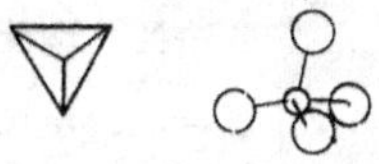
$Si_2O_7^{6-}$	硅铅矿 $Pb_3Si_2O_7$ 异极矿 $Zn_4(Si_2O_7)(OH)_2 \cdot 2H_2O$	
$Si_3O_9^{6-}$（环状）	硅灰石 $Ca_3(Si_3O_9)$	
$[Si_4O_{12}]^{8-}$（环状）	星叶石 $Na_2FeTi(Si_4O_{12})$	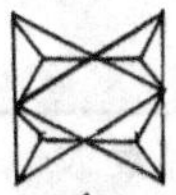
$Si_6O_{18}^{12-}$（环状）	绿宝石 $Be_3Al_3(Si_6O_{18})$	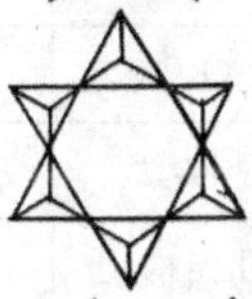
$(SiO_3)_n^{2n-}$（单链状）	石棉 $CaMg_3(SiO_3)_4$	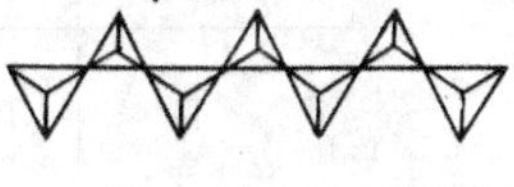
$(Si_4O_{11})_n^{6n-}$（双链状）	透辉石 $CaMg(SiO_3)_2$ 透闪石 $Ca_2Mg_5(Si_4O_{11})_2(OH)_2$	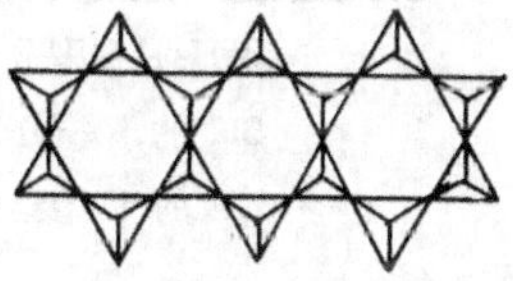
$(Si_2O_5)_n^{2n-}$（层状）	白云母 $KAl_2(AlSi_3O_{10})(OH)_2$ 滑石 $Mg_3[Si_4O_{10}](OH)_2$ 正长石 $K[AlSi_3O_8]$ 钙长石 $Ca[Al_2Si_2O_8]$ 钠沸石 $Na_2[Al_2Si_3O_{10}(H_2O)_2]$	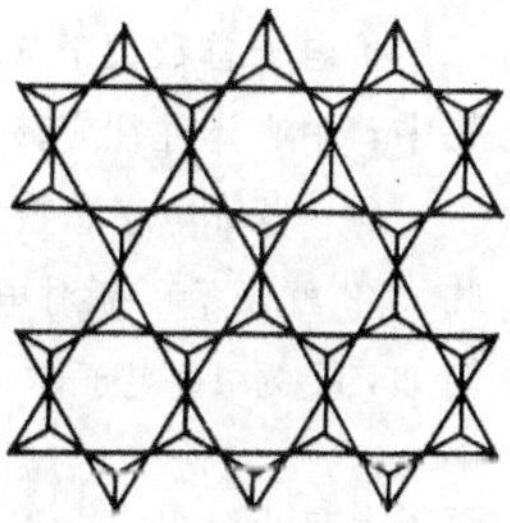
SiO_2（骨架状）	石英	

第四节　等电子原理及无机化合物中常见化合物的空间构型

1919 年，Langmuir 提出两对分子 CO 和 N_2，CO_2和 N_2O，分别具有相同的电子数目、相同的结构、相近的物理性质的现象，他称之为等电子原理。后来，人们发现许多价电子数相等的等电子体，它们具有相似的结构，但在性质上未必都相似。因此，利用等电子原理去预测无机化学中常见化合物的空间构型，从而进一步地讨论结构与性质的关系是十分有意义的。关于“等电子体”的概念，目前有“总电子数相等”及“价层电子数相等”两种不同的观点。以下介绍利用“价层电子数相同的化合物可能具有相似的结构”的原则判别分子空间构型的方法。该原理的基础是八电子隅体（氢化物则以二电子体为基础）其要点包括：

(1) 在无机化合物中，原子与原子团“价电子数”的相互取代关系是：

—X（卤素）、—OH、$-NH_2$、$-CH_3$，属 7 电子原子及原子团；

=O、=NH、$=CH_2$，属 6 电子原子及原子团；

≡N、≡CH，属 5 电子的原子及原子团；

$=\overset{+}{N}=$、=C=，属 4 电子的原子。

(2) 某化合物的电子构型取决于构成该化合物的原子或原子团所提供的“价电子”的总和。

(3) 价电子数总和小于 8 的化合物（氢化物），其价电子总数 N 与分子构型关系由 N×（1/2）（二电子规则）所决定（表 4－12）。

表 4－12　氢化物的电子构型及分子几何构型

价电子总数 N	4	6	8			
$N\times(1/2)$	2	3	4	4	4	4
电子构型	线型	正三角型	正四面体	正四面体	正四面体	正四面体
分子几何构型	线型	正三角型	正四面体	三角锥	V 型	V 型
实　例	(BeH_2)*	(BH_3)** GaH_3	CH_4、SiH_4	NH_3	H_2O	HF***

*　BeH_2是盐型分子

**　BH_3的 $t_{1/2}=10^{-4}s$ 只存在于反应过程中

***　HF 的 V 型结构是指聚合体 $(HF)_n$（∠FHF＝130°）

价电子总数大于 8，且可被 8 整除的分子，其空间构型则由 $N/8$ 数值决定，见表 4－13。在化合物中，中心体往往应该是电负性比较小的、半径较大的原子作中心原子。

(4) 当价电子总数大于 8 而又不能被 8 整除时，以被 8 除后的余数 P 为中心原子的孤电子数，因此 $P/2$ 就表示了孤对电子数目。分子的电子对的几何分布就由 8 的整数部分与余数 $P/2$ 之和所决定。例如，N_2为 10 电子体，10 被 8 除，其整数部分是 1，余数为 2，合一对电子，因此在 N_2分子中每个氮原子上有一对孤对电子，其分子几何结构是 :N—N:，即 :N≡N:；对于 CO，以电负性较小原子为中心原子，价电子总数为 10，10×1/8＝1 余 2，即碳原子上应有一孤对电子，因此分子结构是 :C—O:，即 C≡O。表 4－14 列举了某些化合物的几何构型。

(5) 利用等电子原理预测分子的几何构型时，最好结合分子的 Lewis 式讨论，才能得出正确的结构式。如 H_3PO_3的结构式确定中，由于 H_3PO_3的 Lewis 式是 $HPO(OH)_2$。因此是四面体结构，而不是三角锥结构，其结构式为 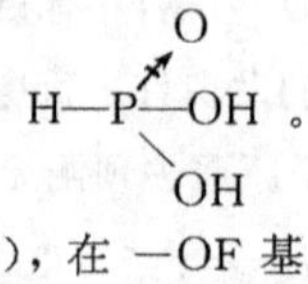。再例如，化合物 SOF_6 价电子总数是 54 电子，但是根据 Lewis 式，SOF_6 应写为 $SF_5(OF)$，在 —OF 基团中，与硫原子相连的氧原子实际上相当于一个七电子体，因此 $SF_5(OF)$ 的价电子总数应计作 48，因此应具有八面体结构，其结构式为：

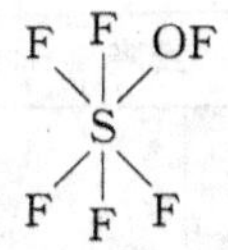

表 4－13　某些化合物的几何构型（Ⅰ）

价电子总数 N	$N/8$	电子对几何分布	分子的几何构型	实　　例
16	2	线型	线型	CO_2, NO_2^+, CS_2, C_3H_4, H_2CCO(烯酮), CNO^-(雷酸根), N_3^-, $BeCl_2$(g), NCX(卤化氰), N_2O, SCN^-, CN_2^{2-}, OCN^-
24	3	三角形	三角形	NO_3^-, NO_2OH, NO_2F, $COCl_2$, CH_3COO^-, BO_3^{3-}, BF_3, GaX_3, CO_3^{2-}, CS_3^{2-}, SO_3(g), $(CH_3)_2C=O$, COX_2, $CNH(CH_3)_2$, $CNH(NH_2)_2$, $CS(NH_2)_2$, $(NH_2)_2CO$, CH_3NO_2, NH_2NO_2, XNO_2, $In(CH_3)_3$
32	4	四面体	四面体	CX_4, SiX_4, PO_4^{3-}, $POCl_3$, PCl_4^+, $PSCl_3$, SO_4^{2-}, ClO_4^-, SiO_4^{4-}, OPF_3, OPX_3, SPX_3, $OP(NH_2)_3$, $O_2PF_2^-$, O_3PF^{2-}, $HOSO_2Cl$, O_2SF_2, O_2SCl_2, $HOSO_2NH_2$, $O_2S(NH_2)_2$, ClO_3F, $ClO_2F_2^+$, $[POS(NH_2)_2]^-$, $HPO_2(NH_2)_2$, GeI_4, GeO_4^{4-}, $AsO(OH)_3$, SnX_4, IO_4^-, XeO_4
40	5	三角双锥体	三角双锥体	PF_5, SOF_4, AsF_5, $SbCl_5$, XeO_3F_2
48	6	八面体	八面体	PF_6^-, SiF_6^{2-}, AlF_6^{3-}, $Al(OH)_6^{3-}$, GaF_6^{3-}, $Ga(OH)_6^{3-}$, GeF_6^{2-}, $GeCl_6^{2-}$, $Ge(OH)_6^{2-}$, H_5IO_6, H_6TeO_6, AsF_6^-, SeF_6, SnX_6^{2-}, SbX_6^-, $Sb(OH)_6^-$, TeF_6, $Te(OH)_6$, $XeO_2(OH)_4$, $HSb(OH)_6$, $H_2Sn(OH)_6$, $[XeO_6]^{4-}$
56	7	五角双锥	五角双锥	IF_7

表 4－14　某些化合物的几何构型（Ⅱ）

价电子总数 N	$\frac{N}{8}$	余数(P) $P/2$	中心原子电子对的几何分布	分子的的几何构型	实　　例
17	2	0.5	三角形	V 型	NO_2
18	2	1	三角形	V 型	NO_2^-, SO_2, O_3, NOX, $ONNH_2$, $ONCH_3$
19	2	1.5	四面体	V 型	
20	2	2	四面体	V 型	Cl_2O, SF_2, $(CH_3)_2O$
22	2	3	三角双锥	线型	Br_3^-, XeF_2

续表 4－14

价电子总数 N	$\frac{N}{8}$	余数(P) $P/2$	中心原子电子对的几何分布	分子的的几何构型	实　　例
26	3	1	四面体	三角锥	PX_3，SO_3^{2-}，ClO_3^-，SOF_2，OSX_2，AsX_3（X：F、Cl、Br），SeO_3^{2-}，BrO_3^-，$Sn(OH)_3^-$，SbX_3，TeO_3^{2-}，IO_3^-，XeO_3，NF_3，$HPO(OH)_2$
28	3	2	三角双锥	T 型	ClF_3，BrF_3，$XeOF_2$
34	4	1	三角双锥	变形四面体	SF_4，SeF_4，IF_4^+，XeO_2F_2，$TeCl_4$
36	4	2	八面体	平面正方形	ClF_4^-，ICl_4^-，XeF_4
42	5	1	八面体	四角锥	ClF_5，BrF_5，IF_5，$SbCl_5^{2-}$，$XeOF_4$，$[XeF_5]^+$
50	6	1	五角双锥	畸变八面体	XeF_6*

*　SbX_6^{3-}（X：Cl、Br）、TeX_6^{2-}，虽然也是 XeF_6的等电子体，但由于 $6s^2$ 惰性电子对效应，6s 上孤对电子处于较低能量状态，不会使八面体发生畸变，仍为八面体构型

（6）对于多聚体的可能结构，通常只能根据单体的结构来推测。一般来说，根据几何学原理：①单体被判别为平面三角形结构时，如 PO_2Cl、$PNCl_2$，其聚合形式只有环状三聚或链状多聚两种形式，环状三聚体是通过公用两个顶角聚合，如 $[PO_2Cl]_3$、$[PNCl_2]_3$；而链状多聚体是通过公用一个顶角聚合的，如 $(PO_3)_n^{n-}$、$(PO_2Cl)_n$及 $[PNCl_2]_n$ 等。当它们三聚或多聚时，中心原子杂化态由 sp^2转变为 sp^3，因此，$[PO_2Cl]_3$、$[PNCl_2]_3$、$(PO_3)_n^{n-}$、$[PO_2Cl]_n$及 $[PNCl_2]_n$中 P 都是 sp^3 杂化。②单体被判别为四面体构型时，如 $[AlF_4^-]_n$中 AlF_4^-多聚体只能通过共用顶点，有以下两种形式，即链状和平面状结构（见下图）。相应的四面体 sp^3 杂化态将分别转化为 sp^3d 及 sp^3d^2杂化态，共棱或共面的形式由于中心原

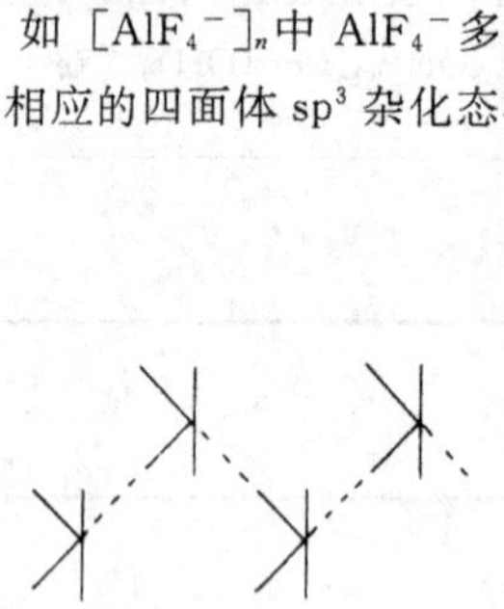

（链状）

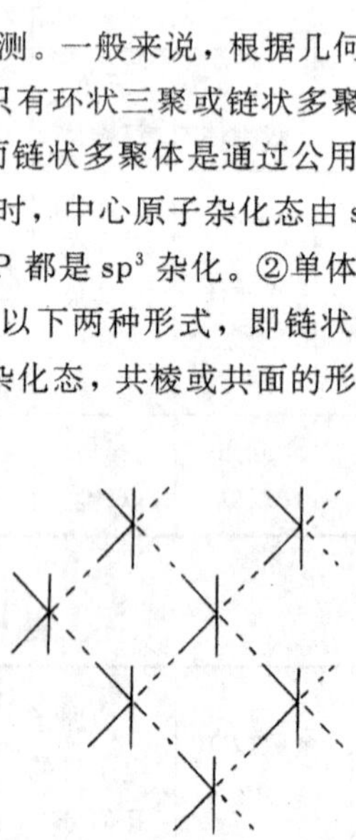

（平面状）

子间的斥力太大关系，而不会采用。③单体是三角双锥构型时，应该有共点（多聚）、共棱（双聚）如 $[AlF_5^{2-}]_n$，它可能有以下形式（见下图）。同样，中心原子杂化态由 sp^3d 转化为 sp^3d^2。④ 八面体单体的多聚形式有共点、共棱、共面的形式。

根据这一原则，一些无机化学中常见多聚体的结构见表 4－15。

（7）一些过氧化物的结构，如 $S_2O_6F_2$、$S_2O_8^{2-}$，由于过氧链 —O—O— 的存在，每一个氧原子应

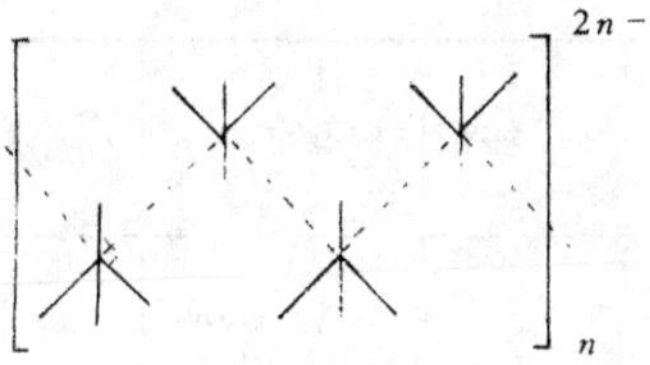

（共点）

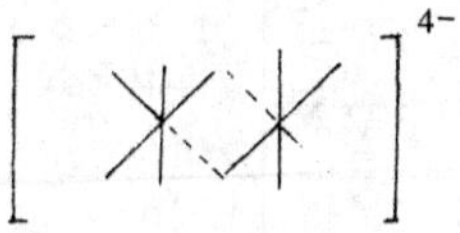

（共棱）

属于 7 电子基团，因此 $S_2O_6F_2$ 可写作 $(S_2O_4F_2)O_2 \longrightarrow (SO_2F)_2O_2$，$SO_2F$ 单体价电子总数为 25，外加过氧基团的 7 个电子，总数为 32，具有四面体结构，因此 $S_2O_6F_2$ 结构为：

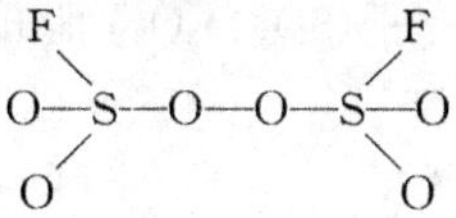

表 4－15　一些多聚体的结构

化合物	价电子总数 N	单体形式	单体价电子数	单体构型	多聚体构型	其它实例
B_2F_4	34	$(BF_2)_2$	17	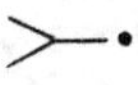	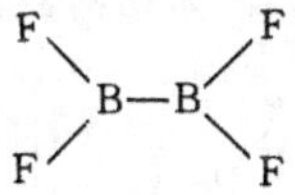	$C_2O_4^{2-}$，N_2O_4
P_2X_4	38	$(PX_2)_2$	19		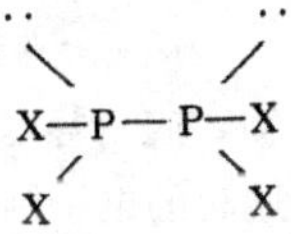	
$P_2O_3Cl_4$*	56	$(POCl_2)_2O$	25	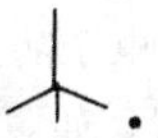	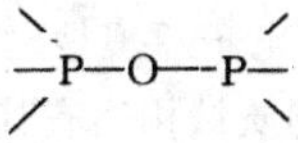	Si_2OCl_6，$P_2O_7^{4-}$ $Si_2O_7^{6-}$，$S_2O_5F_2$
I_2O_5*	44	$(IO_2)_2O$	19	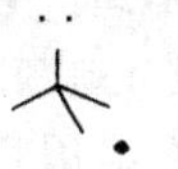	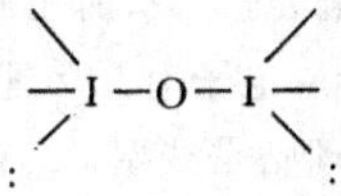	
$[I_2O_9]^{4-}$*	72	$[IO_4^{2-}]_2O$	33	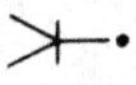	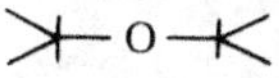	
$(PO_3)_3^{3-}$	72	PO_3^-	24	(sp^2)	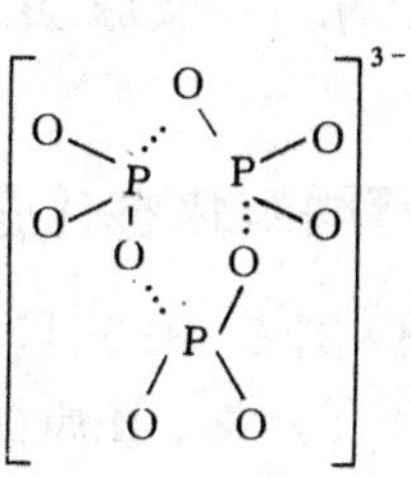	$P_3O_6Cl_3$ $P_3N_3Cl_6$

* 另一种计算方法见第 8 点。这里的计算认为顶角氧不提供电子。

续表 4－15

化合物	价电子总数 N	单体形式	单体价电子数	单体构型	多聚体构型	其它实例
$(PO_3)_n^{3n-}$	24×n	PO_3^-	24		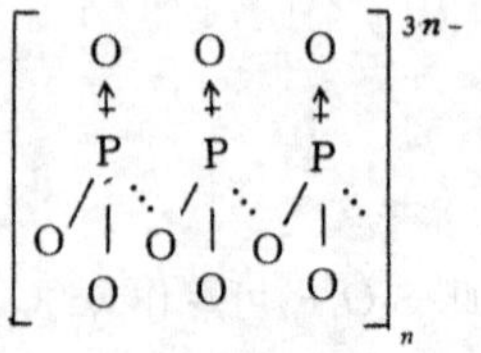	$[PO_2Cl]_n$，$[PNCl_2]_n$

同样，$S_2O_8^{2-}$结构可通过 $[(S_2O_6)O_2]^{2-} \longrightarrow [(SO_3^-)_2O_2]$ 推出，SO_3^-单体电子数为 25e，加上过氧基 7e，共 32e，结构为：

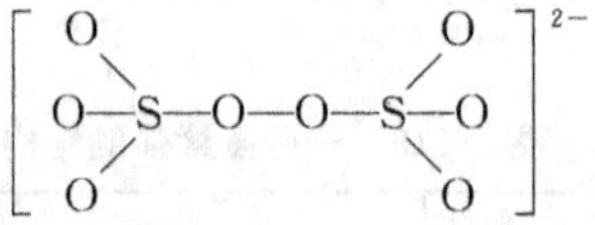

（8）对于某些含有奇数原子的多聚体，如 I_2O_5、$P_2O_3Cl_4$，氧原子是奇数，应作氧桥存在，因此，这个氧桥原子应作七电子体计算。这时，$P_2O_3Cl_4$的单体可写作 $[POCl_2]$ －O－，价层电子总数为 5＋6＋14＋7＝32，为 sp^3杂化，四面体结构，表示为：

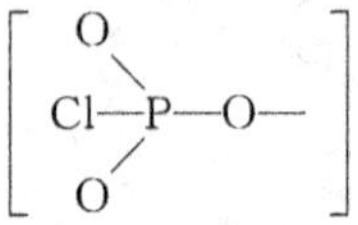

分子构型为

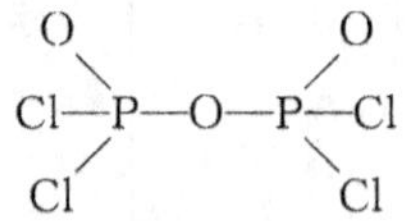

（9）对于过渡金属化合物，应用等电子原理推测构型时，只适用于中心离子已是 d^0、d^5、或 d^{10}状态的过渡金属化合物。因为这时的电子结构是球对称的，不会在配体作用下产生几何畸变，如 MnO_4^- 价电子数为 7＋24＋1＝32，四面体结构；CrO_4^{2-}同理也为四面体结构。

需要指出的是，由于等电子原理是建立在八电子隅基础上的，因此，预测构型时应以 Lewis 式为基础。同时，由于影响固体物质结构还有其他因素，如阴阳离子半径比因素，ns^2惰性电子对效应引起的效应及内层 d 轨道的影响因素，有时用等电子原理预测的结构与事实会有出入，但总体来说，还是比较符合实际的。一些用价层电子对互斥理论不能正确预测构型的分子，如 N_2O，根据 VSEPR 会被预测为 V 型，而用等电子原理则是线型，结构似 CO_2。因此，等电子原理在预测无机分子构型上有一定的实用价值。

第五节　碳族元素的热力学性质及其应用

一、碳族元素不同氧化态化合物在水溶液中的氧化还原性

由 $\Delta G^{\ominus}/F-Z$ 图（图 4－3）可以看到本族元素不同价态化合物的氧化还原性质，主要有：硅烷、锗烷的不稳定性、还原性；一氧化碳的还原性；草酸的还原性；Sn（Ⅱ）的还原性；Pb（Ⅳ）的强氧化性。

二、碳的还原性（Ellingham 图）

碳及其一氧化物的还原性在常温下都十分不显著。但在冶金工业中，常用 C 或 CO

作还原剂使金属还原。以下从热力学原理讨论生成氧化物的反应自由能—温度关系图作进一步的讨论。

碳与氧的反应涉及以下三个：

① $C(s) + O_2(g) = CO_2(g)$ $\Delta_r H_m^\ominus = -393.5\ kJ \cdot mol^{-1}$

② $2C(s) + O_2(g) = 2CO(g)$ $\Delta_r H_m^\ominus = -221.0\ kJ \cdot mol^{-1}$

③ $2CO(g) + O_2(g) = 2CO_2(g)$ $\Delta_r H_m^\ominus = -566\ kJ \cdot mol^{-1}$

根据反应式判断：反应①$\Delta_r S_m^\ominus = 0$，反应②$\Delta_r S_m^\ominus > 0$，反应③$\Delta_r S_m^\ominus < 0$。根据热力学原理中的吉布斯—赫姆霍兹方程，其反应自由能变$\Delta_r G_m^\ominus$对T的关系应是三条斜率不同的直线（图4—8）。由图可见，由于高温下生成CO_2的热力学倾向较生成CO倾向小，因此，在高温下用C作还原剂时，C的氧化产物常常是CO。显而易见，在$\Delta G^\ominus - T$图中，由于$\Delta_r H_m^\ominus$、$\Delta_r S_m^\ominus$在不发生相变的一定温度范围内，可被看作为定值，因此$\Delta G^\ominus - T$图应是一条直线，截距为$\Delta_r H_m^\ominus$ (T)，斜率为反应的$-\Delta_r S_m^\ominus$。

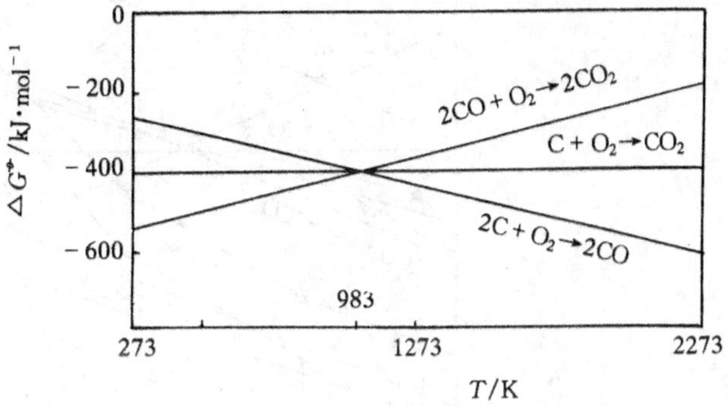

图4—8 C、CO的$\Delta G^\ominus - T$图

同理，以某氧化物生成反应的$\Delta G^\ominus$对T作图，在不存在相变前提下，在一定的温度范围内同样也是一条直线，而在相变点上应为直线的折点。根据这一原理，我们以元素M消耗1 mol氧气反应生成M的氧化物的反应的$\Delta G^\ominus - T$图绘制成埃灵罕姆（Ellingham）图。该图（图4—9）在冶金学上具有重要的意义，我们可以从该图一目了然地看出，哪些金属氧化物在什么温度下可被还原的热力学倾向。

由图4—8可见，随着反应温度的增高，碳被氧化为CO的倾向明显地增强。

Ellingham图表明了不同温度下某氧化物的热力学稳定性，显然位于图下方的金属氧化物热力学稳定性大于位于图上方的金属氧化物的热力学稳定性，因此位于图下方的金属可以置换位于图上方的金属。例如：

$$TiO_2 + 2Mg = Ti + 2MgO \qquad \Delta_r G_m^\ominus < 0$$

理论上，由于形成金属氧化物MO的$\Delta G^\ominus - T$图斜率总是正的，因此，在某一温度以上时必然与反应$2C + O_2 = 2CO$所表示的线段相交，因此C可以作为还原剂将一切金属还原出来，所以实际冶金生产中常用碳作还原剂。例如，在高温下C能把ZnO、CdO、MgO分别还原为相应的气态金属。因此实际上从闪锌矿（ZnS）提取金属Zn的反应为：

$$2ZnS(s) + 3O_2(g) = 2ZnO(s) + 2SO_2(g)$$

$$ZnO(s) + C(s) = Zn(g) + CO(g) \qquad \Delta_r H_m^\ominus = 368\ kJ/mol$$

还原反应之所以可以进行，显然是熵推动的结果。实际生产中反应温度不能无限地高，因此，用碳还原金属的反应并不一定都是可行的。另外，由于反应过程是以$\Delta_r G_T^\ominus$为判据，

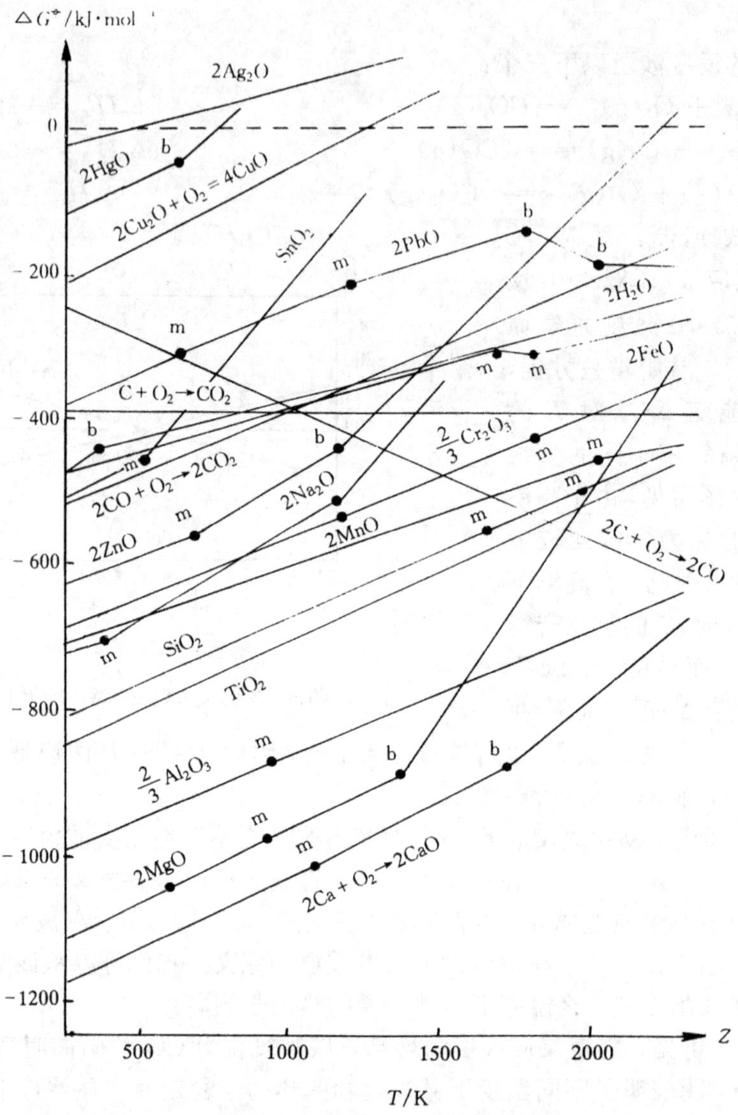

图 4－9　氧化物的 Ellingham 图

而实际生产中又不可能在热力学标准态下进行，因此实际反应温度应比理论温度稍低。

关于氧化物 Ellingham 图的应用总结为以下几点：

① 位于下方的金属可以还原上方另一金属氧化物，因此除 C 外，Si、Al、Mg、Ca 都是常用还原剂。

② 指示了标准态下某元素氧化物的稳定性，或对氧的亲和力的差异。

③ 碳是万能还原剂，实际上，在用 C 还原某些氧化物如 TiO_2、Al_2O_3、MgO 时，由于温度太高而不实际。此外，由于高温下碳化物的形成而限制了碳作还原剂的应用。

根据同一原理，我们还可以作出有关硫化物、氯化物、氟化物的 $\Delta G^{\circ}-T$ 图，研究它们之间的氧化还原反应及热力学性质，见图 4－10。

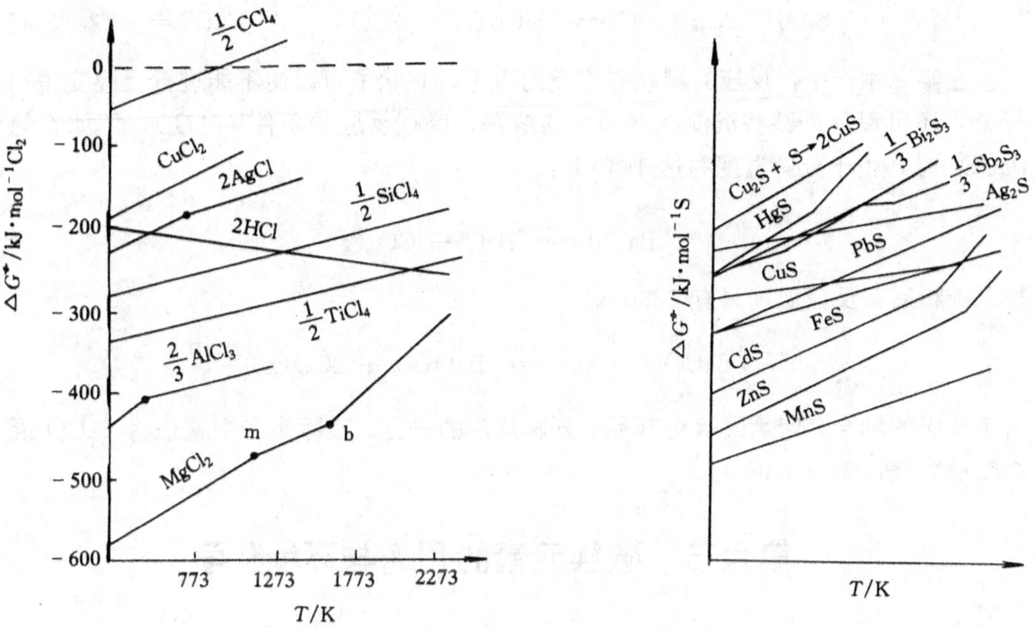

图 4－10　氯化物和硫化物的 Ellingham 图

三、反应的耦联（Coupling）

我们在热力学一章中提过，当一个反应的 $\Delta_r G_m^{\ominus}(T) > 0$ 时，该反应在热力学标准态下是不能自发进行的。为了使该反应可以进行，可以考虑使另一个可以与该反应产物作用、释放大量吉布斯自由能的反应使之耦合而达到。例如从 TiO_2 制备 $TiCl_4$ 时，若单纯用氯化手段，即：

$$TiO_2 + 2Cl_2 \xlongequal{} TiCl_4 + O_2 \qquad \Delta_r G_m^{\ominus} = 153\ kJ/mol$$

反应在标准态下不能进行；但考虑到 C 和 O_2 的亲和力：

$$C(s) + O_2(g) \xlongequal{} CO_2 \qquad \Delta_r G_m^{\ominus} = -394.4\ kJ/mol$$

使两个反应耦联：

$$TiO_2(s) + 2Cl_2(g) + C(s) \xlongequal{} TiCl_4(l) + CO_2(g) \qquad \Delta_r G_m^{\ominus} = = -241.4\ kJ/mol$$

反应进行的热力学倾向大大地增加了。

在化学反应中，我们将两个或两个以上的体系通过某种相互作用彼此联系起来的现象称为耦合；把一个不能进行的反应和另一个易于进行的反应耦联，使之构成一个自发反应的过程称为反应的耦合或耦联。我们还可以举出一些例子，例如从 SiO_2 氯化生成 $SiCl_4$：

$$SiO_2 + 2Cl_2 \xlongequal{} SiCl_4(l) \qquad \Delta_r G_m^{\ominus} = 232.21\ kJ/mol$$

耦联：

$$SiO_2 + 2Cl_4 + 2C \xlongequal{} SiCl_4(l) + 2CO \qquad \Delta_r G_m^{\ominus} = -42.33\ kJ/mol$$

在实际生产中，反应的耦联有广泛的应用，它除了可以使不能进行反应变得可以进行外，还可以促进某些沉淀在溶剂中的溶解，降低反应的条件（温度）。例如在热分解 $BaCO_3$ 时，由于分解温度高达 1640 K：

$$BaCO_3 \xlongequal{\Delta} BaO + CO_2(g)$$

加入碳粉后，反应温度只有 1300 K：

$$BaCO_3 + C(s) \xlongequal{} BaO(s) + 2CO(g)$$

由于反应的耦合，使熵因素更有利于分解反应的进行。实际生产中就是将 $BaCO_3$混合碎炭然后煅烧以制取 BaO。

第六节　碳族元素的用途与环境化学

碳是构成有机体的主要元素，是生命的基础。一切动植物体中的有机质都离不开碳，人类的生存也离不开碳及碳的化合物。

金刚石是一种无色透明、折光性很强的晶体，其熔点是所有单质中最高的（达 3 570℃），硬度也是单质中最大的。因此，金刚石在工业上常用于钻探矿层和用来加工很硬的金属、刻划玻璃、石油勘探等。用镶有金刚石的圆锯可以很快锯断坚硬的矿石如玛瑙、石英矿等。用金刚石做成的刀具更是锋利无比。品质优良的金刚石可以用来做装饰品，同时也是尖端科技上不可缺少的重要材料。石墨是灰黑色不透明的物质，很软，是热和电的良导体。在工业上石墨常用作电极，并用于干电池工业中。将石墨和粘土混合还可以制成熔炼各种金属的坩埚和制铅笔芯，石墨和油混和后制成性能优良的润滑剂。高纯度的石墨在原子工业中用作减速制、火箭的喷嘴及宇宙飞船、导弹的某些部件等等。无定形碳属于石墨类，它有多种形式，有重要用途的有炭黑、焦炭、骨炭和木炭。炭黑是纯净的无定形碳，它可以作墨汁、油墨等，在橡胶工业中作填料以增加其耐磨性。焦炭是干馏煤的产物，主要用于冶金工业中，广泛用于还原剂。木炭则是在隔绝空气情况下加热分解木材制成，通常用作燃料、冶金工业还原剂及火药工业中；木炭还可以加工成活性炭，活性炭由于有大的比表面而广泛用于吸附剂和在制糖工业、酒精工业及许多化工过程中的脱色剂等。骨炭是在隔绝空气条件下，加热脱脂骨头制得，广泛地应用于吸附剂、脱色剂等。

人工制得的碳纤维也是无定形碳的一种。将有机纤维如聚丙烯腈（腈纶）粘胶纤维为原料，在 500 K 左右的空气中进行预氧化，再在稀有气体气氛保护下，在 1 200～1 300 K 的高温下完成碳化，最后加热到 1 800～3 300 K 而制得黑色的，纤细而柔软的碳纤维。碳纤维在结构上是由金刚石和石墨碎片无秩序地连结而成的无定形碳。因此碳纤维的强度、拉力、模量等性能都比工业用聚酰胺纤维、玻璃钢纤维的性能高得多。用碳纤维制成的增强塑料具有质强而轻、耐高温、防辐射、耐水、耐腐蚀的优点。是当前用于飞机、汽车制造业中的轻质结构材料。碳纤维复合材料还用于制造工业弹簧和体育器材。在医学上它已被尝试地用作韧带或腱植入人体内，不仅可作为代用器官，还能被组织吸收甚至促进新组织生长。

一氧化碳是冶金工业中的重要还原剂，也是人造石油的原料和重要的化工原料：

$$CO + 2H_2 \xlongequal[623\sim 673K]{Cr_2O_3 \cdot ZnO} CH_3OH$$

$$CO + 3H_2 \xlongequal[523\ K、101\ kPa]{Fe、CO 或 Ni} CH_4 + H_2O$$

$$CO + Cl_2 \xlongequal{活性 C} COCl_2$$

$$M + nCO \xlongequal{} M(CO)_n$$

$COCl_2$又名光气，是有机合成反应中的重要中间体。一氧化碳对人和动物有剧毒，由于性质上是无色无臭的气体，易使人不知不觉地中毒。由于 CO 与人体血液中的血红蛋白 Hb (Hemoglobin)（担负着人体血液携氧功能的成分）形成十分稳定的配合物 COHb（其稳定性比 O_2Hb 稳定性大 230～270 倍)，而使 Hb 失去输氧功能。当空气中 CO 达 0.1% 时就会使人中毒，长期吸入会导致贫血病，空气中 CO 含量过大即导致死亡。

煤气热水器、汽车等由于用含碳的化合物作燃料，废气中含有一定的 CO，为减少 CO 的污染，在汽车排气前使用催化剂使 CO 和 O_2结合生成 CO_2，近年来，我国在稀土催化剂研制上取得较好的效果。

二氧化碳和人体生命过程关系十分密切，植物中的叶绿素吸收光能，使空气中 CO_2 与水发生化学反应（光合作用）产生糖和氧气：

$$6CO_2 + 6H_2O \xrightarrow[叶绿素]{光能} C_6H_{12}O_6 + 6O_2\uparrow$$

大量的二氧化碳用于纯碱工业及制糖工业中。由于性质上不助燃，CO_2还用于制造干冰灭火器，用于扑灭一般火焰。CO_2还大量地用于制化肥、制取 Al_2O_3，并用于饮料工业中。

由于二氧化碳参与自然界循环，大气中 CO_2含量平均约为 0.03%，但全球工业化的结果引致大量的 CO_2排入大气，据统计，每年总量已达 200 亿 t 以上。美国物理学家普拉斯指出，自 1900 年以来，地球上大气中 CO_2已增加了大约 10%，预计到 2000 年地球上 CO_2将再增加 10%。CO_2能吸收地面的长波辐射，对地球起着保温作用，CO_2 的增加可引起全球气温升高，从而引致温室效应。因此，如果大气中 CO_2浓度增大 1 倍，即由 0.03%→0.06%，就足以使地球温度上升 3℃，从而使大陆冰川全部熔化。按目前 CO_2 上升速度，100 年内地球温度将平均上升 1.1℃。事实上，20 世纪上半叶中，地球平均温度确以此速度上升，这样下去，200 年内大陆冰川将全部消失。据报，喜马拉雅山一带冰川自 1935 年以来已后退了 210 m，地球上一些温带植物正向北移，海平面年年升高…… 这些都是所谓的温室效应。另外，大气中 CO_2增加，溶入海水的量也增大，破坏了海水中 CO_3^{2-} 与 HCO_3^- 的平衡，使 $CaCO_3$在海水中含量下降，对海洋生物的繁殖与生存都产生潜在的威胁。对于二氧化碳产生的温室效应，学术界存在不同看法，有学者认为，CO_2浓度的增加会促进植物的光合作用，地球会变得更绿。但是无论如何，CO_2 对环境产生的影响正在引起环境学家及化学家的关注。

碳的其它大量化合物有极其广泛的应用。例 CS_2，它是油脂、蜡、树脂、橡胶以及硫、磷、碘的极好溶剂，可用于回收油类，也可以作杀虫剂。碳的卤化物如 CCl_4用于灭火剂，但由于高温下易水解为光气以及不能扑灭活泼金属的火焰，使用受到限制。$CBrClF_2$又称1211，性能稳定，是优良灭火剂。

总之，碳及其化合物对人类生存及国民经济都有极其重要的作用。

单晶硅是最重要的半导体材料之一，现在已能制备出 99.999 999 999 9%（12 个 9）纯度的硅，这一纯度在人工制成的单质中是最高的。高纯度的硅在工业自动化的可控硅技术、数字程序控制和电子计算机的元件中都要用到。例如把单晶硅切成片状，涂上感光薄膜，然后将由几十万个晶体管及其它元件构成的集成电路微缩印刷在一块几毫米见方的硅片上。可以说，从来没有一种材料可以像硅一样，在极微薄的体积中展现出了人类的高度智慧和知识的精华。正因为单晶硅在记载、传播、交流人类信息中产生了如此重大的作用，因此硅半导体成了“信息时代”的一个代表。据统计，在世界半导体器件市场中，硅约占 90% 以上。在纯 Si 中掺入少量 ⅤA 族元素原子，由于晶体中有过剩电子可在晶体中流动，导电性将增加，这类掺杂半导体为 n 型半导体（Negative）；若掺入ⅢA 族元素原子时，由于是缺电子原子，晶体中价电子将可以激发到这些空轨道上形成空穴导电，这类掺杂半导体为 p 型半导体（Positive），n 型 和 p 型半导体结合在一起，可将太阳辐射能转化为电能，制成太阳能电池。此外，硅可以透过较大范围的红外线，因此广泛用于高能粒子计算器、红外探测器、压敏元件中。除此之外，硅广泛用于合金工业，例如硅与铁的合金有特别的耐酸性能，硅钢片有较高导磁性，用作变压器铁芯、发电机设备。

硅的化合物是重要的化工原料，有广泛用途。自然界的二氧化硅分晶态和无定形两种。晶态二氧化硅主要存在于石英矿中，纯石英为无色晶体，大而透明的棱柱状石英称为水晶。紫水晶、玛瑙和碧玉都是含有杂质的 SiO_2晶体。硅藻土是无定形 SiO_2。把熔融二氧化硅缓慢冷却得非晶体状固体（石英玻璃），由于其透光性好，特别是对紫外线不吸收，又能经受温度的强烈变化，因此广泛应用于制造透镜、三棱镜等光学分析仪器及有特殊用途的高级玻璃仪器。将石英拉成丝，这种丝具有很大的强度和弹性，可以制成光导纤维，广泛用于通讯上，一根头发丝粗细的光导纤维可供 25 000 人同时通话而互不干扰。粉状 SiO_2又称为白炭黑，有耐磨、稳定性好的优点，常用于填料。硅藻上是多孔性物质，是工业上常用的吸附剂、催化剂载体，又是建筑材料的绝热隔音材料。天然沸石及人工合成的铝硅酸盐广泛应用于吸附剂、干燥剂、石油化工中催化剂载体等。

硅的一些化合物有特殊用途，如碳化硅（SiC）又叫金刚砂，它硬度大，为莫氏 9 度，稍次于金刚石，在机械工业中用作研磨粉，制作擦光纸和砥石摩擦面以及发动机部件、火箭头部的防热罩等。

工业上广泛使用的多硅酸钠又称为水玻璃，其制法是将石英砂、纯碱和煤粉混合后在反射炉内进行。其化学组成为 $Na_2O \cdot nSiO_2$。在工业上用作肥皂的填充剂和制取硅胶、分子筛、人工钠沸石等，在建筑工业中及纸箱工业中作粘结剂，木材或织物经水玻璃泡浸后既防腐又不易着火，鲜蛋泡过水玻璃可以较长期地保存。硅的卤化物如氟硅酸钠 Na_2SiF_6可用作杀虫剂、搪瓷乳白剂及木材防腐剂等。

天然硅酸盐可以用于制取玻璃及陶瓷建材工业中。石棉 $CaMg_3[SiO_3]_4$过去在建材及保温工程中广泛被使用，近年来发现石棉制品会引致肺癌，严重地污染环境，国际卫生组织已呼吁全球停止使用石棉制品。

有机硅橡胶在恶劣环境下（$-90\sim350$℃）都不会龟裂、不会老化，仍可保持弹性，因此用来制汽车轮胎。有机硅塑料有良好绝缘性能，具有寿命长、体积小的优点，可用机电工业中。近年医学上用有机硅植入体内，但亦有致癌的病例报导。

锗位于周期表的金属与非金属之间，也具有良好半导体性能。由于锗在自然界分布十分分散，因此富集与提纯也就十分不容易。高纯度的锗是重要的半导体材料（晶体管、二极管和三极管大部分都是锗管），广泛地应用于雷达、电子计算机、火箭和导弹的导航控制设备，电子通讯、红外远距离探测技术上。在常温下，锗的电阻很高，导电能力仅为水银的 1/1 000，因此可制成薄片电阻，涂到玻璃、石英、陶瓷上用于制造充电管、热电偶等。尽管锗的导电能力不高，但若温度上升几百度，其导电能力即可增大几百万倍。因此利用这一性质可以制成半导体温度计，可以用它测量微小物体和远距离某物体的温度，也可以做成温度自动控制器、电阻温度补偿器等。利用锗的温差电效应，可以制成锗温差电池，把热能转化为电能。锗还可以用来制造光电池，把光能直接转化为电能。锗和锗的化合物还用于制造特殊用途的锗红外窗、红外透镜或棱镜，用于显微镜、军事用监视器、检查肿瘤的医疗器械等。在医学上，锗有刺激红血球生长的性能，因此它的某些化合物用于治疗贫血病与嗜眠症。

锗的冶炼方法是从含锗矿石或煤灰中制取 $GeCl_4$，经蒸馏提纯后，令 $GeCl_4$水解成 GeO_2，再以 H_2还原为 Ge，粗锗经区域熔融法制成超纯锗。

锡的主要用途是制取各种合金，如青铜（含 Sn 8%，具有良好的铸造性、耐磨性）、焊锡（Pb—Sn 合金）、铅字合金以及机械工业用的轴瓦轴承等。将锡镀于金属表面，可以增加金属抗蚀性，例如众所周知的“马口铁”。

锡的化合物如 $SnCl_4$由于其水解性，在军事上用作烟雾弹，$SnCl_4\cdot2NH_4Cl$ 还是染料工业中的媒染剂。SnO_2用于制备乳白玻璃、搪瓷、白釉及玻璃的擦光剂。SnS_2用作金色颜料，$SnCl_2$还是常用的还原剂。

锡对动物及人的生长有一定的作用，人的正常摄取量是 17～45 mg/d，但超过 2 000 mg/d 的摄取量是有害的。过去马口铁用于罐头包装，但近年，由于锡的致癌作用而停止使用。

铅的重要用途是制造蓄电池。电池的负极是海棉状铅，正极材料是 PbO_2，发生以下反应：

$$PbO_2 + Pb + 2H_2SO_4 \underset{\text{充电}}{\overset{\text{放电}}{\rightleftharpoons}} 2PbSO_4 + 2H_2O \qquad \varepsilon^{\ominus}=2.041\ V$$

蓄电池广泛地应用在汽车、火车、飞机、轮船等。

铅由于具有良好抗蚀性，常用于工业用水的输送。在溶有氧的普通水或特软水中，铅的溶解度会较大，因此不能用铅管输送饮用水。化学工业中常用铅做反应器衬里，如制硫酸的铅室。

铅的重要用途是制各种合金，例如铅字（含 Pb 80%）保险丝；巴比合金用于轴承轴瓦，有良好的耐磨性能。

铅的化合物由于有色，广泛用于颜料及油漆工业中，如 PbS（黑色）、PbI_2（金色）、$PbCrO_4$（黄色）、Pb_3O_4（红丹）等。过去它们广泛用于陶瓷工业上，由于这些颜料会被人体吸收，会导致不良后果，近年已停止使用。

PbS 还是一种半导体材料，晶体中 S 过剩时是 n 型的，若 Pb 过剩则为 p 型。

四乙基铅 $Pb(C_2H_5)_4$是无色油状液体，有芳香气味，剧毒，易被人体皮肤吸收，由于用于汽油抗震剂并随同汽车尾气排出，污染环境，使人体慢性中毒，据测定现代人骨骼内含铅量为古代人的几百倍。因此为消除汽车尾气带来的铅污染，各国都在研制新型抗震剂，使用无铅汽油。

铅和铅的化合物均有毒，铅进入人体后，70%～90% 都进入骨组织内，引起血液变化，损害人体心脏及造血机能，并损害人的神经系统、消化系统、生殖系统。古代罗马帝国官廷中人们用铅器盛放糖果、盛酒、糖浆、输送食用水，引起中毒。据统计，罗马贵族中出生率很低。有学者认为，罗马帝国的灭亡与铅的使用及铅中毒有很大关系。

铅主要由呼吸道吸入，其次由消化道进入人体。据 1975 年评价，全球由于汽车尾气排放入大气的铅达 26.7 万 t/年。

铅中毒的特殊症状之一是卟啉代谢中的功能紊乱引起的贫血症，早期常感乏力，往往还有头痛、头昏、记忆力减退、食欲不振等症状，严重时会引致神经错乱。

一般情况下，大气中铅浓度为 5 $\mu g/m^3$以下，国际生活饮用水规定铅含量不超过 0.1 mg/dm^3。

一些食品如皮蛋等，过去都采用密陀僧腌制，对人体也是有害的，应禁止使用。

本章教学要求

1. 掌握碳的单质、氧化物、碳酸及其盐的结构与性质的关系。
2. 掌握硅的单质、氧化物、硅酸及其盐的基本性质与结构的关系。
3. 掌握锡、铅的性质及其氧化还原性。
4. 了解等电子原理，并能利用等电子原理推测化合物的结构。
5. 了解并熟悉氧化物、氯化物、硫化物的 Ellingham 图及它们的实际应用。
6. 了解本族元素的环境化学。

习　　题

1. 为什么碳原子能成为有机物的灵魂而硅却被称为无机物的骨干？
2. 试比较氰 C_2N_2及乙烷 C_2H_6中 C—C 键长的大小，说明原因。
3. 在自然界中，活着的动植物体体内^{14}C : ^{12}C 的比值为一定值，因为 ^{14}C 是在宇宙射线作用下形成的：

$$^{1}_{0}n + ^{14}_{7}N \longrightarrow ^{14}_{6}C + ^{1}_{1}H$$

因此，^{14}C 在参与自然界的 C 循环而不断进入生物体内并维持一定比值。但生物体一旦死亡，循环就结束，只会发生^{14}C 蜕变：

$$^{14}_{6}C = ^{14}_{7}N + \beta^-$$

根据这个事实，从 ^{14}C 的测定可以推算生物体的年代，已知 ^{14}C 的半衰期为 5 685 年。考古工作者测出某动物遗骨化石 $^{14}C/^{12}C$ 是当今活着动植物体的 0.119 倍，试计算化石年龄。

4. 计算说明 CF_4 及 CCl_4 的水解反应的热力学倾向，实际上它们的水解反应又是如何？为什么？

5. 试比较金刚石和石墨的结构与性质，晶体硅也具有金刚石的结构，它们的性质又有什么不同？为什么？

6. 试计算 $Si(s) + O_2(g) = SiO_2(s)$ 反应的 $\Delta_r G_m^{\ominus}$，实际上在室温下 Si 又难以与 O_2 反应，为什么？

7. 写出下列五种物质的等电子体：CO、CO_2、$Sn(OH)_6^{2-}$、NO_3^-、PF_5。

8. CO 的红外伸缩振动频率是 2 143 cm^{-1}，你预测在 $Fe(CO)_5$ 化合物中 ν_{C-O} 的数值将比 2 143 cm^{-1} 大还是小？为什么？

9. 试根据 VB 法写出 $Fe(CO)_5$、$Cr(CO)_6$ 的成键过程，并讨论其结构。

10. 请用 VB 法和分子轨道法讨论 CO 的结构，CO 应有什么样的性质？你认为在化学反应中，应是碳上的孤对电子参与化学反应还是氧上的孤对电子更易参与化学反应，为什么？

11. 设计一实验，以证明 CO_2 中混有 CO，CO 中混有 CO_2。

12. CO 与 H_2O 都是极性分子，从电负性数据来看，$X_C = 2.55$、$X_O = 3.44$、$X_H = 2.20$，但分子电偶极矩测定表明，H_2O 的分子电偶极矩为 $6.17 \times 10^{-30} C \cdot m$ 而 CO 的分子电偶极矩仅为 $0.37 \times 10^{-30} C \cdot m$，请从结构的观点给予解释。

13. 比较以下两个反应：

(1) $2CO_2 + Na_2SiO_3 + 2H_2O = H_2SiO_3 + 2NaHCO_3$

(2) $Na_2CO_3 + SiO_2 = Na_2SiO_3 + CO_2 \uparrow$

前一反应是 CO_2 和 Na_2SiO_3 反应生成 H_2SiO_3，后一反应则是 SiO_2 从 Na_2CO_3 中置换出 CO_2，请解释。

14. 解释以下事实：

(1) $SiCl_4$ 在潮湿的空气中产生白色的烟雾。

(2) 纯晶体 Si 不导电，但加热条件下可使其导电。

(3) CCl_4 灭火器、CO_2 灭火器不能扑灭金属 Na、Mg 或 Al 引起的火灾。

(4) SiO_2 可与 HF 作用生成 SiF_4，而 SiO_2 则不与 HCl 作用。

(5) CO_2 与 SiO_2 是等电子体，但结构却不同。

(6) N_2 与 CO 都具有相同的结构，但性质却完全不同。

(7) 碱金属碳酸盐水溶液 pH 值总比同浓度（mol/dm^3）酸式盐 pH 值高。

(8) 若让装水玻璃的试剂瓶敞开瓶口，则水玻璃会变混浊。

(9) 制备纯硅时，用 H_2 还原 $SiCl_4$ 比用其它活泼金属还原好。

15. 完成以下反应

(1) $C + H_2SO_4$（浓）$\longrightarrow$

(2) $Na_2CO_3 + Al_2(SO_4)_3 + H_2O \longrightarrow$

(3) $NaHCO_3 + Al_2(SO_4)_3 \longrightarrow$

(4) $Sn(OH)_3^- + Bi^{3+} + OH^- \longrightarrow$

(5) $SnCl_2 + FeCl_3 \longrightarrow$

(6) $Sn(OH)_3^- + NaOH$（浓）$\longrightarrow$

(7) $CuSO_4 + N_2CO_3 + H_2O \longrightarrow$

(8) $Pb_3O_4 + HNO_3 \longrightarrow$

(9) $Pb_3O_4 + HCl$（浓）$\longrightarrow$

(10) $Sn + HNO_3$（浓）$\longrightarrow$

(11) $Pb + HNO_3 \longrightarrow$

(12) $Si + NaOH \longrightarrow$

16. 14 毫克某黑色固体 A，与浓 NaOH 共热时产生无色气体 B 22.4 cm^3（标况），A 在空气中燃烧产物为白色固体 C，C 与 HF（aq）作用时产生一无色气体 D，D 通入水中生成白色沉淀 E 及溶液 F，E 用适量 NaOH 溶液处理可制得溶液 G，G 中加入 NH_4Cl 溶液又产生 E 沉淀，溶液 F 加过量 NaCl 时，得一无色晶体 H。试以化学反应式表示 A—H 代表的物质及反应。

17. 写出两个 SiO_4 以角氧相连、三个 SiO_4 以角氧相连形成环状的结构及化学式。

18. 解释：

(1) 铅可以耐 H_2SO_4、HCl 的腐蚀，但不能用铅制容器贮放浓 H_2SO_4 或浓 HCl。

(2) 用铅容器盛放酒或用铅杯喝酒会感到更甜。

(3) $PbSO_4$ 难溶于水，但却溶于饱和 NH_4Ac 溶液中。

(4) 可以用铅管输送工业用水，但却不能用它输送饮用水或特软水。

(5) 用 Sn 粒与 HCl（aq）作用不能制得 $SnCl_4$，而用 Sn 粒与过量 Cl_2 作用却不能制得 $SnCl_2$。

(6) 配制 $SnCl_2$ 溶液时需在溶液中加入锡粒。在放置过程中，配制的 $SnCl_2$ 溶液中 $C_{(Sn^{2+})}$ 是否会改变？

(7) Ge(Ⅳ)、Sn(Ⅳ)、Pb(Ⅳ) 的稳定性依次下降。

19. 在 298 K 时，将含有 $Sn(ClO_4)_2$ 和 $Pb(ClO_4)_2$ 的某溶液与过量粉末状 Sn—Pb 合金一起振荡，后测得溶液中 $[Pb^{2+}]/[Sn^{2+}] = 0.46$，已知 $\varphi^{\ominus}_{(pb^{2+}/pb)} = -0.126V$，求 $\varphi^{\ominus}_{(Sn^{2+}/Sn)}$。

20. 将 1.497 g 铅锡合金溶解在浓 HNO_3 中，生成沉淀 A，A 加热完全脱水为 B，重 0.490 9 g，试计算合金中铅的百分含量。

21. 写出酸性介质下 PbO_2 或 $NaBiO_3$ 氧化 Cl^- 的反应式，根据 $\Delta G^{\ominus}/F-Z$ 图讨论 PbO_2、$NaBiO_3$ 的制备反应条件。

22. 写出铅蓄电池的充电、放电反应的方程式，根据反应如何判断电池的使用程度？

23. 分离以下离子及沉淀：

(1) Sn^{2+} 和 Pb^{2+}

(2) SnS 和 PbS

(3) Pb^{2+}、Mg^{2+}、Ag^+

(4) Pb^{2+}、Sn^{2+}、Bi^{3+}、Ag^+

(5) $PbGrO_4$和 $PbSO_4$

(6) $PbGrO_4$和 $BaGrO_4$

24. (1) 如何制备α锡酸和β锡酸?

(2) 如何制备硫代锡酸盐?

25. 白色固体 A 加热则分解得固体 B 和气体混合物 C，将 C 通过冰盐冷却管，则得一无色液体 D 和气体 E，E 能助燃，固体 B 溶于 HNO_3得溶液 F，溶液 F 加 KI 得金黄色沉淀 G，此沉淀可溶于热水。无色液体 D 加热则变为分子量是 D 的 1/2 的红棕色气体 H，该气体遇湿的淀粉 KI 试纸则变蓝色。试确定 A－H 为何物，写出有关反应式。

26. 泡沫灭火剂由 $Al_2(SO_4)_3$浓溶液和 $NaHCO_3$浓溶液组成，请说明其原理，有人建议：①用固体 $NaHCO_3$代替 $NaHCO_3$浓溶液；② 用与 $NaHCO_3$等浓度、等体积的 Na_2CO_3溶液代替 $NaHCO_3$溶液。请你评价他们的建议。

27. 请用等电子原理写出以下分子或离子的几何构型，指出中心原子杂化态：CO_2、$COCl_2$、SiF_4、SiO_2、$SnCl_2$、$SnCl_6^{2-}$、TeF_6、AsF_5、CS_3^{2-}、$N(C_6H_5)_3$、ClF_3、$As(C_6H_5)_5$。

28. 请用计算说明 0.2 mol/dm^3 $MgCl_2$和 0.2 mol/dm^3 Na_2CO_3溶液等体积混合时将生成什么沉淀?

29. 在实际生产过程中，常常用 NH_4HCO_3或 $CO(NH_2)_2$代替 $NaHCO_3$作沉淀剂除去溶液中某些金属离子，为什么?

30. 请计算 0.1 mol/dm^3 NH_4HCO_3或 0.1 mol/dm^3 $CO(NH_2)_2$水溶液中的 $[OH^-]$、$[CO_3^{2-}]$ 及 $[NH_3 \cdot H_2O]$。

31. 已知在高温下 C 可将 MgO 还原成 Mg，若用 CaC_2代替 C，反应

$$MgO(s) + CaC_2(s) = Mg(g) + CaO(s) + 2C(s)$$

能否进行?

$\Delta_f G_m^\ominus$: CaC_2 －67.78，MgO(s) －569.6，CaO(s) －604.2 (kJ/mol)

$\Delta_f G_m^\ominus$: CaC_2(s) －62.78，MgO(s) －601.8，CaO(s) －635.6 (kJ/mol)

$S_m^\ominus$: CaC_2(s) 60.3，MgO(s) 26.8，CaO(s) 39.8，Mg(g) 149，C(s) 5.7 (J/(mol·K))

32. 从碳的氧化反应的 $\Delta G^\ominus - T$ 图来看，碳在高温下的氧化产物有时以 CO_2为主，有时又以 CO 为主，为什么? 为减少炼铁高炉中 CO 的含量有人提议可提高高炉的高度，你认为如何? 为什么?

33. 试根据 Ellingham 图讨论工业中从闪锌矿 ZnS (含有少量 CdS) 冶炼锌的过程。

34. 根据氧化物的 Ellingham 图，$2Mg(s) + O_2 = 2MgO(s)$ 反应的 $\Delta_r G_m^\ominus$ = －1 204 kJ/mol ＋ 0.218·T kJ/mol，请讨论用 C 还原 MgO 为 Mg 的温度。已知 $2C(s) + O_2(g) = 2CO(g)$ 反应 $\Delta_r G_m^\ominus$ = －221.0 kJ/mol－0.179·T kJ/mol。

35. 请根据氯化物的 Ellingham 图讨论从 $TiCl_4$制取 Ti 的方法，并分别讨论用 H_2、Si、Mg、C 作还原剂的热力学可能性。

36. 根据硫化物的 Ellingham 图，$H_2 + S = H_2S$ 或 $2C + S = \frac{1}{2}CS_2$的反应在高温下将与硫化物的 $\Delta G^\ominus - T$ 图相交，但为什么不能利用 H_2或 C 在高温下还原硫化物制取金属? 工业上一般是如何从硫化物中制取金属的?

37. 为什么生成亚硝酸钠的方法不采用热分解纯的硝酸钠的方法，而采用向熔融态 $NaNO_3$中加入 Pb 粒的方法?

38. 根据氮的氧化物的 $\Delta G^{\ominus}-T$ 图（图 4—11）说明：① NO_2和 N_2O_4在什么条件下是稳定的。② 高温下 N_2O 可以歧化为 N_2和 NO。

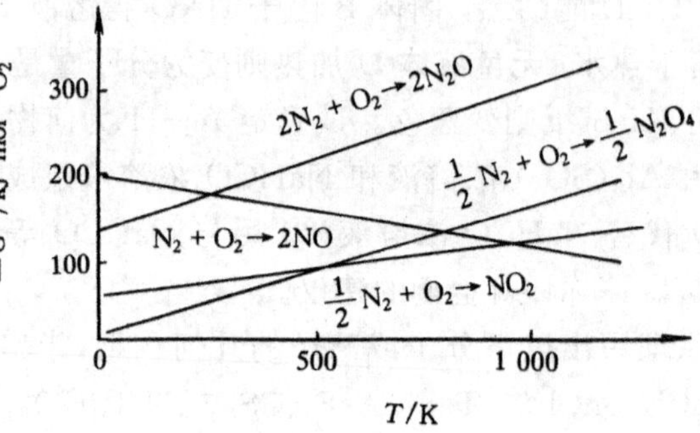

图 4—11　氮的氧化物 $\Delta G^{\ominus}-T$ 图

39. N_2与 CO 都是等电子体，为什么 N_2与金属形成配合物没有 CO 那样容易?

第五章　硼族元素

硼族元素（Boron group elements）包括硼（Boron）、铝（Aluminium）、镓（Gallium）、铟（Indium）、铊（Thallium）等五种元素。除硼是非金属元素外，其余都是金属元素。硼约占地壳组成的 0.001%，在自然界中主要以硼硅酸盐（如黄晶 $CaO \cdot B_2O_3 \cdot 2SiO_2$）及硼酸盐（如硼砂 $Na_2B_4O_7 \cdot 10H_2O$、方硼石 $2Mg_3B_8O_{15} \cdot MgCl_2$）等形式存在；铝是地壳中含量最多的金属元素，约占地壳组成的 7.73%，仅次于氧及硅，居第三位，主要以铝硅酸盐（如高岭土 $[Al_2Si_2O_5(OH)_4]$、长石、沸石及矾土矿（$Al_2O_3 \cdot nH_2O$）、刚玉（Al_2O_3）、冰晶石 Na_3AlF_6）等形式存在。由于天然矾土不容易被还原，为数众多的铝硅酸盐矿又难以分解，因此，发现铝的时间很晚。镓、铟、铊是分散元素，只与其它矿石共生，它们都是在分光镜发明后用光谱分析方法被发现的元素。

第一节　单质的结构与重要性质

单质硼的制备是以活泼金属（Na、Mg、Al）等在高温下还原 B_2O_3 来制取：

$$Na_2B_4O_7 \cdot 10H_2O + 2HCl \xlongequal{\quad} 4H_3BO_3 + 2NaCl + 5H_2O$$

$$2H_3BO_3 \xlongequal{800\ K} B_2O_3 + 3H_2O$$

$$B_2O_3 + 3Mg \xlongequal{800\ K} 3MgO + 2B$$

用 HCl（aq）洗去 MgO 及未反应的金属镁，即得到棕色的无定形硼。

铝、镓、铟、铊都是变形金属结晶。因此，在结构上其金属键不完全，晶体内部各原子排列不规则，配位数也不规则。由于晶体结构不够紧密，因此在性质上表现为密度小、硬度小、熔点较低、导电性较差。

硼族元素的基本性质见表（5－1）。

硼族元素的外层电子结构是 ns^2np^1，为缺电子原子。因此，本族元素化合物均有很强的接受电子的趋势。它们的氧化态一般为 +3，但随着原子序数增大，ns^2电子对趋向于稳定。因此，镓、铟、铊在一定条件下能显示 +1 氧化态，而且 Tl 以 +1 为特征（由于 $6s^2$惰性电子对效应）。Tl^+的化合物显示强的离子键性质。

由于硼原子半径小，电负性大，电离势高，表现为非金属性。在很多性质上，硼与ⅣA 族 Si 元素的性质更为接近（对角线相似）。

本族元素中，B 和 Al 表现出特殊的亲氧能力，例如 B－O 键键能为 561 kJ/mol，比 Si－O（452 kJ/mol）、C－O（358 kJ/mol）都大。

表 5－1　硼族元素的基本性质

	硼	铝	镓	铟	铊
价电子层结构	$2s^2 2p^1$	$3s^2 3p^1$	$4s^2 4p^1$	$5s^2 5p^1$	$6s^2 6p^1$
主要氧化数	+3	+1、+3	+1、+3	+1、+3	+1、+3
熔　点/℃	2 177	660.2	29.78	156.6	303.3
熔化热/kJ·mol^{-1}	22.2	10.7	5.6	3.3	4.3
沸　点/℃	3 658	2 327	2 250	2 070	1 453
气化热/kJ·mol^{-1}	538.9	293.7	256.1	226.4	162.1
电离能 I_1/kJ·mol^{-1}	800.6	577.6	578.8	558.3	589.3
电离能 I_2/kJ·mol^{-1}	2 427	1 817	1 979	1 821	1 971
电离能 I_3/kJ·mol^{-1}	3 660	2 745	2 963	2 705	2 878
电子亲合能/kJ·mol^{-1}	23	44	36	34	50
电负性(Pauling)	2.04	1.61	1.81	1.78	2.04
密度/g·cm^{-3},20℃	2.5	2.699	5.907	7.31	11.85
共价半径/pm	82	143	126	162	170
M^+离子半径 /pm			113	132	140
M^{3+}离子半径 /pm	20	50	62	81	95

一、硼

单质硼 (Boron) 有无定形和晶体两种结构。硼的熔、沸点都很高，结晶硼呈黑灰色，具有金属光泽，硬度接近于金刚石，为 9.5 莫氏，有高的电阻，导电率随温度升高而增大。

由于硼原子的缺电子的特征，其晶体结构在所有元素中具有最特殊的复杂性。α 菱形硼 (B_{12}) 的结构单元是正二十面体，在晶体中，每个 B 和另外 5 个 B 原子相连，d_{B-B}＝177 pm，见图 5－1。

在 B_{12}中，每个硼原子有 3 个价电子，因此 B_{12}中共有 36 个价电子。由于每个 B 原子与另外 5 个硼相连，所以共有 30 条棱边，12 个顶点。这 36 个电子分配如下：(1) 腰上 6 个 B 原子分别与同一平面内的相邻的另外 6 个 B_{12}以三中心二电子键相连，用去电子数为 6×2/3＝4 个，见图 5－2。(2) 顶部 3 个硼原子及底部 3 个硼原子分别与另外两个 B_{12}层与层间相连，形成二中心二电子键，用去电子数为 6×2/2＝6 个。因此每个 B_{12}用去与外界 8 个 B_{12}成键的电子数共有 10 个。(3) 根据多面体顶角规则，由 n 个顶角形成的多面体中成键轨道为 $n+1$ 个，可容纳电子数为 $2n+2$，所以在 B_{12}中，用于正二十面体形成所需电子数目为 13×2＝26 个。因此 36 个电子分布如下：用于内部成键电子数为 26e，用于外部成键电子数为 4＋6＝10 e。

无定形硼的化学性质比结晶状单质硼活泼。在高温下，硼能与 N_2、O_2、S、X_2等非

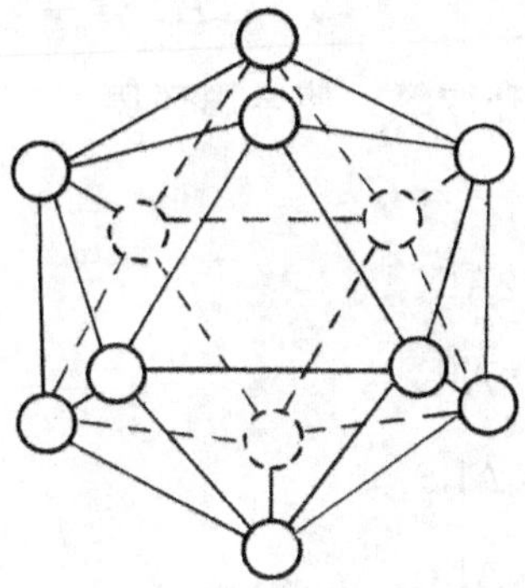

图 5－1　B_{12}的正二十面体

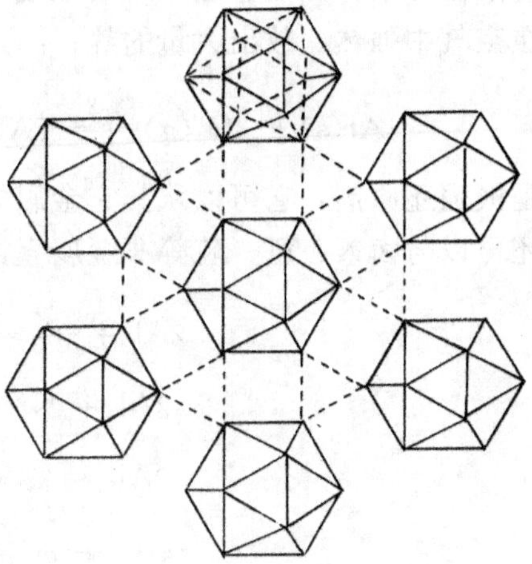

图 5－2　B_{12}中的三中心二电子键

金属反应：

$$4B + 3O_2 = 2B_2O_3$$
$$2B + 3Cl_2 = 2BCl_3$$
$$2B + N_2 = 2BN$$

由于 B—O 键键能很大，因此硼可用作还原剂，从 H_2O、SO_2、N_2O_5、CO_2及众多的金属氧化物中夺取氧，例如：

$$2B + 6H_2O(g) = 2B(OH)_3 + 3H_2\uparrow$$

硼还可以与许多金属反应生成硼化物，如 Ca、Sr、Ba、La 等金属：

$$2B + 3Mg \xlongequal{\text{高温}} Mg_3B_2$$

硼只能与热的浓氧化性酸作用而不与盐酸作用：

$$2B + 3H_2SO_4(\text{浓}) = 2B(OH)_3 + 3SO_2\uparrow$$
$$B + 3HNO_3(\text{浓}) = B(OH)_3 + 3NO_2\uparrow$$

硼一般不与碱液和熔融碱作用（＜500℃），但有氧化剂存在时，硼与碱作用：

$$2B + 3KNO_3 + 2KOH \xlongequal{\text{共熔}} 3KNO_2 + 2KBO_2 + H_2O$$

二、铝、镓、铟、铊

铝的化学性质似铍（对角线规则），而与同族的硼在性质上有较大差异，表现在：硼只能以共价键和电负性更大的其它元素的原子结合，而铝既能生成共价键化合物，也能生成离子化合物；硼化合物中最大配位数是 4，而铝化合物最大配位数是 6；硼是成酸元素，铝为两性元素；硼是非金属，而铝是金属。

铝在空气中强热，放出大量的热：

$$4Al(s)+3O_2(g) \xlongequal{\Delta} 2Al_2O_3(s) \qquad \Delta_r H_m^\ominus = -3\ 356\ kJ/mol$$

说明铝是极强还原剂，它可以从其它金属氧化物中夺取氧，使金属还原。

铝还可以与卤素、氮、硫等非金属直接化合：

$$2Al + 3X_2 \xlongequal{\quad} 2AlX_3$$

$$2Al + N_2 \xlongequal{\Delta} 2AlN$$

$$2Al + 3S \xlongequal{\Delta} Al_2S_3$$

$$4Al + 3C \xlongequal{2\ 000^\circ C} Al_4C_3$$

铝迅速地溶解在酸及碱中：

$$2Al + 6H^+ \xlongequal{\quad} 2Al^{3+} + 3H_2\uparrow$$

$$2Al + 2OH^- + 6H_2O \xlongequal{\quad} 2Al(OH)_4^- + 3H_2\uparrow$$

但在冷浓硝酸中会钝化，因此可用铝罐储运浓 HNO_3。

由于电子填入 3d 轨道引起的收缩作用，使 Ga 原子半径比 Al 原子半径还小，Ga^{3+} 的离子半径与 Al^{3+} 的离子半径相近，因此比起 In 和 Tl 而言，在性质上，Ga 与 Al 更为相似。$Ga(OH)_3$ 也具有两性，而且其酸性略强于 $Al(OH)_3$，Ga 的金属性也比 Al 弱些。

第二节　硼烷的结构与性质

硼的氢化物叫硼烷 (Borane)，因为它的物理性质相似于碳烷、硅烷。目前已知的硼烷有 20 多种，其组成分为两类：

B_nH_{n+4} 类：B_2H_6、B_5H_9、B_6H_{10}、B_8H_{12}、$B_{10}H_{14}$、$B_{16}H_{20}$、$B_{18}H_{22}$、$B_{20}H_{24}$ 等。

B_nH_{n+6} 类：B_3H_9、B_4H_{10}、B_5H_{11}、B_6H_{12}、B_8H_{14}、B_9H_{15}、$B_{10}H_{16}$ 等。

硼烷的命名同碳烷，在分子中，硼原子数目在 10 以下时用天干（甲、乙、丙…）作词头，命名为某硼烷。为区别这两种类型，有时在词尾再加上表示氢原子数目的阿拉伯数字。如 B_2H_6：乙硼烷－6，B_4H_{10}：丁硼烷－10，B_5H_9：戊硼烷－9，B_8H_{12}：辛硼烷－12。

由于硼烷的生成焓是正值，表明其热力学的不稳定性，因此不能由硼和氢直接化合制取，而采用间接方法。如在乙醚中，用 NaH、$LiAlH_4$ 或 $LiBH_4$ 还原硼卤化物 BX_3：

$$3LiAlH_4 + 4BCl_3 \xlongequal{\text{乙醚}} 2B_2H_6 + 3LiCl + 3AlCl_3$$

$$3NaBH_4 + 4BF_3 \xlongequal{\text{乙醚}} 2B_2H_6 + 3NaBF_4$$

关于硼烷的结构问题，曾是化学界中一大难题，因为在 B_2H_6 中只有 12 个价电子参与成键，因此，如果 B－H 以共价单键相连时，则硼原子间就缺乏电子来结合：

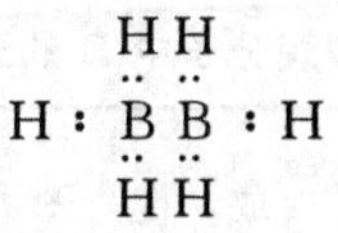

因此人们提出各种结构式来说明乙硼烷的结构，但都不能完美地解释乙硼烷的结构参数。实验测定表明，乙硼烷分子具有逆磁性，在分子中的六个氢原子中有两个氢原子与其余四个不同，每个硼原子与四个氢原子在同一平面上，以正常的二中心二电子键键合，键长为 119 pm（与正常 B—H 键相符），而另外两个氢原子各处于平面的上下位置，并分别与两个硼原子形成 B—H—B 三中心二电子键（3c—2e），键长为 133 pm。因此，乙硼烷应具有图 5—3 的结构。

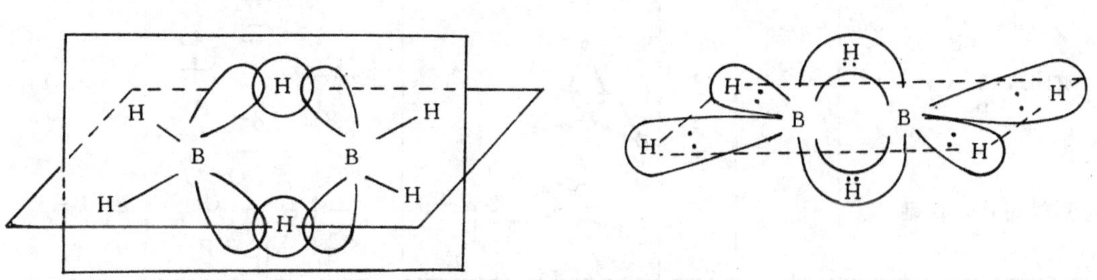

图 5—3　乙硼烷的结构

B$\overset{H}{\frown}$B 键的形成是由两个 sp^3轨道（B 原子）与一个 1s 轨道（氢原子）线性组合而成，用分子轨道理论表示其形成过程见图 5—4。

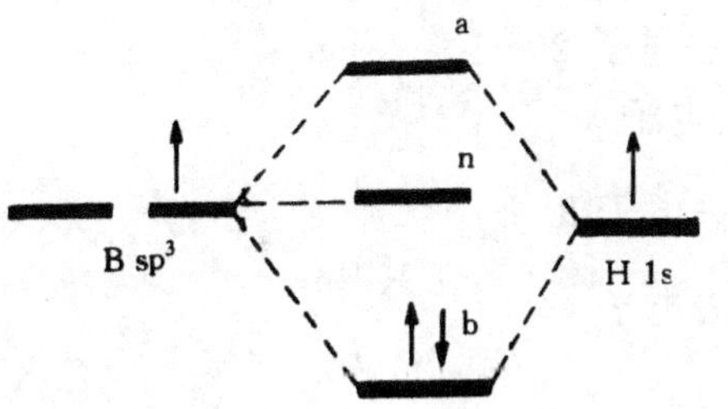

图 5—4　B$\overset{H}{\frown}$B 键形成

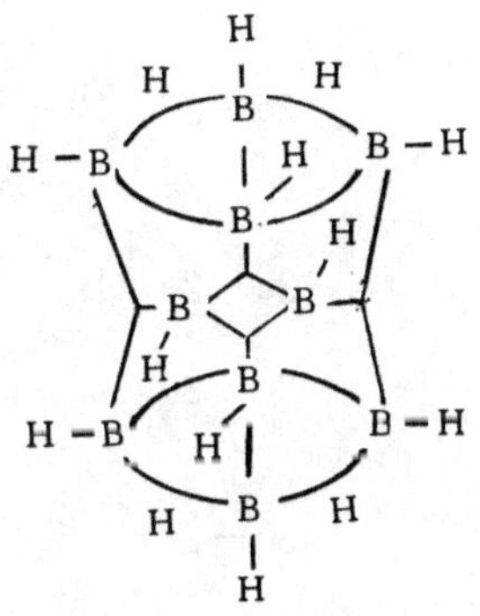

图 5—5　癸硼烷-14（$B_{10}H_{14}$）的结构

William，N. Lipscomb 对硼烷的结构研究作了大量的工作，他提出在硼烷化合物中硼的五种成键情况，见表 5—2。

根据 Lipscomb 的成键要素，我们可以十分方便地对硼烷的结构进行分析，如癸硼烷—14 具有如图 5—5 的结构。对其结构分析如下：

表 5-2　硼烷分子中 B 的五种成键情况

成　键　要　素	成键情况	成键类型	成　键　图　解	分子轨道表示	键的位置
正常 B—H 键	2c—2e	σ	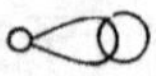 sp^3+1s	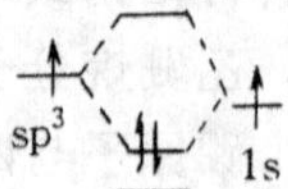	端梢
氢桥键 B(H)B	3c—2e	σ	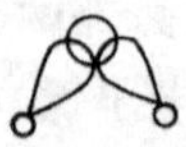 $2sp^3+1s$	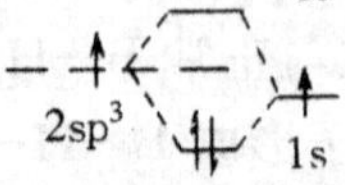	B—H—B
正常 B—B 键	2c—2e	σ	 sp^3+sp^3	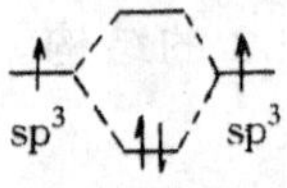	B—B
封闭式 B(B)B	3c—2e	σ	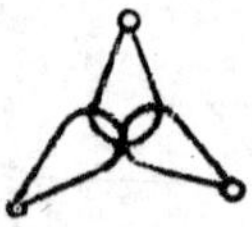 $3sp^3$	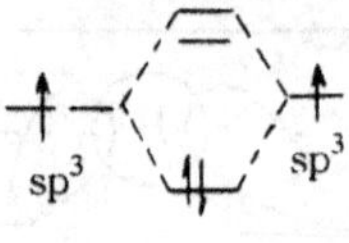	B(B)B
开放式 B(B)B 键	3c—2e	σ	 $2sp^3+p$	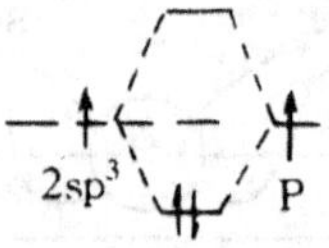	B—B—B

$B_{10}H_{14}$总轨道数：54 个，其中

B 原子　　$4\times10=40$（个）

H 原子　　$1\times14=14$（个）

总电子数：44 个，其中

B 原子　　$3\times10=30e$

H 原子　　$1\times14=14e$

2c—2e　B—H 键 10 个，共用去电子 20e
2c—2e　B—B 键 2 个，共用去电子 4e
3c—2e　B(H)B 键 4 个，共用去电子 8e
3c—2e　B(B)B 键 2 个，共用去电子 4e
3c—2e　B(B)B（封闭式）键 4 个，共用去电子 8e
共 44e

所以，成键轨道有 22 个，反键轨道 22 个，非键 10 个。Lipscomb 工作的成功使他在 1976 年获得诺贝尔奖。

硼烷的性质主要有易燃性、水解性、还原性、加合性。

由于 B—O 键键能很大，因此硼烷在空气中极易燃烧：

$$B_2H_6+3O_2 = B_2O_3+3H_2O \qquad \Delta_r H_m^{\ominus}=-2\ 020\ kJ/mol$$

由于反应放出大量的热，过去曾试图用它作火箭和导弹的高能燃料，但是由于硼烷的剧毒性及不稳定性而放弃了这种想法。

硼烷极易水解：

$$B_2H_6 + 6H_2O \xlongequal{\quad} 2H_3BO_3 + 6H_2 \qquad \Delta_r H_m^\ominus = -493.7\ \text{kJ/mol}$$

硼烷与卤素反应，产物因卤素不同而有所不同：

$$B_2H_6(g) + 6Cl_2(g) \xlongequal{\quad} 2BCl_3(l) + 6HCl(g) \qquad \Delta_r H_m^\ominus = -1\ 376\ \text{kJ/mol}$$

$$B_2H_6 + I_2 \xlongequal{\quad} B_2H_5I + HI$$

硼烷由于缺电子，因此可作为 Lewis 酸与一些有孤对电子的化合物（Lewis 碱）发生加合作用：

$$B_2H_6 + 2CO \xlongequal{\quad} 2[H_3B \leftarrow CO]$$

$$B_2H_6 + 2NH_3 \xlongequal{\quad} [BH_2(NH_3)_2]^+ + [BH_4]^-$$

$$B_2H_6 + 2R_3N \xlongequal{\quad} 2H_3BNR_3$$

显然，在加合作用时，B_2H_6有两种劈开方式，即均裂（对称性劈开）与异裂（不对称性劈开）：

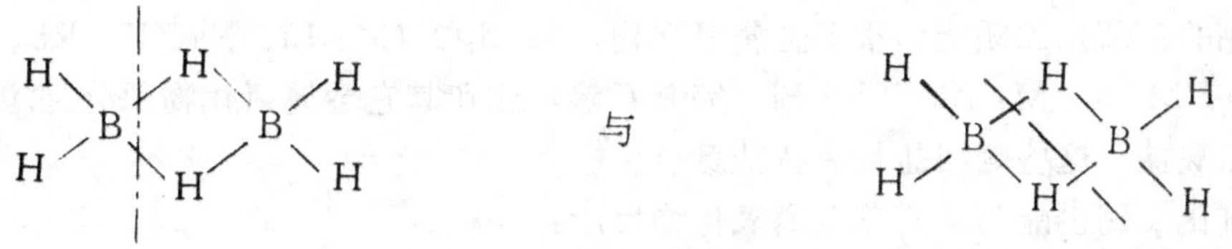

与分子量小的 Lewis 碱加合时，采取不对称性劈开；与分子量大的 Lewis 碱加合时，采取对称性劈开。

在乙醚中，B_2H_6与 LiH 或 NaH 反应生成硼氢化物：

$$\underset{(NaH)}{2LiH} + B_2H_6 \xlongequal{\text{乙醚}} \underset{(NaBH_4)}{2LiBH_4}$$

$LiBH_4$和 $NaBH_4$这一类硼氢化物在有机化学中被称为“万能还原剂”，它们是典型的盐，在固态时很稳定。铝和铍也能形成硼氢化物，如 $Al[BH_4]_3$、$Be[BH_4]_2$，但它们是共价化合物。除此之外，还有一系列硼氢离子，如 $B_3H_9^-$、$B_{10}H_{12}^{2-}$、$B_{12}H_{12}^{2-}$。

第三节　硼族元素重要化合物的结构与性质

一、硼的氧化物、硼酸及硼酸盐

1. 三氧化二硼

三氧化二硼（B_2O_3）是白色固体，常见有无定形（密度为 1.844 g/cm^3）与晶体（密度为 2.460 g/cm^3）两种：

$$B_2O_3\ (\text{无定形}) \xlongequal{\quad} B_2O_3\ (\text{六方晶}) \qquad \Delta_r H_m^\ominus = -19.2\ \text{kJ/mol}$$

可见，晶形较为稳定。

三氧化二硼的一般制备方法是加热 $B(OH)_3$，使其脱水：

$$2B(OH)_3 \xlongequal{\Delta} B_2O_3 + 3H_2O$$

在高温下脱水得到玻璃状的三氧化二硼，在低温下脱水得到结晶状三氧化二硼，在低温减压下脱水可得到吸水性很强的白色粉末状三氧化二硼。它可作干燥剂、脱水剂。固态三氧化二硼的结构经 X 射线分析研究，是由四面体 BO_4构成的空间网格结构，类似于石英，但四个 B—O 键长不等，熔点 450℃，沸点为 2 250℃。高于 1 000℃ 时，其蒸气为 B_2O_3单个分子，具有图 5—6 的结构。

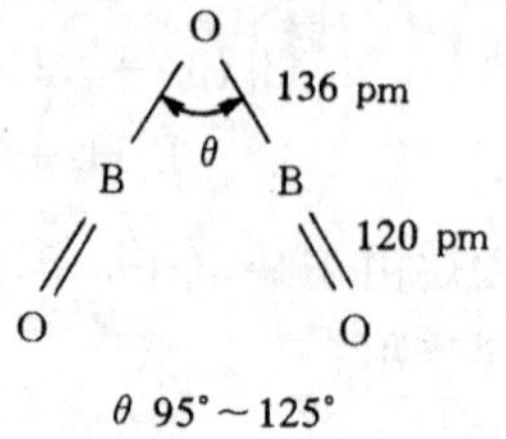

图 5—6 三氧化二硼（g）结构

三氧化二硼易溶于水，形成硼酸，但在热水蒸气中或遇潮气时形成会挥发的偏硼酸（HBO_2）：

$$B_2O_3\text{（无定形）} + 3H_2O\text{（l）} \xlongequal{} 2H_3BO_3\text{（aq）} \qquad \Delta_r H_m^{\ominus} = -76.6\ \text{kJ/mol}$$

$$B_2O_3\text{（晶状）} + H_2O\text{（g）} \xlongequal{} 2HBO_2\text{（g）} \qquad \Delta_r H_m^{\ominus} = -199.2\ \text{kJ/mol}$$

熔融的三氧化二硼能和很多金属氧化物，如 M_2O（M：Li、Na、K、Rb、Cs、Cu、Ag、Tl）、M_2O_3（M：As、Sb、Bi）完全互溶，或和其它金属氧化物部分互溶，生成玻璃状的硼酸盐。这些硼酸盐具有特征颜色。

三氧化二硼也能与某些非金属氧化物反应：

$$P_2O_5 + B_2O_3 \xlongequal{\Delta} 2BPO_4$$

说明三氧化二硼有两性的性质。

在 800℃ 时，三氧化二硼与 NH_3反应生成白色的氮化硼 $(BN)_n$，$(BN)_n$与 $(CC)_n$是等电子体。

2．硼酸

硼酸（H_3BO_3）是白色闪亮鳞片状晶体，微溶于水，加热灼烧下起下列变化：

$$B(OH)_3 \underset{H_2O}{\overset{120℃}{\rightleftharpoons}} HBO_2 \underset{H_2O}{\overset{140\sim160℃}{\rightleftharpoons}} H_2B_4O_7 \underset{H_2O}{\overset{500℃}{\rightleftharpoons}} B_2O_3 \overset{>1\,000℃}{\rightleftharpoons} B_2O_3(g)$$

工业上，硼酸是用硫酸分解硼的矿物来制备：

$$Mg_2B_2O_5 \cdot H_2O + 2H_2SO_4 \xlongequal{} 2H_3BO_3 + 2MgSO_4$$

$$Na_2B_4O_7 \cdot 10H_2O + H_2SO_4 \xlongequal{} 4H_3BO_3 + Na_2SO_4 + 5H_2O$$

在硼酸中，硼原子以 sp^2杂化轨道和另外三个氧原子形成平面三角形结构，每个氧原子除以共价键与一个硼原子和一个氢原子相结合外，还通过氢键与另一个硼酸单元中的氢原子结合成片状结构，如图 5—7 所示，层与层之间距离为 318 pm。

硼酸易溶于热水中，在冷水中溶解度较小，因此可以在水中重结晶提纯。硼酸在水溶液中呈酸性，这是由于硼原子接受了 H_2O 中氧原子上的电子对，说明硼酸是典型的 Lewis 酸：

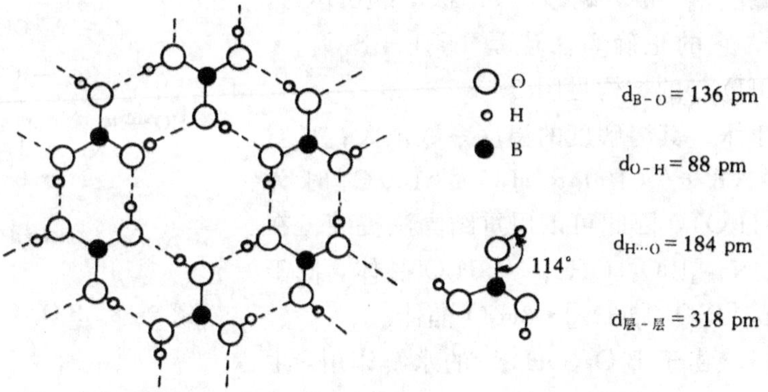

图 5－7　晶体 H_3BO_3 的结构

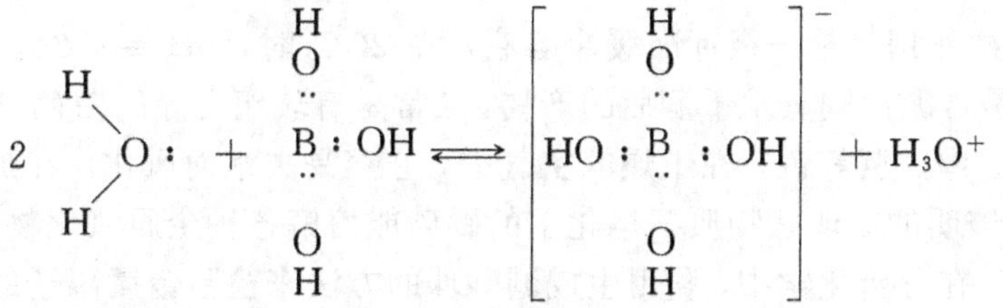

$K_a = 5.8\times10^{-10}$

在硼酸水溶液中加入多羟基（顺式）化合物，如甘露醇 [$CH_2OH(CHOH)_4CH_2OH$]、丙三醇 [$C_3H_5(OH)_3$] 等，可使硼酸的酸性明显增强，K_a 从 10^{-10} 升高到 10^{-5} 数量级：

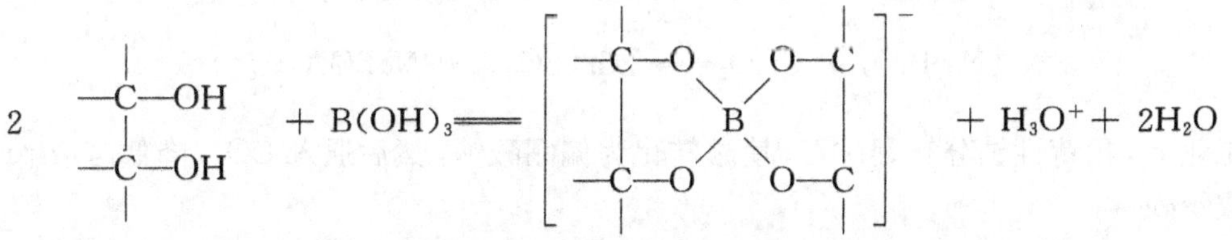

硼酸和单元醇反应生成可挥发的、易燃的硼酸酯：

硼酸酯在燃烧时产生绿色火焰。利用这一特征反应，可鉴定硼化合物。

硼酸的水溶液和 HF 作用时，F^- 可逐个地取代 OH^-，形成 $HBF(OH)_3$、$HBF_2(OH)_2$、$HBF_3(OH)$、HBF_4，分别称为一、二、三、四氟硼酸。四硼酸（$H_2B_4O_7$）的酸性比硼酸更强，$K_{a1} = 1.5\times10^{-7}$。四硼酸根 [$B_4O_5(OH)_4{}^{2-}$] 具有图 5－8 的结构，其中两个硼原子是 sp^2 杂化，另外两个硼原子采取 sp^3 杂化。

3. 硼酸盐

除 IA 族金属元素外，多数金属的硼酸盐不溶于水。在水溶液中，由于硼酸根离子和硼酸分子以多种形式缩合，从溶液中结晶出来的金属硼酸盐常常采用 $[BO_3]^{3-}$ 平面三角

形单元与 $[BO_4]^{5-}$ 正四面体单元的立体结构。最重要的硼酸盐是四硼酸钠，俗名硼砂 ($Na_2B_4O_7 \cdot 10H_2O$)，根据离子结构，它的正确写法应是 $Na_2[H_4B_4O_9] \cdot 8H_2O$。$B_4O_5(OH)_4^{2-}$ 的结构见图 5—8。

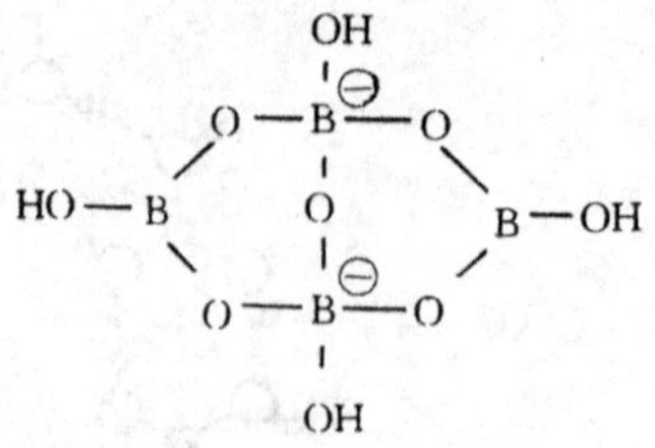

图 5—8 $B_4O_5(OH)_4^{2-}$ 结构

硼砂易溶于水，其溶解度的温度系数很大：10℃ 时溶解度为 1.6 g/(100 g H_2O)，100℃ 时为 52.5 g/(100 g H_2O)，因此可以用重结晶法提纯。在 60℃ 以上析出 $Na_2[B_4O_5(OH)_4] \cdot 3H_2O$ 晶体，低于 60℃ 时析出 $Na_2[B_4O_5(OH)_4] \cdot 8H_2O$ 晶体。

纯硼砂水溶液由于 $B_4O_5(OH)_4^{2-}$ 的水解作用，生成等摩尔的 H_3BO_3 和 $B(OH)_4^-$：

$$B_4O_5(OH)_4^{2-} + 5H_2O = 2H_3BO_3 + 2B(OH)_4^-$$

因此硼砂水溶液具有缓冲作用，是一级标准缓冲溶液，在 20℃ 时，pH ＝9.24。

在自然界里，硼砂是含硼盐湖蒸发干涸后的产物，通常是有玻璃光泽的白色结晶，因有杂质而常微带灰、黄、绿、蓝等色。在干燥的空气中，它容易失水而风化。在加热时，它失去结晶水而熔化成透明的玻璃状物质。熔化了的硼砂能熔解各种金属氧化物，生成具有特殊颜色的硼砂珠。在分析化学中，利用生成硼砂珠的方法来检验金属离子的存在。例如：

$$Na_2B_4O_7 + CoO \xlongequal{\triangle} Co(BO_2)_2 \cdot 2NaBO_2(\text{蓝色})$$

$$3Na_2B_4O_7 + Cr_2O_3 \xlongequal{\triangle} 2Cr(BO_2)_3 \cdot 6NaBO_2(\text{绿色})$$

在工业上，用苛性钠分解硼矿石，使之转化为偏硼酸钠，然后通入 CO_2，降低溶液 pH 值，制取硼砂：

$$Mg_2B_2O_5 \cdot H_2O + 2NaOH = 2Mg(OH)_2 + 2NaBO_2$$

$$4NaBO_2 + CO_2 + 10H_2O = Na_2B_4O_7 \cdot 10H_2O + Na_2CO_3$$

除硼砂外，还有种类繁多的硼酸盐，在这些盐中，硼原子有三配位和四配位两种方式，根据结构单元的连结方式不同，主要分为以下几种：

(1) 含有单个 BO_3^{3-} 或 BO_4^{5-} 的硼酸盐，如 (RE)BO_3、$TaBO_4$。

(2) 两个硼酸根以角氧相连。

① 两个 BO_3^{3-} 以角氧相连为 $B_2O_5^{5-}$，如 $Mg_2B_2O_5$，称为焦硼酸盐。

② 两个 $B(OH)_4^-$ 以角氧相连成 $[(OH)_3BOB(OH)_3]^{2-}$，如 $Mg[(HO)_3BOB(OH)_3]$。

(3) 三个硼酸根以角氧相连成环状结构。

① 三个 BO_3^{3-} 以角氧相连（图 5—9）为六元环，如 $Na_3B_3O_6$，习惯上写作 $NaBO_2$，称为偏硼酸盐。

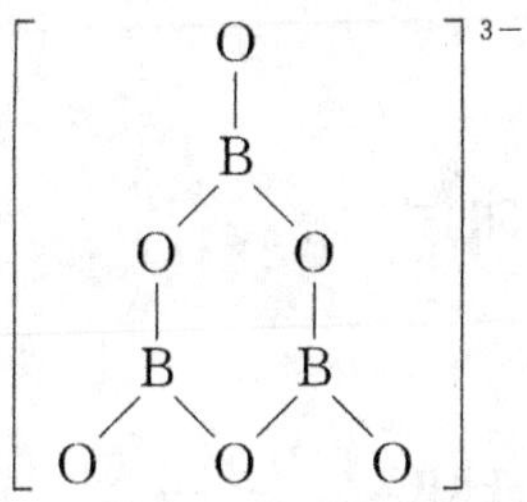

图 5—9　偏硼酸根结构

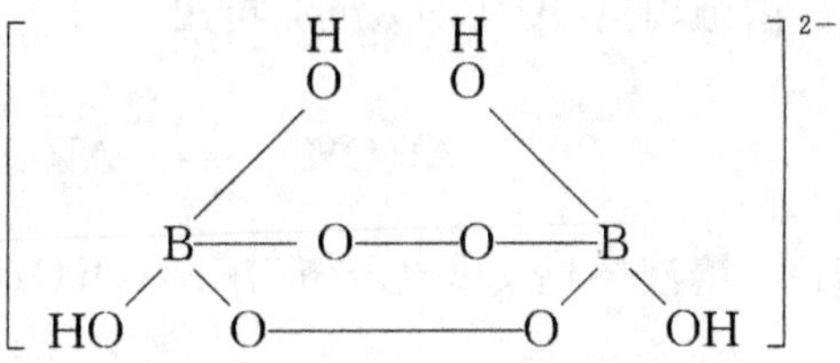

图 5—10　过硼酸根的结构

② 三个 $BO_4{}^{5-}$ 以角氧相连成六元环，如 $[B_3O_9]^{9-}$。

③ $BO_3{}^{3-}$ 和 $BO_4{}^{5-}$ 相连成环。

（4）四个硼酸根相连，见四硼酸根结构（图 5—8）。

4．过硼酸盐

含有过氧键的硼酸盐为过硼酸盐。硼酸盐与 H_2O_2 反应或 H_3BO_3 与过氧化钠反应，都可以制取过硼酸盐。如：

$$H_3BO_3 + Na_2O_2 + HCl + 2H_2O = NaBO_3 \cdot 4H_2O + NaCl$$

其结构如图 5—10 所示，相当于 $[B_2(OH)_4(O_2)_2]^{2-}$，由两个以硼为中心原子的 $[BO_4]^-$ 四面体通过两个过氧键 —O—O— 连结起来的。

显然，过硼酸钠是强氧化剂，它易水解，水解时放出 H_2O_2。

二、铝、镓、铟、铊的氧化物及水合物的结构与性质

氧化铝有多种主要的变体，如 $\alpha-Al_2O_3$（刚玉）、$\gamma-Al_2O_3$（活性氧化铝）、$\eta-Al_2O_3$ 和 $\delta-Al_2O_3$ 等。在 $\alpha-Al_2O_3$ 中，氧原子是六方紧密堆积，铝原子占有八面体的 2/3 的位置，因此，它质地致密，坚硬，不易受化学试剂的侵蚀，只有与熔矿剂（如 $K_2S_2O_7$ 等）才能共熔。在 $\gamma-Al_2O_3$ 中，氧原子按面心立方排列，而铝原子则杂乱地分布在八面体和四面体的位置上，因此 $\gamma-Al_2O_3$ 的质地不太致密，较软，易与酸或碱作用。

加热 $Al(OH)_3$ 可脱水生成各种 Al_2O_3 变体。在 450～500℃ 时脱水生成 $\gamma-Al_2O_3$ 和 $\eta-Al_2O_3$，大于 900℃时生成 $\alpha-Al_2O_3$。其中 $\gamma-Al_2O_3$ 和 η Al_2O_3，由于在结构上的原因，可以溶于酸与碱。

当 $\alpha-Al_2O_3$ 中含有杂质离子时也呈现不同的颜色，如含微量 Cr（Ⅲ）时呈红色，俗称红宝石；含 Fe（Ⅱ）、Fe（Ⅲ）或 Ti（Ⅳ）时为蓝色，俗称蓝宝石。

三氧化二铝不溶于水，因此 Al_2O_3 的“水合物”只能间接地制取：

$$Al^{3+} + 3NH_3 \cdot H_2O + 3H_2O = Al(H_2O)_3(OH)_3 \downarrow + 3NH_4{}^+$$

$Al(OH)_3$ 是白色，以碱性为主的两性氢氧化物：

$$Al(OH)_3(s) = Al(OH)_2^+(aq)^+ + OH^-(aq) \qquad K_1 = 5.37 \times 10^{-10}$$

$$Al(OH)_3(s) + H_2O = H^+(aq) + Al(OH)_4{}^-(aq) \qquad K_{sp} = 2 \times 10^{-11}$$

因为 $Al(OH)_3$ 酸性很弱，所以 $Al(OH)_4{}^-$ 水解比 Al^{3+} 水解能力更强。例如，加热

$Al(OH)_4^-$ 溶液将有 $Al(OH)_3$沉淀析出：

$$Al(OH)_4^- \xlongequal{\triangle} Al(OH)_3 \downarrow + OH^-$$

往 $Al(OH)_4^-$溶液中通 CO_2也会析出 $Al(OH)_3$沉淀：

$$Al(OH)_4^- + CO_2 \xlongequal{} Al(OH)_3 + HCO_3^-$$

镓、铟、铊也能形成三价态的氧化物，如 Ga_2O_3（白）、In_2O_3（黄色）、Tl_2O_3（棕色），它们的生成热焓分别为 −1 089 kJ/mol、−926 kJ/mol、−359 kJ/mol，说明它们的热力学稳定性依次降低。例如，Tl_2O_3在 373 K 时分解：

$$Tl_2O_3 \xlongequal{\triangle} Tl_2O + O_2 \uparrow$$

$Ga(OH)_3$是两性氢氧化物，但其酸性比 $Al(OH)_3$大：

$$Ga(OH)_3(s) + H_2O(l) \xlongequal{} H^+(aq) + Ga(OH)_4^-(aq) \qquad K_{sp} = 1.4 \times 10^{-7}$$

因此 $Ga(OH)_3$尚能溶于 $NH_3 \cdot H_2O$ 水中，而 $Al(OH)_3$不溶于氨水。

In_2O_3不具有两性，它只溶于酸，但不溶于碱。同样，Tl_2O_3也只是碱性氧化物。而且，Tl_2O_3没有对应的水合物 $Tl(OH)_3$。TlOH 可溶于水，是强碱。Ga_2O 是暗棕色粉末，可在室温下稳定存在。

三、硼族元素的卤化物

硼可以形成四种卤化物：BF_3、BCl_3、BBr_3、BI_3，它们的性质汇列于表 5－3 中。

表 5－3　硼卤化物的某些性质

性　质	BF_3	BCl_3	BBr_3	BI_3
室温下，状态	气	加压下液态	液	固
熔点/℃	−127.1	−107	−46	+49.9
沸点/℃	−99.9	−12.5	91.3	210
生成热/$kJ \cdot mol^{-1}$	− 1 142.2	−435.1	− 293	
结构	平面三角形	平面三角形	平面三角形	平面三角形
键能/$kJ \cdot mol^{-1}$	613.1	456	377	263.6
键长/pm（理论）	152	187	199	
（实测）	130	175	187	
Lewis 酸酸性	BF_3 <	BCl_3 <	BBr_3 >	BI_3

卤化硼（BX_3）都以单体存在，由于它们都是共价化合物，熔沸点较低，且随分子量增大而升高。BX_3 可以由以下反应制备：

$$2B + 3X_2 \longequal 2BX_3$$

$$B_2O_3 + 3CaF_2 + 3H_2SO_4 \longequal 2BF_3 + 3CaSO_4 + 3H_2O$$

$$Na_2B_4O_7 + 6CaF_2 + 8H_2SO_4 \longequal 4BF_3 + 6CaSO_4 + 2NaHSO_4 + 7H_2O$$

$$B_2O_3 + 3C + 3Cl_2 \longequal 2BCl_3 + 3CO$$

显然，最后一个反应是利用 C 作偶联剂才能使 BCl_3得以生成。

在 BX_3中，B—F 键键能最大（亦是“单键”键能最大的）。实验测定，BF_3中 B—F 键长仅为 130 pm，大大小于理论值 152 pm，表明 BF_3中 B—F 键不是简单的单键。结构分析表明，在 BF_3中，中心 B 原子以 sp^2杂化轨道成键，因此存在 π_4^6 大 π 键。相反地，在 BCl_3及其它 BX_3中，由于卤原子是第三周期以后的元素，π_{p-p}键不再是特征，因此形成的大 π 键不明显，键能显著地减少。由于 BF_3中存在大 π 键，使 B 原子的缺电子性变得不那么显著，作为 Lewis 酸的反应也不容易进行。相反，其它三卤化硼的缺电子性十分明显，表现在以下几方面：

① 三卤化硼水解：

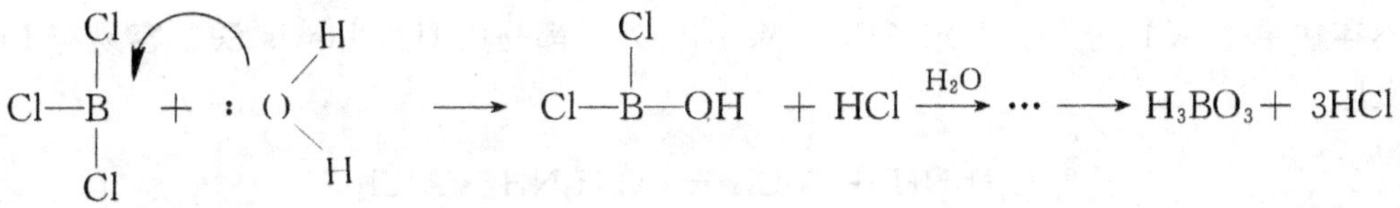

显然，水解是亲核的。相应地，BF_3的水解就不那么容易进行，水解条件苛刻，产物也较复杂，可以生成 BF_4^-、$BF_3(OH)^-$、$BF_2(OH)_2^-$、$BF(OH)_3^-$及 $B(OH)_4^-$等。其它 BX_3水解产物只有$B(OH)_3$及 HX。

② 加合性：这实质上是 BX_3的缺电子性，BX_3可以与一些有孤对电子的分子或离子形成加合物。例如：

$$BF_3 + NH_3 \longequal F_3B \longleftarrow NH_3$$

$$BF_3 + F^- \longequal BF_4^-$$

显然，在加合物形成中，卤化硼中心原子杂化态由 sp^2转化为 sp^3，构型发生改变。键能大的卤化物构型转变相应地难一些，因此形成加合物的稳定性是按 BF_3—BCl_3—BBr_3的顺序递增。HBF_4是强酸，能形成 MBF_4盐，除氟硼酸钾外都易溶于水，常温下 BF_4^-水解倾向很小：

$$BF_4^- + 3H_2O \longequal H_3BO_3 + 3HF + F^- \qquad \Delta_r G_m^\ominus = 54.78\ kJ/mol$$

③ BX_3被还原：BX_3与某些强还原剂（如 NaH、$NaBH_4$）反应，被还原为乙硼烷：

$$BCl_3 + 3NaBH_4 \longequal 2B_2H_6 + 3NaCl$$

铝可以形成 AlF_3、$AlCl_3$、$AlBr_3$、AlI_3四种卤化物，它们的基本性质见表 5—4。

表 5-4　铝的卤化物的基本性质

		AlF_3	$AlCl_3$	$AlBr_3$	AlI_3
熔点/℃			192.4	97.8	189.4
升华温度/℃		1272	180	256	381
$\Delta_f H_m^{\ominus}$/kJ·mol^{-1}		−1310 (s)	−695.4 (s)	−527.2	−309.6
Al_2X_6键能，桥基 Al−X/kJ·mol^{-1}			288.7	251.0	192.5
端基 Al−X/kJ·mol^{-1}			380.7	322.2	259.4
键型	固态（s）	离子型	离子	共价	共价
	液态（l）	离子型	共价	共价	共价
	气态（g）	离子型	共价	共价	共价
	水溶液（aq）	离子型	离子	离子	离子

注意到卤化铝中只有 AlF_3是离子化合物，在 AlF_3晶体中，Al^{3+}的配位数为 6，因此，并不存在单个 AlF_3分子。无水 AlX_3，除 AlF_3外，都是典型的 Lewis 酸，容易与 Lewis 碱反应：

$$C_4H_9NH_2 + AlCl_3 \!=\!=\!= C_4H_9NH_2 \cdot AlCl_3$$

因此，$AlCl_3$和 BF_3、BCl_3一样，广泛地用作有机反应中的催化剂。BF_3、$AlCl_3$用作 Friedel－Craft 反应的催化剂：

$$RX + BF_3 \!=\!=\!= R^+ + BF_3X^-$$
$$R^+ + PhH(\text{芳烃}) \!=\!=\!= PhR + H^+$$

除 AlF_3外，卤化铝都溶于有机溶剂中。气态 $AlCl_3$、$AlBr_3$是双聚分子，这是由于 Al 的缺电子性。双聚 $AlCl_3$结构如图 5－11 所示。

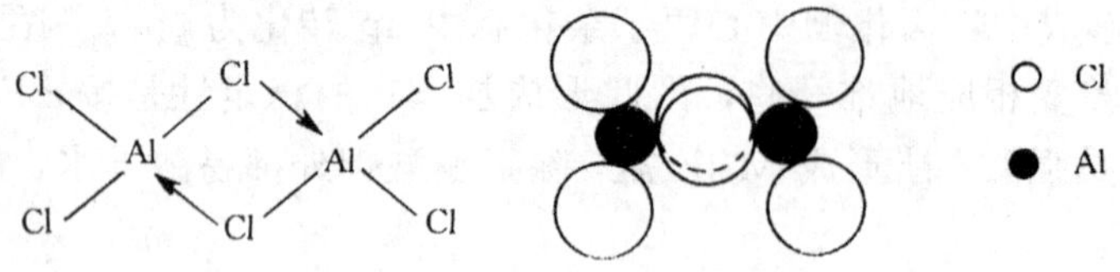

图 5－11　$AlCl_3$双聚分子的结构

AlX_3的制备，可以由 Al 与 X_2直接化合，或利用反应耦联卤化制备：

$$2Al + 3X_2 \!=\!=\!= 2AlX_3 \qquad (X：F、Cl、Br、I)$$
$$Al_2O_3 + 3C + 3X_2 \!=\!=\!= 2AlX_3 + 3CO \qquad (X：Cl、Br)$$

用 Al_2O_3与 HX 作用只能制备含结晶水的卤化铝。

镓、铟、铊都可以形成 MX_3（M：Ga、In）及 MX（M：Ga、In、Tl）两类卤化物，除 MF_3是离子型外，其余主要是共价型卤化物。$TlCl_3$、$TlBr_3$在室温下就会分解。MX_3（M：Ga、In）在气态时都形成双聚分子 $(MX_3)_2$。无水 $GaCl_3$也可用作 Friedel－Craft 反应的催化剂。

镓、铟都能形成实验式是 MCl_2的化合物，但对它们磁性的测定表明在 MCl_2中不存在成单的电子。所谓的 $GaCl_2$ 实际上是 Ga(Ⅰ)[Ga(Ⅲ)Cl_4]，$InCl_2$实际上是 In_3(Ⅰ)[In(Ⅲ)Cl_6]。

TlX（X：Cl、Br、I）为难溶物，见光分解，而 TlF 可溶于水，这些性质都似于 AgX。但 TlOH 似碱金属氢氧化物，是强碱，它的盐大多是无色且不含结晶水。

四、铝的其它重要化合物

铝盐种类繁多，性质各异。通常以 Al、Al_2O_3或 $AlCl_3$为原料制备各种铝盐，但这些铝盐多数含有结晶水。可溶性铝盐的特点之一是 Al^{3+}易水解，铝的弱酸盐水解更彻底：

$$Al(ClO_4)_3 \cdot 15H_2O \xrightarrow{178^\circ C} Al(OH)_2(ClO_4)$$

$$Al(NO_3)_3 \cdot 9H_2O \xrightarrow{500 \sim 700^\circ C} Al_2O_3$$

$$Al(Ac)_3 + 3H_2O \longrightarrow Al(OH)_3 \downarrow + 3HAc$$

铝盐在水溶液中以六水合铝离子$[Al(H_2O)_6]^{3+}$存在，$[Al(H_2O)_6]^{3+}$在水溶液中可以发生配体交换作用，如生成 AlF_6^{3-}、$[Al(C_2O_4)_3]^{3-}$、$[Al(C_9H_6ON)_3]$ 等。$[Al(C_9H_6ON)_3]$是三（8－羟基喹啉）合铝，是一种内络盐，为不溶于水的黄色沉淀，在分析化学中常用这一反应定量地测定铝。

硫酸铝是由铝矾土矿溶于硫酸制得，有多种水合物，常温下为 $Al_2(SO_4)_3 \cdot 18H_2O$。除锂外的碱金属硫酸盐常与硫酸铝生成 M(Ⅰ)$Al(SO_4)_2 \cdot 12H_2O$ 的晶体，叫铝矾。如 $KAl(SO_4)_2 \cdot 12H_2O$ 叫明矾或铝钾矾，有广泛的工业用途。

Al^{3+}与碱金属磷酸盐作用生成白色胶状 $AlPO_4 \cdot xH_2O$ 沉淀，它是一种耐火材料。

铝还可以形成有机铝化物，如烷基铝（R_3Al），它们是一类有高度化学活性的液体。三甲基铝以二聚体存在，结构似$[AlCl_3]_2$，但成桥的甲基原子团与两个铝原子形成三中心二电子键，而不是$[AlCl_3]_2$中的三中心四电子键。烷基铝由 $AlCl_3$与格氏试剂作用制得：

$$[AlCl_3]_2 + 6Mg\begin{matrix} R \\ Cl \end{matrix} = [R_3Al]_2 + 6MgCl_2$$

第四节　硼族元素的氧化还原性质

硼族元素 $\Delta G^\ominus/F-Z$ 图见图 5－12。由图可见，硼族元素的单质表现为还原性，它们的 $\varphi^\ominus_{(M^{3+}/M)}$或 $\varphi^\ominus_{[M(OH)_3/M]}$都是负值，但从 Al－Ga－In－Tl 的电位数值比较来看，它们的还原性是依次降低的，其变化规律与其它主族元素变化规律不一致。这可能与 ⅢA 族元素在周期表中位置特殊有关。

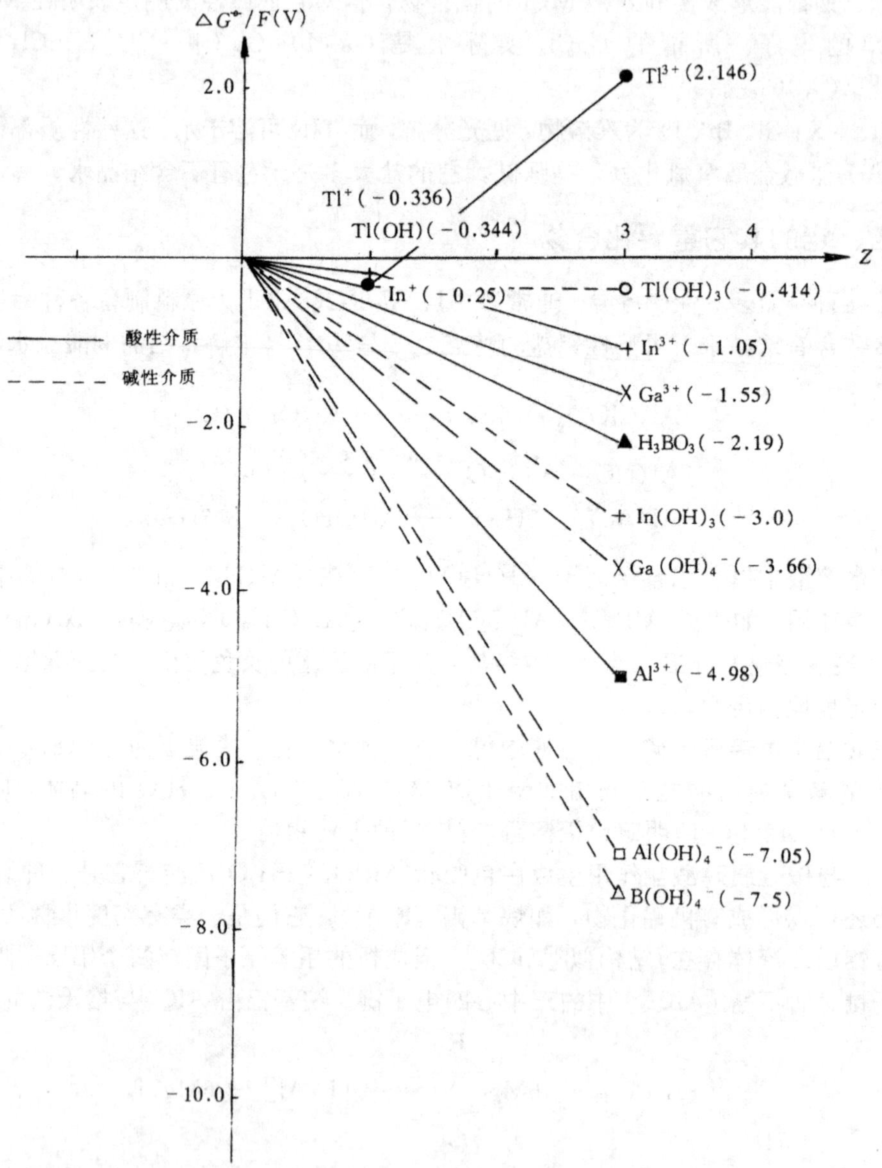

图 5—12　硼族元素 $\Delta G^{\ominus}/F-Z$ 图

此外，除 Tl^{3+} 有强氧化性外，本族元素的 M^{3+} 在热力学上都是十分稳定的。相反 Ga（I）、In（I）都不稳定，具有较大的还原性倾向。

从图上数据分析，金属铝应与酸作用，但是在冷的浓 H_2SO_4、浓 HNO_3 中，金属铝表面由于生成较致密的氧化铝保护膜而钝化，因此可用铝罐车贮盛、贮运浓 HNO_3、浓 H_2SO_4。

作为还原剂，本族元素更多地应用在高温中，如 B、Al 的亲氧性能广泛地应用于冶炼工业，作脱氧剂、铝热剂等。

第五节　硼族元素的用途及环境化学

硼单质及其化合物有广泛的应用。晶态硼由于非常坚硬，常用它代替金刚石以制造切削刀具或钻头。在金属冶炼过程中常加入少量硼，一方面作脱氧剂，防止金属在高温下氧化；另一方面使形成合金，改善金属的机械性能。例如硼铜，用于制作原子反应堆的控制棒。单质硼还广泛地用于制备一些有特殊用途的碳化硼（B_4C）和金属硼化物，如 Be_2B、MgB_2、CaB_6、FeB、Ni_3B 等。

熔融态的三氧化二硼由于可溶解许多金属氧化物，广泛用于制造有特殊性能的硼玻璃。例如，由锂、铍及硼氧化物制成的玻璃，用作 X 射线管的窗口。硼玻璃耐高温，可制作特殊化学玻璃仪器及光学仪器设备，硼玻璃纤维可用于火箭的防护材料、绝缘器材及玻璃钢等建筑、机械军事工程所需的新型材料上。硼氧化物还用作制取搪瓷和珐琅。

硼酸用于玻璃、搪瓷、医药、化妆品工业，还用作防腐剂和消毒剂。硼酸盐中以硼砂用途最广，它可用作肥皂和洗衣粉的填料、陶瓷工业的低熔点釉及搪瓷工业的易熔釉药、焊接工艺中的助熔剂除锈剂、医疗上的防腐剂及中医上的清热解毒药等，也用于特种玻璃及光学玻璃工业中。此外，在肉类的防腐中，过去常用硼砂作保鲜防腐剂；近年研究表明，硼砂对人体有害，会导致癌症，因此被限制使用。

硼砂与氯化铵一同加热，可制得氮化硼：

$$Na_2B_4O_7 + 2NH_4Cl = 2NaCl + B_2O_3(g) + 4H_2O + 2BN$$

BN 为白色难溶固体，对酸碱试剂（除 HF 外）都无反应，具有如图 5—13 的结构。因为 BN 与 C_2是等电子体，因此具有似石墨晶体的结构，同一层 B 及 N 都采用 sp^2杂化，且存在 $p_\pi-p_\pi$ π 键。同层中 B—N 键长 145 pm，层间以范德华力结合，相距 330 pm，由于 B—N 键的极性，它的成键轨道与反键轨道的禁带较宽，因此 $(BN)_n$ 是绝缘体。在高温高压下，石墨型 $(BN)_n$ 会转化成金刚石型 $(BN)_n$：

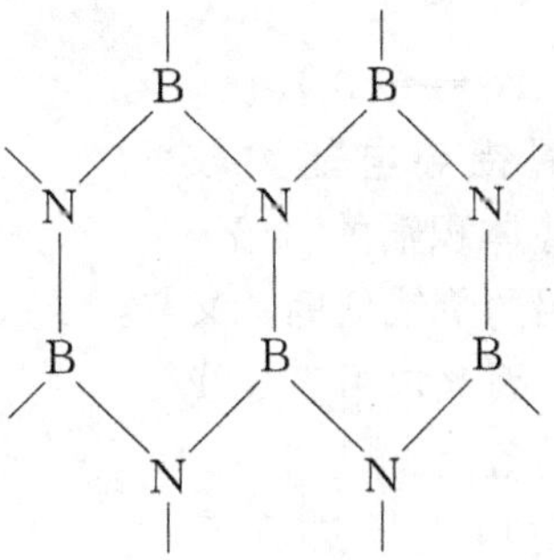

图 5—13　$(BN)_n$的结构

$$(BN)_n(石墨) \xrightarrow[3000℃]{7\times10^5\ kPa} (BN)_n(金刚石)$$

金刚石型 $(BN)_n$ 硬度比金刚石还硬，且更耐高温（金刚石在 900℃ 即会燃烧，而 $(BN)_n$ 在此温度下不起变化），因此，在某些场合下可以代替金刚石。$(BN)_n$ 还用于制火箭喷嘴、燃料室的内衬及高真空高频电炉的绝缘材料。

此外，$NaBH_4$还用作醛类、酮类和酰氯类的还原剂、塑料的发泡剂等，用硼烷和乙炔原料合成的硼硅橡胶，用于高温下使用的密封零件和绝缘材料。

在农业上，硼肥是一种速效肥料，含某些微量元素的硼肥，可促进植物生长，增强作物抗病能力，可用作基肥、种肥、追肥等。

铝的工业提取分为两步：Al_2O_3的提纯及 Al_2O_3的电解。

在加压下用 NaOH 处理铝矾土制得 $NaAl(OH)_4$：

$$Al_2O_3 + 2NaOH + 3H_2O = 2NaAl(OH)_4$$

经沉降、过滤后向清液中通入 CO_2制得 $Al(OH)_3$沉淀：

$$2NaAl(OH)_4 + 2CO_2 = 2Al(OH)_3\downarrow + 2NaHCO_3$$

滤渣灼烧后制得 Al_2O_3。

电解设备图见图 5－14。为降低电解质熔点，电解质由 Al_2O_3、Na_3AlF_6（2%～8%）、CaF_2（10%）组成。电解温度为 960～980℃，阳极为石墨，阴极是熔融铝，槽电压为 4.5～7.0 V。铝纯度可达 99% 以上。电解反应为

阴极：

$$4Al^{3+} + 12e = 4Al$$

阳极：

$$6O^{2-} - 12e = 3O_2$$

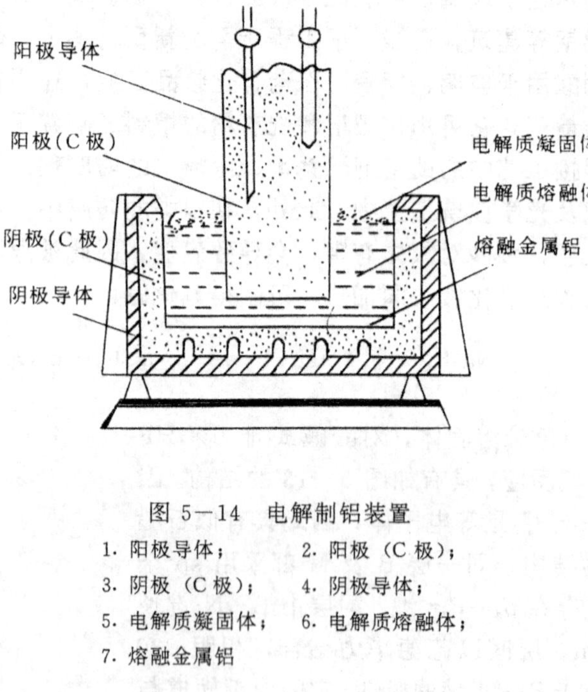

图 5－14　电解制铝装置

1. 阳极导体；　2. 阳极（C 极）；
3. 阴极（C 极）；　4. 阴极导体；
5. 电解质凝固体；　6. 电解质熔融体；
7. 熔融金属铝

金属铝导电能力较强，是等体积铜的 64%，但由于铝的价钱低廉，又比铜轻，因此常用于导线及电器设备上。

铝的电极反应几乎是不可逆的，铝整流器即利用了这一性质。当铝作阳极时，电极上电阻很大，作阴极时，电阻又很小，因此使交流电通过铝整流器时可以得到直流的脉冲电流。

铝可以制成铝箔、铝粉，在消防、冶金军工上有广泛应用。利用真空镀铝法制镜，改善了银镜制镜工艺，降低了成本，提高了镜膜质量，也改善了劳动条件。利用铝的亲氧性能，冶金工业用作脱氧剂，焊接工业用作“铝热剂”。铝还广泛地用于制造各种合金，如铝镁合金等。由于合金铝质优体轻，又不易锈蚀，在航空工业、造船工业、航天工业上都有广泛的应用。

铝的化合物如 $\gamma-Al_2O_3$ 及 $\eta-Al_2O_3$，由于有较大的比表面，因此成为石油化工常用的催化剂载体。铝铵矾加热可制成 Al_2O_3 单晶：

$$(NH_4)_2SO_4 \cdot Al_2(SO_4)_3 \cdot 24H_2O \xrightarrow{\Delta} Al_2O_3$$

含有少量 Cr_2O_3 的 Al_2O_3 单晶，是红宝石激光器的材料。掺入其它金属氧化物，可以制成各种色彩的宝石。

Al_2O_3 又称刚玉，有高硬度，用于制作刚玉坩埚及作磨料，手表工业上的"钻石"即是刚玉。此外天平、时钟、电流计、电压表都用到耐磨的刚玉。

$AlCl_3$ 用作 Friedel－Craft 反应的催化剂。$Al(Ac)_3$ 用作染色工业的媒染剂，因为 $Al(Ac)_3$ 的水解产物 $Al(OH)_3$ 有吸附性能。$Al_2(SO_4)_3$ 用于泡沫灭火器。

铝在人们生活中应用极其广泛，过去被普遍认为是无害元素。近年来研究发现，铝对环境及人类健康有直接的影响。

随着全球工业的迅速发展，酸雨给环境带来了一系列问题，如破坏森林，使湖水、土壤酸化，同时也使土壤中大量金属离子溶出：

$$MCO_3 + H^+ \longrightarrow M^{2+} + HCO_3^-$$
$$(RCOO)_2M + 2H^+ \longrightarrow M^{2+} + 2RCOOH$$

溶出的铝再转化成 $Al(OH)_3$ 或不溶性铝盐，这些胶状沉淀物会堵塞植物根部传输管道，使植物生长受损。据测定，水溶液中 Al 的质量分数（ω）为 10×10^{-6}～20×10^{-6} 时，植物会受到损害。

关于铝的毒性，近年来由于发现铝对中枢神经系统的损害，引起人们的注意。已证实老年性痴呆症（Alzeiman 症）与铝有关，在病人脑组织中有高浓度的铝[R. W. Michael，Environ. Health. Perspectives，1985，63（141－7）]，使人产生明显的脑功能障碍，记忆力衰退，行为紊乱。此外，由于铝在体内干扰磷的代谢，会导致骨软化症。据测定，在细胞和生物液中，铝有四种不同存在形式：自由态、低分子络合物、可逆的大分子络合物和不可逆的大分子络合物。目前已比较清楚地认为，铝的有害形态是自由态 Al^{3+}，因为血清中的柠檬酸和铁传递蛋白是血清中络合 Al^{3+} 的主要配体，导致促进铝透过生物膜。随着铝矿的开采、冶炼以及铝制品的大量制作、使用，土壤和空气中铝含量增加，人体中铝的含量也有增多的趋势，进一步研究铝对生物体的影响是十分有意义的。

由于镓有熔点低、沸点高的性质，用 Ga 代替水银作温度计，其测量范围大，能测 1 000℃ 以上的高温。在核反应堆中，Ga 可像水一样用作热交换介质，用以传导反应堆释放出来的大量的热。镓也是一种很好的半导体材料，与一些金属形成的化合物，如锑化镓、砷化镓，它们都有良好的半导体性能，可满足高频、大功率的要求，在高温下性能仍十分良好。镓与某些低熔点金属可以制成低熔点合金，用作保险丝。此外，镁中加入镓，可以提高镁的耐蚀性。镓还应用于玻璃工业中。

铟主要用于电镀，作为防腐蚀保护层。例如，在轴承上镀上一层铟，既可防浸蚀，又可增强油脂的润滑性。铟还用以制造高折射率的光学玻璃及探照灯镜面，由于耐蚀性强，用于航海及军事工业上。用铟制取易熔合金、焊接合金及磁性合金，可提高合金的性能。铟的化合物是优良的半导体材料。如磷化铟、砷化铟、锑化铟、锡化铟等，都可以用来制造激光二极管、电热器零件、磁性器件、红外线检测器等。

铊广泛用于制造合金。此外，高纯铊及其合金均为优良半导体材料。铊盐还可用作萤光粉的激活剂。硫化铊和氧化铊制成对红外线敏感的光电管，在黑夜也能接收讯号。玻璃工业上制成铊玻璃，折光率大，可与天然宝石媲美。铊灯是一种高压水银灯，内充有碘化铊，能发绿光，可作信号灯或光电效应的光源，由于可以穿透海水，可作水下照明用。

本章教学要求

1. 掌握本族元素的单质、氢化物、氧化物的结构与性质。
2. 掌握本族元素的缺电子性及对化合物性质的影响。
3. 掌握硼烷结构中的五大成键要素，并能分析硼烷的结构。
4. 掌握硼酸盐的结构特点。
5. 了解本族元素性质的变化规律特点并与氮族碳族元素的比较。
6. 进一步熟悉等电子原理及其应用。

习　题

1. 将铝片表面氧化膜用砂纸打磨后，滴加一两滴 $HgCl_2$溶液，铝片会“长毛”，为什么？请写出反应式。

2. 同一主族元素自上而下氧化物的水化物碱性一般随原子序数增大而增大，但 $Ga(OH)_3$ 的酸性都比 $Al(OH)_3$大，试给予解释。

3. 什么是缺电子原子，什么是缺电子化合物？试举例说明缺电子化合物的特征及用途。

4. 已知甲硼烷 BH_3实际上不存在，但三卤化硼 BX_3却稳定存在，试从结构上给予解释。

5. 硼与硅都可以形成硼化镁及硅化镁，它们都易水解，但水解产物不同，试写出它们水解反应的方程式。

6. 硼的工业制法是用较强的还原剂（如镁）使硼从 B_2O_3中还原出来，请计算用 Al 或 Mg 与 B_2O_3反应制取单质硼反应的 $\Delta_r G_m^{\ominus}$，为什么生产中选用 Mg 作还原剂而不选用更便宜的铝作还原剂？写出有关反应式。

7. 硼的另一工业制法是由 Zn、Na 还原 BX_3制取，试比较它们的优缺点。

8. 试解释：

（1）H_3BO_3在水中溶解度随温度增高而增大较多。

（2）H_3BO_3易溶于含羟基的有机溶剂中。

（3）硼砂的结构应写作 $Na_2[H_4B_4O_9]\cdot 8H_2O$。

（4）硼砂溶液是标准缓冲溶液。

（5）BF_3的酸性比 BBr_3弱。

(6) 在化合物 H_3NBH_3、$(BN)_n$ 中，B—N 键键长分别为 166 pm、145 pm。

(7) TlI 和 KI 同晶，但 TlI 不溶于水。

(8) $InCl_2$是逆磁性物质，熔融时可导电。

(9) Tl（Ⅲ）的碘化物不存在。

(10) B、Al 为同族元素，BF_3、AlF_3都不会双聚，但 $AlCl_3$在气态或有机溶剂中呈双聚体，BCl_3会成双聚体吗？

(11) 氟硼酸 HBF_4必须保存于蜡制容器中而不宜保存在玻璃瓶中。

(12) 新配制的 $Ca(BF_4)_2$溶液是澄清的，经放置后会变混浊。

9. 试利用 Lipscomb 的硼烷化合物五种成键要素分析以下硼烷的结构：

① B_4H_{10} 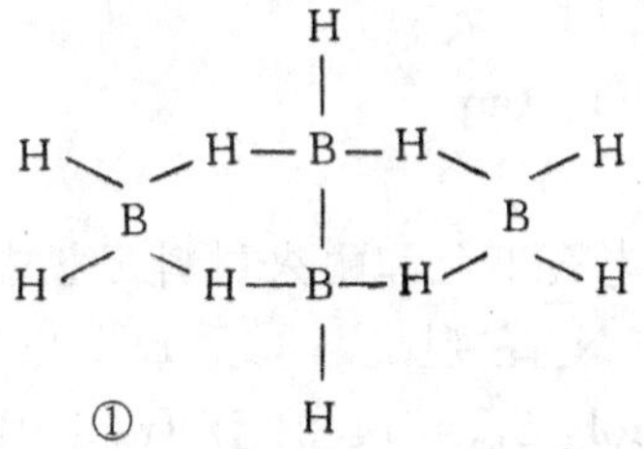

② B_6H_{10} 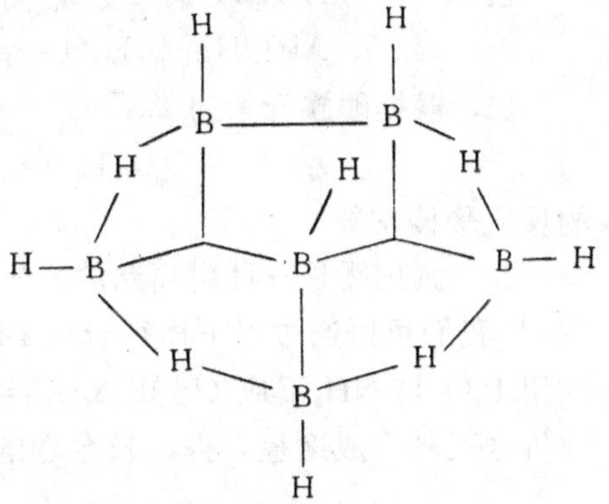

10. $Ga(OH)_3$、$Al(OH)_3$与 $NH_3 \cdot H_2O$ 作用有什么不同？试用计算加以说明。

11. 完成并配平以下方程式：

(1) $NaAl(OH)_4 + CO_2 \longrightarrow$

(2) $NaAl(OH)_4 + NH_4Cl \longrightarrow$

(3) $Al + HNO_3$(热、浓)$\longrightarrow$

(4) $Na_2B_4O_7 + H_2SO_4 + H_2O \longrightarrow$

(5) $NaGa(OH)_4 + CO_2 \longrightarrow$

(6) $NaAl(OH)_4 + AlCl_3 \longrightarrow$

(7) $AlCl_3 + Na_2S + H_2O \longrightarrow$

12. 如何使灼烧过的 Al_2O_3转化为可溶性 Al(Ⅲ)盐？

13. 为什么 $AlCl_3 \cdot 6H_2O$ 不能作 Friedel—Craft 的反应催化剂？

14. 计算说明由 B_2O_3制备 BBr_3的反应。由 B_2O_3溴化制出的 BBr_3中常含有少量 Br_2，如何除去？

15. BF_3、BCl_3水解有什么不同？它们在水解过程中分子构型发生变化吗？

16. 根据等电子原理写出 BF_3的等电子体。

17. 硼的三卤化物 BF_3、BCl_3、BBr_3中，理论 B—X 键长与实测 B—X 键长见表 5—3，请给予解释。

18. 为什么硼的三卤化物中接受电子对的能力以 BF_3—BCl_3—BBr_3 顺序依次增强？

19. 铝的三卤化物中，$AlCl_3$、$AlBr_3$、AlI_3都是缺电子体，都有可能在气态或有机溶剂中以双聚形式存在，为什么？

20. Tl(Ⅲ)I_3不可能存在，但实验式为 TlI_3的化合物又确实存在，为什么？

21. $Al_2(CH_3)_6$与$(AlCl_3)_2$的结构有什么不同？

22. 根据硼族元素的 $\Delta G^\ominus/F-Z$ 图，预测 InCl 在水溶液中的热力学稳定性。

23. 根据等电子原理讨论 $B_3N_3H_6$的结构，讨论它的酸碱性。有人说它既是 Lewis 酸，又是 Lewis 碱，为什么？

24. 计算：

① Al^{3+}完全沉淀为 $Al(OH)_3$时，溶液的 pH 值；

② 10 毫摩尔 Al $(OH)_3$为 20 cm^3 NaOH 完全溶解时，溶液的最低 pH 值及 NaOH 的最低浓度为多少（不考虑 AlO_2^-的水解）？

已知：　$Al(OH)_3 \rightleftharpoons Al^{3+} + 3OH^-$　　　$K_{sp}=3.0\times10^{-33}$

　　　　$Al(OH)_3 + H_2O = H^+ + Al(OH)_4^-$　　　$K_{sp}=2\times10^{-11}$

25. 根据硼族元素的 $\Delta G^\ominus/F-Z$ 图计算 298 K 时

$$3Tl^+(aq) \rightleftharpoons 2Tl + Tl^{3+}(aq)$$

的反应平衡常数。

26. 氮化硼是一种耐高温的无机绝缘材料，在电石工业和耐火材料工业中有广泛的应用。我们可以通过以下途径合成 BN：①单质 B 与 N_2直接反应；②用 BCl_3与 NH_3反应；③用 B_2O_3与 NH_3反应（已知 $\Delta_f G^\ominus_{BN}=-228.4$ kJ/mol，$S^\ominus_{BN}=14.81$ J/（mol·K））。请你评价这三种合成途径，提出较合理的生产方法。

第六章　碱金属、碱土金属

碱金属（Alkali metals）及碱土金属（Alkaline earth metals）包括了周期表中 s 区元素。锂（Lithium）、钠（Sodium）、钾（Potassium）、铷（Rubidium）、铯（Caesium）及钫（Francium）属于ⅠA族，由于它们的氧化物的水溶液呈碱性，称之为碱金属；铍（Beryllium）、镁（Magnesium）、钙（Calcium）、锶（Strontium）、钡（Barium）及镭（Radium）属于 ⅡA 族，由于钙、锶、钡的氧化物既有碱性，又有土性（难溶于水及难熔融的性质），因此 ⅡA 族又称为碱土金属。

第一节　碱金属与碱土金属的通性

碱金属和碱土金属原子的电子层结构分别是 ns^1 及 ns^2。由于碱金属处于每一周期的第一个元素，开始建立一个新的电子层，因此，这两族元素与同一周期元素的其它原子相比，具有较大的原子半径。碱金属、碱土金属的原子实具有稀有气体的稳定电子层结构，对核的屏蔽效应较高，所以它们的电离势较小，碱金属呈现 +1 氧化态，碱土金属呈现 +2 氧化态，本区元素的一系列性质都密切地与这些结构相关（表 6－1）。

表 6－1　碱金属、碱土金属的一些基本性质

基本性质	Li	Na	K	Rb	Cs	Be	Mg	Ca	Sr	Ba
价电子构型	$2s^1$	$3s^1$	$4s^1$	$5s^1$	$6s^1$	$2s^2$	$3s^2$	$4s^2$	$5s^2$	$6s^2$
常见氧化态	+1	+1	+1	+1	+1	+2	+2	+2	+2	+2
原子半径/pm	123	154	203	216	235	88.9	136.4	173.6	191.4	198.1
离子半径/pm	60	95	133	148	169	31	65	99	113	135
电离能 I_1/kJ·mol^{-1}	521	499	421	405	371	905	742	593	552	564
电离能 I_2/kJ·mol^{-1}	7 295	4 591	3 088	2 675	2 436	1 768	1 460	1 152	1 070	971
电离能 I_3/kJ·mol^{-1}						14 939	7 658	4 942	4 351	3 575
电负性（pauling）	0.98	0.93	0.82	0.82	0.79	1.57	1.31	1.00	0.95	0.89
标准电极电位 $\varphi^\ominus$ /V	−3.05	−2.71	−2.93	−2.93	−2.92	−1.85	−2.37	−2.87	−2.89	−2.91
密度/g·cm^{-3}	0.53	0.97	0.86	1.53	1.90	1.85	1.74	1.55	2.63	3.62
硬度/Moh	0.6	0.4	0.5	0.3	0.2	4	2.5	2	1.8	
熔点/℃	180.54	97.8	63.2	39.0	28.5	1 287	649	839	768	727

续表 6-1

基本性质	Li	Na	K	Rb	Cs	Be	Mg	Ca	Sr	Ba
沸点/℃	1 347	881.4	756.5	688	705	2 500	1 105	1 494	1 381	(1 850)
相对导电性（Hg=1）	11	21	14	8	5	5.2	21.4	20.8	4.2	
晶格类型	体心立方	体心	体心	体心	体心	六方堆积	六方堆积	面心立方	面心立方	体心立方

常见的 ⅠA、ⅡA 族元素化合物以离子型为主。只有 Li^+、Be^{2+} 由于结构上特殊，原子半径较小，电离势相对高于同族元素，形成共价键的倾向比较显著，常常表现出与同族元素不同的性质。此外，K^+、Rb^+、Cs^+；Ca^{2+}、Sr^{2+}、Ba^{2+} 这两组离子的价数、离子构型相同，半径也相差较小，所以 K^+、Rb^+、Cs^+ 相应的化合物性质上相近，Ca^{2+}、Sr^{2+}、Ba^{2+} 相应化合物性质也相近，而与对应的 Na^+、Mg^{2+} 分别有较大的差别。

碱金属和碱土金属单质，除 Be 呈钢灰色外，都具有银白色的光泽。由于原子半径大，碱金属具有密度小、硬度小、熔点低的特点，是典型的轻金属。相应地，碱土金属密度、硬度、熔点都较碱金属高些。

碱金属、碱土金属的主要化学性质见表 6-2：

表 6-2 碱金属、碱土金属的主要化学性质

性　质	碱　金　属	碱　土　金　属
在空气中加热	M_2O+M_3N（M：Li）	M_3N_2（M：Mg、Ca、Sr、Ba）
	M_2O_2（M：Na、K、Rb、Cs）	MO
	MO_2（M：K、Rb、Cs）	MO_2（M：Ba；Ca 不易生成，Mg 难）
与卤素反应	MX	MX_2
与硫反应	M_2S	MS
与氢反应	MH	MH_2（除 Be、Mg 外）
与氮反应	Li_3N	M_3N_2（Be 在 1 170 K 以上才反应）
与水反应	$MOH+H_2\uparrow$	$M(OH)_2+H_2$（M：Ca、Sr、Ba；Mg 与热水反应）
与 $TiCl_4$ 反应	Ti+MCl（M：Na、K）	MCl_2+ Ti（M：Mg）
与氨反应	MNH_2+H_2	$M(NH_2)_2+H_2$
与磷作用	M_3P	Ca_3P_2

可见，碱金属比碱土金属更活泼。例如，Na、K 在空气中稍加热即行燃烧，Rb、Cs 自燃，而碱土金属都要在加热下才发生反应。又如与水的反应，K、Rb、Cs 遇水反应猛烈，甚至爆炸，而 Li、Ca、Sr、Ba 则反应缓慢，Be、Mg 只能与水蒸气反应。根据电极电位，$\varphi^{\ominus}_{(Li^+/Li)}=-3.05$ V，数值上是最负的，但实际上锂与水的反应却远不如 Na 激烈，这是由于 Li 的熔点较高，反应热不足以使 Li 熔化而分散，阻碍了进一步的反应的原因。

至于为什么在碱金属中，电极电位的数值以 $\varphi^{\ominus}_{(Li^+/Li)}$ 最负，我们可以通过下列热力学循环来分析，讨论碱金属电极电位（以氢为标准的循环）：

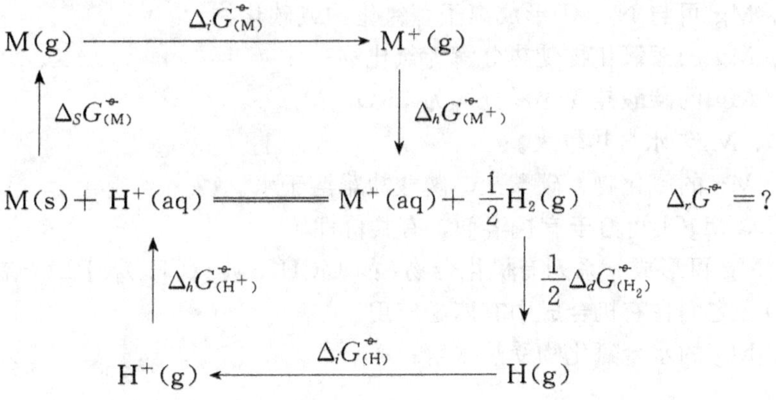

$$\Delta_r G^{\ominus} = \underbrace{\Delta_s G^{\ominus}_{(M)} + \Delta_i G^{\ominus}_{(M)} + \Delta_h G^{\ominus}_{(M^+)}}_{\Delta G^{\ominus}_{(M)}} - \underbrace{\Delta_d G^{\ominus}_{(H_2)} \times \frac{1}{2} - \Delta_i G^{\ominus}_{(H)} - \Delta_h G^{\ominus}_{(H^+)}}_{\Delta G^{\ominus}_{(H)}}$$

角标 s 表示升华，i 表示电离作用，h 表示水合作用，d 表示解离作用

对于碱金属与碱土金属，相应数值汇列于表 6—3。

表 6—3　碱金属、碱土金属的升华、电离、离子水合自由能与电极电位

	Li	Na	K	Rb	Cs	Ca	Sr	Ba
$\Delta_S G^{\ominus}_M$ /kJ·mol⁻¹	128.0	77.8	61.1	54.0	51.1	142.7	110.1	143.1
$\Delta_i G^{\ominus}_M$ /kJ·mol⁻¹	523.0	497.9	418.4	404.6	377.4	1 736.4	1 615.0	1 472.8
$\Delta_h G^{\ominus}_{M^+}$ /kJ·mol⁻¹	−510.5	−410.0	−336.0	−314.6	−282.4	−1 589.9	−1 422.6	−1 318.0
$\Delta G^{\ominus}_M$ /kJ·mol⁻¹	141	165.7	143.5	144	146.1	289.2	302.5	297.3
$\Delta G^{\ominus}_H = \frac{1}{2}\Delta_d G^{\ominus}_{(H_2)} + \Delta_i G^{\ominus}_H + \Delta_h G^{\ominus}_{(H^+)}$	+431.7	+431.7	+431.7	+431.7	+431.7	+863.4	+863.4	+863.4
$\Delta_r G^{\ominus} = \Delta G^{\ominus}_M - \Delta G^{\ominus}_H$	−291.2	−266.0	−288.2	−287.7	−285.6	−574.2	−561	−565.5
$\varphi^{\ominus}_{(M^+/M)}$/V	−3.02	−2.76	−2.99	−2.98	−2.96	−2.98	−2.91	−2.93

可以看到，$\varphi^{\ominus}_{(Li^+/Li)}$ 特别负的主要因素是由于 Li^+ 的半径特别小、水合能特别大的原因。同理，碱土金属的电极电位数值较小也是由于 M^{2+} 水合过程中放出较大能量的原因。虽然 $\varphi^{\ominus}_{(Li^+/Li)}$ 及 ⅡA 族 $\varphi^{\ominus}_{(M^{2+}/M)}$ 都较负，但它们与水反应的速度却比 Na、K 慢，这说明 $\varphi^{\ominus}$ 数值大小只是热力学倾向的问题，而反应速度快慢是动力学因素问题，它涉及到金属熔点的高低不同以及生成产物的溶解度大小等因素，两者不宜混为一谈。

在化学性质上，Li 与 Mg 在不少方面有相似性，Be 与 Al 亦相似。这种在周期表上左上角元素在性质上与右下角元素相似的现象称为对角线规则。我们还能举出很多这样的例子，例如 B—Si、C—P 相似等。Li 与 Mg，Be 与 Al 相似的原因恐怕与离子的“极化力”相似有关。

Li、Mg 相似性表现在以下几点：

① Li、Mg 与氧反应只形成普通氧化物。

② Li、Mg 可与 N 、C 形成离子型氮化物或碳化物。

③ Li、Mg 的氢氧化物受热分解为氧化物。

④ Li、Mg 的碳酸盐受热易分解为 Li_2O、MgO。

⑤ Li^+、Mg^{2+}水合热较大。

⑥ Li、Mg 的氟化物、碳酸盐、磷酸盐难溶于水。

⑦ LiCl、$MgCl_2$可溶于有机溶剂，有共价性。

⑧ Li、Mg 可形成一系列有机化合物，如 $LiCH_3$、$Mg(CH_3)_2$、RLi（烷基锂）、RMgX（格氏试剂），它们在有机合成中有广泛应用。

⑨ Li、Mg 的水合氯化物受热水解：

$$LiCl \cdot H_2O \xlongequal{\Delta} LiOH + HCl\uparrow$$

$$MgCl_2 \cdot 6H_2O \xlongequal{\Delta} Mg(OH)Cl + HCl\uparrow + 5H_2O\uparrow$$

Be、Al 的相似性表现在以下几方面：

① 标准电极电位相似：$\varphi^{\ominus}_{(Be^{2+}/Be)} = -1.85$ V，$\varphi^{\ominus}_{(Al^{3+}/Al)} = -1.66$ V。

② 氧化物为两性。

③ $BeCl_2$、$AlCl_3$为共价化合物，易升华，可溶于有机溶剂中。$BeCl_2$（s）为无限链状结构，气体状态下$BeCl_2$(g)是单体；$AlCl_3$(g)是双聚体：

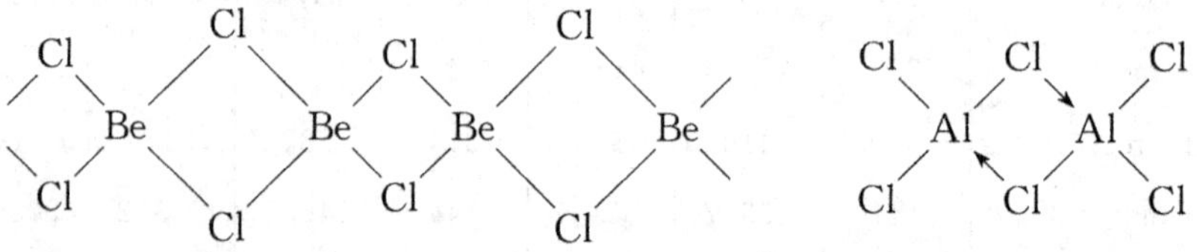

聚合体中有三中心四电子键。

④ Be、Al 对冷浓 HNO_3都有钝化作用。

⑤ BeO、Al_2O_3都有高硬度、高熔点。

⑥ Be^{2+}、Al^{3+}盐加热易水解。

⑦ Be_2C、Al_4C_3易水解，产物都为 CH_4。

Be、Al 的相异性表现在 Be^{2+}与 CO_3^{2-}产生络合，而 Al^{3+}在 CO_3^{2-}溶液中水解：

$$Be^{2+} + 2CO_3^{2-} \xlongequal{} [Be(CO_3)_2]^{2-}$$

$$2Al^{3+} + 3CO_3^{2-} + 3H_2O \xlongequal{} 2Al(OH)_3\downarrow + 3CO_2\uparrow$$

碱金属与碱土金属的 $\Delta G^{\ominus}/F-Z$ 图见图 6—1。

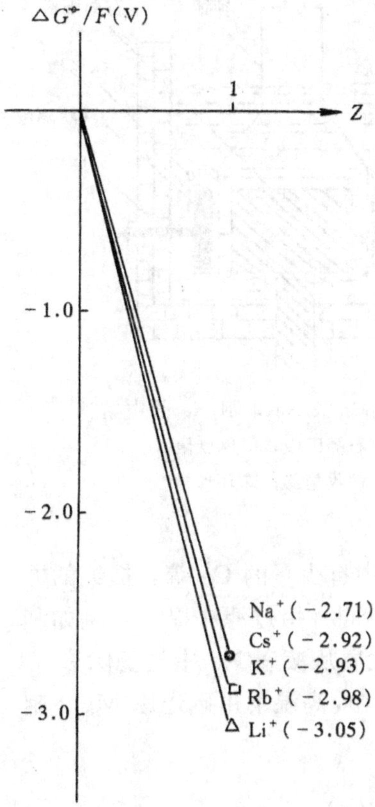

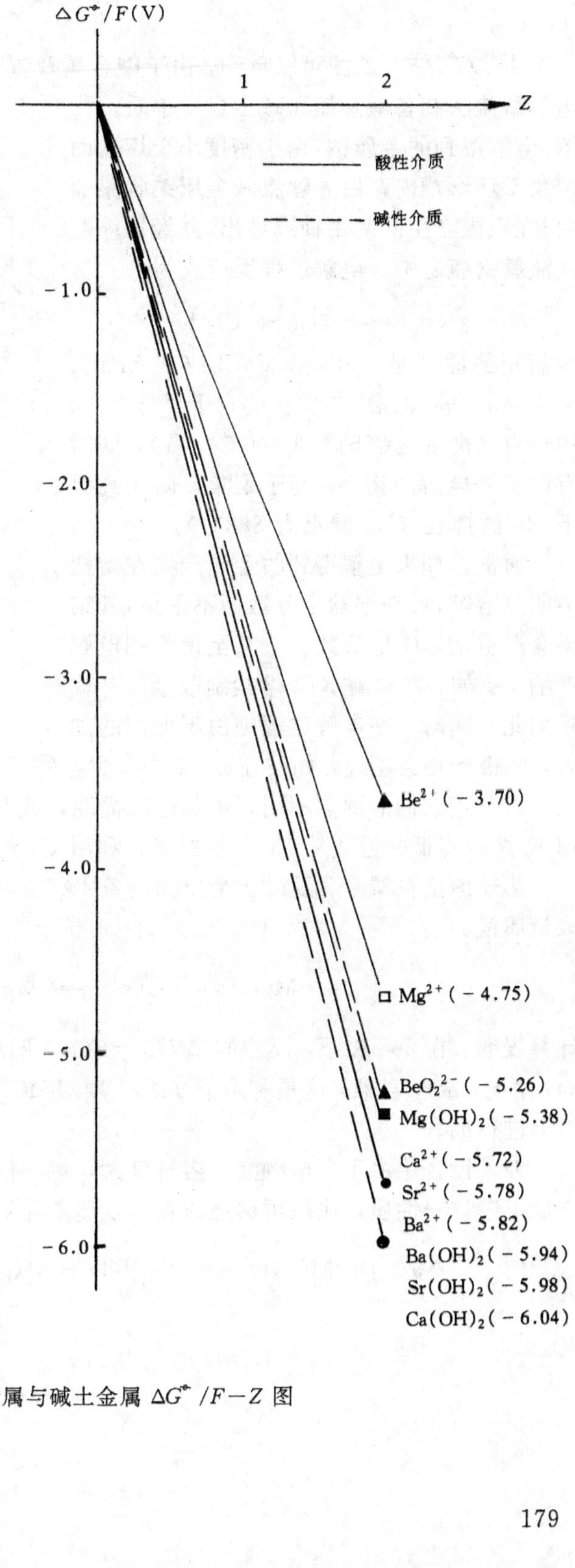

图 6－1　碱金属与碱土金属 $\Delta G^{\ominus}/F-Z$ 图

第二节　单质的制备

由 $\Delta G^{\ominus}/F-Z$ 图可以看到，由于碱金属及碱土金属单质具有还原性，因此，一般用电解熔盐法制备碱金属和碱土金属单质。图 6—2 是电解 NaCl 制金属 Na 的电解槽示意图：电解得到的金属钠，由于密度小于熔盐而聚集于环形槽内，由导管流入金属钠收集器内；在阳极产生的氯由钟罩导出，并经压缩贮入液氯钢瓶之中。电解过程反应式为：

$$2NaCl \xlongequal{\quad} 2Na + Cl_2\uparrow$$

电解用的原料是 NaCl 和 $CaCl_2$（或 $SrCl_2$、KCl、NaF 等）的混合盐，目的在于降低 NaCl 的熔点（由 803℃下降到 600℃左右），同时有助于使电解产物 Na 易于聚集，防止高温下 Na 的挥发（Na 沸点为 883℃）。

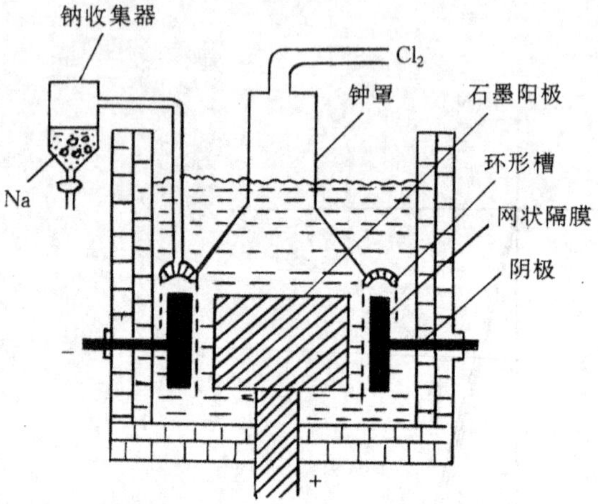

图6—2　电解熔融 NaCl 制 Na 的电解槽

1. 阴极；2. 石墨阳极；3. 网状隔膜；4. 钟罩；5. 钠收集器；6. 环形槽

通常，如果电解得到的金属产物在熔盐中明显溶解，或在熔盐中分散而不聚集，其结果会严重地影响电流效率，甚至得不到电解产物。例如，在电解 KCl 熔盐制取金属钾就是如此。同时，在电解过程中由于助剂的加入，阴极产物会不纯，如往往在 Li 中有少量的 K，在 Na 中有少量的 Ca 等，提纯的方法可以利用它们的沸点不同，用蒸馏法提纯，或利用熔点不同，用过滤法提纯。例如利用 K 熔沸点低的性质从 Li 中蒸去 K，利用 Ca 熔点高的性质从液态 Na 中过滤除去。

热还原法在碱金属及碱土金属的制备中亦有所应用。例如，高温下用碳还原 MgO 制取金属镁：

$$MgO(s) + C(s) \xlongequal{\quad} Mg(g) + CO(g)$$

计算表明，在 298 K 下，反应的 $\Delta_r H_m^{\ominus}=641.5$ kJ/mol，$\Delta_r S_m^{\ominus}=0.3138$ kJ/mol，$\Delta_r G_m^{\ominus}=547.7$ kJ/mol。显然，这是利用了 $T\Delta S^{\ominus}$ 项对 $\Delta G^{\ominus}$ 的影响。实际生产中 T 是在 2 200 K 以上进行的。

钾、铷、铯由于在熔融液中溶解度大，都不能用电解熔盐法制备。根据它们的熔沸点低于钠这一性质，往往用钠还原相应金属氯化物来制取金属：

$$Na(g) + MCl(l) \xlongequal{\quad} NaCl(l) + M(g) \qquad (M: K、Rb、Cs)$$

第三节　重要化合物

一、氧化物

碱金属与氧化合可形成多种氧化物，有普通氧化物（M_2O）、过氧化物（M_2O_2）和超氧化物（MO_2）。碱金属在过量的空气中燃烧时，Li 生成 Li_2O，Na 生成 Na_2O_2，K、Rb、Cs 分别生成 KO_2、RbO_2、CsO_2。

碱土金属一般生成普通氧化物（MO）钙、锶、钡还可生成过氧化物（MO_2）和超氧化物（$M(O_2)_2$）。

1. 普通氧化物

锂和 ⅡA 族金属在氧气中燃烧生成普通氧化物，钾、钠在空气中燃烧得到过氧化物和超氧化物。因此它们的氧化物需用其它方法制备。例如：

$$2MO_2 = M_2O_2 + O_2$$

$$M_2O_2 \xrightarrow{\Delta} M_2O + \frac{1}{2}O_2$$

$$Na_2O_2 + 2Na = 2Na_2O$$

$$2KNO_3 + 10K = 6K_2O + N_2$$

$$CaCO_3 \overset{\Delta}{=} CaO + CO_2\uparrow$$

$$2Mg(NO_3)_2 \overset{\Delta}{=} 2MgO + 4NO_2\uparrow + O_2\uparrow$$

碱金属及碱土金属普通氧化物的某些性质汇列于表 6－4 中。

表 6－4　碱金属及碱土金属氧化物的某些性质

物理性质	Li_2O	Na_2O	K_2O	Rb_2O	Cs_2O
颜　色	白	白	淡黄	亮黄	橙红
熔点/℃	>1 700	1 275	350（分解）	400（分解）	400（分解）
$\Delta_f H^{\ominus}$ /kJ·mol^{-1}	－598.7	－417.98	－363.1	－330.1	－317.6
物理性质	BeO	MgO	CaO	SrO	BaO
颜　色	白	白	白	白	白
熔点/℃	2 530	2 852	2 614	2 420	1 918
$\Delta_f H^{\ominus}$ /kJ·mol^{-1}	－598.7	－601.2	－634.3	－603.3	－553.5

由于晶格能的变化，氧化物的熔点变化趋势是从 Li－Cs、从 Mg－Ba 逐渐降低。

碱土金属氧化物除 BeO 外，都是 NaCl 型晶格的离子型化合物。由于碱土金属氧化物的晶格能比相应的碱金属氧化物更大，因此，它们的硬度与熔点都特别高，随着离子半径的增大，氧化物的晶格能减少，硬度与熔点下降。

氧化物（M_2O）与水、CO_2反应生成 MOH 和 M_2CO_3。如果把该反应的过程看作是水分子或 CO_2分子插入到 M_2O 晶格的过程，则晶格能越大，反应就越难进行。因此 Li_2O 与水或 CO_2反应很慢，而 Rb_2O 和 Cs_2O 与水反应时会发生燃烧甚至爆炸。同理，碱土金属氧化物 MO 与 H_2O 或 CO_2反应的能力是从 BeO — BaO 增大。例如，BeO 不与水作用，低温型 MgO 才和水作用，高温型 MgO 不与水作用，CaO、SrO、BaO 与水作用放出大量的热：

$$CaO + H_2O = Ca(OH)_2 \qquad \Delta_r H_m^\ominus = -65.2\ kJ/mol$$

$$SrO + H_2O = Sr(OH)_2 \qquad \Delta_r H_m^\ominus = -83.1\ kJ/mol$$

$$BaO + H_2O = Ba(OH)_2 \qquad \Delta_r H_m^\ominus = -102.4\ kJ/mol$$

H_2O、CO_2分子插入 M_2O 或 MO 晶格中本身会引起氧化物晶格的扩张，是需要消耗能量的过程，这些能量应来自以下反应：

$$O^{2-} + H_2O = 2OH^-$$

$$O^{2-} + CO_2 = CO_3^{2-}$$

以及离子的水合能等因素。

氧化钠、氧化钾可以用钠还原过氧化钠和用钾还原硝酸钾制备（见前）。碱土金属氧化物由碳酸盐或硝酸盐加热分解制取。

2. 过氧化物

如氧族元素一章提到的，过氧化物是以氧分子为基础而形成 O_2^{2-}的离子型化合物。除 Be 未发现具有过氧化物外，其余 ⅠA、ⅡA 族元素都能生成离子型过氧化物，但过氧化物的制备方法不同：

$$2Na(熔融) + O_2 \longrightarrow Na_2O_2$$

$$2SrO(或\ BaO) + O_2 \xrightarrow{加压高温} 2SrO_2(或\ BaO_2)$$

纯的 Na_2O_2为白色，因为其中常会有 NaO_2而呈淡黄色。Na_2O_2在 500℃ 时仍很稳定，它既有强氧化性，又具有强碱性。例如，它可以氧化 As（Ⅲ）→ As（Ⅴ），Cr（Ⅲ）→ Cr（Ⅵ），Mn（Ⅱ）→ Mn（Ⅳ）→ Mn（Ⅵ），S（0）→ S（Ⅵ）等，因此常常用它作熔矿剂。如：

$$2Fe(CrO_2)_2 + 7Na_2O_2 = 4Na_2CrO_4 + Fe_2O_3 + 3Na_2O$$

碱金属过氧化物容易吸收空气中的 H_2O 和 CO_2：

$$M_2O_2 + 2H_2O = 2MOH + O_2\uparrow$$

$$2M_2O_2 + 2CO_2 = 2M_2CO_3 + O_2\uparrow$$

3. 超氧化物

氧分子得到一个电子形成 O_2^-离子型化合物为超氧化物。可以看到 O_2^-是顺磁性的，

而 O_2^{2-}是反磁性的。IA 族中，K、Rb、Cs 在过量氧中燃烧制得超氧化物：

$$K + O_2 = KO_2$$

而 NaO_2的制得需在 3.04×10^4 kPa 下，由 Na_2O_2氧化制备：

$$Na_2O_2 + O_2 \xrightarrow[3\times10^4\ kPa]{500^\circ C} 2NaO_2$$

将 O_2通入 K、Rb、Cs 的液氨中，也能制得相应的超氧化物。

和过氧化物一样，超氧化物也是强氧化剂，可与 H_2O、CO_2反应放出 O_2：

$$2MO_2 + 2H_2O = O_2 + H_2O_2 + 2MOH$$

$$4MO_2 + 2CO_2 = 2M_2CO_3 + 3O_2$$

超氧化物一般呈黄色或橙色。

二、氢氧化物

碱金属和碱土金属氢氧化物的一些基本性质汇列于表 6—5 中。

表 6—5　碱金属、碱土金属氢氧化物的某些性质

性　质	LiOH	NaOH	KOH	RbOH	CsOH
熔点/℃	450	318	360	301	272
溶解度/g·(100 g H_2O)$^{-1}$	13.0 ^{15}	108.3 ^{15}	112.8 ^{15}	197.6 ^{30}	385.6 ^{15}
溶解热/kJ·mol^{-1}	23.4	44.4	57.7	62.3	74.5
性　质	$Be(OH)_2$	$Mg(OH)_2$	$Ca(OH)_2$	$Sr(OH)_2$	$Ba(OH)_2$
熔点/℃	脱	水	分	解	
溶解度/g·(100 g H_2O)$^{-1}$	5.5×10^{-5} ^{18}	1.9×10^{-3} ^{18}	0.13 ^{18}	0.89 ^{25}	4.18 ^{25}
溶解热/kJ·mol^{-1}					

除 $Be(OH)_2$具有两性和 $Mg(OH)_2$为中强碱外，其余的氢氧化物都是强碱。$Ca(OH)_2$、$Sr(OH)_2$、$Ba(OH)_2$的第一步电离是完全的，而相应的第二级电离常数分别是 $K_{bCa(OH)^+}=5.0\times10^{-2}$，$K_{bBa(OH)^+}=2.3\times10^{-1}$。

碱金属氢氧化物由电解相应碱金属氯化物饱和溶液制得。根据所用电极和电解槽的不同，分为隔膜法和汞阴极法两种（近年生产采用离子膜电解新技术）。

隔膜法以石墨为阳极，以铁丝网为阴极，并用石棉隔膜把阳极区和阴极区分隔开来。电解时的反应是：

阴极反应：　$2H_2O + 2e = H_2\uparrow + 2OH^-$

阳极反应：　$2Cl^- = Cl_2\uparrow + 2e$

因此，阳极上放出氯气，阴极上放出氢气。电解时，在阴极室内，NaOH 的浓度逐渐增大，NaCl 浓度下降。蒸发经隔膜从阴极流出的溶液，将首先析出 NaCl 晶体分离后，再蒸发浓缩母液，可得到固体氢氧化钠。

汞阴极法（图 6－3）是以流动的液态汞作阴极，以石墨作阳极，电解槽由电解室与解汞室两部分构成，电解时阴极上发生的反应是：

$$Na^{+} + nHg + e \longrightarrow Na \cdot nHg$$

由于钠汞齐与水反应缓慢，能安全流入解汞室。在解汞室里，让热水与钠汞齐作用，发生以下反应：

$$2Na \cdot nHg + 2H_2O \longrightarrow 2NaOH + H_2\uparrow + 2nHg$$

所得 NaOH 浓度高，纯度高，可直接作商品出售。但是由于汞蒸气有剧毒，因此在生产中，必须有足够的安全防护措施及环保措施。

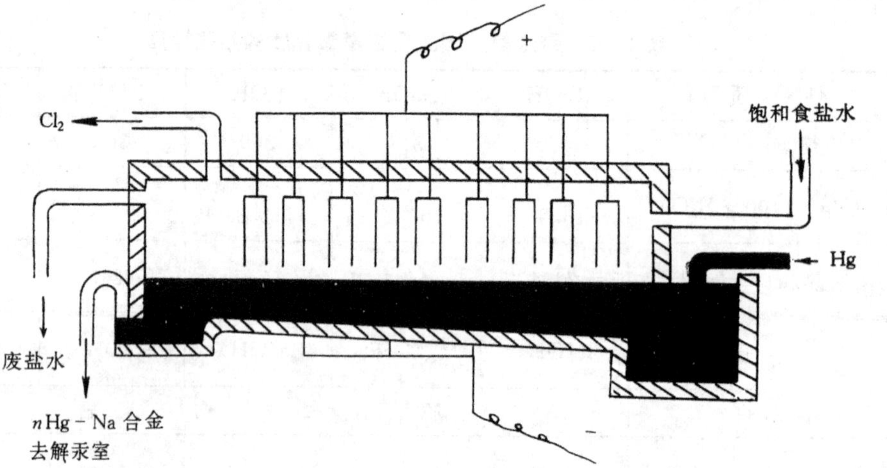

图 6－3　汞阴极法电解 NaCl 溶液制取 NaOH

碳酸盐的苛化也能用于制备碱金属氢氧化物：

$$Na_2CO_3 + Ca(OH)_2 \longrightarrow 2NaOH + CaCO_3\downarrow$$

三、氢化物

碱金属在干燥的氢气流中加热，生成 MH 型的盐型氢化物，它们都是白色的具有 NaCl 型的结构的晶体。碱金属氢化物的对热稳定性，从 Li 到 Cs 依次减弱。

碱金属的氢化物与水作用，生成氢的量是两倍于它所含的氢，用此可作氢气的转移体：

$MH + H_2O \longrightarrow MOH + H_2\uparrow$

MH 是强还原剂：

$$4NaH + TiCl_4 \xlongequal{673\ K} Ti + 4NaCl + 2H_2\uparrow$$

除此之外，还有很多复杂的氢化物，例 $LiAlH_4$、$LiBH_4$、$NaBH_4$等，它们都是有机反应中常用的还原剂。例如：

$$\underset{\text{酰氯}}{RCOCl} \xlongequal{LiAlH_4} \underset{\text{醇}}{RCH_2OH}$$

$$\underset{\text{酰胺}}{RCONH_2} \xlongequal{LiAlH_4} \underset{\text{胺}}{RCH_2NH_2}$$

四、常见的碱金属盐

常见的碱金属盐类有卤化物、硝酸盐、硫酸盐、碳酸盐和磷酸盐。它们的共同特征包括：

（1）离子型晶体：绝大多数是离子型晶体，只有 Li^+（由于 r_{Li^+}小）的某些盐（LiX）具有不同程度的共价性。

（2）颜色：所有的碱金属盐，除了与有色阴离子形成有色盐外，其余都为无色盐。

（3）在水溶液中的行为：除少数难溶盐外，一般的碱金属盐在水中都可溶。难溶盐一般都是由半径大的阴离子组成的盐，一般 r^+/r^- 较大时，盐类都难溶，因为晶格能较大，水分子难以插入晶体中使其溶解。

锂盐中，LiF、Li_2CO_3、$Li_3PO_4 \cdot 5H_2O$ 以及 $KLiFeIO_6$是难溶盐。

钠盐中，$Na[Sb(OH)_6]$（锑酸钠）、$NaZn(UO_2)_3(Ac)_9$（醋酸铀酰锌钠）是难溶钠盐。

钾的难溶盐有 $KHC_4H_4O_6$（酒石酸氢钾）、$KClO_4$、K_2PtCl_6、$KB(C_6H_5)_4$（四苯硼酸钾）、$K_2Na[Co(NO_2)_6]$（六硝基合钴酸钠钾）。

铷、铯盐中，难溶的有 $M_3[Co(NO_2)_6]$、$MB(C_6H_5)_4$、$MClO_4$、M_2PtCl_6 等。

碱金属的盐在水溶液中全部电离，是强电解质。碱金属的弱酸盐在水溶液中因水解，使溶液呈强碱性。碱金属盐类有形成水合盐的倾向。钠盐与锂盐多数（约 75%）和少数（25%）钾盐是水合的，铷盐和铯盐仅有少数是水合盐。

（4）在熔融态时的行为：由于碱金属盐是离子型晶体，具有较高的熔点，熔融态下有很强的导电能力，有较高的热稳定性。在含氧酸盐中，硫酸盐在高温下不挥发，也难以分解；碳酸盐除 Li_2CO_3 由于 Li^+的反极化作用大在 1 000℃ 以上时分解外，其余的碳酸盐都不分解；硝酸盐热稳定性较低，在一定温度下就会分解：

$$4LiNO_3 \xlongequal{700℃} 2Li_2O + 4NO_2 + O_2$$

$$2NaNO_3 \xlongequal{730℃} 2NaNO_2 + O_2$$

（5）形成复盐：碱金属盐，尤其是卤化物与硫酸盐，具有形成复盐的能力。例如，光卤石类：$M(I)Cl \cdot MgSO_4 \cdot 6H_2O$[M(I)：$K^+$、$Rb^+$、$Cs^+$]，矾类：$M_2(I)SO_4 \cdot MgSO_4 \cdot 6H_2O$[M(I)：$K^+$、$Rb^+$、$Cs^+$]及 $M(I)M(Ⅲ)(SO_4)_2 \cdot 12H_2O$[M(I)：$NH_4^+$、$Na^+$、$K^+$、$Rb^+$、$Cs^+$，M(Ⅲ)：$Al^{3+}$、$Cr^{3+}$、$Fe^{3+}$、$Co^{3+}$、$Ga^{3+}$、$V^{3+}$]。可以看到，锂盐不易形成复盐，这

是由于其离子半径太小，不易与其它金属盐形成同晶化合物。必须指出，复盐的溶解度比相应的简单碱金属盐溶解度要小得多。

五、碱土金属盐

常见的碱土金属盐有卤化物、硫酸盐、硝酸盐、碳酸盐、磷酸盐等。由于碱土金属离子电荷大、半径小，故其极化力大，离子势较大，因此盐的性质也有其特殊性。

（1）晶型：碱土金属的卤化物，尤其是 BeX_2，带有明显的共价性。如 BeF_2，虽然溶于水，但在水中不完全电离，而 $BeCl_2(s)$ 具有无限长链的结构（见前）。

（2）溶解度：比起碱金属盐，碱土金属盐有不少是难溶的，只有硝酸盐、氯酸盐、高氯酸盐和醋酸盐是易溶的；卤化物中，除氟化物外，其余都是易溶的。显然，盐的溶解度与离子水合能及盐的晶格能密切相关。

碱土金属碳酸盐、磷酸盐、草酸盐等都是难溶的，但它们都可以溶于盐酸中。硫酸盐中，$BaSO_4$溶解度最小，$MgSO_4$溶解度最大；铬酸盐中，$BaCrO_4$溶解度最小，$MgCrO_4$溶解度最大。常见的碱土金属盐 K_{sp}值列于表 6－6 中。

表 6－6　常见难溶碱土金属盐的 K_{sp}（25℃）

盐类	Mg	Ca	Sr	Ba
MF_2	6.4×10^{-9}	3.9×10^{-11}	3.4×10^{-9}	1.7×10^{-6}
MCO_3	1.0×10^{-5}	4.8×10^{-9}	9.4×10^{-10}	8.1×10^{-9}
MC_2O_4	8.6×10^{-5}	2.3×10^{-9}	5.6×10^{-8}	1.1×10^{-7}
MSO_4		6.1×10^{-5}	2.8×10^{-7}	1.08×10^{-10}
$MCrO_4$		2.3×10^{-2}	3.6×10^{-5}	2×10^{-10}

在无机化学中，常常利用化合物溶解度的不同而进行分离提纯等。例如，要分离 Sr^{2+}、Ba^{2+}离子，可采取以下路线：

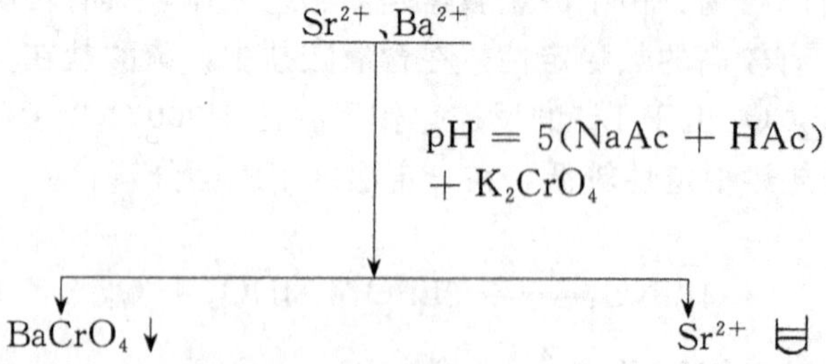

这是由于 $SrCrO_4$在 NaAc－HAc 中溶解度较大：

$$SrCrO_4 \rightleftharpoons Sr^{2+} + CrO_4^{2-}$$

$$CrO_4^{2-} \xrightarrow{+H^+} \frac{1}{2}Cr_2O_7^{2-} + \frac{1}{2}H_2O$$

一些难溶的硫酸盐，如 $SrSO_4$（天青石），虽然不溶于酸中，但利用以下反应：

$$SrSO_4 + CO_3^{2-} \longrightarrow SrCO_3 + SO_4^{2-} \qquad K = 298$$

促进了沉淀的转化，生成可溶于盐酸的盐，使硫酸盐溶解。

(3) 热稳定性：由于 M^{2+} 的极化力关系，碱土金属盐热稳定性较碱金属差。例如，在热力学标准态下，碳酸盐热分解温度分别是：

	$BeCO_3$	$MgCO_3$	$CaCO_3$	$SrCO_3$	$BaCO_3$
分解温度/℃	<100	540	900	1 290	1 360

可以推断，硫酸盐热分解温度也应符合同一顺序：$MgSO_4$ 895℃，$CaSO_4$ 1 149℃，$SrSO_4$、$BaSO_4$ 分解温度更高。显然，要分解重晶石 $BaSO_4$ 为可溶性钡盐，需要用到反应耦联，以降低反应所需温度。

$$BaSO_4 + 4C \xlongequal{900 \sim 1\,000℃} BaS + 4CO\uparrow$$

此外，酸式盐的热稳定性应比正盐低。

(4) 水解性：除 Be^{2+} 外，Mg^{2+} 也能水解，虽然水解能力不强，但加热可以促进水解：

$$MgCl_2 \cdot 6H_2O \xlongequal{\triangle} Mg(OH)Cl + 5H_2O\uparrow + HCl\uparrow$$

因此，不能用加热脱水的方法使这一类含水盐脱水转化为无水盐，而应在 HCl 气氛下，加热或和 NH_4Cl (s) 混合加热，或用干法由相应单质制备无水盐。

第四节 ⅠA、ⅡA 族常见离子的分离鉴定

鉴定 Na^+ 必须在近中性介质下与锑酸钾溶液进行反应，因为在酸性下，只能得到锑酸胶状沉淀：

$$KSb(OH)_6 + Na^+ \longrightarrow NaSb(OH)_6\downarrow(\text{白}) + K^+$$
$$H^+ + Sb(OH)_6^- \longrightarrow HSb(OH)_6\downarrow(\text{白胶状})$$

鉴定 K^+ 采用六硝基钴酸钠试剂：

$$2K^+ + Na_3Co(NO_2)_6 \longrightarrow K_2NaCo(NO_2)_6\downarrow(\text{亮黄}) + 2Na^+$$

在近中性条件下进行检定。

碱土金属盐中常用 CaC_2O_4（白）、$BaCrO_4$（黄）来鉴别。对于 Mg^{2+}，则用对硝基偶氮间苯二酚（俗称镁试剂），在碱性条件下，由于 $Mg(OH)_2$ 的吸附作用而呈天蓝色来鉴别。

NH_4^+ 常常干扰 K^+ 的检出，因此在检出 K^+ 前，试液必须检出 NH_4^+，并用化学方法除去，并预先验证。

K^+、Na^+、NH_4^+、Mg^{2+}、Ca^{2+}、Ba^{2+} 混合溶液的分离过程表示如下：

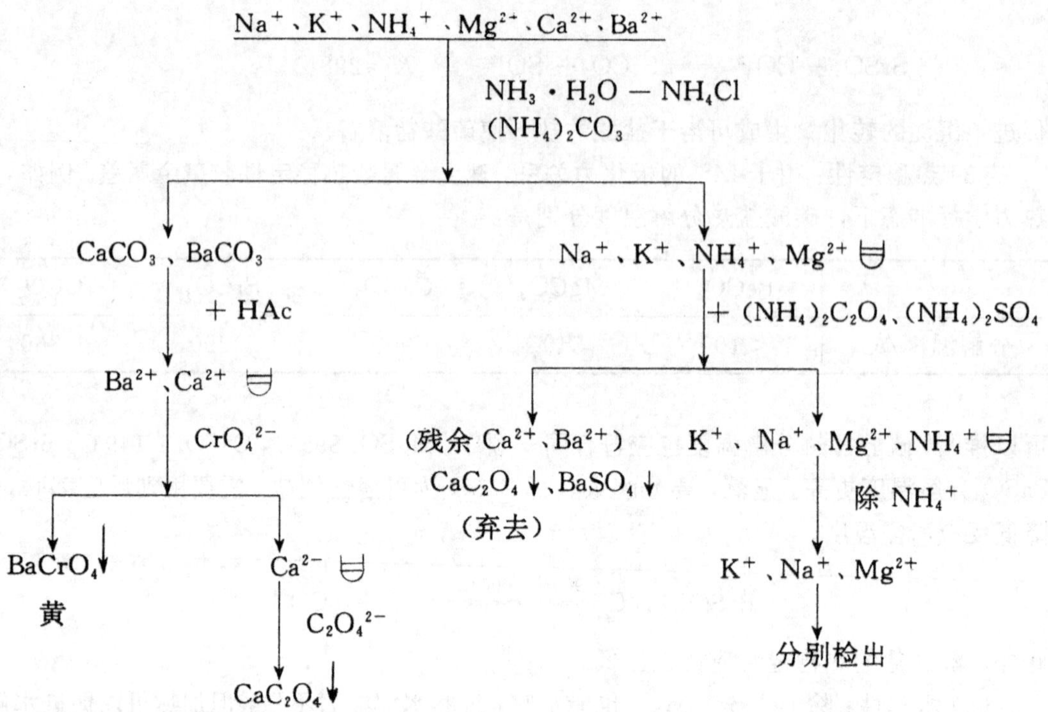

碱土金属离子的分离常应用到以下性质：$BaCrO_4$、CaF_2、$BaSO_4$、CaC_2O_4 的水不溶性以及 $Sr(NO_3)_2$、$Ba(NO_3)_2$ 在乙醇中的不溶性($Ca(NO_3)_2$ 可溶于乙醇)等这一类基本性质。

焰色反应在分析中也有广泛应用。IA、ⅡA 族金属氯化物的焰色和灵敏光谱线见表 6－7。

表 6－7　几种 IA、ⅡA 金属氯化物焰色和光谱线

	LiCl	NaCl	KCl	RbCl	CsCl	$CaCl_2$	$SrCl_2$	$BaCl_2$
焰 色	红	黄	紫	紫	紫	橙红	深红	绿
灵敏光谱线/nm	610.4	588.9	404.4			714.9	707.0	553.5
	670.3	589.5	404.7			732.6	687.8	577.8

第五节　碱金属、碱土金属的用途与环境生物化学

由于锂密度特别小，不能像金属钠那样保存在煤油中，而应贮存于液体石蜡中。锂有高的导热率，熔化的温度范围大，因而可用于核反应堆中的冷却剂；在冶金工业中，利用锂易与气体反应的特点，常常用作“捕气剂”，消除铸件中的气泡以改善金属的机械性能；在陶瓷工业中，锂有特殊用途，如含锂陶瓷具有耐热性能；在玻璃工业中，用锂制乳白玻璃及能透过紫外线的特种玻璃，如电视机荧光屏玻璃就是含锂玻璃；在电池工业中，用于制锂高能电池及 Li－Se 电池等。掺锂的合金，如镁、铝、锂合金具有坚韧性、耐蚀性，锂铅合金具有耐磨性而用于制轴承、轴瓦，Li－Al－Be 合金用于火箭飞机工业中，等等。

锂的某些有机化合物，如硬脂酸锂、软脂酸锂可作优良润滑剂，因为它不受环境、温度变化的影响。锂的重要化合物氢化锂是热核反应的重要原料，用作核反应堆的动力燃料。锂的同位素锂－6 用于氢弹或原子弹的军事工业中。

锂盐有强的毒性，但人体中 W（Li）$=0.04\times10^{-6}$。锂在人体中的生化功能目前仍不清楚。

铍由于有透过 X 射线能力强的特点，常用作 X 光管的透射材料和制造霓虹灯的元件。铍常用于原子反应堆的减速剂。由于铍轻而耐高温，是制造飞机和宇宙飞船外壳的材料。铍还广泛应用于合金工业中，如铍青铜，其抗拉强度比钢大 9 倍，而且弹性似弹簧钢，被称为“超硬合金”，由于其机械性能优良，硬度大，弹性好，抗蚀力强，常用于制造气阀座、手表游丝、振动片、高速轴承、轴套、耐磨齿轮及精密仪器零件等。铍－镍合金用于制造锉、刀、铲、钻头等。铍－镁－钴合金由于轻而坚硬，用于航空航天工业中。

铍的氧化物 BeO 具有高熔点，而且又可以像镜子反光一样反射放射性射线，因此它被用于制成砖块来砌原子反应堆外壁。

铍及铍盐有剧毒，空气中若含有 1 mg/m^3 铍，能使人得急性肺炎，对肺组织造成很大伤害以致死亡。因此空气中铍含量必须低于 10^{-5} g/m^3。铍还严重损伤皮肤、粘膜及肝脏。研究表明，铍对脱氧核糖核酸 DNA 合成产生影响，降低了复制 DNA 的准确性，产生有缺陷的酶，使细胞变成癌细胞，因此被认为是致癌物。

钠是人体生命的必需元素之一。人体中 W（Na）$=10^{-3}$，正常血浆中钠浓度为 310～340 mg/dm^3。食盐对人体的作用主要是钠离子的作用，因为人体血液应有一个比较稳定的酸碱度才能适合于正常的新陈代谢，而血液中 $NaHCO_3$—H_2CO_3 缓冲系统是稳定其酸碱度的重要方面之一。钠盐在某些内分泌作用下，能使血管对各种升血压物质的敏感性增强，引起细小动脉痉挛，血压增高，而且会加快肾脏细小动脉的硬化过程。此外，由于体内含 Na^+ 过多，渗透压增大，人体需要补充大量水分，血液容量增大，使心脏负担过重，会诱发高血压心脏病。

钠的用途很广。钠汞齐是一种强还原剂，广泛应用于有机合成中。钠还用作石油的脱硫剂、合成橡胶的催化剂等。

NaCl 是重要的化工原料。利用 NaCl 生产的纯碱及烧碱也是极其重要的化工原料。烧碱被大量地应用于肥皂、人造棉、纤维、橡胶、造纸、制革工业中。纯碱用作冶金工业助熔剂，同时也是玻璃、肥皂、造纸、纺织品、制革及洗涤剂的重要原料。小苏打（$NaHCO_3$）作为止酸剂、灭火剂和焙粉分别应用于医药及工业生产上。大苏打（$Na_2S_2O_3$）用于照相、电镀、鞣革工业中。

镁是构成叶绿素的重要成分，叶绿素中含镁 2%。据统计，地球上植物中仅叶绿素中就含有 1000 亿 t 镁，人体中含有 25 g 镁。据研究，镁在人体新陈代谢中起重要作用，它可以激活人体中的不少生物酶，对蛋白质的合成至关重要。在工业中，镁主要用于制强度高、密度小的合金。广泛地应用于仪器仪表及汽车、飞机制造业中。镁铝合金又称为国防合金，因为其具有良好的机械性能，广泛地应用于军事工业中。

氧化镁由于熔点高达 2 800℃，是一种重要的碱性耐火材料，常被用于制水泥及金属陶瓷。$MgSO_4\cdot7H_2O$ 是一种常用的泻药，同时也用于纺织工业及造纸工业中。

钾也是人体必需元素之一，主要存在于细胞内液中（Na^+存在于细胞外液中）。正常人体中含钾 120 g 左右，其中 98%存在于细胞内液中。血浆中 K^+ 含量为 136～215 mg/dm^3，低于 130 mg/dm^{3}时，会导致四肢无力、腹胀、心律紊乱、心悸、神志不清以至死亡。

钾是农业生产中重要肥料之一，是植物营养所必需的元素之一，对植物淀粉及糖的合成起重要作用，同时可增强植物抗旱、抗寒、抗病虫能力。工业中，钾玻璃是由 SiO_2、CaO 及 K_2O 组成的硬质玻璃，它比钠钙玻璃更难熔，而且不易受化学药品的侵蚀，用于制烧瓶、烧杯等玻璃仪器。钾钠液体合金由于有较高的比热及较宽的液化范围，用于核反应堆的冷却剂。

氢氧化钾是重要的化工试剂，在工业上用于制肥皂、精炼石油和制造各种钾盐等化工产品。

钙是构成人和动物骨骼及牙齿的主要成分，血液中也含有一定含量的钙离子。钙盐是人体必需的无机盐。我们每天都需补充 400～1 500 mg 的 Ca^{2+}。没有钙，皮肤受伤后，血液就不会凝结。人体缺钙时，表现症状是过敏、肌肉抽搐痉挛。儿童及婴儿期发育需补充钙，成人也要及时补充钙，否则会导致佝偻病及骨质疏松症。人体钙主要来自牛奶、干酪及绿叶蔬菜。植物也需要钙，尤其是烟草、荞麦、豆叶、草等。

钙用于制取工业润滑脂（钙基），常用于汽车、拖拉机、车床、电动机、自行车轴承及其它摩擦部分的润滑。

CaO 是一种建筑材料，$Ca(OH)_2$则应用于制漂白粉、制碱、制糖、冶金、造纸工业中。CaO 和焦炭在电炉中加热到 2 000℃，即可生成电石 CaC_2，电石是有机化工的重要原料。无水 $CaCl_2$由于有强吸水性，是工业上或实验室中常用的干燥剂，其它还用作食品保存剂、净水剂等。近年来，由无机钙盐为主体的钙塑材料广泛地用于建筑、包装、日用品材料方面，这种材料化学性能稳定，耐高、低温，有良好的隔热性、耐水性、耐溶剂性，可像木材一样进行切削、层压成型，还有低可燃性、烟量少、不易引起火灾及污染等优点。

铷和铯一样，由于原子半径大，价电子受到有效核电荷作用较小，容易脱离金属表面，以致在光照下也会使电子激发而产生光电效应，因此被用于制造光电管的阴极。光电管可用于电影、电视业中。无线电传真、光度计、自动报警、信号装置、照明设备都离不开铷和铯。此外，以铷、铯作为感光材料的红外线望远镜，即使在黑夜也能观察到目标，因而在军事上有重要用途。铯还可以做成最准确的计时仪器——原子钟。国际单位制规定，1 s 是 ^{133}Cs 原子基态的两个超精细能级之间跃迁所对应的辐射的 9 192 631 770 个周期。有了这样精确的时间，就可以从事更为精细的科学研究工作，如航天航空工业中。

^{90}Sr 是放射性同位素，可作为 β 射线放射源。^{90}Sr 对人体危害极大，因为它会被植物吸收而转入人体内，滞留在骨骼中而导致白血病和其它癌症。

硫酸钡是重要的钡化合物，由于它的 K_{sp}极小，又不被 X 射线所穿透，因此在医院中用于肠胃病的钡餐检查。硫酸钡又称为钡白，在造纸工业上也广泛应用，使纸张更光亮洁白。钻井探测石油时为了增大泥浆密度，往往加入 $BaSO_4$。$BaCl_2$是最重要的可溶性钡盐，剧毒。由于熔沸点高，用于制热处理刀具弹簧及机械零件。$BaCO_3$也应用于颜料、烟火、光学玻璃、陶瓷、杀鼠药等方面。

本章教学要求

1. 掌握 ⅠA、ⅡA 族元素的基本性质及钠、钾、镁的制备方法。
2. 掌握 ⅠA、ⅡA 族元素的氧化物及氢氧化物的重要性质、结构。
3. 进一步了解对角线规则，掌握 Li－Mg，Be－Al 相似性。
4. 进一步了解极化与反极化作用对化合物性质的影响。

习　题

1. 锂是 ⅠA 族元素，但在性质上有不少特殊性；铍是 ⅡA 族元素，性质上也与 ⅡA 族元素差异较大。试应用结构的观点讨论这些性质的差异性。

2. 碱土金属的第二电离势比第一电离势大两倍多，为什么碱土金属只表现为＋2 价，而不存在稳定的 ＋1 价？

3. 完成以下反应式：

（1）Li 在空气中燃烧

（2）钠在空气中燃烧

（3）钾在空气中燃烧

（4）$Mg + N_2 \longrightarrow$

（5）$MgCl_2 \cdot 6H_2O \xrightarrow{\Delta}$

（6）由 $SrSO_4$制 $SrCl_2$

（7）由 $BaSO_4$制 $Ba(NO_3)_2$

4. 解释以下事实：

（1）Li 与 H_2反应的热效应在碱金属中放热最大。

（2）Li^+、Na^+的含水盐数目最多，其它碱金属的含水盐数目较少。

（3）Be 与 Al 性质相似，但在固态时 $BeCl_2$为无限链状分子，而气态 $AlCl_3$是双聚体。

（4）碱金属系列中金属 Li 可以形成离子型氮化物，而 Na 等不易与 N_2 直接反应。

（5）Na_2O_2可以熔解矿石。

（6）用 Na_2O_2熔解矿样时不能用石英或铂坩埚。

（7）用 KNO_3制造炸药而不用 $NaNO_3$制炸药。

（8）O_2^{2-}、O_2^-、O_2中 O—O 键能分别为 142 kJ/mol、398 kJ/mol、498 kJ/mol。

5. 由 $BaCO_3$（毒晶石）分解制取一系列 Ba 的化合物，可采用两种途径：

$$BaCO_3(s) \xlongequal{\Delta} BaO(s) + CO_2(g)$$
$$BaCO_3(s) + C(s) \xlongequal{\quad} BaO(s) + 2CO(g)$$

请用热力学函数讨论它们的反应热力学倾向大小，实际生产上采用哪种方法？为什么？

6. 分别计算讨论 Mg^{2+}与 $NH_3 \cdot H_2O$ 的反应及 $Mg(OH)_2$与 NH_4Cl 的反应是否完全。

7. Na_2O_2及 NaO_2都可以用作潜水密封舱的供氧剂，这是利用它们的什么性质？现各有 1

kg Na_2O_2及 NaO_2，在标准状态下，各可生成多少升氧气？

8. 可以用 Na_2CO_3代替 NaOH 中和滴定酸，计算说明以甲基红或酚酞作指示剂时多少克 Na_2CO_3可以代替 100 g NaOH？

9. NaOH 溶液为什么不能用磨口试剂瓶保存？NaOH 溶液中为什么常含有 Na_2CO_3？如何用简便方法检验？如何除去 Na_2CO_3？

10. 试举一例说明用纯粹化学方法从碱金属化合物制取游离态碱金属的反应及原理。

11. 可以用水或 CO_2来扑灭镁的燃烧吗？为什么？用 CCl_4灭火器可以吗？

12. 粗食盐中常常含有 Ca^{2+}、Mg^{2+}、$SO_4{}^{2-}$等杂质离子，请利用表 6－6 的数据，说明工业上制取精盐中为什么可以采用先加入 $BaCl_2$溶液再加入 Na_2CO_3处理，滤液最后用 HCl 酸化提纯制取。写出有关反应式。

13. 为什么制备 $AlCl_3$只可以用干法？而无水 $MgCl_2$的制备可以用 $MgCl_2 \cdot 6H_2O$ 在 HCl 气氛中加热，或采用 $MgCl_2 \cdot 6H_2O$ 与 NH_4Cl 混合加热制取无水 $MgCl_2$？

14. 什么是暂时硬水？什么是永久硬水？如何软化它们？

15. 在用镁试剂鉴定 Mg^{2+}时，Na^+、K^+、$NH_4{}^+$、Ca^{2+}、Ba^{2+}等离子中哪种离子可能会干扰？为什么？如何除去？

16. 解释：

(1) 根据 $\varphi^{\ominus}_{(Mg^{2+}/Mg)}$，Mg 应与 H_2O 反应，但室温下的反应并不明显。

(2) 碱金属中 Li 的电离势最大，但 $\varphi^{\ominus}_{(Li^+/Li)}$最负。

(3) Mg 可与 NH_4Cl 溶液反应。

(4) 以下化合物的热稳定性：Na_2CO_3、$NaHCO_3$、H_2CO_3、$MgCO_3$、$CaCO_3$。

17. 让 $SrSO_4$转化为 $SrCO_3$可以以 Na_2CO_3溶液实现，请利用有关数据计算转化的热力学倾向。可以用同样方法转化 $BaSO_4$为 $BaCO_3$吗？为什么？

18. $NH_4{}^+$常常干扰钾离子的检出，为什么？如何从样品溶液中检出 $NH_4{}^+$并除去 $NH_4{}^+$？

19. 如何区分以下试剂药品：

(1) $Be(OH)_2$与 $Mg(OH)_2$

(2) $BeCO_3$与 $MgCO_3$

(3) BeF_2与 MgF_2

20. 有五瓶失去标签的白色粉末状固体，它们可能是 $MgCO_3$、$BaCO_3$、无水 Na_2CO_3、无水 $CaCl_2$、无水 Na_2SO_4，如何区别？

21. 在某酸性的 $BaCl_2$溶液中，含有少量 $FeCl_3$杂质，设计一种方法除去 $FeCl_3$并说明原理。

22. 将 50 cm^3 含 0.95 克 $MgCl_2$ 的溶液与等体积的 1.8 mol/dm^3氨水混合，问在所得到的溶液中应加入多少克的固体 NH_4Cl 才可以防止 $Mg(OH)_2$沉淀生成？

23. 铍容易形成定比络合物 $Be_4O(CH_3CO_2)_6$、$Be_4O(NO_3)_6$，请写出它们的可能结构。在这一结构中氧及铍的配位数分别是多少？

第七章　铜、锌分族元素

在元素周期表中，铜、锌分族元素（Copper and zinc group elements）位于ds 区，包括铜（Copper）、银（Silver）、金（Gold）、锌（Zinc）、镉（Cadmium）、汞（Mercury）六个元素。铜、银、锌、镉、汞在自然界中主要以硫化物存在于地壳中，如黄铜矿（$CuFeS_2$）、辉铜矿（Cu_2S）、闪银矿（Ag_2S）、闪锌矿（ZnS）、辰砂（HgS）等。此外，还有孔雀石[$Cu_2(OH)_2CO_3$]、蓝铜矿[$Cu_3(OH)_2(CO_3)_2$]、角银矿（AgCl）等。

第一节　铜、锌分族元素的结构特点与基本性质

铜、锌分族元素的基本性质见表 7－1。虽然在电子层结构上，铜族与碱金属的外层电子结构都只有一个电子，锌族与碱土金属的外层电子结构都只有两个电子，但是它们的性质与 ⅠA、ⅡA 族元素相比都有很大的差别，其原因在于内层电子结构上的差异。ⅠB、ⅡB 的价电子层结构是（n－1）$d^{10}ns^1$及（n－1）$d^{10}ns^2$，由于 d 电子的发散，对核电荷的屏蔽不完全，使副族元素的有效核电荷 z^* 较大，核对外层 ns^{1-2}电子吸引力增强，因而原子半径比起对应的 ⅠA、ⅡA 族元素小了很多，在性质上也产生很大的差别。

表 7－1　铜、锌分族元素的某些基本性质

	铜	银	金	锌	镉	汞
价电子层结构	$3d^{10}4s^1$	$4d^{10}5s^1$	$5d^{10}6s^1$	$3d^{10}4s^2$	$4d^{10}5s^2$	$5d^{10}6s^2$
原子半径 r/pm	128	144	144	133	149	151
Δr/pm	16	0			16	
M^+离子半径/pm	96	126	137			
M^{2+}离子半径/pm	69			74	97	110
电离能 I_1/kJ · mol^{-1}	750	735	895	915	873	1013
电离能 I_2/kJ · mol^{-1}	1 970	2 083	1 987	1 743	1 641	1 820
电离能 I_3/kJ · mol^{-1}				3 837	3 616	3 299
M^+(g)离子水合能/kJ · mol^{-1}	－582	－485	－644			
M^{2+}(g)离子水合能/kJ · mol^{-1}	－2 121			－2 054	－1 816	－1 833
升华热/kJ · mol^{-1}	340	285	≈385	126	112	62
电负性(pauling)	1.9	1.9	2.4	1.6	1.7	1.9

续表 7-1

	铜	银	金	锌	镉	汞
密度/g·cm^{-3}	8.92	10.5	19.3	7.14	8.64	13.55
Moh 硬度	3	2.7	2.5	2.5	2	
导电性(Hg=1)	58.6	61.7	41.7	16.6	14.4	1
熔点/℃	1 083	960.8	1 063	419	321	−38.87
沸点/℃	2 596	2 212	2 707	907	767	357
常见氧化态	+1、+2	+1	+1、+3	+2	+2	+1、+2

表中所列基本性质都可以从学过的结构知识中得到合理的解释。对于同一周期的元素来说，有效核电荷是自左至右呈增大趋势。虽然随价电子数的增加，半径应有所增加，但总的来说，原子半径呈现减小趋势；只有在 ⅠB、ⅡB 族的变化上较为"反常"，原子半径是 $r_{ⅡB}>r_{ⅠB}$，这与 $r_{ⅠA}>r_{ⅡA}$刚好相反。由于 ⅡB 族元素原子化焓（升华热）小，因而在金属活泼性质上表现为 ⅡB 族比 ⅠB 族更活泼。此外，在同一族元素中，主族元素通常（ⅢA 除外）是自上而下化学活泼性增大，但由于 ⅠB、ⅡB 族元素结构上的特殊，其活泼性表现为自上而下依次减弱。

根据金属晶体的结构，铜分族属于标准金属结晶，结构相当紧密，金属键较完全，原子半径又较小，因此表现为高密度、高熔沸点及较高的升华热与导电性。而锌分族属于变形金属结晶，结构不够紧密，金属键不够完整，原子半径也较大，因此相应地表现为低密度、低熔沸点及较低的升华热与导电性。因此，ⅠB 族元素熔沸点和升华热比 ⅡB 族元素高，也比 ⅠA 族元素高，而 ⅡB 族元素熔沸点和升华热比 ⅡA 族元素都低。

在氧化态方面，由于铜分族元素原子的次外层 d 轨道刚充满，容易参与成键，第二电离能不高，高价离子水合能大。因此，在化学反应中，除了失去一个 s 电子外，还可以失去 1 或 2 个 d 电子，表现出多氧化态。例如 Cu 有 +1、+2，银有 +1、+3，金有 +1、+3。ⅡB 族元素次外层 $(n-1)d^{10}$电子比较稳定，不易失去，故主要呈现 +2 氧化态。汞的 +1 氧化态是以 Hg_2^{2+}存在。

在离子的色态上，ⅠB 族 +1 价离子为 $3d^{10}$、$4d^{10}$、$5d^{10}$构型，故 Cu^+、Ag^+、Au^+皆为无色离子。其它价态下为 d^8或 d^9构型，在水溶液中有色，如 Cu^{2+}为蓝色，Ag^{2+}（水溶液中不稳定）为棕色，Au^{3+}为棕色。同样地，ⅡB 族的 Zn^{2+}、Cd^{2+}、Hg^{2+}也是无色的离子。化合物 HgI_2呈黄（红）色，这是由于电子产生荷移跃迁的原故。

在化合物的键型上，由于 ⅠB、ⅡB族元素的离子多为 18e 或 9～17e 电子构型，极化力大，变形性也大。在极化与附加极化的作用下，形成的化合物往往共价键成分较多，尤其是在与一些变形性大的阴离子形成化合物时，易形成以共价键为主的化合物，如 CuS、HgI_2等，只有少数为离子型，如 AgF、CuF_2等。ⅡB 族元素由于金属电正性较强，共价键化合物比 ⅠB 族元素稍少些。

在离子水合能方面，ⅠB、ⅡB族元素离子由于结构上的原因，比相应 ⅠA、ⅡA 族元素阳离子水合能更大。

在形成络合物能力上，由于 d、s、p 轨道能量相差不大，易于杂化并作为 Lewis 酸提供空轨道与 Lewis 碱作用，形成一系列稳定络合物，例如 $[Cu(NH_3)_2]^+$、$[Cu(NH_3)_4]^{2+}$、$CuCl_3^{2-}$、$AuCl_4^-$、HgI_4^{2-}等。

第二节 铜、锌分族元素水溶液体系中不同氧化态的氧化还原性质

图 7—1 给出了铜、锌分族的 $\Delta G^\ominus/F-Z$ 图。由该图可以较全面地讨论在酸性介质和碱性介质下，铜、锌分族不同价态的氧化还原性及它们的相对热力学稳定性：

(1) ⅡB 族元素比对应的 ⅠB 族元素有更强的电正性。如 Zn、Cd 可以从非氧化性酸中置换稀酸中的氢，而 Cu、Ag、Au、Hg 都不能与一般的稀的非氧化性酸反应。Cu、Ag、Hg 只能溶于热浓 H_2SO_4或 HNO_3这一类有氧化性的酸中，而 Au 只能溶于王水：

$$Cu + 2H_2SO_4 = CuSO_4 + SO_2 + 2H_2O$$
$$3Ag + 4HNO_3 = 3AgNO_3 + NO + 2H_2O$$
$$Au + 4HCl + HNO_3 = HAuCl_4 + NO + 2H_2O$$

(2) 从 $\Delta G^\ominus/F-Z$ 图计算 $\varphi_A^\ominus$ $(Cu^+/Cu)=0.521$ V，但是由于 $CuCl_3^{2-}$的稳定常数较大，$\beta_3=2.0\times10^5$，$CuCl_3^{2-}/Cu$ 电对的电位数值将变小：

$$\begin{aligned}\varphi^\ominus_{(CuCl_3{}^{2-}/Cu)}=\varphi_{(Cu^+/Cu)}&=0.521V+\frac{0.059}{1}\lg\frac{[Cu^+]}{1}\\&=0.521V+\frac{0.059}{1}\lg\frac{1}{2\times10^5}\\&=0.208\ (V)\end{aligned}$$

因此，增大 HCl 的浓度，将会大大减小 $[Cu^+]$，使电极反应平衡：

$$Cu^+ + e \rightleftharpoons Cu$$

向左移动，从而使 Cu 可溶于浓 HCl 中，发生以下反应：

$$2Cu + 6HCl = 2H_2CuCl_3 + H_2\uparrow$$

同样地，可以通过热力学计算说明，尽管 $\varphi^\ominus_{(Ag^+/Ag)}$为正值，但以下反应也是可以进行的：

$$2Ag + H_2S = Ag_2S + H_2\uparrow$$
$$2Ag + 2HI = 2AgI + H_2\uparrow$$

(3) 由于在碱性条件下，$\varphi^\ominus_{(H_2O/H_2)}=-0.829$ V，因此只有 Zn 可溶于强碱和氨水中*：

$$Zn + 2NaOH + 2H_2O = Na_2[Zn(OH)_4] + H_2$$
$$Zn + 4NH_3 + 2H_2O = [Zn(NH_3)_4](OH)_2 + H_2$$

---

* 由于 CuO 有两性，在有空气存在时，Cu 能与碱作用：$Cu + 2OH^- + \frac{1}{2}O_2 + H_2O = [Cu(OH)_4]^{2-}$而 Ag 即使和熔碱反应也极慢。

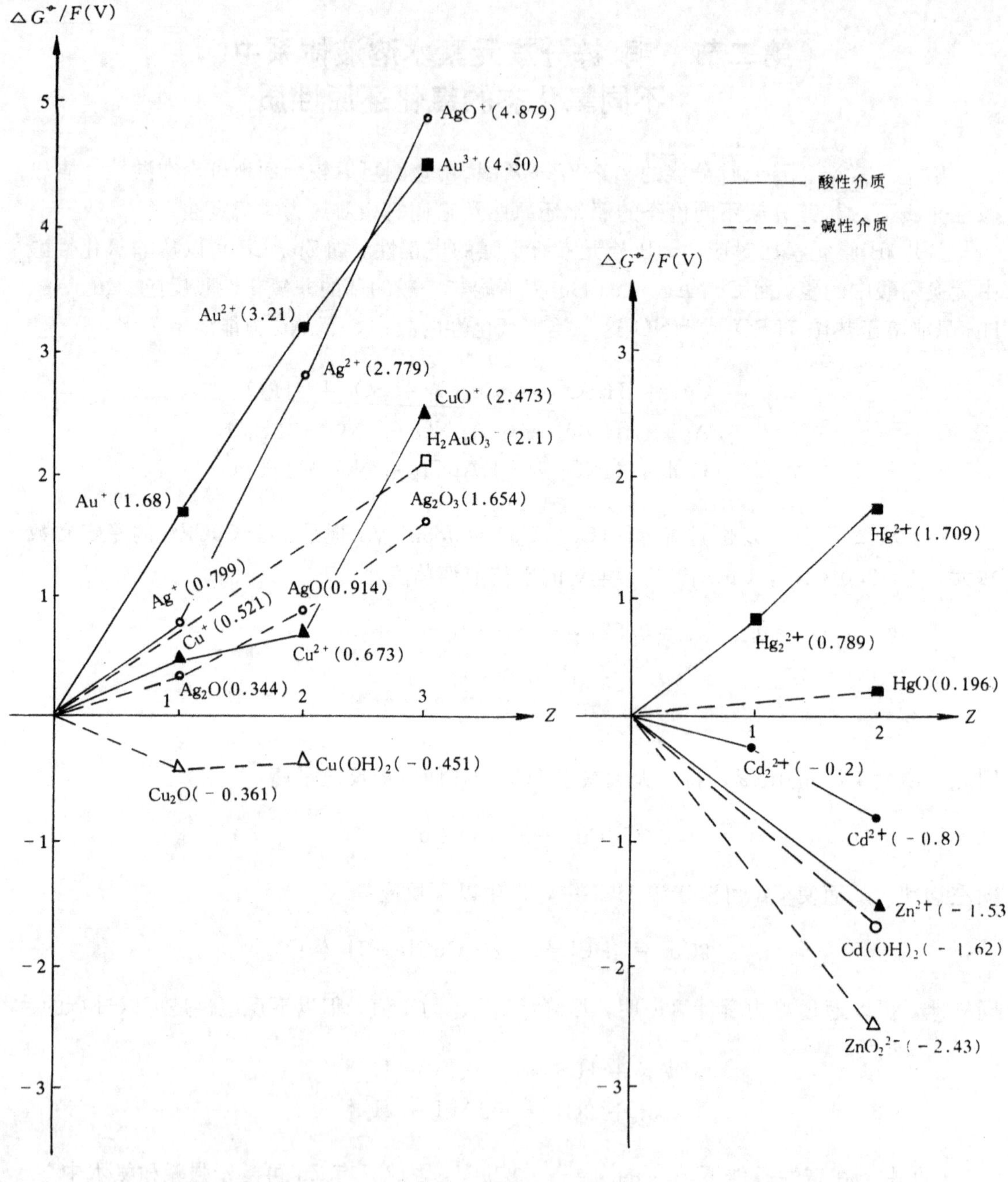

图 7—1　铜、锌分族的 $\Delta G^{\ominus}/F-Z$ 图

（4）副族元素金属活泼性的变化规律：自上而下活泼性依次减弱，锌分族活泼性比相应的铜分族元素更强。

（5）由 $\Delta G^{\ominus}/F-Z$ 可以看到 Ag^+、Au^+、Ag^{3+}、Cu^+、Cu^{2+}、Hg_2^{2+}、Hg^{2+}都是相当强的氧化剂，而 Zn^{2+}、Cd^{2+}氧化性极弱。因此前者都可以与常见的无机还原剂反应，如：

$$2Ag^+ + Mn(OH)_2 + 2OH^- = 2Ag + MnO(OH)_2 + H_2O$$

该反应在分析化学中用于鉴定 Ag^+或 Mn^{2+}，十分灵敏，称为锰盐法。又如我们十分熟悉的反应：

$$SnCl_2 + 2HgCl_2 = SnCl_4 + Hg_2Cl_2 \downarrow (白)$$

$$SnCl_2 + Hg_2Cl_2 = SnCl_4 + Hg \downarrow$$

该反应用于检验 Hg^{2+}或 Sn^{2+}离子的存在。又如以下反应：

$$8CuSO_4 + PH_3 + 4H_2O = 4Cu_2SO_4 + 4H_2SO_4 + H_3PO_4$$

$$4Cu_2SO_4 + PH_3 + 4H_2O = H_3PO_4 + 4H_2SO_4 + 8Cu \downarrow$$

$$2Cu^{2+} + 4I^- = 2CuI \downarrow + I_2$$

$$2Cu^{2+} + 4CN^- = 2CuCN \downarrow + (CN)_2 \uparrow$$

都说明 Cu^{2+}或 Cu^+的氧化性。

(6) Cu^+—Cu^{2+}、$Hg_2{}^{2+}$—Hg^{2+}的相互转变关系。

① Cu（Ⅰ）、Cu（Ⅱ）的相互转化：

由图 7−1 可以看出，在酸性溶液中，Cu^+处于热力学不稳定态，易歧化；而 $Hg_2{}^{2+}$处于热力学稳定态，Hg^{2+}与 Hg 会逆歧化生成 $Hg_2{}^{2+}$。以下讨论它们之间的相互转化关系：

$$2Cu^+(aq) = Cu + Cu^{2+}(aq)$$

$$\varphi^\ominus_{(Cu^+/Cu)} = 0.521\ V, \quad \varphi^\ominus_{(Cu^{2+}/Cu^+)} = 0.152\ V$$

所以反应的 $\varepsilon^\ominus$：

$$\varepsilon^\ominus = \varphi^\ominus_{(Cu^+/Cu)} - \varphi^\ominus_{(Cu^{2+}/Cu^+)} = 0.369\ V$$

$$\Delta rG^\ominus_m = -nF\varepsilon^\ominus = -35.61\ kJ/mol$$

$$K^r = 1.7\times10^6 \quad 即 \quad \frac{[Cu^{2+}]}{[Cu^+]^2} = 1.7\times10^6$$

这表明在溶液中 Cu^+是不稳定的，易歧化。$[Cu^{2+}]$ 与 $[Cu^+]$ 的关系如表 7−2 所示。

表 7−2 Cu^+−Cu^{2+}溶液体系中 $[Cu^+]$ 与 $[Cu^{2+}]$ 的关系 $mol \cdot dm^{-3}$

$[Cu^{2+}]$	1.7×10^{-2}	1.7×10^{-4}	1.7×10^{-6}	1.7×10^{-8}	1.7×10^{-10}
$[Cu^+]$	10^{-4}	10^{-5}	10^{-6}	10^{-7}	10^{-8}

由表可见，在 Cu^+—Cu^{2+}水溶液体系中，Cu^+、Cu^{2+}离子浓度相对关系是变化的：当 $[Cu^{2+}] > 1.7\times10^{-6}\ mol/dm^3$时，溶液中以$[Cu^{2+}]$为主；当$[Cu^{2+}] < 1.7\times10^{-6}\ mol/dm^3$时，溶液中以 $[Cu^+]$ 为主。这说明，一些溶解度较大的 Cu(I) 化合物，在水溶液中是不稳定的，如 Cu_2SO_4在水溶液中会歧化：

$$Cu_2SO_4 \xlongequal{H_2O} CuSO_4 + Cu$$

但是，一些溶解度很小的 Cu(I) 化合物，如 CuI ($K_{sp}=1.1\times10^{-12}$)、Cu_2S ($K_{sp}=2.5\times10^{-50}$)，在水溶液中相当稳定，不会歧化。而相比之下，CuCl ($K_{sp}=2.0\times10^{-6}$) 只有在干燥的空气中较稳定存在，在潮湿空气中会逐渐地被空气中的氧氧化：

$$4CuCl + O_2 + 4H_2O \xlongequal{} 3CuO \cdot CuCl_2 \cdot 3H_2O + 2HCl$$

$$8CuCl + O_2 \xlongequal{} 2Cu_2O + 4Cu^{2+} + 8Cl^-$$

总的来说，在 Cu^+—Cu^{2+} 平衡体系中，要实现它们之间的转化，可以通过以下手段：

Cu(Ⅰ) ⇌ Cu(Ⅱ)

Cu(Ⅰ)：
① 生成沉淀
② 生成更稳定的配合物
③ 使用氧化还原剂

Cu(Ⅱ)：
① 生成沉淀
② 生成更稳定配合物

例 ⓐ $2Cu^{2+} + 5I^- \xlongequal{} 2CuI + I_3^-$

因为 $\varphi^{\ominus}_{(Cu^{2+}/CuI)}=0.868$ V，$\varphi^{\ominus}_{(I_2/I^-)}=0.535$ V，以上反应自发进行是显而易见的。在分析化学中常利用这一反应测定含铜试样中 Cu^{2+} 的含量，叫碘量法。

例 ⓑ 在 Cu^{2+} 溶液中加入 CN^-，由于 $Cu(CN)_2^-$ 的 $K_稳$ 更稳定 ($K_{稳Cu(CN)_4^{3-}}=2\times10^{30}$)，因此，蓝色 Cu^{2+} 溶液将转化为无色 $Cu(CN)_4^{3-}$ 溶液：

$$Cu^{2+} + 5CN^- \xlongequal{} Cu(CN)_4^{3-} + \frac{1}{2}(CN)_2$$

例 ⓒ Cu_2O 溶于氨水，在无氧条件下生成无色氨配合物 $[Cu(NH_3)_2]^+$，在与空气中的氧接触后，会很快地转变为蓝色的 $[Cu(NH_3)_4]^{2+}$：

$$2[Cu(NH_3)_2]^+ + 4NH_3 \cdot H_2O + \frac{1}{2}O_2 \xlongequal{} 2[Cu(NH_3)_4]^{2+} + 2OH^- + 3H_2O$$

该反应发生是由于 Cu (Ⅱ) 的氨合物更稳定 ($K_{稳Cu(NH_3)_2^+}=6.3\times10^{10}$，$K_{稳Cu(NH_3)_4^{2+}}=4.7\times10^{12}$)。利用这一反应可以除去混合气体中的少量氧。利用氧化还原试剂也可以促使 Cu(I) ↔ Cu (Ⅱ) 的转化。例如，在以上 $[Cu(NH_3)_4]^{2+}$ 溶液中加入强还原剂（如 $Na_2S_2O_4$），将可以得到一价铜氨溶液：

$$2Cu(NH_3)_4^{2+} + S_2O_4^{2-} + 4OH^- \xlongequal{} 2Cu(NH_3)_2^+ + 2SO_3^{2-} + 2NH_3 \cdot H_2O + 2NH_3$$

由以上讨论可见，凡在水溶液中可以生成更难溶的 Cu(Ⅰ)沉淀或更稳定的 Cu(Ⅰ)络合物的试剂，或使用其它还原剂，都可以使 Cu(Ⅱ)转化为 Cu(Ⅰ)化合物。顺便指出，在不同的溶剂中，离子比 $[Cu^{2+}]$ / $[Cu^+]^2$ 不可能相同，因为它们的溶剂化能不同，电极电位数值也不会与在水溶液中一致，在此不再赘述。

② Hg(Ⅰ)、Hg(Ⅱ)的相互转化：

由 ⅡB 族元素的 $\Delta G^{\ominus}/F-Z$ 图我们进一步讨论 Hg_2^{2+}—Hg^{2+} 间的相互转化关系：

$$Hg^{2+} + Hg \rightleftharpoons Hg_2^{2+}$$

由图 7－1 计算出：$\varphi^{\ominus}_{(Hg^{2+}/Hg_2^{2+})}=0.92\ V$，$\varphi^{\ominus}_{(Hg_2^{2+}/Hg)}=0.789\ V$。

显然，Hg_2^{2+}处于热力学谷点，是稳定态，计算表明，该平衡 $Hg^{2+}+Hg=Hg_2^{2+}$的平衡常数 K^r为 166，即：

$$[Hg_2^{2+}]\ /\ [Hg^{2+}]\ =166$$

因此，在实验室中需制备 Hg_2^{2+}溶液时，只要向 Hg^{2+}盐溶液加入汞滴，振荡，即可制得。根据平衡关系，在溶液中 Hg^{2+}只占 0.6％。

同样，要实现 $Hg_2^{2+} \rightleftharpoons Hg^{2+}$的相互转化，也是应用平衡移动的同一原理，加入络合剂、沉淀剂或氧化还原剂。以下举例说明：

例 ⓐ 向 Hg_2Cl_2盐溶液中加入 $NH_3 \cdot H_2O$，可以看到溶液由白色沉淀转灰变黑的过程：

$$Hg_2Cl_2 + 2NH_3 = NH_2Hg_2Cl\downarrow + NH_4Cl$$

$$NH_2Hg_2Cl = NH_2HgCl\downarrow + Hg\downarrow$$

显然，这是 Hg_2^{2+}的歧化反应，由于生成的 NH_2HgCl 溶解度比 NH_2Hg_2Cl 更小，而使歧化反应变得可能。这一反应常在分析化学中用于检验 Hg_2^{2+}离子，因为析出的分散得很细的汞珠使沉淀呈现为灰黑色。

例 ⓑ 向 $HgCl_2$ 中加入还原剂，由于 Hg^{2+}的氧化性，会使 Hg_2Cl_2 沉淀生成：

$$2HgCl_2 + SnCl_2 = Hg_2Cl_2\downarrow + SnCl_4$$

$$Hg_2Cl_2 + SnCl_2 = 2Hg\downarrow + SnCl_4$$

可以看到白色的 Hg_2Cl_2生成，随着过量 $SnCl_2$ 的加入，进而转为灰黑色 Hg 沉淀。

例 ⓒ 向 Hg_2^{2+}—Hg^{2+}溶液体系中通入 H_2S 气体，将先生成 Hg_2S（$K_{sp}=1\times10^{-45}$），随即会转化成溶度积更小的 HgS（$K_{sp}=4\times10^{-53}$）：

$$Hg_2^{2+} + H_2S = HgS\downarrow + Hg + 2H^+$$

由于在 Hg_2^{2+}—Hg^{2+}体系中：

$$[Hg_2^{2+}]\ /\ [Hg^{2+}]\ =166.$$

因此通入 H_2S 后：

$$\frac{[Hg_2^{2+}]}{[Hg^{2+}]}=\frac{[Hg_2^{2+}]\times[S^{2-}]}{[Hg^{2+}]\times[S^{2-}]}=\frac{K_{sp}Hg_2S}{K_{sp}HgS}=\frac{1\times10^{-45}}{4\times10^{-53}}=2.5\times10^{7}$$

说明 $[Hg_2^{2+}]$ 太大，平衡要向生成 Hg^{2+}与 Hg 的方向移动。因此对于加入沉淀剂或络合剂到 Hg_2^{2+}—Hg^{2+}体系中平衡会产生什么样的移动，可由下式判别：

$[Hg_2^{2+}]\ /\ [Hg^{2+}]\ >166$，平衡向生成 $Hg^{2+}+Hg$ 的方向移动；

$[Hg_2^{2+}]\ /\ [Hg^{2+}] = 166$，平衡不移动；

$[Hg_2^{2+}]\ /\ [Hg^{2+}] < 166$，平衡向生成 Hg_2^{2+} 的方向移动。

读者不难用此判别法则判别在向 Hg_2^{2+}—Hg^{2+} 平衡体系中滴加浓 HCl 时会观察到什么现象，它将发生以下反应：

$$Hg_2^{2+} + 2HCl = Hg_2Cl_2\downarrow + 2H^+$$
$$Hg_2Cl_2 + 2HCl = H_2[HgCl_4] + Hg$$

第三节　金属的冶炼与制备

铜、锌分族中铜、银、锌、镉、汞都是亲硫元素，在自然界多以硫化物存在，其金属冶炼法多用还原法。

一、铜的冶炼

以黄铜矿为例，铜的冶炼经过富集、煅烧、制粗铜、电解制精铜等步骤。

（1）浮选富集：一般来说，金属矿物都具有亲水性，利用某些有选择性吸附性能的浮选剂，如烷基硫代羧酸盐（ $R-\overset{\overset{S}{\|}}{C}-SNa$ ），使某种矿粉（如 CuS）被吸附后，成为疏水性物质。而这种物质具有从水溶液中逃离的倾向，若向溶液鼓入气泡，矿粉将附在气泡上徐徐浮到水面而富集。为了提高气浮效率，一般矿粉直径要求在 0.01～0.1 mm 之间。

（2）焙烧：目的是除去可挥发氧化物，如 Sb_2O_3、As_2O_3 等杂质氧化物，并制取成分为 $x Cu_2S \cdot y FeS$ 的“冰铜”从而与矿石中杂质 FeO 与 SiO_2 分离。反应在反射炉内进行：

$$2CuFeS_2 + O_2 = Cu_2S + 2FeS + SO_2\uparrow$$
$$2FeS + 3O_2 = 2FeO + 2SO_2\uparrow \qquad \Delta_r H_m^\circ = -935.04\ kJ/mol$$
$$2CuS + 3O_2 = 2Cu_2O + 2SO_2\uparrow \qquad \Delta_r H_m^\circ = -746.44\ kJ/mol$$

由反应式可见，矿石的氧化反应是放热的，因此煅烧过程无需耗费燃料。调整煅烧时间，使生成的 Cu_2S 与 FeS 熔融成为“冰铜”（$x Cu_2S \cdot y FeS$），沉于下层，而矿石中 FeO 与 SiO_2 反应成为炉渣，浮于上层而分离：

$$FeO + SiO_2 = FeSiO_3$$

（3）转炉冶炼制泡铜：“冰铜”在转炉中熔炼，同时加入 CaO 及 SiO_2，发生以下反应：

$$2Cu_2S + 3O_2 = 2Cu_2O + 2SO_2\uparrow \qquad \Delta_r H_m^\circ = -766.6\ kJ/mol$$
$$2Cu_2O + Cu_2S = 6Cu + SO_2\uparrow \qquad \Delta_r H_m^\circ = 116.8\ kJ/mol$$

CaO 的加入是为了降低粘度，SiO_2 的加入是为了进一步除去 FeO 形成炉渣。虽然第二个反应是吸热的，但总的结果仍是放热。由于冶炼出来的铜溶有的 SO_2 不断放出，因此铜块呈泡状，又称为泡铜。

(4) 精炼电解制精铜：泡铜含杂质 2%～3%，因此工业上采用电解法精制。电解槽内盛有 $CuSO_4$ 及 H_2SO_4 混合液，以粗铜为阳极，纯铜为阴极进行电解：

阳极反应： $$Cu(粗) - 2e = Cu^{2+}$$

阴极反应： $$Cu^{2+} + 2e = Cu(精)(含 Cu 99.95\%)$$

电解过程中，粗铜中电正性大的金属 Zn、Ni 等先进入溶液，而电正性小的贵金属，如 Ag、Au、Pt 系金属则沉入槽底，成为"阳极泥"（阳极泥是提炼贵金属的原料）。

二、银（金）的冶炼

银以闪银矿（Ag_2S）及纯银存在，但含银量往往很低；金矿也以自然金存在，但含金量也很低。因此银（金）的冶炼要采用氰化法。通常以 0.7% NaCN 溶液处理矿石，通入空气使以下反应发生：

$$4Ag + 8NaCN + 2H_2O + O_2 = 4Na[Ag(CN)_2] + 4NaOH$$

$$Ag_2S + 4NaCN = 2Na[Ag(CN)_2] + Na_2S$$

$$4Au + 8NaCN + 2H_2O + O_2 = 4Na[Au(CN)_2] + 4NaOH$$

再以锌置换，使金、银从溶液中析出：

$$2Na[Ag(CN)_2] + Zn = 2Ag + Na_2[Zn(CN)_4]$$

三、锌的冶炼

锌的矿石主要有闪锌矿（ZnS）及菱锌矿（$ZnCO_3$），矿石经气浮浮选、精选煅烧得到氧化锌，用碳还原制得粗锌，再蒸馏制得纯锌。反应为：

$$2ZnS + 3O_2 \xlongequal{煅烧} 2ZnO + 2SO_2 \qquad \Delta_r G_m^\circ = -840.6\ kJ/mol$$

$$ZnO + CO \xrightarrow[还原]{1350℃} Zn(g) + CO_2(g)\uparrow$$

粗锌含有 98% Zn，杂质有 Cd、Pb 等，利用它们的熔、沸点的差异，用蒸馏的方法分馏提纯（先蒸出粗 Cd）。其中：

Zn ：熔点 419.4℃， 沸点 907℃

Pb ：熔点 327℃， 沸点 1 744℃

Cd ：熔点 321℃， 沸点 767℃

将粗 Cd 溶于 HCl 中，用 Zn 置换，可制得较纯 Cd。Zn 可经分级蒸馏提纯，纯度为 99.9%。或者用 H_2SO_4 溶解粗锌为 $ZnSO_4$、$CdSO_4$ 等，加入 Zn 粉以除去粗锌中的杂质：

$$Zn + Pb^{2+}(Cd^{2+}) \longrightarrow Pb\downarrow(Cd\downarrow) + Zn^{2+}$$

再电解 $ZnSO_4$ 制得纯度为 99.5% 的锌。

四、汞的冶炼

汞以辰砂（HgS）为主要矿石，利用以下方法轻易制得汞：

$$HgS + O_2 \longrightarrow Hg\uparrow + SO_2\uparrow \qquad \Delta_r G_m^\ominus = -251.6\ kJ/mol$$

$$4HgS + 4CaO \longrightarrow 4Hg + 3CaS + CaSO_4 \qquad \Delta_r G_m^\ominus = -140.5\ kJ/mol$$

经蒸馏提纯 Hg，可达 99.9% 的纯度。

第四节　铜、锌分族的重要化合物

一、氧化物

铜、锌分族常见氧化物性质汇列于表 7－3 中。

表 7－3　铜、锌分族常见氧化物的基本性质

	Cu_2O	CuO	Ag_2O	ZnO	CdO	HgO
颜色	红	黑色	暗棕	白	棕红	黄或红色
酸碱性	弱碱	两性	碱性	两性	碱性	碱性
在稀 H_2SO_4 中	歧化	溶解	Ag_2SO_4 沉淀	溶解	溶解	溶解
在氨水中	$Cu(NH_3)_2^+ \xrightarrow{O_2} Cu(NH_3)_4^{2+}$	$Cu(NH_3)_4^{2+}$	$Ag(NH_3)_2^+$	$Zn(NH_3)_4^{2+}$	$Cd(NH_3)_4^{2+}$	不反应
$\Delta_f H_m^\ominus$ /kJ·mol^{-1}	－166.61	－155.23	－30.57	－347.48	－254.64	－90.71
氧化性	氧化性	氧化性	氧化性			氧化性

由表可见，氧化物中 Ag_2O、HgO 的生成热不大，因此受热易分解：

$$Ag_2O \longrightarrow 2Ag + \frac{1}{2}O_2 \qquad \Delta_r H_m^\ominus = 30.57\ kJ/mol$$

$$HgO \longrightarrow Hg + \frac{1}{2}O_2 \qquad \Delta_r H_m^\ominus = 90.71\ kJ/mol$$

显然，这两个反应能进行是熵推动的结果。

对于铜的氧化物 CuO 在加热时会发生以下变化：

$$2CuO \longrightarrow Cu_2O + \frac{1}{2}O_2 \qquad \Delta_r H_m^\ominus = +143.78\ kJ/mol$$

这是一个吸热反应，由于 $\Delta_r S^\circ > 0$，反应属熵推动，因此反应在 $T \geq \frac{\Delta H^\circ}{\Delta S^\circ}$ 时会发生。由 $\Delta_r S^\circ = 0.119$ kJ/ (mol · K)，计算得 $T \geq 1\ 207.6$ K。在 1 508 K 以上温度时，Cu_2O 熔化，但不会分解，因此，高温下 Cu_2O 稳定。常温下 Cu_2O、CuO 都可以稳定存在。

氧化物除 ZnO 外都是有色的，这可以从荷移跃迁来解释。常温下 ZnO 为白色，高温时显浅黄色，说明温度升高后极化作用加强，荷移跃迁容易发生，氧化物颜色将会加深。

氧化物的制备可以由金属单质与氧反应制备或含氧酸盐热分解，或者向 M^{n+} 盐溶液加 NaOH 溶液反应制备。其反应分别表示如下：

$$2M + O_2 \xlongequal{\Delta} 2MO \quad (M:Cd、Zn)$$

$$Cu + O_2 \xlongequal{} Cu_2O + CuO$$

$$2Hg + O_2 \xrightleftharpoons{306℃} 2HgO(温度过高,HgO 分解)$$

$$2M^+ + 2OH^- \xlongequal{} M_2O\downarrow + H_2O \quad (M:Cu^+、Ag^+、Au^+、Hg^{2+})$$

$$2M(NO_3)_2 \xlongequal{\Delta} 2MO + 4NO_2 + O_2 \quad (M:Cu^{2+}、Zn^{2+}、Cd^{2+})$$

CuO、HgO、Ag_2O 都具有一定的氧化性。如 CuO 在加热时，易被 H_2、C、CO、NH_3 等还原剂还原：

$$3CuO + 2NH_3 \xlongequal{} 2Cu + 3H_2O + N_2$$

$$Ag_2O + H_2O_2 \xlongequal{} 2Ag + H_2O + O_2$$

$$HgO + H_2 \xlongequal{} Hg + H_2O$$

$$HgO + SO_2 \xlongequal{} Hg + SO_3$$

$$2P + 3H_2O + 5HgO \xlongequal{} 2H_3PO_4 + 5Hg$$

二、氢氧化物

铜、锌分族氢氧化物的基本性质见表 7－4。

表 7－4　铜、锌分族氢氧化物的基本性质

	CuOH	$Cu(OH)_2$	AgOH	$Zn(OH)_2$	$Cd(OH)_2$
$\Delta_f H_m^\circ$ /kJ · mol^{-1}		−443.92		−642.24	−557.56
热稳定性	极不稳定，分解为 Cu_2O	80～90℃ 分解为 CuO	−45℃以下存在	125℃时分解	200℃ 分解
颜色	浅黄	淡蓝色	白色	白色	白色
酸碱性	碱性	弱两性	碱性	两性	碱性(极弱酸性)
在 NaOH 中	不溶	溶于浓碱中	不溶	溶	不溶
在 $NH_3 \cdot H_2O$ 中	$Cu(NH_3)_2^+$	$Cu(NH_3)_4^{2+}$	$Ag(NH_3)_2^+$	$Zn(NH_3)_4^{2+}$	$Cd(NH_3)_4^{2+}$
K_{sp}	1×10^{-14}	2.6×10^{-19}	2.0×10^{-8}	1.2×10^{-17}	2.5×10^{-14}
氧化性	无	有	有	无	无

$Cu(OH)_2$具有氧化性，例如：

$$2Cu(OH)_4{}^{2-} + C_6H_{12}O_6 = 2CuOH + H_2O + C_6H_{12}O_7$$
$$2CuOH \longrightarrow Cu_2O + H_2O$$

利用这一反应测定醛，在医学上用来检验糖尿病。

三、硫化物

表 7—5 列了有关硫化物的基本性质。

表 7—5　铜、锌分族硫化物的基本性质

	Cu_2S	CuS	Ag_2S	ZnS	CdS	HgS
颜色	黑色	黑色	黑色	白色	黄色	黑或红色
$\Delta_f H_m^{\ominus}$ /kJ·mol^{-1}	−79.50	−48.53	−31.80	−202.92	−144.35	−58.16
K_{sp}(298 K)	2.5×10^{-50}	6×10^{-36}	2×10^{-49}	2×10^{-22}	8×10^{-27}	4×10^{-53}
酸碱性	碱性	碱性	碱性	碱性	碱性	碱性
溶解于	HNO_3	HNO_3	HNO_3	稀 HCl	稀 HCl	王水
在 Na_2S 中	不溶	不溶	不溶	不溶	不溶	溶

由于极化及附加极化的作用，硫化物的共价性比相应的氧化物大，在酸或碱中的溶解度也比相应的氧化物小。例如 CuO 溶于 HCl 中，而 CuS 只溶于 HNO_3中；ZnO 溶于 NaOH 中，而 ZnS 不溶于 NaOH 中。

硫化物中由于 S^{2-}有明显的还原性，因此其较易溶于氧化性酸中（如 2 mol/dm^3 HNO_3中），或在高温下被空气中氧氧化：

$$3CuS + 2NO_3^- + 8H^+ = 3Cu^{2+} + 3S\downarrow + 2NO\uparrow + 4H_2O$$
$$2MS + 3O_2 = 2MO + 2SO_2 \qquad (M: Cu、Zn、Cd)$$

铜的硫化物有 Cu_2S 及 CuS，由于 Cu_2S K_{sp}更小，因此以下反应可以发生：

$$2CuS \xlongequal{煮沸} Cu_2S + S$$

汞的硫化物有 Hg_2S 及 HgS，向 $Hg_2{}^{2+}$—Hg^{2+}平衡体系溶液中通入 H_2S 气体，可以促进 $Hg_2{}^{2+}\rightarrow Hg^{2+}$的转化：

$$Hg_2{}^{2+} + H_2S = HgS + Hg + 2H^+$$

显然，由于 $[Hg_2{}^{2+}]/[Hg^{2+}] = K_{spHg_2S}/K_{spHgS} = 2.5\times10^7 \gg 166$，因此 Hg_2S 不稳定。HgS 可以溶于 HCl－KI 溶液中，也可以溶于 Na_2S 溶液中：

$$HgS + 2H^+ + 4I^- \longrightarrow HgI_4^{2-} + H_2S\uparrow$$
$$HgS + S^{2-} \longrightarrow HgS_2^{2-} \qquad K = 3.8$$

这是唯一可溶于 Na_2S 的 ds 区硫化物，常用于硫化物分离。

四、卤化物

铜、锌分族元素有众多的卤化物，如 CuX、CuX_2、AgX、ZnX_2、CdX_2、Hg_2X_2及 HgX_2。它们在性质上除氟化物外，都有明显的共价性，因此无水卤化物有一定的挥发性（如 $CuCl$、$HgCl_2$等）；在水中溶解度较小，但可溶于有机溶剂（如某些氯化物在乙醇、乙醚、丙酮中可溶）；易成络离子（如 $CuCl_3^-$、$HgCl_4^{2-}$等）；部分卤化物是有色化合物；等等。以下分别介绍。

1. 铜的卤化物

铜的卤化物基本性质见表 7－6。

表 7－6　铜的卤化物的基本性质

	CuCl	CuBr	CuI	$CuCl_2$	$CuBr_2$	CuI_2
颜色	白	白	白	棕色	黑色	不存在
在水中状态	水解氧化为 Cu^{2+}			溶解呈蓝色	溶解于水	
K_{sp}	2.0×10^{-6}	2.0×10^{-9}	1.1×10^{-12}			
$\Delta_f H_m^\ominus$ /kJ·mol^{-1}	－135.98	－105.02	－67.78	－218.82	－141.42	
磁性	逆磁	逆磁	逆磁	顺磁	顺磁	

CuX_2可以用单质 Cu 和 X_2直接反应，或 HX 和 CuO 反应制取：

$$Cu + Cl_2 \longrightarrow CuCl_2$$
$$CuO + 2HBr \longrightarrow CuBr_2 + H_2O$$

$CuBr_2$溶在 HBr 中呈特征的紫色，通常认为是生成了 $CuBr_3^-$的原因。该特征紫色十分灵敏，在 $CuBr_2$ 浓度为 0.014 mg/ml 溶液中都可显示出来。从溶液中制得的 CuX_2都带结晶水，加热可以制无水卤化铜：

$$CuCl_2\cdot 2H_2O \xrightarrow[\text{(HCl 气流)}]{\approx 200℃} CuCl_2 + 2H_2O$$

更高温度下会分解为 CuX，例如：

$$2CuCl_2 \xrightarrow{1\,000℃} 2CuCl + Cl_2$$

CuX 的制备是用还原剂还原卤化铜的方法。常用还原剂有 $SnCl_2$、SO_2、$Na_2S_2O_4$、Zn、Al、Cu 等，例如：

$$2CuCl_2 + SnCl_2 = 2CuCl\downarrow + SnCl_4$$

$$2CuCl_2 + SO_2 + 2H_2O = 2CuCl\downarrow + H_2SO_4 + 2HCl$$

$$CuCl_2 + Cu = 2CuCl$$

CuX 的性质主要表现在在潮湿、含氧环境下稳定性差，易被氧化，在相应卤化物中形成较稳定的卤配离子和有一定的氧化性这三个方面：

$$4CuCl + O_2 + 4H_2O = 3CuO \cdot CuCl_2 \cdot 3H_2O + 2HCl$$

$$8CuCl + O_2 = 2Cu_2O + 4Cu^{2+} + 8Cl^-$$

$$CuX + X^- = CuX_2^-$$

$$\underset{(白)}{4CuI} + Hg = \underset{(暗红色)}{Cu_2HgI_4} + 2Cu$$

最后一个反应可用于检验实验室中空气中汞的含量。一般用悬挂 CuI 的纸条，在 15℃时，以三小时内不变色为限，表明空气中含 Hg 量小于 0.1 mg/m^3。

2. 银的卤化物

AgX 的基本性质汇列于表 7—7。

表 7—7　卤化银的基本性质

	AgF	AgCl	AgBr	AgI
熔点/℃	435	455	430	558
沸点/℃		1557	1553	1504
颜色	白	白	浅黄	黄
溶度积 K_{sp}		1.8×10^{-10}	5.0×10^{-13}	8.9×10^{-17}
$\Delta_f H_m^\ominus$ /kJ·mol^{-1}	−202.92	−127.03	−99.50	−62.38
键型	离子	过渡	过渡	共价

除 AgF 是可溶于水的离子型化合物外，其余 AgX 的共价性随阴离子半径的增大而明显地增加。卤化银的制备可以由溶液中制备：

$$Ag^+ + X^- = AgX\downarrow \qquad (X：Cl、Br、I)$$

AgF 则由 Ag_2O 与 HF 反应制备：

$$Ag_2O + 2HF = 2AgF + H_2O$$

和 CuX 一样，AgX 在相应的 X^- 溶液中由于卤配离子形成，溶解度会有所增大，生成了 AgX_2^-、AgX_3^{2-} 等。由于配位能力的不同 AgX 在 $NH_3\cdot H_2O$、$Na_2S_2O_3$、KCN 溶液中的溶解情况不同。

3．锌、镉卤化物

锌、镉卤化物的基本性质汇列于表 7－8。

表 7－8　锌、镉的一些卤化物的基本性质

	ZnF_2	$ZnCl_2$	$ZnBr_2$	ZnI_2	CdI_2
颜色	白	白	白	白	黄
熔点/℃	827	275	394	446	387
沸点/℃	1500	756	702	＞700℃分解	746℃
$\Delta_f H_m^{\ominus}$ /kJ/mol^{-1}	－764.41	－415.89	－327.06	－209.12	－203.3
溶解度/g(100gH_2O)$^{-1}$	1.62^{20}	432^{25}	447^{20}	432^{18}	86.2^{25}
气态 ZnX_2结构	线型	线型	线型	线型	线型
在某些有机溶剂中	不溶	溶于乙醇、乙醚	溶于乙醇、乙醚	溶于吡啶	溶于乙醇、乙醚

氟化锌是离子化合物。卤化物 MX_2 中，随着 X^- 半径增大，化合物极化作用显著加强，而使化合物明显地表现为共价型。卤化物制备可通过以下反应：

$$M + X_2 \longrightarrow MX_2 \quad (X：Cl、Br、I)$$

$$MO + 2HX \longrightarrow MX_2 + H_2O$$

由于 Zn^{2+}、Cd^{2+}的强极化作用，MX_2都是易潮解、极易溶于水的物质（ZnF_2除外）。要制取无水氯化锌，可在 HCl 气氛下加热 $ZnCl_3 \cdot xH_2O$，令其脱水，或和 $SOCl_2$ 混合脱水：

$$ZnCl_2 \cdot xH_2O + xSOCl_2 \longrightarrow ZnCl_2 + 2xHCl + xSO_2$$

$SOCl_2$由于水解生成了 HCl 气流，同时也吸收了体系的水蒸气：

$$SOCl_2 + H_2O \longrightarrow 2HCl + SO_2\uparrow$$

在 $ZnCl_2$的浓溶液中，由于水解反应：

$$ZnCl_2 + H_2O \longrightarrow H[Zn(OH)Cl_2]$$

生成的羟基二氯合锌酸可溶解金属表面氧化物而作为焊接用的“熟镪水”。

4．汞的卤化物

汞的卤化物基本性质汇列于表 7－9 中。

表 7－9　汞的卤化物的某些性质

	Hg_2F_2	Hg_2Cl_2	Hg_2Br_2	Hg_2I_2	HgF_2	$HgCl_2$	$HgBr_2$	HgI_2
颜色	黄	白	白	黄	白	白	白	红(α)黄(β)
熔点/℃	570 分解				＞645 （分解）	280	238	257

续表 7－9

	Hg_2F_2	Hg_2Cl_2	Hg_2Br_2	Hg_2I_2	HgF_2	$HgCl_2$	$HgBr_2$	HgI_2
沸点/℃	分解	383（升华）	350（升华）	140（升华）		303	318	351
$\Delta_f H_m^\ominus$/kJ·mol^{-1}	－485.34	－264.93	－206.77	－120.96	－422.58	－230.12	－169.45	－105.44
K_{sp}		1.35×10^{-18}	4.0×10^{-22}	4.5×10^{-29}				
磁性	逆磁	逆磁	逆磁	逆磁	逆磁	逆磁	逆磁	逆磁

Hg_2Cl_2俗称甘汞，可由$HgCl_2$与还原剂，如$SnCl_2$、SO_2、Hg 反应制得：

$$2HgCl_2 + SnCl_2（适量）\longrightarrow Hg_2Cl_2\downarrow + SnCl_4$$

如前所述，在 Hg_2^{2+}—Hg^{2+} 平衡体系中，Hg_2^{2+} 处于热力学稳定态，且［Hg^{2+}］/［Hg_2^{2+}］＝1/166。但在一定条件下，Hg_2Cl_2会发生自氧化还原分解：

$$Hg_2Cl_2 \xlongequal{光} Hg + HgCl_2$$
$$Hg_2Cl_2 + 2OH^- \longrightarrow Hg + HgO + 2Cl^- + H_2O$$
$$Hg_2Cl_2 + NH_3 \longrightarrow Hg + HgNH_2Cl + HCl$$

$HgCl_2$俗称升汞，可由以下反应制备：

$$Hg^{2+} + 2Cl^- \longrightarrow HgCl_2$$

由于 $HgCl_2$受热易升华，可以利用这一性质分离提纯。电导实验测定表明，在水溶液中，$HgCl_2$以分子形式存在，是弱电解质，不似 HgF_2一样在水中发生强烈水解：

$$HgF_2 + H_2O \longrightarrow HgO + 2HF$$

$HgCl_2$在水溶液中少量电离：

$$HgCl_2 \rightleftharpoons HgCl^+ + Cl^- \qquad K_1 = 3.3\times10^{-7}$$
$$HgCl^+ \rightleftharpoons Hg^{2+} + Cl^- \qquad K_2 = 1.8\times10^{-7}$$

$HgBr_2$性质与 $HgCl_2$相似，但溶解度只有 $HgCl_2$的 1/10，更难电离（$K_1 = 5.5\times10^{-9}$，$K_2 = 9.1\times10^{-10}$）。HgX_2（X：Cl、Br、I）由于键的共价性，易溶于有机溶剂如甲醇、乙醇、丙酮中。固体 HgI_2由于晶型不同，常温下呈红色，高温（≥127℃）下转化为黄色。

和铜、锌分族其它元素的卤化物可以溶于相应 X^-溶液中形成较稳定的配离子一样，HgX_2和 X^-结合成较稳定的 HgX_4^{2-}离子，其稳定常数是：

$$\beta_{4(HgI_4^{2-})} > \beta_{4(HgBr_4^{2-})} > \beta_{4(HgCl_4^{2-})}$$

五、铜、锌分族的其它重要化合物

1. 铜的化合物

硫酸铜（$CuSO_4 \cdot 5H_2O$）俗称胆矾，其结构如图 7－2 所示。在晶体中，四个水分子以平面正方形配位在 Cu^{2+}的周围，第五个水分子以氢键与硫酸根结合，硫酸根离子与平面四边形构成不规则的八面体。因此在加热时，晶体的脱水是分步的：

$$CuSO_4 \cdot 5H_2O \xlongequal{102^\circ C} CuSO_4 \cdot 3H_2O + 2H_2O$$

$$CuSO_4 \cdot 3H_2O \xlongequal{113^\circ C} CuSO_4 \cdot H_2O + 2H_2O$$

$$CuSO_4 \cdot H_2O \xlongequal{258^\circ C} CuSO_4 + H_2O$$

$$CuSO_4 \xrightarrow{650^\circ C} CuO + SO_3$$

无水硫酸铜为白色粉末，不溶于有机溶剂中，吸入少量水后即显特征蓝色。因此，可用作从有机溶剂中脱除少量水的试剂。

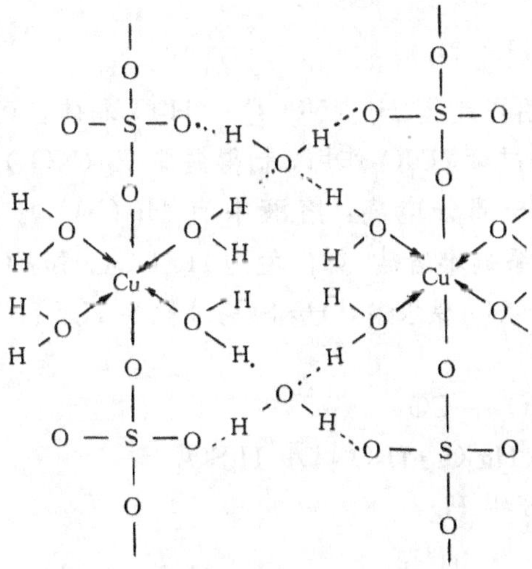

图 7－2　$CuSO_4 \cdot 5H_2O$ 结构

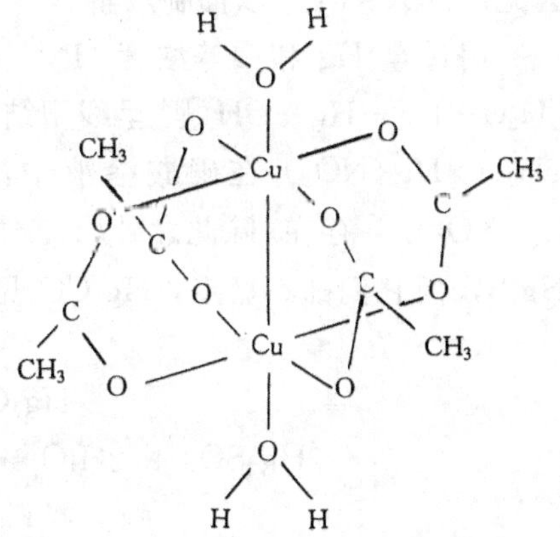

图 7－3　$Cu(Ac)_2 \cdot H_2O$ 结构

硝酸铜有三水、六水、九水硝酸铜。和硫酸铜一样，由于 Cu^{2+}的水解，其水溶液呈酸性，晶体加热时失水成为碱式盐。

醋酸铜[$Cu(Ac)_2 \cdot xH_2O$]（x=4、1、0）的一水合物的结构如图 7－3 所示，它是以 Cu 原子的 dsp^2杂化轨道分别与 Ac^-中的氧原子以 σ 键相连，构成平面正方形。中心铜原子以 $3d_{x^2-y^2}$轨道面对面地形成 Cu－Cu 原子间的 δ 键，键长为 264 pm。此外，铜原子另一侧与另一水分子配合。因此，每个铜原子形成不规则八面体中心，配位数为六，是八面体构型（见本章附注）。

2. 银的化合物

最常见的重要银盐是硝酸银。纯硝酸银比较稳定，但痕量有机物可以促进它见光分解。因此，一般将 $AgNO_3$ 保存在棕色瓶中。$AgNO_3$ 的制备是将银溶于硝酸，然后蒸发浓缩结晶制得粗 $AgNO_3$：

$$Ag + 2HNO_3(浓) = AgNO_3 + NO_2\uparrow + H_2O$$

由于粗 $AgNO_3$ 中常常含有 $Cu(NO_3)_2$，利用它们对热稳定性的不同，可以进行除杂分离：

$$2Cu(NO_3)_2 \xlongequal{473\ K} 2CuO + 4NO_2 + O_2\uparrow$$

$$2AgNO_3 \xlongequal{713\ K} 2Ag + 2NO_2 + O_2\uparrow$$

在 473～573 K 下加热粗产品，并用水溶解，过滤除去 CuO，重结晶提纯 $AgNO_3$。

3. 汞的化合物

$Hg(NO_3)_2$ 及 $Hg_2(NO_3)_2$ 都是可溶性汞(Ⅰ)、汞(Ⅱ)盐。由于 $Hg(NO_3)_2$ 及 $Hg_2(NO_3)_2$ 在水中会发生水解：

$$3Hg(NO_3)_2 + 3H_2O = Hg_3O_2(NO_3)_2 \cdot H_2O + 4HNO_3$$

$$Hg_2(NO_3)_2 + H_2O = Hg_2(OH)NO_3 + HNO_3$$

因此应加入 HNO_3 以抑制水解。

用过量 Hg 和中等浓度 HNO_3 反应，几天后可制得 $Hg_2(NO_3)_2 \cdot 2H_2O$ 晶体，其中 $[H_2O-Hg-Hg-OH_2]^{2+}$ 呈线型结构。用 Hg 与过量 HNO_3 作用，制得晶体 $Hg(NO_3)_2 \cdot xH_2O$。$Hg(NO_3)_2$ 在硝酸溶液中溶解后只有一部分电离，溶液中有 $Hg(NO_3)_3^-$ 和 $Hg(NO_3)_4^{2-}$ 存在。除此之外，Hg_2^{2+} 还能形成一系列难溶盐，如白色的 Hg_2CO_3、Hg_2SO_4、Hg_2S，但它们都不稳定，Hg_2CO_3 见光分解，Hg_2SO_4 易水解，Hg_2S 易歧化为 HgS：

$$Hg_2CO_3 \xlongequal{光} Hg_2O + CO_2$$

$$2Hg_2SO_4 + 2H_2O = Hg_2SO_4 \cdot Hg_2O \cdot H_2O\downarrow + H_2SO_4$$

$$Hg_2S = HgS + Hg$$

汞能形成许多稳定的汞有机化物，如甲基汞 $Hg(CH_3)_2$ 等，这些有机汞化合物均有毒性。由于 Hg—C 键能不大，只有 50～200 kJ/mol，故它们对光和热是不稳定的。但它们的稳定性较少地受空气和水的影响，这可能是 Hg—C 键极性较低及汞对氧低的亲和性的原因。

第五节　铜、锌分族的配合物化学

铜、锌分族元素均易形成配合物，因为它们的离子结构为 $(n-1)d^{9-10}$，具有很强的极化作用和明显的变形性，因此比相应主族元素更易作为 Lewis 酸形成配合物。在多数场合下，铜、锌分族元素的离子能以 sp、sp^2、sp^3、sp^3d、sp^3d^2 及 dsp^2 杂化轨道成键。表 7—9 列出了铜、锌分族离子与常见配位体作用的情况。

表 7-10　铜、锌分族常见离子与常见配位体作用情况

试剂	Cu^+	Cu^{2+}	Ag^+	Zn^{2+}	Cd^{2+}	Hg^{2+}	$Hg_2{}^{2+}$
$NH_3\cdot H_2O$	$Cu(NH_3)_2^+$ 无色	$Cu(NH_3)_4^{2+}$ 深蓝色	$Ag(NH_3)_2^+$ 无色	$Zn(NH_3)_4^{2+}$ 无色	$Cd(NH_3)_4^{2+}$ 无色	$HgNH_2Cl\downarrow$ 白色	$HgNH_2Cl\downarrow$ $+Hg\downarrow$ 灰色
KCN	$Cu(CN)_4^3$ 无色	$Cu(CN)_4^{3-}$ $+(CN)_2\uparrow$	$Ag(CN)_2{}^-$ 无色	$Zn(CN)_4{}^{2-}$ 无色	$Cd(CN)_4{}^{2-}$ 无色	$Hg(CN)_4{}^{2-}$ 无色	$Hg(CN)_4{}^{2-}$ $+Hg\downarrow$ 黑色
KI	CuI 白色	$CuI+I_2$ 黄棕色	AgI 黄色	$ZnI_4{}^{2-}$ 无色	$CdI_4{}^{2-}$ 无色	HgI_2 $\rightarrow HgI_4{}^{2-}$ 红→无色	$Hg_2I_2\rightarrow$ $HgI_4^{2-}+Hg$ 绿→无色

常见 Cu(I)配合物有 $Cu(NH_3)_2{}^+$、$CuCl_3{}^{2-}$及 $Cu(CN)_4{}^{3-}$。无色的 $Cu(NH_3)_2{}^+$在无空气存在下是稳定的，但在有空气存在时，迅速地被氧化成深蓝色 $Cu(NH_3)_4{}^{2+}$。相比之下，$Cu(CN)_4{}^{3-}$十分稳定($K_{稳}=3\times10^{30}$)，以致于在 Cu^{2+}溶液中加入 CN^-，溶液将从蓝色转化为无色：

$$Cu^{2+}+5CN^-=\!=\!=Cu(CN)_4{}^{3-}+\frac{1}{2}(CN)_2$$

由于 $Cu(CN)_4{}^{3-}$的稳定性，计算可以证明，向 $Cu(CN)_4{}^{3-}$溶液中通入 H_2S 也不能得到 Cu_2S 沉淀($K_{sp}=2.5\times10^{-50}$)。利用这一性质可以进行 Cd^{2+}、Cu^{2+}混合液的分离。

由于 CN^-、HN_3的配位能力不同，金属铜与它们的反应不同。在与配位能力强的 CN^-反应时，从溶液中放出氢气：

$$Cu+4CN^-+H_2O=\!=\!=Cu(CN)_4{}^{3-}+OH^-+\frac{1}{2}H_2$$

在与配位能力较差的 NH_3作用时，需要氧参与反应：

$$2Cu+8NH_3+O_2+2H_2O=\!=\!=2[Cu(NH_3)_4]^{2+}+4OH^-$$

常见的银(Ⅰ)配离子有 $Ag(NH_3)_2{}^+$、$Ag(S_2O_3)_2{}^{3-}$及 $Ag(CN)_2{}^-$，它们的稳定常数的大小可以从以下实验中判别出来：

$$AgCl\downarrow\xrightarrow[2\ mol/dm^3]{NH_3\cdot H_2O}Ag(NH_3)_2{}^+\xrightarrow{Br^-}AgBr\downarrow\xrightarrow[0.5\ mol/dm^3]{Na_2S_2O_3}Ag(S_2O_3)_2{}^{3-}$$

$$\xrightarrow{I^-}AgI\downarrow\xrightarrow{CN^-}Ag(CN)_2{}^-\xrightarrow{S^{2-}}Ag_2S\downarrow$$

$Ag(NH_2)_2{}^+$仍具有一定的氧化性，有机化学用它鉴定醛基化合物，工业上用该反应在玻璃上镀银：

$$2Ag(NH_3)_2{}^++C_6H_{12}O_6+H_2O=\!=\!=2Ag\downarrow+C_6H_{12}O_7+2NH_3+2NH_4{}^+$$

$Ag(NH_3)_2{}^+$在放置过程中会分解成有爆炸性的 Ag_2NH 和 $AgNH_2$。因此，实验室中不宜

长时间地保留 $Ag(NH_3)_2{}^+$溶液，用剩的试剂应及时处理。

锌配合物中，Zn 的配位数有 4、6 两种，如 $ZnCl_4{}^{2-}$、$Zn(NH_3)_4{}^{2+}$(sp^3 杂化轨道成键)及 $Zn(NH_3)_6{}^{2+}$(sp^3d^2 杂化轨道成键)。六配位的 $[Zn(NH_3)_6]^{2+}$不太稳定，只存在于固态化合物中。

汞的配合物主要是以 Hg(Ⅱ)为形成体的配合物。配位体通常是 Cl^-、Br^-、I^-、CN^-、SCN^-等，配位数为 4。由于 Hg^{2+}的极化作用，向 Hg^{2+}盐加入氨水时，不发生配合作用，而发生氨解作用：

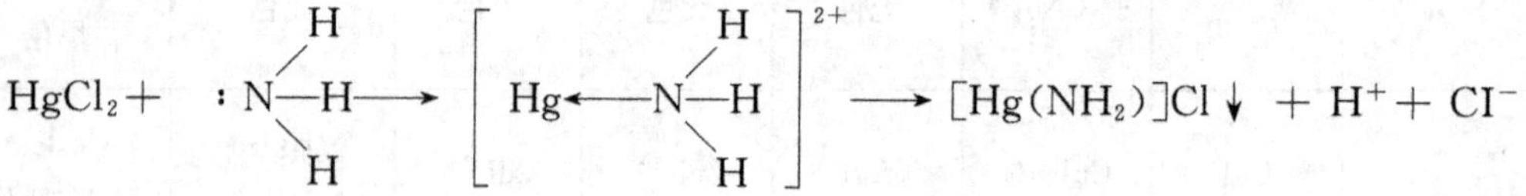

这一过程与 Hg^{2+}的水解相似：

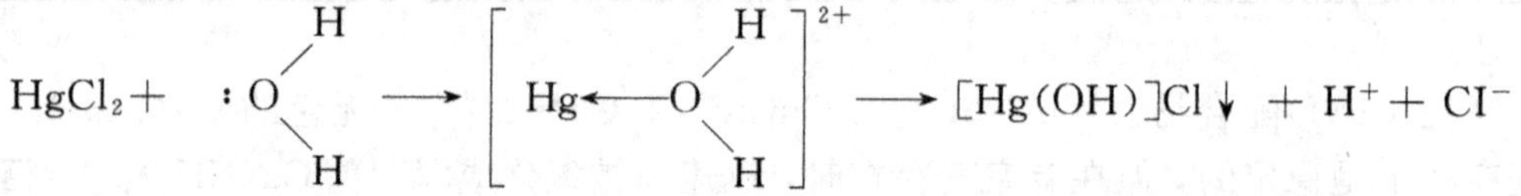

因此，Hg^{2+}不易形成氨配合物。只有当过量的铵盐存在时，Hg^{2+}才生成相应的氨配合物，如 $[Hg(NH_3)_2]Cl_2$的白色晶体。

在 $HgX_4{}^{2-}$配合物中，根据软硬酸碱规则，$[HgI_4]^{2-}$应具有特殊的稳定性。$[HgI_4]^{2-}$的 KOH 溶液又称为奈斯勒 (Nessler) 试剂，它是检验 $NH_4{}^+$的特效试剂，试液中若含有微量的 $NH_4{}^+$，会立即生成特殊的红棕色沉淀。

四硫氰合汞(Ⅱ)酸铵 $(NH_4)_2[Hg(SCN)_4]$ 可以用来鉴定 Co^{2+}：

$$Co^{2+} + [Hg(SCN)_4]^{2-} \longrightarrow Co[Hg(SCN)_4]\downarrow\text{(蓝色)}$$

铜、锌分族多数阳离子都可以与 EDTA 形成 1∶1 的螯合物，由于螯环形成，这些配合物都有特殊的稳定性。

第六节　铜、锌分族的应用与环境生物无机化学

在人类历史上，铜、银、金是最早被发现的三种金属。可以想象铜、锌分族在国民经济中所占有的特殊地位。

工业中，铜的主要用途是制造各种合金。例如黄铜，它是铜锌合金，由于其机械性能及耐磨性能都很好，用于仪器、船舶、钟表上的零件。青铜是铜锡合金，具有良好的抗蚀性能、导电性能、耐磨性、可铸造性等优点，因此用于制精密轴承、机械零件及抗蚀板材、管材、棒材等。白铜是铜镍合金，有良好的抗蚀性能，用于仪表工业中。铜还大量地应用在电子电气工业中。

对于人体来说，铜是不可缺少的元素之一。正常人体每天需补充铜 2～5 mg。人体缺铜时会造成红血球减少，引致贫血，常见的白癜风病症也就是体内缺铜导致的肤色素脱失症。体内缺铜还会引起头发变白、动脉硬化、胆固醇升高等症状。但是铜对人体来说

是痕量元素，在人体中只有铁含量的 1/60，过多的摄入（超过 200 mg/d）对人体是有害的。近年研究报告指出，人体某些癌组织，如结肠直肠癌、胃癌、卵巢癌、乳房癌、膀胱癌组织中含铜量远比正常组织含铜量高；但是另一些癌变组织，其含铜量又低于正常组织的含铜量，如肺癌、肾癌等。因此，微量金属铜与癌症的关系仍需作进一步的探讨。铜还直接参与植物的生命代谢过程。作为植物的微肥，铜肥能促进提高植物的呼吸强度，促进植物有机体的碳水化合物和蛋白质的新陈代谢，增加叶绿素的含量和稳定性，加强植物抗病害的能力。我国东北、华北地区的实验证明，铜肥对某些农作物有增产作用。

硫酸铜与石灰乳混合制得一种名为波尔多液的农药，该农药可防治棉花叶斑病和烂铃、马铃薯晚疫病、黄瓜的霜霉病、梨黑星病以及葡萄霜霉病等。硫酸铜也大量使用在电镀、电池、印染、染色工艺中。此外，黑色的氧化铜粉末与磷酸、氢氧化铝加热后得到的甘油状液体混合，可制成一种具有特殊粘结能力的无机粘合剂，用于粘结陶瓷、金属、玻璃等。

银和金很早就被人类作为货币金属使用，现在，其广泛用于制造合金及装饰品。由于银的良好导电性，但本身又是贵重金属，因此只在一些非常精密的、使用价值高的仪器中应用，如照相机、电子手表、计算器中。近年在电池工业中也用于制银锌电池或银镉电池。银明显地溶于水，而且 Ag^+ 有较强的杀菌能力。据测定，每升水中溶解 Ag^+ 的量为 2×10^{-11}mol 时就足以使大多数细菌死亡。$AgNO_3$在医疗上可配制眼药水，并且还是常用的化学试剂，在工业上用以镀银、制镜等。

锌在空气中形成一层碱式碳酸盐保护层，这层膜可以防止锌的继续腐蚀，因此常用于制镀锌铁。但是，由于锌有毒，故镀锌铁不宜作盛食物用。此外，锌还广泛用于电镀工业及合金工业中。氧化锌又名锌白，利用它在高温呈黄色的特点，人们制成变色温度计。氧化锌还用于涂料工业、橡胶工业中。因为氧化锌无毒性，又具有收敛性及防病性能，因此在医疗上用作软膏、橡皮膏，以治疗皮肤伤口，起止血收敛作用。用氧化锌加上丁香油作补牙填料，可在短时间内凝固，并有一定的硬度。由 BaS 与 $ZnSO_4$共沉淀所形成的混合晶体 $ZnS\cdot BaSO_4$叫锌钡白（立德粉），是一种优良的白色颜料。纯 ZnS 在光线照射下会隐隐约约地射出浅绿色的荧光，加入一些激活剂，如 Mn^{2+}、Ag^+、Cu^{2+}，可在紫外光或可见光照射下发生不同颜色的荧光，可用于发光材料，例如，用 Mn 激活发橙光，用 Ag^+激活发蓝光。

锌对人体发育过程有显著作用，正常人体每天需补充 10～15 mg 锌。医学上发现，人体缺锌会引起青春侏儒症。现已证实，锌具有促进人体内淋巴细胞增殖、维持上皮和粘膜组织正常的作用。人体缺锌还会引起伤口不易愈合、皮肤及粘膜溃疡、嗅觉迟钝、发育不良，并直接影响骨骼发育及性机能发育。研究表明，锌在人体中与蛋白质和酶结合在一起，起着重要的作用，如与主管能量传递的磷酸酶、主管糖代谢的脱氢酶和缩醛酶、主管蛋白质代谢的酞酶相结合。锌还是植物生长不可缺少的元素，施用锌肥可以促进叶绿素的形成以及碳水化合物和蛋白质的合成作用，提高植物抗病害的能力。因此硫酸锌就是一种微肥。

镉主要用于电镀、电池工业。在冶金中用作去氧剂，制造各种合金，如低熔点的伍德合金。镉的硫化物常用作颜料，如镉黄（CdS）及镉红（由 CdS、CdSe、$CdSO_4$制成），广泛用于绘画颜料及油漆搪瓷工业中。金属镉本身虽然无毒，但镉的化合物给人体及环境带来危害与污染。人、畜食用了被镉污染了的食物或水，便会在体中积累。在人体中，Cd 会取代骨骼中的钙，使骨组织受损而中毒，引致骨痛病。该病初期表现在病人的腰、手、脚的关节疼痛，病情加重后人全身疼痒，不能活动，最后骨骼变形，自然断折，病人不思饮食，衰弱而死。据统计，五六十年代此病在日本富山县矿区已造成百多人受毒害并死亡，是震惊世界的八大公害事件之一。其污染途径是长期饮用含镉的水（浓度为 0.1 mg/dm^3，国际饮用水标准是含镉小于 0.01 mg/dm^3）及食用“镉米”，因为水稻优先地吸收镉，使该地大米含镉量超过 0.5～1.0 mg/kg。研究表明，进入人体的镉能与人体含有巯基的蛋白质分子牢固地结合（Cd^{2+}为软酸），降低或抑制了酶的活性，抑制对蛋白质及脂肪的消化，引起心血管病。因此，防治工业镉污染是化学工作者迫切的任务。

汞有极其广泛的用途。据统计，约有 80 多种工业是以汞为原料或辅料的。由于汞及其化合物大多数都有毒性，严重威胁环境与人类的生存，因此，对汞及其污染应引起足够的重视。汞由于可以溶解多种金属形成合金（汞齐），又被称为“金属溶剂”。但是汞不与铁形成合金。因此，常用铁器贮存汞。为防止汞蒸气污染，在汞表面上应盛一层水作水封。汞齐在工业上有不少应用，如钠汞齐作还原剂，银汞齐用于补牙填料，铊汞齐作低温温度计，等等。汞由于其特殊性质，如熔点低（－38.86℃），沸点较高（356.60℃），而且在 0～200℃ 范围内，其体积膨胀系数均匀，密度大又不浸润玻璃，因此广泛用于制作温度计和压力计。由于汞蒸气在放电时能导电，并可辐射高强度的可见光及紫外光，因而适于制高压水银灯及日光灯。汞的化合物中，Hg_2Cl_2由于溶解度小，没有什么毒性，在医学上用作泻剂、利尿剂。汞的可溶性化合物都是剧毒物质。如 $HgCl_2$（升汞）内服 0.2～0.4 g，即可令人死亡；但适量使用可以消毒，其稀溶液是外科手术常用消毒剂。

由于食物及环境污染，汞进入人体并逐渐积累，会引起人体中毒，尤其是大脑神经性中毒。在日本熊本县水俣湾沿岸一带，居民因食用了被汞严重污染了的鱼，引致数万居民中毒，成为震惊世界八大公害之一。汞中毒症状表现为口齿不灵、视野缩小、听觉失灵、精神错乱、手指颤抖，甚至痉挛、惊厥、全身肌肉抽搐，最后使人在极度痛苦中死去。我国规定工业废水中汞浓度排放浓度不得超过 0.05 mg/dm^3。汞以两种形式污染环境，其一是无机汞，指金属汞及一、二价汞的无机化合物；其二是有机汞，如烷基汞、烷氧基汞、芳基汞等。毒理试验证明，无机汞对人体的毒性不十分严重，但它会由微生物转化为有机汞。有机汞，尤其是甲基汞对生物体是剧毒物。它被生物体富集、吸收、侵害人体神经系统。由于汞盐属软酸，与酶蛋白及血红素分子中的巯基（—SH）结合，导致蛋白质中毒。目前含汞污水的处理方法有沉淀法、离子交换法、吸附—还原法及电解法等，以下作一简单介绍：

（1）沉淀法。以 Na_2S 为沉淀剂，使废水中 Hg^{2+}沉淀：

$$Hg^{2+} + S^{2-} \xlongequal{\quad} HgS\downarrow$$

过滤除去。由于 HgS_2^{2-} 的生成作用，沉淀不能完全除去 Hg^{2+}，因而可加入 $FeSO_4$，使 $FeS\downarrow$ 生成，与 HgS 成为共沉淀而除去。

（2）离子交换法。本法适合于含 Hg^{2+}较高的废液，通常与沉淀法联用，先沉淀，后过柱，可将汞含量由 200 mg/dm^3降到 0.05 mg/dm^3以下。

通常一级处理用 $NH_4Cl-Na_2CO_3$为沉淀剂，形成 $Hg_2(OH)_2CO_3\downarrow$，二级处理是以离

子交换纤维柱交换，柱内充填有羧酸型、氨基型、巯基型离子交换纤维。

（3）吸附还原法。本法适用于排放量大而浓度较低的有机汞废水处理。先吸附（用大孔巯基型离子交换树脂吸附甲基汞），再用 HCl－NaCl 溶液将它洗脱，经紫外光照射后分解为无机汞，再用铜屑还原：

$$Hg^{2+} + Cu \longrightarrow Hg + Cu^{2+}$$

（4）电解法。以锌板为阳极，铜皮为阴极，电解含汞废水。

此外，还有活性炭吸附、微生物法等。

第七节　常见离子的分离与鉴定

本族常见离子混合溶液的分离如下：

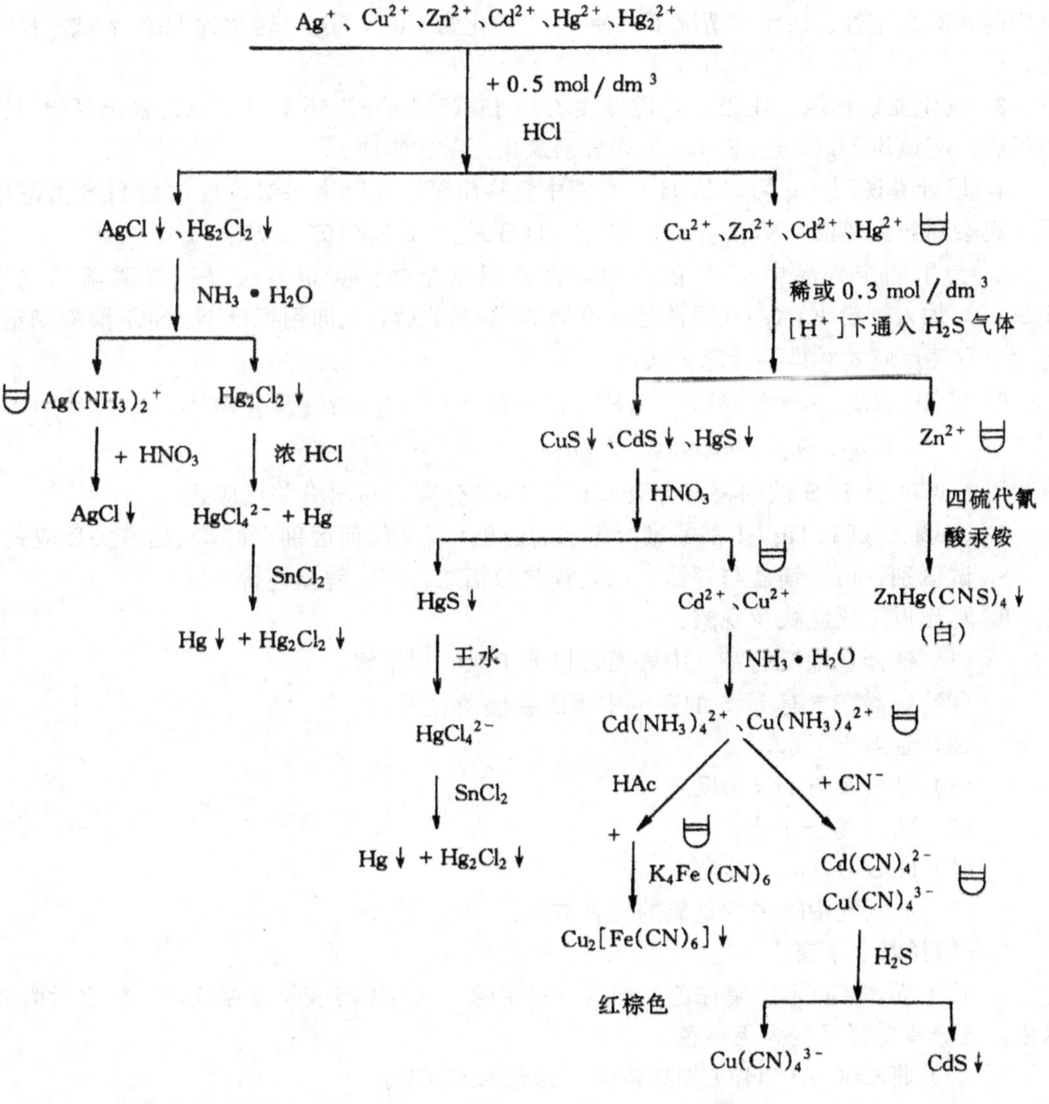

读者可以根据它们性质上的差异设计其它分离鉴定的步骤。

本章教学要求

1. 掌握 Cu(Ⅰ)—Cu(Ⅱ)、Hg(Ⅰ)—Hg(Ⅱ)相互转化的条件及关系，并利用 $\Delta G^{\ominus}/F-Z$图进行讨论。

2. 熟悉铜、锌分族单质的性质及其冶炼方法的原理。

3. 掌握铜、锌分族重要化合物及其性质。

4. 了解本章元素的环境化学及环境保护问题。

习　　题

1. 比较 ⅡB 族及 ⅠB 族同周期元素的原子半径，它对 ⅡB、ⅠB 族的性质有什么影响？

2. 根据铜、锌分族的 $\Delta G^{\ominus}/F-Z$ 图说明 Cu(Ⅱ)、Cu(Ⅰ)和 Hg(Ⅱ)、Hg(Ⅰ)在水溶液中的相对稳定性。在什么情况下可使 Cu^{2+} 转化为 Cu^{+}，$Hg_2{}^{2+}$转化为 Hg^{2+}？试举例说明。

3. 氯化亚铜和氯化亚汞都是逆磁性的，问应该用 CuCl 还是用 Cu_2Cl_2表示氯化亚铜的组成？应该用 HgCl 还是 Hg_2Cl_2来表示氯化亚汞的组成？

4. 用计算说明 Ag 可以从 H_2S 溶液中置换出氢，实际上将银片投入到 H_2S 溶液中可以观察到什么现象？$K_{spAg_2S}=2\times10^{-49}$、$H_2S$ $K_{a1}=1.3\times10^{-7}$、$K_{a2}=7.1\times10^{-15}$。

5. 为了测定样品中 Cu^{2+} 的含量，常常用碘量法。测定方法是试样酸溶后（用 H_2SO_4），加入过量 KI（s）（通常是理论量 3—5 倍）后，立即用标准 $Na_2S_2O_3$溶液滴定，请写出有关反应式并推导计算公式。

6. 已知：$K_{sp(Cu_2S)}=2.5\times10^{-50}$、$K_{sp(CuS)}=6\times10^{-36}$、$K_{sp(CdS)}=8\times10^{-27}$

$$K_{稳(Cu(CN)_4{}^{3-})}=2\times10^{30},\ K_{稳(Cd(CN)_4{}^{2-})}=8\times10^{18}$$

请利用 NaCN 及 H_2S 试剂将混合液 Cd^{2+}、Cu^{2+}分离，写出有关反应式。

7. CuCl、AgCl、Hg_2Cl_2都是难溶于水的白色粉末，如何区别它们，写出有关反应式。

8. 试区别：(1) 镁盐与锌盐，(2) 锌盐和铝盐，(3) 锌盐与镉盐。

9. 写出以下反应式及现象：

(1) 铜器在潮湿的空气中表面慢慢地生成一层铜绿。

(2) 银器在含有 H_2S 的空气中表面会慢慢变黑。

(3) 金溶于王水。

(4) 过量汞与 HNO_3反应。

(5) HgS 溶于王水。

(6) HgS 在 Na_2S 溶液中。

(7) 从氮气中除去少量氧的三种方法。

10. 解释以下事实：

(1) 无水 $CuCl_2$是暗棕色，加入少量水的 $CuCl_2$浓溶液是黄棕色，稀释之后为黄绿色，进一步稀释又变为天蓝色。

(2) 将 $CuCl_2\cdot2H_2O$ 加热，得不到无水 $CuCl_2$。

(3) Cu^{2+}、Ag^{+}、Hg^{2+}都有氧化性，但 HgO 在有机化学分析中一般不作氧化剂使用，而多使用 CuO 作氧化剂。

（4）$ZnCl_2$水溶液常称为熟镪水。

（5）钠汞齐与水反应比金属钠与水反应缓和。

（6）H_2S 通入 $Hg_2(NO_3)_2$溶液中，最终得不到 Hg_2S 沉淀。

（7）锌族元素硫化物颜色变化从 Zn^{2+}—Cd^{2+}—Hg^{2+}依次加深。

（8）ZnO 在常温下是白色，在高温下呈浅黄色。

（9）汞的化合物通常都有毒，而 Hg_2Cl_2可作利尿剂。

11. 今有一混合离子溶液，含有 Zn^{2+}、Pb^{2+}、Ag^+、Sb^{3+}、Cd^{2+}等离子，请分离鉴别它们。

12. 请计算 $\varphi^\ominus_{(Cu(CN)_4^{3-}/Cu)}$ 及 $\varphi^\ominus_{(Zn(CN)_4^{2-}/Zn)}$ 的数值，说明在镀铜锌合金时要用 $Cu(CN)_4^{3-}$、$Zn(CN)_4^{2-}$为电镀液。用 $Cu(NH_3)_4^{2+}$、$Zn(NH_3)_4^{2+}$代替可以吗？

已知：$\varphi^\ominus_{(Cu^+/Cu)}=0.52$ V、$\varphi^\ominus_{(Zn^{2+}/Zn)}=-0.77$ V，$Cu(CN)_4^{3-}$ $\beta_4=2\times10^{30}$，$Zn(CN)_4^{2-}$ $\beta_4=5\times10^{16}$、$\varphi^\ominus_{(Cu^{2+}/Cu)}=0.34$ V，$Cu(NH_3)_4^{2+}$ $\beta_4=4.68\times10^{12}$，$Zn(NH_3)_4^{2+}$ $\beta_4=2.9\times10^9$。

13. $HgCl_2$及 $Hg(NO_3)_2$都是可溶性汞盐，如何配制它们的水溶液，为什么？

14. 写出金属铜与 KCN 溶液的反应及金属铜与氨水溶液生成 $Cu(NH_3)_4^{2+}$的反应的方程式，计算它们的反应平衡常数。

15. 计算讨论说明 $Zn(OH)_2$在氨水，及 $NH_3\cdot H_2O$—NH_4Cl 溶液中的溶解并给予解释。

16. 向浅蓝色 $CuSO_4$溶液中加入固体 NaCl，后再加入过量 $NH_3\cdot H_2O$，溶液有什么变化？请给予解释。

17. 可用以下反应制备 CuCl：

$$Cu(s)+Cu^{2+}+2Cl^-\rightleftharpoons 2CuCl\downarrow$$

若以 0.2 mol/dm³ $CuSO_4$和 0.4 mol/dm³ NaCl 溶液等体积混合并加入过量的铜屑，求反应达平衡时，Cu^{2+}离子的转化百分率。

18. 在回收废定影液时，可使银沉淀为 Ag_2S，再用络合还原法回收银：

$$2Ag_2S+8CN^-+O_2+2H_2O = 4Ag(CN)_2^-+2S+4OH^- \quad ①$$

$$2Ag(CN)_2^-+Zn = 2Ag\downarrow+Zn(CN)_4^{2-} \quad ②$$

计算反应 ① 的 K^r及 $\Delta_rG^\ominus$。已知：$K_{sp(Ag_2S)}=5.5\times10^{-51}$，$K_{稳(Ag(CN)_2^-)}=1.0\times10^{21}$，$\varphi^\ominus_{(S/S^{2-})}=-0.48$ V，$\varphi^\ominus_{(O_2/OH^-)}=0.40$ V。

19. 化合物 A 是一种黑色固体，不溶于水，稀 HAc 和 稀 NaOH 溶液中，而易溶于热 HCl 溶液中，生成一种绿色的溶液 B。如果溶液 B 与铜丝一起煮沸，即逐渐生成土黄色溶液 C。若用较大量水稀释溶液 C，生成白色沉淀 D。D 可溶于氨溶液中生成无色溶液 E，无色溶液 E 暴露于空气中则迅速变成蓝色溶液 F。往 F 中加入 KCN 时，生成无色溶液 G。往 G 中加入锌粉，则生成红色沉淀 H。H 不溶于稀酸或稀碱中，但可溶于热 HNO_3中生成蓝色溶液 I。往 I 中慢慢加入 NaOH 溶液则生成沉淀 J。将 J 过滤，取出后强热，又得到原来的化合物 A。

试判断以上各字母表示的化合物，写出实验有关反应式。

20. 有一种固体，可能含有 $AgNO_3$、CuS、$AlCl_3$、$KMnO_4$、K_2SO_4和 $ZnCl_2$，将该固体加入水中，并用几滴盐酸酸化，有白色沉淀 A 生成，滤液 B 无色，白色沉淀 A 能溶于氨水中。

将滤液 B 分成两份，一份加入少量 NaOH 溶液时有白色沉淀生成，再加入过量 NaOH 溶液白色沉淀溶解。另一份溶液加入少量 $NH_3\cdot H_2O$ 时有白色沉淀生成，加入过量氨水及 NH_4Cl（s）沉淀也溶解。

根据以上实验现象，请指出以上化合物中哪些肯定存在，哪些肯定不存在，哪些可能存在。

21. 计算说明 HgS 不溶于 HCl 溶液而可溶于 HCl－KI 溶液中。HgS 可溶于 KI 溶液中吗？计算说明。

22. 合成氨工业中原料气主要成分是 N_2、H_2气，但少量的 CO 对合成塔的催化剂是有害的，因此需要对原料气精制，这个过程由铜洗工序实现。铜洗原理是让一价铜氨络合物吸附 CO，再减压解吸吹去 CO，以再生铜液，反应式为：

$$[Cu(NH_3)_2]\cdot Ac + CO + NH_3 \underset{\text{减压加热}}{\overset{\text{低温加压}}{\rightleftharpoons}} [Cu(NH_3)_3]Ac\cdot CO \quad \Delta_r H_m^\circ = -35\ kJ/mol$$

试根据热力学观点讨论精炼工序的生产条件控制。由于空气中的氧会氧化 $Cu(NH_3)_2{}^+$ 为 $Cu(NH_3)_4{}^{2+}$，因此生产中必须维持一定的 Cu^+/Cu^{2+} 比例，请设计合理方法再生铜液。

23. 用计算说明向 $Hg_2(NO_3)_2$ 溶液中滴加 KI 溶液至过量应发生什么样的反应。

24. 分别向硝酸铜、硝酸银、硝酸汞溶液中滴加 KI 溶液至过量，各发生什么反应？写出有关反应式。

25. 设计实验方案分离以下各组离子：(1) Zn^{2+}、Cd^{2+}；(2) Cu^{2+}、Zn^{2+}；(3) Ag^+、Pb^{2+}、Hg^{2+}；(4) Zn^{2+}、Cd^{2+}、Hg^{2+}。

26. 为什么说在常温下 Cu_2O、CuO 都是热力学稳定的，而高温时 Cu_2O 较稳定？继续提高温度时 Cu_2O 还稳定吗？试从热力学观点讨论。

27. 为什么 $ZnCl_2$在水中极易溶解？ZnF_2却不易溶解？

28. 对比 ⅠB、ⅡB 与 ⅠA、ⅡA 族，它们的金属冶炼方法有什么不同？为什么？

29. Cu(Ⅱ)与 Hg(Ⅱ)配合物的几何构型有什么区别？为什么？

30. 银质餐具使用一段时间后，表面上会有一层黑色锈迹。请问，这些锈迹的主要成份是什么？请你设计三种原理不同的化学方法将锈迹除去，说明它们的具体原理与方法，对比它们的优缺点并写出主要的反应式。

31. CdI_2溶液的导电性比 ZnI_2溶液的导电性低？请说出可能的原因。

32. $Zn_4O(CO_2CH_3)_6$ 可能结构是什么？它为什么会在水溶液中迅速地水解？$Be_4O(CO_2CH_3)_6$ 具有同样的结构，但在水溶液中不水解，为什么？

附注：

关于在 $Cu(Ac)_2\cdot xH_2O$ 结构中的 Cu－Cu 通过 $3d_{x^2-y^2}$轨道形成 δ 键的问题，是由 B. N. Figgis 和 R. L. Martin 于 1956 年提出的（J. Chem. Soc.，1956，3887）。这类化合物中 Cu 与 Cu 之间的相互作用一直是争论的问题（F. A. Cotton and G. Wilkinson，Advanced Inorganic Cheminstry 4th ed.

(1980) P818)。近年来似乎倾向于认为：两个羧基配体中各一个氧原子的 $2p_\pi$轨道上的一孤对电子与铜的单电子占领 $3d_{x^2-y^2}$轨道重叠，主要是 σ 特性的（见图），氧的孤对电子通过 $3d_{x^2-y^2}$轨道离域。由于氧孤对电子离域，也使每一羧基配体内的 O—O 重叠，因此发生了超交换，$Cu(Ac)_2 \cdot H_2O$ 便是反磁性的 (Richard D. Harcanrt et al.，J. Am. Chem. Soc.，1986，108，5403)。若以 Cu—Cu 形成 δ 键计算，则 $-2J$ 值太小（4 cm^{-1}），与实际不符。如应用如图所示的 10 电子 6 轨道体系计算 $-2J \approx 300\ cm^{-1}$，与文献中所述数值 286 cm^{-1}较为一致（J 为磁交换参数）。（附铜的 $3d_{x^2-y^2}$轨道和氧 $2p_\pi$原子轨道形成的 10 电子 6 轨道体系示意图）

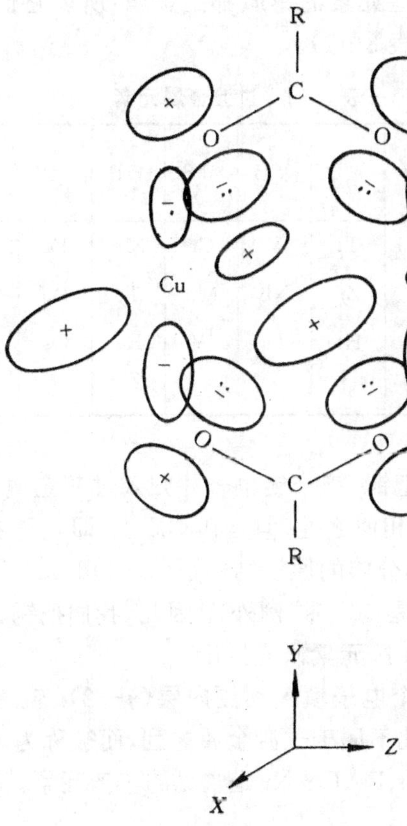

第八章　过渡金属元素

元素周期表的第四、五、六、七周期元素中，从第ⅢB族开始，到第Ⅷ族止，共25个元素，统称为过渡元素。因为这些元素的单质都是金属，所以它们又被称为过渡金属元素(Transition metal elements)(表8－1)。

表8－1　过渡金属元素

周期＼族	ⅢB	ⅣB	ⅤB	ⅥB	ⅦB	Ⅷ		
四	Sc	Ti	V	Cr	Mn	Fe	Co	Ni
五	Y	Zr	Nb	Mo	Tc	Ru	Rh	Pd
六	La	Hf	Ta	W	Re	Os	Ir	Pt
七	Ac							

在某些无机化学教材中，把铜、锌分族也一并归入过渡金属元素中讨论，因为它们在很多性质上与过渡金属元素有相似之处。但是在本质上，即电子层结构上，铜、锌分族与过渡金属有本质上的不同。铜、锌分族的原子结构是$(n-1)d^{10}ns^{1-2}$，而过渡金属元素的原子结构是$(n-1)d^{1-9}ns^{1-2}$(除Pd是$4d^{10}5s^0$例外)。因此，我们把铜、锌分族单列作ds区元素研究讨论，而将过渡金属列作d区元素研究讨论。

镧系、锕系元素的最后一个电子填入到更内层$(n-2)$f轨道上，在结构上，它们最外三个电子层都是未充满的，因此不属于过渡金属之列，而被称为内过渡元素。

在我国，Ti、Cr、Mo、W、Mn、Fe、Co、Ni是常见的丰产元素，其余的过渡金属都属于稀有过渡金属。

通常，第四周期过渡金属又称为第一过渡系列，而第五、六周期过渡元素分别称为第二、第三过渡系列。

本章将重点讨论第一过渡系列的元素。

第一节　过渡金属元素的通性

过渡金属元素的基本性质汇列于表8－2至表8－4中。这一系列性质可以从有关的晶体结构、原子结构的理论得到理解。

表 8－2　第一过渡系金属的基本性质

基本性质	Sc	Ti	V	Cr	Mn	Fe	Co	Ni	Cu
电子层结构	$3d^14s^2$	$3d^24s^2$	$3d^34s^2$	$3d^54s^1$	$3d^54s^2$	$3d^64s^2$	$3d^74s^2$	$3d^84s^2$	$3d^{10}4s^1$
原子半径 r/pm	164	147	135	129	127	126	125	125	128
Δr/pm	17	12	6	2	1	1	0	−3	
M^{2+}离子半径/pm		90	88	84	80	76	74	69	72
第一电离能 I_1/kJ·mol^{-1}	631	658	650	652.8	717.4	759.4	758	736.7	745.5
熔点/℃	1 539	1 675	1 890	1 890	1 204	1 535	1 495	1 453	1 083
沸点/℃	2 727	3 260	3 380	2 482	2 077	3 000	2 900	2 732	2 595
气化热/kJ·mol^{-1}	304.8	428.9	456.6	348.8	219.7	351.0	352.4	371.8	341.1
电负性(pauling)	1.36	1.54	1.63	1.66	1.55	1.83	1.88	1.91	1.90
密度/g·cm^{-3}	2.99	4.54	5.96	7.20	7.20	7.86	8.90	8.90	8.92
常见氧化态	3	2、3、4	2、3、4、5	2、3、6	2、3、4、6、7	2、3、6	2、3	2、3	1、2

表 8－3　第二过渡系金属的基本性质

基本性质	Y	Zr	Nb	Mo	Tc	Ru	Rh	Pd	Ag
电子层结构	$4d^15s^2$	$4d^35s^1$	$4d^45s^1$	$4d^55s^1$	$4d^65s^1$	$4d^75s^1$	$4d^85s^1$	$4d^{10}5s^0$	$4d^{10}5s^1$
原子半径 r/pm	182	160	147	140	135	134	134	137	144
Δr/pm	22	13	7	5	1	0	−3	−7	
第一电离能 I_1/kJ·mol^{-1}	616	660	664	685	702	711	720	805	731
熔点/℃	1 495	1 952	2 468	2 610		2 250	1 966	1 552	960.8
沸点/℃	2 927	3 578	4 927	5 560		3 900	3 727	2 927	2 212
气化热/kJ·mol^{-1}	393.3	581.6	696.6	594.1	577.4	567.8	495.4	376.6	289.2
电负性(pauling)	1.22	1.33	1.60	2.16	1.90	2.20	2.28	2.20	1.9
密度/g·cm^{-3}	4.34	6.49	8.57	10.2		12.30	12.4	11.97	10.5
常见氧化态	3	2、3、4	2、3 4、5	2、3、4、5、6	2、3、4、5、6、7	2、3、4、5、6、7、8	2、3、4、5、6	2、3、4	1、2

表 8－4　第三过渡系金属的基本性质

基本性质	La	Hf	Ta	W	Re	Os	Ir	Pt	Au
电子层结构	$5d^16s^2$	$5d^26s^2$	$5d^36s^2$	$5d^46s^2$	$5d^56s^2$	$5d^64s^2$	$5d^74s^2$	$5d^96s^1$	$5d^{10}6s^1$
原子半径 r/pm	188	159	147	141	137	135	136	139	144
Δr/pm		29	12	6	4	2	－1	－3	－5
第一电离能 I_1 /kJ·mol^{-1}	538.1	654	761	770	764	840	880	870	890.1
熔点 /℃	920	2 150	2 996	3 410	3 180	3 000	2 410	1 769	1 063
沸点 /℃	3 469	5 440	5 425	5 927	5 627	5 000	4 527	3 827	2 966
气化热 /kJ·mol^{-1}	399.6	661.1	735.1	799.2	707.1	627.6	572	510.4	
电负性 (pauling)	1.10	1.30	1.50	2.36	1.90	2.20	2.20	2.28	2.4
密度/g·cm^{-3}	6.194	13.31	16.6	19.35	20.53	22.48	22.42	21.45	19.3
常见氧化态	3	3、4	2、3、4、5	2、3、4、5、6	3、4、5、6、7	2、3、4、5、6、8	2、3、4、5、6	2、4	1、3

一、过渡金属元素的结构特点与基本性质

1. 有效核电荷及原子半径的变化配律

同一周期元素自左至右，有效核电荷逐渐增大。对于短周期元素来说，由于最后一个电子填充在最外电子层，该电子对同组其它电子的屏蔽常数仅为 0.35，因此短周期元素相邻原子间的有效核电荷增加量 ΔZ^* 为 0.65，相邻元素的原子半径平均收缩 10 pm。对于过渡元素来说，最后一个电子填入内层$(n-1)$d 轨道上，按 Slater 规则，内层电子对外层 ns、np 电子屏蔽常数为 0.85，有效核电荷增量 ΔZ^* 为 0.15。但由于$(n-1)$d 轨道较为发散，屏蔽能力比$(n-1)$s 或$(n-1)$p 轨道电子更差，会使吸引 ns 电子的有效核电荷略有增大。所以同周期过渡元素的原子半径随核电荷增大而略有减少，相邻元素的原子半径减少量平均为 5 pm。第五周期元素由于同一原因，从 Y 到 Pd 的原子半径也呈下降趋势，由于电子层数的增大，第二过渡系元素的原子半径比第一过渡系元素的原子半径稍大。第三过渡系元素的原子半径由于镧系收缩的原因，使第三过渡系元素的原子半径与第二过渡系元素原子半径相近，如 Zr 与 Hf，Nb 与 Ta，Mo 与 W 等。

2. 熔、沸点等物理性质的变化规律

过渡金属表现为熔沸点高、密度大(Sc、Ti、V 密度较小，小于 5)、硬度大、升华热大、导电、导热性能好等特点，是典型的金属元素。这主要是由于过渡金属元素的原子具有较小的原子半径、较大的原子量，在形成金属键时，不仅 s 电子，而且 d 电子也可以参与金属键的形成，因而有较强的金属键。例如，熔沸点最大的金属元素是成单电子数目较多的钨(W)(Mo、W 分别为第二、三过渡系中熔沸点最高的元素)，密度最大的金属是锇(Os)，硬度最大的金属是铬(Cr)。大多数过渡金属都具有金属的特有晶格，如六方紧堆、面心紧堆或体心立方晶格，因此表现为典型的金属性，如有金属光泽、抗拉强度高、延展性高、机械

加工性能好、导电导热性能好等特性。

3. 第一电离能的变化

过渡金属元素的第一电离能变化规律也呈现规律性变化，即自左至右有效核电荷 Z^* 依次增大，半径依次减少，电离能依次增大。同一副族元素，自上而下电离能变化规律不太规则，除 Sc、Y、La 和 Ti、Zr、Hf 外，第三过渡系的 I_1 总是显著地大于第一过渡系的 I_1，这暗示了第一过渡系元素的低价态的相对稳定性。

4. 氧化态的规律

在常见氧化态中，过渡金属一般都具有＋2 氧化态。但是由于 d 电子在化学反应中可以一个一个地参与成键，因此，过渡金属一般都表现出多种氧化态，而且相邻氧化态的差值一般为 1，最高氧化态通常和元素所在的族号数相等。但Ⅷ族元素中，氧化态可以达到＋8 的元素只有 Ru 和 Os 两种，如 OsO_4。通常，第一过渡系元素的低价氧化态较稳定（Sc、Ti、V 是高氧化态稳定），而高价氧化物热力学稳定性较差，有较强氧化性；第二、三过渡系元素低价不易达到，相对地说，对应的高价氧化态化合物较为稳定，氧化性能较差。如 Cr、Mo、W 同为ⅥB 族元素，Cr 在空气中加热燃烧得到的是＋3 氧化态的 Cr_2O_3，而 Mo、W 在氧气中燃烧则得到的是＋6 氧化态的 MoO_3 和 WO_3，这说明了第二、三过渡系元素高氧化态的稳定性及性质的相似性。

通常，低氧化态的化合物（＋1、＋2、＋3）多数是离子键化合物，在水溶液中以水合离子形式存在，如 $[Cr(H_2O)_6]^{3+}$。由于晶体场中 d－d 跃迁的存在，通常这些离子溶液或配合物都是有色的。高氧化态的化合物，多数是共价键或极性共价键的化合物或原子团构成，在水溶液中通常以氧基水合离子存在，如 TiO^{2+}、VO^{2+}、$VO_2{}^+$ 等。由于荷移跃迁，这些氧基水合离子通常都有特征的颜色。此外，氟化物由于氟电负性较大，半径较小，也有利于形成高氧化态化合物，如 WF_6、ReF_7 等。

总的来说，第一过渡系元素容易形成低氧化态，其高氧化态有较强氧化性；第二、三过渡系倾向于形成高氧化态，其化合物氧化性不显著，这是副族元素的一个特点。对这一普遍性质，可以从结构的角度及热力学的角度进一步理解。对于同一副族元素自上而下原子半径增大不多，核电荷却增大不少，因此 ΔZ^* 较大，所以 ns^2 的电离能将增大，难以达到低氧化态。同时，在 $M(s)-2e = M^{2+}(aq)$ 过程中，以热力学循环讨论：

$$M(s) - 2e \xlongequal{\quad} M^{3+}(aq) \qquad \Delta_r H_m^\ominus$$

$$\downarrow \Delta_s H_m^\ominus \qquad\qquad \uparrow \Delta_h H_m^\ominus$$

$$M(g) - 2e \xlongequal{I_1+I_2} M^{2+}(g)$$

$$\Delta_r H_m^\ominus = \Delta_s H_m^\ominus + I_1 + I_2 + \Delta_h H_m^\ominus$$

同一副族元素气化热自上而下呈增大趋势（因为金属键强度自上而下增大）；水合热 $\Delta_h H_m^\ominus$ 也因为离子半径的增大而减少；I_1+I_2 项也显示自上而下的依次增大。这些都使第二、三过渡系的 $\Delta_h H_m^\ominus$ 大于第一过渡系的 $\Delta_h H_m^\ominus$，不利于＋2 价的生成。

第二、三过渡系易形成高氧化态，可以从以下角度来理解：① $(n-1)$d 电子电离能 I_3、I_4、I_5……大小顺序是 $I_{3d} > I_{4d} > I_{5d}$（因为 n 越大，d 电子越发散，越易电离）。五、六周期

元素 I_3、I_4……小于第四周期元素，所以五、六周期元素高氧化态稳定。② 形成高氧化态时的氧化物中存在d－pπ键，d－pπ键越牢固，氧化性越不显著。对于副族元素，是以$(n-1)$d 内层轨道形成 d－pπ，其形成 d－pπ 键能力是 5d＞4d＞3d。故在同一族元素中，d－pπ 键自上而下增强，如 CrO_4^{2-}、MoO_4^{2-} 及 WO_4^{2-} 中 Cr－O、Mo－O、W－O 键的强度依次增大，相应化合物的稳定性也应增大，氧化性依次减弱。

由以上分析，我们不难理解副族元素氧化态的规律：第一过渡系低价稳定，高价氧化性显著；第二、三过渡系低价不稳定，高价氧化性差；同一周期元素中，自左至右低氧化态稳定性增加，而高氧化态的稳定性降低。因此，特征氧化态的氧化性是 $MnO_4^- > CrO_4^{2-} > VO_3^- > TiO^{2+}$。有关的氧化态的氧化还原性规律，请读者结合过渡金属元素的 $\Delta G^{\ominus}/F-Z$ 图的学习进一步归纳总结。

5. 过渡金属及其化合物的磁性*

物质的磁性分为：顺磁性、逆磁性及铁磁性和反铁磁性等。过渡金属及其化合物由于在 d 轨道中多有成单电子存在，其自旋运动使该物质表现为顺磁性；d 轨道不存在成单电子的物质表现为逆磁性。顺磁性物质对外加磁场磁力线表现为吸引、聚集，逆磁性物质对外加磁场磁力线表现排斥（图 8－1）。

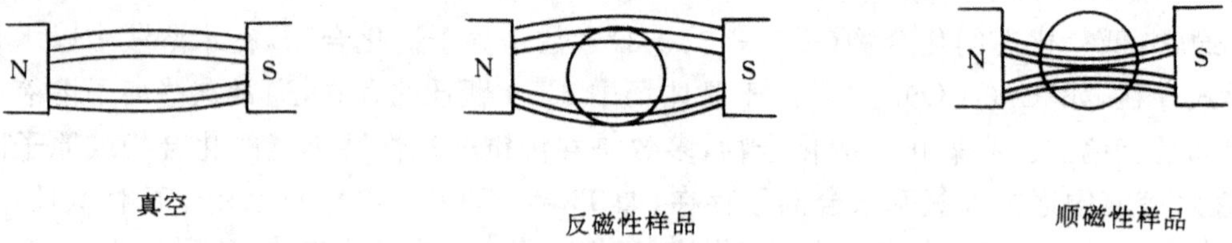

图 8－1　物质对外加磁场的磁力线作用

能被磁场较强烈地吸引的物质叫铁磁性物质，它们在固态下由有顺磁性原子间的相互作用而表现的强磁性。例如过渡金属 Fe、Co、Ni 三种金属可以观察到铁磁性。铁磁性物质和顺磁性化合物一样，都会被磁场所吸引，不过程度上有所区别，铁磁性物质对磁场的作用力约百万倍于顺磁性物质。铁磁性同样是来自于物质中的成单电子，在这些物质中含有一些由很多顺磁性原子以相同方向排列的“磁域”。在正常情况下，这些小磁域在物质中的排列是混乱的，因此磁场相互抵消。在磁场中，磁域取得一定取向，显示了比顺磁性物质大得多的磁性。如果从顺磁性物质中移开外加磁场，顺磁性物质不再具有磁性。对于铁磁体则有所不同，由于磁域能保持取得的磁场取向，会在外磁场取消后仍保持磁性，我们说这时的铁磁体被永久磁化了。

6. 过渡元素氧化态水合物的酸碱性

对于第一过渡系元素，低氧化态的氢氧化物一般呈碱性，而且其碱性随原子序数的增加而减弱。如 $M(OH)_2$、$M(OH)_3$ 碱性依次递减。但其变化规律并非那么绝对，碱性强弱有赖于对应氢氧化物的 K_{sp} 相对大小。如 $M(OH)_2$ 的碱性变化规律是 $Mn(OH)_2 > Ni(OH)_2 > Fe(OH)_2 > Co(OH)_2 > Cu(OH)_2 > Ti(OH)_2$；而 $M(OH)_3$ 的碱性变化规律是

* 进一步的介绍请参阅科顿“高等无机化学”下册（p9－21），人民教育出版社（1980）。

$Sc(OH)_3 > Cr(OH)_3 > V(OH)_3 > Fe(OH)_3 > Ti(OH)_3 > Co(OH)_3$。对于同一元素，低价态氢氧化物碱性强于高氧化态氢氧化物的碱性，如以下化合物碱性的变化规律：

$V(OH)_2$(碱性)$>V(OH)_3$(碱性)$>V(OH)_4$(两性)$>HVO_3$(酸性)；

$Cr(OH)_2$(碱性)$>Cr(OH)_3$(两性)$>H_2CrO_4$(酸性)；

$Fe(OH)_2$(碱性)$>Fe(OH)_3$(有弱酸性)。

对于最高氧化态水合物的酸碱性规律见表 8－5。

表 8－5　过渡元素最高氧化态水合物的酸碱性

	ⅢB	ⅣB	ⅤB	ⅥB	ⅦB	
碱性增大 ↓	$Sc(OH)_3$	$Ti(OH)_4$	HVO_3	H_2CrO_4	$HMnO_4$	↑ 酸性增大
	弱碱性	两性	两性	酸性	强酸性	
	$Y(OH)_3$	$Zr(OH)_4$	$Nb(OH)_5$	H_2MoO_4	$HTcO_4$	
	中强碱	两性、微碱性	两性	弱酸性	酸性	
	$La(OH)_3$	$Hf(OH)_4$	$Ta(OH)_5$	H_2WO_4	$HReO_4$	
	强碱	两性、微碱性	两性	弱酸性	弱酸性	

→酸性增大

7. *形成多酸、多碱的习性*

某些高氧化态金属阳离子，在一定 pH 条件下，由于分步水解可通过羟基(－OH)为桥彼此相连，形成多核配合物——多碱。例如 Fe^{3+} 的水解过程：

$$[Fe(H_2O)_6]^{3+} = [Fe(H_2O)_5(OH)]^{2+} + H^+$$

$$2[Fe(H_2O)_5(OH)]^{2+} = [(H_2O)_4Fe(OH)_2Fe(OH_2)_4]^{4+} + 2H_2O$$

$[(H_2O)_4Fe(OH)_2Fe(OH_2)_4]^{4+}$ 具有以下的结构：

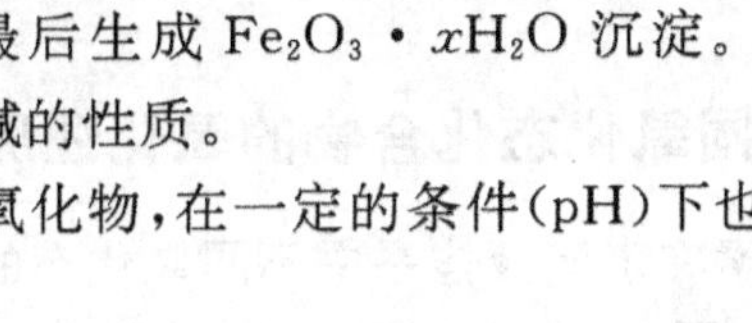

羟基在"多碱"中起桥梁作用，这种连接方式称为"羟桥"或"羟连"。随着 pH 值进一步升高，将生成进一步的多聚物。当聚合度增大，聚合体大小达 $10^{-7} \sim 10^{-5}$ cm 范围时，会形成胶体溶液，pH 进一步升高，最后生成 $Fe_2O_3 \cdot xH_2O$ 沉淀。其它的高价金属阳离子，如 Cr^{3+}、Co^{3+}、Al^{3+} 也有形成多碱的性质。

另一些过渡金属的酸性氧化物，在一定的条件(pH)下也有缩合作用。例如 CrO_4^- 溶液在酸性溶液中的双聚倾向：

$$2CrO_4^{2-} + 2H^+ \rightleftharpoons Cr_2O_7^{2-} + H_2O$$

这种聚合显然是通过"氧桥"使两个酸根连结起来：

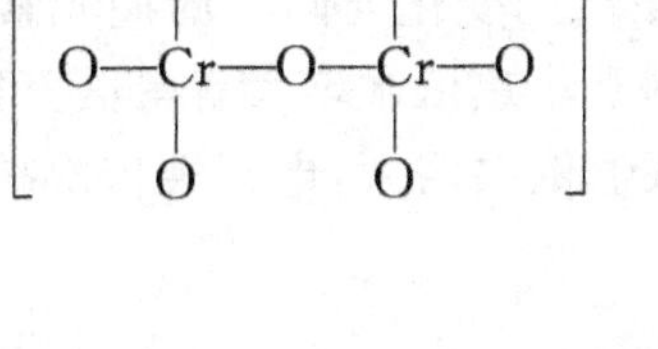

由两个 $HCrO_4^-$ 脱去一个水形成 $Cr_2O_7^{2-}$ 的过程，叫"缩合"。显然，碱性条件下不利于缩合。以 CrO_4^{2-} 为主，c_{H^+} 进一步升高，还可以形成 $[Cr_3O_{10}]^{2-}$、$[Cr_4O_{13}]^{2-}$……

这一类由含氧酸彼此缩合而成的比较复杂的酸，叫做多酸。多酸可以看作是若干水分子和两个或两个以上的酸酐组成的酸。如果这两个以上的酸酐是属于同一种类的，该酸叫做同多酸；如果这两个以上的酸酐不是属于同一种类的，则称之为杂多酸。最容易形成多酸的元素是 V、Nb、Ta、Cr、Mo、W 及某些 p 区元素如 Si、P、As 等。

同多酸的形成与溶液的 pH 值有密切关系，pH 值越小，缩合度越大。例如 VO_4^{3-}、MoO_4^{2-}、WO_4^{2-} 在水溶液中的聚合就比较复杂。当酸度升高到一定程度时，聚合物就沉淀为 $V_2O_5 \cdot nH_2O$、$MoO_3 \cdot nH_2O$、$WO_3 \cdot nH_2O$ 多聚体。因此溶液中不存在 H_3VO_4、H_2MoO_4 和 H_2WO_4 单体，在更高酸度下，$V_2O_5 \cdot nH_2O$、$MoO_3 \cdot nH_2O$ 溶解，相应变为 VO_2^+ 及 MoO_2^{2+}，只有在强碱性溶液中才有 VO_4^{3-}、MoO_4^{2-} 和 WO_4^{2-} 离子的存在。

杂多酸相应的盐叫杂多酸盐，如 12－钨磷酸钠 $Na_3[P(W_{12}O_{40})]$ 等。

8. 形成配合物的性质

过渡金属元素由于有未充满的 d 轨道，使过渡金属可以形成众多的稳定的配合物。过渡金属元素的配合物及其性质在过渡金属化学中占有极其重要的地位。由于过渡元素在性质上的酷似，使分离提纯十分困难。随着金属配合物化学的发展，特别是螯合物化学的发展，目前已广泛应用配合萃取、离子交换、膜分离技术进行分离提纯。此外，过渡元素配合物在分析化学、石油化工、生物化学、食品化学、催化剂化学等都有极其重要的地位。

某些过渡元素的水合阳离子的颜色见表 8－6。

表 8－6　某些过渡元素的水合阳离子的颜色

阳离子	电子构型	水合离子颜色	阳离子	电子构型	水合离子颜色
Sc^{3+}、Ti^{4+}	$3d^0$	无色	Mn^{2+}	$3d^5$	粉红色
Ti^{3+}	$3d^1$	紫色	Fe^{3+}	$3d^5$	浅紫色
VO^{2+}	$3d^1$	蓝色	Fe^{2+}	$3d^6$	绿色
V^{3+}	$3d^2$	绿色	Co^{2+}	$3d^7$	粉红色
V^{2+}、Cr^{3+}	$3d^3$	紫色	Ni^{2+}	$3d^8$	绿色
Mn^{3+}	$3d^4$	紫色	Cu^{2+}	$3d^9$	蓝色
Cr^{2+}	$3d^4$	蓝色	Zn^{2+}	$3d^{10}$	无色

二、过渡金属元素不同氧化态化合物的氧化还原性质

第一、二、三过渡金属元素在水溶液体系中不同氧化态的氧化还原性质集中地反映在过渡金属的 $\Delta G^\ominus/F-Z$ 图上（图 8－2、3、4、5）。由 $\Delta G^\ominus/F-Z$ 图可以看到，多数过渡金属是较强的还原剂，有较强的电正性。与 $M^{2+}(aq)+2e \rightleftharpoons M(s)$ 电极反应有关的电极电位数值 $\varphi^\ominus_{(M^{2+}/M)}$ 表明，对于第一、二、三过渡系元素，每一过渡系列，自左至右 $\varphi^\ominus_{(M^{2+}/M)}$ 数值上呈增大的趋势。显然，$\varphi^\ominus_{(M^{2+}/M)}$ 数值的变化与同一周期元素原子半径的依次减少，第一、第二电离能依次增大，金属单质的升华热依次增大等等因素密切相关。虽然相应的离子水合热是依次更负，但电极电位的数值依次增大，电正性依次减弱。$\varphi^\ominus_{(Mn^{2+}/Mn)}$ 比 $\varphi^\ominus_{(Cr^{2+}/Cr)}$ 更负这

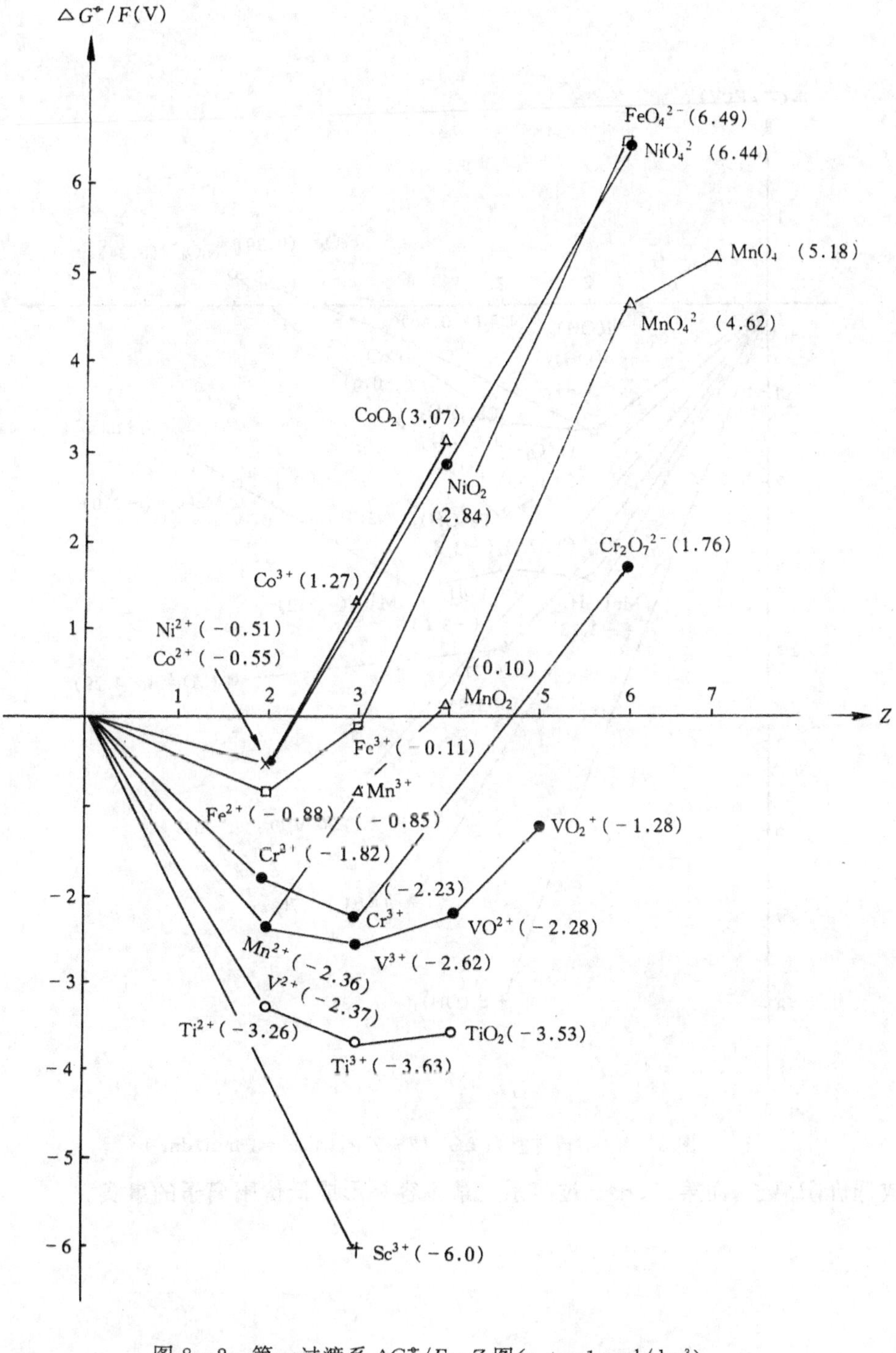

图 8－2 第一过渡系 $\Delta G^\ominus/F-Z$ 图($c_{H^+}=1\ mol/dm^3$)

一“反常”显然与 Mn^{2+} 的电子构型有关。对同一副族元素，除ⅢB族元素由于$(n-1)$d电子影响较小，金属电正性表现为与主族元素变化一致外，其余副族元素自上而下电正性减弱，对应的$\varphi^\ominus_{(M^{2+}/M)}$或$\varphi^\ominus_{(M^{3+}/M)}$数值上在增大。这从另一个侧面表明了第一过渡系元素容易

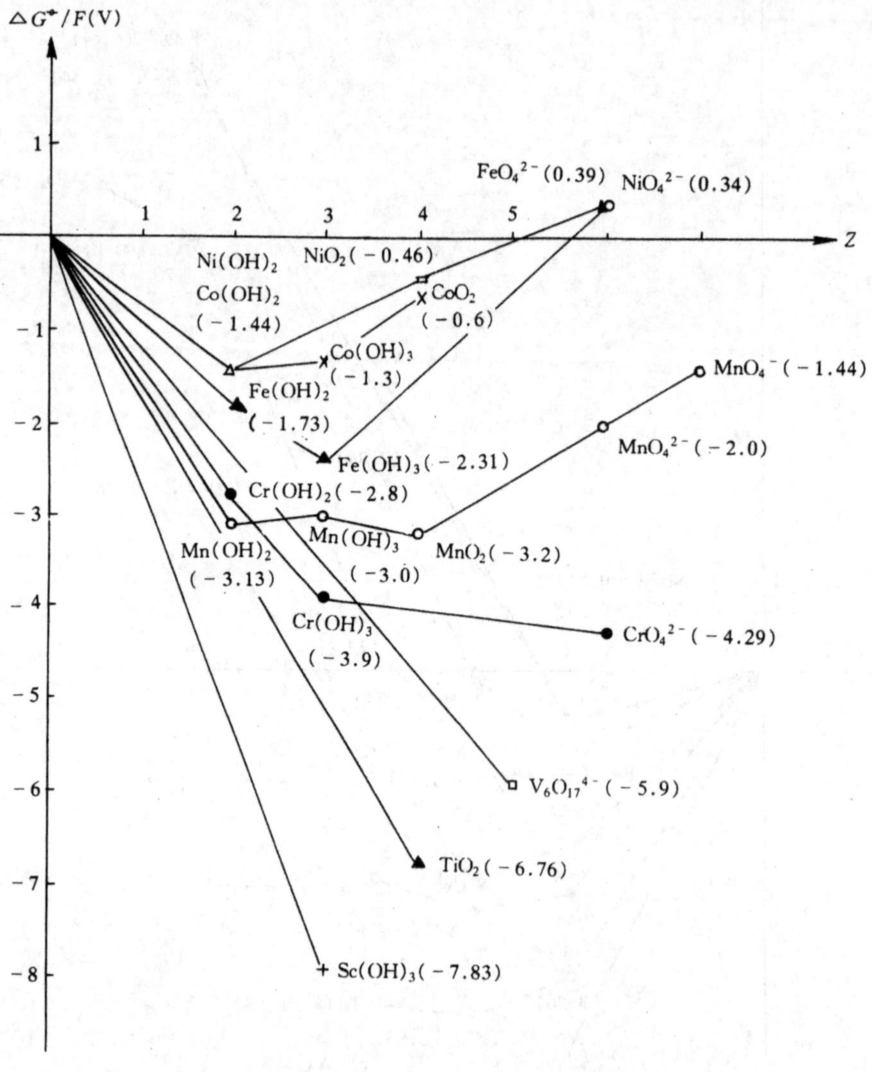

图 8-3 第一过渡系 $\Delta G^{\ominus}/F-Z$ 图($c_{OH^-}=1$ mol/dm^3)

形成低价阳离子，而第二、第三过渡系元素不容易形成低价阳离子的事实。

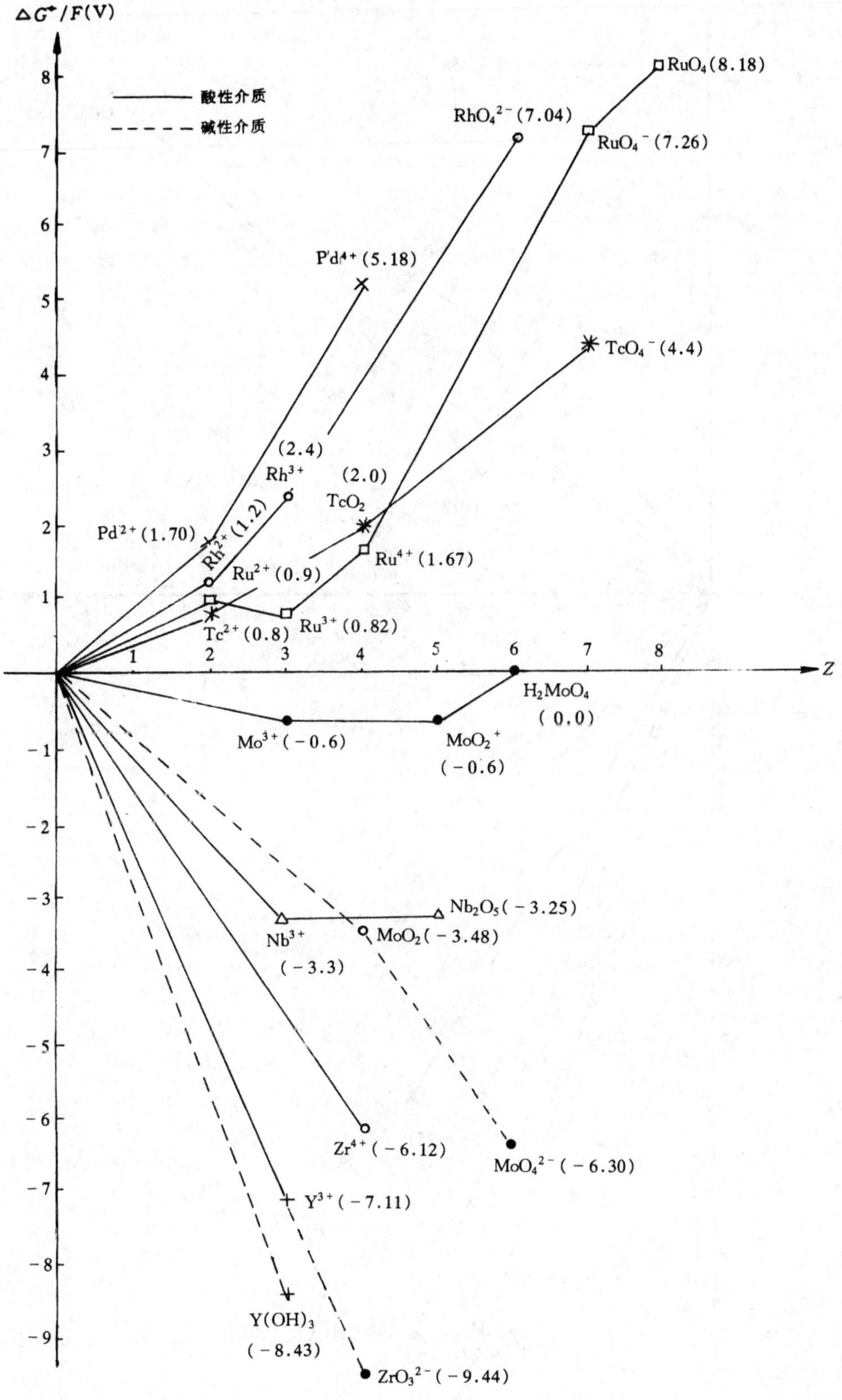

图 8-4 第二过渡系 $\Delta G^{\circ}/F-Z$ 图

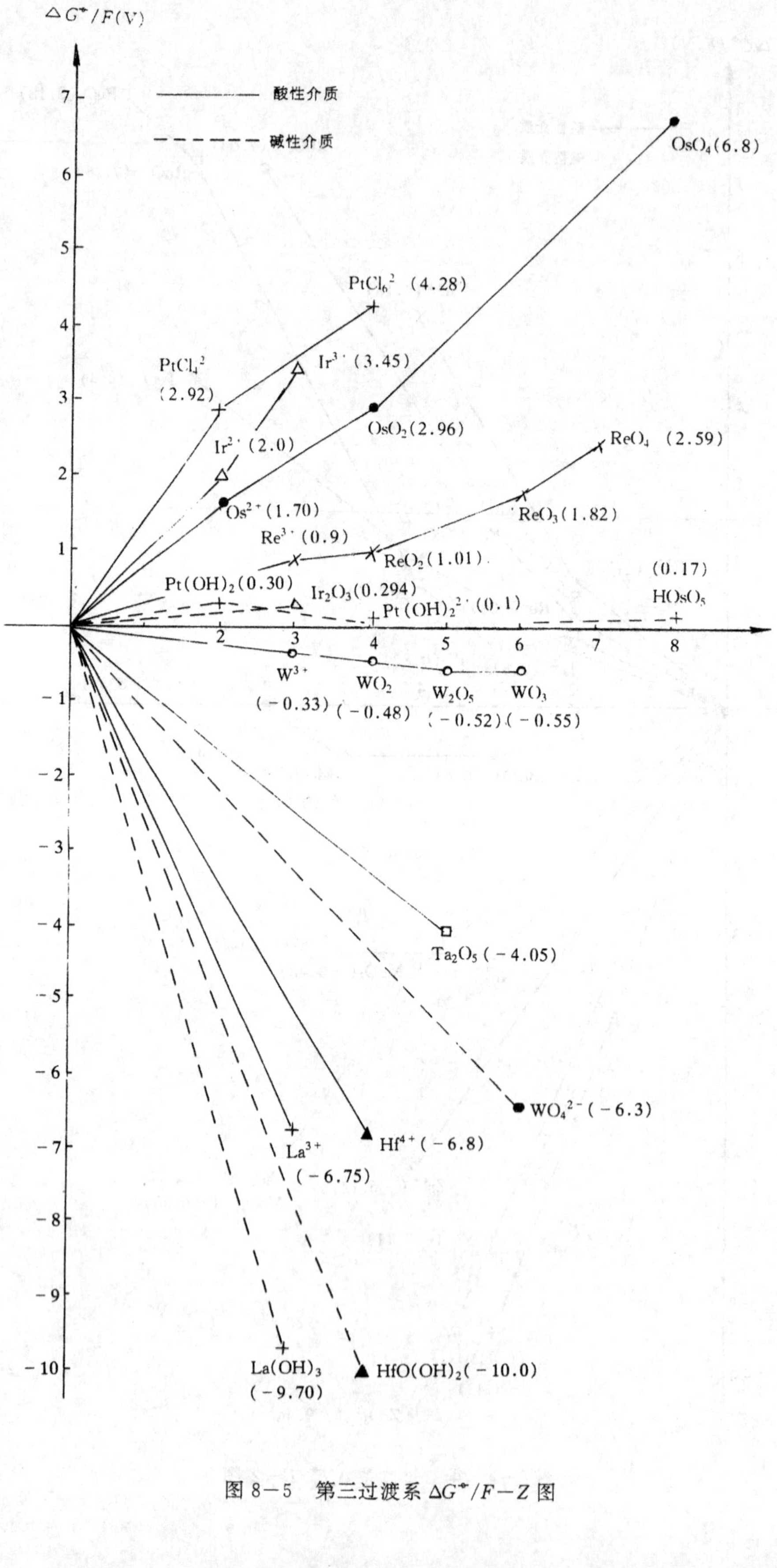

图 8－5　第三过渡系 $\Delta G^{\ominus}/F-Z$ 图

有关第一过渡系元素的 $\varphi^{\ominus}_{(M^{2+}/M)}$、$\varphi^{\ominus}_{(M^{3+}/M)}$数值及对应有关的电离能，离子水合能数据汇列于表 8－7 中。

表 8－7　过渡金属的 $\varphi^{\ominus}_{(M^{2+}/M)}$值及有关热力学数据

热力学性质	Sc	Ti	V	Cr	Mn	Fe	Co	Ni
$\varphi_A^{\ominus}{}_{(M^{2+}/M)}/V$		−1.63	−1.18	−0.91	−1.18	−0.44	−0.28	−0.26
$\varphi_B^{\ominus}{}_{(M^{2+}/M)}/V$				−1.40	−1.57	−0.877	−0.72	−0.72
$\varphi_A^{\ominus}{}_{(M^{3+}/M)}/V$	−2.0	−1.21	−0.87	−0.74	−0.28	−0.037	0.42	
$\varphi_B^{\ominus}{}_{(M^{3+}/M)}/V$	−2.61			−1.3	−1.0	−0.77	−0.43	
$I_1+I_2/kJ\cdot mol^{-1}$	1 866	1 968	2 064	2 149	2 227	2 320	2 404	2 490
升华热$/kJ\cdot mol^{-1}$	304.8	428.9	456.6	348.8	219.7	351.0	382.4	371.8
M^{2+}水合热$/kJ\cdot mol^{-1}$				−1 850	−1 845	−1 920	−2 054	−2 106

由于 $\varphi^{\ominus}_{(M^{2+}/M)}$数值上的差异，过渡金属和酸的反应可以归为两类：第一类是活泼金属，它们多数是第一过渡系金属元素，可以从酸中置换氢放出氢气；第二类是不活泼金属，它们极难和酸作用，只有个别可与氧化性酸作用，它们多是第二、三过渡系金属元素（图 8－6）。

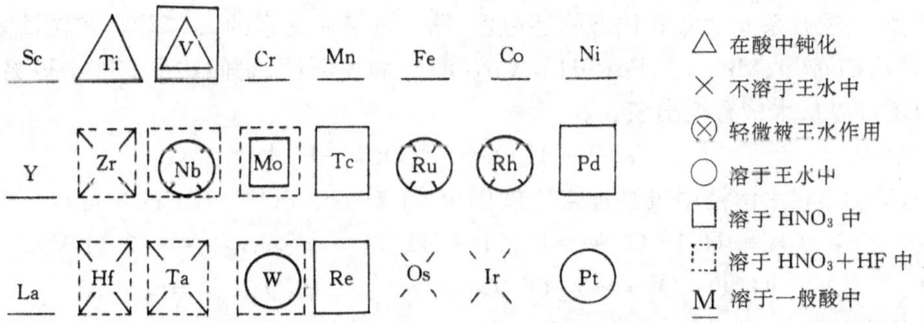

图 8－6　金属单质与酸的作用

第一过渡分金属元素中，Sc、Y、La、Cr、Mn、Fe、Co、Ni 可以从非氧化酸中置换出氢，例如：

$$Cr + 2HCl = CrCl_2 + H_2\uparrow$$

Ti、V 在酸中钝化，因此不会被非氧化性酸，如冷 HCl、H_2SO_4（稀）作用*。Ti 可溶于热浓盐酸中，也可分别被 HF、H_3PO_4、熔融碱侵蚀。第二、三过渡系金属，除 Y、La 外都不与非氧化性酸作用，表现很高的化学稳定性。其中 Os、Ir、Ta 不被王水作用，Ru、Rh、Nb 仅轻微地被王水作用，Mo、Tc、Pd、Re 溶于氧化性酸 HNO_3 中，W 则只被王水作用外，Zr、Hf、Nb、Ta、Mo、W 由于可以与 F^-形成配合物 $MF_6{}^{2-}$、$MF_7{}^{2-}$，而可以溶于 HNO_3－HF 混合

* 作为试剂的海棉钛，在室温时，在浓 HCl 中被钝化，放置后便反应置换出 H_2。

酸中。

由过渡元素的 $\Delta G^{\ominus}/F-Z$ 图可以看到，过渡金属不同氧化态在水溶液体系中的相对稳定性及氧化还原性规律：

① 从电极电位数值来看，过渡金属是电正性相当强的金属。在碱性介质下，电极电位数值比在酸性条件下更负。从 $\varphi^{\ominus}_{B(H_2O/H_2)}=-0.8277$ V 来看，它们在碱性条件下应与碱反应放出氢气，但实际上过渡金属并不普遍地与碱作用。只有 Ti、V、Nb、Ta 在熔融碱中才有缓慢的侵蚀作用。Mo、W 在有氧化剂参与下才与熔碱作用，Mn、Fe、Pd 与碱也有轻微作用，但此时氧参与了反应：

$$2Mn+4KOH+3O_2 = 2K_2MnO_4+2H_2O$$

$$2Fe+H_2O+O_2 = 2Fe(OH)_2 \xrightarrow{O_2} Fe_2O_3\cdot xH_2O$$

$$2Pd+4KOH+O_2 \xlongequal{\triangle} 2PdO+2K_2O+2H_2O$$

值得一提的是熔融的苛性碱、过氧化钠对钌、铂产生严重的腐蚀：

$$Ru+2KOH+KClO_3 \xlongequal{\triangle} K_2RuO_4+KCl+H_2O$$

$$Ru+3Na_2O_2 \xlongequal{\text{熔融}} Na_2RuO_4+2Na_2O$$

② 第一过渡系元素低氧化态的还原性。第一过渡系元素的 $\Delta G^{\ominus}/F-Z$ 图清楚地表明 Ti^{2+}、V^{2+}、Cr(Ⅱ)、Mn(Ⅱ)、$Fe(OH)_2$、$Co(OH)_2$ 的还原性，它们在水溶液中极易被氧化，Ti(Ⅱ)还可以从水中置换出氢：

$$TiCl_2+H_2O = TiOCl_2+H_2\uparrow$$

Cr(Ⅱ)、V(Ⅱ)在水溶液中极易被空气氧化为 V(Ⅲ)(或 VO^{2+})及 Cr(Ⅲ)：

$$4CrCl_2+4HCl+O_2 = 4CrCl_3+2H_2O \qquad \varphi^{\ominus}_{(Cr^{3+}/Cr^{2+})}=-0.41\text{ V}$$

$$2V^{2+}+H_2O+O_2 = 2VO^{2+}(aq) \qquad \varphi^{\ominus}_{(VO^{2+}/V^{2+})}=0.05\text{ V}$$

即使隔绝空气，Cr^{2+} 也能被 H^+ 氧化为 Cr^{3+}：

$$2CrCl_2+2HCl \longrightarrow 2CrCl_3+H_2\uparrow$$

因此 $CrCl_2$ 可以用于除去氮气中的残留氧气。由于 V(Ⅱ)、Cr(Ⅱ)的还原性，其试剂必须有更强还原剂(如 Zn 粉)存在下才能存在：

$$2CrCl_3+Zn \longrightarrow 2CrCl_2+ZnCl_2$$

$$2VO_2^{\ +}+3Zn+8H^+ = 2V^{2+}+3Zn^{2+}+4H_2O$$

Mn(Ⅱ)在碱性介质下极易被空气中氧氧化：

$$2Mn(OH)_2+O_2 = 2MnO(OH)_2\downarrow$$

但在酸性条件下，Mn^{2+} 处于 Mn(Ⅲ)−Mn 热力学谷点，有相当的稳定性。同样，Fe(Ⅱ)及 Co(Ⅱ)在碱性条件下也容易被氧化：

$$4Fe(OH)_2+O_2+2H_2O = 4Fe(OH)_3\downarrow$$

$$4Co(OH)_2+O_2+2H_2O = 4Co(OH)_3\downarrow$$

以上事实都说明第一过渡系低氧化态(+2)的不稳定性。

③ 第一过渡系 $\Delta G^{\ominus}/F-Z$ 与第二、三过渡系 $\Delta G^{\ominus}/F-Z$ 图有较大的差别，总的来讲

是第二、三过渡系图形变化规律彼此相似，表现了第二、三过族元素性质彼此酷似的特点。例如它们的低氧化态都不易得到，而相应的高氧化态较稳定，氧化性较差。与此相反，第一过渡系元素表现为低氧化态易得到，而且有一定的稳定性，高氧化态稳定性较差氧化性较强的特点。

④ 同一过渡系元素最高氧化态氧化性自左至右逐渐增强的趋势可以从图上清楚地看到。例如 FeO_4^{2-}、MnO_4^-、$Cr_2O_7^{2-}$ 都是强氧化剂。同一副族元素最高氧化态氧化性自上至下呈下降趋势，例如：

$$\varphi^{\ominus}_{(MnO_4^-/Mn^{2+})}=1.51\ V,\varphi^{\ominus}_{(TcO_4^-/Tc^{2+})}=0.72\ V,\varphi^{\ominus}_{(ReO_4^-/Re^{2+})}=0.42\ V,$$

$$\varphi^{\ominus}_{(Cr_2O_7^{2-}/Cr^{3+})}=1.33\ V,\varphi^{\ominus}_{(MoO_4^{2-}/Mo^{2+})}=0.2\ V,\varphi^{\ominus}_{(WO_3/W^{3+})}=-0.07\ V$$

⑤ 第一过渡系金属离子中处于热力学相对稳定性较高的状态分别是在酸性条件下 Sc^{3+}、TiO_2、VO^{2+}、Cr^{3+}、Mn^{2+}、Fe^{2+}、Fe^{3+}、Co^{2+}、Ni^{2+}，具有较强氧化性的氧化态分别是 VO_2^+、$Cr_2O_7^{2-}$、Mn^{3+}、MnO_2、MnO_4^{2-}、MnO_4^-、Co^{3+}、FeO_4^{2-} 等，具有较强还原性的还原态分别是 Ti^{2+}、Ti^{3+}、V^{2+}、V^{3+}、Cr^{2+}。碱性条件下，$Sc(OH)_3$、TiO_2、VO_3^-、CrO_4^{2-}、MnO_2、$Fe(OH)_3$、$Co(OH)_3$、$Ni(OH)_2$ 是处于热力学稳定态的状态，还原性较强的状态是 $Cr(OH)_2$、$Cr(OH)_3$、$Mn(OH)_2$、$Mn(OH)_3$、$Fe(OH)_2$，氧化性较显著的状态为 MnO_4^{2-}、MnO_4^-、FeO_4^{2-} 等。

第二节　过渡金属的冶炼

过渡金属中 Ti、Cr、Mo、W、Mn 有较重要及广泛的用途，以下就它们的提炼原理分述如下。

一、钛的冶炼

自然界主要的钛矿物有金红石(TiO_2)、钛铁矿($FeTiO)_3$ 等。由钛铁矿制取 Ti 的原理* 包括：①酸化、水解制取二氧化钛；②氯化制取 $TiCl_4$；③还原法制取 Ti。

①钛铁矿酸化水解制取 TiO_2：

$$FeTiO_3+2H_2SO_4(>80\%)\xlongequal{\triangle}TiOSO_4+FeSO_4+2H_2O$$

该反应在 70～80℃时不断通入空气的条件下进行。由于钛铁矿中常含有 Fe_2O_3，故常加入铁屑使溶液中Fe^{3+}转化为Fe^{2+}。$FeSO_4$的溶解度随温度变化较大，50℃时为48.6 g/(100 g H_2O)，0℃时为 15.65 g/(100 g H_2O)。因此利用溶解度性质可以制得副产品绿矾($FeSO_4\cdot 7H_2O$)(余下的少量Fe^{2+}对 TiO_2 制取影响不大)，除去了溶液中的大量Fe。然后让 $TiOSO_4$ 的水浸取液(钛液)水解，并加入 H_2TiO_3 晶种，制得水合二氧化钛沉淀：

$$TiOSO_4+2H_2O\xlongequal{\triangle}TiO_2\cdot H_2O\downarrow+H_2SO_4$$

沉淀经过滤洗涤后，高温煅烧(850～950℃)得钛白(TiO_2)：

$$H_2TiO_3\xlongequal{850\sim950℃}TiO_2+H_2O$$

* 实际上可以在电弧炉内冶炼钛铁矿制得生铁及高钛渣，由高钛渣氯化制 $TiCl_4$ 后还原制取 Ti。

② 氯化。TiO_2 直接氯化的反应：

$$TiO_2(s)+2Cl_2(g) = TiCl_4(g)+O_2(g) \qquad \Delta_r G_m^{\ominus} = 126.7\ kJ/mol$$

$\Delta_r G_m^{\ominus}$ 数值表明，该反应不可能在标准态下进行，但利用反应耦联，可使氯化反应顺利进行：

$$TiO_2+2C+2Cl_2(g) = TiCl_4(g)+2CO(g) \qquad \Delta_r G_m^{\ominus} = -149.8\ kJ \cdot mol^{-1}$$

③ 还原。由于钛在高温下的活泼性，可以与氧、氮生成氧化物、氮化物，因此还原过程必须在保护气氛下（Ar 气）进行。通常，还原剂采用金属钠或镁或铝（Al 易与 Ti 生成 Al－Ti 合金，故不能用于制备纯钛，但可用于生产含 Ti 70%以下的铝钛合金）。有关的原理由图 4－10 可以看出。反应的高温条件仅仅是为了使反应速度加快：

$$TiCl_4+2Mg \xrightarrow[(Ar\ 气)]{800℃} Ti+2MgCl_2$$

反应后产物中的杂质（$MgCl_2$ 及 Mg），其中 Mg 可用真空蒸发除去。在用 Na 还原时，由于生成 NaCl 不易挥发，可以溶于 HCl 中除去。这样得到的金属钛形状似海绵，又称为海绵钛。海绵钛经电弧熔融、铸锭制得钛锭。

二、铬的冶炼

铬的重要矿物是铬铁矿（$FeCr_2O_4$），其提炼过程分为：①熔炼还原制取 Cr_2O_3；②铝热还原制取铬。

① 碱熔。利用碱将 $FeCr_2O_4$ 熔解，酸化浓缩制取 $Na_2Cr_2O_7$ 后，高温碳还原制取 Cr_2O_3：

$$4FeCr_2O_4+8Na_2CO_3+7O_2 = 2Fe_2O_3+8Na_2CrO_4+8CO_2$$

$$2CrO_4^{2-}+2H^+ = Cr_2O_7^{2-}+H_2O$$

$$Na_2Cr_2O_7+2C = Cr_2O_3+Na_2CO_3+CO$$

② 铝热法还原 Cr_2O_3：

$$Cr_2O_3(s)+2Al(s) = 2Cr(s)+Al_2O_3(s) \qquad \Delta_r G_m^{\ominus} = -529.6\ kJ/mol$$

该反应原理从氧化物 Ellingham 图（图 4－9）可以理解。

三、钼的冶炼

常见钼矿有辉钼矿（MoS_2），其冶炼原理是：①灼烧硫化矿制成氧化矿（MoO_3）；②氢还原制 Mo。

① 灼烧：

$$2MoS_2+7O_2 = 2MoO_3+4SO_2$$

MoO_3 用氨水浸取，过滤除杂：

$$MoO_3+2NH_3 \cdot H_2O = (NH_4)_2MoO_4+H_2O$$

溶液中的重金属离子（如 Cu^{2+}）等可以用 $(NH_4)_2S$ 除去：

$$Cu(NH_3)_4^{2+}+S^{2-} = CuS\downarrow+4NH_3$$

多余的 $(NH_4)_2S$ 可用 $Pb(NO_3)_2$ 除去。溶液过滤除杂后，酸化制得钼酸（H_2MoO_4）沉淀。将 H_2MoO_4 于 400～500℃焙烧，得 MoO_3（白色）：

$$H_2MoO_4 \xlongequal{400\sim500℃} MoO_3+H_2O$$

② 氢还原制 Mo(图 8—7)：

$$MoO_3(s)+3H_2(g)\xlongequal{1\ 000℃}Mo(s)+3H_2O(g)$$

$$\Delta_r G_m^{\circ}=-7.6\ kJ/mol$$

四、钨的冶炼

我国钨矿储量在世界上占第一位，因此，尽管钨属稀有金属，但在我国应属丰产元素。钨矿以黑钨矿($FeWO_4 \cdot MnWO_4$)及白钨矿($CaWO_4$)为主，提炼过程可分为：①碱熔；②除杂精制 WO_3；③高温还原制金属 W。

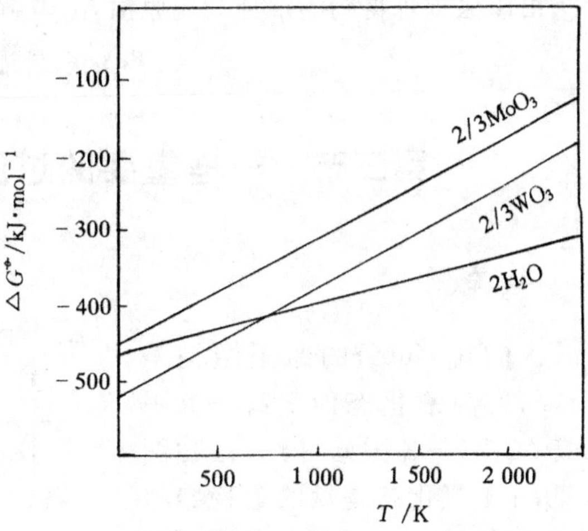

图 8—7 氧化物 $\Delta G^{\circ}-T$ 图

① 碱熔：

$$CaWO_4+Na_2CO_3\xlongequal{800\sim900℃}Na_2WO_4+CaO+CO_2$$

$$4Fe_2WO_4+4Na_2CO_3+O_2\xlongequal{高温}4Na_2WO_4+2F_2O_3+4CO_2$$

$$3MnWO_4+3Na_2CO_3+\frac{1}{2}O_2=\!=\!=3Na_2WO_4+Mn_3O_4+3CO_2$$

矿石中其它杂质，如 Si、P、As 分别转化为 Na_2SiO_3、Na_3PO_4、Na_3AsO_4 等可溶性杂质。

② 除杂精制 WO_3。通过 $NH_4Cl-NH_3\cdot H_2O$ 的加入并控制 pH 使可溶性杂质除去：

$$SiO_3^{2-}+2H^+\longrightarrow H_2SiO_3\downarrow$$

$$Mg^{2+}+NH_4^++PO_4^{3-}(AsO_4^{2-})\longrightarrow NH_4MgPO_4\downarrow \text{或} NH_4MgAsO_4\downarrow$$

过滤除杂后，滤液用 HCl 酸化，可得 H_2WO_4 沉淀：

$$WO_4^{2-}+2H^+\xrightarrow{pH<1}H_2WO_4\downarrow$$

为了提高 WO_3 纯度，让 $NH_3\cdot H_2O$ 与 H_2WO_4 反应，蒸发浓缩，制成$(NH_4)_2WO_4$晶体，$(NH_4)_2WO_4$ 热分解制取 WO_3：

$$H_2WO_4+2NH_3=\!=\!=(NH_4)_2WO_4$$

$$(NH_4)_2WO_4\xlongequal{\triangle}2NH_3+2H_2O+WO_3$$

③ 还原制钨：

$$WO_3(s)+3H_2(g)=\!=\!=W(s)+3H_2O(g)\uparrow \qquad \Delta_r G_m^{\circ}=78.1\ kJ/mol$$

由有关氧化物的 $\Delta G^{\circ}-T$ 图可知，只有高于 600℃以上反应才能进行(图 8—7)。

五、锰的冶炼

锰在自然界主要以软锰矿($MnO_2\cdot xH_2O$)形式存在。根据氧化物的 $\Delta G^{\circ}-T$ 图，可以很好地理解以下还原法的原理与产物形式：

$$MnO_2+2CO=\!=\!=Mn+2CO_2 \qquad \Delta_r G_m^{\circ}=-49.38\ kJ/mol$$

$$3Mn_3O_4+8Al \xlongequal{} 9Mn+4Al_2O_3 \qquad \Delta_r G_m^{\ominus}=-2\,488.2\ kJ/mol$$

由该法提炼得到的锰称为还原锰，由电解法制取的锰称为电解锰：

$$MnCl_2 \xrightarrow{电解} Mn+Cl_2$$

第三节　一些重要的过渡金属元素及其化合物

一、钛

钛（Titanium）的原子结构是 $3d^24s^2$，常见氧化态为 +2、+3、+4，其 $\Delta G^{\ominus}/F-Z$ 图见图 8－8。由图可见，+4 氧化态是钛的最稳定状态，而 Ti^{2+}、Ti^{3+} 在水溶液中极易被氧化。因此，不存在 Ti^{2+} 溶液，但 Ti^{2+} 的晶体却是可以存在的，如 $TiCl_2$、$TiBr_2$、TiI_2、TiO 等。至于 Ti^{4+} 离子，由于电荷高、极化力大，在溶液中易水解。$TiCl_4$ 在潮湿空气中易产生烟雾，所以溶液中不存在 Ti^{4+} 简单离子：

$$TiCl_4+H_2O \xlongequal{} H_2TiO_3+4HCl$$

Ti^{3+} 由于易被空气中的氧氧化，因此，必须保存在酸性溶液中，并在试剂上覆盖以乙醚或苯液，保存于棕色瓶内，以防止 Ti^{3+} 被氧化。

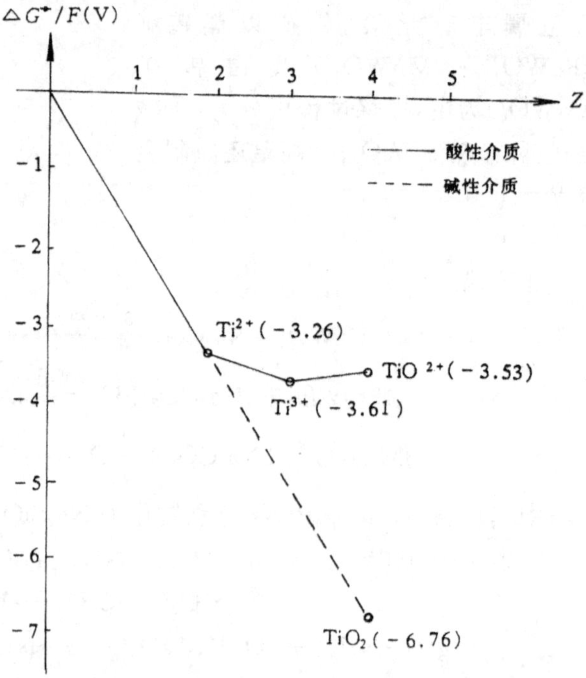

图 8－8　Ti 的 $\Delta G^{\ominus}/F-Z$ 图

借助于 Ti^{3+} 的还原性，我们可以分析含钛试样的钛含量。其具体方法是以 H_2SO_4－HCl 混合酸溶解试样，将 Al 片放入溶液中，令 TiO^{2+} 转化为 Ti^{3+}，再用标准 $FeCl_3$ 溶液滴定，以 NH_4SCN 溶液作指示剂，主要反应如下：

$$3TiO^{2+}+Al+6H^+ \xlongequal{} 3Ti^{3+}+Al^{3+}+3H_2O$$

$$Ti^{3+}+Fe^{3+}+H_2O \xlongequal{} TiO^{2+}+Fe^{2+}+2H^+$$

钛是银白色金属，它兼有金属材料所需的三大性质：①密度小（4.5 g/cm^3），强度大（其强度/重量比是金属材料中最大的）；②熔点较高，为 1 680℃，而且在 600℃时，钛合金仍保持高强度；③耐蚀性强，在室温下不与氧气、卤素、强酸或水作用，高温时才与氧、氮、氯作用。因此钛有广泛的用途。

金红石是天然的二氧化钛，其晶胞结构见图 8－9。在 TiO_2 晶体中，Ti 的配位数为 6，氧为 3。纯净 TiO_2 又称为钛白，天然 TiO_2 由于含有杂质，都有颜色。纯 TiO_2 为白色，受热时转为黄色。由于 TiO_2 具有折射率高、着色力强、遮盖力强、化学稳定性好的优点，是一种良好的颜料。TiO_2 有两性，但无论是酸性或碱性都很弱：

$$TiO_2 + H_2SO_4 = TiOSO_4 + H_2O$$

$$TiO_2 + 2NaOH = Na_2TiO_3 + H_2O$$

因此 $TiOSO_4$、Na_2TiO_3 都极易水解，生成 $TiO_2 \cdot xH_2O$。

二、钒

钒(Vanadium)的 $\Delta G^{\ominus}/F-Z$ 图见图 8－10，由图可以看到钒的多氧化态，并且看到 V^{2+}、V^{3+} 的还原性，VO_2^+ 的氧化性。

钒的不同氧化态水合离子具有不同的颜色，例如 $V^{2+}(aq)$ 呈紫色，$V^{3+}(aq)$ 呈绿色，$VO^{2+}(aq)$ 呈蓝色，$VO_2^+(aq)$ 呈黄色。

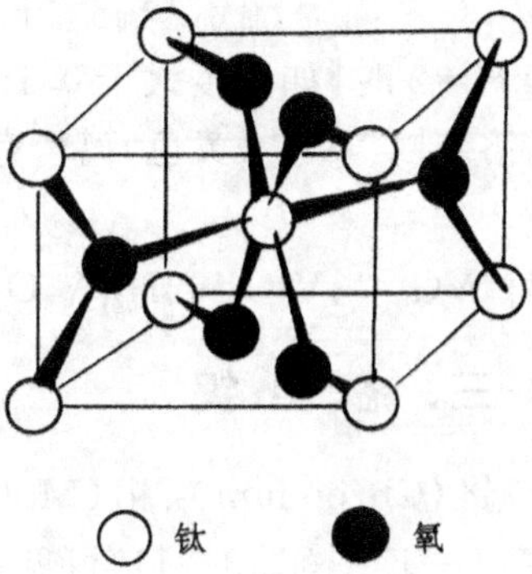

图 8－9　TiO_2 晶胞

钒的化合物中以 V_2O_5 为最重要，它具两性：

$$V_2O_5 + 6NaOH = 2Na_3VO_4 + 3H_2O$$

$$V_2O_5 + H_2SO_4 = (VO_2)_2SO_4 + H_2O$$

酸性的介质中，V_2O_5 有强氧化性：

$$\varphi^{\ominus}_{(VO_2^+/VO^{2+})} = 1.00\ V$$

$$2VO_2^+ + 4H^+ + 2Cl^- = 2VO^{2+} + Cl_2 + 2H_2O$$

VO_2^+ 也可以被 Fe^{2+}、草酸、酒石酸和乙醇等还原为 VO^{2+}：

$$VO_2^+ + Fe^{2+} + 2H^+ = VO^{2+} + Fe^{3+} + H_2O$$

$$2VO_2^+ + H_2C_2O_4 + 2H^+ \overset{\triangle}{=} 2VO^{2+} + 2CO_2 + 2H_2O$$

因此可以利用以上反应测定钒。

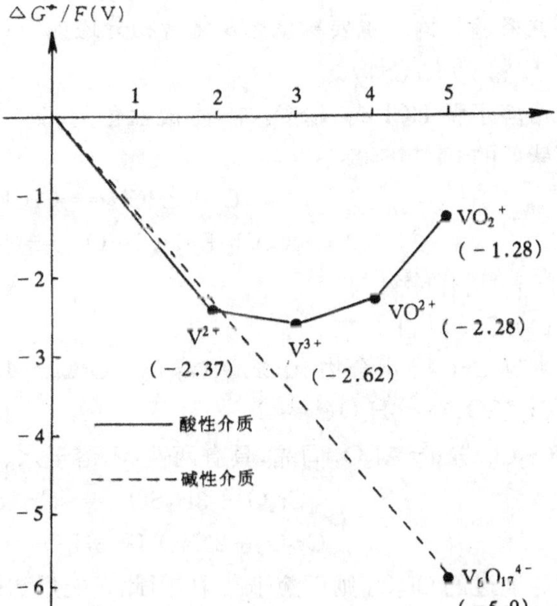

图 8－10　V 的 $\Delta G^{\ominus}/F-Z$ 图

钒的另一重要性质是钒酸缩合形成多酸的性质。随着 pH 值下降，多钒酸根缩合程度越大：

$$2VO_4^{3-} + 2H^+ \rightleftharpoons 2HVO_4^{2-} \rightleftharpoons V_2O_7^{4-} + H_2O \qquad pH \geqslant 13$$

$$3V_2O_7^{4-} + 6H^+ \rightleftharpoons 2V_3O_9^{3-} + 3H_2O \qquad pH \geqslant 8.4$$

$$10V_3O_9^{3-} + 12H^+ \rightleftharpoons 3V_{10}O_{28}^{6-} + 6H_2O \qquad pH > 5$$

聚合度增大，溶液的颜色逐渐加深，由淡黄色变到深红色。当溶液变为酸性后，聚合度不再增大，只是作为 Lewis 碱俘获 H^+：

$$[V_{10}O_{28}]^{6-}+H^+ \rightleftharpoons [HV_{10}O_{28}]^{5-} \longrightarrow [H_2V_{10}O_{28}]^{4-}\cdots\cdots$$

在 pH＝2 时，如浓度大于 0.1mol/dm^3，则脱水成五氧化二钒水合物的红棕色沉淀；pH≤1 后，溶液以 VO_2^+(黄色)离子存在：

$$(H_2V_{10}O_{28})^{4-}+14H^+ = 10VO_2^+ + 8H_2O$$

注意，VO_4^{3-}、$V_2O_7^{4-}$、$H_2[V_4O_{13}]^{4-}$均为无色，$[H_4V_5O_{16}]^{3-}$呈棕色。

三、铬、钼、钨

铬(Chromium)、钼(Molybdenum)、钨(Tungsten)是ⅥB族元素。由Cr、Mo、W的 $\Delta G^\ominus/F-Z$ 图(图 8－11)可见：

① 酸性条件下 $Cr_2O_7^{2-}$ 具氧化性，Cr^{3+}处于稳定态；

② 酸性或碱性条件下，Cr^{2+}(Ⅱ)的强还原性；

③ Mo、W 高氧化态处于热力学稳定态且无氧化性；

④ 碱性条件下，从 Cr(Ⅲ)可轻易地氧化制 CrO_4^{2-}。

以下就铬、钼、钨的重要氧化态及化合物分述如下：

1. 铬的化合物

铬溶于稀 HCl 或 H_2SO_4 中，生成蓝色的 Cr^{2+} 溶液，由于 Cr^{2+} 的还原性，很快被氧化为蓝紫色的 Cr^{3+} 溶液：

$$Cr+2HCl = CrCl_2+H_2\uparrow$$

$$4CrCl_2+4HCl+O_2 = 4CrCl_3+2H_2O$$

故 Cr(Ⅱ)可作除氧剂。

(1) Cr(Ⅲ)化合物

常见 Cr(Ⅲ)化合物有 Cr_2O_3(绿色)、$CrCl_3\cdot 6H_2O$(暗绿色)、$Cr_2(SO_4)_3\cdot 18H_2O$(紫色)、$Cr_2(SO_4)_3\cdot 6H_2O$(绿色)。

Cr_2O_3 与 $\alpha-Al_2O_3$ 同晶，具有两性、不溶于水、溶于酸及强碱等性质：

$$Cr_2O_3+3H_2SO_4 = Cr_2(SO_4)_3+3H_2O$$

$$Cr_2O_3+2NaOH+3H_2O = 2NaCr(OH)_4$$

但被灼烧过的 Cr_2O_3 则不溶于酸中，因此只能用焦硫酸盐熔融，使它转化为可溶性铬盐：

$$Cr_2O_3+3K_2S_2O_7 = Cr_2(SO_4)_3+3K_2SO_4$$

Cr^{3+}具有较小的离子半径，为 62 pm，与 Al^{3+}(51 pm)、Fe^{3+}(64 pm)相近，因此，它们的性质有相似之处，例如 M^{3+}易水解；也有不同之处，如 Cr(Ⅲ)在碱性条件下易被氧化为 CrO_4^{2-}，而 Fe(Ⅲ)难以氧化为 Fe(Ⅵ)，Al(Ⅲ)不会被氧化。Cr(Ⅲ)的性质主要有：

① 氢氧化物为两性氢氧化物：

$$\underset{(蓝紫色)}{Cr^{3+}} \underset{H^+}{\overset{OH^-}{\rightleftharpoons}} \underset{(绿色)}{Cr(OH)_3} \underset{H^+}{\overset{OH^-}{\rightleftharpoons}} \underset{(亮绿色)}{Cr(OH)_4^-}$$

当加热 $Cr(OH)_4^-$溶液时，由于 $Cr(OH)_4^-$水解，重新生成 $Cr(OH)_3$ 沉淀，而 $Al(OH)_4^-$在热溶液中是相当稳定的，这说明 $Cr(OH)_3$ 的酸性相当的弱。

② Cr^{3+}的水解作用：

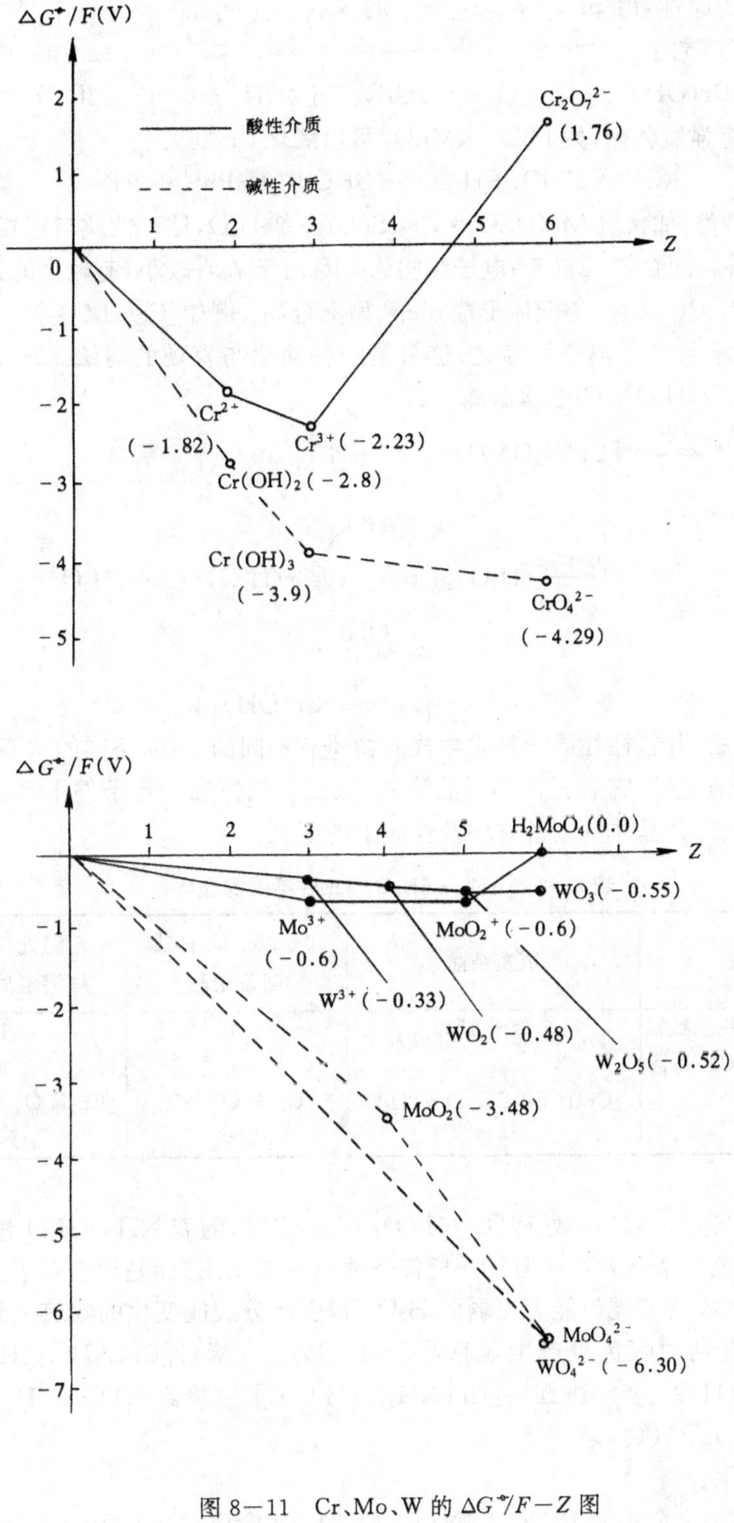

图 8—11 Cr、Mo、W 的 $\Delta G^{\ominus}/F-Z$ 图

$$Cr^{3+} + 3H_2O \rlap{=}{=}= Cr(OH)_3 + 3H^+$$

因此 Cr^{3+} 溶液显酸性，而 $Cr(OH)_4^-$ 则只存在于碱性溶液中。

③ Cr(Ⅲ)还原性：由 $\varphi^{\ominus}_{A(Cr_2O_7^{2-}/Cr^{3+})} = 1.33\ V$，$\varphi^{\ominus}_{B(CrO_4^{2-}/CrO_2^-)} = -0.13\ V$ 可知碱性条件下 Cr(Ⅲ)的还原性：

$$2Cr(OH)_4^- + 3Na_2O_2 = 2CrO_4^{2-} + 4OH^- + 6Na^+ + 2H_2O$$

酸性条件下，只有强氧化剂，如 PbO_2、$KMnO_4$ 可以氧化 Cr^{3+}：

$$2Cr^{3+} + 3PbO_2 + H_2O = Cr_2O_7^{2-} + 3Pb^{2+} + 2H^+$$

④ 易形成矾类：如铬矾 $M_2(I)SO_4 \cdot Cr_2(SO_4)_3 \cdot 24H_2O$，这一性质与铝相似。

⑤ 易形成各种配合物。Cr(Ⅲ)电子结构为 $3d^3$，由于 $\gamma_{Cr^{3+}}$ 较小，有较强的正电场，因此容易与 H_2O、NH_3、Cl^-、CN^- 等配体形成 d^2sp^3 型配合物。例如 $[Cr(H_2O)_6]^{3+}$，我们一般简单写作 Cr^{3+}，实际上 Cr^{3+} 离子不存在，这只是一种简化与直观的写法。改变溶液的 pH 值，如增大 pH，$[Cr(H_2O)_6]^{3+}$ 会水解缩合：

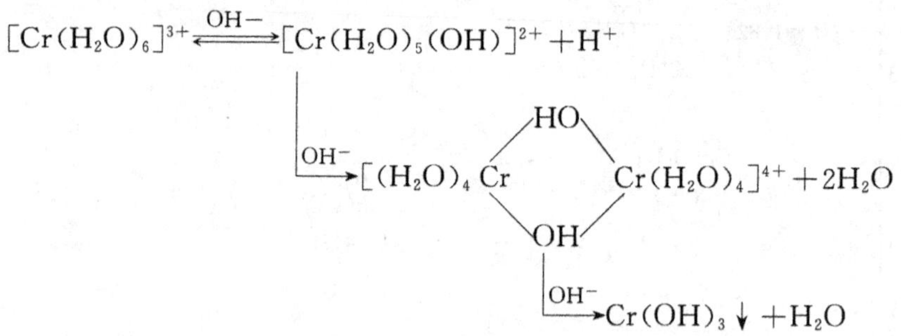

由于制备方法不同，往往同一种化学式的物质有不同的结构、不同的状态。例如，$CrCl_3 \cdot 6H_2O$ 就是这样，它有三种不同的形式，这三种晶体在一定条件下又会相互转化。表 8—8 汇列了这三种晶体的制备方法及性质上的区别。

表 8—8　$CrCl_3 \cdot 6H_2O$ 的三种不同的晶体

制备方法	蒸发结晶	0℃以下通 HCl 制备结晶	乙醚处理紫色晶体溶液后通 HCl
可被浓 H_2SO_4 脱水数目	2 分子 H_2O	0	1
可被 Ag^+ 滴定 Cl^- 数目	1	3	2
配合物化学式	$[Cr(H_2O)_4Cl_2]Cl \cdot 2H_2O$	$[Cr(H_2O)_6]Cl_3$	$[Cr(H_2O)_5Cl]Cl_2H_2O$
晶体颜色	暗绿	紫色	浅绿

在用 $NH_3 \cdot H_2O-NH_4Cl$ 处理 $[Cr(H_2O)_6]^{3+}$ 溶液时，随着 $NH_3 \cdot H_2O$ 量的加入，可以看到溶液的颜色从紫→紫红→橙红→橙黄→黄色的变化。这清楚地表明了随着 NH_3 配体的加入，逐个地取代了配位能力更弱的 H_2O 后，引起分裂能变化的效应。d—d 跃迁所需能量蓝移，观察到的颜色也产生蓝移：$[Cr(H_2O)_6]^{3+}$（紫）、$[Cr(NH_3)_2(H_2O)_4]^{3+}$（紫红）、$[Cr(NH_3)_3(H_2O)_3]^{3+}$（浅红）、$[Cr(NH_3)_4(H_2O)_2]^{3+}$（橙红）、$[Cr(NH_3)_5(H_2O)]^{3+}$（橙黄）、$[Cr(NH_3)_6]^{3+}$（黄）。

(2) Cr(Ⅵ)化合物

重要的 Cr(Ⅵ)化合物有 $K_2Cr_2O_7$、$Na_2Cr_2O_7$ 及 Na_2CrO_4、CrO_3 等。工业上以铬铁矿

$[Fe(CrO_2)_2]$为原料制取$Cr_2O_7^{2-}$化合物。其工艺包括有碱熔氧化、酸化转化的过程：

① 碱熔氧化：

$$4Fe(CrO_2)_2+8Na_2CO_3+7O_2 \xlongequal{1100℃} 8Na_2CrO_4+2Fe_2O_3+8CO_2\uparrow$$

用水浸取、浓缩，结晶制得黄色的$Na_2CrO_4 \cdot xH_2O$晶体：

② 酸化并用 KCl 复分解：

$$2Na_2CrO_4+H_2SO_4 = Na_2Cr_2O_7+Na_2SO_4+H_2O$$

利用$Na_2Cr_2O_7 \cdot 2H_2O$、Na_2SO_4溶解度的性质(图 8－12)，可以分离纯化制取$Na_2Cr_2O_7 \cdot 2H_2O$。

由于$Na_2Cr_2O_7$易潮解，不便于储存和使用，因此，常利用复分解反应加入 KCl 制取$K_2Cr_2O_7$：

$$Na_2Cr_2O_7+2KCl = K_2Cr_2O_7+2NaCl$$

$K_2Cr_2O_7$不易潮解，易提纯，是重要的化工原料及试剂。$K_2Cr_2O_7$与 NaCl 的分离也可借助溶解度差异，$K_2Cr_2O_7$溶解度随T变化而变化较大，如 0℃时为 4.6 g/(100 g H_2O)，100℃时为 94.1 g/(100 g H_2O)水。重铬酸盐的性质主要有：

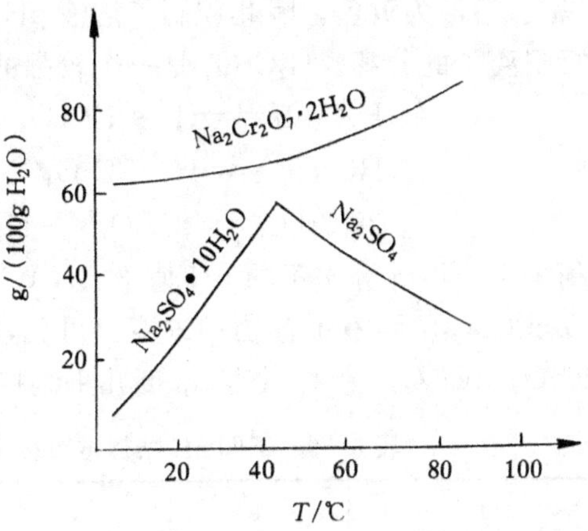

图 8－12 $Na_2Cr_2O_7$与Na_2SO_4的溶解度曲线

① 高温下的灼烧分解：

$$4M_2Cr_2O_7 \xlongequal{\triangle} 4M_2CrO_4+2Cr_2O_3+3O_2$$

② 酸性下的强氧化性：

$$K_2Cr_2O_7+\left\{\begin{array}{l} Cl^- \\ I^- \\ SO_3^{2-} \\ Fe^{2+} \\ H_2S \end{array}\right. \xrightarrow{H^+} \left\{\begin{array}{l} Cl_2 \\ I_2 \\ SO_4^{2-} \\ Fe^{3+} \\ S \end{array}\right. +Cr^{3+}$$

而其在酸性条件下与H_2O_2反应，在乙醚层中产生的特殊蓝色，是检定$Cr_2O_7^{2-}$的反应：

$$K_2Cr_2O_7+4H_2O_2+H_2SO_4 \xlongequal{乙醚} 2CrO_5+5H_2O+K_2SO_4$$

③ $K_2Cr_2O_7$在浓H_2SO_4中形成铬酐 ($CrO_3\downarrow$)(红色)：

$$K_2Cr_2O_7+H_2SO_4 = K_2SO_4+2CrO_3\downarrow+H_2O$$

CrO_3熔点为 167℃，超过熔点逐步分解，最后产物为Cr_2O_3及O_2：

$$4CrO_3 \xlongequal{434\sim511℃} 2Cr_2O_3+3O_2$$

CrO_3有强吸水性，溶于水生成铬酸和重铬酸，故称为铬酐。5 g $K_2Cr_2O_7$溶于 100 ml 浓H_2SO_2中，制成的溶液是过去在实验室常用的试剂，称为洗液。它具有强氧化性及强酸性，但由于对环境带来污染，现在已较少地使用。

④ CrO_4^{2-}与$Cr_2O_7^{2-}$的相互转化。在溶液中，CrO_4^{2-}与$Cr_2O_7^{2-}$间存在以下平衡：

$$\underset{\text{黄色}}{2CrO_4^{2-}} + 2H^+ \rightleftharpoons \underset{\text{橙红色}}{Cr_2O_7^{2-}} + H_2O$$

反应平衡常数为：

$$K=\frac{[Cr_2O_7^{2-}]}{[CrO_4^{2-}]^2[H^+]^2}=4.2\times10^{14}$$

据此可以计算不同 pH 下的$[CrO_4^{2-}]$及$[Cr_2O_7^{2-}]$相对浓度的比例。如在 pH＝4 时，$Cr_2O_7^{2-}$离子浓度占总浓度的 90%以上，溶液呈橙色；而在 pH＝9 时，CrO_4^{2-}占总浓度 99%以上，溶液为黄色。因此控制了溶液 pH 值就等于控制了CrO_4^{2-}的浓度，从而可利用来进行阳离子的分离。H_2CrO_4是一个较强的二元酸，在水溶液中存在以下平衡：

$$H_2CrO_4 \rightleftharpoons H^+ + HCrO_4^- \qquad K_1=4.1$$

$$HCrO_4^- \rightleftharpoons H^+ + CrO_4^{2-} \qquad K_2=3.2\times10^{-7}$$

$$2HCrO_4^- \rightleftharpoons Cr_2O_7^{2-} + H_2O \qquad K=43$$

由平衡关系可以计算出不同 pH 值下 Cr(Ⅵ)溶液中的离子浓度。如表 8－9 所列数据是 $1mol/dm^3$ Cr(Ⅵ)溶液中各物种浓度。可见，在 pH＞7 时，以CrO_4^{2-}形体为主；在 pH＜6 时，$HCrO_4^-$、$Cr_2O_7^{2-}$形体共存，浓度几乎维持不变。

表 8－9　不同 pH 条件下 1 mol/dm³ K_2CrO_4 溶液中各离子浓度　　$mol\cdot dm^{-3}$

pH	4	5	6	7	8	9
$[CrO_4^{2-}]$	0.000 3	0.003	0.03	0.27	0.90	0.996
$[HCrO_4^-]$	0.102	0.101	0.1	0.086	0.028	0.003
$[Cr_2O_7^{2-}]$	0.45	0.44	0.43	0.32	0.035	0.000 4
$[CrO_4^{2-}]/[Cr_2O_7^{2-}]$	6.67×10^{-4}	6.8×10^{-3}	7×10^{-2}	0.84	25.71	2 490

⑤ 难溶铬酸盐。除了碱金属、NH_4^+、Mg^{2+}的铬酸盐外，其余的铬酸盐都难溶于水，但由于铬酸根及重铬酸根的相互转换关系，铬酸盐在强酸中可溶，而溶度积较小的 $SrCrO_4$（$K_{sp}\approx10^{-5}$）甚至可溶于 HAc 中。利用这些性质可进行有关阳离子的分离与鉴定。例如：

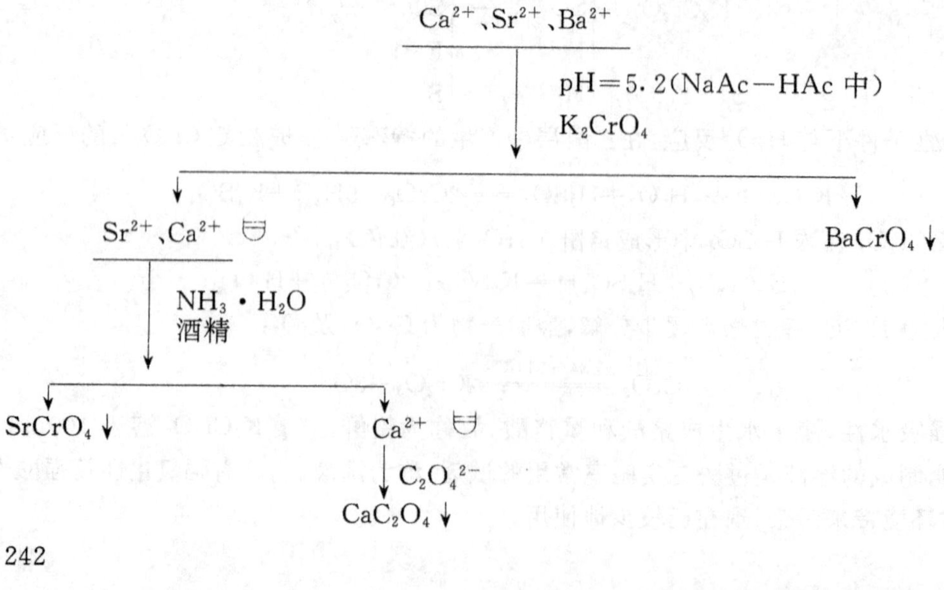

2. 钼和钨的化合物

钼和钨的化合物以+6氧化态为主。

室温下 MoO_3 是白色固体，加热时转为黄色，熔点795℃，熔融时呈深黄色液体，沸点1 155℃，即使低于熔点情况下，MoO_3 都有显著的升华现象。WO_3 是深黄色粉末，加热时变为橙黄色，熔点1 473℃，沸点1 750℃。与 CrO_3 不同，MoO_3 及 WO_3 虽然都是酸性氧化物，但都不溶于水，仅能溶于氨水和强碱溶液，生成相应含氧酸盐：

$$WO_3+2Na_2OH = Na_2WO_4+H_2O$$

$$MoO_3+2NH_3\cdot H_2O = (NH_4)_2MoO_4+H_2O$$

常温下，金属钼、钨不和氧、氮以及除氟以外的卤素作用，但在高温下与氧作用生成 MoO_3 及 WO_3，和碳作用生成相应的碳化物 Mo_2C、MoC、W_2C、WC 等，和 NH_3 共热制得相应氮化物 Mo_2N、MoN、W_2N 等。

钼、钨不存在简单的含氧酸，而只在一定条件下形成同多酸或杂多数，例如七钼酸($H_6Mo_7O_{24}$)、八钼酸($H_4Mo_8O_{26}$)、十二钨酸($H_{10}W_{12}O_{41}$)等，它们的结构特点是简单含氧酸根为基础，以共点、共棱或共面形式形成多聚体，其公共点都是氧原子。

由两种不同的含氧酸分子缩水而成为杂多酸，如十二钼磷杂多酸[$H_3(PMo_{12}O_{40})$]、十二钨磷杂多酸[$H_3(PW_{12}O_{40})$]、十二钼硅杂多酸[$H_4(SiMo_{12}O_{40})$]等。在杂多酸分子中，P、Si 为配合物的中心体，多钼酸根或多钨酸根为配体，因此，它们在结构上是一类特殊的配合物。分析化学中常用生成磷钼酸铵[$(NH_4)_3PO_4\cdot 12MoO_3$]黄色沉淀反应鉴定 PO_4^{3-}：

$$H_3PO_4+12(NH_4)_2MoO_4+21HNO_3 = (NH_4)_3PO_4\cdot 12MoO_3\downarrow+21NH_4NO_3+12H_2O$$

四、锰

锰(Manganesium)的电子结构是 $3d^54s^2$。由锰的 $\Delta G^\ominus/F-Z$ 图(图8-13)可清楚看到，在酸性条件下，Mn^{2+} 处于热力学稳定态；碱性条件下，MnO_2 较为稳定，而 $Mn(OH)_2$、$Mn(OH)_3$ 都易被氧化。

金属锰是银白色金属，粉末状的锰为灰色。单质锰比较活泼，在空气中被氧化，加热时生成 Mn_3O_4($MnO\cdot Mn_2O_3$)，高温下可与卤素、硫、碳、磷作用。锰与热水作用生成 $Mn(OH)_2$，并放出氢气：

$$Mn+2H_2O \xlongequal{\triangle} Mn(OH)_2+H_2\uparrow$$

生成 $Mn(OH)_2$ 妨碍了进一步反应。但在 NH_4Cl 溶液中，由于 $Mn(OH)_2$ 在溶液中的溶解，使反应可以顺利进行(似 Mg)。在氧化剂存在下，锰与熔碱作用，体现了成酸元素的性质：

$$2Mn+4KOH+3O_2 \xlongequal{熔融} 2K_2MnO_4+2H_2O$$

1. Mn(Ⅱ)化合物

常见的 Mn(Ⅱ)化合物有氧化物(MnO)、硫化物(MnS)、卤化物(MnX_2)、氢氧化物($Mn(OH)_2$)及其它含氧酸盐。锰盐的性质主要有：

① 水溶性：除 $MnCO_3$、$Mn_3(PO_4)_2$、MnS 难溶于水外，其它强酸的锰盐都易溶于水中。通常，锰的难溶盐都易溶于稀酸中。

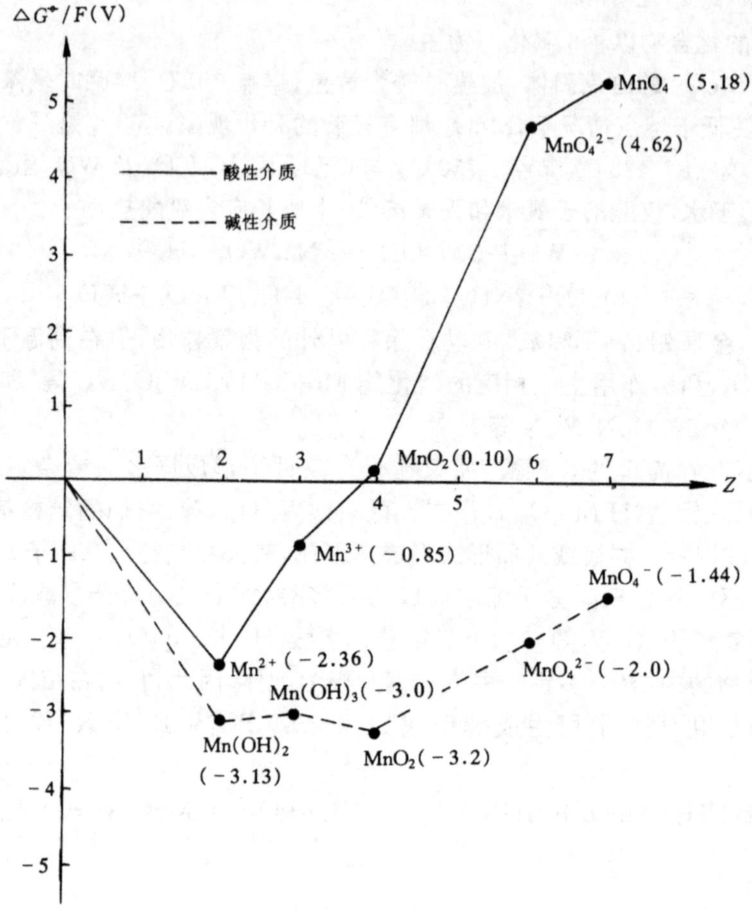

图 8－13　Mn 的 $\Delta G^{\ominus}/F-Z$ 图

② 还原性：由图 8－13 中 Mn 的 $\Delta G^{\ominus}/F-Z$ 图可见，碱性条件下 $Mn(OH)_2$ 的还原性显著；酸性条件下，只有遇强氧化剂，如 $(NH_4)_2S_2O_8$、$NaBiO_3$、H_5IO_6 等 Mn^{2+} 才会被氧化：

$$Mn^{2+}+\begin{cases}S_2O_8^{\ 2-}\\NaBiO_3\\H_5IO_6\end{cases}\xrightarrow{H^+}MnO_4^{\ -}+\begin{cases}SO_4^{\ 2-}\\Bi^{3+}\\I_2\end{cases}$$

③ 形成有关配合物：Mn^{2+} 由于其结构的关系（$3d^5$），较少地与配位体形成配合物，只有与一些强的配位体，如 CN^-，才能形成低自旋的 $[Mn(CN)_6]^{4-}$ 配合物。

2. Mn（Ⅳ）化合物

在 Mn（Ⅳ）化合物中，最重要的是二氧化锰 MnO_2。它存在于自然界中，俗称为软锰矿，是黑色粉末状、不溶于水的固体。MnO_2 具有两性，但由于其酸碱性都很弱，故在酸碱中都难以溶解。MnO_2 在酸性介质中是强氧化剂（$\varphi^{\ominus}_{(MnO_2/Mn^{2+})}=1.23\ V$）：

$$MnO_2+4HCl \xlongequal{\triangle} MnCl_4+2H_2O$$

$$\qquad\qquad\qquad\qquad \longrightarrow MnCl_2+Cl_2$$

$$2MnO_2+2H_2SO_4 \xlongequal{} 2MnSO_4+O_2+2H_2O$$

在碱性条件下，MnO_2 被空气中的氧氧化：

$$2MnO_2+4KOH+O_2 \xlongequal{\triangle} 2K_2MnO_4+2H_2O$$

在图 8—13Mn 的 $\Delta G^{\ominus}/F-Z$ 图中，酸性条件下，K_2MnO_4 处于 $KMnO_4-MnO_2$ 连线上的热力学峰点上，因此会歧化成 MnO_4^- 及 MnO_2：

$$3K_2MnO_4+2CO_2 \xlongequal{} 2KMnO_4+MnO_2\downarrow+2K_2CO_3$$

这是制备 $KMnO_4$ 的一种方法。

3. Mn(Ⅶ)化合物

Mn(Ⅶ)化合物中以 $KMnO_4$ 为最重要。由于在 K_2MnO_4 歧化制取 $KMnO_4$ 的反应中，产率仅 67%，有近 1/3 的 K_2MnO_4 被还原为 MnO_2，为了提高产率与纯度，最好采用电解法，以镍极为阳极，铁为阴极，

阳极反应： $2MnO_4^{2-}-2e \xlongequal{} 2MnO_4^-$

阴极反应： $2H_2O+2e \xlongequal{} H_2\uparrow+2OH^-$

得到的 $KMnO_4$ 纯度高，产率高。

$KMnO_4$ 是深紫色晶体，在 200℃下分解：

$$10KMnO_4 \xlongequal{\triangle} 3K_2MnO_4+2K_2O\cdot 7MnO_2+6O_2\uparrow$$

在 φ—PH 图中，$\varphi_{(MnO_4^-/MnO_2)}$ 处于氧区，因此它在水溶液中缓慢地、但明显地分解：

$$4MnO_4^-+4H^+ \xlongequal{} 4MnO_2\downarrow+3O_2\uparrow+2H_2O$$

在中性或碱性溶液中，这种分解的速度更慢，但光及分解产物 MnO_2 对它的分解有催化作用，因此，$KMnO_4$ 溶液必须保存于棕色瓶中。

MnO_4^- 是强氧化剂，其还原产物随介质的酸碱性不同而不同。例如，在与 SO_3^{2-} 反应中：

酸性： $2MnO_4^-+5SO_3^{2-}+6H^+ \xlongequal{} 2Mn^{2+}+5SO_4^{2-}+3H_2O$

中性： $2MnO_4^-+3SO_3^{2-}+H_2O \xlongequal{} 2MnO_2+3SO_4^{2-}+2OH^-$

碱性： $2MnO_4^-+SO_3^{2-}+2OH^- \xlongequal{} 2MnO_4^{2-}+SO_4^{2-}+H_2O$

在酸性介质中，$KMnO_4$ 与众多还原剂的反应，它们在分析化学中有广泛的应用：

$$MnO_4^-+5Fe^{2+}+8H^+ \xlongequal{} Mn^{2+}+5Fe^{3+}+4H_2O$$

$$2MnO_4^-+5H_2C_2O_4+6H^+ \xlongequal{} 2Mn^{2+}+10CO_2\uparrow+8H_2O$$

$$2MnO_4^-+10Cl^-+16H^+ \longrightarrow 5Cl_2+2Mn^{2+}+8H_2O$$

$$2MnO_4^-+5H_2O_2+6H^+ \longrightarrow 2Mn^{2+}+5O_2+8H_2O$$

$$MnO_4^-+\begin{cases}Ti^{3+}\\VO^{2+}\end{cases}\longrightarrow Mn^{2+}+\begin{cases}TiO_2\\VO_2^+\end{cases}$$

高锰酸钾与冷的浓硫酸作用生成绿色的油状 Mn_2O_7（与 $Cr_2O_7^{2-}+H_2SO_4$ 相似），Mn_2O_7 有强氧化性，遇有机物如酒精即爆炸燃烧。

五、铁系元素

铁系元素是指铁(Iron)、钴(Cobalt)、镍(Nickel)，它们的 $\Delta G^{\ominus}/F-Z$ 图见图 8—14。

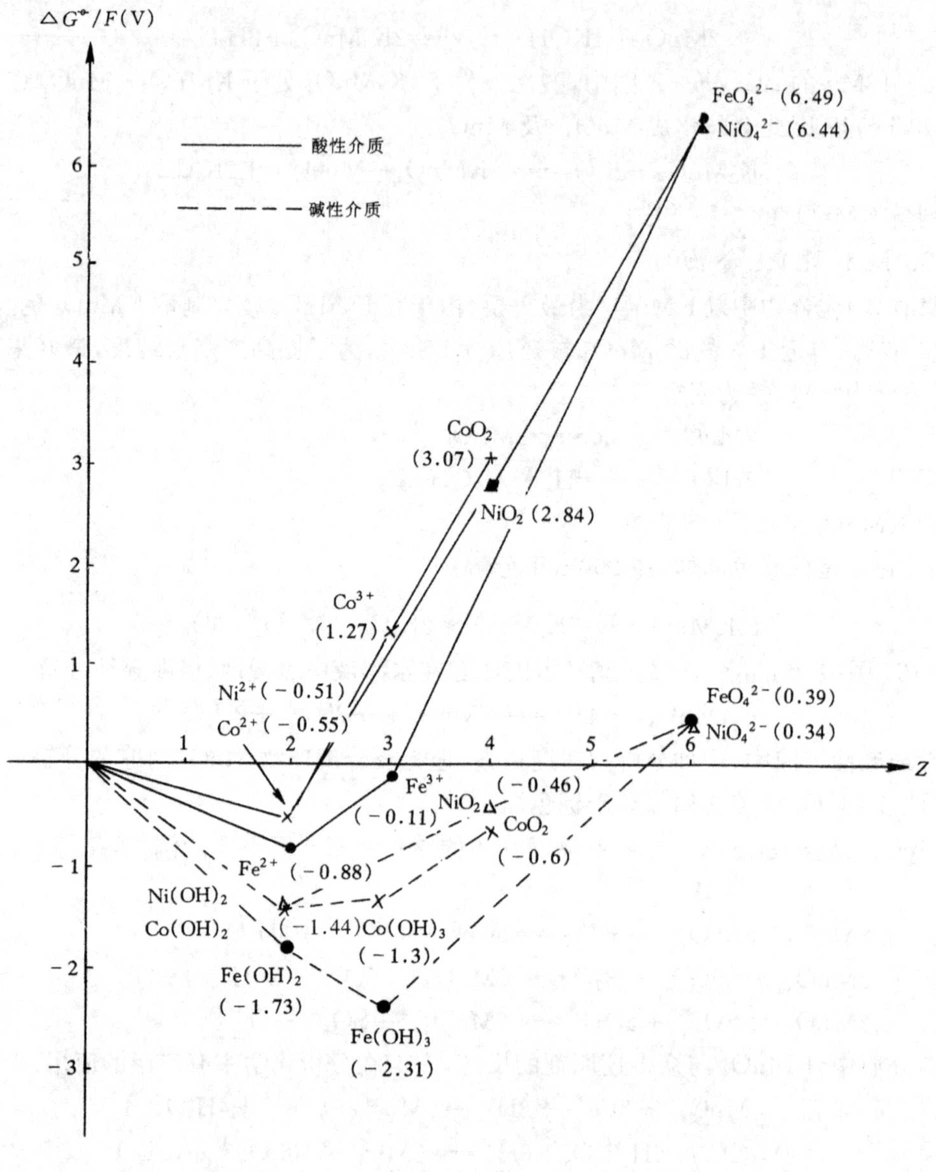

图 8－14　Fe、Co、Ni 的 $\Delta G^{\ominus}/F-Z$ 图

基本性质包括：

（1）单质的物理性质：它们都是银白色金属，都表现有铁磁性，它们的密度都较大，熔点较高，钴比较硬而脆，而铁和镍都有很好的延展性。

（2）铁、钴、镍是中等活泼金属，在没有水存在时，常温下，它们与氧、硫、氯、溴等非金属单质没有显著作用，但在高温下，有剧烈的反应：

$$3Fe + 2O_2 \xlongequal{500℃} Fe_3O_4$$

$$2Fe + 3Cl_2 \xlongequal{} 2FeCl_3$$

$$Fe + S \xlongequal{} FeS$$

$$3Fe+C \xlongequal{} Fe_3C$$

$$3Fe+4H_2O \xlongequal{} Fe_3O_4+4H_2\uparrow$$

(3) 铁在潮湿空气中会生锈，铁锈成分较复杂，常以 $Fe_2O_3 \cdot xH_2O$ 表示，它是一种多孔松脆物质，故不能保护内层铁不进一步被腐蚀。在常温下，钴、镍对水和空气都较稳定，虽然也被空气氧化，但由于氧化膜相当致密，不易于进一步腐蚀内层金属。

(4) 铁易于与稀硫酸、盐酸作用，但对浓硫酸、冷的浓硝酸会发生钝化。钴和镍对稀硫酸、稀盐酸作用较慢，在冷的浓硝酸中钝化。但钴与稀硝酸有作用，镍与热的浓硝酸或稀硝酸都有作用，因此，可用铁制品贮运浓硝酸或用铁器盛放浓硫酸。

(5) 浓碱会缓慢地侵蚀铁，而钴、镍则在熔碱中都比较稳定，因此，实验室常用镍坩埚进行碱熔试验的操作。

(6) 在酸性条件下，Fe^{2+} 处于热力学稳定态；但在碱性条件下，$Fe(OH)_2$ 极易被氧化为 $Fe(OH)_3$。Fe(Ⅵ)有强氧化性。在酸性条件下，Co(Ⅱ)、Ni(Ⅱ)处于热力学稳定态，Co(Ⅲ)、Ni(Ⅲ)氧化性都很强；相应地，在碱性条件下，Co(Ⅱ)较易被氧化为Co(Ⅲ)，而Ni(Ⅱ)相应地被氧化为Ni(Ⅲ)就较为困难。

还原性变化规律：　　$Fe(OH)_2 > Co(OH_2) > Ni(OH)_2$

氧化性变化规律：　　Ni(Ⅲ) > Co(Ⅲ) > Fe(Ⅲ)

铁、钴、镍的重要化合物及其性质分述如下：

1. 铁、钴、镍的氧化物及氢氧化物

铁、钴、镍的氧化物及氢氧化物的基本性质见表8－10。

表8－10　铁、钴、镍的氧化物及氢氧化物的基本性质

氧化物	FeO	Fe_2O_3	Fe_3O_4	CoO	Co_2O_3	NiO	Ni_2O_3
颜色	黑色	砖红色	黑色	灰绿色	黑色	暗绿色	黑色
氧化还原性					强氧化性		强氧化性
酸碱性	碱性	碱性及弱酸性		碱性		碱性	
氢氧化物	$Fe(OH)_2$	$Fe(OH)_3$		$Co(OH)_2$	$Co(OH)_3$	$Ni(OH)_2$	$Ni(OH)_3$
颜色	白	棕红		粉红	棕色	绿色	黑色
氧化还原性	还原性			还原性	氧化性*	弱还原性	强氧化性*
酸碱性	碱性	碱性、弱酸性		碱性	碱性	碱性	碱性

* 在碱性条件下不具有氧化性

低氧化态氧化物常用无氧化性含氧酸盐在隔绝空气条件下热分解制备(如碳酸盐、草酸盐)：

$$MCO_3 \xrightarrow[\text{隔绝空气}]{\triangle} MO+CO_2\uparrow \qquad (M: Fe、Co、Ni)$$

$$MC_2O_4 \xrightarrow[\text{隔绝空气}]{\triangle} MO+CO_2\uparrow+CO\uparrow \qquad (M: Co、Ni)$$

$$FeC_2O_4 \xlongequal{100℃} FeO+CO_2+CO$$

$$3FeC_2O_4 \xlongequal{160℃} Fe_3O_4+2CO_2+4CO$$

不隔绝空气时，有可能由于空气中氧的氧化作用，生成高氧化态氧化物，例如：

$$4NiCO_3+O_2 \xlongequal{\triangle} Ni_2O_3+4CO_2$$

高氧化态氧化物可用氧化性酸的盐(如硝酸盐)热分解制备,例如:

$$4Co(NO_3)_2 \xlongequal{\triangle} 2Co_2O_3 + 8NO_2 + O_2$$

$$4Fe(NO_3)_3 \xlongequal{\triangle} 2Fe_2O_3 + 12NO_2 + 3O_2$$

Co_2O_3、Ni_2O_3 在酸性溶液中显示出强氧化性:

$$Co_2O_3 + 6HCl = 2CoCl_2 + Cl_2\uparrow + 3H_2O \quad (镍同)$$

$$2Co_2O_3 + 4H_2SO_4 = 4CoSO_4 + O_2 + 4H_2O \quad (镍同)$$

在隔绝空气条件下,向Fe(Ⅱ)、Co(Ⅱ)、Ni(Ⅱ)盐溶液中加入碱均能制得相应的$M(OH)_2$沉淀。遇空气时,$Fe(OH)_2$迅速地氧化成$Fe(OH)_3$沉淀,而$Co(OH)_2$被空气中氧氧化的速度较慢。在强氧化剂如H_2O_2作用下迅速地被氧化,生成$Co(OH)_3$沉淀。$Ni(OH)_2$在空气中的氧作用下不易被氧化,只有在更强氧化剂作用下(溴水Br_2及NaClO)才会氧化生成$Ni(OH)_3$沉淀:

$$4Fe(OH)_2(4Co(OH)_2) + O_2 + 2H_2O = 4Fe(OH)_3\downarrow(4Co(OH)_3\downarrow)$$

$$2Co(OH)_2 + H_2O_2 = 2Co(OH)_3\downarrow$$

$$2Ni(OH)_2 + NaClO + H_2O = 2Ni(OH)_3\downarrow + NaCl$$

碱作用于Fe(Ⅲ)盐溶液,可制得$Fe(OH)_3$沉淀。新制备的$Fe(OH)_3$具有弱酸性,所以可被浓的强碱液作用,而不被弱碱($NH_3 \cdot H_2O$)作用:

$$Fe(OH)_3 + KOH(浓) = KFeO_2 + 2H_2O$$

氧化态为+2的铁、钴、镍氢氧化物对氨水有不同的作用:$Fe(OH)_2 \Rightarrow Fe(OH)_3$,$Co(OH)_2 \Rightarrow [Co(NH_3)_6]^{2+}$,$Ni(OH)_2 \Rightarrow [Ni(NH_3)_6]^{2+}$,藉此反应,可以使$Fe^{2+}$与$Ni^{2+}$、$Co^{2+}$分离。

$Fe(OH)_3$、$Co(OH)_3$、$Ni(OH)_3$与酸的反应亦不同:

$$Fe(OH)_3 + HCl \Rightarrow Fe^{3+} + H_2O$$

$$Co(OH)_3 + HCl \Rightarrow Co^{2+} + Cl_2$$

$$Ni(OH)_3 + HCl \Rightarrow Ni^{2+} + Cl_2$$

这都说明从Fe(Ⅲ)—Co(Ⅲ)—Ni(Ⅲ)化合物氧化性的变化规律。此外,Co^{3+}、Ni^{3+}也不能存在于水溶液中:

$$4Co^{3+}(4Ni^{3+}) + 2H_2O = 4Co^{2+}(4Ni^{2+}) + 4H^+ + O_2$$

因此,Co(Ⅲ)、Ni(Ⅲ)氧化态只能存在于固态物质或碱性溶液中,或存在于某些配合物中,例如:CoF_3、Co_2O_3、$Co_2(SO_4)_3 \cdot 18H_2O$、$[Co(NH_3)_6]Cl_3$。

2. 铁、钴、镍的硫化物

铁、钴、镍硫化物的基本性质见表8-11。

新制备的FeS、CoS、NiS均溶于0.3 mol/dm^3 HCl中,但在空气放置后,CoS、NiS转化为另一种形式沉淀,例如:

$$2NiS + \frac{1}{2}O_2 + H_2O = 2Ni(OH)S\downarrow$$

它们不再溶解在非氧化性强酸中,而仅溶于HNO_3中。有人认为这是硫化物晶形转变的原因。

表 8－11　铁、钴、镍硫化物的基本性质

硫化物	FeS	CoS	NiS	Fe_2S_3
颜色	黑	黑	黑	黑
在 0.3 mol/dm^3HCl 中	溶	溶（α 型）	溶（α 型）	溶→$Fe^{2+}+S\downarrow+H_2S\uparrow$
在 HNO_3中	溶	溶（β 型）	溶（β 型）	溶
K_{sp}	4×10^{-19}	α：4×10^{-21} β：4×10^{-25}	α：3×10^{-21} β：1×10^{-24}	

3. 铁、钴、镍的其它盐

常见的氧化态为＋2 的可溶性盐有 MSO_4、MCl_2、$M(NO_3)_2$ 等。它们在水溶液中，由于水解而略显酸性。这些盐在从水溶液中结晶出来时，往往带有同数目的结晶水，如 $MCl_2\cdot6H_2O$、$M(NO_3)_2\cdot6H_2O$、$MSO_4\cdot7H_2O$。水合盐晶体及在水溶液中的水合离子，由于发生 d－d 跃迁，都有特征颜色，如$[Fe(H_2O)_6]^{2+}$为浅绿色，$[Co(H_2O)_6]^{2+}$为粉红色，$[Ni(H_2O)_6]^{2+}$为果绿色。铁、钴、镍的硫酸盐能与 NH_4^+、K^+、Na^+的硫酸盐生成复盐 $M_2(I)SO_4\cdot MSO_4\cdot6H_2O$，较重要的复盐是硫酸亚铁铵$[(NH_4)_2SO_4\cdot FeSO_4\cdot6H_2O]$，又叫摩尔盐，常温下相当稳定。

$FeSO_4\cdot7H_2O$ 又称为绿矾，在受热时，它先失去结晶水，随后再分解：

$$FeSO_4\cdot7H_2O\xlongequal{\triangle}FeSO_4+7H_2O$$

$$2FeSO_4\xlongequal{\triangle}Fe_2O_3+SO_2\uparrow+SO_3\uparrow$$

工业上利用此反应生产铁红（$\alpha-Fe_2O_3$）。在空气中，$FeSO_4\cdot7H_2O$ 会风化并氧化：

$$4FeSO_4+O_2+2H_2O\xlongequal{}2Fe(OH)SO_4$$

由图 8－14 铁的 $\Delta G^\circ/F-Z$ 图可见，酸度越低，Fe^{2+}越易被氧化：

$$4Fe^{2+}+O_2+2H_2O\xlongequal{}4[Fe(OH)]^{2+}$$

故实验室配制亚铁盐溶液时，除了应在酸性条件下溶解亚铁盐外，还应加入少量铁屑。

$CoCl_2\cdot6H_2O$ 是常用的钴盐，由于晶体所含结晶水数目的不同而呈现不同的颜色：

$$\underset{\text{粉红色}}{CoCl_2\cdot6H_2O}\xrightleftharpoons{52^\circ C}\underset{\text{紫红色}}{CoCl_2\cdot2H_2O}\xrightleftharpoons{90^\circ C}\underset{\text{蓝紫色}}{CoCl_2\cdot H_2O}\xrightleftharpoons{120^\circ C}\underset{\text{蓝色}}{CoCl_2}$$

因此常将 $CoCl_2$ 水溶液浸渍到硅胶干燥剂上作指示剂，也可以用 $CoCl_2$ 水溶液作隐形墨水。

氧化态为＋3 的可溶性盐中，由于 Co^{3+}及 Ni^{3+}的强氧化性，在热力学上不稳定，实际上只有铁可以形成稳定的可溶性 Fe^{3+}盐。它们的基本性质见表 8－12。

表 8－12　铁系元素 M(Ⅲ)可溶性盐的基本性质

M	MF_3	MCl_3	MBr_3	MI_3	$M_2(SO_4)_3$
Fe	927℃ 升华	熔点 282℃，500℃ 分解	200℃ 分解	×	1 178℃ 分解
Co	350℃ 分解	室温分解	×	×	×
Ni	＞250℃ 分解	×	×	×	×

与低氧化态的 $FeCl_2$ 相比，$FeCl_3$ 有明显的共价性。例如，在 400℃时测定 $FeCl_3$ 是一双聚体。$FeCl_3$ 在性质上要表现为易水解(因为离子势 Φ 更大)及一定的氧化性($\varphi^{\ominus}_{(Fe^{3+}/Fe^{2+})}=0.77V$)，属中强氧化剂：

$$Fe^{3+}+\begin{cases}2I^-\\Sn^{2+}\\H_2S\\Cu\\SO_2\end{cases}\longrightarrow\begin{cases}I_2\\Sn^{4+}\\S\downarrow+Fe^{2+}\\Cu^{2+}\\SO_4^{\ 2-}\end{cases}$$

铁在一定条件下可形成+6 氧化态的铁酸盐：

$$Fe_2O_3+3KNO_3+4KOH\xlongequal{熔融}2K_2FeO_4+3KNO_2+2H_2O$$

由有关 $\Delta G^{\ominus}/F-Z$ 图可见 $FeO_4^{\ 2-}$ 的强氧化性，其氧化性比 $KMnO_4$ 还强。因此，在水中或酸中会强烈地分解放出氧[$\varphi^{\ominus}_{(FeO_4^{\ 3-}/Fe^{3+})}=2.20V$]：

$$4FeO_4^{\ 2-}+10H_2O=\!=\!=4Fe(OH)_3+3O_2\uparrow+8OH^-$$

$FeO_4^{\ 2-}$ 在结构上有类似 $CrO_4^{\ 2-}$ 及 $MnO_4^{\ -}$ 的四面体结构。在高铁酸盐溶液中加入 $BaCl_2$，可生成紫红色的钡盐沉淀($BaFeO_4\cdot H_2O$)。

4. 铁、钴、镍的配位化合物

铁、钴、镍的电子层结构确定了它们是很好的配合物形成体，它们可以以中性原子、+2 氧化态或+3 氧化态的阳离子作为配合物的形成体。铁分元素常见配合物列于表 8－13 中，其中较重要的配合物有氨配合物、氰配合物、硫氰配合物及羰基化物。

表 8－13　铁系元素常见配合物

	H_2O	$NH_3\cdot H_2O$	CN^-	NCS^-	F^-	CO
Fe						$[Fe(CO)_5]$ (黄、液)
Co						$[Co_2(CO)_8]$ (橙、固)
Ni						$[Ni(CO)_4]$ (无色、液)
Fe^{2+}	$[Fe(H_2O)_6]^{2+}$ (浅绿)	$Fe(OH)_2\downarrow$ (白)	$[Fe(CN)_6]^{4-}$ 浅黄			
Co^{2+}	$[Co(H_2O)_6]^{2+}$ (浅红)	$[Co(NH_3)_6]^{2+}$ 土黄	$[Co(CN)_6]^{4-}$ 紫色	$[Co(NCS)_4]^{2-}$ 蓝		
Ni^{2+}	$[Ni(H_2O)_6]^{2+}$ (绿)	$[Ni(NH_3)_6]^{2+}$ 紫	$[Ni(CN)_6]^{4-}$ 杏黄色			
Fe^{3+}	$[Fe(H_2O)_6]^{3+}$ (浅紫)	$Fe(OH)_3\downarrow$ 红褐	$[Fe(CN)_6]^{3-}$ 桔黄	$[Fe(NCS)]^{2+}$ 血红	$[Fe(F_6)]^{3-}$ 无色	
Co^{3+}		$[Co(NH_3)_6]^{3+}$ 红褐	$[Co(CN)_6]^{3-}$			
Ni^{3+}						

(1) 氨配合物

Fe^{2+}及Fe^{3+}的氨合物可以由无水盐与氨气作用得到，但在水溶液中不可能存在：

$$[Fe(NH_3)_6]Cl_2 + 6H_2O \longrightarrow Fe(OH)_2\downarrow + 4NH_3\cdot H_2O + 2NH_4Cl$$

$$[Fe(NH_3)_6]Cl_3 + 6H_2O \longrightarrow Fe(OH)_3\downarrow + 3NH_3\cdot H_2O + 3NH_4Cl$$

Co^{2+}与过量的氨水反应，能形成土黄色的$[Co(NH_3)_6]^{2+}$，由于它被空气中的氧氧化，慢慢地转变为红褐色的$[Co(NH_3)_6]^{3+}$：

$$4[Co(NH_3)_6]^{2+} + O_2 + 2H_2O \xrightarrow{\text{活性炭}} 4[Co(NH_3)_6]^{3+} + 4OH^-$$

与Co^{3+}不可能存在溶液中不同，$[Co(NH_3)_6]^{3+}$可以稳定地存在于溶液中，让我们研究以下电对的电极反应：

$$Co^{3+} + e \rightleftharpoons Co^{2+} \qquad \varphi^{\ominus}_{(Co^{3+}/Co^{2+})} = 1.80\ V$$

$$+ \qquad\qquad +$$

$$[Co(NH_3)_6]^{3+} \longleftarrow 6NH_3 \qquad 6NH_3 \longrightarrow [Co(NH_3)_6]^{2+}$$

由于$K_{稳[Co(NH_3)_6]^{3+}}$比$K_{稳[Co(NH_3)_6]^{2+}}$大很多个数量级(分别是4.6×10^{33}及7.9×10^{4})，因此随着氨水的加入，平衡向Co(Ⅲ)方向移动，Co(Ⅲ)的氧化性大大地下降，由相应的Nernst方程可以计算得到$\varphi^{\ominus}_{([Co(NH_3)_6]^{3+}/[Co(NH_3)_6]^{2+})}$的数值：

$$\varphi^{\ominus}_{([Co(NH_3)_6]^{3+}/[Co(NH_3)_6]^{2+})} = \varphi_{(Co^{3+}/Co^{2+})}$$

$$= \varphi^{\ominus}_{(Co^{3+}/Co^{2+})} + \frac{0.059}{1}\lg\frac{K_{稳[Co(NH_3)_6]^{2+}}}{K_{稳[Co(NH_3)_6]^{3+}}}$$

$$= 1.80 + 0.059\lg 1.72\times10^{-29}$$

$$= 1.80 - 1.697 = 0.10V$$

可见，空气中的氧可以氧化$[Co(NH_3)_6]^{2+}$为$[Co(NH_3)_6]^{3+}$。对于$[Co(NH_3)_6]^{3+}$的稳定性，可以分别地用价键理论及晶体场理论给予解释。

应用价键理论(VB法)解释如下：

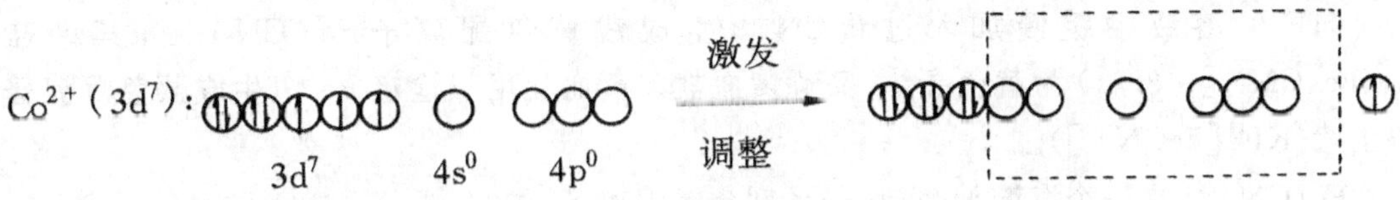

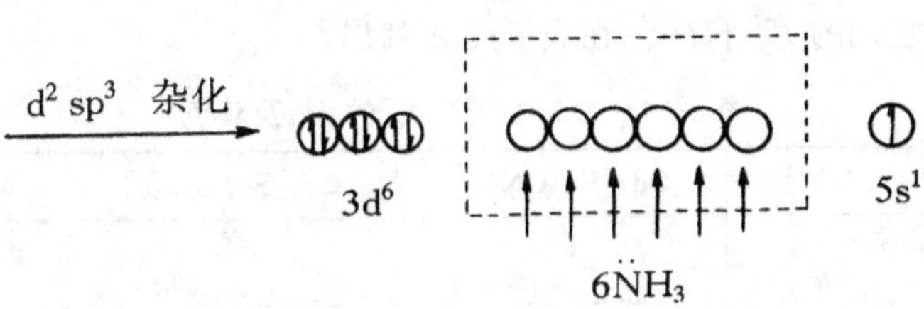

处于5s轨道上电子由于能量高，易于参与化学反应，失去一个电子后被氧化成$[Co(NH_3)_6]^{3+}$。

应用晶体场理论解释如下：

$$[Co(NH_3)_6]^{2+}\begin{cases}\uparrow\ \uparrow\ e_g^2\\ \uparrow\downarrow\ \ \uparrow\downarrow\ \ \ \uparrow(t_{2g}^5)\end{cases}\xrightarrow{-e}[Co(NH_3)_6]^{3+}\begin{cases}—\ —e_g^0\\ \uparrow\downarrow\ \ \uparrow\downarrow\ \ \uparrow\downarrow\ \ t_{2g}^6\end{cases}$$

在$[Co(NH_3)_6]^{2+}$中，电子采取高自旋的排法，获得的 CFSE 为：

$$5\times(4Dq)-2\times(6Dq)-2P=8Dq-2P \qquad (P\text{ 为成对能})$$

在$[Co(NH_3)_6]^{3+}$中，电子采取低自旋的排法，获得的 CFSE 为：

$$6\times(4Dq)-3P=24Dq-3P$$

显然，$[Co(NH_3)_6]^{3+}$的能量更低，更稳定。

磁距实验测定表明，在$[Co(NH_3)_6]^{2+}$中有 3 个未成对电子，是高自旋配合物，而在$[Co(NH_3)_6]^{3+}$中不存在未成对电子，是低自旋配合物。这一事实说明，晶体场理论的解释更符合实验的结果。

Ni^{2+}与过量氨水反应时，随着配体氨分子数目的增加，颜色发生一系列的变化：

$$\underset{(\text{绿色})}{[Ni(OH_2)_6]^{2+}}\xrightarrow{NH_3\cdot H_2O}\underset{(\text{蓝绿色})}{[Ni(NH_3)_3(OH_2)_3]^{2+}}\xrightarrow{NH_3\cdot H_2O}\underset{(\text{蓝色})}{[Ni(NH_3)_4(OH_2)_2]^{2+}}$$

$$\xrightarrow{NH_3\cdot H_2O}\underset{(\text{紫色})}{[Ni(NH_3)_6]^{2+}}$$

所有的镍氨配合物都比较稳定，在空气中不会被氧化。

（2）氰配合物

氰根 CN^-是 CO 的等电子体，其分子轨道表达式为：

$$1\sigma^2 2\sigma^2 3\sigma^2 4\sigma^2 1\pi^4 5\sigma^2 2\pi^0$$

因此，CN^-是一个有强配位作用的配体。

向Fe^{2+}溶液中缓慢加入过量CN^-，生成浅黄色配离子$Fe(CN)_6{}^{4-}$，其钾盐$K_4(Fe(CN)_6]\cdot 3H_2O$为黄色晶体，又称黄血盐。黄血盐用于检定Fe^{3+}，生成蓝色沉淀普鲁士蓝($KFe[FeCN)_6]$)。

$Fe(CN)_6{}^{4-}$是一个沉淀剂，它和一系列金属阳离子，如Cu^{2+}、Cd^{2+}、Co^{2+}、Mn^{2+}、Ni^{2+}、Pb^{2+}形成难溶物，它们的K_{sp}和颜色在表 8－14 列出。

表 8－14　$M_2[Fe(CN)_6]$的 K_{sp} 及颜色

	$Cu_2[Fe(CN)_6]$	$Cd_2[Fe(CN)_6]$	$Co_2[Fe(CN)_6]$	$Mn_2[Fe(CN)_6]$
颜色	红棕	白	绿	白
K_{sp}	1.3×10^{-16}	3.2×10^{-17}	1.8×10^{-15}	7.9×10^{-13}

	$Ni_2[Fe(CN)_6]$	$Pb_2[Fe(CN)_6]$	$Zn_2[Fe(CN)_6]$
颜色	绿	白	白
K_{sp}	1.3×10^{-15}	3.5×10^{-15}	4.1×10^{-16}

向黄血盐溶液通入氯气或过氧化氢溶液氧化，可以得到$[Fe(CN)_6]^{3-}$溶液，从溶液结晶得到红色的$K_3[Fe(CN)_6]$称为赤血盐：

$$2[Fe(CN)_6]^{4-}+Cl_2 = 2[Fe(CN)_6]^{3-}+2Cl^-$$

向Fe^{2+}溶液中加入$[Fe(CN)_6]^{3-}$，也生成蓝色难溶化合物$KFe[Fe(CN)_6]$，此沉淀又称为滕氏蓝：

$$Fe^{2+}+K^++[Fe(CN)_6]^{3-} = KFe[Fe(CN)_6]\downarrow$$

这是鉴定Fe^{2+}的灵敏反应。

过去曾一度认为滕氏蓝与普鲁士蓝是两种不同的物质，经X射线实验数据证实，它们是同一类物质，具有图8－15所示的结构。注意到该化合物中N原子与高自旋的Fe(Ⅲ)相连，C原子与低自旋的Fe(Ⅱ)相连。K^+及结晶水位于铁原子组成的立方体的中心上。

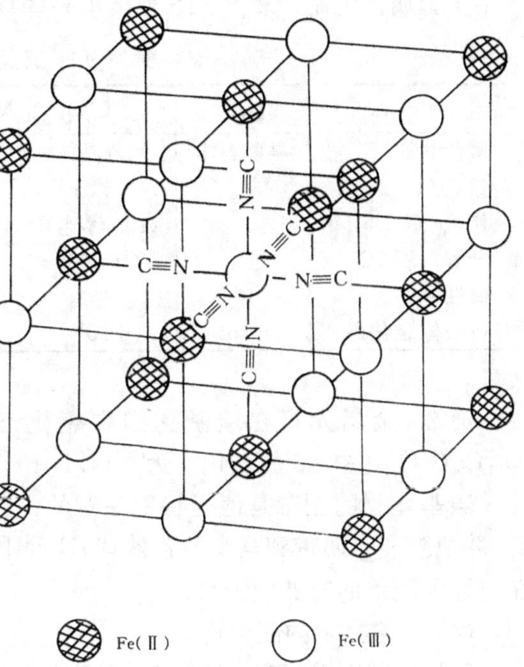

图8－15　$Fe[Fe(CN)_6]$的结构

比较 $Fe^{3+}+e = Fe^{2+}$　$\varphi^\ominus_{(Fe^{3+}/Fe^{2+})}=0.77\ V$，以及电极反应 $[Fe(CN)_6]^{3-}+e = [Fe(CN)_6]^{4-}$ 的 $\varphi^\ominus_{[Fe(CN)_6]^{3-}/[Fe(CN)_6]^{4-}}=0.36\ V$ 的数值，读者可以预测，$[Fe(CN)_6]^{3-}$比$[Fe(CN)_6]^{4-}$稳定性大得多，因此也可以预测到Fe^{3+}会被I^-还原，而I_2却又能氧化$[Fe(CN)_6]^{4-}$的反应：

$$2Fe^{3+}+2I^- = 2Fe^{2+}+I_2$$

$$e(CN)_6]^{4-}+I_2 = 2[Fe(CN)_6]^{3-}+2I^-$$

虽然赤血盐的$K_{稳[Fe(CN)_6]^{3-}}(10^{42})$比黄血盐的$K_{稳[Fe(CN)_6]^{4-}}(10^{35})$大很多，但由于动力学的因素，前者在溶液中的解离的反应远比后者更为迅速，如在中性溶液中$[Fe(CN)_6]^3$ 水解：

$$[Fe(CN)_6]^{3-}+3H_2O = Fe(OH)_3+3CN^-+3HCN$$

相应地，$[Fe(CN)_6]^{4-}$解离速度慢，因此，赤血盐的毒性反而比黄血盐要大。

Co^{2+}与KCN溶液反应，先生成$Co(CN)_2$浅棕色沉淀，继而与过量KCN溶液作用，形成紫色的$K_4[Co(CN)_6]$溶液。应用晶体场理论分析，$[Co(CN)_6]^{4-}$一样应是不稳定的，应具有较强还原性：

$$[Co(CN)_6]^{3-}+e = [Co(CN)_6]^{4-} \qquad \varphi^\ominus_{([Co(CN)_6]^{3-}/[Co(CN)_6]^{4-})}=-0.81V$$

它甚至可以被水中H^+氧化：

$$2[Co(CN)_6]^{4-}+2H_2O \overset{\triangle}{=} 2[Co(CN)_6]^{3-}+2OH^-+H_2\uparrow$$

这表明$[Co(CN)_6]^{3-}(\beta=10^{64})$的稳定性远远大于$[Co(CN)_6]^{4-}(\beta=10^{19})$的稳定性。

Ni^{2+}与KCN溶液作用，先生成灰蓝色$Ni(CN)_2$沉淀，在过量KCN溶液中，再生成杏黄色$K_2[Ni(CN)_4]$溶液。实验表明，$[Ni(CN)_4]^{2-}$是抗磁性物质，因此是正方形结构，Ni以dsp^2杂化成键。

(3)羰基化物

根据CO的分子结构，可以理解为什么CO是一个良好的配位体，具有强的配位作用。第一过渡系的中部元素都能与CO形成多种羰基化物。在常温常压下，它们是易挥发的液体或固体，难溶于水，但易溶于有机溶剂，有剧毒的化合物。由于受热时易分解，因此常用于金属的纯制。表8－15列出了某些羰基化物的性质。

表8－15　某些羰基化物的性质

	$V(CO)_6$	$Cr(CO)_6$	$Mn_2(CO)_{10}$	$Fe(CO)_5$	$Co_2(CO)_8$	$Ni(CO)_4$
颜色状态	黑色晶体	无色晶体	金黄色晶体	黄色液体	橙色晶体	无色液体
熔点/℃		148.5 升华	155	－21	51	－19.3
沸点/℃		210（爆炸）		103		42
分解温度/℃	70	180～200	110	140	52	60（爆炸）
磁性	顺	逆	逆	逆	逆	逆
中心体杂化态	d^2sp^3	d^2sp^3	d^2sp^3	d^2sp^3	d^2sp^3	sp^3

通常，金属元素在羰基化物中氧化态为零，在某些场合下表现为负氧化态，如$Na[Co(CO)_4]$中Co的氧化态为－1，$[H_2Fe(CO)_4]$中Fe的氧化态为－2。

羰基化物的剧毒是值得特别注意的。在吸入羰基化物后，血液中红血球与CO相结合，并把胶态金属带到全身的各器官，这种中毒极难治疗。因此，有关羰基化物的制备必须在与外界隔绝的容器中进行。

(4) 其它重要的配合物

Fe^{3+}的其它重要配合物有$Fe(NCS)_n^{3-n}$、FeF_6^{3-}、及$Fe(PO_4)_2^{3-}$等。$Fe(NCS)_n^{3-n}$是血红色物质，常以此反应鉴别Fe^{3+}的存在。F^-及PO_4^{3-}对Fe^{3+}的络合作用常用于分析化学中对Fe^{3+}的掩蔽。例如：

$$\underset{\text{(血红色)}}{[Fe(NCS)_6]^{3-}} + 6F^- \longrightarrow \underset{\text{(无色)}}{[FeF_6]^{3-}} + 6NCS^-$$

Co^{2+}能与NCS^-形成蓝色的$[Co(NCS)_4]^{2-}$，它在水中极不稳定（NCS^-被H_2O取代），但在有机溶剂中（丙酮）中稳定，因此可用于鉴定Co^{2+}。

Ni^{2+}的异硫氰合物极不稳定。

某些过渡金属还可以和烯烃、炔烃等不饱和烃生成配合物。如Fe(Ⅱ)、Ni(Ⅱ)、Mn(Ⅱ)、Co(Ⅱ)等与环戊二烯基生成化学式为$M(C_5H_5)_2$的化合物，称为环戊二烯基铁（俗称为二茂铁），结构如图8－16。这是一种夹心面包式结构化合物，又称为三明治式化合物(Sandwich complex)。二茂铁为黄色固体，熔点为173℃，不溶于水，易溶于乙醚、苯、乙醇等有机溶剂中，100℃时升华，因此，它是典

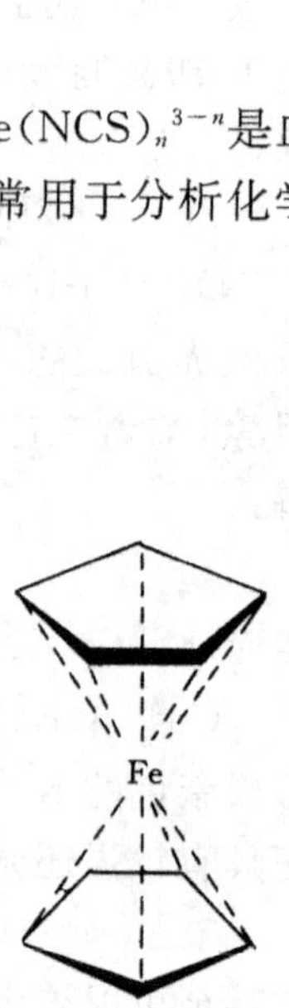

图8－16　二茂铁

型的共价化合物。这一类化合物在有机催化及合成中有广泛的应用。

Ni^{2+}常与多基配位体形成螯合物，例如，Ni^{2+}与丁二酮肟在稀氨水溶液中能形成二丁二酮肟合镍(Ⅱ)，它是一种鲜红色沉淀，在分析化学中是用于检出Ni^{2+}的特征反应：

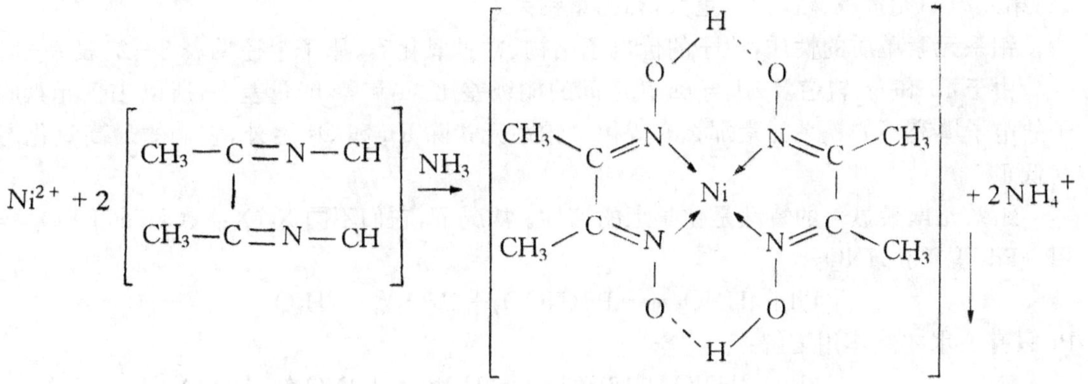

其中，Ni^{2+}以dsp^2杂化态成键，取平面正方形排布。

Fe^{2+}的重要螯合物之一是血红蛋白，它的结构如图8—17所示。中心体为Fe(Ⅱ)，六个配位原子依八面体排布，其中五个配位原子是由螯合剂提供的氮原子，另一个是配位水分子中的氧原子，该水分子可与氧分子发生交换，从而起到输氧的作用。由于CN^-及CO对Fe(Ⅱ)的配位能力比氧更强，因此，人体一旦吸入CN^-或CO后，O_2就不再与它们发生交换，因此会使人体中毒。

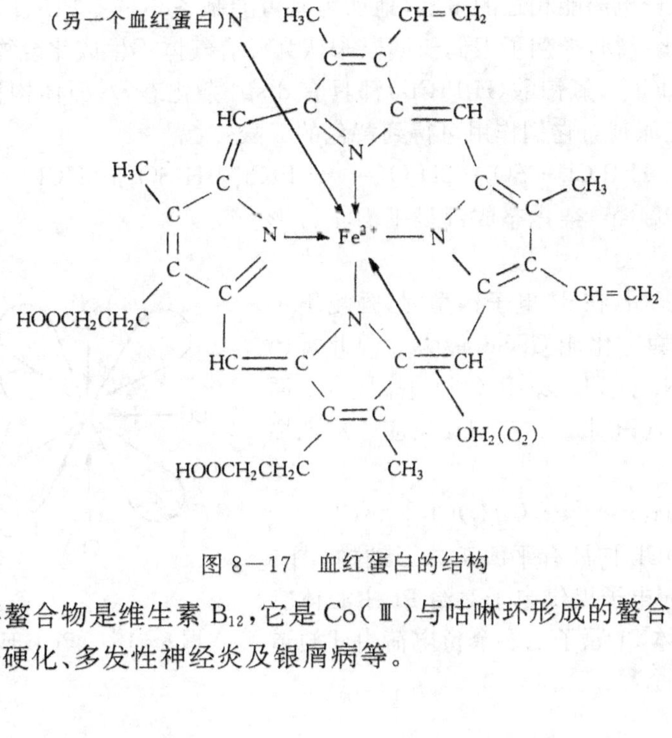

图8—17 血红蛋白的结构

Co^{3+}的重要螯合物是维生素B_{12}，它是Co(Ⅲ)与咕啉环形成的螯合物，用于抗恶性贫血、治疗肝炎、肝硬化、多发性神经炎及银屑病等。

六、铂系元素

铂系元素包括钌(Ruthenium)、铑(Rhodium)、钯(Palladium)、锇(Osmium)、铱(Iridium)、铂(Platinum)六个元素。由于第五周期元素钌、铑、钯比重较轻(约为12),称为轻铂系;第六周期元素锇、铱、铂比重大,称为重铂系。

铂系元素单质的性质,原子的价电子结构、常见氧化态、原子半径见表8－2、表8－3。

由于4d和5s轨道及5d与6s轨道间的能级差比3d和4s能量差小,所以铂系元素原子的电子填充不如铁系元素那么有规律。铂系元素除Ru和Os之外,它们的最高氧化态均低于8。

铂系元素最显著的特性是化学上的惰性。常况下,它们不同X_2(X:F、Cl、Br、I)、O_2作用。Pd可溶于HNO_3:

$$Pd + 4HNO_3 = Pd(NO_3)_2 + 2NO_2\uparrow + 2H_2O$$

Pt只有王水才能作用溶解:

$$3Pt + 4HNO_3 + 18HCl = 3H_2PtCl_6 + 4NO\uparrow + 8H_2O$$

蒸发溶液可以制得红棕色$H_2PtCl_6 \cdot nH_2O$晶体。

在有氧化剂存在下,Pt可溶于HCl中,如在空气(或H_2O_2、$KClO_3$)存在下溶解于盐酸体系中。热的浓H_2SO_4也能慢慢地溶解铂形成$Pt(OH)_2 \cdot (HSO_4)_2$。相应的电极电位数值分别是:$\varphi^{\ominus}_{(PtCl_4^{2-}/Pt)} = 0.73V$,$\varphi^{\ominus}_{(PtCl_5^{2-}/PtCl_4^{2-})} = 0.68\ V$。此外,熔融的碱(NaOH)、$Na_2O_2$和热的S、P、As对铂系金属也有腐蚀作用,因此使用有关器皿时,应防止铂被这些试剂腐蚀。

铂的化合物几乎都是配合物。

PtF_6是最强的氧化剂之一,它对于稀有气体的化学起了决定性的作用。Bartlett在研究了PtF_6可以氧化O_2并生成深红色化合物$[O_2^+][PtF_6^-]$之后,基于稀有气体Xe第一电离能与O_2的第一电离能相近的事实,他认为有可能制备$[Xe^+][PtF_6^-]$。在1962年,他首次合成了这一化合物,推翻了人们长期以来认为稀有气体不生成化合物的观点。

氯钯酸(H_2PdCl_6)、氯铂酸(H_2PtCl_6)都具有d^2sp^3杂化态,八面体构型,具有氧化性,用SO_2、$H_2C_2O_4$还原剂与它们作用可得到黄色的亚酸:

$$H_2PtCl_6 + SO_2 + 2H_2O = H_2PtCl_4 + H_2SO_4 + 2HCl$$

亚酸的中心原子以dsp^2杂化态成键呈平面正方形结构。

晶体场理论表明,在d^8电子构型时,强场下平面正方形获得的稳定化能CFSE最大。因此,$[Pt(NH_3)_4]^{2+}$、$[Pt(NH_3)_2Cl_2]$及$[Pt(Cl)_4]$都具有平面正方形构型。另外,$[PtCl_4]^{2-}$与C_2H_4反应生成乙烯基配合物:

$$[PtCl_4]^{2-} + C_2H_4 = [Pt(C_2H_4)Cl_3]^- + Cl^-$$

配离子$[Pt(C_2H_4)Cl_3]^-$具有平面正方形结构(图8－18),由乙烯基π电子提供电子对给Pt中心体空轨道(dsp^2),中心体Pt原子上多余负电荷由d轨道

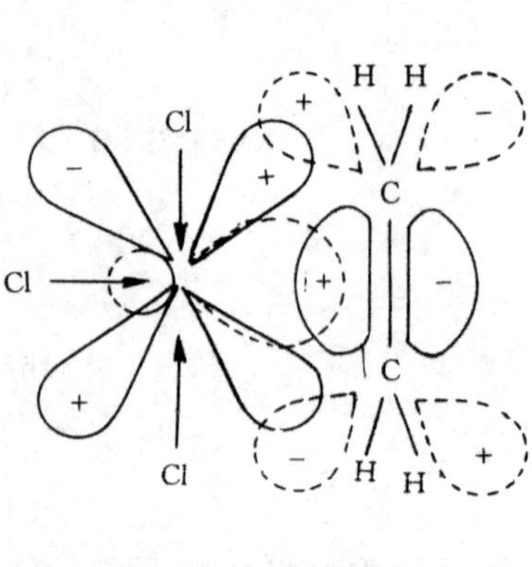

图8－18 $[Pt(C_2H_4)Cl_3]^-$结构

反馈回乙烯基反键轨道上，形成 d—π^* 反馈 π 键。键的性质是乙烯基提供 π 电子形成 σ 配键，反键 π^* 轨道接受中心体 d 轨道反馈的电子，形成 $\sigma-\pi^*$ 配键。

第四节 过渡金属元素的用途与环境无机化学

过渡金属元素在国民经济中占十分重要的地位，以下就其主要用途概述如下。

钪常在冶金工业中用于制造各种合金，以改善合金的机械强度和耐热性能，如钪铝合金可改善铝的强度及耐热性。此外，钪作为半导体器件，用于电子工业中；作为高效固体燃料及发光材料的研究工作正在进行中。

钛具有良好的金属材料性能，因此有广泛用途。目前，钛产量的70%左右用于航天、航空工业上。由于钛的耐蚀性，在石油、化工、印染、造纸、电镀、机械仪表工业中用它制造防腐设备和部件。用钛制的军舰、潜水艇，没有磁性，不会被磁性水雷发现和跟踪。钛在医疗上用于制造人造骨骼，新的肌肉可以包在金属钛上，因此又称钛为"生物金属"。钛的化合物中，TiO_2 又称为钛白粉，是一种性能优越的白色涂料，其遮盖力大于锌白，持久性高于铅白，因此常用作高级涂料。此外，钛白粉还可用作白色橡胶及高级纸张的填料等。$TiCl_4$ 是无色液体，在潮湿空气中易水解，在军事上用作烟雾弹。此外，$TiCl_4$ 还常用作染料工业中的媒染剂、聚乙烯的催化剂。钛的另一种化合物硫酸钛在制革工业中代替铬鞣剂。钛酸钡晶体由于有在受压时会产生电流的特征，用作超声波探测器，可制成鱼群探测仪、水压探测仪、金属探伤仪等。钛的碳化物 TiC（碳化钛）熔点高，达 3 100℃，又有硬度高、强度大的优良物理性能，可用于制各种切削加工的刀具。

钒的主要用途是制造合金。例如，在钢中加入 0.1%～0.2%的钒可以制成钒钢，使钢的弹性、韧性、强度、展性显著增加，因此，钒钢在汽车工业、飞机工业中用于制发动机、轴、弹簧及火车头汽缸等。钒铜合金不怕海水浸蚀，用于造船工业。钒铝合金，由于硬度大，弹性好，耐海水腐蚀，可用于制海上飞机及滑翔机。钒的化合物 V_2O_5 用途较广，它用于硫酸工业的催化剂。另外，钒的氧化物和钒盐由于有美丽的色彩而广泛用于制造有色玻璃及陶瓷工业的彩色颜料。

铬有良好的光泽度和抗腐蚀性，是工业上常用的防腐材料。铬的主要用途在炼钢工业中。铬钢是极硬而富有韧性的钢。镍铬丝是一种常用的电热丝，可用作热电偶。不锈钢通常是铬、镍、钛的钢合金，在常温下，不锈钢对空气、海水、水蒸气、盐水、有机酸等都有良好的耐蚀性能，因此，在化工设备制造与生产中起重要的作用。此外，铬还是胰岛素激素系统中的一种"辅助元素"，微量的元素铬是维持正常胆固醇代谢及糖代谢所必需的。人体如缺少铬，会引起葡萄糖代谢不良，进而造成发育不良和心血管疾病。近年对生产铬酸盐工厂的工人进行连续观察发现，持续接触生产 5～9 年，呼吸系统癌死亡率为 $1.06/10^4$，持续 20～24 年则增至 $4/10^4$。目前已确定了铬(Ⅵ)的致癌性，但对其它氧化态铬的化合物的致癌性证据尚不充分。铬的化合物 $K_2Cr_2O_7$ 及 Na_2CrO_4 常用于制革工业中的鞣革剂。此外，重铬酸钾还应用在印染、颜料、电镀、火柴及医药工业中。

由于六价铬的毒性较大，含 Cr 工业废水对水资源的污染必须引起化学工作者的高度重视。我国规定工业含铬(Ⅵ)废水最高含量不得超过 0.5 mg/dm^3。通常含铬废水的处理方法有化学法、电解法及离子交换法三种：

① 化学法：应用还原性物质例 $FeSO_4$ 在酸性介质下与 Cr(Ⅵ)作用：

$$Cr_2O_7^{2-}+6Fe^{2+}+14H^+ = 2Cr^{3+}+6Fe^{3+}+7H_2O$$

再调整溶液 pH 值至 6～8，使 $Cr(OH)_3$ 沉淀生成，过滤除去。

② 电解法：将含 Cr(Ⅵ)废液放入电解槽中，以铁制阴、阳极进行电解，电极反应如下：

阳极反应： $Fe \rightarrow Fe^{2+}+2e$

阴极反应： $2H_2O+2e = H_2\uparrow+2OH^-$

电解产物 Fe^{2+} 与 $Cr_2O_7{}^{2-}$ 反应，生成的 Cr^{3+} 及 Fe^{3+} 在阴极区形成 $M(OH)_3$ 沉淀，过滤除去。此法处理废水中含 Cr(Ⅵ)量可降到 0.01 mg/dm^3 以下。

③ 离子树脂交换法：以季胺型强碱性阴离子交换树脂柱过柱，发生以下交换：

$$R-NR_3'-OH+CrO_4{}^{2-} \underset{\text{再生}}{\overset{\text{交换}}{\rightleftharpoons}} (RNR_3')_2-CrO_4+2OH^-$$

该法简单方便，可以处理大量的低浓度含 Cr(Ⅵ)废水。

锰的合金用途甚广，例如高锰钢坚硬兼有韧性，大量地应用在轴承工业中；在军事上，高锰钢用于制钢盔、坦克、穿甲弹弹头等。锰钢合金也有良好机械强度，由于这种合金受敲打时，振动能被内部吸收，使音响变小，因此称为哑金属，可用于消除噪音。锰对植物的光合作用起重要的作用，叶绿素中含有丰富的锰。此外，锰可以加强植物中氧化酶吸收氧的能力，促进种子发芽。因此，锰肥对农作物增产有明显效果。硫酸锰、硝酸锰或可溶性锰盐、矿渣都可作锰肥使用。高锰酸钾是常用的化学试剂，有强氧化性，能杀菌、消毒。二氧化锰用于制干电池，并大量地用于炼钢工业。油漆工业中常用 MnO_2 作催干剂。

铁是现代工业的基础，是人类进步与文明不可缺少的金属材料之一。铁钴镍合金是很好的磁性材料，它主要应用在冶金工业中，组成各种性能优良的合金。

在玻璃工业中，常在无色玻璃中加入钴的化合物，制成深蓝色钴玻璃，由于这种玻璃可很好地吸收紫外线，常用作电焊工人及炼钢工人的保护镜。在陶瓷工业中，钴常用作蓝色的颜料。在石油化工中，钴盐常用作催化剂。

铁、钴还是哺乳动物所必须的元素。铁在血液中是交换与输氧所必需的。此外，铁还是植物制造叶绿素不可缺少的催化剂。钴在人体形成红细胞过程中起重要作用，维生素 B_{12} 就是钴的化合物，人体每天最低需要量是 0.043 μg。根据实验，羊的饲料缺钴会引起脱毛症，家畜缺钴会出现恶性贫血、背骨髓炎等病症。

镍广泛用于电镀工业及电池工业中。如铁镍蓄电池，又称碱性蓄电池，以涂有 Ni_2O_3 的镍作正极，以铁作负极，30%KOH 作电解液，电池反应为：

$$Fe+Ni_2O_3+3H_2O \underset{\text{充电}}{\overset{\text{放电}}{\rightleftharpoons}} Fe(OH)_2+2Ni(OH)_2$$

这种电池较铅蓄电池轻便。镉镍碱性蓄电池中，正极为 NiOOH 的镍极，负极为金属 Cd，电解液为 KOH，发生以下反应：

$$Cd+2NiOOH+2H_2O \underset{\text{充电}}{\overset{\text{放电}}{\rightleftharpoons}} 2Ni(OH)_2+Cd(OH)_2$$

此类电池特点是牢固、耐冲击和抗振动，能以脉冲式大电流(2 000～5 000 A)放电，可在低温下使用，电池使用寿命长，故常用于航天航空工业中。

钼的主要用途是制造各种合金。很多有特殊用途的合金工具钢、高速钢、模具钢、结构钢、弹簧钢、耐热钢、磁钢都是钼的合金钢。在宇航工业上钼有极其重要的地位。在农业上，钼是一种较好的微量元素肥料，合理地施用钼肥可使大豆增产6%～36%，花生增产22%左右，这是因为钼对作物的固氮酶形成起了促进作用。目前研究表明，固氮酶是含钼酶的一种。因此，研究钼酶在生物无机化学中的作用有十分重要的意义。

钨的重要用途也是制造各种用途的合金。例如高速切削工具、钻头、锯条、铣刀及一些弹簧钢、轴承钢、不锈钢、耐热钢往往都含有钨。钨钢广泛用于国防工业上，枪炮筒、装甲板、坦克都需要大量的钨钢。在新光源研究中，人们用碘化钨、溴化钨研制新光源。此外，钨酸钠可用于研究防火布，钨酸铅、氧化钨可用作颜料。

第五节　一些离子的分离鉴定

本族一些阳离子与其它金属的阳离子半径相近，电荷相同，具有相似的离子势，因此具有相似的性质。以下举些例子说明它们的分离与检出的化学。

一、Fe(Ⅱ)、Mn(Ⅱ)、Mg(Ⅱ)的分离鉴定

Fe(Ⅱ)、Mn(Ⅱ)、Mg(Ⅱ)的共性是相应碳酸盐、磷酸盐、草酸盐都难溶。它们的异性是：Fe(Ⅱ)、Mn(Ⅱ)在碱性条件下易被空气中氧氧化生成相应氢氧化物沉淀，而$Mg(OH)_2$不会被氧化；在$NH_3 \cdot H_2O-NH_4Cl$缓冲体系中，$Fe(OH)_2$沉淀生成并被氧化，Mn(Ⅱ)视条件不同，有生成$Mn(OH)_2$的可能，但沉淀是不完全的，Mg(Ⅱ)不会生成$Mg(OH)_2$沉淀；在pH合适的范围内，Fe(Ⅱ)、Mn(Ⅱ)会被Na_2S沉淀，而Mg(Ⅱ)则生成$Mg(OH)_2$沉淀；Mn(Ⅱ)、Fe(Ⅱ)较易成络离子，而Mg(Ⅱ)较难成络离子，等等。它们的分离可以用以下方法(见下页)。

二、Fe(Ⅲ)、Cr(Ⅲ)、Al(Ⅲ)的分离鉴定

Fe(Ⅲ)、Cr(Ⅲ)、Al(Ⅲ)有大小相近的离子半径和离子势，故有相似的性质，如在水溶液中强烈地水解，其硫酸盐与碱金属硫酸盐易成矾，相应的氯化物、硝酸盐、硫酸盐都易溶，等等。也有相异性质，如$Al(OH)_3$、$Cr(OH)_3$两性，$Fe(OH)_3$弱两性；Al(Ⅲ)无氧化还原性，Cr(Ⅲ)在碱性条件下还原性较强，Fe(Ⅲ)的还原性极弱；Cr(Ⅲ)在相当浓的NH_3作用下形成络合物*，Fe(Ⅲ)、Al(Ⅲ)则不形成氨配合物，等等。其分离路线如下：

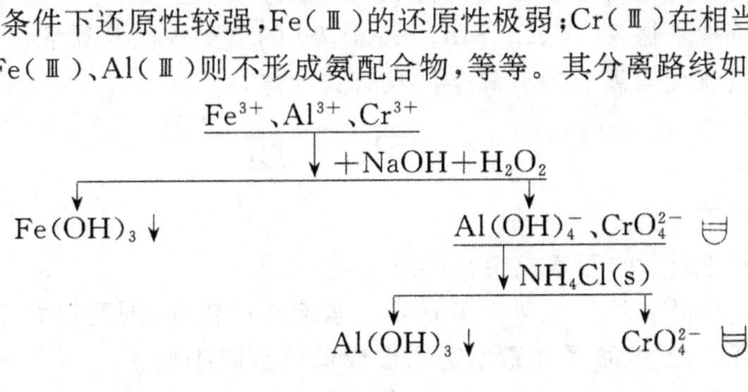

* 向铬盐Cr(Ⅲ)中加入氨水，生成灰绿色$Cr(OH)_3$沉淀。$Cr(OH)_3\downarrow$在加有铵盐的氨水中溶解，溶液是淡紫色，形成$Cr(NH_3)_6{}^{3+}$络离子。

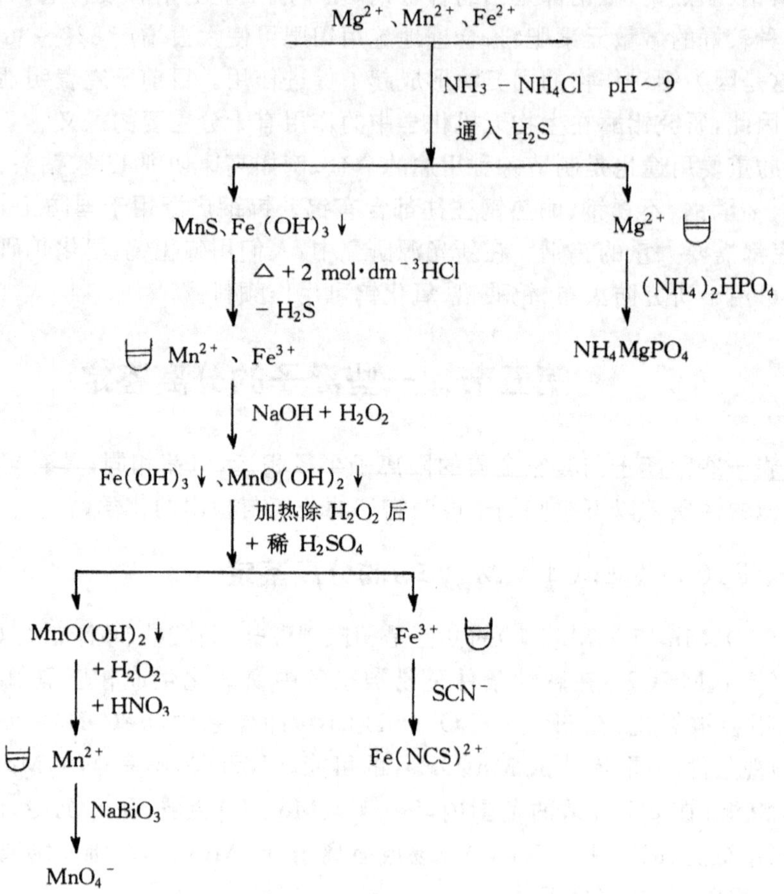

本章教学要求

1. 能利用 $\Delta G^\ominus/F-Z$ 图，较系统地描述第一过渡系不同氧化态的氧化还原性变化规律。
2. 掌握过渡元素的电子层结构特点及通性的关系。
3. 较熟练地掌握 Ti、V、Cr、Mn、Fe、Co、Ni 的重要性质及反应。
4. 掌握过渡金属离子的分离条件及有关计算。

习　题

1. 解释以下事实：

(1) 密度最大的元素集中在第三过渡系。

(2) 周期表中以 VB、ⅥB、ⅦB 族元素熔沸点较高、硬度较大。

(3) 第二、三过渡系元素不容易形成低价金属阳离子。

(4) 在实验室中作碱熔实验时不能用铂坩埚，而常常用镍坩埚；

(5) 在隔绝空气条件下，加热草酸亚铁制备 FeO 时往往产物中有 Fe_2O_3 或 Fe_3O_4。

2. 完成并配平以下反应式：

(1) $KMnO_4+H_2O_2+H_2SO_4 \longrightarrow$

(2) $KMnO_4+FeSO_4+H_2SO_4 \longrightarrow$

(3) $K_2Cr_2O_7+FeSO_4+H_2SO_4 \longrightarrow$

(4) $Co_2O_3+HCl \longrightarrow$

(5) $FeCl_3+Fe \longrightarrow$

(6) $V_2O_5+NaOH \longrightarrow$

(7) $MnO_4^-+Cr^{3+}+H_2O \longrightarrow$

(8) $KMnO_4+MnSO_4+H_2O \longrightarrow$

(9) $MnSO_4+O_2+NaOH \longrightarrow$

(10) $MnO(OH)_2+KI+H_2SO_4 \longrightarrow$

(11) $FeCl_3+SnCl_2 \longrightarrow$

(12) $Co(NH_3)_6^{2+}+O_2+H_2O \longrightarrow$

(13) $TiO^{2+}+H_2O_2 \longrightarrow$

(14) $Cr(OH)_4^-+Cl_2+OH^- \longrightarrow$

(15) $K_2Cr_2O_7+H_2O_2+H_2SO_4 \longrightarrow$

(16) $Fe(OH)_3+KClO_3+KOH \longrightarrow$

(17) $Ni(OH)_2+Br_2+H_2O \longrightarrow$

(18) $FeSO_4+Br_2+H_2SO_4 \longrightarrow$

(19) $Ni+CO \longrightarrow$

(20) $FeCl_3+KI \longrightarrow$

(21) $NH_4VO_3 \xrightarrow{\triangle}$

(22) $V_2O_5+H^+ \longrightarrow$

(23) V_2O_5+HCl(浓)$\longrightarrow$

(24) $VO^{2+}+MnO_4^-+H_2O \longrightarrow$

(25) $VO_2^++SO_3^{2-}+H^+ \longrightarrow$

3. 请根据表 8－2、8－3、8－4 的原子半径数据，绘制第一、二、三过渡系半径—原子序数($r-z$)图，说明原子半径的变化规律。

4. 第一过渡系元素最高氧化态呈现先升后降的规律，例如 Sc(＋3)、Ti(＋4)、V(＋5)、Cr(＋6)、Mn(＋7)、Fe(＋6)、Co(＋4、＋5)、Ni(＋4)，请你从结构的观点给予解释。

5. 请利用 Ti 的 $\Delta G^{\ominus}/F-Z$ 图判断 H_2S、SO_2、$SnCl_2$、Al 和 Zn 能否把 TiO^{2+} 还原为 Ti^{3+} 离子。

6. 根据以下连续性实验事实说明发生什么反应，写出反应式：

(1) 打开装有 $TiCl_4$ 的瓶塞，立即冒白烟。

(2) 向 $TiCl_4$ 溶液中加入浓 HCl 及 Zn，溶液呈紫色。

(3) 缓慢地加入 NaOH 使溶液呈碱性，则析出紫色沉淀。

(4) 沉淀经过滤分离后，用硝酸溶解，再用稀碱溶液处理，有白色沉淀生成。

(5) 将白色沉淀过滤并灼烧后，再与等物质的量的 MgO 共熔。

7. 测定 TiO_2 中的钛时，先将 TiO_2 溶于热的 $H_2SO_4-(NH_4)_2SO_4$ 混合物中，冷却，稀释，用金属 Zn 或 Al 还原。再加入过量 Fe^{3+}，并以标准的 VO_4^{3-} 溶液滴定，便可计得钛的含量。写出以上反应所涉及的方程式，并用 $\Delta G^{\ominus}/F-Z$ 图讲明反应进行的根据。

8. 根据 $\Delta G^{\ominus}/F-Z$ 图计算 $\varphi^{\ominus}_{(Ti^{3+}/Ti)}$ 的数值，请比较金属 Ti 的活泼性与金属锌的活泼性；说明 Ti、Zn 与 HCl、HF、H_2SO_4 及 NaOH 的作用有什么异同，写出反应式。

9. 解释以下事实：

(1) TiO^{2+}(aq)为无色离子，而 TiI_4 为暗棕色晶体。

(2) 向 V^{2+}(aq)溶液逐滴加入 $KMnO_4$ 溶液看到溶液的颜色变化。

(3) 用浓 $NH_3 \cdot H_2O$ 滴加至含 NH_4Cl 的 $CrCl_3$ 溶液中，观察到溶液颜色从紫红→浅红→橙红→橙黄→黄色的变化。

(4) Mn^{2+}半径为 80 pm，Mg^{2+}半径为 66 pm，但 $MnCO_3$ 分解温度比 $MgCO_3$ 分解温度更低。

(5) Mn^{2+}(aq)有五个未成对电子，但 Mn^{2+}的颜色是粉红色。

(6) 加热 $Cr(OH)_4^-$溶液能析出 $Cr(OH)_3$ 沉淀，而加热 $Cr_2(SO_4)_3$ 溶液也可以析出 $Cr(OH)_3$ 沉淀，写出有关反应式。

(7) 实验室常用 $KMnO_4$、$K_2Cr_2O_7$ 作试剂，而极少用 $NaMnO_4$ 和 $Na_2Cr_2O_7$ 作试剂。

(8) 标准态下，Fe^{3+}能氧化 I^-，但 $Fe(CN)_6^{3-}$却不能氧化 I^-。

(9) TiO_2 是白色的，而 $TiCl_3$ 却不是白色的。

10. 回答以下问题：

(1) 怎样鉴别 TiO^{2+}离子和 Ti^{3+}离子？

(2) $[Ti(H_2O)_6]^{2+}$、$[Ti(H_2O)_6]^{3+}$、$[Ti(H_2O)_6]^{4+}$等离子中，哪些离子不能存在？为什么？

(3) 酸性钒酸盐溶液中通入 SO_2 时生成一深蓝色溶液。相同量的钒酸盐溶液用锌汞齐还原时，则得到紫色溶液。将此两溶液混合，即得绿色溶液。在此过程中进行了哪些反应？写出有关反应式。

11. 在分析化学中，常用 $K_2Cr_2O_7$ 来测定铁。设某实验员称取 9.806 g 分析纯的 $K_2Cr_2O_7$ 溶于水并稀释成 1 dm^3，用于分析某硫酸亚铁铵的纯度。他称取了 1.700 0 g 硫酸亚铁铵，用去 $K_2Cr_2O_7$ 20.00 cm^3，问该试样的$(NH_4)_2Fe(SO_4)_2 \cdot 6H_2O$ 的纯度。

12. 如何分离 Fe^{3+}、Al^{3+}、Cr^{3+}并分别鉴别它们？

13. 请根据图 8—12 说明工业上以铬铁矿生产 $Na_2Cr_2O_7 \cdot 2H_2O$ 的原理。

14. 讨论 Ag_2CrO_4、$BaCrO_4$、$PbCrO_4$ 及 $SrCrO_4$ 在强酸中的溶解情况，计算说明。它们在 HAc 中溶解吗？（已知 $Cr_2O_7^{2-}+H_2O \longrightarrow 2CrO_4^{2-}+2H^+$，$K=2.4\times10^{-15}$）

15. 为了测定水中的溶氧量，分析工作者设计了以下分析方法：在隔绝空气的条件下向一定量的水样中加入一定量的 $MnCl_2$ 及过量的 NaOH 溶液。之后以过量 H_2SO_4 酸化样品后加入过量的 KI 溶液，再用标准 $Na_2S_2O_3$ 溶液滴定生成的碘。请说明该分析过程的原理，写出有关反应式并写出计算水中含氧量的计算公式。（注：碱性条件下，水中溶解氧将 Mn(Ⅱ)氧化为 $MnO(OH)_2$）

16. 请计算 $\varphi^{\ominus}_{[Co(OH)_3/Co(OH)_2]}$的数值。

17. 已知 $\varphi^{\ominus}_{[Fe^{3+}/Fe^{2+}]}=0.77$ V，$\varphi^{\ominus}_{[Fe(CN)_6]^{3-}/[Fe(CN)_6]^{4-}}=0.36$ V，$K_{稳[Fe(CN)_6]^{3-}}=10^{42}$，试求

$K_{稳[Fe(CN)_6]^{4-}}$的数值。从数值上看，$[Fe(CN)_6]^{3-}$及$[Fe(CN)_6]^{4-}$的毒性哪一个更大些，为什么？实际上又如何？为什么？

18. 根据$\Delta G^{\ominus}/F-Z$图讨论MnO_4^{2-}在酸性、碱性介质中的稳定性，并请通过计算，说明在中性介质中是否稳定？

19. 有一混合溶液，内含三种阴离子，往溶液中滴加$AgNO_3$溶液时有沉淀生成，继续滴加$AgNO_3$至不再有沉淀生成后，再过量少许，滤去沉淀，沉淀呈红色，滤液呈紫色，当用稀HNO_3处理沉淀时，红色沉淀溶解得橙色溶液，但仍有白色沉淀。将以上紫色滤液用硫酸酸化后，加入大量Na_2SO_3，紫色消失并有白色沉淀析出，根据以上实验，指出混合液中存在哪些阴离子，说明理由，并写出有关反应式。

20. 称取10.00 g的含铬和锰的钢样，经过适当处理后，铬和锰被氧化为CrO_4^{2-}及MnO_4^-溶液，共有25.00 cm^3，取其10.00 cm^3并加入$BaCl_2$溶液并调节酸度，使铬全部沉淀下来，称量生成$BaCrO_4$共0.054 9 g，另取一份10.00 cm^3以0.075 mol/dm^3 Fe^{2+}溶液滴定，用去15.95 cm^3，请根据以上实验计算Cr及Mn的含量。

21. 选择适当方法使$FeCl_3$溶液转变成$FeCl_2$溶液，将$FeCl_2$溶液转变为$FeCl_3$溶液而不引入杂质离子。

22. 金属M溶于稀HCl生成MCl_2，其磁矩为5.0 B.M.。在无氧化条件下操作，MCl_2遇NaOH溶液生成白色沉淀A。A接触空气就逐渐变绿，最后变成棕色沉淀B。灼烧B得红棕色粉末C，C经不彻底还原，得黑色磁性物质D。B溶于稀盐酸生成溶液E，E可使KI溶液氧化生成I_2，但如果在KI加入之前加入NaF则不会有I_2生成。若向B的浓NaOH悬浮液中通入氯气，可得紫红色溶液F，加入$BaCl_2$可析出红棕色固体G，G是一种很强的氧化剂。问A－G是何物？写出有关的化学反应方程式。

23. 某混合离子溶液，内含SO_4^{2-}及CrO_4^-，它们的浓度均为0.1 $mol \cdot dm^{-3}$，试分离之。

24. 试根据$\Delta G^{\ominus}/F-Z$图说明为什么试剂厂用电解锰为原料制备Mn(Ⅱ)的过程中必须保持锰过量？在制备Cr(Ⅲ)盐时，Cr若过量又会发生什么反应？

25. 请用VB法及晶体场理论解释为什么$[Co(CN)_6]^{4-}$很易被氧化。

26. 请用VB法分别讨论$Ni(CO)_4$及$Ni(CN)_4^{2-}$的成键过程，预测它们的磁性。

27. 请用晶体场理论讨论说明为什么在d^5、d^6、d^7、d^8过渡金属的氨配合物及氰配合物中，d^5-d^7离子一般形成正八面体配合物，d^8离子一般只形成正方形配合物。

28. 根据电极电位数值，钛可以从Sn^{2+}、Pb^{2+}、Ca^{2+}、Ag^+、Hg^{2+}溶液中置换出相应金属吗？事实上又如何？为什么？

29. 设计分离检出① Fe^{3+}、Cr^{3+}、Al^{3+}、Co^{2+}、Ni^{2+}、Mn^{2+}，② Sn^{2+}、Zn^{2+}、Fe^{2+}。

30. Co^{3+}可以氧化Cl^-，但$[Co(NH_3)_6]^{3+}$却不能，由此可以推断$[Co(NH_3)_6]^{3+}$和$[Co(NH_3)_6]^{2+}$的稳定性$K_{稳}$大小吗？为什么？

31. 化学式$PtCl_2(NH_3)_2$的配合物有两种形态，一种是硫黄色，另一种是绿黄色固体，前者有抗癌活性，后者没有，请讨论它们的几何构型，中心体以何种杂化轨道成键？它们的基本性质如在水中的溶解度、偶极矩有什么不同？

32. 有一未知溶液，可能含有下列离子Al^{3+}、Fe^{3+}、Cr^{3+}、Mn^{2+}、Co^{2+}、Ni^{2+}。

① 取部分原始溶液，加入过量氨水和 NH_4Cl 时，有白色胶状沉淀生成。

② 另取部分原始溶液，加入 $(NH_4)_2S$ 溶液，生成一灰黑色沉淀，此沉淀在稀 HCl 中部分溶解，但在王水中全部溶解。将此溶液加入过量 NaOH 中生成绿色沉淀，溶液无色。试问溶液中可能有哪些离子存在？哪些离子不可能存在？

33. 若 Co^{3+} 离子的电子成对能 P 为 21 000 cm^{-1}，F^- 离子的配位场分裂能 Δ_o＝13 000 cm^{-1}，NH_3 的 Δ_o＝23 000 cm^{-1}请推测$[CoF_6]^{3-}$、$[Co(NH_3)_6]^{3+}$的磁性。

34. VF_5 是一种非常粘稠的液体，为什么？请从结构上给予解释。

35. 请画出 $Cr_2(CH_3COO)_4(H_2O)_2$ 的结构，并讨论 Cr－Cr 键的性质。

第九章　镧系、锕系元素

镧系元素(The lanthanoid)是指周期表中原子序数从57号到71号的15个元素；锕系元素(The actinoid)则指周期表中原子序数从89号至103号的元素。它们属于f区元素，它们的价电子充填在外数第三层即$(n-2)$f轨道上。因此，镧系元素及锕系元素在周期表中只分占有一小格的地方，被称为内过渡元素。镧系元素在自然界中丰度较小。由于镧系元素电子层结构的影响，其原子半径与Y相近，性质上常与Sc、Y相似，具有土性，且其氧化物常常伴生在一起。因此，镧系15个元素常常与Sc、Y一起并称为稀土元素(Rare earth elements)，简写为RE。

第一节　镧系元素的通性

一、价电子层结构

镧系元素电子层结构通式为$4f^{0-14}5d^{0-1}6s^2$，按Pauling电子能级图，电子应在填充$6s^2$能级后，逐个地填入4f轨道，再填入5d轨道。但是由于4f及5d轨道能量非常接近，洪特规则强调等价轨道全充满、半充满或全空状态相对地是比较稳定的，因此在镧系元素中，La的电子结构是$4f^05d^16s^2$，而不是$4f^15d^06s^2$；Gd的电子结构是$4f^75d^16s^2$，而不是$4f^86s^2$。镧系元素的电子层结构及有关性质见表9－1。

表9－1　镧系元素的某些性质

元素	电子构型	电离能 $I_1+I_2+I_3$ /kJ·mol^{-1}	γ_{ln}/pm	$\gamma_{ln^{3+}}$/pm	密度 /g·cm^{-3}	电极电位 $\varphi^\ominus_{(Ln^{3+}/Ln)}$/V		离子颜色 M^{3+}
						$\varphi^\ominus_A$	$\varphi^\ominus_B$	
La 镧	$5d^16s^2$	3 455.4	187.9	106.1	6.146	－2.37	－2.90	无色
Ce 铈	$4f^2\ 6s^2$	3 527	182.5	103.4	6.770	－2.34	－2.87	无色
Pr 镨	$4f^3\ 6s^2$	3 627	182.8	101.3	6.773	－2.35	－2.85	绿色
Nd 钕	$4f^4\ 6s^2$	3 694	182.1	99.5	7.008	－2.32	－2.84	红色
Pm 钷	$4f^5\ 6s^2$	3 738	(181.1)	(97.9)	7.264	－2.29	－2.84	紫色
Sm 钐	$4f^6\ 6s^2$	3 841	180.4	96.4	7.520	－2.30	－2.83	浅黄
Eu 铕	$4f^7\ 6s^2$	4 032	204.2	95.0	5.244	－1.99	－2.83	浅紫
Gd 钆	$4f^75d^16S^2$	3 752	180.1	93.8	7.901	－2.29	－2.82	无色
Tb 铽	$4f^9\ 6s^2$	3 786	178.3	92.3	8.230	－2.30	－2.79	无色
Dy 镝	$4f^{10}\ 6s^2$	3 898	177.4	90.8	8.551	－2.29	－2.78	无色
Ho 钬	$4f^{11}\ 6s^2$	3 920	176.6	89.4	8.795	－2.33	－2.77	浅绿
Er 铒	$4f^{12}\ 6s^2$	3 930	175.7	88.1	9.066	－2.31	－2.75	红色

续表 9-1

元素	电子构型	电离能 $I_1+I_2+I_3$ /kJ·mol^{-1}	γ_{ln}/pm	$\gamma_{ln^{3+}}$/pm	密度 /g·cm^{-3}	电极电位 $\varphi^{\ominus}_{(Ln^{3+}/Ln)}$/V		离子颜色 M^{3+}
						$\varphi^{\ominus}_A$	$\varphi^{\ominus}_B$	
Tm 铥	$4f^{13}\ 6s^2$	4 043.7	174.6	86.9	9.321	−2.31	−2.74	黄褐
Yb 镱	$4f^{14}\ 6s^2$	4 193.4	193.9	85.8	6.966	−2.22	−2.73	浅黄绿
Lu 镥	$4f^{14}5d^1 6s^2$	3 885.5	173.5	84.8	9.841	−2.30	−2.72	浅紫

显然，由于镧系元素原子最外两层电子结构相似，而只是 4f 层相异，内层 4f 电子对外层 $6s^2$ 电子的完全屏蔽，以致 4f 电子很少影响它们的化学性质。因此，镧系元素在性质上非常类似。

二、原子半径和离子半径的变化

由于镧系元素原子中，电子是依次填充在外数第三层上，原子的有效核电荷增量 ΔZ^* 应是一个相当小的数值，因为 4f 轨道对外层电子屏蔽的不完全性，使相邻镧系元素的原子半径非常接近，平均每增加一个核电荷，原子半径平均仅收缩 1 pm，比过渡金属元素（约 5 pm）及主族元素（约 10 pm）小得多。但是从 La 至 Lu 共 15 个元素，在元素周期表中只占了一格位置，原子半径却变化了约 15pm，这使镧系后元素半径与对应的第五周期过渡元素原子半径相近，这就是所谓"镧系收缩"引起半径降低的效应。镧系元素原子半径除了 Eu($4f^7$) 及 Yb($4f^{14}$) 稍有增大外，其余原子半径都呈减少趋势。至于镧系元素的 +3 离子半径，从 La^{3+} 至 Lu^{3+} 是均衡地变小（从 106.1 pm 到 84.8 pm）。

从表 9-1 可以看到，金属铕及镱的密度较小，这显然与铕、镱的原子结构有关。半充满及全充满的原子构型除了使屏蔽作用增大、原子半径相应增大外，还使参与金属键形成的电子数较少，金属键较弱，密度会小些。而其它元素的金属晶体中，形成金属键的电子数较多，金属键较强，密度会大些。根据镧系元素的密度大小及它们在自然界存在的特性，可把它们分为轻稀土元素（从 La 至 Eu）及重稀土元素（Gd 至 Lu 及 Y）。

三、氧化态的变化规律与镧系元素的 $\Delta G^{\ominus}/F-Z$ 图

镧系元素的氧化态，首先反映出ⅢB 族的特点，即一般表现为稳定的 +3 氧化态。然而，由于有在 4f 轨道上保持或接近于全空(f^0)、半充满(f^7)或全充满(f^{14})稳定结构的倾向，致使一些元素表现多种氧化态。在图 9-1 表示了镧系元素不同的氧化态，可以预测，Pr^{4+}、Dy^{4+} 不会比 Ce^{4+} 稳定，Sm^{2+}、Tm^{2+} 也不会比 Eu^{2+}、Yb^{2+} 稳定。

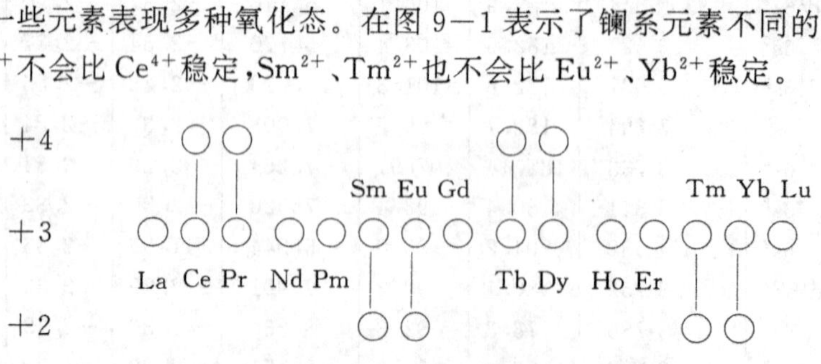

图 9-1 镧系元素特征氧化态

所有的 Lu^{3+} 离子及 Eu^{2+}、Yb^{2+}、Ce^{4+} 离子可以存在于溶液中，其它氧化态如 SmO、

TmI_2、PrO_2、Cs_3DyF_7 等，只能存在于固体中。

镧系元素的不同氧化态及其存在形式与 4f 电子层的关系见表 9－2。由表可见，可变价镧系元素的存在形式及氧化还原性是与 4f 电子构型密切相关的。

表 9－2　镧系元素不同氧化态及其存在形式

元素	＋Ⅱ	＋Ⅲ	＋Ⅳ
La		$4f^0(La^{3+})$	
Ce	$4f^2(CeCl_2)$	$4f^1(Ce^{3+})$	$4f^0(CeO_2、CeF_4、Ce^{4+})$
Pr		$4f^2(Pr^{3+})$	$4f^1(PrO_2、PrF_4、K_2PrF_6)$
Nd	$4f^4(NdI_2)$	$4f^3(Nd^{3+})$	$4f^2(Cs_3NdF_7)$
Pm		$4f^4(Pm^{3+})$	
Sm	$4f^6(SmX_2、SmO)$	$4f^5(Sm^{3+})$	
Eu	$4f^7(Eu^{2+})$	$4f^6(Eu^{3+})$	
Gd		$4f^7(Gd^{3+})$	
Tb		$4f^8(Tb^{3+})$	$4f^7(TbO_2、TbF_4、Cs_3TbF_7)$
Dy		$4f^9(Dy^{3+})$	$4f^8(Cs_3DyF_7)$
Ho		$4f^{10}(Ho^{3+})$	
Er		$4f^{11}(Er^{3+})$	
Tm	$4f^{13}(TmI_2)$	$4f^{12}(Tm^{3+})$	
Yb	$4f^{14}(YbX_2、Yb^{2+})$	$4f^{13}(Yb^{3+})$	
Lu		$4f^{14}(Lu^{3+})$	

有关镧系元素中可变价态的元素的 $\Delta G^{\ominus}/F-Z$ 图见图 9－2，由该图我们可以得到以下结论：

(1) 镧系元素的强电正性，它是一种较强的还原剂，其还原能力仅次于 IA、ⅡA 族金属。表 9－1 中 $\varphi^{\ominus}_{A(M^{3+}/M)}$ 数据充分说明这一性质。

(2) Ln^{3+} 离子在热力学上处于热力学稳定态，可以在溶液中稳定存在。也就是说，＋3 氧化态是镧系元素特征的、最稳定的状态。

(3) Dy(Ⅳ)、Tb(Ⅳ)、Pr(Ⅳ)、Ce(Ⅳ)、Nd(Ⅳ)都具有氧化性。由图 9－2 可见，Ce^{4+} 的氧化性比 Pr^{4+}、Tb^{4+}、Dy^{4+} 氧化性弱，因此，Ce^{4+} 有可能在溶液中稳定存在，例如，在 H_2SO_4 溶液中，用 $(NH_4)_2S_2O_8$ 氧化 Ce^{3+} 溶液(Ag^+ 催化)可制得 Ce^{4+} 溶液。但它们都是相当强的氧化剂，Pr(Ⅳ)、Tb(Ⅳ)、Dy(Ⅳ)由于氧化性强，不存在于溶液状态，只能以盐或其它形式存在，如 PrO_2、Cs_3DyF_7 等。

(4) 相应地，对于 Ln(Ⅱ)，如 Tm^{2+}、Sm^{2+}、Yb^{2+}，由于还原性太强，不可能在溶液中存在。Eu^{2+} 还原性虽然较弱，但也易被空气中氧所氧化，生成更稳定的 Eu^{3+} 状态。这也说明了 Ln(Ⅱ)状态只能存在于固态中，如 SmO、TmI_2 等。

(5) 可以预测，$\varphi^{\ominus}_{B(Ln(OH)_3/Ln)}$ 在数值上将比 $\varphi^{\ominus}_{A(Ln^{3+}/Ln)}$ 更负。

四、离子的颜色

与过渡金属元素的离子颜色是由于 d 轨道电子未充满而产生 d－d 跃迁一样，镧系元素金属离子也会由于f轨道未充满电子而产生相应的f－f跃迁，因而其金属离子也有特

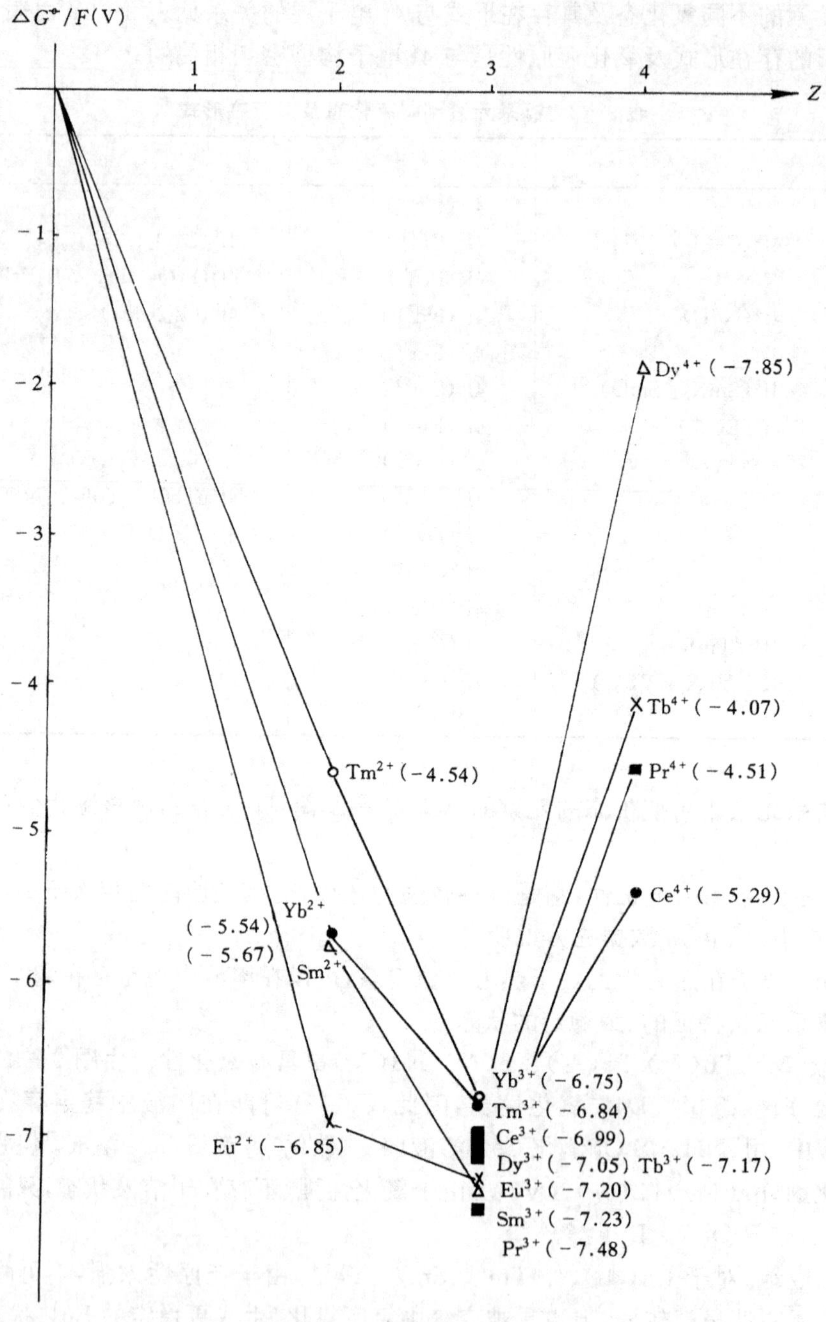

图 9—2 La 系元素可变价态元素的 $\Delta G^{\ominus}/F-Z$ 图(pH=0)*

征的颜色。但是在过渡金属中,d 轨道的分裂主要取决于配位场的作用。而 Ln 系元素中,

* 图 9—2 中的电位数值摘自 Latimer,W. H,Oxidation Reduction Potenials (3rd ed.)(1973)及 Nugent,L. T.,J. Phys. Chem.,77,1528(1973)及 J. A. 迪安,《兰氏化学手册》,科学出版社(1991)。

由于 f 轨道处于更内层，配位场对其影响甚小，主要取决于其自旋—轨道的偶合作用（见结构化学）。

Ln^{3+} 水合离子颜色是有规律地变化的从 La^{3+} 至 Gd^{3+} 及从 Gd^{3+} 至 Lu^{3+} 分为两组，一一对应，关系见表 9－3。

表 9－3　水溶液中 Ln^{3+} 的颜色

Ln^{3+}	$4f^n$	颜色	颜色	$4f^n$	Ln^{3+}
La^{3+}	$n=0$	无色	无色	$n=14$	Lu^{3+}
Ce^{3+}	$n=1$	无色	无色	$n=13$	Yb^{3+}
Pr^{3+}	$n=2$	绿色	浅绿	$n=12$	Tm^{3+}
Nd^{3+}	$n=3$	红色	红色	$n=11$	Er^{3+}
Pm^{3+}	$n=4$	紫色	黄褐	$n=10$	Ho^{3+}
Sm^{3+}	$n=5$	浅黄	浅黄绿	$n=9$	Dy^{3+}
Eu^{3+}	$n=6$	浅紫	浅紫	$n=8$	Tb^{3+}
Gd^{3+}	$n=7$	无色	无色	$n=7$	Gd^{3+}

由表可见，当三价离子具有 f^n 和 f^{14-n} 个电子时，它们的颜色是相接近的。此外，$Ce^{4+}(4f^0)$、$Eu^{2+}(4f^7)$、$Yb^{2+}(4f^{14})$ 也具有特征的颜色，它们分别是橙黄色、草黄色及绿色。

Ln^{n+} 离子的颜色通常是由 f－f 电子跃迁产生的，由于 $Ce^{3+}(4f^1)$、$En^{3+}(4f^6)$、$Gd^{3+}(4f^7)$、$Tb^{3+}(4f^8)$ 的吸收光波波长在紫外区，它们是无色的。而 $Yb^{3+}(4f^{13})$ 的吸收光波波长在近红外区，因此也是无色的。其它离子的 f－f 跃迁吸收光谱落在可见光区，因此是有色的。$Ce^{4+}(4f^0)$ 的橙红色显然不是 f－f 跃迁，而只能归结于 Ce^{4+} 的氧化性引致的荷移跃迁的结果。

五、镧系元素离子和化合物的磁性

根据镧系元素离子的电子结构，可以很好地理解 $La^{3+}(4f^0)$、$Ce^{4+}(4f^0)$ 及 $Yb^{2+}(4f^{14})$、$Lu^{3+}(4f^{14})$ 是反磁性的，而其它 f^{1-13} 构型的原子或离子都是顺磁性的。

镧系元素离子及其化合物的磁性与过渡金属离子的磁性不同。对于第一过渡系金属离子，由于 d 轨道受配位体影响较大，磁矩主要由电子运动产生，而轨道运动对磁矩影响可以忽略，因此磁矩可由 $\mu=\sqrt{n(n+2)}\mu_0$ 公式计算。对于镧系元素，配体对 4f 电子影响较小，磁矩除了取决于成单电子数目外，还受轨道运动磁矩的影响，因此磁矩不能由 $\mu=\sqrt{n(n+2)}\mu_0$ 公式计算出来。图 9－3 说明了这一点。

六、镧系金属的性质

镧系金属是具有延展性和顺磁性的金属。新切开的金属表面具有银白色的光泽，但会迅速被空气中的氧氧化而变暗。它们能缓慢地与水作用产生氢气，并容易与稀酸作用。

稀土元素的氧化物生成热很负，说明它们与氧的强大结合力。例如 La_2O_3 的 $\Delta_f H_m^{\ominus}=-1\ 794$ kJ/mol，Al_2O_3 的 $\Delta_f H_m^{\ominus}=-1\ 675$ kJ/mol。

在加热下，镧系金属可与非金属化合：

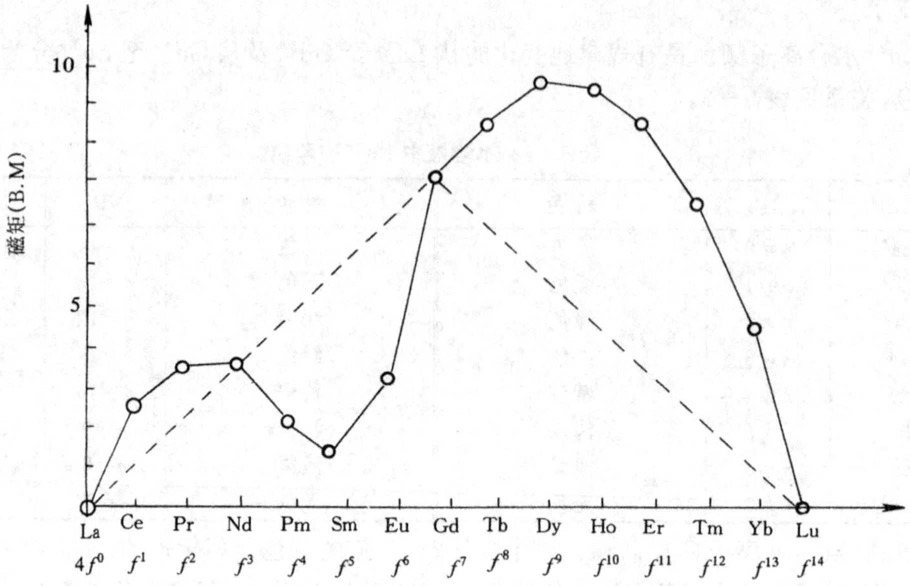

图 9－3 Ln^{3+}的磁矩计算值

（虚线：只考虑自旋运动的计算值；实线：考虑自旋运动及轨道运动的计算值）

$$Ln + \begin{cases} X_2 \longrightarrow LnX_3 \\ N_2 \xrightarrow{\triangle} LnN \\ C \xrightarrow{\triangle} LnC_2 \\ S \xrightarrow{\triangle} Ln_2S_3 \\ H_2 \xrightarrow{\triangle} LnH_x \end{cases}$$

第二节 镧系元素的化合物

一、镧系元素的氢氧化物和氧化物

镧系元素氧化物(Ln_2O_3)的晶型、颜色、熔点以及标准生成热数据汇列于表 9－4 中。

表 9－4 Ln_2O_3 的某些性质

Ln_2O_3	晶 型	颜 色	熔点 /K	$\Delta_f H^{\ominus}_{298}$ /kJ.• mol^{-1}
La_2O_3	六 方	白	2 573	－1 793.7
Ce_2O_3	六 方	白		－1 802.9
Pr_2O_3	六 方	黄绿	2 569	－1 823.4
Nd_2O_3	六 方	淡蓝	2 583	－1 809.0

续表 9—4

Ln_2O_3	晶 型	颜 色	熔点 /K	$\Delta_f H^{\ominus}_{298}$ /kJ · mol^{-1}
Sm_2O_3	单 斜	淡黄	2 593	−1 815.4
Eu_2O_3	单斜、立方	淡玫瑰	2 603	−1 641.4
Gd_2O_3	单斜、立方	白	2 668	−1 815.6
Tb_2O_3	单斜、立方	白	2 663	−1 864.4
Dy_2O_3	单斜、立方	白	2 664	−1 869.4
Ho_2O_3	单斜、立方	棕	2 669	−1 880.7
Er_2O_3	单斜、立方	淡玫瑰	2 673	−1 897.8
Tm_2O_3	单斜、立方	淡绿		−1 888.7
Yb_2O_3	单斜、立方	白	2 684	−1 814.5
Lu_2O_3	单斜、立方	白		−1 878.2

将铜系元素的氢氧化物、草酸盐、碳酸盐、硝酸盐、硫酸盐在空气中灼烧，或将镧系金属直接氧化，一般都可以制得氧化物 Ln_2O_3。但 Ce、Pr、Tb 除外，Ce 氧化生成白色的 CeO_2，Pr 氧化生成棕黑色的 Pr_6O_{11}，Tb 氧化生成暗棕色的 Tb_4O_7。通常，草酸盐灼烧分解是制取 Ln_2O_3 的实验室方法之一，但在灼烧温度低于 1 073 K 下，将得到含碳酸根的氧化物。

Ln_2O_3 难溶于水及碱性介质中，易溶于强酸中，说明 Ln_2O_3 的碱性及土性。Ln_2O_3 在水中发生水合作用而形成水合氧化物，还可从空气中吸收 CO_2 而形成碱式碳酸盐。

在镧系元素的盐溶液中加入氨水，即可制得氢氧化物沉淀，它们都是碱性的，只溶于酸。其碱性接近于碱土金属氢氧化物，但溶解度却比碱土金属氢氧化物小得多。它们的溶度积列于表 9—5 中。

表 9—5 $Ln(OH)_3$ 的 K_{sp} 及开始沉淀的 pH 值

$Ln(OH)_3$	开始沉淀的 pH 值*	K_{sp}	$Ln(OH)_3$	开始沉淀的 pH 值	K_{sp}
$La(OH)_3$	6.77	1.0×10^{-19}	$Tb(OH)_3$	5.23	2.0×10^{-22}
$Ce(OH)_3$		1.5×10^{-20}	$Dy(OH)_3$	5.37	1.4×10^{-22}
$Pr(OH)_3$	6.64	2.7×10^{-22}	$Ho(OH)_3$	5.15	5×10^{-23}
$Nd(OH)_3$	6.03	1.9×10^{-21}	$Er(OH)_3$	5.14	1.3×10^{-23}
$Sm(OH)_3$	5.37	6.8×10^{-22}	$Tm(OH)_3$		3.3×10^{-24}
$Eu(OH)_3$	5.15	3.4×10^{-22}	$Yb(OH)_3$	5.15	2.9×10^{-24}
$Gd(OH)_3$	5.04	1.0×10^{-22}	$Lu(OH)_3$	5.10	2.5×10^{-24}

* 资料来源：《稀土物理化学常数》，冶金工业出版社(1978)，P82

从表 9—6 可见，从 La^{3+} 到 Lu^{3+}，离子半径依次减少，离子势依次增大，因为它们的氢氧化物碱性逐渐减弱，沉淀 $Ln(OH)_3$ 的 pH 值依次减少。$Ln(OH)_3$ 受热脱水分解，其分解温度也随离子势增大而减少：

$$Ln(OH)_3 \xrightarrow[T_1]{\triangle} LnO(OH) \xrightarrow[T_2]{\triangle} L_2O_3$$

表 9－6 $Ln(OH)_3$ 的分解温度

$Ln(OH)_3$	$La(OH)_3$	$Pr(OH)_3$	$Gd(OH)_3$	$Yb(OH)_3$	$Lu(OH)_3$
T_1/℃	260	220	210	190～200	≈190 C
T_2/ ℃	380	340	310	320	290

根据离子势 Φ 判断，$Ln(OH)_2$ 及 $Ln(OH)_4$ 的碱性及溶度积，应与 $Ln(OH)_3$ 有很大的不同。例如 $Ce(OH)_4$ 与 $Ce(OH)_3$ 就有很大的差别，$Ce(OH)_3$ 是白色的，但 $Ce(OH)_4$ 为棕色；$K_{sp Ce(OH)_3}=1.5\times10^{-20}$，而 $K_{sp Ce(OH)_4}=10^{-54}$；使 $Ce(OH)_3$ 开始沉淀的 pH 为 7.60，而使 Ce^{4+} 沉淀的 pH 为 0.7～1.0。根据 Nernst 方程，计算出 $\varphi^{\circ}_{Ce(OH)_4/Ce(OH)_3}=-0.32(V)$，远远地比 $\varphi^{\circ}_{Ce^{4+}/Ce^{3+}}=1.70(V)$ 小得多。因为这一原因，在微酸性介质中，Ce(Ⅲ)极易被空气中的氧氧化为 $Ce(OH)_4$。实验室中常用过量 H_2O_2，使 $Ce(OH)_3$ 完全氧化为 $Ce(OH)_4$，而实现从 Ln^{3+} 中分离出 Ce 的目的。

二、镧系元素的难溶盐

镧系元素的难溶盐主要有草酸盐、碳酸盐、磷酸盐、铬酸盐及氟化物等，这与 Ca^{2+}、Ba^{2+} 相似。独居石是稀土的矿物之一，主要成分是磷酸盐，其中主要是铈组(La、Ce、Pr、Nd、Sm)的磷酸盐及少量的钆组磷酸盐。此外还有磷酸钍 $Th_3(PO_4)_4$，杂质成分是 Fe(Ⅱ、Ⅲ)及 Si 等。独居石的处理转化有酸法和碱法两种：

碱法： $LnPO_4 + 3NaOH \xrightarrow{135\sim140\,℃} Ln(OH)_3\downarrow + Na_3PO_4$

酸法： $LnPO_4 + 3H^+ = Ln^{3+} + H_3PO_4$

第一个反应是利用了沉淀的转化；第二个反应则是利用了沉淀的溶解。它们的反应平衡常数可以十分容易地计算得到，生成的 $Ln(OH)_3$ 及 Ln^{3+} 可进一步转化为 Ln_2O_3，制取各种盐。

1. 草酸盐

在 Ln^{3+} 溶液中加入 $H_2C_2O_4$，将生成 $Ln_2(C_2O_4)_3$ 沉淀：

$$2Ln^{3+}+3H_2C_2O_4 = Ln_2(C_2O_4)_3+6H^+ \qquad K=\frac{(K_{a1}K_{a2})^3}{K_{sp}}$$

该反应的平衡常数及某些盐的 K_{sp} 的数据汇列于表 9－7 中。

表 9－7 某些镧系元素草酸盐的溶解度、溶度积及沉淀生成平衡常数 K

$Ln_2(C_2O_4)_3\cdot10H_2O$	La	Ce	Pr	Nd	Yb	Ca
溶解度/$g\cdot dm^{-3}$	0.62	0.41	0.74	0.74	3.34	
K_{sp}(298 K)	2.0×10^{28}	2.0×10^{-29}	5.0×10^{-28}	6.3×10^{-29}	5.0×10^{-25}	2.5×10^{-9}
K	2.74×10^{11}	2.74×10^{12}	1.09×10^{11}	8.71×10^{11}	1.1×10^{8}	1.5×10^{3}

由 K 值可见，Ln 系元素的草酸盐是相当稳定的，它们在酸中不会溶解。作为比较，读者可以证明 CaC_2O_4 易溶于稀酸中。

镧系元素草酸盐的主要性质有：

(1) 在 NaOH 溶液中容易转化为 $Ln(OH)_3$，例如：

$$La_2(C_2O_4)_3+6OH^- = 2La(OH)_3+3C_2O_4^{2-} \quad K=2.0\times10^{10}$$

(2) 受热分解：

$$Ln_2(C_2O_4)_3 \xrightarrow{\triangle} Ln_2(CO_3)_3 \xrightarrow{\triangle} Ln_2O_3$$

通常要完全分解为 Ln_2O_3 的温度应超过 1 073K，并加热 30～40 分钟以上。$Ce_2(C_2O_4)_3$ 的热分解产物是 CeO_2。

2. 碳酸盐

Ln^{3+} 和易溶碱金属碳酸盐或碳酸氢盐反应，制得 $Ln_2(CO_3)_3$：

$$2Ln^{3+}+3CO_3^{2-} = Ln_2(CO_3)_3\downarrow$$

$$2Ln^{3+}+6HCO_3^- = Ln_2(CO_3)_3\downarrow+3CO_2\uparrow+3H_2O$$

某些镧系金属元素碳酸盐的 K_{sp} 见表 9－8。

表 9－8　某些镧系金属元素碳酸盐的 K_{sp}(298K)

$Ln_2(CO_3)_3$	$La_2(CO_3)_3$	$Nd_2(CO_3)_3$	$Sm_2(CO_3)_3$	$Gd_2(CO_3)_3$	$Dy_2(CO_3)_3$	$Yb_2(CO_3)_3$
K_{sp}	3.98×10^{-34}	1×10^{-33}	3.16×10^{-33}	6.3×10^{-33}	3.16×10^{-32}	7.94×10^{-32}

碳酸盐在酸中的溶解反应：

$$Ln_2(CO_3)_3+6H^+ = 2Ln^{3+}+3H_2O+3CO_2\uparrow$$

反应平衡常数 K 在 10^{17} 数量级以上，说明 $Ln_2(CO_3)_3$ 极易溶在稀酸中。

$Ln_2(CO_3)_3$ 另一个性质是受热分解：

$$Ln_2(CO_3)_3 \xrightarrow{350\sim550\ C} Ln_2O(CO_3)_2 \xrightarrow{>1\ 000\ C} Ln_2O_3$$

3. 磷酸盐

某些磷酸盐的 K_{sp} 见表 9－10。

表 9－10　某些 $LnPO_4$ 的 K_{sp}(298K)

$LnPO_4$	$LaPO_4$	$CePO_4$	$GdPO_4$	$DyPO_4$	$YbPO_4$
K_{sp}	3.7×10^{-23}	1.13×10^{-24}	5.8×10^{-23}	3.6×10^{-23}	8.2×10^{-23}

计算表明，$LnPO_4$ 易溶于酸中：

$$LnPO_4+3H^+ = H_3PO_4+Ln^{3+} \qquad K=K_{sp}/(K_{a1}K_{a2}K_{a3})$$

$LnPO_4$ 的另一性质是它与碱金属磷酸盐易形成复盐：$M_3Ln(PO_4)_2$

4. 氟化物

由于 LnF_3 晶格能很大，难溶于水，LnF_3 的 K_{sp} 都较小，例如 $K_{spCeF_3}=8\times10^{-16}$。计算表明，$LnF_3$ 不会溶于稀酸中，但可以溶于热的浓 HCl 中，也可以溶于浓 H_2SO_4 中。LnF_3 也常含有结晶水，如 $2LnF_3\cdot H_2O$。

三、镧系元素的易溶盐

镧系金属的可溶性盐有氯化物、硝酸盐、硫酸盐。它们具有以下性质：

(1) 都易形成结晶水化合物。例如 $LnCl_3 \cdot xH_2O$、$Ln(NO_3)_3 \cdot xH_2O$、$Ln_2(SO_4)_3 \cdot xH_2O$，其中 $LnCl_3 \cdot xH_2O$ 易潮解。$LnCl_3$ 在氯化物溶液中易形成 $LnCl_4^-$ 或 $LnCl_6^{3-}$ 配离子。

(2) 常温下，Ln^{3+} 水解能力较差，但加热会促进水解：

$$LnCl_3 + H_2O \xlongequal{\triangle} LnOCl + 2HCl\uparrow$$

(3) 硝酸盐、硫酸盐易形成复盐。例如 $xLn_2(SO_4)_3 \cdot yM_2SO_4 \cdot zH_2O$ 及 $xLn(NO_3)_3 \cdot yMNO_3 \cdot zH_2O$ 等。硫酸盐溶于水的过程是放热过程，因此，溶解度随温度升高而下降。

(4) 铈盐的特性。Ce^{4+} 在酸性条件下是强氧化剂，在不同的介质中，氧化能力不同：

在 1 mol/dm³ H_2SO_4 中　　$\varphi^{\ominus}_{Ce^{4+}/Ce^{3+}} = 1.44V$

在 0.5～2 mol/dm³ HNO_3 中　　$\varphi^{\ominus}_{Ce^{4+}/Ce^{3+}} = 1.61V$

在 1 mol/dm³ $HClO_4$ 中　　$\varphi^{\ominus}_{Ce^{4+}/Ce^{3+}} = 1.70V$

因此，它可以氧化 Cl^- 为 Cl_2，氧化 H_2O_2 生成 O_2：

$$2Ce^{4+} + 2Cl^- = 2Ce^{3+} + Cl_2\uparrow$$

$$2Ce^{4+} + H_2O_2 = 2Ce^{3+} + 2H^+ + O_2\uparrow$$

在强氧化剂作用下，Ce^{3+} 会被氧化为 Ce^{4+}，例如：

$$Ce_2(SO_4)_3 + H_2S_2O_8 \xlongequal{(H^+)} 2Ce(SO_4)_2 + H_2SO_4$$

$$5Ce_2(SO_4)_3 + 2KMnO_4 + 8H_2SO_4 = 10Ce(SO_4)_2 + K_2SO_4 + 2MnSO_4 + 8H_2O$$

第三节　镧系元素的分离与金属冶炼

从其它元素中分离镧系元素的途径通常是利用镧系元素的以下性质：

(1) $Ln_2(C_2O_4)_3$ 可以在较强的酸性介质中(pH＜2)沉淀出来，从而与 Na、Al、Fe、Mn、Ca、Mg 分离。

(2) $Ln(OH)_3$ 可以用 $NH_3 \cdot H_2O$ 从溶液中沉淀出来，从而与 Na、Mg、Ca、Mn 分离。

(3) 利用 LnF_3 的难溶性及在酸中不溶的性质分离。

(4) 利用 $LnPO_4$ 沉淀生成，从 Na、Mg、Mn、Co 中分离。

(5) 利用轻稀土元素生成难溶硫酸复盐性质而与 Al、Fe、Mg、U 分离。

镧系金属的制备通常用电解法或金属还原法：

1. 电解法

电解熔融无水 $LuCl_3$ 和 NaCl 或 KCl 混合物：

$$2LnCl_3 \xlongequal{\text{电解}} 2Ln + 3Cl_2$$

2. 金属还原法

由氧化物 $\Delta G^{\ominus}-T$ 图可以预测，用 Ln_2O_3 制取 Ln 单质是困难的，利用卤化物作原料是更为合理的方法：

$$2LnBr_3+3Ba=2Ln+3BaBr_2$$

或用 Mg 作还原剂，多余的 Mg 可以用蒸馏法除去。

第四节　镧系元素的用途

我国是世界上稀土金属资源最丰富的国家。稀土矿分布相当广，可开采种类、类型多，开采价值高。目前已有 18 省区发现蕴藏各类稀土矿床，南方各省的离子矿以重稀土矿为主，北方内蒙等地以轻稀土为主，它们均为世界罕见的含铁、稀土、铌等多种元素的大型共生矿床。解放后，我国稀土的科研与生产发展异常迅速，1987 年全世界稀土原料的产量近 5 万 t，我国占有 50%以上。目前，我国的稀土分离、应用技术及研究工作都处在世界领先地位。

稀土元素应用主要归纳为以下 7 个方面：

(1) 在冶金工业中应用较广，占稀土产量的一半以上。由于稀土是很强的脱氧剂，并可消除金属中的有害元素，所以以微量稀土加入钢中，可大大改善钢的性能，增加其硬度和强度。在铜中掺少量镧，可增强铜的高温塑性和抗氧化性；在钛中掺少量镧，可使其抗张强度提高 50%；在铝中加入 0.2%的铈，可增强铝的导电性；在钨中加入少量铈，可增加钨的延展性；镨、钕、钐、铈、镧组成的“混合金属”(含 Ce 45%～50%、La 22%～25%、Nd 18%、Pr 5%、Sm 1%)是冶金工业中强还原剂和难熔金属或合金中的除硫、脱氧剂；含“混合金属”3%及 1%的镁合金，可用于制作喷气式飞机引擎的部件。另外，用“混合金属”代替镁制造的球墨铸铁，是一种很好的球化剂。混合的稀土－铁合金(其中含有铈)常用作打火石。

(2) 化学工业中，尤其是石油化工中广泛使用稀十化合物作催化剂。例石油催化裂化，就是使用镧系元素的氯化物和磷酸盐作催化剂的。

(3) 在玻璃工业中镧系元素应用广泛。例如，将氧化镧加到玻璃中，能提高玻璃的折射率和降低色散度，使玻璃的光学性能改善，影像清晰，用以制造高级相机境头及精密光学棱镜，广泛应用于国防科学研究上；四价铈化合物的加入可使玻璃脱色(玻璃中因 Fe(Ⅱ)的存在而带浅绿色)，而且铈的加入可阻止紫外光穿透，并有防核辐射的性能；镨也可作玻璃的脱色剂及着色剂(绿色)，并提高玻璃的强度和耐热性能；钕则既可作玻璃脱色剂，又可以作玻璃的着色剂，它可以使玻璃呈紫色；钕硒混合则使玻璃呈玫瑰色；铒的氧化物用于制红色玻璃，等等。

(4) 在材料科学上，稀土功能材料占有相当大的比重。如稀土荧光粉通常是含镧、钕、钐、铕等氧化物制成的，色泽鲜艳，稳定性好，广泛应用在彩色电视显像管中。此外，镧系元素还广泛用来制备各种激光器光源，如掺钕的钇铝石榴石激光器及掺钕的玻璃激光器在激光仪器中已广泛地使用。镧系元素的某些化合物是特殊的磁性材料，如 60 年代末制得的 $SmCo_5$，其磁性是普通碳钢的 100 倍，目前已制得“第二代”高磁性材料 Sm_2Co_{17}，其磁性又比 $SmCo_5$ 高 20%，近来研究开发的钕铁硼永磁或钕钛硼永磁材料已广泛地应用于各行各业中，有极其广泛的开发应用前景。

除此之外，镧系元素化合物还用于制薄膜电容、电子管阴极(用 LaB)及小型磁透镜(用镝、钬制成的磁透镜体积小，重量轻，常用作高压电子显微镜上)。

(5) 在原子能工业上，镧系元素中钐、钆、镝、镥等金属都能强烈地吸收中子，用它们制成控制棒，可以控制核反应的进行速度，在核电厂、军事工业中有极其重要的地位。

(6) 在农业中，稀土元素作为微肥广泛地应用。用氯化稀土或硝酸稀土稀溶液拌种，可使粮食增产10%～20%。稀土微肥可使甜菜、甘蔗糖分增加，马铃薯增产，柑桔增甜。稀土在农业中的应用，在我国有越来越广泛的前景。有关稀土元素的生物化学功能研究也越来越引起化学工作者的兴趣。

(7) 在能源工业上，稀土的应用也相当重要。为了减少燃烧废气对环境的污染，目前认为，氢气是较理想的燃料，但氢气的贮运不够方便、安全。最近研究表明，$LaNi_5$ 是极好的储氢材料。1体积的 $LaNi_5$ 能吸收近2体积液体氢，可以预测，稀土工业发展必将给能源革命带来巨大的影响。

第五节　锕系元素的通性

周期系中从89号到103号元素，即锕到铹15个元素称为锕系元素。它们都具有放射性。铀后的11个元素(93～103)是在1940—1962年间用人工核反应合成的，称为超铀元素。

锕系元素电子层结构见表9－11，同相应的镧系元素电子层结构大同小异。只是在轻锕系元素中，从Th至Np具有保持d电子的强烈倾向，这是由于在轻锕系元素中，5f和6d轨道的能量比4f和5d更为接近，而随着5f轨道上电子的不断增加，5f轨道趋于稳定，因此在铀后元素电子层结构是有规律的。由于电子层结构的差异，轻锕系的氧化态较为复杂，从Th至Am，元素表现为多氧化态，且有取得高氧化态的倾向，从Cm开始以＋3氧化态为特征，这与镧系元素特征氧化态一致。

表9－11　锕系元素的电子层结构及最稳定氧化态

元素名称	价电子层结构	稳定氧化态	元素名称	价电子层结构	稳定氧化态
Ac 锕	$6d^1 7s^2$	3	Cm 锔	$5f^7 6d^1 7s^2$	3 (＋4)
Th 钍	$6d^2 7s^2$	4 (＋3)	Bk 锫	$5f^9\ 7s^2$	3 (＋4)
Pa 镤	$5f^2 6d^1 7s^2$	5 (＋3、＋4)	Cf 锎	$5f^{10}\ 7s^2$	3 (＋2、＋4)
U 铀	$5f^3 6d^1 7s^2$	4、5、6 (＋3)	Es 锿	$5f^{11}\ 7s^2$	3 (＋2)
Np 镎	$5f^4 6d^1 7s^2$	4、5 (＋3、＋6)	Fm 镄	$5f^{12}\ 7s^2$	3 (＋2)
Pu 钚	$5f^6\ 7s^2$	3、4 (＋5、＋6)	Md 钔	$5f^{13}\ 7s^2$	3 (＋2)
Am 镅	$5f^7\ 7s^2$	3 (＋2、＋4、＋5、＋6)	No 锘	$5f^{14}\ 7s^2$	3 (＋2)
			Lr 铹	$5f^{14} 6d^1 7s^2$	3

锕系元素的离子半径也有与镧系相似的表现，称为锕系收缩。锕系元素的吸收光谱与镧系相似，表现出f－f吸收的特征，如 $Ce^{3+}(4f^1)$ 及 $Pa^{4+}(5f^1)$、$Gd^{3+}(4f^7)$ 及 $Cm^{3+}(5f^7)$、$La^{3+}(4f^0)$ 和 $Ac^{3+}(5f^0)$ 都是无色的，而 $Nd^{3+}(4f^3)$ 与 $U(5f^3)$ 是浅红色的。

锕系元素的不少化合物都与相应镧系化合物表现为类质同晶，如三氯化物、二氧化物及许多盐都表现出相同的性质。在形成配合物的倾向上，由于5f轨道相对于6s及6d轨道比镧系的 4f 轨道相对于 5s 及 5d 轨道更为伸展，在形成配合物时，其配位键的共价性比 La 系元素配合物更显著。因此，锕系元素形成配合物倾向较 La 系大，而且因为 5f 电子的轨道运动磁矩受到配位体电场一定程度的抑制，锕系元素离子的磁性也因此表现更为复杂。

图 9－4 是锕系部分变价的元素的 $\Delta G^{\ominus}/F-Z$ 图。

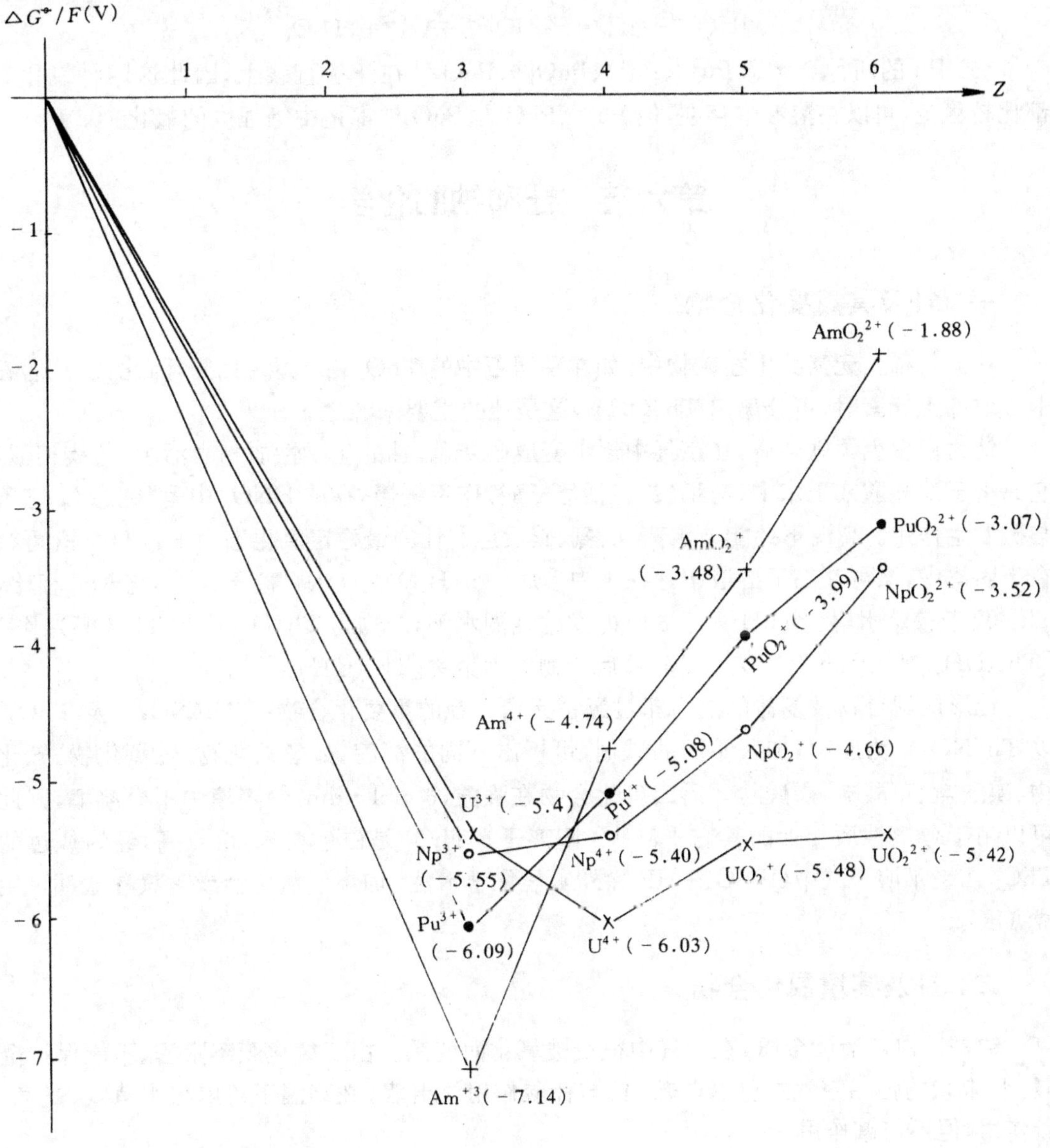

图 9－4　Ac 系某些元素 $\Delta G^{\ominus}/F-Z$ 图

由该图我们可以得出以下结论：

（1）锕系元素是电正性很强的金属元素，是强还原剂。

（2）U、Np、Pu、Am 这几个元素中，U 的 U^{4+}、Np 的 Np^{4+}、Pu 的 Pu^{3+}、Am 的 Am^{3+}

都是它们的相应热力学稳定态，而 U^{3+}、Np^{3+} 都有较强的还原性。

（3）U 的可变价态中，不太强的氧化剂即可使 U^{4+} 或 UO_2^{+} 氧化为 UO_2^{2+}（$\varphi^{\ominus}_{(UO_2^{2+}/UO_2^{+})}=0.06V$，$\varphi^{\ominus}_{(UO_2^{2+}/U^{4+})}=0.32V$）：

$$2Fe^{3+}+U^{4+}+2H_2O \xlongequal{} UO_2^{2+}+2Fe^{2+}+4H^+$$

而 NpO_2^{2+}、PuO_2^{2+}、AmO_2^{2+} 都是相当强的氧化剂。

(4) UO_2^{+} 处于热力学峰点，因此在水溶液中，UO_2^{+} 会歧化，生成 UO_2^{2+} 及 U^{4+}：

$$2UO_2^{+}+4H^+ \xlongequal{} UO_2^{2+}+U^{4+}+2H_2O$$

(5) Pu 的四种氧化态 Pu^{3+}、Pu^{4+}、PuO_2^{+}、PuO_2^{2+} 在一条直线上，因此这四种氧化态都比较稳定，可以在溶液中存在，但 Pu^{4+}、PuO_2^{+}、PuO_2^{2+} 都是中等强度的氧化剂。

第六节　钍和铀的化学

一、钍及其重要化合物

钍常与稀土元素共生在矿物中。如在独居石中的 ThO_2 占 4%～12%，因此，从独居石中提取稀土元素时，可分离出 $Th(OH)_4$，这是钍的重要来源之一。

钍为银白色柔软金属，在空气中逐渐变成暗灰色。钍的化学性质相当活泼，与镁相似，它易溶于浓盐酸或王水中，与稀酸（包括氢氟酸）作用缓慢，在浓 HNO_3 中呈“钝态”。它不与碱发生作用。高温下钍能与水蒸气、氮、碳反应。钍的最稳定氧化态为 +4，Th^{4+} 既可存在于固体中，又可存在于溶液中。在水中形成 $[Th(H_2O)_n]^{4+}$ 水合离子，与其它 M^{4+} 相比，Th^{4+} 离子较难水解。当 pH 大于 3 时即发生强烈水解，产物为 $Th(OH)^{3+}$、$[Th(OH)_2]^{2+}$、$[Th_2(OH)_2]^{6+}$、$[Th_4(OH)_8]^{8+}$ 等，最后产物为六聚物 $[Th_6(OH)_{15}]^{9+}$。

钍形成配合物及复盐的能力超过镧系元素。钍的重要化合物有 $Th(NO_3)_4$ 及 ThO_2。以 $Th(NO_3)_4$ 为原料，加入不同的试剂，可析出不同的沉淀，如氢氧化物、过氧化物、氟化物、碘酸盐、草酸盐、磷酸盐。后四种化合物在强酸（$6\ mol \cdot dm^{-3}$）溶液中不会溶解，因此可以用于分离性质相似的其它 +3、+4 阳离子。ThO_2 是白色粉末，熔点高，经灼烧过的 ThO_2 几乎不溶于酸中（HNO_3+HF 除外），呈化学惰性。灼烧氢氧化钍或含氧酸盐都可生成 ThO_2。

二、铀及其重要化合物

铀是银白色活泼金属，在空气中很快被氧化而变黑。由于氧化膜不紧密，不能保护金属。粉末状的铀在空气中可以自燃。铀与稀酸作用放出氢。在高温下可以与水蒸气、氮气、碳作用，但不与碱作用。

铀的氧化态有 +2、+3、+4、+5、+6，其中以 +6 为最重要，其次应是 +4，见 $\Delta G^{\ominus}/F-Z$ 图。

硝酸铀酰是最重要的铀氧基化合物。当铀的各种氧化态的氧化物溶于 HNO_3 时，便可得到 $UO_2(NO_3)_2$：

$$UO_3+2HNO_3 \xlongequal{} UO_2(NO_3)_2+H_2O$$

蒸发浓缩溶液可得 $UO_2(NO_3)_2 \cdot nH_2O$，其中 $n=2$、3、6 及 24。$UO_2(NO_3)_2$ 是带有荧光的黄绿色晶体，易溶于水及各种有机溶剂中，在溶液中以 UO_2^{2+} 离子存在。$UO_2(NO_3)_2$ 在 400℃分解为 UO_3：

$$2UO_2(NO_3)_2 \xlongequal{\triangle} 2UO_3 + 4NO_2 + O_2$$

UO_3 溶于 NaOH，得黄色的重铀酸钠：

$$2UO_3 + 2NaOH + 5H_2O = Na_2U_2O_7 \cdot 6H_2O$$

加热脱水，得无水盐叫“铀黄”，是宝贵的黄颜料。UO_3 在 700℃下分解：

$$3UO_3 = U_3O_8 + \frac{1}{2}O_2$$

在 400℃以下 UO_3 可被 CO 还原，得暗棕色 UO_2：

$$UO_3 + CO = UO_2 + CO_2$$

UO_3 与 SF_4 在 300℃下作用得到 UF_6：

$$UO_3 + 3SF_4 = UF_6 + 3SOF_2$$

UF_6 是无色晶体，熔点 64℃，在 56.5℃升华，具有挥发性。利用 $^{238}UF_6$ 与 $^{235}UF_6$ 蒸气扩散速度不同，可对 ^{235}U 与 ^{238}U 进行分离，取得 ^{235}U 核燃料，因此 UF_6 是重要化合物。UF_6 遇水会水解：

$$UF_6 + 2H_2O = UO_2F_2 + 4HF$$

UF_4 是绿色粉末固体，十分稳定，熔点 1 000℃，显然是典型离子型化合物，由 UO_2 与 HF 作用制取：

$$UO_2 + 4HF = UF_4 + 2H_2O$$

它是制取金属铀的原料。

本章教学要求

1. 掌握镧系元素和锕系元素的电子层结构与性质的关系，掌握镧系收缩的实质及对镧系元素性质的影响。
2. 运用 $\Delta G^\ominus/F-Z$ 图分析镧系、锕系元素重要化合物的基本性质。
3. 掌握铈的化学。
4. 了解镧系元素的应用。
5. 了解重要镧系、锕系化合物的性质。

习　　题

1. 解释以下事实：

(1) 镧系元素的特征氧化态是+3，但 Ce、Pr、Tb、Dy 却常常可以呈现+4 氧化态，而 Sm、Eu、Tm、Yb 却又有+2 氧化态。

(2) 什么叫镧系收缩？既然镧系会“收缩”，为什么相邻镧系元素原子平均半径才收缩 1 pm，比过渡金属 5 pm 更小？

(3) 镧系收缩对第六周期镧系后元素性质带来什么影响？

(4) Pr^{4+}的氧化性比 Ce^{4+}大，Dy^{4+}的氧化性又比 Tb^{4+}大。

(5) Sm、Eu、Tm、Yb 都有+2 氧化态形式，但只有 Eu^{2+}可以存在于水溶液中。

(6) Sm^{2+}、Tm^{2+}的+Ⅱ氧化态是 $4f^6$ 及 $4f^{13}$的结构，Pr(Ⅳ)、Nd(Ⅳ)的电子构型是 $4f^1$ 及 $4f^2$，它们都不会存在 $4f^7$、$4f^{14}$的 Sm^+或 Tm^+或 Pr(Ⅴ)、Nd(Ⅵ)氧化态。

(7) 镧系元素氢氧化物 $Ln(OH)_3$ 碱性的变化规律。

2. 氯化镧料液中含有 Fe^{2+}、Fe^{3+}、Th^{4+}等杂质离子，试设法除去并说明反应条件及原理。(已知 $K_{spFe(OH)_3}=4.0\times10^{-38}$，$K_{spTh(OH)_4}=4.0\times10^{-45}$，$K_{spLa(OH)_3}=1.0\times10^{-19}$)

3. 实验室中用 $NH_3\cdot H_2O$ 或 NaOH 沉淀 Ln^{3+}为 $Ln(OH)_3$，达到分离的目的。试以计算说明两者的分离中，什么试剂可以达到完全分离？

4. 镧系氢氧化物 $Ln(OH)_3$ 受热会分解，其规律性如何？为什么？

5. 请用热力学数据对比 CeO_2 及 SiO_2 的相对稳定性。

6. 如何从 Ln^{3+}离子混合溶液中分离 Ce？

7. Mn^{2+}、Ca^{2+}、Ln^{3+}的草酸盐都是难溶盐，如何分离它们？为什么？请用计算说明。

8. 已知 $K_{spCaF_2}=4.0\times10^{-11}$，$K_{spCeF_3}=8\times10^{-16}$，试问为什么 CaF_2、CeF_3 都不溶于 HCl 中，却可溶在浓 HCl 中？它们与浓 H_2SO_4 反应吗？为什么？

9. 哪些性质说明 Ca^{2+}、Ln^{3+}相似？

10. 如何从水合氯化稀土化合物中制取无水盐？

11. 镧系元素草酸盐及碳酸盐 K_{sp}同是在 10^{-30}数量级，为什么 $Ln_2(CO_3)_3$ 可溶于稀 HCl 中，而 $Ln_2(C_2O_4)_3$ 却不易溶？

12. 镧系元素磷酸盐与其他非镧系元素的难溶磷酸盐的沉淀条件有什么不同？

13. 为什么镧系元素形成配合物都是离子型？而锕系元素形成配合物却是共价性的？

14. 完成以下反应式，并用 $\Delta G^\circ/F-Z$ 图说明以下反应。

(1) $Ce(SO_4)_2+H_2S\longrightarrow$

(2) $EuCl_2+FeCl_3\longrightarrow$

(3) $CeO_2+HCl\longrightarrow$

(4) $Ce(OH)_3+NaOH+Cl_2\longrightarrow$

(5) $Ce(SO_4)_2+H_2O_2\longrightarrow$

(6) $Ce(NO_3)_3+NH_3+H_2O_2+H_2O\longrightarrow$

(7) $UO_3\xrightarrow{\triangle}$

(8) $UO_3+HNO_3\longrightarrow$

(9) $UO_3+NaOH\longrightarrow$

(10) $UF_3+HF\longrightarrow$

(11) $UO_3+SF_4\longrightarrow$

15. 有一暗绿色固体 A，在氢气流中加热生成暗棕色固体 B，将 B 溶于浓 HNO_3 中可析出柠檬黄色晶体 C，将 C 细心加热可得橙黄色固体 D，将 D 溶于 NaOH，可析出黄色晶体 E，所得 E 加热脱水后可作黄色颜料 F。根据以上实验，指出 A、B、C、D、E、F 各为何物？写出有关方程式。

16. 在高温下将 H_2S 通入三氯化铕溶液，形成了一种具有氯化钠型结构的固体产物，测定其立方晶胞常数 a_0 约为 5.9 Å，请解释。

17. 测定氯化稀土片（主要成分是氯化镧、铈及少量的其他稀土氧化物，也含有少量的氯化钙、镁和铁）中总稀土的含量和铈含量的分析方法简述如下：

操作一：准确称取若干氯化稀土片溶于水中，加入少量 NH_4Cl，搅拌至溶解后，用 $NH_3 \cdot H_2O$ 沉淀完全，再过量少许，过滤，洗涤。

操作二：用盐酸溶解上述沉淀，用 $NH_3 \cdot H_2O$ 调至 pH≈2.5，加热至沸，慢慢加入饱和 $H_2C_2O_4$ 溶液至沉淀完全，再过量少许，阵化，过滤，洗涤，并于 800℃灼烧该沉淀，冷却，称重。

操作三：准确称取若干上述氯化物于三角锥瓶中加入浓 H_2SO_4，加热溶解。冷却后加水，加入少量 $AgNO_3$ 溶液，再加入固体的 $(NH_4)_2S_2O_8$，溶解后，在电炉上加热煮沸至无小气泡产生。冷却后用 $(NH_4)_2Fe(SO_4)_2$ 标准溶液滴到终点。

试回答以下问题：

(1)是否可省去操作一，为什么？

(2)在操作一中，为什么要加入 NH_4Cl？该操作涉及的化学反应有那些？写出方程式。

(3)在操作二中为什么在加入草酸前要用调整 pH 值？不调整是否可以？为什么？沉淀及滤液的成分是什么？灼烧后产物又是什么？写出有关反应式。

(4)在操作三中加入 $AgNO_3$ 的目的是什么？为什么必须加热溶液至沸并不再产生小气泡为止？能否用滴管来滴加 $(NH_4)_2Fe(SO_4)_3$ 溶液？$(NH_4)_2S_2O_8$ 起了什么作用？写出本操作中有关的化学反应方程式。

18. $LnCl_3$ 在 HNO_3 中及 HCl 中溶解度为什么会不同？

19. 为了测定化合物中的铈，常用铈量法，请你设计用铈量法分析 $LnCl_3$ 中的 Ce 含量，写出有关反应式。

20. 已知 $Ln(OH)_3$ 的 K_{sp} 在 10^{-21} 数量级，$Ce(OH)_4$ 的 K_{sp} 约为 10^{-54}。试设计一方法使 Ce^{3+} 从 Ln^{3+} 中分离出来。

21. 试述从非镧系元素中分离 La 系元素的方法及原理。

22. 试述镧系元素的重要用途。

第十章　氢、稀有气体

第一节　氢元素的化学

一、氢在元素周期表中的特殊性

氢(Hydrogen rare gases)是元素周期表里的第一个元素，原子结构为 $1s^1$，应位于周期表中的 s 区，属 IA 主族元素。但是，无论从物理性质及化学性质来看，它都不应属于 IA 族。例如：

(1) 氢是非金属元素。

(2) 在化学反应中，它可以失去一个电子形成 H^+，但又可以得到一个电子形成 H^-。

(3) 氢的普通氧化物(H_2O)既不是酸性氧化物，又不是碱性氧化物。

(4) 在一些场合下，氢与一些电负性不大的非金属原子可通过共用电子对成键，形成共价型氢化物；与电负性较强元素(F、O、N)除形成极性共价键外，还可形成分子间或分子内氢键；与某些缺电子原子(如 B、Be)形成三中心二电子氢桥键。此外氢还可以与一些过渡金属形成金属型氢化物(即间充氢化物)，在这类氢化物中，氢原子填充在金属晶格空隙中，通常是非化学计量的组成，例 $PdH_{0.8}$、$LaH_{2.76}$、$ZrH_{1.98}$ 等。

(5) 在氢的化学性质中，它既表现出氧化性(H^+)，也表现出还原性(H_2 及 H^-)。例如：

$$Zn + 2H^+ = H_2\uparrow + Zn^{2+}$$

$$2Ag^+ + H_2 \xlongequal{加压} 2Ag\downarrow + 2H^+$$

(6) 在有机化学中，烃分子里的氢容易被卤原子取代：

$$R-H + Cl_2 = R-Cl + HCl$$

以上性质说明，氢元素的性质既与 IA 元素性质相似，又有很大差别；既与ⅦA 族元素相联系，又有很大的不同。因此，氢元素在元素周期表中处于一个特殊的位置。

二、氢的性质与用途

(1) 氢的物理性质：氢气是无色、无臭、无味的气体。液体氢的沸点为 20.39 K，低于 13.92 K 时凝固为无色固体。在标准状况下，氢气的密度是 0.089 5 g/dm^3。氢在水中溶解度很小，在标况下约是 21.5 ml/1 000 ml 水。氢气有很大的扩散速度。在某些金属中，氢有相当大的溶解度，例 1 体积钯在常温可吸附 800 体积的氢气。

(2) 氢的同素异形体：正氢和仲氢。

自然界的氢中有两种同素异形体：正氢与仲氢。当构成氢分子的两个氢核的自旋方向相同时为正氢，自旋方向相反时为仲氢。在正常的氢气中，正氢占 75%，仲氢占 25%。正氢与仲氢的物理性质只有细微的差别，如正氢熔点为 13.92 K，仲氢熔点为 13.88 K。

(3) 氢的化学性质：氢分子的离解热很高(432 kJ/mol)，因此，氢分子在常温下十分稳定，除了少数单质(F_2)可直接反应外，其余单质都应在光照、加热条件下进行。

$$H_2+F_2 \xrightarrow{\text{暗处}} 2HF \qquad \Delta_r H_m^{\ominus}=-536\ \text{kJ/mol}$$

$$H_2+Cl_2 \xrightarrow{\text{光}} 2HCl \qquad \Delta_r H_m^{\ominus}=-184\ \text{kJ/mol}$$

$$2H_2+O_2 \xrightarrow{\triangle} 2H_2O \qquad \Delta_r H_m^{\ominus}=-573\ \text{kJ/mol}$$

$$3H_2+N_2 \xrightarrow[\text{催化}]{\triangle\text{加压}} 2NH_3 \qquad \Delta_r H_m^{\ominus}=-92.1\ \text{kJ/mol}$$

氢与金属的反应，也要在加热条件下进行：

$$2Li+H_2 \xlongequal{723K} 2LiH$$

$$Ca+H_2 \xlongequal{573K} CaH_2$$

氢在高温下，可从许多金属氧化物中夺取氧。因此氢是冶金工业中的理想还原剂：

$$WO_3+3H_2 \xlongequal{\triangle} W+3H_2O$$

$$SiCl_4+2H_2 \xlongequal{\triangle} Si+4HCl$$

(4) 氢有－1、0、＋1 三种氧化态，其有关的 $\Delta G^{\ominus}/F-Z$ 图见图 10－1，由该图可以看到 H^- 在水溶液中不会稳定存在，具有极强还原性：

$$H^-+H_2O \xlongequal{} H_2+OH^-$$

(5) 由于 H^- 的半径为 210 pm，比 H 的原子半径(37 pm)大得多，因此，H^- 极易变形，只能存在于离子型氢化物晶体中。相比之下，H^+ 的半径极小，仅为 10^{-3}pm，因此，它不能在极性溶剂中单独存在而会与溶剂发生溶剂化作用，如在水中以 H_3O^+ 存在。

氢的用途极广。氢气是一种重要的化工原料，它可以用于有机合成(例合成甲醇)、人造汽油，在无机工业中用于合成盐酸、合成氨以及作燃料和还原金属的还原剂，在电子工业中用于制取纯硅、锗，在国防工业中用于钨、钼的提取，等等。工业上广泛应用氢氧焰来焊接、切割金属。

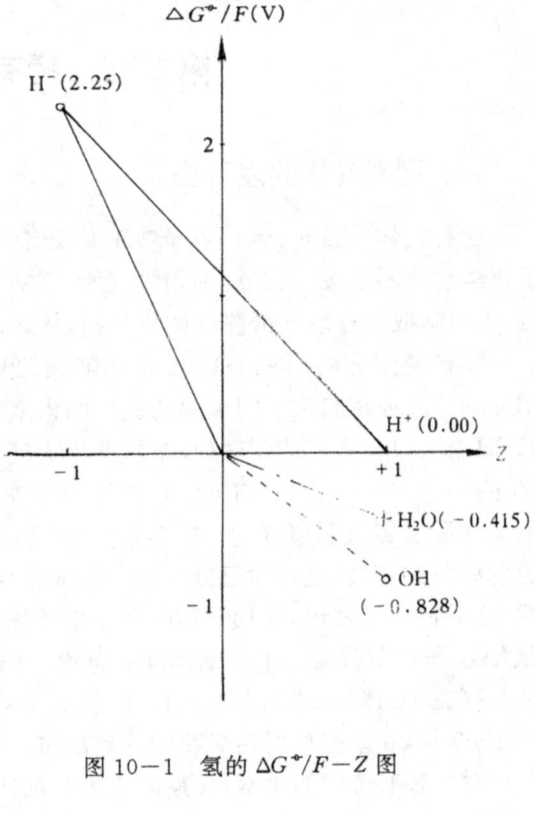

图 10－1 氢的 $\Delta G^{\ominus}/F-Z$ 图

随着社会的发展，能源问题日益引起广大科学工作者的关注。鉴于氢能源的优点（放热量大、无污染、来源广等），因此，利用氢气作未来的理想能源，备受各科学工作者的注意。

氢有氕（^{1}H）、氘（^{2}H，又写作 D）、氚（^{3}H，又写作 T）三种同位素，其中以氘最重要。D_2O 又称重水，是核反应堆中的中子减速剂，还是生产氢弹的原料。

三、氢键

根据氢原子的结构，氢的共价数只能是 1。K 层（第一电子层）至多能容纳 2 个电子。当氢与某些电负性强而半径又较小的原子（F、O、N）形成共价键时，由于共用电子对被这些原子强烈地吸引，使氢原子几乎完全"裸露"，从而可以与另一个分子中有孤对电子的、电负性强的原子形成一定强度的静电作用力，即氢键。我们常见的水、液态 HF、液氨等物质的分子间都有这种氢键。

氢键只能存在于氢跟电负性强而原子半径小的元素相结合的化合物中。由于氢键的存在，这些化合物的熔沸点、蒸气压都大大地高于简单分子状态，熔沸点在同系列化合物中反常地高，这是由于分子间的缔合态的解体，需额外地提供能量。

氢键也存在于固态中，例固态冰中及固态$(HF)_n$（$n\approx5$）中。在某些化合物中，例如 $NaHCO_3$、NH_4F、$CuSO_4\cdot5H_2O$、H_3BO_3 的晶体中都含有氢键，因此，它们的溶解度或结晶水脱水温度都不同。

氢键有分子内氢键（例如邻羟基苯甲醛、邻硝基苯酚、硝酸分子等分子中），也有分子间氢键。分子内氢键及分子间氢键的形成，对分子的物理性质产生一定的影响。

第二节　稀有气体的化学

一、稀有气体的发现史

稀有气体（Rare gases）在周期表中处于零族，包括氦、氖、氩、氪、氙、氡 6 种元素。由于化学性质不活泼，过去称为惰性元素；在本世纪 60 年代初发现第一个惰性气体化合物后，人们制取了一系列惰性气体化合物，从此改称为稀有气体。

稀有气体是在 1894—1900 年间陆续地被发现的，这应归功于英国物理学家莱姆赛（Ramsay）。他在测定不同来源的氮气的密度时发现，从空气中分离出来的氮气（经 KOH 除 CO_2，干燥剂除 H_2O，赤热铜片除氧）的密度（1.257 2 g/dm^3）与从氨制取的纯氮的密度（1.250 7 g/dm^3）不同。这微小的差别，引起了 Ramsay 及其合作者的注意。他们从空气中除去氮气和氧气后，还得到了很少的剩余气体，对它进行光谱分析，发现它显示红色和绿色的谱线，是当时已知一切元素光谱中所没有见到过的，后来证实它确是一种新元素。之后他们又发现，这种气体的化学性质极不活泼，几乎不与任何元素化合，从而命名为氩（Argon），在希腊文中表示懒惰的意思。1895 年，他们又从钇铀矿中得到了当时人们认为只存在于太阳中的元素氦。1898 年，Ramsay 等人最后从空气中连续分离出氖、氪、氙。到 1900 年，在某些放射性矿物中分离出氡，从而建立起周期表中的零族元素。

对于稀有气体的化学，长期以来人们都认为是化学惰性。事实上，在 1962 年以前都未能制取到稀有气体的化合物，而只制取一些不稳定的稀有气体水合物(如 $Xe \cdot 6H_2O$)、重水合物及稀土对苯二酚笼合物这一类靠范德瓦尔分子间力或氢键形成的分子。1962 年 6 月，在加拿大工作的英国青年化学家巴特列特(N. Bartlett)宣布，他合成了第一个稀有气体化合物六氟合铂(Ⅴ)酸氙($Xe^+[PtF_6]^-$)。他根据O_2可以同六氟化铂反应生成($O_2^+[PtF_6]^-$)化合物，而 O_2 的第一电离势(1 175.7 kJ/mol)与 Xe 第一电离势(1 171.5 *kJ/mol*)极相近，因此认为 PtF_6 有可能氧化 Xe 于是他在室温下使深红色的 PtF_6 蒸气跟氙混和，它们立即作用，生成橙黄色固体，并证实为 $Xe^+[PtF_6]^-$。从此之后，开创了稀有气体化学的研究领域，人们合成了一系列的稀有气体化合物。

二、稀有气体的性质与用途

1. 稀有气体的物理性质

稀有气体的熔点和沸点都很低，而且十分接近。稀有气体是单原子分子，而分子间力(色散力)是稀有气体分子间的主要作用力，由于稀有气体的原子间(分子间)作用力很小，因而稀有气体的熔沸点及临界温度都很低，且随原子序数的减少而呈现规律性的变化。有关物理性质见表 10—1。

表 10—1　稀有气体的物理性质

性质	He	Ne	Ar	Kr	Xe	Rn
原子序	2	10	18	36	54	86
价电子层结构	$1s^2$	$2s^22p^6$	$3s^23p^6$	$4s^24p^6$	$5s^25p^6$	$6s^26p^6$
原子半径/pm		131	174	189	209	214
熔点/K	0.9	24	84	116	161	202
沸点/K	4.2	27	87	120	166	211
第一电离势/$kJ \cdot mol^{-1}$	2 372	2 038	1 523	1 351	1 171.5	1 038
质量热容比/γ	1.65	1.64	1.65	1.69	1.67	
在水中溶解度/$ml \cdot L^{-1}$ (293 K)	13.8	14.7	37.9	73	110.9	
临界温度/K	5.1	44.3	153	210.5	289.6	377.5
气体密度/$g \cdot L^{-1}$,(标况)	0.178 5	0.900 2	1.780 9	3.708	5.851	9.73

由表可见，稀有气体熔沸点变化随原子量增大而有规律地增加。氦是所有气体中最难液化的，而且在 2.2 K 时，液氦会由一种状态相变到另一种状态。例如，在 2.2 K 以下它是超导体，在 2.2 K 以上它只是一种普通的液体。氦甚至在常压下都不能凝成固体。

2. 稀有气体的化学性质

迄今为止，稀有气体的化合物集中在 Xe—F、Xe—O 化合物的研究上，近来有报导已制备了 Kr、Rn 的某些化合物。由图 10—2 可见，Xe 的化合物的典型性质是强氧化性；碱性条件下，XeO_3 不稳定(歧化)。

(1) 氟化物：

Xe 与 F_2 在不同条件下可以生成不同的化合物：

$$Xe + F_2 \xrightarrow{2:1,光照,\triangle} XeF_2$$

$$Xe + F_2 \xrightarrow{(1:5),600\ kPa,673\ K} XeF_4$$

$$Xe + F_2 \xrightarrow{(1:20),5\ 000\ kPa,>523\ K} XeF_6$$

它们都是强氧化剂：

$$XeF_2 + 2KI = 2KF + I_2 + Xe$$

$$XeF_4 + 4HCl = Xe + 4HF + 2Cl_2$$

$$XeF_4 + 2H_2 = Xe + 4HF$$

它们都会与水作用：

$$2XeF_2 + 2H_2O = 2Xe + 4HF + O_2$$

$$6XeF_4 + 12H_2O = 2XeO_3 + 4Xe + 3O_2 + 24HF$$

$XeF_6 + H_2O = XeOF_4 + 2HF$（不完全水解）

$XeF_6 + 3H_2O = XeO_3 + 6HF$（完全水解）

它们还是优良的、温和的氟化剂：

$$XeF_4 + 2SF_4 = 2SF_6 + Xe$$

$$2XeF_6 + SiO_2 = 2XeOF_4 + SiF_4$$

有关的化合物的空间构型可用 VSEPR 预测。

(2)含氧化合物：

目前已知的含氧化合物有 XeO_3、XeO_4 及氙酸、高氙酸盐，由 $\Delta G^{\ominus}/F-Z$ 图可以看出，酸性条件下 Xe(Ⅵ)相对稳定些，而碱性条件下 Xe(Ⅷ)有一定的相对稳定性：

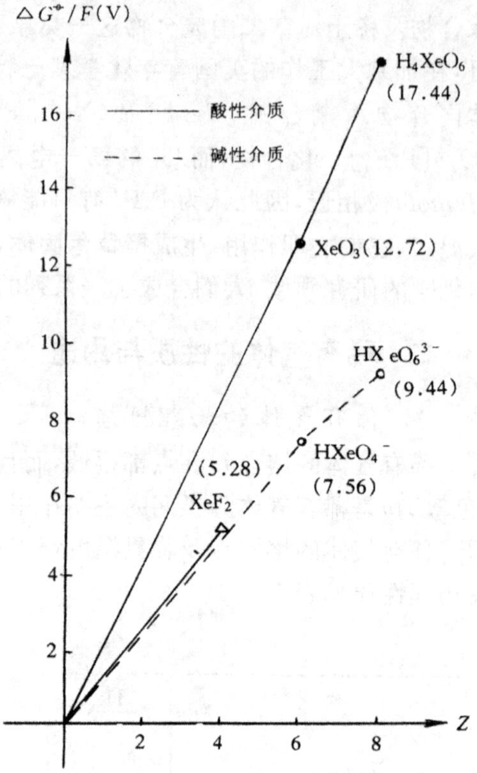

图 10－2 Xe 的化合物 $\Delta G^{\ominus}/F-Z$ 图

$$H_2XeO_6^{2-} + H^+ = HXeO_4^- + \frac{1}{2}O_2 + H_2O$$

$$XeO_3 + OH^- \xrightarrow{pH>10.5} HXeO_4^-$$

$$HXeO_4^- \xrightarrow{OH^-} XeO_6^{4-} + Xe + O_2 + H_2O$$

XeO_3 是白色、易潮解、易爆炸固体，它的水溶液不导电，说明 XeO_3 以分子状态存在。XeO_3 有强氧化性：

$$XeO_3 + \begin{cases} HCl \longrightarrow Cl_2 \\ Br^- \longrightarrow BrO_3^- \\ Mn^{2+} \longrightarrow MnO_4^- \end{cases}$$

XeO_6^{4-} 是强氧化剂，由 $\Delta G^{\ominus}/F-Z$ 图可以知道，欲制备相应的高氙酸盐，应在碱性条件下用强氧化剂 O_3 氧化制取：

$$XeO_3 + 4OH^- + O_3 = XeO_6^{4-} + O_2 + 2H_2O$$

用浓硫酸处理高氙酸盐，可以制得 XeO_4：

$$XeO_6^{4-} + 4H^+ \xrightarrow{浓\ H_2SO_4} XeO_4 + 2H_2O$$

XeO_4 是十分不稳定的、易爆炸分解的气体。

3. 稀有气体的用途

稀有气体的应用，主要是基于这些气体的化学不活泼性及特殊的物理性质，如它们易于发光放电的特性、低熔沸点等性质上。

由于氦的密度仅略大于氢本身又不能燃烧，用氦气来充填高空气球和飞艇，比充填氢气安全。液体氦的沸点是已知物质中最低的，因此，液氦常被用于超低温技术上。氦、氩还常用于活泼金属焊接工艺（镁、铝、钛不锈钢焊接）中的保护气氛。氦在人体血液中溶解度比氮气小得多，因此，常以氦氧混合气代替空气供深水潜水员用，以防止潜水病发生。

氖在电场激发下，能产生明亮而美丽的红光，因而广泛应用于霓红灯及穿透力极强的机场、港口水陆交通干线的信号灯上。

氩广泛用于钨丝灯泡的填充气体，因为它可以减少钨丝蒸发，延长灯泡寿命。此外，应用在激光设备中作激励光源，也应用于金属焊接保护气体，如氩弧焊接技术。

氙和氪可用于特殊电光源，如氙灯又称人造小太阳，适用于机场、体育场、车站广场使用。此外，氪、氙的同位素在医学上也被广泛应用于脑血流量测量、肺功能测定、计算胰岛素分泌量等。

由于氙化合物具有强氧化性，可以把许多元素氧化到最高氧化态，可以解决如高溴酸盐的制备反应这一类化学难题。另外，氟化氙本身又是氧化剂，又是氟化剂，因而可用于铀、钚、镎裂变同位素的分离中。由于氟化氙有爆炸性，可以用作微型炸药。

习　　题

1. 某学生用金属 Zn 与硫酸反应制取氢气充填氢气球，但氢气球却不能上升，为什么？应如何处理？

2. 为什么纯锌与稀酸反应缓慢，但在加入一二滴 $CuSO_4$ 溶液后，反应速度会大大加快？

3. 可以用玻璃器皿盛放氟化氙一类化合物吗？为什么？

4. 请写出 XeF_2、XeF_4、XeF_6、$XeOF_4$、XeO_3、XeO_4 的分子空间结构。

5. 试说明稀有气体的熔、沸点、密度及其在水中溶解度的变化趋势及规律。

6. 完成以下反应：

(1) $XeF_2+H_2O \longrightarrow$

(2) $XeF_4+H_2O \longrightarrow$

(3) $XeF_6+H_2O \longrightarrow$

(4) $XeF_2+H_2 \longrightarrow$

(5) $XeF_4+Hg \longrightarrow$

(6) $XeF_4+Xe \longrightarrow$

(7) $XeF_4+ClO_3^- \longrightarrow$

(8) $Na_4XeO_6+Mn^{2+}+H^+ \longrightarrow$

(9) $XeO_3+Ba(OH)_2 \longrightarrow$

(10) $XeF_6+SiO_2 \longrightarrow$

(11) $CaH_2+H_2O =\!=\!=$

(12) $BrO_3^-+XeF_4 \longrightarrow$

附录

一、某些弱酸和弱碱在水溶液中的电离常数

物质化学式	T/K	级	K	pK
H_3AsO_4	291	1	5.62×10^{-2}	2.25
		2	1.70×10^{-7}	6.77
		3	3.95×10^{-12}	11.40
H_3AsO_3	298	1	6.0×10^{-10}	9.23
H_3BO_3	293	1	7.3×10^{-10}	9.14
$H_4B_4O_7$	298	1	$\approx10^{-4}$	≈4.00
		2	$\approx10^{-9}$	≈9.00
HBrO	298		2.06×10^{-9}	8.69
*HClO	293		2.95×10^{-8}	7.53
HCN	298		4.93×10^{-10}	9.31
H_2CO_3	298	1	4.3×10^{-7}	6.37
		2	5.61×10^{-11}	10.25
$H_2C_2O_4$	298	1	5.90×10^{-2}	1.23
		2	6.40×10^{-5}	4.19
H_2CrO_4	298	1	1.8×10^{-1}	0.74
		2	3.20×10^{-7}	6.49
HF	298		3.53×10^{-4}	3.45
HIO	298		2.3×10^{-11}	10.64
HIO_3	298		1.69×10^{-1}	0.77
HIO_4	298		2.3×10^{-2}	1.64
HNO_2	285.5		4.6×10^{-4}	3.34
H_2O_2	298		2.4×10^{-12}	11.62
H_3PO_3	291	1	1.0×10^{-2}	2.00
		2	2.6×10^{-7}	6.59
H_3PO_4	298	1	7.52×10^{-3}	2.12
		2	6.23×10^{-8}	7.21
		3	2.2×10^{-13}	12.67
$H_4P_2O_7$	291	1	1.4×10^{-1}	0.85
		2	3.2×10^{-2}	1.49
		3	1.7×10^{-6}	5.77
		4	6.0×10^{-9}	8.22
H_2S	291	1	9.1×10^{-8}	7.04
		2	1.1×10^{-12}	11.96
H_2SO_3	291	1	1.54×10^{-2}	1.81
		2	1.02×10^{-7}	6.99
H_2SO_4	298	2	1.20×10^{-3}	2.92

续上表

物质化学式	T/K	级	K	pK
**$H_2S_2O_3$		1	2.5×10^{-2}	1.60
		2	1.9×10^{-2}	1.72
**H_2SeO_4	298	2	1.20×10^{-1}	1.92
H_2SeO_3	298	1	3.5×10^{-2}	2.46
		2	5.0×10^{-6}	7.31
H_2SiO_3	室温	1	2.0×10^{-10}	9.70
		2	1.0×10^{-12}	12.00
H_4SiO_4	303	1	2.2×10^{-10}	9.66
		2	2×10^{-12}	11.70
		3	1×10^{-12}	12.00
		4	1×10^{-12}	12.00
HCOOH	298		1.772×10^{-4}	3.75
CH_3COOH	298		1.754×10^{-5}	4.75
$NH_3\cdot H_2O$	298		1.78×10^{-5}	4.75
NH_2-NH_2	298		8.91×10^{-7}	6.05
NH_2OH	298		9.12×10^{-9}	8.04
PH_3	298			28
AgOH	298		1×10^{-2}	2
$Al(OH)_3$	298	1	5.01×10^{-9}	8.3
$Al(OH)_2^+$		2	1.99×10^{-10}	9.7
$Ba(OH)^+$	298	2	0.25	0.6
$Be(OH)_2$	298	1	1.778×10^{-6}	5.75
$Be(OH)^+$		2	2.15×10^{-9}	8.6
$Ca(OH)^+$	298	2	0.063	1.2
$Cd(OH)_2$	298	1	5.01×10^{-11}	10.3
$Hg(OH)_2$	298	1	6.31×10^{-12}	11.2
$Mg(OH)^+$	298	2	2.51×10^{-3}	2.6
$Sr(OH)^+$	298	2	0.199	0.7

资料来源:R C Weast. Handbook of chemistry & Physics, 68th edition,1987—1988

有“ * ”者数据中原文为 2.95×10^{-5} pK=4.53;经查阅其它资料,证实有误,应为 2.95×10^{-8} pK=7.53

有“ * * ”者数据查自 John A. Dean Lange's Handbook of Chemistry, 13th edition,1985

二、溶度积常数

物质化学式	T/K	溶度积	物质化学式	T/K	溶度积
Ag_5AsO_6	298	1.03×10^{-22}	CaF_2	298	1.46×10^{-10}
$AgBr$	298	5.35×10^{-13}	$Ca(OH)_2$	298	4.68×10^{-6}
$AgBrO_3$	298	5.34×10^{-5}	$Ca_3(PO_4)_2$	298	2.07×10^{-33}
$AgCl$	298	1.77×10^{-10}	$CaSO_4$	298	7.10×10^{-5}
$AgCN$	298	5.97×10^{-17}			
			$CdCO_3$	298	6.18×10^{-12}
Ag_2CO_3	298	8.45×10^{-12}	$CdC_2O_4\cdot3H_2O$	298	1.42×10^{-8}
$Ag_2C_2O_4$	298	5.40×10^{-12}	CdF_2	298	6.44×10^{-3}
Ag_2CrO_4	298	1.12×10^{-12}	$Cd(OH)_2$	298	5.27×10^{-15}
			CdS	298	8×10^{-27}
AgI	298	8.51×10^{-17}	$Cd_3(PO_4)_2$	298	2.53×10^{-33}
$AgIO_3$	298	3.17×10^{-8}			
$AgOH$	293	1.52×10^{-8}(63rd)	$Co(OH)_2$	298	1.09×10^{-15}
Ag_3PO_4	298	8.88×10^{-17}	*$Co(OH)_3$	291～298	1.6×10^{-44}
$Ag_2S(\alpha)$	298	6.69×10^{-50}	$Co_3(PO_4)_2$	298	2.05×10^{-35}
$Ag_2S(\beta)$	298	1.09×10^{-49}	CoS	298	9.70×10^{-21}
$AgSCN$	298	1.03×10^{-12}			
Ag_2SO_3	298	1.49×10^{-14}	$CuBr$	298	6.27×10^{-9}
Ag_2SO_4	298	1.20×10^{-5}	$CuCl$	298	1.72×10^{-7}
			*$CuCO_3$	291～298	1.4×10^{-10}
$Al(OH)_3$	298	1.3×10^{-33}	CuC_2O_4	298	4.43×10^{-10}
$AlPO_4$	298	9.83×10^{-21}	*$CuCrO_4$	291～298	3.6×10^{-6}
			CuI	298	1.27×10^{-12}
$BaCO_3$	298	2.58×10^{-9}	$Cu(IO_3)_2\cdot H_2O$	298	6.94×10^{-8}
$BaC_2O_4\cdot3.5H_2O$	291	1.62×10^{-7}(63rd)	*$Cu(OH)_2$		2.2×10^{-20}
			$Cu_3(PO_4)_2$	298	1.39×10^{-37}
			CuS	298	1.27×10^{-36}
$BaCrO_4$	298	1.17×10^{-10}	Cu_2S	298	2.26×10^{-48}
BaF_2	298	1.84×10^{-7}	$CuSCN$	298	1.77×10^{-13}
$Ba(IO_3)_2$	298	4.01×10^{-9}			
$Ba(IO_3)_2\cdot H_2O$	298	1.67×10^{-9}	*$Cr(OH)_2$	291～298	2×10^{-16}
$Ba(OH)_2\cdot8H_2O$	298	2.55×10^{-4}	*$Cr(OH)_3$	291～298	6.3×10^{-31}
$BaSO_4$	298	1.07×10^{-10}			
			$FeCO_3$	298	3.07×10^{-11}
*$Be(OH)_2$	291～298	1.6×10^{-22}	FeC_2O_4	298	2.1×10^{-7}
			$Fe(OH)_2$	298	4.87×10^{-17}
Bi_2S_4	298	1.82×10^{-99}	$Fe(OH)_3$	298	2.64×10^{-39}
			$FePO_4\cdot2H_2O$	298	9.92×10^{-29}
$CaCO_3$	298	4.96×10^{-9}	FeS	298	1.59×10^{-19}
$CaC_2O_4\cdot H_2O$	298	2.34×10^{-9}			

续上表

物质化学式	T/K	溶度积	物质化学式	T/K	溶度积
Hg_2Br_2	298	6.41×10^{-23}			
Hg_2Cl_2	298	1.45×10^{-18}	$Ni_3(PO_4)_2$	298	4.73×10^{-32}
Hg_2CO_3	298	3.67×10^{-17}	NiS	298	1.07×10^{-21}
$Hg_2C_2O_4$	298	1.75×10^{-13}			
*Hg_2CrO_4	291～298	2.0×10^{-9}	$PbBr_2$	298	6.60×10^{-6}
Hg_2F_2	298	3.10×10^{-6}	$PbCl_2$	298	1.17×10^{-5}
			$PbCO_3$	298	1.46×10^{-13}
Hg_2I_2	298	5.33×10^{-29}	PbC_2O_4	298	8.51×10^{-10}
$Hg(OH)_2$	298	3.13×10^{-26}	$PbCrO_4$	291	1.77×10^{-14}(63rd)
HgS	298	6.44×10^{-53}	PbF_2	298	7.12×10^{-7}
$Hg_2(SCN)_2$	298	3.12×10^{-20}	PbI_2	298	8.49×10^{-9}
Hg_2SO_4	298	7.99×10^{-7}	$Pb(OH)_2$	298	1.42×10^{-20}
			*$Pb_3(PO_4)_2$	291～298	8.0×10^{-43}
$KClO_4$	298	1.05×10^{-2}	PbS	298	9.04×10^{-29}
$K[HC_4H_4O_6]$	291	3.8×10^{-4}(63rd)	$Pb(SCN)_2$	298	2.11×10^{-5}
*$K_2Na[Co(NO_2)_6]\cdot H_2O$	291～295	2.2×10^{-11}	$PbSO_4$	298	1.82×10^{-8}
$K_2[PtCl_6]$	298	7.48×10^{-6}			
			$Sn(OH)_2$	298	5.45×10^{-27}
Li_2CO_3	298	8.15×10^{-4}	SnS	298	3.25×10^{-28}
$MgCO_3$	298	6.82×10^{-6}	$SrCO_3$	298	5.6×10^{-10}
$MgC_2O_4\cdot 2H_2O$	298	4.83×10^{-6}	SrC_2O_4	291	5.61×10^{-8}(63rd)
MgF_2	298	7.42×10^{-11}	$SrC_2O_4\cdot H_2O$	298	1.51×10^{-7}(66th)
$MgNH_4PO_4$	298	2.5×10^{-13}	*$SrCrO_4$	291～298	2.2×10^{-5}
$Mg(OH)_2$	298	5.61×10^{-12}	SrF_2	298	4.33×10^{-9}
$Mg_3(PO_4)_2$	298	9.86×10^{-25}	$SrSO_4$	298	3.44×10^{-7}
$MnCO_3$	298	2.24×10^{-11}	$ZnCO_3$	298	1.19×10^{-10}
$MnC_2O_4\cdot 2H_2O$	298	1.70×10^{-7}	$ZnC_2O_4\cdot 2H_2O$	298	1.37×10^{-9}
$Mn(OH)_2$	298	2.06×10^{-13}	ZnF_2	298	3.04×10^{-2}
MnS	298	4.65×10^{-14}	$Zn(OH)_2(\alpha)$	298	6.86×10^{-17}
			$Zn(OH)_2(\beta)$	298	7.71×10^{-17}
$NiCO_3$	298	1.42×10^{-7}	*$Zn_3(PO_4)_2$	291～298	9.0×10^{-33}
$Ni(OH)_2$	298	5.47×10^{-16}	ZnS	298	2.93×10^{-25}

资料来源:K. C. Weast, Handbook of Chemistry and Physics 68th edition, 1987－1988

有"＊"者数据摘自 John A. Dean Lang's Handbook of Chemistry 13th edition, 1985

三、标准电极电位(298.16K)

1. 在酸性溶液中

电极反应	$\varphi^{\ominus}$/V	电极反应	$\varphi^{\ominus}$/V
$Ag^{+}+e^{-}\rightleftharpoons Ag$	0.799 6	$HBrO+H^{+}+e^{-}\rightleftharpoons \frac{1}{2}Br_2(aq)+H_2O$	1.574
$Ag^{2+}+e^{-}\rightleftharpoons Ag^{+}$	1.980	$HBrO+H^{+}+e^{-}\rightleftharpoons \frac{1}{2}Br_2(l)+H_2O$	1.596
$AgBr+e^{-}\rightleftharpoons Ag+Br^{-}$	0.071 33	$BrO_3^{-}+6H^{+}+5e^{-}\rightleftharpoons \frac{1}{2}Br_2+3H_2O$	1.482
$AgBrO_3+e^{-}\rightleftharpoons Ag+BrO_3^{-}$	0.546	$BrO_3^{-}+6H^{+}+6e^{-}\rightleftharpoons Br^{-}+3H_2O$	1.423
$Ag_2C_2O_4+2e^{-}\rightleftharpoons 2Ag+C_2C_4^{2-}$	0.464 7	$Ca^{+}+e^{-}\rightleftharpoons Ca$	−3.80
$AgCl+e^{-}\rightleftharpoons Ag+Cl^{-}$	0.222 33	$Ca^{2+}+2e^{-}\rightleftharpoons Ca$	−2.868
$Ag_2CO_3+2e^{-}\rightleftharpoons 2Ag+CO_3^{2-}$	0.47	$Cd^{2+}+2e^{-}\rightleftharpoons Cd$	−0.403 0
$Ag_2CrO_4+2e^{-}\rightleftharpoons 2Ag+CrO_4^{2-}$	0.447 0	$CdSO_4+2e^{-}\rightleftharpoons Cd+SO_4^{2-}$	−0.246
$AgF+e^{-}\rightleftharpoons Ag+F^{-}$	0.779	$Cl_2(g)+2e^{-}\rightleftharpoons 2Cl^{-}$	1.358 27
$Ag_4[Fe(CN)_6]+4e^{-}\rightleftharpoons 4Ag+[Fe(CN)_6]^{4-}$	0.147 8	$HClO+H^{+}+e^{-}\rightleftharpoons \frac{1}{2}Cl_2+H_2O$	1.611
$AgI+e^{-}\rightleftharpoons Ag+I^{-}$	−0.152 24	$HClO+H^{+}+2e^{-}\rightleftharpoons Cl^{-}+H_2O$	1.482
$AgIO_3+e^{-}\rightleftharpoons Ag+IO_3^{-}$	0.354	$ClO_2+H^{+}+e^{-}\rightleftharpoons HClO_2$	1.277
$AgNO_2+e^{-}\rightleftharpoons Ag+NO_2^{-}$	0.564	$HClO_2+2H^{+}+2e^{-}\rightleftharpoons HClO+H_2O$	1.645
$Ag_2S+2H^{+}+2e^{-}\rightleftharpoons 2Ag+H_2S$	−0.036 6	$HClO_2+3H^{+}+3e^{-}\rightleftharpoons \frac{1}{2}Cl^{-}+2H_2O$	1.628
$AgSCN+e^{-}\rightleftharpoons 2Ag+SCN^{-}$	0.089 51	$HClO_2+3H^{+}+4e^{-}\rightleftharpoons Cl^{-}+2H_2O$	1.570
$Ag_2SO_4+2e^{-}\rightleftharpoons 2Ag+SO_4^{2-}$	0.654	$ClO_3^{-}+2H^{+}+e^{-}\rightleftharpoons ClO_2+H_2O$	1.152
$Al^{3+}+3e^{-}\rightleftharpoons Al$	−1.662	$ClO_3^{-}+3H^{+}+2e^{-}\rightleftharpoons HClO_2+H_2O$	1.214
$AlF_6^{3-}+3e^{-}\rightleftharpoons Al+6F^{-}$	−2.069	$ClO_3^{-}+6H^{+}+5e^{-}\rightleftharpoons \frac{1}{2}Cl_2+3H_2O$	1.47
$As_2O_3+6H^{+}+6e^{-}\rightleftharpoons 2As+3H_2O$	0.234	$ClO_3^{-}+6H^{+}+6e^{-}\rightleftharpoons Cl^{-}+3H_2O$	1.451
$HAsO_2+3H^{+}+3e^{-}\rightleftharpoons As+2H_2O$	0.248	$ClO_4^{-}+2H^{+}+2e^{-}\rightleftharpoons ClO_3^{-}+H_2O$	1.189
$H_3AsO_4+2H^{+}+2e^{-}\rightleftharpoons HAsO_2+2H_2O$	0.560	$ClO_4^{-}+8H^{+}+7e^{-}\rightleftharpoons \frac{1}{2}Cl_2+4H_2O$	1.39
$H_3BO_3+3H^{+}+3e^{-}\rightleftharpoons B+3H_2O$	−0.869 8	$ClO_4^{-}+8H^{+}+8e^{-}\rightleftharpoons Cl^{-}+4H_2O$	1.389
$Ba^{2+}+2e^{-}\rightleftharpoons Ba$	−2.912	$(CNS)_2+2e^{-}\rightleftharpoons 2CNS^{-}$	0.77
$Be^{2+}+2e^{-}\rightleftharpoons Be$	−1.847	$Co^{2+}+2e^{-}\rightleftharpoons Co$	−0.28
$BiCl_4^{-}+3e^{-}\rightleftharpoons Bi+4Cl^{-}$	0.16	$Co^{3+}+e^{-}\rightleftharpoons Co^{2+}$ $(2mol\cdot dm^{-3}H_2SO_4)$	1.83
$Bi_2O_4+4H^{+}+2e^{-}\rightleftharpoons 2BiO^{+}+2H_2O$	1.593	$CO_2+2H^{+}+2e^{-}\rightleftharpoons HCOOH$	−0.199
$BiO^{+}+2H^{+}+3e^{-}\rightleftharpoons Bi+H_2O$	0.320	$Cr^{2+}+2e^{-}\rightleftharpoons Cr$	−0.913
$BiOCl+2H^{+}+3e^{-}\rightleftharpoons Bi+Cl^{-}+H_2O$	0.158 3	$Cr^{3+}+e^{-}\rightleftharpoons Cr^{2+}$	−0.407
$Br_2(aq)+2e^{-}\rightleftharpoons 2Br^{-}$	1.087 3	$Cr^{3+}+3e^{-}\rightleftharpoons Cr$	−0.744
$Br_2(l)+2e^{-}\rightleftharpoons 2Br^{-}$	1.066	$Cr_2O_7^{2-}+14H^{+}+6e^{-}\rightleftharpoons 2Cr^{3+}+7H_2O$	1.232
$HBrO+H^{+}+2e^{-}\rightleftharpoons Br^{-}+H_2O$	1.331	$HCrO_4^{-}+7H^{+}+3e^{-}\rightleftharpoons Cr^{3+}+4H_2O$	1.350

续上表

电 极 反 应	$\varphi^{\ominus}$/V	电 极 反 应	$\varphi^{\ominus}$/V
$Cu^{+}+e^{-}\rightleftharpoons Cu$	0.521	$Mg^{21+}+2e^{-}\rightleftharpoons Mg$	−2.372
$Cu^{2+}+e^{-}\rightleftharpoons Cu^{+}$	0.153	$Mn^{2+}+2e^{-}\rightleftharpoons Mn$	−1.185
$Cu^{2+}+2e^{-}\rightleftharpoons Cu$	0.341 9	$Mn^{3+}+e^{-}\rightleftharpoons Mn^{2+}$	1.541 5
$CuI_2^{-}+e^{-}\rightleftharpoons Cu+2I^{-}$	0.00	$MnO_2+4H^{+}+2e^{-}\rightleftharpoons Mn^{2+}+2H_2O$	1.224
$F_2+2H^{+}+2e^{-}\rightleftharpoons 2HF$	3.053	$MnO_4^{-}+e^{-}\rightleftharpoons MnO_4^{2-}$	0.558
$F_2+2e^{-}\rightleftharpoons 2F^{-}$	2.866	$MnO_4^{-}+4H^{+}+3e^{-}\rightleftharpoons MnO_2+2H_2O$	1.679
$F_2O+2H^{+}+4e^{-}\rightleftharpoons H_2O+2F^{-}$	2.153	$MnO_4^{-}+8H^{+}+5e^{-}\rightleftharpoons Mn^{2+}+4H_2O$	1.507
$Fe^{2+}+2e^{-}\rightleftharpoons Fe$	−0.477	$Mo^{3+}+3e^{-}\rightleftharpoons Mo$	−0.200
$Fe^{3+}+3e\rightleftharpoons Fe$	−0.037	$N_2+2H_2O+6H^{+}+6e^{-}\rightleftharpoons 2NH_4OH$	0.092
$Fe^{3+}+e^{-}\rightleftharpoons Fe^{2+}$	0.771	$3N_2+2H^{+}+2e^{-}\rightleftharpoons 2NH_3(aq)$	−3.09
$[Fe(CN)_6]^{3-}+e^{-}\rightleftharpoons [Fe(CN)_6]^{4-}$	0.358	$N_2H_5^{+}+3H^{+}+2e^{-}\rightleftharpoons 2NH_4^{+}$	1.275
$FeO_4^{2-}+8H^{+}+3e^{-}\rightleftharpoons Fe^{3+}+4H_2O$	2.20	$N_2O+2H^{+}+2e^{-}\rightleftharpoons N_2+H_2O$	1.766
$2H^{+}+2e^{-}\rightleftharpoons H_2$	0.000 00	$H_2N_2O_2+2H^{+}+2e^{-}\rightleftharpoons N_2+2H_2O$	2.65
$H_2+2e^{-}\rightleftharpoons 2H^{-}$	−2.23	$N_2O_4+2e^{-}\rightleftharpoons 2NO_2^{-}$	0.867
$HO_2+H^{+}+e^{-}\rightleftharpoons H_2O_2$	1.495	$N_2O_4+2H^{+}+2e^{-}\rightleftharpoons 2HNO_2$	1.065
$H_2O_2+2H^{-}+2e^{-}\rightleftharpoons 2H_2O$	1.776	$N_2O_4+4H^{+}+4^{-}e^{-}\rightleftharpoons 2NO+2H_2O$	1.035
$HfO^{2+}+2H^{+}+4e^{-}\rightleftharpoons Hf+H_2O$	−1.724	$2NH_3OH^{+}+H^{+}+2e^{-}\rightleftharpoons N_2H_5^{+}+2H_2O$	1.42
$HfO_2+4H^{+}+4e^{-}\rightleftharpoons Hf+2H_2O$	−1.505	$2NO+2e^{-}\rightleftharpoons N_2O_2^{2-}$	0.10
$Hg^{2+}+2e^{-}\rightleftharpoons Hg$	0.851	$2NO+2H^{+}+2e^{-}\rightleftharpoons N_2O+H_2O$	1.591
$2Hg^{2+}+2e^{-}\rightleftharpoons Hg_2^{2+}$	0.920	$HNO_2+H^{+}+e^{-}\rightleftharpoons NO+H_2O$	0.983
$Hg_2^{2+}+2e^{-}\rightleftharpoons 2Hg$	0.797 3	$2HNO_2+4H^{+}+4e^{-}\rightleftharpoons H_2N_2O_2+2H_2O$	0.86
$Hg_2Br_2+2e^{-}\rightleftharpoons 2Hg+2Br^{-}$	0.139 23	$2HNO_2+4H^{+}+4e^{-}\rightleftharpoons N_2O+3H_2O$	1.297
$Hg_2Cl_2+2e^{-}\rightleftharpoons 2Hg+2Cl^{-}$	0.268 08	$NO_3^{-}+3H^{+}+2e^{-}\rightleftharpoons HNO_2+H_2O$	0.934
$Hg_2HPO_4+2e^{-}\rightleftharpoons 2Hg+HPO_4^{2-}$	0.635 9	$NO_3^{-}+4H^{+}+3e^{-}\rightleftharpoons NO+2H_2O$	0.957
$Hg_2I_2+2e^{-}\rightleftharpoons 2Hg+2I^{-}$	−0.040 5	$2NO_3^{-}+4H^{+}+2e^{-}\rightleftharpoons N_2O_4+2H_2O$	0.803
$Hg_2SO_4+2e^{-}\rightleftharpoons 2Hg+SO_4^{2-}$	0.612 5	$Na^{+}+e^{-}\rightleftharpoons Na$	−2.71
$I_2+2e^{-}\rightleftharpoons 2I^{-}$	0.535 5	$Ni^{2+}+2e^{-}\rightleftharpoons Ni$	−0.257
$I_3^{-}+2e^{-}\rightleftharpoons 3I^{-}$	0.536	$NiO_2+4H^{+}+2e^{-}\rightleftharpoons Ni^{2+}+2H_2O$	1.678
$H_5IO_6+H^{+}+2e^{-}\rightleftharpoons IO_3^{-}+3H_2O$	1.601	$O_2+2H^{+}+2e^{-}\rightleftharpoons H_2O_2$	0.695
$2HIO+2H^{+}+2e^{-}\rightleftharpoons I_2+2H_2O$	1.439	$O_2+4H^{+}+4e^{-}\rightleftharpoons 2H_2O$	1.229
$HIO+H^{+}+2e^{-}\rightleftharpoons I^{-}+H_2O$	0.987	$O(g)+2H^{+}+2e^{-}\rightleftharpoons H_2O$	2.421
$2IO_3^{-}+12H^{+}+10e^{-}\rightleftharpoons I_2+6H_2O$	1.195	$O_3+2H^{+}+2e^{-}\rightleftharpoons O_2+H_2O$	2.076
$IO_3^{-}+6H^{+}+6e^{-}\rightleftharpoons I^{-}+3H_2O$	1.085	$P(red)+3H^{+}+3e^{-}\rightleftharpoons PH_3(g)$	−0.111
$K^{+}+e^{-}\rightleftharpoons K$	−2.931	$P(white)+3H^{+}+3e^{-}\rightleftharpoons PH_3(g)$	−0.063
$La^{3+}+3e^{-}\rightleftharpoons La$	−2.522	$H_3PO_2+H^{+}+3e^{-}\rightleftharpoons P+2H_2O$	−0.508
$Li^{+}+e^{-}\rightleftharpoons Li$	−3.040 1	$H_3PO_3+2H^{+}+2e^{-}\rightleftharpoons H_3PO_2+H_2O$	−0.499
$Mg^{+}+e^{-}\rightleftharpoons Mg$	−2.70	$H_3PO_4+3H^{+}+3e^{-}\rightleftharpoons P+3H_2O$	−0.454

续上表

电极反应	$\varphi^{\ominus}$/V	电极反应	$\varphi^{\ominus}$/V
$H_3PO_4 + 2H^+ + 2e^- \rightleftharpoons H_3PO_3 + 2H_2O$	−0.276	$Sn^{2+} + 2e^- \rightleftharpoons Sn$	−0.137 5
$Pb^{2+} + 2e^- \rightleftharpoons Pb$	−0.126 2	$Sn^{4+} + 2e^- \rightleftharpoons Sn^{2+}$	0.151
$PbBr_2 + 2e^- \rightleftharpoons Pb + 2Br^-$	−0.284	$Sr^+ + e^- \rightleftharpoons Sr$	−4.10
$PbCl_2 + 2e^- \rightleftharpoons Pb + 2Cl^-$	−0.267 5	$Sr^{2+} + 2e^- \rightleftharpoons Sr$	−2.89
$PbF_2 + 2e^- \rightleftharpoons Pb + 2F^-$	−0.344 4	$Sr^{2+} + 2e^- \rightleftharpoons Sr(Hg)$	−1.793
$PbHPO_4 + 2e^- \rightleftharpoons Pb + HPO_4^{2-}$	−0.465	$Te + 2H^+ + 2e^- \rightleftharpoons H_2Te$	−0.793
$PbI_2 + 2e^- \rightleftharpoons Pb + 2I^-$	−0.365	$Te^{4+} 4e^- \rightleftharpoons Te$	0.568
$PbO_2 + 4H^+ + 2e^- \rightleftharpoons Pb^{2+} + 2H_2O$	1.455	$TeO_2 + 4H^+ + 4e^- \rightleftharpoons Te + 2H_2O$	0.593
$PbO_2 + SO_4^{2-} + 4H^+ + e^- \rightleftharpoons PbSO_4 + 2H_2O$	1.691 3	$TeO_4^- + 8H^+ + 7e^- \rightleftharpoons Te + 4H_2O$	0.472
$PbSO_4 + 2e^- \rightleftharpoons Pb + SO_4^{2-}$	−0.358 8	$H_6TeO_6 + 2H^+ + 2e^- \rightleftharpoons TeO_2 + 4H_2O$	1.02
$S + 2H^+ + 2e^- \rightleftharpoons H_2S(aq)$	0.142	$Ti^{2+} + 2e^- \rightleftharpoons Ti$	−1.630
$S_2O_6^{2-} + 4H^+ + 2e^- \rightleftharpoons 2H_2SO_3$	0.564	$Ti^{3+} + e^- \rightleftharpoons Ti^{2+}$	−0.368
$S_2O_8^{2-} + 2e^- \rightleftharpoons 2SO_4^{2-}$	2.010	$TiO^{2+} + 2H^+ + e^- \rightleftharpoons Ti^{3+} + H_2O$	0.099
$S_2O_8^{2-} + 2H^+ + 2e^- \rightleftharpoons 2HSO_4^-$	2.123	$TiO_2 + 4H^+ + 2e^- \rightleftharpoons Ti^{2+} + 2H_2O$	−0.502
$2H_2SO_3 + H^+ + 2e^- \rightleftharpoons HS_2O_4^- + 2H_2O$	−0.056	$TiOH^{3+} + H^+ + e^- \rightleftharpoons Ti^{3+} + H_2O$	−0.055
$H_2SO_3 + 4H^+ + 4e^- \rightleftharpoons S + 3H_2O$	0.449	$V^{2+} + 2e^- \rightleftharpoons V$	−1.175
$SO_4^{2-} + 4H^+ + 2e^- \rightleftharpoons H_2SO_3 + H_2O$	0.172	$V^{3+} + e^- \rightleftharpoons V^{2+}$	−0.255
$2SC_4^{2-} + 4H^+ + 2e^- \rightleftharpoons S_2O_6^{2-} + 2H_2O$	−0.22	$VO^{2+} + 2H^+ + e^- \rightleftharpoons V^{3+} + H_2O$	0.337
$Sb + 3H^+ + 3e^- \rightleftharpoons SbH_3$	−0.510	$VO_2^+ + 2H^+ + e^- \rightleftharpoons VO^{2+} + H_2O$	0.991
$Sb_2O_3 + 6H^+ + 6e^- \rightleftharpoons 2Sb + 3H_2O$	0.152	$V(OH)_4^+ + 2H^+ + e^- \rightleftharpoons VO^{2+} + 3H_2O$	1.00
$Sb_2O_5 + 6H^+ + 4e^- \rightleftharpoons 2SbO^+ + 3H_2O$	0.581	$V(OH)_4^+ + 4H^+ + 5e^- \rightleftharpoons V + 4H_2O$	−0.254
$SbO^+ + 2H^+ + 3e^- \rightleftharpoons Sb + H_2O$	0.212	$W_2O_5 + 2H^+ + 2e^- \rightleftharpoons 2WO_2 + H_2O$	−0.031
$Se + 2H^+ + 2e^- \rightleftharpoons H_2Se(aq)$	−0.399	$WO_2 + 4H^+ + 4e^- \rightleftharpoons W + 2H_2O$	−0.119
$H_2SeO_3 + 4H^+ + 4e^- \rightleftharpoons Se + 3H_2O$	0.74	$WO_3 + 6H^+ + 6e^- \rightleftharpoons W + 3H_2O$	−0.090
$SeO_4^{2-} + 4H^+ + 2e^- \rightleftharpoons H_2SeO_3 + H_2O$	1.151	$2WO_3 + 2H^+ + 2e^- \rightleftharpoons W_2O_5 + H_2O$	−0.029
$SiF_6^{2-} + 4e^- \rightleftharpoons Si + 6F^-$	−1.24	$Zn^{2+} + 2e^- \rightleftharpoons Zn$	−0.761 8
$SiO_2(quartz) + 4H^+ + 4e^- \rightleftharpoons Si + H_2O$	0.857		

2. 在碱性溶液中

电极反应	$\varphi^{\ominus}$/V	电极反应	$\varphi^{\ominus}$/V
$AgCN + e^- \rightleftharpoons Ag + CN^-$	−0.017	$[Ag(NH_3)_2]^+ + e^- \rightleftharpoons Ag + 2NH_3$	0.373
$[Ag(CN)_2]^- + e^- \rightleftharpoons Ag + 2CN^-$	−0.31	$Ag_2O + H_2O + 2e^- \rightleftharpoons 2Ag + 2OH^-$	0.342

续上表

电极反应	$\varphi^{\ominus}/V$	电极反应	$\varphi^{\ominus}/V$
$Ag_2O_3+H_2O+2e^- \rightleftharpoons 2AgO+2OH^-$	0.739	$2Cu(OH)_2+2e^- \rightleftharpoons Cu_2O+2OH^-+H_2O$	−0.080
$2AgO+H_2O+2e^- \rightleftharpoons Ag_2O+2OH^-$	0.607	$[Fe(CN)_6]^{2-}+e^- \rightleftharpoons [Fe(CN)_6]^{4-}$	0.358
$Ag_2S+2e^- \rightleftharpoons 2Ag+S^{2-}$	−0.691	$Fe(OH)_3+e^- \rightleftharpoons Fe(OH)_2+OH^-$	−0.56
$H_2AlO_3^-+H_2O+3e^- \rightleftharpoons Al+4OH^-$	−2.33	$H_2CaO_3^-+H_2O+3e^- \rightleftharpoons Ga+4OH^-$	−1.219
$AsO^-+2H_2O+3e^- \rightleftharpoons As+4OH^-$	−0.68	$2H_2O+2e^- \rightleftharpoons H_2+2OH^-$	−0.8277
$AsO_4^{3-}+2H_2O+2e^- \rightleftharpoons AsO_2^-+4OH^-$	−0.71	$HfO(OH)_2+H_2O+4e^- \rightleftharpoons Hf+4OH^-$	−2.50
$H_2BO_3^-+5H_2O+8e^- \rightleftharpoons BH_4^-+8OH^-$	−1.24	$Hg_2O+H_2O+2e^- \rightleftharpoons 2Hg+2OH^-$	0.123
$H_2BO_3^-+H_2O+3e^- \rightleftharpoons B+4OH^-$	−1.79	$HgO+H_2O+2e^- \rightleftharpoons Hg+2OH^-$	0.097 7
$Ba(OH)_2+2e^- \rightleftharpoons Ba+2OH^-$	−2.99	$H_3IO_6^{2-}+2e^- \rightleftharpoons IO_3^-+3OH^-$	0.7
$Be_2O_3^{2-}+3H_2O+4e^- \rightleftharpoons 2Be+6OH^-$	−2.63	$IO^-+H_2O+2e^- \rightleftharpoons I^-+2OH^-$	0.485
$Bi_2O_3+3H_2O+6e^- \rightleftharpoons 2Bi+6OH^-$	−0.46	$IO_3^-+2H_2O+4e^- \rightleftharpoons IO^-+4OH^-$	0.56
$BrO^-+H_2O+2e^- \rightleftharpoons Br^-+2OH^-$	0.761	$IO_3^-+3H_2O+6e^- \rightleftharpoons I^-+6OH^-$	0.26
$BrO_3^-+3H_2O+6e^- \rightleftharpoons Br^-+6OH^-$	0.61	$Ir_2O_3+3H_2O+6e^- \rightleftharpoons 2Ir+6OH^-$	0.092 8
$Ca(OH)_2+2e^- \rightleftharpoons Ca+2OH^-$	−3.02	$La(OH)_3+3e^- \rightleftharpoons La+3OH^-$	−2.90
$Ca(OH)_2+2e^- \rightleftharpoons Ca(Hg)+2OH^-$	−0.809	$Mg(OH)_2+2e^- \rightleftharpoons Mg+2OH^-$	−2.690
$ClO^-+H_2O+2e^- \rightleftharpoons Cl^-+2OH^-$	0.81	$MnO_4^-+2H_2O+3e^- \rightleftharpoons MnO_2+4OH^-$	0.595
$ClO_2^-+H_2O+2e^- \rightleftharpoons ClO^-+2OH^-$	0.66	$MnO_4^{2-}+2H_2O+2e^- \rightleftharpoons MnO_2+4OH^-$	0.60
$ClO_2^-+2H_2O+4e^- \rightleftharpoons Cl^- 4OH^-$	0.76	$Mn(OH)_2+2e^- \rightleftharpoons Mn+2OH^-$	−1.56
$ClO_2(aq)+e^- \rightleftharpoons ClO_2^-$	0.954	$Mn(OH)_3+e^- \rightleftharpoons Mn(OH)_2+OH^-$	0.15
$ClO_3^-+H_2O+2e^- \rightleftharpoons ClO_2^-+2OH^-$	0.33	$2NO+H_2O+2e^- \rightleftharpoons N_2O+2OH^-$	0.76
$ClO_3^-+3H_2O+6e^- \rightleftharpoons Cl^-+6OH^-$	0.62	$NO_2^-+H_2O+e^- \rightleftharpoons NO+2OH^-$	−0.46
$ClO_4^-+H_2O+2e^- \rightleftharpoons ClO_3^-+2OH^-$	0.36	$2NO_2^-+2H_2O+4e^- \rightleftharpoons N_2^{2-}+4OH^-$	−0.18
$[Co(NH_3)_6]^{3+}+e^- \rightleftharpoons [Co(NH_3)_6]^{2-}$	0.108	$2NO_2^-+3H_2O+4e^- \rightleftharpoons N_2O+6OH^-$	0.15
$Co(OH)_2+2e^- \rightleftharpoons Co+2OH^-$	−0.73	$NO_3^-+H_2O+2e^- \rightleftharpoons NO_2^-+2OH^-$	0.01
$Co(OH)_3+e^- \rightleftharpoons Co(OH)_2+OH^-$	0.17	$2NO_3^-+2H_2O+2e^- \rightleftharpoons N_2O_4+4OH^-$	−0.85
$CrO_2^-+2H_2O+3e^- \rightleftharpoons Cr+4OH^-$	−0.12	$Ni(OH)_2+2e^- \rightleftharpoons Ni+2OH^-$	−0.72
$CrO_4^{2-}+4H_2O+3e^- \rightleftharpoons Cr(OH)_3+5OH^-$	−0.13	$NiO_2+2H_2O+2e^- \rightleftharpoons Ni(OH)_2+2OH^-$	−0.490
$Cr(OH)_3+3e^- \rightleftharpoons Cr+3OH^-$	−1.48	$O_2+H_2O+2e^- \rightleftharpoons HO_2^-+OH^-$	−0.076
$Cu^{2+}+2CN^-+e^- \rightleftharpoons [Cu(CN)_2]^-$	1.103	$O_2+2H_2O+2e^- \rightleftharpoons H_2O_2+2OH^-$	−0.146
$[Cu(CN)_2]^-+e^- \rightleftharpoons Cu+2CN^-$	−0.429	$O_2+2H_2O+4e^- \rightleftharpoons 4OH^-$	0.401
$[Cu(NH_3)_2]^++e^- \rightleftharpoons Cu+2NH_3$	−0.12	$O_3+H_2O+2e^- \rightleftharpoons O_2+2OH^-$	1.24
$Cu_2O+H_2O+2e^- \rightleftharpoons 2Cu+2OH^-$	−0.360	$OH+e^- \rightleftharpoons OH^-$	2.02
$Cu(OH)_2+2e^- \rightleftharpoons Cu+2OH^-$	−0.222	$HO_2^-+H_2O+2e^- \rightleftharpoons 3OH^-$	0.878

续上表

电 极 反 应	$\varphi^{\ominus}$/V	电 极 反 应	$\varphi^{\ominus}$/V
$P+3H_2O+3e^- \rightleftharpoons PH_3(g)+3OH^-$	−0.87	$SbO_2^-+2H_2O+3e^- \rightleftharpoons Sb+4OH^-$	−0.66
$H_2PO_2^-+e^- \rightleftharpoons P+2OH^-$	−1.82	$SbO_3^-+H_2O+2e^- \rightleftharpoons SbO_2^-+2OH^-$	−0.59
$HPO_3^{2-}+2H_2O+2e^- \rightleftharpoons H_2PO_2^-+3OH^-$	−1.65	$Se+2e^- \rightleftharpoons Se^{2-}$	−0.924
$HPO_3^{2-}+2H_2O+3e^- \rightleftharpoons P+5OH^-$	−1.71	$SeO_3^{2-}+3H_2O+4e^- \rightleftharpoons Se+6OH^-$	−0.366
$PO_4^{3-}+2H_2O+2e^- \rightleftharpoons HPO_3^{2-}+3OH^-$	−1.05	$SeO_4^{2-}+H_2O+2e^- \rightleftharpoons SeO_3^{2-}+2OH^-$	0.05
$PbO+H_2O+2e^- \rightleftharpoons Pb+2OH^-$	−0.580	$SiO_3^{2-}+3H_2O+4e^- \rightleftharpoons Si+6OH^-$	−1.697
$HPbO_2^-+H_2O+2e^- \rightleftharpoons Pb+3OH^-$	−0.537	$HSnO_2^-+H_2O+2e^- \rightleftharpoons Sn+3OH^-$	−0.909
$PbO_2+H_2O+2e^- \rightleftharpoons PbO+2OH^-$	0.247	$Sn(OH)_6^{2-}+2e^- \rightleftharpoons HSnO_2^-+3OH^-+H_2O$	−0.93
$S+2e^- \rightleftharpoons S^{2-}$	−0.476 27	$Sr(OH)_2+2e^- \rightleftharpoons Sr+2OH^-$	−2.88
$S+H_2O+2e^- \rightleftharpoons HS^-OH^-$	−0.478	$Te+2e^- \rightleftharpoons Te^{2-}$	−1.143
$2S+2e^- \rightleftharpoons S_2^{2-}$	−0.428 36	$TeO_3^{2-}+3H_2O+4e^- \rightleftharpoons Te+6OH^-$	−0.57
$S_6O_6^{2-}+2e^- \rightleftharpoons 2S_2O_3^{2-}$	0.08	$[Zn(CN)_4]^{2-}+2e^- \rightleftharpoons Zn+4CN^-$	−1.26
$2SO_3^{2-}+2H_2O+2e^- \rightleftharpoons S_2O_4^{2-}+4OH^-$	−1.12	$[Zn(NH_3)_4]^{2+}+2e^- \rightleftharpoons Zn+4NH_3(aq)$	−1.04
$2SO_3^{2-}+3H_2O+4e^- \rightleftharpoons S_2O_3^{2-}+6OH^-$	−0.571	$ZnO_2^{2-}+2H_2O+2e^- \rightleftharpoons Zn+4OH^-$	−1.215
$SO_4^{2-}+H_2O+2e^- \rightleftharpoons SO_3^{2-}+2OH^-$	−0.93		

资料来源 R.C.Weast, Handbook of Chemistry and Physics, D—151, 68th edition, 1987—1988

四、某些配离子的不稳定常数

配 离 子 解 离 式	K	pK	离子强度
$Ag(CN)_4^{3-} \rightleftharpoons Ag(CN)_3^{2-} + CN^-$	13.49×10^{0}	-1.13	0
$Ag(CN)_3^{2-} \rightleftharpoons Ag(CN)_2^- + CN^-$	2.0×10^{-1}	0.70	0
$Ag(CN)_2^- \rightleftharpoons Ag^+ + 2CN^-$	1.0×10^{-21}	21.00	0
$Ag(NH_3)_2^+ \rightleftharpoons Ag(NH_3)^+ + NH_3$	1.2×10^{-4}	3.92	0
$Ag(NH_3)^+ \rightleftharpoons Ag^+ + NH_3$	4.79×10^{-4}	3.32	0
$Ag(NH_3)_2^+ \rightleftharpoons Ag^+ + 2NH_3$	5.89×10^{-8}	7.23	0
$Ag(S_2O_3)_2^{3-} \rightleftharpoons Ag^+ + 2S_2O_3^{2-}$	3.5×10^{-14}	13.46	0
$AlF_6^{3-} \rightleftharpoons AlF_5^{2-} + F^-$	3.39×10^{-1}	0.47	0.53
$AlF_5^{2-} \rightleftharpoons AlF_4^- + F^-$	2.40×10^{-2}	1.62	0.53
$AlF_4^- \rightleftharpoons AlF_3 + F^-$	1.82×10^{-3}	2.74	0.53
$AlF_3 \rightleftharpoons AlF_2^+ + F^-$	1.41×10^{-4}	3.85	0.53
$AlF_2^+ \rightleftharpoons AlF^{2+} + F^-$	9.55×10^{-6}	5.02	0.53
$AlF^{2+} \rightleftharpoons Al^{3+} + F^-$	7.41×10^{-7}	6.13	0.53
$AlF_6^{3-} \rightleftharpoons Al^{3+} + 6F^-$	1.45×10^{-20}	19.84	0.53
$Au(CN)_2^- \rightleftharpoons Au^+ + 2CN^-$	5.01×10^{-39}	38.30	0
$CdCl_3^- \rightleftharpoons CdCl_2 + Cl^-$	3.89×10^{0}	-0.59	0
$CdCl_2 \rightleftharpoons CdCl^+ + Cl^-$	2.0×10^{-1}	0.70	0
$CdCl^+ \rightleftharpoons Cd^{2+} + Cl^-$	1.0×10^{-2}	2.00	0
$Cd(CN)_4^{2-} \rightleftharpoons Cd(CN)_3^- + CN^-$	6.46×10^{-4}	3.19	0
$Cd(CN)_3^- \rightleftharpoons Cd(CN)_2 + CN^-$	4.79×10^{-5}	4.32	0
$Cd(CN)_2 \rightleftharpoons CdCN^+ + CN^-$	3.80×10^{-5}	4.42	0
$CdCN^+ \rightleftharpoons Cd^{2+} + CN^-$	6.61×10^{-6}	5.18	0
$Cd(CN)_4^{2-} \rightleftharpoons Cd(CN)^{2+} + 4CN^-$	7.66×10^{-18}	17.11	0
$CdI_4^{2-} \rightleftharpoons CdI_3^- + I^-$	7.94×10^{-2}	1.10	0
$CdI_3^- \rightleftharpoons CdI_2 + I^-$	8.32×10^{-2}	1.08	0
$CdI_2 \rightleftharpoons CdI^+ + I^-$	2.29×10^{-2}	1.64	0
$CdI^+ \rightleftharpoons CdI^{2+} + I^-$	5.25×10^{-3}	2.28	0
$CdI_4^{2-} \rightleftharpoons Cd^{2+} + 4I^-$	7.94×10^{-7}	6.10	0
$Cd(NH_3)_4^{2+} \rightleftharpoons Cd(NH_3)_3^{2+} + NH_3$	1.61×10^{-1}	0.79	0
$Cd(NH_3)_3^{2+} \rightleftharpoons Cd(NH_3)_2^{2+} + NH_3$	5.01×10^{-2}	1.30	0
$Cd(NH_3)_2^{2+} \rightleftharpoons Cd(NH_3)^{2+} + NH_3$	1.10×10^{-2}	1.96	0
$Cd(NH_3)^{2+} \rightleftharpoons Cd^{2+} + NH_3$	3.09×10^{-3}	2.51	0
$Cd(NH_3)_4^{2+} \rightleftharpoons Cd^{2+} + 4NH_3$	2.75×10^{-7}	6.56	0
$Co(SCN)_4^{2-} \rightleftharpoons Co(SCN)_3^- + SCN^-$	1.1×10^{-0}	-0.04	0
$Co(SCN)_3^- \rightleftharpoons Co(SCN)_2 + SCN^-$	5.0×10^{-0}	-0.70	0
$Co(SCN)_2 \rightleftharpoons Co(SCN)^+ + SCN^-$	1.0×10^{-0}	-0.00	0
$Co(SCN)^+ \rightleftharpoons Co^{2+} + SCN^-$	1.0×10^{-3}	-3.00	0
$Co(SCN)_4^{2-} \rightleftharpoons Co^{2+} + 4SCN^-$	5.50×10^{-3}	2.26	0
** $Co(CN)_4^{2-} \rightleftharpoons Co^{2+} + 4CN^-$	8.13×10^{-20}	19.09	—
$Co(NH_3)_6^{2+} \rightleftharpoons Co(NH_3)_5^{2+} + NH_3$	5.5×10^{0}	-0.74	0

续上表

配离子解离式	K	pK	离子强度
$Co(NH_3)_5^{2+} \rightleftharpoons Co(NH_3)_4^{2+} + NH_3$	8.71×10^{-1}	0.06	0
$Co(NH_3)_4^{2+} \rightleftharpoons Co(NH_3)_3^{2+} + NH_3$	2.29×10^{-1}	0.64	0
$Co(NH_3)_3^{2+} \rightleftharpoons Co(NH_3)_2^{2+} + NH_3$	1.17×10^{-1}	0.93	0
$Co(NH_3)_2^{2+} \rightleftharpoons Co(NH_3)^{2+} + NH_3$	3.09×10^{-2}	1.51	0
$Co(NH_3)^{+} \rightleftharpoons Co^{2+} + NH_3$	1.02×10^{-2}	1.99	0
$Co(NH_3)_6^{2+} \rightleftharpoons Co^{2+} + 6NH_3$	4.07×10^{-5}	4.39	0
$^{*}Co(NH_3)_6^{2+} \rightleftharpoons Co^{2+} + 6NH_3$	6.3×10^{-36}	35.2	0
$Cu(CN)_4^{3-} \rightleftharpoons Cu(CN)_3^{2-} + CN^-$	2.0×10^{-2}	1.70	0
$Cu(CN)_3^{2-} \rightleftharpoons Cu(CN)_2^{-} + CN^-$	2.57×10^{-5}	4.59	0
$Cu(CN)_2^{-} \rightleftharpoons Cu^{+} + 2CN^-$	1.0×10^{-24}	24.00	0
$Cu(CN)_4^{3-} \rightleftharpoons Cu^{+} + 4CN^-$	5.13×10^{-31}	30.29	0
$^{*}Cu(C_4H_4O_6)_4^{6-} \rightleftharpoons Cu^{2+} + 4C_4H_4O_6^{2-}$	3.09×10^{-7}	6.51	
$Cu(NH_3)_4^{2+} \rightleftharpoons Cu(NH_3)_3^{2+} + NH_3$	1.07×10^{-2}	1.97	0
$Cu(NH_3)_3^{2+} \rightleftharpoons Cu(NH_3)_2^{2+} + NH_3$	1.86×10^{-3}	2.73	0
$Cu(NH_3)_2^{2+} \rightleftharpoons Cu(NH_3)^{2+} + NH_3$	4.57×10^{-4}	3.34	0
$Cu(NH_3)^{2+} \rightleftharpoons Cu^{2+} + NH_3$	1.02×10^{-4}	3.99	0
$Cu(NH_3)_4^{2+} \rightleftharpoons Cu^{2+} + 4NH_3$	9.33×10^{-13}	12.03	0
$Fe(CN)_6^{4-} \rightleftharpoons Fe^{2+} + 6CN^-$	1.0×10^{-24}	24.00	0
$^{*}Fe(C_2O_4)_3^{4-} \rightleftharpoons Fe^{2+} + 3C_2O_4^{2-}$	6.03×10^{-6}	5.22	
$^{*}Fe(NH_3)_2^{2+} \rightleftharpoons Fe^{2+} + 2NH_3$	6.31×10^{-3}	2.20	
$Fe(CN)_6^{3-} \rightleftharpoons Fe^{3+} + 6CN^-$	1.0×10^{-31}	31.00	0
$^{*}Fe(C_2O_4)_3^{3-} \rightleftharpoons Fe^{3+} + 3C_2O_4^{2-}$	6.31×10^{-21}	20.20	
$Fe(NCS)_2^{+} \rightleftharpoons Fe(NCS)^{2+} + NCS^-$	5.01×10^{-2}	1.30	0
$Fe(NCS)^{2+} \rightleftharpoons Fe^{3+} + NCS^-$	9.33×10^{-4}	3.03	0
$^{**}Fe(NCS)_5^{2-} \rightleftharpoons Fe^{3+} + 5NCS^-$	9.52×10^{-7}	6.02	
$FeF_3 \rightleftharpoons FeF_2^{+} + F^-$	1.23×10^{-3}	2.91	0
$FeF_2^{+} \rightleftharpoons FeF^{2+} + F^-$	1.20×10^{-4}	3.92	0
$FeF^{2+} \rightleftharpoons FeF^{3+} + F^-$	6.76×10^{-6}	5.17	0
$^{*}FeF_3 \rightleftharpoons FeF^{3+} + 3F^-$	9.98×10^{-13}	12.00	0
$^{**}FeY^{2-} \rightleftharpoons Fe^{2+} + Y^{4-}$	7.09×10^{-26}	25.15	
$HgCl_4^{2-} \rightleftharpoons HgCl_3^{-} + Cl^-$	8.91×10^{-2}	1.05	0
$HgCl_3^{-} \rightleftharpoons HgCl_2 + Cl^-$	1.12×10^{-1}	0.95	0
$HgCl_2 \rightleftharpoons HgCl^{+} + Cl^-$	3.31×10^{-7}	6.48	0
$HgCl^{+} \rightleftharpoons Hg^{2+} + Cl^-$	1.82×10^{-7}	6.74	0
$HgCl_4^{2-} \rightleftharpoons Hg^{2+} + 4Cl^-$	6.03×10^{-16}	15.22	0
$Hg(CN)_4^{2-} \rightleftharpoons Hg(CN)_3^{-} + CN^-$	1.05×10^{-3}	2.98	0
$Hg(CN)_3^{-} \rightleftharpoons Hg(CN)_2 + CN^-$	1.48×10^{-4}	3.83	0
$Hg(CN)_2 \rightleftharpoons Hg(CN)^{+} + CN^-$	2.00×10^{-17}	16.70	0
$Hg(CN)^{+} \rightleftharpoons Hg^{2+} + CN^-$	1.0×10^{-18}	18.00	0
$Hg(CN)_4^{2-} \rightleftharpoons Hg^{2+} + 4CN^-$	3.02×10^{-42}	41.52	0
$Hg(SCN)_4^{2-} \rightleftharpoons Hg^{2+} + 4SCN^-$	1.29×10^{-22}	21.89	0
$HgI_4^{2-} \rightleftharpoons HgI_3^{-} + I^-$	4.27×10^{-3}	2.37	0

续上表

配离子解离式	K	pK	离子强度
$HgI_3^- \rightleftharpoons HgI_2+I^-$	2.14×10^{-4}	3.67	0
$HgI_2 \rightleftharpoons HgI^+ + I^-$	1.12×10^{-11}	10.95	0
$HgI^+ \rightleftharpoons Hg^{2+} + I^-$	1.35×10^{-13}	12.87	0
$HgI_4^{2-} \rightleftharpoons Hg^{2+} + 4I^-$	1.38×10^{-30}	29.86	0
** $HgS_2^{2-} \rightleftharpoons HgS+S^{2-}$	2.69×10^{-1}	0.57	
* $I_3^- \rightleftharpoons I_2+I^-$	1.3×10^{-3}	2.89	0
* $Ni(en)_3^{2+} \rightleftharpoons Ni^{2+}+3en$	4.68×10^{-19}	18.33	
* $NiL_2 \rightleftharpoons NiL^+ + L^-$	6.92×10^{-12}	11.16	
* $Ni(NH_3)_6^{2+} \rightleftharpoons Ni^{2+}+6NH_3$	1.82×10^{-9}	8.74	
* $Pb(Ac)_4^{2-} \rightleftharpoons Pb^{2+}+4Ac^-$	3.16×10^{-9}	8.50	0
* $PbCl_4^{2-} \rightleftharpoons Pb^{2+}+4Cl^-$	2.5×10^{-3}	1.60	0
$SnCl_4^{2-} \rightleftharpoons Sn^{2+}+4Cl^-$	3.3×10^{-2}	1.48	0
** $SnCl_6^{2-} \rightleftharpoons Sn^{4+}+6Cl^-$	1.5×10^{-1}	0.82	
$Zn(CN)_4^{2-} \rightleftharpoons Zn^{2+}+4CN^-$	1.0×10^{-16}	16.00	0
$Zn(SCN)_4^{2-} \rightleftharpoons Zn^{2+}+4SCN^-$	5.0×10^{-2}	1.30	0
$Zn(NH_3)_4^{2+} \rightleftharpoons Zn(NH_3)_3^{2+}+NH_3$	1.1×10^{-2}	1.96	0
$Zn(NH_3)_3^{2+} \rightleftharpoons Zn(NH_3)_2^{2+}+NH_3$	4.90×10^{-3}	2.31	0
$Zn(NH_3)_2^{2+} \rightleftharpoons Zn(NH_3)^{2+}+NH_3$	5.62×10^{-3}	2.25	0
$Zn(NH_3)^{2+} \rightleftharpoons Zn^{2+}+NH_3$	6.61×10^{-3}	2.18	0
$Zn(NH_3)_4^{2+} \rightleftharpoons Zn^{2+}+4NH_3$	2.00×10^{-9}	8.70	0

说明：Y^{4-}代表 EDTA 的酸根，en 代表乙二胺，HL 代表丁二酮肟

资料来源：大部分摘自张向宇等编. 实用化学手册. 国防工业出版社，1986

有“*”者摘自 Lange's Handbook of Chemistry, Thirteen Edition, 1985

有“**”者摘自 Stability Constants of Metal—ion Complexes. Supplement No1. 1971

五、某些物质的热力学函数

（压力 1.013 25×10^{5}Pa，298.15 K）

物　质	$\Delta_f H_m^\ominus$ /kJ·mol^{-1}	$\Delta_f G_m^\ominus$ /kJ·mol^{-1}	$S^\ominus$ /J·K^{-1}·mol^{-1}	物　质	$\Delta_f H_m^\ominus$ /kJ·mol^{-1}	$\Delta_f G_m^\ominus$ /kJ·mol^{-1}	$S^\ominus$ /J·K^{-1}·mol^{-1}
Ag(s)	0	0	42.55	$Al(OH)_3$(沉淀)	−1 276.12		
Ag^+(aq)	105.58	77.12	72.68	Al_2S_3(s)	−723.83		
AgBr(s)	−100.37	−96.90	107.11	$Al_2(SO_4)_3$(s)	−3 440.84	−3 100.13	239.32
AgCl(s)	−127.07	−109.80	96.22	$Al_2(SO_4)_3$(aq)	−3 790.71	−3 204.94	−583.25
*$Ag_2C_2O_4$(s)	−673	−584	209	$Al_2(SO_4)_3 \cdot 6H_2O$(s)	−5 311.71	−4 622.57	469.03
*Ag_2CrO_4(s)	−732	−642	218	As(s,a,灰)	0	0	35.15
AgF(s)	−204.60			*As_2O_3(s)	−657	−578	107
AgI(s)	−61.84	−66.19	115.48	As_2O_5(s)	−924.87	−782.40	105.44
$AgNO_3$(s)	−124.39	−33.47	140.92	As_2S_3(s)	−169.03	−168.61	163.59
$Ag(NH_3)_2^+$(aq)	−111.29	−17.24	245.18	*As_2S_5(s)	−146		
Ag_2O(s)	−31.05	−11.21	121.34	B(s)	0	0	5.86
Ag_3PO_4(s)		−878.64		B_2O_3(s)	−1 272.77	−1 193.69	53.97
Ag_2S(s)	−32.59	−40.67	144.01	$B(OH)_4^-$(aq)	−1 344.02	−1 153.32	102.51
Ag_2SO_4(s)	−715.88	−618.48	200.41	Ba^{2+}(aq)	−537.64	−560.74	9.62
Al(s)	0	0	28.32	$BaCl_2$(s)	−858.57	−810.44	123.68
Al^{3+}(aq)	−531.37	−485.34	−321.75	$BaCl_2 \cdot 2H_2O$(s)	−1 460.13	−1 296.45	202.92
$AlCl_3$(aq)	−583.25			BaC_2O_4(s)	−1 368.59		
$AlCl_3$(s)	−704.17	−628.85	110.67	$BaCrO_4$(s)	−1 445.99	−1 345.28	1 585.74
$AlCl_3 \cdot 6H_2O$(s)	−2 691.57			$Ba(NO_3)_2$(s)	−992.06	−769.72	213.80
Al_2O_3(s,刚玉)	−1 675.69	−1 582.39	50.92	$Ba(NO_3)_2$(aq)	−952.36	−783.41	302.50

续上表

物　质	$\Delta_f H_m^\ominus$ /kJ·mol^{-1}	$\Delta_f G_m^\ominus$ /kJ·mol^{-1}	$S^\ominus$ /J·K^{-1}·mol^{-1}	物　质	$\Delta_f H_m^\ominus$ /kJ·mol^{-1}	$\Delta_f G_m^\ominus$ /kJ·mol^{-1}	$S^\ominus$ /J·K^{-1}·mol^{-1}
*BaO(s)	−554	−525	70	BrO_3^-(aq)	−68.19	18.49	161.71
BaO_2(s)	−634.29			CCl_4(l)	−135.44	−65.27	216.39
$Ba(OH)_2$(s)	−944.75			CH_3OH(aq)	−245.93	−175.39	133.05
BaS(s)	−460.24	−456.05	78.24	C_2H_5OH(l)	−277.69	−174.89	160.67
$BaSO_4$(s)	−1 473.19	−1 362.31	132.21	CH_3COOH(aq)	−486.01	−369.41	86.60
Be(s)	0	0	9.50	HCOOH(l)	−424.72	−361.41	128.95
Be^{2+}(aq)	−382.84	−379.69	−129	CO(g)	−110.68	−137.15	197.56
$BeCl_2$(s)	−490.36	−445.59	82.67	CO_2(g)	−393.51	−394.36	213.63
BeF_2(s,石英)	−1 026.75	−979.47	53.35	CO_2(aq)	−413.79	−386.00	117.57
$Be(NO_3)_2$(aq)	−799.14			CO_3^{2-}(aq)	−677.14	−527.90	−56.90
BeO(s)	−609.61	−580.32	14.15	$C_2O_4^{2-}$(aq)	−825.08	−674.04	45.60
$Be(OH)_2$(s)	−902.49	−815.04	51.88	CS_2(l)	89.70	65.27	216.39
$BeSO_4$(s,四方晶)	−1 205.20	−1 093.86	77.91	Ca(s)	0	0	41.42
Bi(s)	0	0	56.73	Ca^{2+}(aq)	−542.83	−553.54	−53.14
Bi^{3+}(aq)		82.84		$CaCl_2$(s)	−795.79	−748.09	104.6
$BiCl_3$(s)	−379.07	−315.05	176.98	$CaCO_3$(s,方解石)	−1 203.92	−1 128.84	92.88
Bi_2O_3(s)	−573.87	−493.71	151.46	CaC_2O_4(s)	−1 360.63		
$Bi(OH)_3$(s)	−711.28			CaF_2(s)	−1 219.64	−1 167.34	68.87
BiOCl(s)	−366.94	−322.17	120.50	$Ca(OCl)_2$(s)	−754.37		
BiO^+(aq)		−146.44		$Ca(OH)_2$(s)	−986.09	−898.55	83.39
Bi_2S_3(s)	−143.09	−140.58	200.41	CaO(s)	−635.09	−604.40	39.74
Br_2(g)	30.91	3.14	245.35	$Ca_3(PO_4)_2$(s)	−4 120.82	−3 884.84	235.98
Br_2(l)	0	0	152.23	$CaSO_4$(s,无水)	−1 434.10	−1 321.85	106.69
Br^-(aq)	−121.55	−103.97	82.42	$CaSO_4\cdot 1/2H_2O$(s)	−1 576.74	−1 436.83	130.54
BrO^-(aq)	−94.14	−33.47	41.84	$CaSO_4\cdot 2H_2O$(s)	−2 022.63	−1 797.45	194.17

续上表

物质	$\Delta_f H_m^\ominus$ /kJ·mol^{-1}	$\Delta_f G_m^\ominus$ /kJ·mol^{-1}	$S^\ominus$ /J·K^{-1}·mol^{-1}	物质	$\Delta_f H_m^\ominus$ /kJ·mol^{-1}	$\Delta_f G_m^\ominus$ /kJ·mol^{-1}	$S^\ominus$ /J·K^{-1}·mol^{-1}
Cd^{2+}(aq)	−75.89	−77.58	−73.22	Cr^{3+}(aq)	5648.4		
$CdCl_2$(s)	−391.49	−343.96	115.27	$CrCl_3$(s)	−395.39	−356.06	115.31
$CdCl_2$(aq)	−410.19	−340.10	39.75	CrO_2(s)	−1 139.72	−1 058.13	81.17
$CdCO_3$(s)	−750.61	−669.44	92.46	CrO_3(s)	−589.53		
$Cd(OH)_2$(s)	−560.65	−473.62	96.23	CrO_4^{2-}(aq)	−881.15	−727.85	50.21
$Cd(NO_3)_2$(s)	−456.30			$Cr_2O_7^{2-}$(aq)	−1 490.34	−1 301.22	261.92
CdO(s)	−258.15	−228.44	54.81	Cu(s)	0	0	33.15
CdS(s)	−161.92	−156.48	64.85	Cu^+(aq)	71.67	50.00	40.58
$CdSO_4$(s)	−933.28	−822.19	−53.13	Cu^{2+}(aq)	64.77	65.52	−99.58
Cl_2(g)	0	0	222.95	$CuCl_2$(s)	−220.08	−175.73	108.07
Cl^-(aq)	−167.16	−131.26	56.48	**$CuCO_3$(s)	−595	−518	88
ClO^-(aq)	−107.11	−36.82	41.84	$CuCO_3 \cdot Cu(OH)_2$(s)	−1 051.44	−893.70	186.19
Cl_2O(g)	80.33	97.90	266.10	CuI(s)	−67.78	−69.45	96.65
ClO_2^-(aq)	−66.53	17.15	101.25	$Cu(IO_3)_2$(aq)	−377.82	−190.37	137.24
ClO_2(g)	102.51	120.50	256.73	$Cu(IO_3)_2 \cdot H_2O$(s)	−692.03	−468.61	247.27
ClO_3^-(aq)	−99.16	−3.35	162.34	Cu_2O(s)	−168.62	−146.02	93.14
ClO_4^-(aq)	−129.33	−8.62	182.42	CuO(s)	−157.32	−129.70	42.63
Co^{2+}(aq)	−53.16	−54.39	−112.97	$Cu(OH)_2$(s)	−449.78		
$CoCl_2$(s)	−312.54	−269.87	109.16	$Cu(NO_3)_2$(s)	−302.92		
$CoCl_2 \cdot 6H_2O$(s)	−2 115.43	−1 725.48	343.08	$[Cu(NH_3)_4]^{2+}$(aq)	−384.53	−111.29	273.63
$Co(NO_3)_2$(s)	−420.49			CuS(s)	−53.14	−53.56	66.53
$[Co(NH_3)_6]^{2+}$(aq)	−189.54			$CuSO_4$(s)	−771.36	−661.90	108.78
$[Co(NH_3)_6]^{3+}$(aq)	−584.92	−162.76	167.36	$CuSO_4 \cdot 5H_2O$(s)	−2 279.65	−1 880.05	300.41
$CoSO_4$(s)	−888.26	−782.40	117.99	F_2(g)	0	0	202.67
Cr(s)	0	0	23.77	F^-(aq)	−332.63	−278.82	−13.80

续上表

物质	$\Delta_f H_m^\ominus$ /kJ·mol⁻¹	$\Delta_f G_m^\ominus$ /kJ·mol⁻¹	$S^\ominus$ /J·K⁻¹·mol⁻¹	物质	$\Delta_f H_m^\ominus$ /kJ·mol⁻¹	$\Delta_f G_m^\ominus$ /kJ·mol⁻¹	$S^\ominus$ /J·K⁻¹·mol⁻¹
Fe(s)	0	0	27.28	$HClO_4$(aq)	−129.33	−8.62	182
Fe^{2+}(aq)	−89.12	−75.94	−137.65	HCO_3^-(aq)	−691.99	−586.85	91.21
Fe^{3+}(aq)	−48.50	−4.6	−315.89	H_2CO_3(aq)	−699.64	−623.16	187.44
$FeCl_2$(s)	−341.79	−302.34	117.95	HF(g)	−271.07	−273.22	173.67
$FeCl_3$(s)	−399.40	−334.05	142.25	HI(g)	26.48	1.72	206.48
FeO(s)	−271.96			HIO(aq,不电离)	−138.07	−99.16	95.4
Fe_2O_3(s,铁矿)	−824.25	−742.24	87.40	HIO_3(s)	−230.12		
Fe_3O_4(s,磁铁矿)	−1 118.38	−1 015.16	146.44	H_2MoO_4(s,白)	−1 046		
$Fe(OH)_2$(沉淀)	−569.02	−486.60	87.86	HNO_3(s)	−174.10	−80.79	155.60
$Fe(OH)_3$(沉淀)	−822.99	−696.64	106.09	H_2O(g)	−241.82	−228.59	188.72
$FeSO_4\cdot 7H_2O$(S)	−3 014.57	−2 510.27	409.19	H_2O(l)	−285.83	−237.18	69.91
H_2(g)	0	0	130.57	H_2O_2(l)	−187.78	−120.42	
H^+(aq)	0	0	0	OH^-(aq)	−229.99	−157.29	−10.75
$H_2AsO_3^-$(aq)	−714.79	−587.22	110.46	H_3PO_4(s)	−1 277.37	−1 119.22	110.49
H_3AsO_4(aq)	−909.56	−753.29	117.15	H_2S(g)	−20.63	−33.55	205.68
H_3BO_3(s)	−1 094.32	−969.01	88.83	H_2S(aq)	−39.75	−27.86	121.34
H_3BO_3(aq)	−1 072.32	−968.01	162.34	HSO_4^-(aq)	−887.34	−756.00	131.80
$H_2B_4O_7$(aq)	−2 720.02			H_2SO_4(l)	−813.78	−690.10	156.90
HBr(g)	−36.40	−53.43	198.58	H_2SiO_3(s)	−1 188.67	−1 092.44	133.89
HBr(aq)	−121.54	−103.97	82.42	H_4SiO_4(s)	−1 481.14	−1 333.02	192.46
$HBrO_3$(aq)	−67.07	18.53	161.71	H_2WO_4(s)	−1131.77		
HCl(g)	−92.31	−95.30	186.86	Hg(l)	0	0	76.02
HCl(aq)	−167.16	−131.26	56.48	Hg^{2+}(aq)	171.12	164.43	−32.22
HClO(aq)	−120.92	−79.91	142.26	Hg_2^{2+}(aq)	172.38	153.55	84.52
$HClO_3$(aq)	103.97	−8.03	162.34	$HgCl_2$(s)	−224.26	−178.66	146.02

续上表

物质	$\triangle_f H_m^{\ominus}$ /kJ·mol^{-1}	$\triangle_f G_m^{\ominus}$ /kJ·mol^{-1}	$S^{\ominus}$ /J·K^{-1}·mol^{-1}	物质	$\triangle_f H_m^{\ominus}$ /kJ·mol^{-1}	$\triangle_f G_m^{\ominus}$ /kJ·mol^{-1}	$S^{\ominus}$ /J·K^{-1}·mol^{-1}
Hg_2Cl_2(s)	−265.22	−210.78	192.46	KI(s)	−327.9	−324.89	106.32
HgI_2(s,红色)	−105.44	−101.67	179.91	KIO_3(s)	−501.37	−418.40	151.46
*$Hg_2(NO_2)_2 \cdot 2H_2O$(s)	−868			$KMnO_4$(s)	−837.22	−737.64	171.71
*$Hg(NO_3)_2 \cdot \frac{1}{2}H_2O$(s)	−392			KNO_3(s)	−494.63	−394.93	133.05
HgO(s,红色)	−90.83	−58.55	70.29	K_2O(s)	−361.50		
HgO(s,黄色)	−90.45	−58.43	71.13	KOH(s)	−424.76	−379.11	78.87
HgS(s,红色)	−58.16	−50.63	82.42	Li(g)	159.37	126.69	138.66
HgS(s,黑色)	−53.55	−47.70	88.28	Li(s)	0	0	29.12
I_2(g)	62.44	19.36	260.58	Li^+(aq)	−278.44	−293.80	14.20
I_2(s)	0	0	116.14	LiCl(s)	−408.61	−384.38	59.33
I_2(aq)	22.59	16.40	137.24	Li_2O(s)	−597.94	−561.20	37.57
I^-(aq)	−55.19	−51.59	111.29	Li_2O_2(s)	−634.30		
I_3^-(aq)	−51.46	−51.46	239.32	Mg(s)	0	0	32.68
IO_3^-(aq)	−221.33	−128.03	118.40	Mg^{2+}(aq)	−406.85	−454.80	−138.07
K(g)	89.24	60.63	160.23	$MgCl_2$(s)	−641.32	−591.83	89.62
K(s)	0	0	64.18	$MgCO_3$(s)	−1 095.79	−1 012.11	65.69
K^+(aq)	−251.21	−282.25	102.50	MgO(s)	−601.70	−569.44	26.94
$KAl(SO_4)_2$(s)	−2 470.23	−2 240.11	204.59	$Mg(OH)_2$(s)	−924.54	−833.57	63.18
$KAl(SO_4)_2 \cdot 12H_2O$(s)	−6 061.77	−5 141.71	687.43	$MgSO_4$(s)	−1 284.91	−1 170.68	91.63
KBr(s)	−393.80	−380.66	95.90	Mn(s)	0	0	32
KCl(s)	−436.75	−409.15	82.59	Mn^{2+}(aq)	−220.75	−228.03	−73.64
$KClO_3$(s)	−397.73	−296.31	143.09	MnO_2(s)	−520.03	−465.18	53.05
$KClO_4$(s)	432.75	−303.17	151.04	$Mn(OH)_2$(沉淀)	−695.38	−615.05	99.16
K_2CrO_4(s)	−1 403.73	−1 295.78	200.12	MnO_4^-(aq)	−541	−447	191
$K_2Cr_2O_7$(s)	−2 064.45	−1 881.96	288.69	MnS(s,绿)	−214.22	−218.40	78.24

续上表

物　质	$\Delta_f H_m^\ominus$ /kJ·mol^{-1}	$\Delta_f G_m^\ominus$ /kJ·mol^{-1}	$S^\ominus$ /J·K^{-1}·mol^{-1}	物　质	$\Delta_f H_m^\ominus$ /kJ·mol^{-1}	$\Delta_f G_m^\ominus$ /kJ·mol^{-1}	$S^\ominus$ /J·K^{-1}·mol^{-1}
$MnSO_4$(s)	−1 065.24	−957.42	112.13	$Na_2S_2O_3$(s)	−1 122.98	−1 028.00	154.81
MoO_3(s)	−745.08	−668.02	77.74	Ni^{2+}(aq)	−53.97	−45.60	−128.86
MoO_4^{2-}(aq)	−997.88	−836.38	27.20	$NiCl_2$(s)	−305.33	−259.06	97.65
N_2(g)	0	0	191.50	$Ni(OH)_2$(s)	−529.69	−447.26	87.86
Na(s)	0	0	51.00	$Ni(NO_3)_2$(s)	−415.05		
Na^+(aq)	−239.66	−261.88	60.20	$NiSO_4$(s)	−872.90	−759.81	92.04
$Na_2B_4O_7$(s)	−329.13	−3 096.16	189.82	NH_3(g)	−46.11	−16.48	192.34
NaBr(s)	−361.06	−348.98	86.82	NH_3(aq)	−80.29	−26.57	111.29
NaCl(s)	−411.15	−384.15	72.13	NH_4Cl(s)	−314.43	−202.97	94.56
NaClO(s)	−347.27	−298.74	100.42	$(NH_4)_2Cr_2O_7$(s)	−1 806.65		
$NaClO_3$(s)	−365.77	−262.32	123.42	NH_4I(s)	−201.42	−112.55	117.15
$NaClO_4$(s)	−388.29	−254.93	142.25	NH_4NO_3(s)	−365.56	−184.04	151.08
$Na_2C_2O_4$(s)	−1 317.96			$(NH_4)_2SO_4$(s)	−885.33		
Na_2CO_3(s)	−1 130.68	−1 044.49	134.97	*NH_4SCN(s)	−79		
$NaHCO_3$(s)	−950.18	−851.02	101.67	*$(NH_4)_2S_2O_8$(s)	−1 643		
Na_2CrO_4(s)	−1 342.22	−1 234.99	176.60	NO(g)	90.25	86.57	210.65
$Na_2Cr_2O_7$(s)	−1 978.61			NO_2(g)	33.18	51.30	239.95
$NaNO_3$(s)	−467.85	−367.06	116.52	N_2O(g)	82.00	104.18	219.74
Na_2O(s)	−414.26	−375.47	75.06	NO_2^-(aq)	−104.60	−32.22	123.00
NaO_2(s)	−260.24	−218.4	115.9	N_2O_4(g)	9.16	97.82	304.18
Na_2O_2(s)	−510.87	−447.69	94.98	NO_3^-(aq)	−207.36	−111.37	146.44
NaOH(s)	−425.61	−379.53	64.45	O_2(g)	0	0	205.03
Na_2SO_3(s)	−1 100.81	−1 012.52	145.94	O_3(g)	142.67	163.18	238.82
Na_2SO_4(s)	−1 387.07	−1 270.22	149.58	P(s,白)	0	0	41.09
$Na_2SO_4 \cdot 10H_2O$(s)	−4 327.26	−3 647.40	592.04	P(s,红)	−17.57	−12.13	22.80

续上表

物　质	$\Delta_f H_m^{\ominus}$ /kJ·mol^{-1}	$\Delta_f G_m^{\ominus}$ /kJ·mol^{-1}	$S^{\ominus}$ /J·K^{-1}·mol^{-1}	物　质	$\Delta_f H_m^{\ominus}$ /kJ·mol^{-1}	$\Delta_f G_m^{\ominus}$ /kJ·mol^{-1}	$S^{\ominus}$ /J·K^{-1}·mol^{-1}
PCl_3(l)	−319.66	−272.38	217.15	SO_4^{2-}(aq)	−909.27	−744.63	20.08
PCl_5(s)	−443.50			$S_2O_3^{2-}$(aq)	−652.28		
PH_3(g)	5.44	13.39	210.12	$S_2O_8^{2-}$(aq)	−1 338.88	−1 110.43	248.11
P_4O_6(s)	−1 640.12			** $S_4O_6^{2-}$(aq)	−686	−577	240
P_4O_{10}(s,六方)	−2 984.03	−2 697.84	228.86	$SbCl_3$(s)	−382.17	−323.72	184.10
*PO_4^{3-}(aq)	−1 290	−1 032	−222	SbO^+(aq)		−177.11	
Pb(s)	0	0	64.81	Sb_2O_3(s)	−907.51	−795.80	127.19
Pb^{2+}(aq)	1.67	−24.39	10.46	Si(s)	0	0	18.83
$PbCl_2$(s)	−359.41	−317.90	135.98	$SiCl_4$(l)	−687.01	−619.90	239.74
$PbCrO_4$(s)	−930.94			SiF_4(g)	−1 614.94	−1 572.68	282.38
PbO(s,黄色)	−215.33	−187.90	68.70	SiF_4(aq)		−1 607.49	
PbO(s,红色)	−218.99	−188.95	66.52	SiO_2(s,石英)	−910.94	−856.67	41.84
Pb_3O_4(s)	−718.39	−601.24	221.29	Sn(s,白)	0	0	51.55
PbO_2(s)	−277.40	−217.36	68.62	Sn(s,灰)	−2.09	0.13	44.14
$Pb(OH)_2$(s)		−452.29		$SnCl_4$(l)	−511.28	−440.15	258.57
*$Pb(NO_3)_2$(s)	−456			SnO(s)	−285.77	−256.9	56.48
PbS(s)	−100.42	−98.74	91.21	SnO_2(s)	−580.74	−519.65	52.3
$PbSO_4$(s)	−919.94	−813.20	148.57	SnS(s)	−100.42	−98.32	76.98
S(s,斜方)	0	0	31.80	SnS_2(s)			87.44
S(s,单斜)	0.33			Sr^{2+}(aq)	−545.80	−559.44	−32.64
S^{2-}(aq)	33.1	85.80	−14.6	$SrCO_3$(s)	−1 220.05	−1 140.14	97.07
SO_2(g)	−296.83	−300.19	248.11	SrC_2O_4(s)	−1 370.68		
SO_2(l)	−320.49			$Sr(NO_3)_2$(s)	−978.22	−780.15	194.55
SO_3(g)	−395.72	−371.08	256.65	$SrSO_4$(s)	−1 453.10	−1 340.97	117.15
SO_3^{2-}(aq)	−635.55	−486.60	−29.29	$TiCl_4$(l)	−804.16	−737.22	252.34

续上表

物　　质	$\Delta_f H_m^\ominus$ /kJ · mol^{-1}	$\Delta_f G_m^\ominus$ /kJ · mol^{-1}	$S^\ominus$ /J · K^{-1} · mol^{-1}	物　　质	$\Delta_f H_m^\ominus$ /kJ · mol^{-1}	$\Delta_f G_m^\ominus$ /kJ · mol^{-1}	$S^\ominus$ /J · K^{-1} · mol^{-1}
TiO_2(s,金红石)	−944.75	−889.52	50.63	Zn^{2+}(aq)	−153.88	−147.02	−112.13
V_2O_5(s)	−1 550.59	−1 419.63	130.96	$ZnCl_2$(s)	−415.05	−369.43	111.46
W(s)	0	0	32.64	ZnO(s)	−348.28	−318.32	43.64
WO_3(s)	−842.87	−74.08	75.90	ZnS(s,闪锌矿)	−205.98	−201.28	57.74
WO_4^{2-}(aq)	−1 075.71			$ZnSO_4$(s)	−982.82	−874.45	119.66
Zn(s)	0	0	41.63	$ZnSO_4 \cdot 7H_2O$(s)	−3 077.75	−2 563.08	338.09

说明:表中(g)、(l)、(s)和(aq)分别表示气态、液态、固态和水溶液

资料来源:R. C. Weast, Handbook of Chemistry and Physics, 68th edition (1987−1988),并根据 1 cal=4.184J 换算而得

有“*”数据摘自[澳]G. H. 艾尔沃德、T. J. V. 芬德利编,周宁怀译. SI 化学数据表. 高等教育出版社,1985

有“**”数据摘自印永嘉主编. 物理化学简明手册. 高等教育出版社,1988

六、某些水合离子的$\triangle_f H_m^\ominus$ (kJ/mol)、$\triangle_f G_m^\ominus$ (kJ/mol) 及$S^\ominus$(J/(K·mol))

水合离子	$\triangle_f H_m^\ominus$	$\triangle_f G_m^\ominus$	$S^\ominus$
Ag^+	105.90	77.11	73.93
$Ag(NH_3)_2^+$	−111.81	−17.41	241.84
Al^{3+}	−542.67	−481.16	313.38
Au^+		163.18	
Ba^{2+}	−538.36	−560.66	12.55
Be^{2+}	−389.11	−356.48	(−230.12)
BiO^+		−144.52	
Br^-	−120.92	102.82	80.71
Ca^{2+}	−542.96	−553.04	−55.23
Cd^{2+}	−72.38	−77.74	61.09
$Cd(NH_3)_4^{2+}$		−224.81	
Cl^-	−167.46	−131.17	55.23
ClO_3^-	−98.32	−2.60	163.17
ClO_4^-	−131.42	−10.33	180.75
Co^{2+}	(−59.41)	−53.56	(−112.97)
Cr^{2+}	−138.91	−176.15	
Cr^{3+}	−256.06(?)	−215.48	−307.52
CrO_4^{2-}	−894.33	−736.80	38.49
$Cr_2O_7^{2-}$	−1 522.98	−1 319.63	213.80
Cu^+	51.88	50.21	−26.36
Cu^{2+}	64.39	64.98	−99.74
$Cu(NH_3)_4^{2+}$	−334.30	−170.7	
$Co(NH_3)_6^{3+}$		−230.96	
CO_3^{2-}	−676.26	−528.10	53.14
HCO_3^-	−691.11	−587.06	94.98
$C_2O_4^{2-}$	−818.81	−666.93	44.35
F^-	−329.11	−276.48	9.62
Fe^{2+}	−87.86	−84.94	113.39
Fe^{3+}	−47.70	−10.59	293.30
H^+	0	0	0
Hg_2^{2+}		152.09	
Hg^{2+}	174.01	164.77	22.59
I^-	−55.94	−51.67	109.37
I_3^-	−51.88	−51.51	238.91
K^+	−251.21	−282.25	102.51
Li^+	−278.46	−293.80	14.23

续上表

水合离子	$\Delta_f H_m^{\ominus}$	$\Delta_f G_m^{\ominus}$	$S^{\ominus}$
Mg^{2+}	−461.96	−456.01	−117.99
Mn^{2+}	−223.01	−227.61	83.68
MnO_4^-	−542.67	−449.36	189.95
NH_4^+	−132.80	−79.50	112.84
Na^+	−239.66	−261.87	60.25
Ni^{2+}	−64.02	−48.24	
$Ni(NH_3)_4^{2+}$		−196.23	
NO_2^-	−106.27	−34.52	125.10
NO_3^-	−206.57	−110.58	146.44
OH^-	−229.48	−157.30	10.5
Pb^{2+}	−1.63	−24.31	21.34
PO_4^{3-}	−1 284.07	−1 025.50	−217.57
S^{2-}	35.82	92.47	−26.78
SO_3^{2-}	−635.55	−485.76	29.29
SO_4^{2-}	−907.51	−741.99	17.15
SeO_3^{2-}	−512.08	−373.76	16.32
SeO_4^{2-}	−607.94	−441.08	23.85
SiF_6^{2-}	−2 336.35	−2 138.02	50.21
Sn^{2+}	−10.00	−26.25	24.69
Sr^{2+}	−545.51	−557.31	39
Tl^+	5.77	−32.45	127.19
Tl^{3+}	195.81	209.20	(175.73)
Zn^{2+}	−152.42	−147.21	106.48
$Zn(NH_3)_4^{2+}$		−307.52	

七、元素的电负性 X

								H 2.1								
Li 1.0	Be 1.5											B 2.0	C 2.5	N 3.0	O 3.5	F 4.0
Na 0.9	Mg 1.2											Al 1.5	Si 1.8	P 2.1	S 2.5	Cl 3.0
K 0.8	Ca 1.0	Sc 1.3	Ti 1.5	V 1.6	Cr 1.6	Mn 1.5	Fe 1.8	Co 1.9	Ni 1.9	Cu 1.9	Zn 1.6	Ga 1.6	Ge 1.8	As 2.0	Se 2.4	Br 2.8
Rb 0.8	Sr 1.0	Y 1.2	Zr 1.4	Nb 1.6	Mo 1.8	Tc 1.9	Ru 2.2	Rh 2.2	Pd 2.2	Ag 1.9	Cd 1.7	In 1.7	Sn 1.8	Sb 1.9	Te 2.1	I 2.5
Cs 0.7	Ba 0.9	La—Lu 1.0—1.2	Hf 1.3	Ta 1.5	W 1.7	Re 1.9	Os 2.2	Ir 2.2	Pt 2.2	Au 2.4	Hg 1.9	Tl 1.8	Pb 1.9	Bi 1.9	Po 2.0	At 2.2
Fr 0.7	Ra 0.9	Ac 1.1														

资料来源:L. Pauling and P. Pauling,“Chemistry”,1975,P. 175

八、元素的第一电离能 I_1(eV/mol)

H 13.598																	He 24.587
Li 5.392	Be 9.322											B 8.298	C 11.260	N 14.534	O 13.618	F 17.422	Ne 21.564
Na 5.139	Mg 7.646											Al 5.986	Si 8.151	P 10.486	S 10.360	Cl 12.967	Ar 15.759
K 4.341	Ca 6.113	Sc 6.54	Ti 6.82	V 6.74	Cr 6.766	Mn 7.435	Fe 7.870	Co 7.86	Ni 7.635	Cu 7.726	Zn 9.394	Ga 5.999	Ge 7.899	As 9.81	Se 9.752	Br 11.814	Kr 13.999
Rb 4.177	Sr 5.695	Y 6.38	Zr 6.84	Nb 6.88	Mo 7.099	Tc 7.28	Ru 7.37	Rh 7.46	Pd 8.34	Ag 7.576	Cd 8.993	In 5.786	Sn 7.344	Sb 8.641	Te 9.009	I 10.451	Xe 12.130
Cs 3.894	Ba 5.212	La 5.577	Hf 7.0	Ta 7.89	W 7.98	Re 7.88	Os 8.7	Ir 9.1	Pt 9.0	Au 9.225	Hg 10.437	Tl 6.108	Pb 7.416	Bi 7.289	Po 8.42	At	Rn 10.748
Fr	Ra 5.279	Ac 6.9															

资料来源:Robert C. West."CRC Handbook of Chemistry and Physics",63 rd ed.,1988—89,E 78—79。表中数据单位为电子伏特每摩尔(eV/mol),将其乘以 96.484 6(kJ/eV),所得数据单位即为 kJ/mol

九、主族元素的第一电子亲和能 E_{ea_1}

H 72.9							He <0 (−21)
Li 52.9	Be <0 (−240)	B 23	C 122	N 0±20 [−58 −800* −1290**]	O 141 −780*	F 322	Ne <0 (−29)
Na 52.9	Mg <0	Al 44	Si 120	P 74	S 200.4 −590*	Cl 348.7	Ar <0 (−35)
K 48.4	Ca <0 (−156)	Ga 36	Ge 116	As 77	Se 195 −420*	Br 324.5	Kr <0 (−39)
Rb 46.9	Sr —	In 34	Sn 121	Sb 101	Te 190.1	I 295	Xe <0 (−40)
Cs 45.5	Ba (−52)	Tl 50	Pb 100	Bi 100			

说明：表中数据单位为 kJ · mol^{-1}；加括号者为理论计算值，带有“ * ”号或“ * * ”者分别为第二、第三电子亲和能

资料来源：James E. Huheey：“Inorganic Chemistry—Principles of Structrue and Reactivity”(第二版)P. 46，表 2.5 中部分数据

十、键能和键长一览表

键	键能/kJ·mol^{-1}	键长/pm	键	键能/kJ·mol^{-1}	键长/pm
H—H	432.0	74.2	Si—O	452	166
H—F	535.1	91.8	Sn—Sn	146.4	
H—Cl	404.5	127.4	Sn—F(SnF_2)	48	
H—Br	339.1	140.8	Sn—Cl	323	233
H—I	272.2	160.8	Sn—Br	272.8	246
H—O	458.8	96	Pb—F(PbF_2)	394.1	
H—S	363	134	Pb—Cl($PbCl_2$)	303.8	242
H—N	386	101	H_2N—NH_2	247	145
H—P	322	144	N=N	418	125
H—C	411	109	N≡N	941.69	109.8
H—CN	531	106.6	N—F	283	136
H—Si	318	148	N—Cl	201	175
H—Ge	289	153	N—O	201	140
H—Sn	251	170	N=O	607	121
H—B	389	119	P—P(P_4)	201	221
B—B	293		P≡P	481	189.3
B—F	613.1	130	P—F(PF_3)	490	154
B—Cl	456	175	P—Cl(PCl_3)	326	203
B—Br	377	195	P—Br(PBr_3)	264	
C—C	345.6	154	P—O	335	160
C=C	602	134	P=O	≈544	186
C≡C	835.1	120	P=S	≈335	
C—F	485	135	As—As(As_4)	146	243
C—Cl	327.2	177	As≡As	380	
C—Br	285	194	As—F(AsF_3)	484	171.2
C—I	213	214	As—Cl($AsCl_3$)	321.7	216.2
C—N	304.6	147	As—O	301	178
C=N	615		As=O	≈389	
C≡N	887	116	Sb—Sb(Sb_4)	121	
C—O	357.7	143	Sb≡Sb	295.4	
C=O	798.9	120	Sb—F(SbF_3)	≈440	
C≡O	1 071.9	112.8	Sb—Cl($SbCl_3$)	314.6	232
C—S	272	183	Bi—Bi	105	
C=S	573	160	Bi≡Bi	192	
C—Si	318	185	Bi—F(BiF_3)	≈393	
Si—Si	222	235.2	Bi—Cl($BiCl_3$)	274.5	248
Si—F	565	157	HO—OH	207.1	
Si—Cl	381	202	O=O	493.59	
Si—Br	310	216	O—F	189.5	142
Si—I	234	244	S—S(S_8)	226	205

续上表

键	键能/kJ·mol^{-1}	键长/pm	键	键能/kJ·mol^{-1}	键长/pm
S=S	424.7	188.7	Cl—F(ClF_3)	172.4	169.8
S—Cl(S_2Cl_2)	225	207	(ClF)	248.9	162.8
Se=Se	272	215.2	Br—Br	189.1	228.4
Se—F(SeF_6)	284.9		Br—F(BrF_3)	201	
(SeF_4)	310		I—I	148.95	266.6
(SeF_2)	≈351		I—F(IF_7)	231	183
Se—Cl($SeCl_4$)	≈192		(IF_5)	267.8	175.2
F—F	154.8	141.8	(IF_3)	≈272	
Cl—Cl	239.7	198.8	(IF)	277.8	191
Cl—OH	218		Xe—F(XeF_6)	126.2	190
O—ClO	243		(XeF_4)	130.4	195
Cl—F(ClF_5)	≈142		(XeF_2)	130.8	200

十一、常见氧化剂、还原剂的$\triangle G^{\ominus}/F-Z$图

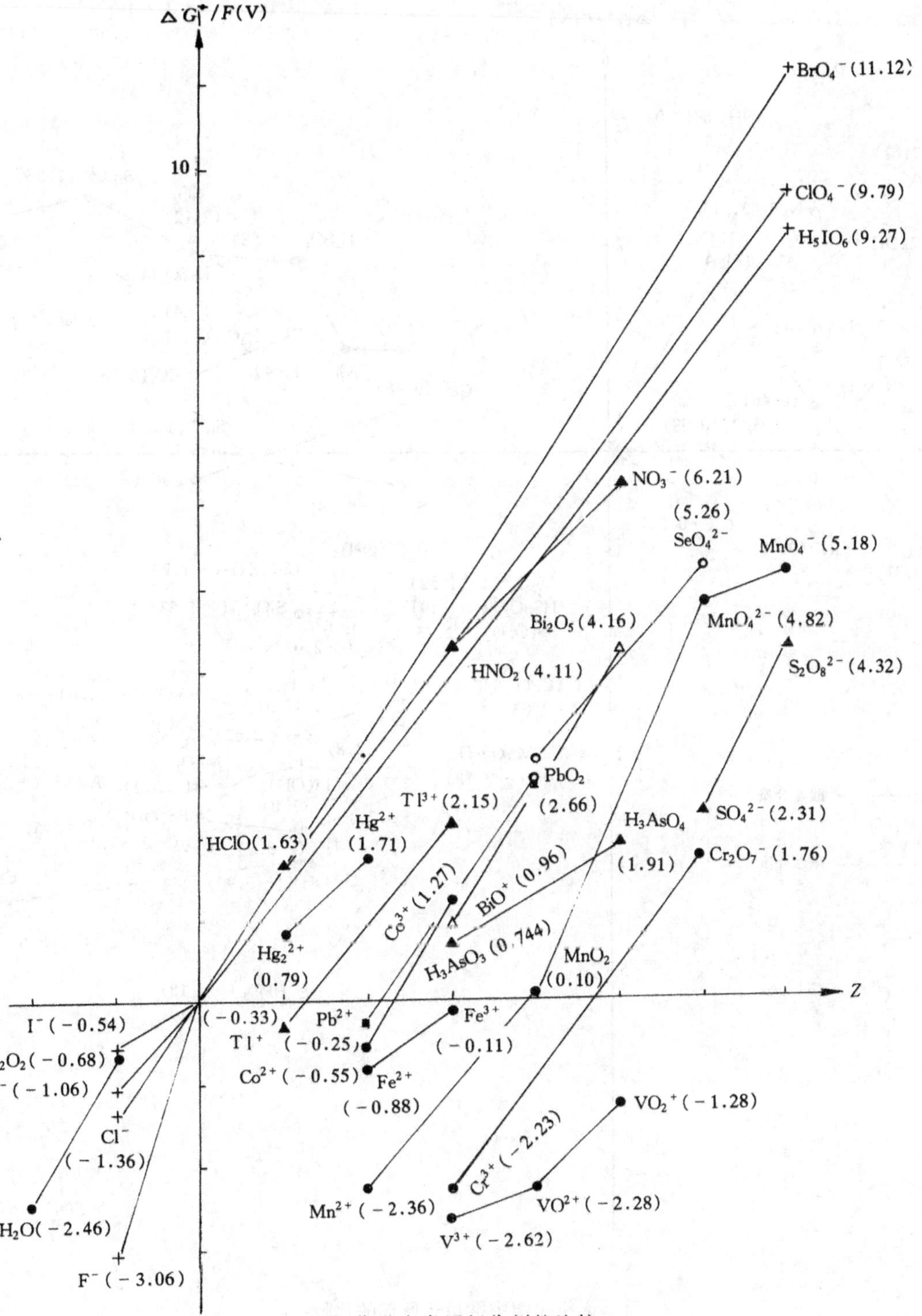

无机化学中常用氧化剂的比较

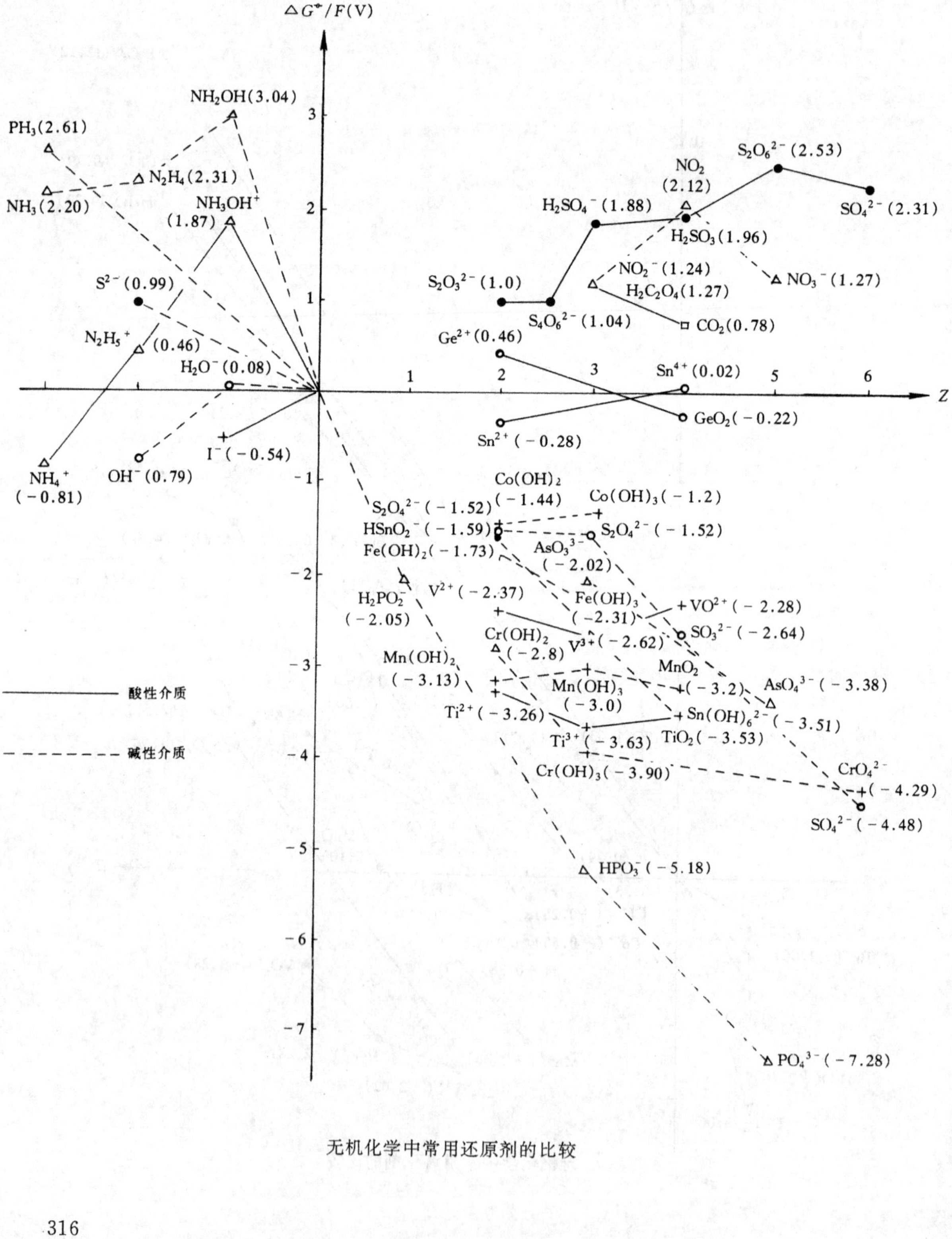

无机化学中常用还原剂的比较

元素周期表

族 / 周期	1 IA	2 IIA	3 IIIB	4 IVB	5 VB	6 VIB	7 VIIB	8 VIIIB	9 VIIIB	10 VIIIB	11 IB	12 IIB	13 IIIA	14 IVA	15 VA	16 VIA	17 VIIA	18 VIIIA	电子层	0族电子数
1	1 H 氢 $1s^1$ 1.008																	He 氦 $1s^2$ 4.003	K	2
2	3 Li 锂 $2s^1$ 6.941	4 Be 铍 $2s^2$ 9.012											5 B 硼 $2s^22p^1$ 10.81	6 C 碳 $2s^22p^2$ 12.01	7 N 氮 $2s^22p^3$ 14.01	8 O 氧 $2s^22p^4$ 16.00	9 F 氟 $2s^22p^5$ 19.00	Ne 氖 $2s^22p^6$ 20.18	L K	8 2
3	11 Na 钠 $3s^1$ 22.99	12 Mg 镁 $3s^2$ 24.31											13 Al 铝 $3s^23p^1$ 26.98	14 Si 硅 $3s^23p^2$ 28.09	15 P 磷 $3s^23p^3$ 30.97	16 S 硫 $3s^23p^4$ 32.07	17 Cl 氯 $3s^23p^5$ 35.45	Ar 氩 $3s^23p^6$ 39.95	M L K	8 8 2
4	19 K 钾 $4s^1$ 39.10	20 Ca 钙 $4s^2$ 40.08	21 Sc 钪 $3d^14s^2$ 44.96	22 Ti 钛 $3d^24s^2$ 47.88	23 V 钒 $3d^34s^2$ 50.94	24 Cr 铬 $3d^54s^1$ 52.00	25 Mn 锰 $3d^54s^2$ 54.94	26 Fe 铁 $3d^64s^2$ 55.85	27 Co 钴 $3d^74s^2$ 58.93	28 Ni 镍 $3d^84s^2$ 58.69	29 Cu 铜 $3d^{10}4s^1$ 63.55	30 Zn 锌 $3d^{10}4s^2$ 65.39	31 Ga 镓 $4s^24p^1$ 69.72	32 Ge 锗 $4s^24p^2$ 72.61	33 As 砷 $4s^24p^3$ 74.92	34 Se 硒 $4s^24p^4$ 78.96	35 Br 溴 $4s^24p^5$ 79.90	Kr 氪 $4s^24p^6$ 83.80	N M L K	8 18 8 2
5	37 Rb 铷 $5s^1$ 85.47	38 Sr 锶 $5s^2$ 87.62	39 Y 钇 $4d^15s^2$ 88.91	40 Zr 锆 $4d^25s^2$ 91.22	41 Nb 铌 $4d^45s^1$ 92.91	42 Mo 钼 $4d^55s^1$ 95.94	43 Tc 锝 $4d^55s^2$ [98]	44 Ru 钌 $4d^75s^1$ 101.1	45 Rh 铑 $4d^85s^1$ 102.9	46 Pd 钯 $4d^{10}$ 106.4	47 Ag 银 $4d^{10}5s^1$ 107.9	48 Cd 镉 $4d^{10}5s^2$ 112.4	49 In 铟 $5s^25p^1$ 114.8	50 Sn 锡 $5s^25p^2$ 118.7	51 Sb 锑 $5s^25p^3$ 121.8	52 Te 碲 $5s^25p^4$ 127.6	53 I 碘 $5s^25p^5$ 126.9	Xe 氙 $5s^25p^6$ 131.3	O N M L K	8 18 18 8 2
6	55 Cs 铯 $6s^1$ 132.9	56 Ba 钡 $6s^2$ 137.3	57–71 La–Lu 镧系	72 Hf 铪 $5d^26s^2$ 178.5	73 Ta 钽 $5d^36s^2$ 180.9	74 W 钨 $5d^46s^2$ 183.9	75 Re 铼 $5d^56s^2$ 186.2	76 Os 锇 $5d^66s^2$ 190.2	77 Ir 铱 $5d^76s^2$ 192.2	78 Pt 铂 $5d^96s^1$ 195.1	79 Au 金 $5d^{10}6s^1$ 197.0	80 Hg 汞 $5d^{10}6s^2$ 200.6	81 Tl 铊 $6s^26p^1$ 204.4	82 Pb 铅 $6s^26p^2$ 207.2	83 Bi 铋 $6s^26p^3$ 209.0	84 Po 钋 $6s^26p^4$ [210.0]	85 At 砹 $6s^26p^5$ [210.0]	氡 $6s^26p^6$ [222.0]	P O N M L K	8 18 32 18 8 2
7	87 Fr 钫 $7s^1$ [223.0]	88 Ra 镭 $7s^2$ 226.0	89–103 Ac–Lr 锕系	104 Unq $(6d^27s^2)$ [261]	105 Unp $(6d^37s^2)$ [252]	106 Unh $(6d^47s^2)$ [263]	107 Uns $(6d^57s^2)$ [262]	108 Uno $(6d^67s^2)$ [265]	109 Une $(6d^77s^2)$ [266]											

图例：

- 原子序数 —— 92
- 元素符号，红色指放射性元素 —— U
- 元素名称，注 * 的是人造元素 —— 铀
- 外围电子的构型，括号指可能的构型 —— $(5f^36d^17s^2)$
- 原子量 —— 238.0

金属　非金属　稀有气体　过渡元素

镧系	57 La 镧 $5d^16s^2$ 138.9	58 Ce 铈 $4f^1d^16s^2$ 140.1	59 Pr 镨 $4f^36s^2$ 140.9	60 Nd 钕 $4f^46s^2$ 144.2	61 Pm 钷 $4f^56s^2$ [144.9]	62 Sm 钐 $4f^66s^2$ 150.4	63 Eu 铕 $4f^76s^2$ 152.0	64 Gd 钆 $4f^75d^16s^2$ 157.3	65 Tb 铽 $4f^96s^2$ 158.9	66 Dy 镝 $4f^{10}6s^2$ 162.5	67 Ho 钬 $4f^{11}6s^2$ 164.9	68 Er 铒 $4f^{12}6s^2$ 167.3	69 Tm 铥 $4f^{13}6s^2$ 168.9	70 Yb 镱 $4f^{14}6s^2$ 173.0	71 Lu 镥 $4f^{14}5d^16s^2$ 175.0
锕系	89 Ac 锕 $6d^17s^2$ 227.0	90 Th 钍 $6d^27s^2$ 232.0	91 Pa 镤 $5f^26d^17s^2$ 231.0	92 U 铀 $5f^36d^17s^2$ 238.0	93 Np 镎 $5f^46d^17s^2$ 237.0	94 Pu 钚 $5f^67s^2$ [239.1]	95 Am 镅* $5f^77s^2$ [243.1]	96 Cm 锔* $5f^76d^17s^2$ [247.1]	97 Bk 锫* $5f^97s^2$ [247.1]	98 Cf 锎* $5f^{10}7s^2$ [252.1]	99 Es 锿* $5f^{11}7s^2$ [252.1]	100 Fm 镄* $5f^{12}7s^2$ [257.1]	101 Md 钔* $(5f^{13}7s^2)$ [256.1]	102 No 锘* $(5f^{14}7s^2)$ [259.1]	103 Lr 铹* $(5f^{14}6d^17s^2)$ [260.1]

注：1　原子量录自1985年国际原子量表，并全部取四位有效数字。
　　2　原子量加括号的为放射性元素的半衰期最长的同位素的质量数。